2024
高教版

本书编写组

全国硕士研究生招生考试
计算机学科专业基础
考试大纲解析

● 推荐搭配：计算机大纲 + 计算机大纲解析 + 配套习题
● 本书适用于 2024 年考生

中国教育出版传媒集团
高等教育出版社·北京

内容提要

　　《全国硕士研究生招生考试计算机学科专业基础考试大纲解析》内容完全契合《全国硕士研究生招生考试计算机学科专业基础考试大纲》的考点，阐述准确、精练，重点突出。 作者为教学经验丰富的优秀教师，对考生答题的弱点和知识的薄弱环节了解清晰。 因此，本书的内容设置针对性强，在编写过程中还融合了教学、命题、考研辅导等领域专家、学者的多年经验和研究成果，同时吸取了历年考生的意见和建议。 所以，本书对考生来说是一本非常实用的考试参考书。

图书在版编目（ＣＩＰ）数据

全国硕士研究生招生考试计算机学科专业基础考试大纲解析／《全国硕士研究生招生考试计算机学科专业基础考试大纲解析》编写组编 . --北京:高等教育出版社，2022. 9(2023.9 重印)
　　ISBN 978-7-04-059336-5

Ⅰ.①全… Ⅱ.①全… Ⅲ.①计算机科学-研究生-入学考试-自学参考资料 Ⅳ.①TP3

中国版本图书馆 CIP 数据核字（2022）第 158092 号

全国硕士研究生招生考试计算机学科专业基础考试大纲解析
QUANGUO SHUOSHI YANJIUSHENG ZHAOSHENG KAOSHI JISUANJI XUEKE ZHUANYE JICHU KAOSHI DAGANG JIEXI

| 策划编辑 邓 玥 | 责任编辑 袁 畅 | 封面设计 李小璐 | 版式设计 杨 树 |
| 责任绘图 黄云燕 | 责任校对 高 歌 | 责任印制 存 怡 | |

出版发行	高等教育出版社	网 址	http://www.hep.edu.cn
社 址	北京市西城区德外大街 4 号		http://www.hep.com.cn
邮政编码	100120	网上订购	http://www.hepmall.com.cn
印 刷	三河市潮河印业有限公司		http://www.hepmall.com
开 本	787 mm×1092mm 1/16		http://www.hepmall.cn
印 张	25. 75		
字 数	810 千字	版 次	2023 年 9 月第 1 版
购书热线	010-58581118	印 次	2023 年 9 月第 2 次印刷
咨询电话	400-810-0598	定 价	77. 00 元

本书如有缺页、倒页、脱页等质量问题，请到所购图书销售部门联系调换
版权所有　侵权必究
物 料 号　59336-A0

前　言

　　《全国硕士研究生招生考试计算机学科专业基础考试大纲解析》针对《全国硕士研究生招生考试计算机学科专业基础考试大纲》（以下简称《考试大纲》）进行全面解析；在解读《考试大纲》知识点的同时，重点参照考生复习过程中出现的共性问题，并结合考生备考的实际情况，对考生的薄弱知识点和答题过程中的薄弱环节进行重点强化。《考试大纲》规定的学科知识范围比较广，而计算机学科考研考生的复习时间相对于其他专业来说又比较紧张。因此，使考生在短时间内对《考试大纲》所规定的知识点进行快速回顾和系统掌握，最终考出理想成绩是编写本书的最终目的。

　　为了达到这个目的，本书对于各章特做如下安排：

　　1. 真题分布

　　统计 2009 年以来考研真题的考频分布，使命题重点和常考知识点一目了然。

　　2. 复习要点

　　明确各章的重点学习要求，对命题规律和应考策略进行分析。

　　3. 知识点归纳

　　对大纲所涉知识点进行归纳和梳理，让考生能在尽量短的时间内掌握各章知识点。

　　4. 习题与解析

　　各章习题均附有答案与详细的解析，方便考生自测对各章知识点的掌握程度，查漏补缺。

　　本书由数据结构、计算机组成原理、操作系统、计算机网络 4 部分组成。复习时，建议逐章进行，并适当记笔记，学完一章完成对应习题。对于时间充裕的考生来说，可以全面把握所有知识点和习题，重在掌握知识点以及总结不同题型的解题方法，这样全面复习才能获得高分。对于时间不足的考生来说，须学会把握每一科目的重点并以真题为核心，对真题中经常考到的知识点进行大量的练习，对不常考查的知识点不用投入太多时间刷题，这样区分重点才能保证考生最大化地利用自己的时间，获得一个满意的分数。

　　掌握专业课的内容没有捷径，考生们也不应抱有侥幸心理。只有扎实打好基础，踏实做题巩固，最后灵活运用，才是考试取得高分的保障。希望这本书能给考生们的复习带来帮助，但学习还是得靠自己，高分不是建立在任何空中楼阁之上的。对于想继续在计算机领域深造的读者来说，认真学习和扎实掌握计算机专业中这 4 门最基础的专业课，是最基本的前提。

本书编写组

目 录

第 1 部分　数 据 结 构

第 2 部分　计算机组成原理

第 3 部分　操 作 系 统

第 4 部分　计算机网络

第1部分
数据结构

第1章 线性表

【真题分布】

主要考点	考查次数	
	单项选择题	综合应用题
时间复杂度和空间复杂度	8	10
线性表的顺序表示	0	7
线性表的链式表示	3	5

【复习要点】

（1）顺序表的特点，插入、删除和查找操作的实现，顺序表的常见应用算法。

（2）单链表的特点，插入、删除和查找操作的实现，单链表的常见应用算法。

（3）三种特殊链表（双链表、循环链表和静态链表）的特点，插入和删除操作的实现。

（4）算法的时间复杂度和空间复杂度的计算方法。

（5）本章是算法题的考查重点。根据近年的评分标准，对"低效"方法的歧视程度越来越小，因此对此类题的解题原则是：追求高效方法，不放弃低效方法。

1.1 线性表的定义

线性表是具有相同数据类型的 n（$n \geq 0$）个数据元素的**有限序列**。当 $n = 0$ 时，则线性表是一个空表。若用 L 命名线性表，则一般表示为 $L = (a_1, a_2, \ldots, a_i, a_{i+1}, \ldots, a_n)$。在非空线性表 L 中，a_1 是唯一的"第一个"数据元素；a_n 是唯一的"最后一个"数据元素。除第一个元素外，每个元素有且仅有一个直接前驱；除最后一个元素外，每个元素有且仅有一个直接后继。这种线性有序的逻辑结构正是线性表名称的由来。

线性表具有 3 个特征：

（1）线性表中的所有数据元素类型相同；

（2）线性表是由有限个数据元素构成的；

（3）线性表中的数据元素是与位置有关的，每个数据元素都有一个对应的序号。

1.2 线性表的顺序存储结构

1.2.1 线性表的顺序存储

顺序存储的线性表又称为**顺序表**。它用一组地址连续的存储单元依次存储线性表中的数据元素，这使得逻辑上相邻的两个元素在物理位置上也相邻，即表中元素的逻辑顺序与其物理顺序相同。

假设线性表 L 存储的起始位置为 LOC（A），sizeof（ElemType）是每个数据元素所占存储空间的大小，则线性表 L 所对应的顺序存储结构如图 1-1-1 所示。

数组下标	顺序表	内存地址
0	a_1	LOC (A)
1	a_2	LOC (A)+sizeof (ElemType)
⋮	⋮	
$i-1$	a_i	LOC(A)+$(i-1)$×sizeof (ElemType)
⋮	⋮	
$n-1$	a_n	LOC(A)+$(n-1)$×sizeof (ElemType)
	⋮	
MaxSize−1	⋮	LOC(A)+(MaxSize−1)×sizeof (ElemType)

图 1-1-1　线性表的顺序存储结构

假定线性表的元素类型为 ElemType，线性表的顺序存储类型描述如下：

```
#define MaxSize100            //定义线性表的最大长度
typedef struct{
    ElemType data[MaxSize];   //顺序表的元素
    int length;               //顺序表的当前长度
} SqList;                     //顺序表的类型定义
```

顺序表的主要特点是可以进行**随机存取**，即可以通过首地址和元素序号，在 $O(1)$ 时间内找到指定的元素；顺序表的存储密度高，每个结点只存储数据元素。顺序表的缺点也很明显：一是元素的插入和删除需要移动大量的元素，插入操作平均需要移动 $n/2$ 个元素，删除操作平均需要移动 $(n-1)/2$ 个元素；二是顺序存储需要分配一段连续的存储空间，不够灵活。

1.2.2　顺序表上基本操作的实现

1. 插入操作

对于插入算法，若表长为 n，则在第 i 个位置（即下标为 $i-1$）插入元素 e，则从 a_{n-1} 到 a_{i-1} 都要向后移动一个位置，共需移动 $n-i+1$ 个元素，平均时间复杂度为 $O(n)$。代码片段如下：

```
for(int j=L.length;j>=i;j--)   //判断 i 的范围是否有效,否则非法 //判断当前存储
                                 空间是否已满,已满不能插入
    L.data[j]=L.data[j-1];     //将第 i 个位置及之后的元素后移
L.data[i-1]=e;                 //在位置 i 处放入 e,数组从 0 开始存储
L.length++;                    //线性表长度加 1
```

2. 删除操作

对于删除算法，若表长为 n，当删除第 i 个元素时，从 a_i 到 a_{n-1} 都要向前移动一个位置，则共需移动 $n-i$ 个元素，平均时间复杂度为 $O(n)$。代码片段如下：

```
for(int j=i;j<L.length;j++)   //判断 i 的范围是否有效
    L.data[j-1]=L.data[j];    //将第 i 个位置之后的元素前移
L.length--;                   //线性表长度减 1
```

顺序表中插入和删除操作的时间主要耗费在移动元素上。图 1-1-2 所示为一个顺序表在进行插入和删除操作前、后的状态，以及其数据元素在存储空间中的位置变化和表长的变化。在图 1-1-2（a）中，将第 4 个至第 7 个元素从后往前依次后移；在图 1-1-2（b）中，将第 5 个至第 7 个元素从前往后依次前移。

3. 查找操作

（1）按序号查找。顺序表具有随机存取（根据首地址和序号）的特点，时间复杂度为 $O(1)$。

（2）按值查找。主要运算是比较操作，比较的次数与值在表中的位置有关，也与表长 n 有关，平均

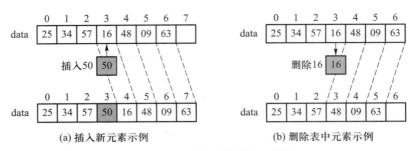

(a) 插入新元素示例　　　　　　　　(b) 删除表中元素示例

图 1-1-2　顺序表的插入和删除

比较次数为 $(n+1)/2$，时间复杂度为 $O(n)$。

1.3　线性表的链式存储结构

链式存储不要求逻辑上相邻的两个元素在物理位置上也相邻，而是通过"链"建立起数据元素之间的逻辑关系。因此，对线性表的插入、删除操作不需要移动元素，而只需要修改指针。

1.3.1　单链表

1. 单链表的定义

链式存储的线性表又称**单链表**，它是指通过一组任意位置的存储单元来存储线性表中的数据元素。每个结点，除了存放元素自身的信息之外，还需要存放一个指向其后继结点的指针。

单链表结点的结构如图 1-1-3 所示。其中，data 为数据域，存放数据元素；next 为指针域，存放其后继结点的地址。单链表结点类型的描述如下：

data	next

图 1-1-3　单链表结点结构

```
typedef struct LNode{          //定义单链表结点类型
ElemType data;                 //数据域
struct LNode * next;           //指针域
} LNode, * LinkList;
```

利用单链表可以解决顺序表需要大量连续存储空间的缺点，但是单链表附加指针域，也带来了浪费存储空间的缺点。由于单链表的结点是离散分布在存储空间中的，所以单链表是**非随机存取**的，即不能直接找到表中某个特定的结点，查找某个特定的结点时，需要从表头开始遍历，依次查找。

通常用"头指针"来标识一个单链表，如单链表 L，L = NULL 时则表示一个空表。此外，为了操作上的方便，在单链表第一个结点之前附加一个结点，称为**头结点**。头结点的数据域可以不记录任何信息，也可以记录表长等信息。头结点的指针域指向线性表的第一个结点，如图 1-1-4 所示。

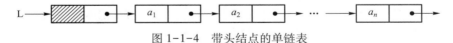

图 1-1-4　带头结点的单链表

引入头结点（区别头指针和头结点）后，可以带来以下两个优点：

（1）由于第一个结点的位置被存放在头结点的指针域中，所以在链表的第一个位置上的操作和在表的其他位置上的操作一致，无须进行特殊处理。

（2）无论链表是否为空，其头指针是指向头结点的非空指针（空表中头结点的指针域为空），因此空表和非空表的处理也就统一了。带头结点的单链表 L 的判空条件为：L->next = = NULL。

2. 单链表上基本操作的实现

（1）采用头插法建立单链表

从一个空表开始，将新结点插入当前链表的表头，即头结点之后，如图 1-1-5 所示。

注意： 为不引起链表断链，图中①②的操作次序不能改变。

采用头插法建立单链表的算法虽然简单，但读入数据的顺序与生成的链表中元素的顺序是相反的。

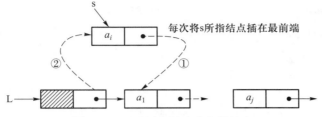

图 1-1-5 采用头插法建立单链表

每个结点插入的时间复杂度为 $O(1)$，设单链表的表长为 n，总的时间复杂度为 $O(n)$。

其核心代码如下：

```
s->next =L->next;        //① 新结点的指针指向原链表的第一个结点
L->next = s;             //② 头结点的指针指向新结点,L 为头指针
```

（2）采用尾插法建立单链表

若希望读入数据的顺序与生成的链表中元素的顺序一致，可采用尾插法，即将新结点插入当前链表的表尾，为此必须增加一个尾指针 r，使其始终指向当前链表的尾结点，如图 1-1-6 所示。

图 1-1-6　采用尾插法建立单链表

其核心代码如下：

```
r->next = s;            //原链表中的尾结点(r 所指)的指针指向新结点
r = s;                  //r 指向新的表尾结点
```

尾插法附设了一个指向表尾结点的指针，其时间复杂度和头插法相同，也为 $O(n)$。

（3）单链表的查找操作

按序号查找。在单链表中，从第一个结点出发，顺着指针 next 域逐个往下搜索，直到找到第 i 个结点为止，并返回该结点的指针，否则返回 NULL。

按值查找。从单链表第 1 个结点开始，由前往后依次比较表中各结点的数据域，若某结点数据域的值等于给定值 e，则返回该结点的指针。若找不到这样的结点，则返回 NULL。

这两种查找操作的时间复杂度均为 $O(n)$。

（4）插入操作

插入操作是将值为 x 的新结点插入单链表的第 i 个位置。先检查插入位置的合法性，然后找到待插入位置的前驱结点，即第 $i-1$ 个结点，再在其后插入新结点。具体操作过程如图 1-1-7 所示。

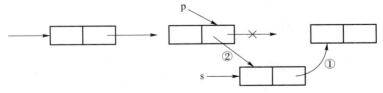

图 1-1-7　单链表的插入操作

实现插入结点操作的代码片段如下：

```
① p=GetElem(L,i-1);              //查找插入位置的前驱结点
② s->next=p->next;               //图1-1-7中操作步骤①
③ p->next=s;                     //图1-1-7中操作步骤②
```

在上述代码中，语句②③的顺序不能颠倒，否则，当先执行 p->next=s 后，指向其原后继的指针就不存在了，再执行 s->next=p->next 时，相当于执行了 s->next=s，显然错误。本算法主要的时间开销在于查找第 $i-1$ 个元素，时间复杂度为 $O(n)$；若是在给定的结点后插入新结点，则时间复杂度仅为 $O(1)$。

（5）删除操作

删除操作是将单链表的第 i 个结点删除。先检查删除位置的合法性，然后查找表中第 $i-1$ 个结点，即被删结点的前驱结点，再将其删除。具体操作过程如图 1-1-8 所示。

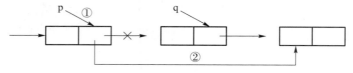

图 1-1-8　单链表结点的删除

假设结点 p 为找到的被删结点的前驱结点，为了实现这一操作后的逻辑关系变化，仅需修改 p 的指针域，即将 p 的指针 next 指向 q 的下一个结点。

实现删除结点操作的代码片段如下：

```
p=GetElem(L,i-1);                //查找删除位置的前驱结点
q=p->next;                       //令 q 指向被删结点
p->next=q->next                  //将 q 结点从链中"断开"
free(q);                         //释放被删结点的存储空间
```

和插入算法一样，删除算法的主要时间耗费也是在查找操作，时间复杂度为 $O(n)$。

（6）求表长操作

计算单链表中数据结点（不含头结点）的个数，从第一个结点开始依次顺序访问表中的每个结点，为此需要设置一个计数器变量，每访问一个结点计数器加 1，直到访问到 NULL 为止，时间复杂度为 $O(n)$。

求<u>不带头结点</u>的单链表表长时，代码片段如下：

```
len=0;                           //len 表示单链表长度,初值设为 0
LNode * p=L;                     //令 p 指向单链表的第一个结点
while(p){len++;p=p->next;}        //跳出循环时,len 的值即为单链表的长度
```

对于带头结点的单链表，请读者思考相应的代码变动。

单链表是整个链表的基础，读者一定要熟练掌握单链表的基本操作算法，在设计算法时，建议先通过画图的方法理清算法的思路，然后再进行算法的编写。

1.3.2　双链表

单链表每个结点中只有一个指向其后继指针，这使得单链表只能从头结点依次顺序地向后遍历。若要访问某个结点的前驱结点（插入、删除操作时），只能从头开始遍历。为了克服上述缺点，引入了双链表，双链表每个结点中有两个指针 prior 和 next，分别指向其前驱结点和后继结点。双链表结构如图 1-1-9 所示。

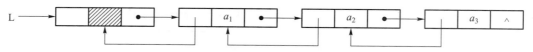

图 1-1-9　双链表结构示意图

双链表中结点类型的描述如下：

```
typedef struct DNode{                //定义双链表结点类型
    ElemType data;                   //数据域
    struct DNode * prior,* next;     //前驱指针和后继指针
} DNode,*DLinklist;
```

双链表仅仅是在单链表的结点中增加了一个指向其前驱结点的 prior 指针，因此，在双链表中执行按值查找和按位查找的操作和单链表相同。但双链表在插入和删除操作的实现上，与单链表有着较大的不同。这是因为"链"变化时也需要对 prior 指针做出修改，其关键在于保证在修改的过程中不断链。此外，双链表可以很方便地找到其前驱结点，因此，插入、删除结点算法的时间复杂度仅为 $O(1)$。

1. 双链表的插入操作

在双链表中结点 p 之后插入结点 s，其指针的变化过程如图 1-1-10 所示。

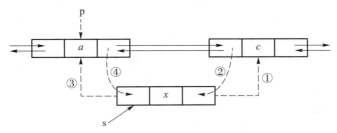

图 1-1-10　双链表插入结点指针变化过程

插入操作的代码片段如下：

```
① s->next =p->next;       //将结点 s 插入结点 p 之后
② p->next ->prior =s;
③ s->prior =p;
④ p->next =s;
```

上述代码的语句顺序不是唯一的，但也不是任意的，①②两步必须在④步之前，否则 p 的后继结点的指针就丢掉了，导致插入失败。为了加深理解，读者可以在纸上画出示意图。若问题改成要求在结点 p 之前插入结点 s，请读者思考具体的操作步骤。

2. 双链表的删除操作

删除双链表中结点 p 的后继结点 q，其指针的变化过程如图 1-1-11 所示。

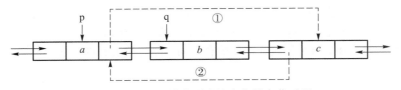

图 1-1-11　双链表删除结点指针变化过程

删除操作的代码片段如下：

```
p->next =q->next;         //图 1-1-11 中步骤①
q->next ->prior =p;       //图 1-1-11 中步骤②
free(q);                  //释放删除结点空间
```

若问题改成要求删除结点 q 的前驱结点 p，请读者思考具体的操作步骤。

在建立双链表的操作中，也可以采用如同单链表的头插法和尾插法，但是在操作上需要注意指针的变化和单链表有所不同。

1.3.3 循环链表

1. 循环单链表

循环单链表和单链表的区别在于：循环单链表中最后一个结点的指针不是 NULL，而是指向头结点，从而整个链表形成一个环，如图 1-1-12 所示。在循环单链表中，表尾结点 r 的 next 域指向 L，故表中没有指针域为 NULL 的结点。因此，循环单链表的判空条件不是头结点的指针是否为空，而是它是否等于头指针。

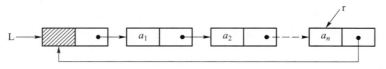

图 1-1-12 循环单链表

循环单链表中的插入、删除操作与单链表的几乎一样，所不同的是如果操作是在表尾进行，则执行的操作不相同，以让单链表继续保持循环的性质。当然，正是因为循环单链表是一个"环"，因此在任何一个位置上的插入和删除操作都是等价的，而无须判断是否为表尾。

在单链表中只能从表头结点开始往后顺序遍历整个链表，而循环单链表可以从表中的任一结点开始遍历整个链表。有时对单链表常做的操作是在表头和表尾进行的，此时循环单链表可以不设头指针，而仅设尾指针，这使得操作的效率更高。其原因是，若设的是头指针，对表尾进行操作需要 $O(n)$ 的时间复杂度，而如果设的是尾指针 r，r->next 即为头指针，对于表头与表尾进行操作都只需要 $O(1)$ 的时间复杂度。

2. 循环双链表

由循环单链表的定义不难推出循环双链表，不同的是，在循环双链表中，头结点的 prior 指针还要指向表尾结点，如图 1-1-13 所示。

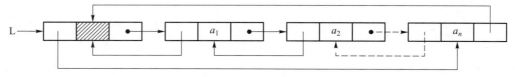

图 1-1-13 循环双链表

在带头结点的循环双链表 L 中，某结点 p 为尾结点时，p->next==L；当循环双链表为空表时，其头结点的 prior 域和 next 域都等于 L。

1.3.4 静态链表

静态链表是借助数组来描述线性表的链式存储结构，其结点也有数据域 data 和指针域 next，与前面所讲的链表中的指针不同的是，这里的指针域存的是结点的相对地址（数组下标），又称为游标。和顺序表一样，静态链表也要预先分配一块连续的内存空间。静态链表和单链表的对应关系如图 1-1-14 所示。

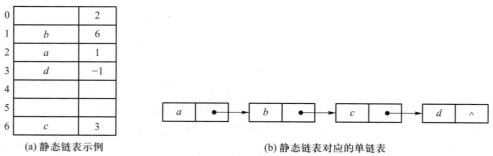

0		2
1	b	6
2	a	1
3	d	-1
4		
5		
6	c	3

(a) 静态链表示例　　　　　　　　**(b) 静态链表对应的单链表**

图 1-1-14 静态链表和单链表的对应关系

静态链表的插入、删除操作与动态链表相同，只需要修改指针，而不需要移动元素。总的来说，静态链表使用起来没有单链表方便，但在一些不支持指针的高级语言中，这是一种非常巧妙的设计方法。

1.4 两种存储结构的对比

1. 存取方式

顺序表既可以顺序存取，也可以随机存取；链表只能从表头依次顺序存取。

2. 逻辑结构与物理结构

采用顺序存储时，逻辑上相邻的元素，其对应的物理存储位置也相邻；而采用链式存储时，逻辑上相邻的元素，其物理存储位置则不一定相邻，其对应的逻辑关系是通过附加的指针来表示的。由于链表每个结点带有指针域，因而在存储空间上比顺序存储要付出更大的代价，存储密度不够大。这里请读者注意区别存取（访问）方式和存储方式。

3. 查找、插入和删除操作

对于按值查找，当顺序表在无序的情况下，两者的时间复杂度均为 $O(n)$；而当顺序表有序时，可采用折半查找法，此时时间复杂度为 $O(\log_2 n)$。对于按序号查找，顺序表支持随机访问，时间复杂度仅为 $O(1)$，而链表的平均时间复杂度为 $O(n)$。在对顺序表进行插入、删除操作时，平均需要移动半个表长的元素；在对链表进行插入、删除操作时，只需要修改相关结点的指针即可。

4. 空间分配

顺序存储在静态存储分配情形下，一旦存储空间装满则不能扩充，如果再加入新元素将造成内存溢出，需要预先分配足够大的存储空间，而预先分配过大，又可能会导致顺序表后部内存空间大量闲置。顺序存储中的动态存储分配虽然存储空间可以扩充，但需要移动大量元素，导致操作效率降低。链式存储的结点空间只在需要的时候申请分配，只要内存有空间就可以分配，操作灵活、高效。

1.5 算法效率的度量

算法效率是通过算法的时间复杂度和空间复杂度来度量的。

1. 时间复杂度

算法中所有语句的执行次数之和称为语句频度，记为 $f(n)$。若 $f(n)$ 与 n^k 是同阶无穷大，即当 n 趋向无穷时，$f(n)$ 与 n^k 之比的极限是一个非 0 常数，则将该算法的时间复杂度记为 $O(n^k)$，用以描述该算法的运行时间。例如，$f(n) = n^3 + n^2 + n$，可认为时间复杂度 $T(n) = O(n^3)$，这里数量级最大的一项必定是由**最深层循环**中的语句贡献的，称其为**基本运算**。由于 $T(n)$ 与算法中基本运算的执行次数 $g(n)$ 数量级相同，所以通常采用基本运算执行次数的数量级 $O(g(n))$ 来分析算法的时间复杂度，记为 $T(n) = O(g(n))$。

最终归结为一句话：**将算法中基本运算的执行次数的数量级作为该算法的时间复杂度。**

时间复杂度的计算遵循两种法则：

加法法则： $T(n) = T_1(n) + T_2(n) = O(f(n)) + O(g(n)) = O(\max(f(n), g(n)))$

乘法法则： $T(n) = T_1(n) \times T_2(n) = O(f(n)) \times O(g(n)) = O(f(n) \times g(n))$

例如，设 a{}、b{}、c{} 三个语句块的时间复杂度分别为 $O(1)$、$O(n)$、$O(n^2)$，则

```
① a{
     b{}
     c{}
   }
                    //时间复杂度为 O(n²),满足加法法则
② a{
     b{
         c{}
     }
   }
                    //时间复杂度为 O(n³),满足乘法法则
```

算法的时间复杂度不仅依赖于问题的规模 n，也取决于输入数据的性质（如初始状态）。一般总是考虑在最坏情况下的时间复杂度，以保证算法的运行时间不会比它更长。

时间复杂度可以通过**列方程法**与**递推公式法**两种方法进行计算。

列方程法：用于递推实现的算法中，设基本运算执行 x 次，找出 x 与问题规模 n 之间的关系式，解出 $x=f(n)$，$f(n)$ 的最高次幂为 k，则算法的时间复杂度为 $O(n^k)$。

递推公式法：用于递归实现的算法中，设 $T(n)$ 是问题规模为 n 的时间复杂度，$T(n-1)$ 是问题规模为 $n-1$ 的时间复杂度，建立 $T(n)$ 与 $T(n-1)$ ［或 $T(n-2)$ 等］的递推关系式，根据关系式，解出 $T(n)$。

2. 空间复杂度

空间复杂度 $S(n)$ 指算法运行过程中所使用的辅助空间的大小，通常结合算法题考查。

若输入数据所占空间只取决于问题本身，和算法无关，则只需分析除输入数据和程序之外临时分配的额外空间。算法原地工作是指算法所需辅助空间是常量，即 $O(1)$。

1.6 同步练习

一、单项选择题

1. 以下关于线性表的叙述中，错误的是（　　　）。
A. 线性表采用顺序存储，必须占用一片连续的存储单元
B. 线性表采用顺序存储，便于进行插入和删除操作
C. 线性表采用链接存储，不必占用一片连续的存储单元
D. 线性表采用链接存储，便于进行插入和删除操作

2. 将两个有 n 个元素的有序表归并成一个有序表，其最少比较次数为（　　　）。
A. n 　　　　　　　B. $2n-1$ 　　　　　　　C. $2n$ 　　　　　　　D. $n-1$

3. 以下关于线性表的描述中，正确的是（　　　）。
A. 线性表中并不是所有元素都有一个直接前驱和一个直接后继
B. 线性表采用顺序存储结构时，插入和删除效率太低，因此它不如链式存储结构好
C. 线性表采用链式存储结构时，元素随机访问效率太低，因此它不如顺序存储结构好
D. 顺序存储方式的优点是存储密度大，且插入、删除运算效率高

4. 已知 L 是一个带头结点的单链表，删除第一个结点的语句是（　　　）。
A. L=L->link; 　　　　　　　　　　　　　　B. L->link=L->link->link;
C. L=L; 　　　　　　　　　　　　　　　　　D. L->link=L;

5. 已知 L 是一个不带头结点的单链表，在表头插入结点 p 的操作是（　　　）。
A. p=L; p->link=L; 　　　　　　　　　　　B. p->link=L; p=L;
C. p->link=L; L=p; 　　　　　　　　　　　D. L=p; p->link=L;

6. 给定有 n 个元素的一维数组，建立一个有序单链表的最少时间复杂度是（　　　）。
A. $O(1)$ 　　　　　　B. $O(n)$ 　　　　　　C. $O(n^2)$ 　　　　　　D. $O(n\log_2 n)$

7. 在一个以 h 为头结点的单循环链表中，p 指针指向链尾的条件是（　　　）。
A. p->next->next=h 　　　　　　　　　　　B. p->next=h
C. p->next=h->next 　　　　　　　　　　　D. p->next=NULL

8. 对于双向链表，在两个结点之间插入一个新结点，需修改的指针为（　　　）个，单链表为（　　　）个。
A. 2，4 　　　　　　B. 2，2 　　　　　　C. 4，2 　　　　　　D. 4，4

9. 下列关于静态链表的说法中，错误的是（　　　）。
Ⅰ. 静态链表既有顺序表的优点又有动态链表的优点，所以它存取表中第 i 个元素的时间与 i 无关
Ⅱ. 静态链表中能容纳的元素个数在定义时就确定了，以后不能增加
Ⅲ. 静态链表与动态链表在插入、删除操作上类似，不需要移动元素

A. Ⅰ   B. Ⅰ、Ⅱ   C. Ⅰ、Ⅱ、Ⅲ   D. Ⅱ、Ⅲ

10. 下列程序段的时间复杂度是（   ）。

```
void fun(int n){
    int i=0;s=0;
    while(s<n){++i;s=s+i;}
}
```

A. $O(n)$ B. $O(\log_2 n)$ C. $O(n\log_2 n)$ D. $O(\sqrt{n})$

11. 以下是不同程序的时间函数，当 n 足够大时，时间复杂度最大的是（   ）。

A. $T(n)=\log_2 n+5000n$ B. $T(n)=n^2-8000n$

C. $T(n)=n^3+5000n$ D. $T(n)=2n\log_2 n-1000n$

二、综合应用题

1. 设有两个集合 A 和 B，设计生成集合 $C=A\cap B$ 的算法。集合 A、B 和 C 均用数组存储。
（1）给出算法的基本设计思想。
（2）根据设计思想，采用 C 或 C++语言描述算法，关键之处给出注释。
（3）说明你所设计的算法的时间复杂度。

2. 给定一个由 $n(n>1)$ 个不同整数组成的升序序列，同时包含负数和正数，设计一个在时间和空间两方面都尽可能高效的算法，求序列中绝对值最小的数，如序列 {-8，-3，-1，4，5} 中绝对值最小的数为-1。
（1）给出算法的基本设计思想。
（2）根据设计思想，采用 C 语言或 C++语言描述算法，关键之处给出解释。
（3）说明你所设计算法的时间复杂度和空间复杂度。

3. 设有两个带头结点的有序单链表，一个为升序，另一个为降序。试编写程序，将这两个链表合并为一个有序链表。

4. 已知长度为 $n(n>1)$ 的单链表，表头指针为 L，结点结构由 data 和 next 两个域构成，其中 data 域为字符型。试设计一个在时间和空间两方面都尽可能高效的算法，判断该单链表是否中心对称（例如 xyx、$xxyyxx$ 都是中心对称的），要求：
（1）给出算法的基本设计思想。
（2）根据设计思想，采用 C 或 C++语言描述算法，关键之处给出注释。
（3）说明你所设计算法的时间复杂度和空间复杂度。

5. 已知两个序列 $A=\{a_1,\ a_2,\ a_3,\ ...,\ a_n\}$ 和 $B=\{b_1,\ b_2,\ b_3,\ ...,\ b_m\}$ 存放在两个单链表中，试设计一个算法，判断序列 B 是否为序列 A 的子序列。要求：
（1）给出算法的基本设计思想。
（2）根据设计思想，采用 C 或 C++语言描述算法，关键之处给出注释。
（3）说明你所设计算法的时间复杂度。

6. 设带头结点的双向循环链表的定义为

```
typedef int ElemType;
typedef struct DNode{                    //双向循环链表结点的结构定义
    ElemType data;                       //结点数据
    struct DNode *lLink,*rLink;          //结点前驱和后继指针
}DblNode;
typedef DblNode *DblList;                // 双向循环链表
```

试设计一个算法，改造一个带头结点的双向循环链表，所有结点的原有次序保存在各结点的右链域 rLink 中，并利用左链域 lLink 把所有结点按从小到大的顺序链接起来。

答案与解析

一、单项选择题

1. B

顺序存储占用连续的一片存储单元，而链接存储不需要。顺序存储在插入和删除元素时需要移动多个元素，而链接存储在插入和删除元素时不需要移动元素，只需要修改指针。

2. A

这是考查归并排序的情况。当表1的所有元素均小于表2中的所有元素时，表1的所有元素都只与表2的第一个元素比较，然后并入有序表，表2的元素不需要再比较，此时比较次数达到最少，为 n。

3. A

线性表中第一个元素没有直接前驱，最后一个元素没有直接后继，A项正确。两种存储结构都有各自的优点和缺点，不能单纯地说哪种结构更好，B项和C项错误。D项明显错误。

4. B

先把第一个结点（L->link 指示）从链中摘下来，再把它的后继结点链接到表头结点之后。

5. C

要将结点插入在表头，将 L 指向的第一个结点赋给 p 的 link 域，同时改变表头指针。

6. D

若先建立链表，然后采用依次直接插入的方式建立有序表，则每插入一个元素就需遍历链表找插入位置，此即链表的插入排序，时间复杂度为 $O(n^2)$；若先将数组排好序，然后建立链表，建立链表的时间复杂度为 $O(n)$，而数组排序的最少时间复杂度为 $O(n\log_2 n)$，故时间复杂度为 $O(n\log_2 n)$。

7. B

单循环链表的最后一个结点的指针域是指向头结点的。

8. C

在插入新结点时，对于双向链表，不仅要修改即将插入的结点的两个指针域，还要修改该结点的前驱结点的后继指针域和后继结点的前驱指针域；对于单链表，则只需修改该结点的指针域和它前驱结点的指针域。

9. A

静态链表借助数组来描述线性表的链式存储结构，数组中的一个结点是一个结构体分量，结构体中的游标代替指针以指示结点在数组中的位置。静态链表仍需预先分配一块连续的内存空间，但是插入和删除操作与动态链表相似，只需要修改指针，而不需要移动元素，故Ⅰ错误，Ⅱ和Ⅲ正确。

10. D

基本运算为 $++i$ 和 $s=s+i$，每循环一次，i 增1。$i=1$ 时，$s=0+1$；$i=2$ 时，$s=0+1+2$；$i=3$ 时，$s=0+1+2+3$；以此类推，得 $s=0+1+2+3+\ldots+i=(1+i)\times i/2$，可知循环次数 k 满足 $(1+k)\times k/2<n$，因此时间复杂度为 $O(\sqrt{n})$。

11. C

渐近时间复杂度 $n^3>n^2>n>\sqrt{n}>\log_2 n$，所以当 n 足够大时 n^3 的复杂度最大。

二、综合应用题

1.（1）算法思想：由于集合 A、B、C 均用数组存储，故扫描数组 A 中的每个元素，并依次与数组 B 中的每个元素进行比较，若相同，则将数组 A 中的当前元素插入数组 C 中。

（2）算法实现如下：

```
void commonSet(Sqlist A[],Sqlist B[],Sqlist C[]){
    int k=0;
    for(int i=0;i<A.len;i++)                        //遍历 A
```

```
            for(int j=0;j<B.len;j++)                    //遍历 B
                if(A.data[i]==B.data[j]){                //若 A 中元素与 B 中元素相同
                    C.data[k++]=A.data[i];C.len++;        //插入元素
                    break;                               //跳出内层循环
                }
        for(int h=0;h<C.len;h++)
            printf("%d",C.data[h]);
}
```

（3）算法的时间复杂度为 $O(A.len×B.len)$。

2.（1）算法思想：绝对值最小的数就是该序列在数轴上离 0 最近的一个正数或负数。对于该有序序列，可以先用二分法查找 0 的插入位置，插入位置的左侧或右侧就是绝对值最小的数。

（2）算法实现如下：

```
int ans(int a[],n){
    int l=0,r=n-1,mid;
    while(l<r){
        mid=(l+r)/2;
        if(a[mid]>=0)r=mid;
        else l=mid+1;
    }
    if(abs(a[l])<abs(a[l-1]))return a[l];
    else return a[l-1];
}
```

（3）算法的时间复杂度为 $O(\log_2 n)$，空间复杂度为 $O(1)$。

注：本题还可采用暴力法直接扫描一次数组，时间复杂度为 $O(n)$，空间复杂度为 $O(1)$。

3. 算法思想：将升序和降序的两个链表合并成一个有序链表，应先将降序链表逆置（头插法），之后再合并两个有序表。算法实现如下：

```
LinkList UionList(LinkList la,LinkList lb){
    p=lb->next;                           //设两个链表均带头结点
    lb->next=NULL;                        //lb 链断开，否则最后无法判断 lb 的表尾
    while(p){                             //非表尾，执行循环
        s=p->next;                        //暂存后继
        p->next=lb->next;
        lb->next=p;                       //逆置，头插法
        p=s;                              //从下一结点开始继续
    }
    p=la->next;
    q=lb->next;
    pre=la;
    while(p&&q){                          //两个链表都未到表尾
        if(p->data<q->data){              //将结点值小的插入
            pre->next=p;
            pre=p;
            p=p->next;
```

```
        }
        else{
            pre->next =q;
            pre=q;
            q=q->next;
        }
    }
    if(p)
        pre->next =p;                           //如果有一个链表未到表尾,则全部插入新的链表尾部
    else
        pre->next =q;
    free(lb);                                   //内存回收
    return   la;
}
```

4. 思路 1(借助栈,空间复杂度高):将表的前半部分元素依次入栈,访问后半部分元素时,依次从栈中弹出一个元素进行比较。思路 2(类似折纸的思想,算法复杂):找到中间位置的元素,先将后半部分的链表就地逆置,然后将前半部分元素从前往后、后半部分元素从后往前比较,比较结束后再恢复(题中没有说不能改变链,故也可不恢复)。为了让算法更简单,这里采用思路 1,思路 2 中的方法留给有兴趣的读者。

(1)算法思想:① 借助辅助栈,将链表的前一半元素依次入栈。注意:n 为奇数时要特殊处理。② 在处理链表的后一半元素时,访问到链表的一个元素,就从栈中弹出一个元素,比较两元素,若相等,则将链表中下一元素与栈中再弹出的元素比较,直至链表尾。③ 若栈为空,则得出链表为中心对称的结论;否则,当链表中某一元素与栈中弹出的元素不相等时,得出链表为非中心对称的结论。

(2)算法实现如下:

```
typedef struct LNode{                           //链表结点的结构定义
    char data;                                  //结点数据
    struct LNode * next;                        //结点链接指针
} * LinkList;
int Str_Sym(LinkList L,int n){
    Stack s;initstack(s);                       //初始化栈
    LNode * q, * p=L->next;                     //q 指向出栈元素,p 为工作指针
    for(int i=1;i<=n/2;i++){                     //前一半元素入栈
    push(p);
    p=p->next;
    }
    if(n% 2 ==1)p=p->next;                       //若 n 为奇数,则需要特殊处理
    while(p! =null){                            //后一半表依次和前一半表比较
        q=pop(s);                               //出栈一个元素
        if(q->data ==p->data)p=p->next;         //若相等,则继续比较下一个元素
        else break;                             //若不等,则跳出循环
    }
    if(empty(s))return 1;                       //若栈空,则说明对称
    else return 0;                              //否则不对称
}
```

（3）算法的时间复杂度为 $O(n)$，空间复杂度为 $O(n)$。

思考： 当长度未知时，该如何操作比较方便？这里给出两种参考方法：① 先遍历链表，得出元素个数，再按参考答案操作。② 同时设立一个栈和一个队列，先直接遍历链表，把每个元素都入栈、入队列，然后一一出栈、出队列，比较元素的值是否相等。

5.（1）**算法思想：** 从序列 A 的第一个元素开始，与序列 B 的第一个元素比较，若相等，则继续将序列 A 的第一个元素与序列 B 的后续元素逐个比较；若不相等，则从序列 A 的下一个元素开始，重新与序列 B 中的元素比较；以此类推，直至序列 B 中的每个元素依次和序列 A 中的一个连续的元素序列相等，则返回 true。否则返回 false。

（2）算法实现如下：

```
bool judge(LinkList LA,LinkList LB){
    preA=LA->next;
    A=LA->next;                          //均为带头结点的单链表
    B=LB->next;
    while(A&&B){
        if(A->data==B->data){
            A=A->next;                   //继续比较后续元素
            B=B->next;
        }
        else{
            A=preA->next;                //退到 A 中之前开始比较的下一个元素
            preA=preA->next;
            B=LB->next;
        }
    }
    if(! B)return true;
    else return false;
}
```

（3）算法的时间复杂度为 $O(A.\,len \times B.\,len)$。

6. **算法思想：** 本题要求在左链方向把所有的结点按其值从小到大的顺序链接起来，右链保持原有次序，故不对右链进行任何操作。为此需要沿左链扫描，如果结点数据域值一个比一个大，则继续沿左链检测，否则需要把刚检测到的小值结点从左链摘下，从头结点开始沿左链查找它应插入的位置，把它重新插入左链中，如此继续，直到所有结点都检测完为止。算法实现如下：

```
void Dbl_Sort(DblList L){
    DblNode *pre,*p,*q,*s;
    pre=L->lLink;
    p=pre->lLink;                        //指针 p 沿左链检测,pre 是 p 的前驱
    while(p! =L){
        while(p! =L&&pre->data<p->data){
            pre=p;
            p=p->lLink;
        }                                //沿左链寻找逆序结点
        if(p==L)
            return;                      //左链检测完,结束
```

```
        q=p;
        pre->lLink=p->lLink;              //在左链上摘下结点,用q指示
        s=pre;                            //记住刚才的检测位置
        pre=L;
        p=L->lLink;                       //从头查找q的插入位置
        while(p->data<q->data){
            pre=p;
            p=p->lLink;
        }
        q->lLink=p;
        pre->lLink=q;                     //在左链上插入q
        pre=s;
        p=pre->lLink;                     //从刚才检测中断位置继续检测
    }
}
```

第 2 章　栈、队列和数组

【复习要点】

（1）栈的定义和特点，顺序栈的入栈和出栈操作，链栈的实现及基本操作。

（2）队列的定义和特点，循环队列入队和出队的取模操作，区分队空和队满的条件；链式队列的入队和出队操作，判空的实现。双端队列的出入队操作分析。

（3）栈的应用：递归工作栈，根据递归深度计算栈容量，根据出入栈的序列计算栈容量，对应不同入栈序列的可能出栈序列，栈在表达式求值中的应用，使用两个栈模拟一个队列的基本操作。

（4）队列的应用：树和图的层次遍历，数据的循环处理（如归并排序），缓冲队列，调度队列。

（5）二维数组中给定元素的地址计算，几种特殊矩阵压缩存储时的地址计算。

2.1　栈

栈和队列是两种操作受限的线性表，它们拥有和线性表相同的逻辑结构。与普通线性表不同的是，它们进行插入或删除元素的操作时，只能在规定的某一端进行。

2.1.1　栈的定义

栈（stack）：限定在栈顶（表尾）进行插入（入栈）和删除（出栈）元素的线性表。其操作的特性是后进先出，故又称为后进先出（Last In First Out，LIFO）的线性表。

栈顶（top）：表尾端，允许进行插入和删除元素的一端。

栈底（bottom）：表头端，不允许进行插入和删除元素的一端。

2.1.2　栈的顺序存储结构

1. 顺序栈的实现

栈的顺序存储是指分配一块连续的存储单元存放栈中的元素，并同时附设一个变量（top）指向当前栈顶的位置，如图 1-2-1 所示。

栈的顺序存储类型可描述为：

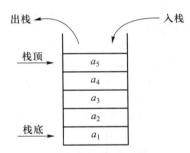

图 1-2-1　栈的顺序存储结构示意图

```
#define MaxSize 50                          //定义栈中元素的最大个数
typedef struct{
    Elemtype data[MaxSize];                 //存放栈中元素
    int top;                                //栈顶指针
} SqStack;
```

栈顶指针为 top，初始时设置 top=-1，栈顶元素 data［top］。

入栈操作：栈未满时，先将栈顶指针加 1，再送值到栈顶存储单元。

出栈操作：栈非空时，先取栈顶元素值，再将栈顶指针减 1。

栈空条件：top==-1。栈满条件：top==MaxSize-1。栈长：top+1。

由于顺序栈的入栈操作受数组上界的约束，当对栈的最大使用空间估计不足时，有可能发生栈上溢，此时应向用户报告消息，以便及时处理，避免出错。

注意： 对于栈的判空和判满条件，会因为实际情况不同而变化，本书提到的方法和给出的实现代码只是在栈顶指针设定的条件下的方法，其他情况需要具体问题具体分析。

2. 顺序栈的基本运算

栈操作的示意图如图 1-2-2 所示。图 1-2-2（a）是空栈；图 1-2-2（b）是一个元素 A 入栈后的结果；图 1-2-2（c）是 A、B、C、D、E 共 5 个元素依次入栈后的结果；图 1-2-2（d）是在图 1-2-2（c）之后 E、D、C 相继出栈，此时栈中还有 2 个元素，或许最近出栈的元素 C、D、E 仍在原先的单元存储着，但 top 指针已经指向了新的栈顶，则元素 C、D、E 已不在栈中了。

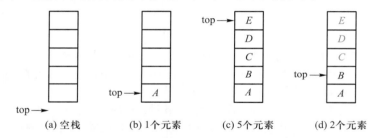

(a) 空栈   (b) 1个元素   (c) 5个元素   (d) 2个元素

图 1-2-2　栈顶指针和栈中元素之间的关系

对栈 S 进行入栈和出栈的操作如下。

（1）入栈操作的代码片段：

```
if(S.top==MaxSize-1)
    return false;                          //栈满,报错
S.data[++S.top]=x;                         //指针先加1,再入栈
```

（2）出栈操作的代码片段：

```
if(S.top==-1)
    return false;                          //栈空,报错
x=S.data[S.top--];                         //先出栈,指针再减1
```

注意： 这里栈顶指针 top 指向的就是栈顶元素，所以入栈时的操作是 S.data［++S.top］=x；出栈时的操作是 x=S.data［S.top--］。如果栈顶指针初始化为 S.top=0，即栈顶指针指向栈顶元素的下一个位置，则入栈操作变为 S.data［S.top++］=x；出栈操作变为 x=S.data［--S.top］。读者应注意灵活应变。

3. 共享栈

利用栈底位置相对不变的特性，可让两个顺序栈共享一个一维数据空间。将两个栈底设在两端，两个栈顶向共享空间的中间延伸，如图 1-2-3 所示。仅当两个栈顶指针相邻（两个栈顶指针值之差的绝对值等于 1）时，判断为栈满；当一个栈顶指针为-1、另一个栈顶指针为 MaxSize 时，两栈均为空。

图 1-2-3　两个栈共享一个一维数据空间

2.1.3　栈的链式存储结构

采用链式存储的栈称为链栈，链栈的优点是便于多个栈共享存储空间，且不存在栈满上溢的情况。链栈通常采用单链表实现，并规定所有操作都在单链表的表头进行，如图 1-2-4 所示。

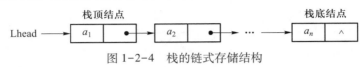

图 1-2-4　栈的链式存储结构

栈的链式存储类型可描述为：

```
typedef struct LinkNode{
    ElemType data;                    //数据域
    struct LinkNode * next;           //指针域
} * LiStack;                          //栈类型定义
```

采用链式存储，便于结点的插入与删除。链栈的操作与链表类似，在此不做详细讨论。读者需要注意的是，对于带头结点和不带头结点的链栈，在具体的实现方面有所不同。

2.2　队列

2.2.1　队列的定义

队列（queue）：限定仅允许在表的一端进行插入，而在表的另一端进行删除的线性表，简称队。向队列中插入元素称为入队，删除元素称为出队。其操作的特性是先进先出（FIFO）。

队头（front）：允许删除的一端，又称为队首。

队尾（rear）：允许插入的一端。

2.2.2　队列的顺序存储结构

1. 队列的顺序存储

队列的顺序存储是指分配一块连续的存储单元存放队列中的元素，并附设两个指针分别指示队头元素和队尾元素的存储位置，分别称为队头指针（front）和队尾指针（rear）。

队列的顺序存储类型可描述为：

```
#define MaxSize 50                    //定义队列中元素的最大个数
typedef struct{
    ElemType data[MaxSize];           //存放队列元素
    int front,rear;                   //队头指针和队尾指针
}SqQueue;
SqQueue Q;
```

2. 循环队列

为了克服顺序队列"假上溢"的现象，从逻辑上把顺序存储的队列看成一个环，称为循环队列。当队头指针 Q.front＝MaxSize−1 后，再前进一个位置就自动到 0，可以通过除法取余运算（％）来实现。

初始时：Q.front＝Q.rear＝0。

元素出队：Q.front＝（Q.front＋1）％MaxSize。

元素入队：Q.rear＝（Q.rear＋1）％MaxSize。

出队/入队时，指针都按顺时针方向进 1（见图 1-2-5）。

队列长度：（Q. rear−Q. front+MaxSize）%MaxSize。

队空条件：Q. front = = Q. rear。如果元素入队的速度快于元素出队的速度，队尾指针很快就赶上了队头指针，如图 1-2-5（d₁），此时可以看出队满时也有 Q. front = = Q. rear。循环队列出队/入队示意图如图 1-2-5 所示。

为了区分队空还是队满的情况，有**三种处理方式**：

（1）牺牲一个单元来区分队空和队满，入队时少用一个队列单元，约定以"队头指针在队尾指针的下一位置作为队满的标志"，这是一种较为普遍的做法，如图 1-2-5（d₂）所示。

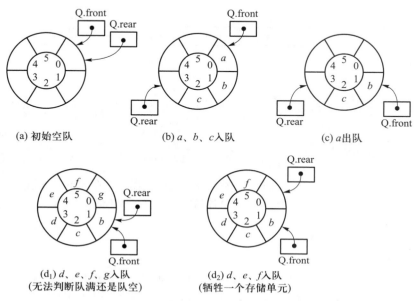

图 1-2-5　循环队列的出队/入队示意图

队满条件：（Q. rear+1）%MaxSize = = Q. front。

队空条件：Q. front = = Q. rear。

队列长度：（Q. rear−Q. front+MaxSize）% MaxSize。

（2）在类型定义中增设表示元素个数的数据成员。这样，则队空的条件为 Q. size = = 0；队满的条件为 Q. size = = MaxSize。这两种情况都有 Q. front = = Q. rear。

（3）在类型定义中增设 tag 数据成员，以区分是队满还是队空。在 tag 等于 0 的情况下，若因删除元素导致 Q. front = = Q. rear 则为队空；在 tag 等于 1 的情况下，若因插入元素导致 Q. front = = Q. rear 则为队满。

3. 循环队列的基本运算

（1）入队操作的代码片段：

```
if((Q.rear+1)% MaxSize ==Q.front)
return false;                        //队满
Q.data[Q.rear]=x;
Q.rear =(Q.rear+1)% MaxSize;         //队尾指针加 1 取模
```

（2）出队操作的代码片段：

```
if(Q.rear ==Q.front)
return false;                        //队空
x=Q.data[Q.front];
Q.front =(Q.front+1)% MaxSize;       //队头指针加 1 取模
```

注意：与顺序栈中栈顶指针 top 的定义类似，循环队列中的队头指针 front 和队尾指针 rear 既可以定义在对应元素所在的位置，也可以定义在其旁边的空位置。在不同的定义方式下，操作的实现步骤及队空、队满、队列中元素个数的判定与计算条件略有差异。这也是历年频繁考查的地方。

2.2.3 队列的链式存储结构

链式队列是一种基于单链表的存储结构，如图 1-2-6 所示。

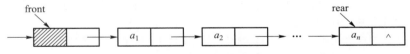

图 1-2-6　基于链式存储结构的队列（带头结点）

队列的队头指针指向单链表的队头结点，队尾指针指向单链表的队尾结点。出队时，删除第一个结点；入队时，在最后一个结点之后插入新结点。

队列的链式存储类型可描述为：

```
typedef struct{                    //链式队列结点
    ElemType data;
    struct LinkNode * next;
} LinkNode;
typedef struct{                    //链式队列
    LinkNode * front, * rear;       //队列的队头指针和队尾指针
} LinkQueue;
```

链式队列特别适用于数据元素变动较大的情形，而且不会发生溢出问题。如果程序中要使用多个队列，与多个栈的情形一样，最好使用链式队列，这样就不会出现存储分配不合理和溢出的问题。

2.2.4 双端队列

两端都可以进行插入和删除操作的线性表称为双端队列，如图 1-2-7 所示。

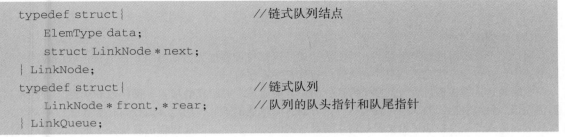

图 1-2-7　双端队列示意图

在双端队列入队时，前端入队的元素排在后端入队的元素前面。在双端队列出队时，无论前端还是后端出队，先出的元素排列在后出的元素的前面。

（1）**输出受限**的双端队列：允许在一端进行插入和删除，但在另一端只允许插入的双端队列称为输出受限的双端队列，如图 1-2-8 所示。

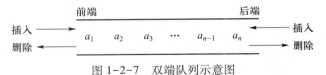

图 1-2-8　输出受限的双端队列

（2）**输入受限**的双端队列：允许在一端进行插入和删除，但在另一端只允许删除的双端队列称为输入受限的双端队列，如图 1-2-9 所示。

图 1-2-9　输入受限的双端队列

2.3 栈和队列的应用

2.3.1 栈的应用

栈的应用很广泛，如**数制转换**、**括号匹配**、**表达式求值**、**递归调用**等，考生应重视对这些内容的学习。统考的考查形式十分灵活。比如用栈实现数制转换属于计算机组成原理与数据结构的综合应用；对于括号匹配，我们可以按真题的命题思路设想：给出一个待匹配序列，求栈的最大深度。

1. 栈在表达式求值中的应用

对于中缀表达式的求值问题，从问题的本质来看，就是从一个包含了数字和运算符的表达式最终求得数值结果的过程。计算**中缀表达式**要考虑以下三部分信息：

（1）数字；

（2）运算符 "+" "–" " * " "/" 的功能；

（3）运算符的优先级信息，包括约定的 " * " "/" 优先和括号内优先原则。

计算**后缀表达式**要考虑以下两部分信息：

（1）数字；

（2）运算符 "+" "–" " * " "/" 的功能。

对比之下读者可能会产生疑问，后缀表达式的运算符没有优先级信息吗？答案是，后缀表达式的编码形式中已经包含了优先级信息，先运算的运算符一定在前。

中缀表达式的求值过程包括三个方面：简单数值运算、用**运算数栈**暂存操作数和用**运算符栈**控制运算优先级。后缀表达式的求值过程包括两个方面：简单数值运算，用**运算数栈**暂存操作数。中缀表达式与后缀表达式的关系：**通过运算符栈对中缀表达式的处理，使其形成包含运算优先级的新排列形式就是后缀表达式**，可用图 1-2-10 表示。

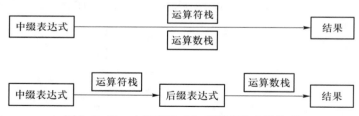

图 1-2-10　中缀表达式与后缀表达式的关系

另外，这里列举一种由中缀表达式求后缀表达式的方法。

（1）按照运算符的优先级对所有运算单位加括号。

（2）把运算符移动到对应的括号后面。

（3）去除所有括号。

例如，对中缀表达式 "a/b+(c * d−e * f)/g" 加括号((a/b)+(((c * d)−(e * f))/g))；运算符后移((ab)/(((cd) * (ef) *)−g)/)+；去除括号后，得到后缀表达式 ab/cd * ef * −g/+。

通过后缀表达式计算值的过程如下：依次顺序扫描表达式的每一项，然后根据它的类型做如下操作：若该项是操作数，则将其压入栈中；若该项是运算符，则连续弹出栈顶的两个元素，弹出的第一个元素作为第二个操作数，弹出的第二个元素作为第一个操作数，执行该运算符表示的操作，并把计算结果再压入栈中。当表达式的所有项都扫描并处理完后，栈顶存放的就是最后的计算结果。

2. 栈在递归中的应用

一个递归程序在其内部常常一次或多次地调用自己。程序内部递归调用的位置不同，调用结束时返回的位置也不同。递归程序中每次递归调用自己时，都要创建一个工作记录，以保存递归调用的返回地址、使用的局部变量、传入的实际参数的副本等。这些工作记录被组织成栈的形式，每次递归调用时，为该层创建的工作记录放在栈顶，这使得存放的信息当前可用；每当退出本层递归调用时，相应工作记录从栈顶删除，上一层递归调用的工作单元成为栈顶，这时与上一层有关的工作记录恢复可用。

3. 栈的最大深度

给定入栈和出栈顺序就可以确定栈的最小容量（最大深度），所谓栈的深度是指栈中的元素个数。通常是给出入栈和出栈序列，求最大深度。有时会间接给出入栈和出栈序列，例如，以中缀表达式与后缀表达式转换的方式给出入栈和出栈序列。掌握栈的先进后出的特点进行模拟是解决这类问题的有效方法。

2.3.2 队列的应用

（1）解决逐行或逐层的问题，如层序遍历二叉树。
（2）解决主机与外部设备之间速度不匹配的问题，如缓冲区。
（3）解决由多用户引起的资源竞争问题，如进程的就绪队列。

2.4 数组和特殊矩阵

特殊矩阵是指非零元素或零元素的分布有一定规律的矩阵。为了节省存储空间，可以利用特殊矩阵的规律进行压缩存储，使多个相同的非零元素共享同一个存储单元，对零元素不分配存储空间。

2.4.1 数组

一个二维数组可视作每个数组元素为一维数组的一维数组。数组一般采用顺序存储，其所有元素在内存中占用一段连续的存储空间。对于二维数组，有两种映射方法：按行优先存储和按列优先存储。

例如数组 $A_{2\times3}$，按行优先方式在内存中的顺序存储形式如图 1-2-11 所示。

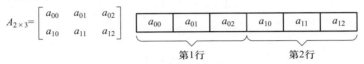

图 1-2-11　二维数组按行优先顺序存储

例如数组 $A_{2\times3}$，按列优先方式在内存中的顺序存储形式如图 1-2-12 所示。

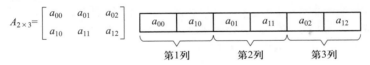

图 1-2-12　二维数组按列优先顺序存储

二维数组与一维数组的下标映射关系（下标均从 0 开始）：

（1）二维数组→一维数组。设二维数组为 $A[m][n]$，按行优先存储，则用一维数组 B 存储二维数组时，二维数组元素 $A[i][j]$ 对应的一维数组元素 $B[x]$ 下标 $x=i\times n+j$。

（2）一维数组→二维数组。设二维数组为 $A[m][n]$，按行优先存储，如果一维数组元素 $B[x]$ 映射到二维数组元素 $A[i][j]$，则行号 $i=\lfloor x/n\rfloor$，列号 $j=x\%n$。

还可以推广至三维数组的情况，有兴趣的读者可以自行推导。

2.4.2 对称矩阵

将对称矩阵 $A[0...n-1][0...n-1]$ 存放在一维数组 $B[0...n(n+1)/2-1]$ 中，只存放主对角线和下三角区的元素。对称矩阵的存储请参考以下的三角矩阵。

2.4.3 三角矩阵

在下三角矩阵中，上三角区的所有元素均为同一常量，其存储思想与对称矩阵类似，不同之处在于存储完下三角区和主对角线上的元素之后，紧接着存储对角线上方的常量 1 次，如图 1-2-13 所示。

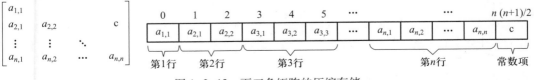

图 1-2-13　下三角矩阵的压缩存储

上三角矩阵的存储方法与下三角矩阵的类似，如图 1-2-14 所示。

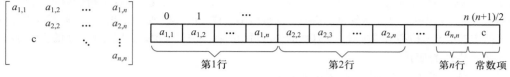

图 1-2-14 上三角矩阵的压缩存储

在特殊矩阵的压缩存储中，求矩阵元素 $a[i][j]$ 存放到一维数组后的下标，只需计算出从第一个元素到元素 $a[i][j]$ 总共需要存放多少个元素，个数减 1 即为该元素存放入一维数组后的下标。

2.4.4 三对角矩阵

在三对角矩阵中，为了节省存储空间，只存储主对角线及其上、下两侧次对角线上的元素，主次对角线以外的 0 元素一律不存储。将三对角矩阵 A 中三条对角线上的元素按行优先方式存放在一维数组 B 中，且 $a_{1,1}$ 存放于 $B[0]$，则矩阵 A 的全部 $3n-2$ 个非 0 元素在数组 B 中的存放顺序如图 1-2-15 所示。

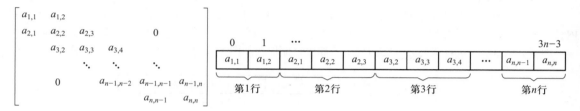

图 1-2-15 三对角矩阵的压缩存储

2.4.5 稀疏矩阵

稀疏矩阵是非零元素很少的矩阵，如果将该矩阵的所有元素都保存起来，会很浪费空间；如果仅保存非零元素，又不能说明该非零元素的位置。所以在保存非零元素的同时，还要将该非零元素的下标记录下来，这样就构成一个三元组（行标，列标，值），如图 1-2-16 所示。按照某种规律存储这些三元组。稀疏矩阵压缩存储后便失去了随机存取特性。

$$M = \begin{bmatrix} 4 & 0 & 0 & 0 \\ 0 & 0 & 6 & 0 \\ 0 & 9 & 0 & 0 \\ 0 & 23 & 0 & 0 \end{bmatrix}$$ 对应的三元组

i	j	v
0	0	4
1	2	6
2	1	9
3	1	23

图 1-2-16 稀疏矩阵及其对应的三元组

稀疏矩阵的三元组既可以采用数组存储，也可以采用十字链表存储。

2.5 同步练习

一、单项选择题

1. 若出栈的顺序是 *abcde*，则入栈的顺序不可能是（　　）。

A. *abcde*　　　　B. *edcba*　　　　C. *decba*　　　　D. *aedcb*

2. 若 n 个元素的入栈序列为 1、2、3、…、n，出栈序列为 p_1、p_2、p_3、…、p_n。若 $p_2=2$，则 p_3 可能取值的个数是（　　）。

A. $n-1$　　　　B. $n-2$　　　　C. $n-3$　　　　D. 无法确定

3. 设 n 个元素的入栈序列为 1、2、3、…、n，出栈序列为 p_1、p_2、p_3、…、p_n。若 $p_1=3$，则 p_2 的值为（　　）。

A. 可能是 1　　　　B. 可能是 2　　　　C. 不可能是 2　　　　D. 以上都不对

4. 若入栈序列为12345，则可能得到的出栈序列为（　　　）。

A. 12534　　　　　　B. 31254　　　　　　C. 32541　　　　　　D. 14235

5. 设数组 $data[m]$ 作为循环队列 S 的存储空间，front 为队头指针，rear 为队尾指针，则执行出队操作后，其队头指针 front 的值为（　　　）。

A. front＝front+1

B. front＝（front+1）%（$m-1$）

C. front＝（front-1）%m

D. front＝（front+1）%m

6. 设循环队列 Q 的存储容量为 M，队头和队尾指针分别为 front 和 rear。则队列中元素的个数是（　　　）。

A. （rear-front+M）%M

B. （rear-front）%M

C. （front-rear+M）%M

D. rear-front+1

7. 若以 1、2、3、4 作为双端队列的输入序列，则能由输入受限的双端队列得到，但不能由输出受限的双端队列得到的输出序列为（　　　）。

A. 4、1、2、3　　B. 4、1、3、2　　　　C. 1、2、3、4　　　　D. 4、2、3、1

8. 在下列选项中，不使用栈的是（　　　）。

A. 解释器　　　　　　B. Web 浏览器　　　　C. 文本编辑器　　　　D. 缓冲区

9. 设栈 S 和队列 Q 的初始状态均为空，元素 1、2、3、4、5、6 依次通过栈 S，一个元素出栈后即进入队列 Q，若 6 个元素出队的序列是 2、4、3、6、5、1，则栈 S 的容量至少应该是（　　　）。

A. 3　　　　　　　　B. 6　　　　　　　　C. 2　　　　　　　　D. 4

10. 设有一个 10×10 的对称矩阵 $A[10][10]$，按行优先方式存放于数组 $B[\ ]$ 中，若 $A[0][0]$ 存放于 $B[0]$，若按照下三角方式压缩存放，$A[8][5]$ 在数组 $B[\ ]$ 中的位置是（　　　）。

A. 39　　　　　　　　B. 41　　　　　　　　C. 43　　　　　　　　D. 65

11. 设有三对角矩阵 $A[100][100]$，将其三条对角线中的元素逐行存储到数组 $B[\ ]$ 中，使得 $B[0]=A[0][0]$，那么 $B[222]$ 存储的矩阵 A 元素的行下标和列下标分别为（　　　）。

A. 73、74　　　　　　B. 74、74　　　　　　C. 74、73　　　　　　D. 74、75

12. 二维数组 A 按行优先方式存储，其中每个元素占 1 个存储单元。若 $A[1][1]$ 的存储地址为 420，$A[3][3]$ 的存储地址为 446，则 $A[5][5]$ 的存储地址为（　　　）。

A. 472　　　　　　　　B. 471　　　　　　　　C. 458　　　　　　　　D. 457

二、综合应用题

1. 假设用 I 表示进栈操作，O 表示出栈操作。若栈的初态和终态均为空，入栈和出栈的操作序列可表示为仅由 I 和 O 组成的序列，则称可以操作的序列为合法序列，否则称为非法序列。

（1）试指出判别给定操作序列是否合法的一般规则。

（2）两个不同的合法序列（具有相同元素的不同输入序列）能否得到相同的输出元素序列？如能得到，请举例说明。

2. 借助栈实现带表头结点的单链表的逆置运算［可以直接使用 push（ ）、pop（ ）等栈的基本操作］。

3. 给定整数数组 $B[m+1][n+1]$ 的数据在行、列方向上都按从小到大的顺序排列。试设计一个算法，在数组中找出值为 x 的元素 $B[i][j]$（假设存在），且要求比较的次数不超过 $m+n$。

答案与解析

一、单项选择题

1. C

对于选项 A，每个元素入栈后立即出栈，因此可以实现。对于选项 B，元素全部入栈后再依次出栈。对于选项 C，最后一个入栈的元素是 a，而第一个出栈的元素也是 a，说明元素是全部入栈后再依次出栈的，出栈顺序应为 abced，与题意不符。对于选项 D，a 入栈后立即出栈，剩余 4 个元素全部入栈后再依次出栈，可以实现。

2. A

分两种情况分析：

（1）1 入栈、2 入栈、3 入栈、3 出栈、2 出栈，此时 $p_1 = 3$、$p_2 = 2$，p_3 可能为 1，也可能为 $4 \sim n$ 中的任意元素。

（2）1 入栈、1 出栈、2 入栈、2 出栈，此时，$p_1 = 1$、$p_2 = 2$，p_3 可能为 $3 \sim n$ 中的任意元素。综上所述，p_3 可能取值为除了 2 以外的任意元素，故取值的个数是 $n-1$。

3. B

用 I 和 O 分别表示入栈和出栈操作。若操作顺序为 IIIOO…，$p_2 = 2$；若操作顺序为 IIIOIO…，$p_2 = 4$；若操作顺序为 IIIOIIO…，$p_2 = 5$；…。依次类推，p_2 可能是 2，也可能是大于 3 的数。

4. C

对于选项 A，1 入栈、1 出栈、2 入栈、2 出栈、3 入栈、4 入栈、5 入栈、5 出栈，此时 3 无法立即出栈。对于选项 B，1 入栈、2 入栈、3 入栈、3 出栈，此时 1 无法立即出栈。对于选项 C，1 入栈、2 入栈、3 入栈、3 出栈、2 出栈、4 入栈、5 入栈、5 出栈、4 出栈、1 出栈，符合题意。对于选项 D，1 入栈、1 出栈、2 入栈、3 入栈、4 入栈、4 出栈，此时 2 无法立即出栈。

5. D

在循环队列中执行出队操作时，队头指针 front 增 1，由于循环队列存放在数组中，数组含有 m 个元素，需要对出队后的指针取模。

6. A

此题和循环队列的判空、判满属于同一类问题，只要画出这种队列的各种情形便可求解。

7. B

输入受限的双端队列和输出受限的双端队列如下图所示。

(a) 输入受限的双端队列　　　　　　　　(b) 输出受限的双端队列

首先验证能由输入受限的双端队列得到的输出序列，C 选项显然可以，继续验证选项 A、B 和 D，它们的第一个出队元素都是 4，因此都是 4 次连续入队后才出队，仅需验证出队操作。对于选项 A：4 左出，然后 1、2、3 依次右出。对于选项 B：4 左出，1 右出，3 左出，2 右出。对于选项 D：4 左出，此时左出或右出都得不到 2，排除选项 D。然后验证能由输出受限的双端队列得到的输出序列，选项 C 显然可以，只需再验证选项 A 和 B，同理，它们也是 4 次连续入队后才出队，入队结束后队列中的序列（逆序）可视为出队序列，仅需验证入队操作。对于选项 A：1、2、3 依次左入，4 右入。对于选项 B：1 左入，此时 2 左入或右入都得不到选项 B 对应的序列，故选 B 项。

8. D

解释器是一种语言处理程序，它在做表达式计算、判断括号配对、处理函数调用时使用了栈。Web 浏览器在保存最近访问过的网址时使用了栈。文本编辑器在实现"撤销"操作时使用了栈。只有缓冲区的实现使用的是队列而不是栈。

9. A

由题意可知，出栈序列为 2、4、3、6、5、1，因此栈 S 的操作顺序为：1 入栈、2 入栈、2 出栈、3 入栈、4 入栈、4 出栈、3 出栈、5 入栈、6 入栈、6 出栈、5 出栈、1 出栈。假设初始所需容量为 0，每一次入栈对容量进行加 1 操作，每一次出栈对容量进行减 1 操作，记录容量的最大值为 3。

10. B

若按下三角方式存放，$A[8][5]$ 在数组 $B[\ ]$ 中的位置为 $(i+1) \times i / 2 + j = (8+1) \times 8 / 2 + 5 = 41$。

11. B

$B[222]$ 对应三对角矩阵的下标为 $i = \lfloor (k+1)/3 \rfloor = \lfloor (222+1)/3 \rfloor = 74$，$j = k - 2i = 74$。

12. A

本题未直接给出数组 A 的行数和列数，因此需要根据题目信息来推理。因为该二维数组按行优先方式存储，且 $A[3][3]$ 的存储地址为 446，所以 $A[3][1]$ 的存储地址为 444，又 $A[1][1]$ 的存储地址为 420，显然 $A[1][1]$ 和 $A[3][1]$ 正好相差 2 行，所以该矩阵的列数为 12。而 $A[5][3]$ 和 $A[3][3]$ 正好相差 2 行，$A[5][5]$ 和 $A[5][3]$ 又相差 2 个元素，所以 $A[5][5]$ 的存储地址是 446+24+2=472。

二、综合应用题

1．（1）判别操作序列通常有两条规则：① 在该操作序列中，I 的个数和 O 的个数是否相等；② 从该操作序列的开始位置到该序列中的任意位置，I 的个数是否大于或等于 O 的个数。

（2）可以得到相同的输出元素序列。例如，若输入元素为 a、b、c，对于两个输入元素序列 abc 和 bac，当输入序列 abc 采用的操作序列为 IOIOIO，输入序列 bac 采用的操作序列为 IIOOIO 时，均能得到输出元素序列 abc。

2．由于入栈与出栈顺序正好相反，因此借助栈可以实现单链表的逆置运算，让单链表中的每个结点依次入栈，然后再依次出栈。算法实现如下：

```
void invert(LinkList &L){
    Stack S;
    LinkNode * p=L->link, * q;
    while(p! =NULL){                      //依次将链中结点入栈
        Push(S,p);p=p->link;
    }
    p=L;                                  //p 起到单链表尾指针作用
    while(! IsEmpty(S)){                   //将栈中保存的结点依次出栈
        Pop(S,q);p->link=q;               //出栈元素链入逆置后的链中
        p=p->link;                        //p 进到链表尾结点
    }
    p->link=NULL;                         //逆置后的链表收尾
}
```

3．算法思想：从二维数组右上角的元素开始逐次进行比较，每次比较有三种可能的结果。

（1）若相等，则比较结束；

（2）若右上角的元素小于 x，则可判定二维数组的最上一行肯定没有与 x 相等的数据，下次比较时搜索范围可减少一行；

（3）若右上角的元素大于 x，则可判定二维数组的最右一列肯定没有与 x 相等的数据，下次比较时可把最右一列移出搜索范围。

这样，每次比较可使搜索范围减少一行或一列，最多经过 $m+n$ 次比较就可找到要求的与 x 相等的元素。算法实现如下：

```
void find( int B[][],int n,int x,int &i,int &j){
    //找到后,由 i 与 j 返回该数组元素的位置
    i=0;j=n;
    while(B[i][j]! =x)
        if(B[i][i]<x)i++;
        else j--;
}
```

题干已假设存在值为 x 的元素，因此算法中没有进行边界异常判断。

第 3 章　树与二叉树

【真题分布】

主要考点	考查次数	
	单项选择题	综合应用题
树的基本性质	3	1
二叉树的定义和性质	5	1
二叉树的遍历	6	4
树、森林与二叉树的转化	6	0
线索二叉树的基本概念和构造	3	0
哈夫曼树与哈夫曼编码	9	3

【复习要点】

（1）树和二叉树的定义，相关术语：结点的度、层次、高度或深度，树的度、高度或深度等。

（2）二叉树的性质：二叉树中层次与结点数的关系，二叉树中高度与结点数的关系，二叉树中结点编号与层次的关系，完全二叉树中结点间的关系，完全二叉树中高度与结点数的关系。

（3）二叉树的顺序存储结构和链式存储结构的定义，两种存储结构的特点及相互转化。

（4）二叉树的 4 种遍历算法，利用遍历序列组合构造出二叉树。

（5）二叉树遍历算法的应用：统计二叉树结点个数、二叉树叶结点个数，二叉树高度的递归算法，判断两棵二叉树相等和交换二叉树左、右孩子指针的递归算法等。

（6）中序线索二叉树的特征，通过二叉树的中序遍历建立中序线索二叉树的算法，在线索二叉树（前序、中序、后序）中寻找第一个结点、某结点的前驱结点和后继结点的方法。

（7）树/森林与二叉树的转化方法，树的存储表示：双亲表示法和孩子兄弟表示法（重点），树和森林的遍历方法及其与对应二叉树遍历方法的关系，树的层次遍历方法。

（8）带权路径长度、哈夫曼树、前缀码、哈夫曼编码的定义和特点，哈夫曼树的构造方法。

3.1　树

3.1.1　树的基本概念

树的定义是递归的，树是 $n(n \geq 0)$ 个结点的有限集合。在任一非空树（$n > 0$）中，有且仅有一个称作根的结点，其余的结点可分为 m 棵（$m \geq 0$）互不相交的子树，每棵子树又同样是一棵树。当树中某结点有多个子树时，其子树的顺序一般是任意的，这种树称为无序树，否则称为有序树。

树适用于表示具有层次结构的数据。树中的某个结点（除根结点外）最多只和上一层的一个结点（即其父结点或双亲结点）有直接关系，根结点没有直接上层结点，因此在 n 个结点的树中有 $n-1$ 条边。而树中每个结点与其下一层的零个或多个结点（即其孩子结点）有直接关系。

表 1-3-1 展示了一些常见的树的基本术语。

表 1-3-1　树的基本术语

术语	定义
结点的度	树中一个结点的子结点个数
树的度	树中结点的最大度数
分支结点与叶子结点	度大于 0 的结点称为分支结点，度等于 0 的结点称为叶子结点（或叶结点）
结点的深度	从根结点到该结点的路径上结点的个数（根结点深度为 1）
树的高度或深度	树中结点的最大层数（根结点为第 1 层）
路径	树中两个结点之间所经过的结点序列
路径长度	路径上所经过的边的条数

3.1.2　树的基本性质

（1）树中的结点数等于所有结点的度数之和加 1（结点总数＝边总数+1）。

（2）度为 m 的树中第 i 层上至多有 m^{i-1} 个结点（$i \geqslant 1$）。

（3）高度为 h 的 m 叉树至多有 $(m^h-1)/(m-1)$ 个结点。

（4）具有 n 个结点的 m 叉树的最小高度为 $\lceil \log_m(n(m-1)+1) \rceil$。

3.2　二叉树

3.2.1　二叉树的基本概念

二叉树的定义也是递归的。二叉树或者是一棵空树，或者是一棵由一个根结点和两棵互不相交的分别称作左子树和右子树的树所组成的非空树，其左子树和右子树同样是二叉树。

二叉树是有序树，根结点的两棵子树要区分左子树和右子树，它们的地位不能互换。

有两种特殊的二叉树，即满二叉树和完全二叉树，它们的定义如表 1-3-2 所示。

表 1-3-2　满二叉树和完全二叉树的定义

术语	定义
满二叉树	一棵高度为 h，并且含有 2^h-1 个结点的二叉树称为满二叉树 每一层的结点数都达到了最大值（装满了）
完全二叉树	一棵高度为 h、有 n 个结点的二叉树，当且仅当其每个结点都与高度为 h 的满二叉树中编号为 $1 \sim n$ 的结点一一对应时，称为完全二叉树 相比满二叉树，完全二叉树少了最底层、最右边的一些连续叶子结点

3.2.2　二叉树的性质

（1）非空二叉树上的叶子结点数等于度为 2 的结点数加 1，即 $n_0=n_2+1$。

由此可以引申出以下结论，对有 n 个结点的完全二叉树：

若 n 为奇数，则树中只有度为 0 和度为 2 的结点，它们的数量分别为 $\lceil n/2 \rceil$ 和 $\lfloor n/2 \rfloor$ 个。

若 n 为偶数，则树中除了度为 0 和度为 2 的结点外，还有 1 个度为 1 的结点。

（2）非空二叉树上第 k 层上至多有 2^{k-1} 个结点（$k \geqslant 1$，根结点所在层次为 1）。

（3）高度为 h 的二叉树至多有 2^h-1 个结点（$h \geqslant 1$）。

（4）对完全二叉树按从上到下、从左到右的顺序依次编号 1、2、…、n，则有：

① 若 $i \leqslant \lfloor n/2 \rfloor$，则结点 i 为分支结点，否则为叶子结点，即最后一个分支结点的编号为 $\lfloor n/2 \rfloor$。

② 叶子结点只可能在层次最大的两层中出现（若删除满二叉树中最底层、最右边的连续 2 个或以上的叶子结点，则倒数第二层将会出现叶子结点）。

③ 如果有度为 1 的结点，只可能有 1 个，且该结点只有左孩子而无右孩子（度为 1 的分支结点只可能是最后一个分支结点，其结点编号为 $\lfloor n/2 \rfloor$）。

④ 按层序编号后，一旦出现某结点（如结点 i）为叶子结点或只有左孩子，则编号大于 i 的结点均为叶子结点（与结论①和结论③是相通的）。

⑤ 若 n 为奇数，则每个分支结点都有左孩子和右孩子；若 n 为偶数，则编号最大的分支结点（编号为 $n/2$）只有左孩子，没有右孩子，其余分支结点左、右孩子都有。

⑥ 当 $i>1$ 时，结点 i 的双亲结点的编号为 $\lfloor i/2 \rfloor$。

⑦ 当 $2i \leqslant n$ 时，结点 i 的左孩子编号为 $2i$；当 $2i+1 \leqslant n$ 时，结点 i 的右孩子编号为 $2i+1$。

⑧ 结点 i 所在层次（深度）为 $\lfloor \log_2 i \rfloor + 1$（与结论⑦的原理一样）。

（5）具有 n 个（$n>0$）结点的完全二叉树的高度为 $\lceil \log_2(n+1) \rceil$ 或 $\lfloor \log_2 n \rfloor + 1$。

3.2.3 二叉树的存储结构

1. 顺序存储结构

按照顺序存储的定义，用一组地址连续的存储单元自上而下、自左至右依次存储完全二叉树上的结点元素，即将完全二叉树上编号为 i 的结点元素存储在某个数组下标为 $i-1$ 的分量中，如图 1-3-1（a）所示。对于一般二叉树，则应将其每个结点与完全二叉树上的结点相对应，存储在一维数组的相应分量中，如图 1-3-1（b）所示。在最坏的情况下，一个高度为 h 且只有 h 个结点的单支树，需要占据近 2^h-1 个存储单元。

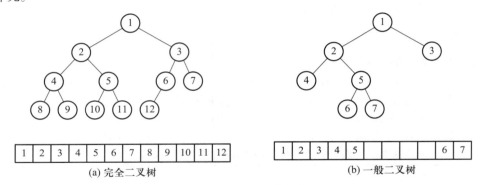

图 1-3-1 二叉树的顺序存储结构

2. 链式存储结构

由于顺序存储的空间利用率较低，因此，一般二叉树都采用链式存储结构。链式存储结构是指用一个链表来存储一棵二叉树，二叉树中每个结点用链表的一个结点来存储。在二叉树中，结点结构通常包括结点本身的数据域及指向左右分支的指针域，如图 1-3-2 所示。

lchild	data	rchild

图 1-3-2 二叉树结点的链式存储结构

二叉树的链式存储结构描述如下：

```
typedef struct BiTNode{
    ElemType data;                        //数据域
    Struct BiTNode * lchild, * rchild;    //左右孩子指针
} BiTNode, * BiTree;
```

图 1-3-3 所示为常用的二叉链表的结构。实际上，在不同的应用中，还可以增加某些指针域，如增加指向父结点的指针，则变为三叉链表的存储结构。当然，二叉树的存储结构还是多用二叉链表。

使用不同的存储结构，实现二叉树操作的算法也会不同，因此要根据实际应用的场合（二叉树的形态和需要进行的运算）来选择合适的存储结构。

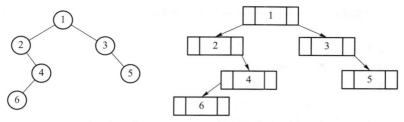

图 1-3-3　二叉树的链式存储结构

3.3　二叉树的遍历和线索二叉树

3.3.1　二叉树的遍历

二叉树的遍历实质上是对一个非线性结构进行线性化的过程，它使得每个结点（除第一个和最后一个之外）在这些线性序列中有且仅有一个直接前驱和直接后继。

1. 先序遍历

若二叉树 T 非空：① 访问根结点；② 先序遍历 T 的左子树；③ 先序遍历 T 的右子树。

对于图 1-3-4 所示的二叉树，先序遍历的结果为 1 2 4 6 3 5。

2. 中序遍历

若二叉树 T 非空：① 中序遍历 T 的左子树；② 访问根结点；③ 中序遍历 T 的右子树。

对于图 1-3-4 所示的二叉树，中序遍历的结果为 2 6 4 1 3 5。

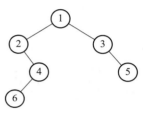

图 1-3-4　二叉树

3. 后序遍历

若二叉树 T 非空：① 后序遍历 T 的左子树；② 后序遍历 T 的右子树；③ 访问根结点。

对于图 1-3-4 所示的二叉树，后序遍历的结果为 6 4 2 5 3 1。

注意：对于上述三种遍历算法，左右子树的遍历次序是不变的，即先遍历左子树，再遍历右子树。

上述三种遍历算法的查找途径相同，它们的时间复杂度均为 $O(n)$。在递归的遍历算法中，每进行一次递归调用，都将函数的"活动记录"压入栈中，因此，栈的容量即树的深度。所以，在最坏情况下，二叉树是有 n 个结点且深度为 n 的单支树，遍历算法的空间复杂度也为 $O(n)$。

4. 层次遍历

层次遍历二叉树是指按自顶向下、自左向右的顺序来逐层访问树中结点。在层次遍历的实现过程中需使用队列。对于图 1-3-4 所示的二叉树，层次遍历的结果为 1 2 3 4 5 6。

应用二叉树的遍历，可以实现很多有关二叉树的操作，这也是算法题的常考点。例如，计算二叉树的结点个数、计算二叉树的高度、二叉树的复制、判断两棵二叉树是否同构（相等）等。

5. 由遍历序列构造二叉树

可以**唯一确定**一棵二叉树的序列组合（都需要中序序列）如下：

● 中序序列与前序序列。

● 中序序列与后序序列。

● 中序序列与层序序列。

前序序列为 NLR，后序序列为 LRN，因此给定前序序列或后序序列中的一种就可以确定双亲结点 N，但当要确定 L、R 时，由于它们与 N 的相对位置相同（前序为 NL，NR，后序为 LN，RN），无法区分 L 与 R。如前序序列为 NX，后序序列为 XN，但无法识别 X 为 R 还是 L，见图 1-3-5。

另外，因为祖先结点与子孙结点在前序序列和后序序列中的顺序一定是相反的，所以根据前序序列和后序序列可以确定祖先结点与子孙结点的关

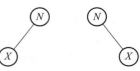

图 1-3-5　两棵二叉树

系。例如，对于两个结点 X、Y，如果在前序序列中 X 在 Y 前，在后序序列中 Y 在 X 前，则可以判断出 X 为 Y 的祖先结点。

3.3.2 线索二叉树

在二叉链表存储结构中，只能找到一个结点的左、右孩子信息，不能直接得到结点在某种遍历序列中的前驱和后继信息。为了加快查找结点前驱和后继的速度，利用二叉树中的空链域（容易证明，在有 n 个结点的二叉树中有 $n+1$ 个空指针）存放指向其直接前驱或直接后继的指针，称为**线索**。加上线索的二叉树称为**线索二叉树**，简称线索树。以某种次序遍历二叉树，使其变为线索二叉树的过程称为**线索化**。

线索化时通常规定：若无左子树，则令 lchild 指向其前驱结点；若无右子树，则令 rchild 指向其后继结点。线索二叉树的结点结构如图 1-3-6 所示。

lchild	ltag	data	rtag	rchild

图 1-3-6 线索二叉树的结点结构

其中，标志域含义如下：

$$ltag \begin{cases} 0 & \text{lchild 域指示结点的左孩子} \\ 1 & \text{lchild 域指示结点的前驱结点} \end{cases}$$

$$rtag \begin{cases} 0 & \text{rchild 域指示结点的右孩子} \\ 1 & \text{rchild 域指示结点的后继结点} \end{cases}$$

以图 1-3-7（a）的二叉树为例，对其前序、中序、后序线索化后分别如图 1-3-7（b）、图 1-3-7（c）、图 1-3-7（d）所示。

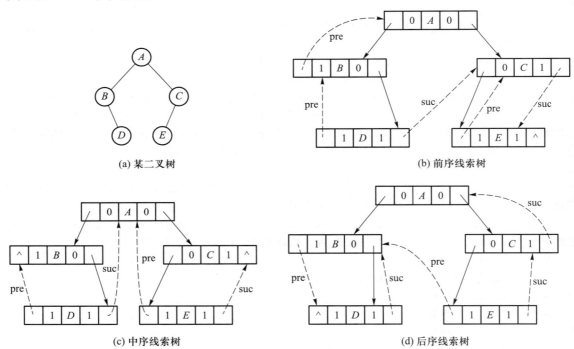

(a) 某二叉树

(b) 前序线索树

(c) 中序线索树

(d) 后序线索树

图 1-3-7 二叉树及其线索化

用某种策略完成二叉树的线索化之后，以后再需要用该策略遍历该二叉树时，只需找到该二叉树在这种策略下的线性序列的第一个元素，然后依次找各个结点的后继即可。

中序线索二叉树的结点中隐含了线索二叉树的前驱和后继信息。在对其进行遍历时，只要先找到序列中的第一个结点，然后依次找结点的后继，直至其后继为空。

如何在先序线索二叉树中找结点的后继？如果有左孩子，则左孩子就是其后继；如果无左孩子但有右孩子，则右孩子就是其后继；如果为叶结点，则右链域直接指示了结点的后继。

在后序线索二叉树中找结点的后继较为复杂，可分三种情况：① 若结点 x 是二叉树的根，则其后继为空；② 若结点 x 是其双亲的右孩子，或是其双亲的左孩子且其双亲没有右子树，则其后继即为双亲；③ 若结点 x 是其双亲的左孩子，且其双亲有右子树，则其后继为双亲的右子树上按后序遍历列出的第一个结点。在后序线索二叉树上找后继时需知道结点双亲，因此应采用带标志域的三叉链表作为存储结构。

3.4 树和森林

3.4.1 树的存储结构

树的常用存储结构如下：

1. 双亲表示法

双亲表示法采用一组连续空间来存储每个结点，同时在每个结点中增设一个伪指针，指示其双亲结点的位置。对图 1-3-8（a）的树采用双亲表示法，结果如图 1-3-8（b）所示，根结点下标为 0，其伪指针域为 -1。

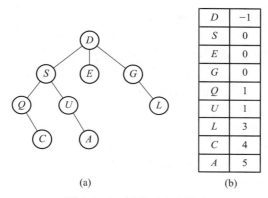

D	-1
S	0
E	0
G	0
Q	1
U	1
L	3
C	4
A	5

(a)　　　　　　　(b)

图 1-3-8　树的双亲表示法

双亲表示法的存储结构描述如下：

```
#define MAX_TREE_SIZE 100              //树中最多结点数
typedef struct PTNode{                 //树的结点定义
    ElemType data;                     //数据元素
    int parent;                        //双亲位置域
} PTNode;
typedef struct{                        //树的类型定义
    PTNode nodes[MAX_TREE_SIZE];       //双亲表示
    int n;                             //结点数
} PTree;
```

这种存储方式利用了每个结点（根结点除外）只有唯一双亲的性质，可以很快得到每个结点的双亲结点，但是求结点的孩子时却需要遍历整个结构来查找。

2. 孩子表示法

孩子表示法是将每个结点的孩子结点都用链表链接起来，n 个结点就有 n 个孩子链表，对图 1-3-8（a）的树采用孩子表示法，结果如图 1-3-9（a）所示。使用这种存储方式时，寻找孩子的操作非常直接，而寻找双亲的操作需要遍历 n 个结点中孩子链表的指针域所指向的 n 个孩子链表。

3. 孩子兄弟表示法

孩子兄弟表示法是使每个结点包括三部分内容：结点值、指向结点第一个孩子结点的指针和指向结点下一个兄弟结点的指针。对图 1-3-8（a）的树采用孩子兄弟表示法，结果如图 1-3-9（b）所示。

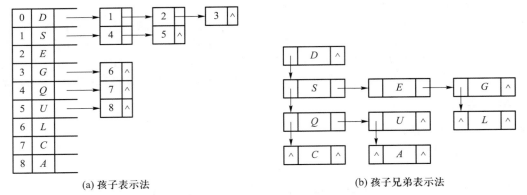

(a) 孩子表示法   (b) 孩子兄弟表示法

图 1-3-9　树的孩子表示法和孩子兄弟表示法

孩子兄弟表示法的存储结构描述如下：

```
typedef struct CSNode{
    ElemType data;                                   //数据域
    struct CSNode * firstchild, * nextsibling;       //第一个孩子和右兄弟指针
} CSNode, * CSTree;
```

这种表示法的最大优点是可以方便地实现树转换为二叉树的操作，易于查找结点的孩子。

3.4.2　树、森林和二叉树的转换

二叉树和树都可以用二叉链表作为存储结构。从物理结构上看，树的孩子兄弟表示法与二叉树的二叉链表表示法是相同的。因此，就可以用同一存储结构的不同解释将一棵树转换为二叉树。

树转换为二叉树的规则：每个结点左指针指向它的第一个孩子结点，右指针指向它在树中相邻的兄弟结点。根结点没有兄弟，因此树转换而得的二叉树没有右子树。

树转换成二叉树的画法：

（1）在兄弟结点之间加一连线；

（2）对每个结点，只保留它与第一个子结点的连线，与其他子结点的连线全部抹掉；

（3）以树根为轴心，顺时针旋转 45°。

森林转换为二叉树与此类似，将所有树的根结点视为兄弟结点。

转换过程如图 1-3-10 所示。

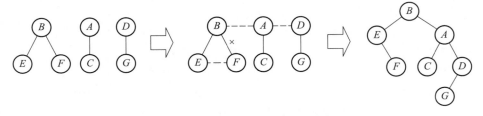

图 1-3-10　森林转换为二叉树示例

森林转换成二叉树的画法：

（1）将森林中的每棵树转换成相应的二叉树；

（2）每棵树的根也可视为兄弟关系，在每棵树的根之间加一根连线；

（3）以第一棵树的根为轴心顺时针旋转 45°。

二叉树转换为森林的规则：若二叉树非空，则二叉树的根及其左子树为第一棵树的二叉树形式，二叉树根的右子树又可视为一个由除第一棵树外的森林转换后的二叉树，应用同样的方法，直到产生一棵没有右子树的二叉树为止，最后再将每棵二叉树依次转换成树，就得到了原森林。

3.4.3 树和森林的遍历

树的遍历是以某种方式访问树中每个结点，且每个结点只访问一次。树的遍历方法主要有两种：

（1）先根遍历：若树非空，则先访问根结点，再按从左到右的顺序遍历根结点的每棵子树。其访问顺序与这棵树相应的二叉树的先序遍历顺序相同。

（2）后根遍历：若树非空，则按照从左到右的顺序遍历根结点的每棵子树，之后再访问根结点。其访问顺序与这棵树相应的二叉树的中序遍历顺序相同。

另外，树也有层次遍历，与二叉树的层次遍历思想基本相同，即按层序依次访问各结点。

可以人为将森林分成三部分：① 森林中第一棵树的根结点；② 森林中第一棵树的子树；③ 森林中其他的树。由此可以得到森林的两种遍历方法：

（1）先序遍历森林。若森林为非空，则按以下规则进行遍历：

- 访问森林中第一棵树的根结点。
- 先序遍历第一棵树中根结点的子树。
- 先序遍历除去第一棵树之后剩余的树。

（2）中序遍历森林。若森林为非空，则按以下规则进行遍历：

- 中序遍历森林中第一棵树的根结点的子树。
- 访问第一棵树的根结点。
- 中序遍历除去第一棵树之后剩余的树。

树和森林的遍历：可采用对应二叉树的遍历算法来实现，见表 1-3-3。

表 1-3-3　树和森林的遍历与二叉树遍历的对应关系

树	森林	二叉树
先根遍历	先序遍历	先序遍历
后根遍历	中序遍历	中序遍历

注意：部分教材也将森林的中序遍历称为后序遍历，称中序遍历是相对其对应的二叉树而言的，称后序遍历是因为根确实是最后才被访问的，因此这两种说法可以理解为同一种遍历方法。

3.5　树的应用

3.5.1 哈夫曼树和哈夫曼编码

1. 哈夫曼树的定义

从树根结点到任意结点的路径长度（经过的边数）与该结点上权值的乘积称为该结点的带权路径长度。树中所有叶结点的带权路径长度之和称为**该树的带权路径长度**，记为

$$\text{WPL} = \sum_{i=1}^{n} w_i l_i$$

式中，w_i 是第 i 个叶结点所带的权值；l_i 是该叶结点到根结点的路径长度。

在含有 n 个带权叶结点的二叉树中，带权路径长度最小的二叉树称为**哈夫曼树**或最优二叉树。

2. 哈夫曼树的构造

给定 n 个权值分别为 w_1、w_2、…、w_n 的结点。通过哈夫曼算法可以构造出最优二叉树，算法的描述如下：

（1）将这 n 个结点分别作为 n 棵仅含一个结点的二叉树，构成森林 F。

（2）构造一个新结点，并从 F 中选取两棵根结点权值最小的树作为新结点的左、右子树，并且将新结点的权值置为左、右子树上根结点的权值之和。

（3）从 F 中删除刚才选出的两棵树，同时将新得到的树的根结点加入 F 中。

（4）重复步骤（2）和（3），直至 F 中只剩下一棵树为止。

例如，设给定的权值集合为 {7，5，2，4}，构造哈夫曼树的过程如图 1-3-11 所示。

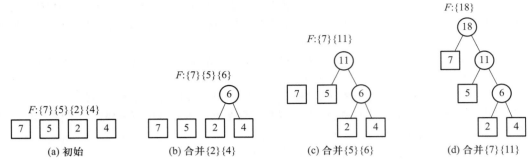

图 1-3-11　哈夫曼树的构造过程

3. 哈夫曼树的特点

（1）每个初始结点最终都成为叶结点，并且权值越小的结点到根结点的路径长度越大。

（2）构造过程中共新建了 $n-1$ 个结点（双分支结点），因此哈夫曼树中结点总数为 $2n-1$。

（3）每次构造都选择 2 棵树作为新结点的孩子，因此哈夫曼树中不存在度为 1 的结点。

（4）给定一些带权叶结点，构造出的哈夫曼树并不唯一，但各哈夫曼树的带权路径长度相同。

4. 哈夫曼编码

如果没有一个编码是另一个编码的前缀（举例：如果将字符 a 编码为 101，则其他任何字符的编码都不能以 101 开头），则称这些编码为**前缀编码**。由于二叉树的根到各个叶结点的路径均不相同，这时利用这些不同的路径来描绘各个叶结点的编码，这些编码就是前缀码。由各个字符为叶结点生成一棵哈夫曼树，根据这棵哈夫曼树得到的（总长度最短的）编码称为哈夫曼编码。

形成哈夫曼编码的过程：

（1）将每个待编码元素视为一个独立的结点，构造出对应的哈夫曼树。

（2）在从根结点至每个待编码元素结点的路径上对边进行标记，其中边标记为 0 表示"转向左孩子"，标记为 1 表示"转向右孩子"。

（3）从根结点到待编码元素结点的路径形成的 0、1 序列就是哈夫曼编码。

3.5.2　并查集

并查集是一种简单的集合表示形式，通常用树（森林）的双亲表示作为并查集的存储结构，每个子集以一棵树表示。所有表示子集的树构成表示全集的森林，存放在双亲表示数组内。通常用数组元素的下标代表元素名，用根结点的下标代表子集名，根结点的双亲结点为负数。

在采用树的双亲指针数组表示作为并查集的存储表示时，集合元素的编号从 0 到 SIZE-1。其中 SIZE 是元素的个数。并查集的结构定义如下：

```
#define SIZE 100
int  UFSets[SIZE];                    //集合元素数组（双亲指针数组）
```

并查集主要有以下三种操作：

（1）**初始化**：将集合中的每个元素都初始化为一个子集，即每个子集合都只包含一个元素。

（2）**查找**：查询两个元素是否属于同一集合。查找并比较两个元素所在集合的根结点。

（3）**合并**：将两个互不相交的集合合并为一个集合。

例如，若设全集为 $S=\{0，1，2，3，4，5，6，7，8，9\}$，初始化时每个元素自成一个单元素子集，每个子集的数组值均为-1，如图 1-3-12 所示。

经过一段时间的计算，这些子集合并为 3 个更大的子集 $S_1=\{0，6，7，8\}$，$S_2=\{1，4，9\}$，$S_3=\{2，3，5\}$，此时并查集的树形表示和存储结构如图 1-3-13 所示。

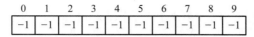

(a) 全集S初始化时形成一个森林

0	1	2	3	4	5	6	7	8	9
-1	-1	-1	-1	-1	-1	-1	-1	-1	-1

(b) 初始化时形成的 (森林) 双亲表示数组

图 1-3-12　并查集的初始化

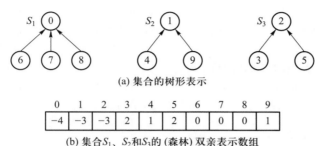

(a) 集合的树形表示

0	1	2	3	4	5	6	7	8	9
-4	-3	-3	2	1	2	0	0	0	1

(b) 集合S_1、S_2和S_3的 (森林) 双亲表示数组

图 1-3-13　并查集的树形表示和存储结构

为了得到两个子集的并集，只需将其中一个子集根结点的双亲指针指向另一个子集的根结点。因此，$S_1 \cup S_2$可以具有如图 1-3-14 所示的表示形式。

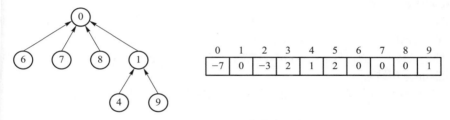

图 1-3-14　$S_1 \cup S_2$可能的表示方法

3.6　同步练习

一、单项选择题

1. 在一棵树中，度为 3 的结点数为 2，度为 2 的结点数为 1，度为 1 的结点数为 2，则度为 0 的结点数为（　　）。

　A. 4　　　　　　　　B. 5　　　　　　　　C. 6　　　　　　　　D. 7

2. 下列有关二叉树的说法中，正确的是（　　）。

　A. 二叉树的度为 2

　B. 一棵二叉树的度可以小于 2

　C. 二叉树中至少有一个结点的度为 2

　D. 二叉树就是度为 2 的有序树

3. 深度为 h 的满 m 叉树第 k 层至多有（　　）个结点（$1 \leqslant k \leqslant h$）。

　A. m^{k-1}　　　　　B. m^k-1　　　　　C. m^{h-1}　　　　　D. m^h-1

4. 每个结点的度或者为 0 或者为 2 的二叉树称为正则二叉树。n 个结点的正则二叉树中有（　　）个叶结点。

　A. $\lceil \log_2 n \rceil$　　　　　　　　　　B. $\lceil \log_2 (n+1) \rceil$

　C. $(n-1)/2$　　　　　　　　　　D. $(n+1)/2$

5. 下列关于二叉树的结论中，正确的是（　　）。

Ⅰ. 只有一个结点的二叉树的度为 0

Ⅱ. 二叉树的度为 2

Ⅲ. 二叉树的左、右子树可任意交换

Ⅳ. 深度为 k 的完全二叉树的结点个数小于或等于深度相同的满二叉树的结点个数

    A. Ⅰ、Ⅱ、Ⅲ   B. Ⅱ、Ⅲ、Ⅳ   C. Ⅱ、Ⅳ   D. Ⅰ、Ⅳ

6. 在一棵三叉树中，度为 3 的结点数为 2，度为 2 的结点数为 1，度为 1 的结点数为 2，则度为 0 的结点数为（   ）。

    A. 4   B. 5   C. 6   D. 7

7. 由 3 个结点可以构造出（   ）种不同形态的有向树和（   ）种不同形态的二叉树。

    A. 2，5   B. 2，4   C. 3，5   D. 3，4

8. 一个具有 1 025 个结点的二叉树的高 h 为（   ）。

    A. 11   B. 10   C. 11~1 025   D. 10~1 024

9. 具有 10 个叶结点的二叉树中有（   ）个度为 2 的结点。

    A. 8   B. 9   C. 10   D. 11

10. 在下列关于二叉树遍历的说法中错误的是（   ）。

A. 在一棵二叉树中，假定每个结点最多只有左孩子，没有右孩子，对它分别进行前序遍历和后序遍历，则具有相同的遍历结果

B. 在一棵二叉树中，假定每个结点最多只有左孩子，没有右孩子，对它分别进行中序遍历和后序遍历，则具有相同的遍历结果

C. 在一棵二叉树中，假定每个结点最多只有左孩子，没有右孩子，对它分别进行前序遍历和按层遍历，则具有相同的遍历结果

D. 在一棵二叉树中，假定每个结点最多只有右孩子，没有左孩子，对它分别进行前序遍历和中序遍历，则具有相同的遍历结果

11. 若二叉树采用二叉链表存储，要交换其所有分支结点左、右子树的位置，利用（   ）遍历最合适。

    A. 前序   B. 中序   C. 后序   D. 按层次

12. 在一棵后序线索二叉树中，若指针 s 指向该线索二叉树中的某结点，则（   ）。

A. s→rchild 指向的结点一定是 s 所指结点的直接后继结点

B. s→lchild 指向的结点一定是 s 所指结点的直接前驱结点

C. 从 s 所指结点出发的 rchild 链可能构成环

D. s 所指结点的 lchild 和 rchild 指针一定指向不同的结点

13. 在线索二叉树中，结点 p 没有左子树的充分必要条件是（   ）。

A. p→lchild＝NULL

B. p→ltag＝1

C. p→ltag＝1 且 p→lchild＝NULL

D. 以上均不正确

14. 某二叉树中序序列为 $\{A, B, C, D, E, F, G\}$，后序序列为 $\{B, D, C, A, F, G, E\}$，则该二叉树对应的森林包括（   ）棵树。

    A. 1   B. 2   C. 3   D. 4

15. 设给定权值总数有 n 个，其哈夫曼树的结点总数为（   ）。

    A. $2n-1$ B. $2n$ C. $2n+1$ D. 不能确定

16. 根据使用频率，以下 5 个字符设计的哈夫曼编码中不可能的是（   ）。

    A. 111，110，10，01，00   B. 000，001，010，011，1

    C. 100，11，10，1，0   D. 001，000，01，11，10

17. 对 5 个字符进行哈夫曼编码，若生成的哈夫曼树中只有度为 0 或 2 的结点，则对应各字符的哈夫曼编码不可能是（　　）。

A. 000, 001, 010, 011, 1　　　　　　　　B. 0000, 0001, 001, 01, 1

C. 000, 001, 01, 10, 11　　　　　　　　　D. 00, 100, 101, 110, 111

二、综合应用题

1. 一棵有 n 个结点的满二叉树的高度为 h（根结点所在的层次为 1），则：

（1）如何用高度表示结点总数 n？如何用结点总数 n 表示高度 h？

（2）若对该树的结点从 0 开始按中序遍历次序进行编号，则如何用高度 h 表示根结点的编号？如何用高度 h 表示根结点的左孩子结点编号和右孩子结点编号？

2. 已知一棵完全二叉树存放于一个一维数组 $T[n]$ 中，$T[n]$ 中存放的是各结点的值。试设计一个算法，从 $T[n]$ 开始顺序读出各结点的值，建立该二叉树的二叉链表。

3. 设二叉树以二叉链表表示，实现下列函数，返回二叉树指定结点 p 在以 t 为根的子树中的层次。

```
int level(BiTNode * t,BiTNode * p);
```

4. 设一棵二叉树以二叉链表 BiTree 表示，请编写一个递归算法，统计二叉树中度为 1 的结点个数。

5. 对于一棵给定的二叉树，写出统计其结点个数的递归算法。

（1）给出算法的基本设计思想。

（2）根据设计思想，采用 C 或 C++语言描述算法，关键之处给出注释。

6. 设用于通信的电文仅由 7 个字母 a、b、c、d、e、f、g 组成，字母在电文中出现的频率为 0.27、0.19、0.10、0.04、0.07、0.12、0.21，给出哈夫曼树的构造过程及 7 个字母的哈夫曼编码。

答案与解析

一、单项选择题

1. C

定义树中两个结点之间的连线为分支。一方面，从树根向下看，每个度为 3 的结点分支是 3 个，每个度为 2 的结点分支为 2 个，每个度为 1 的结点分支为 1 个，叶结点不再有分支。假设该树中分支数为 n，则有 $n=3×2+2×1+1×2$。另一方面，从叶子往树根看，除了根结点之外，每个结点都有一个分支将其连在树上，假设度为 0 的结点数为 x，则有 $n=2+1+2+x-1$；联合解得 $x=6$。

2. B

树的度是指树中各个结点的度的最大值。二叉树可以为空树，也可以只有一个结点，此时树的度为 0，由此可知 B 项正确，选项 A、C 和 D 均错误。

3. A

在满 m 叉树中，第 1 层有 $m^0=1$ 个结点，第 2 层有 m^1 个结点，第 3 层有 m^2 个结点……。一般地，第 k 层有 m^{k-1} 个结点（$1≤k≤h$）。

4. D

二叉树的结点总数 $n=n_0+n_2$。根据性质，非空二叉树上的叶结点数等于度为 2 的结点数加 1，即 $n_0=n_2+1$，整理得 $n_2=n_0-1$，综合可得 $n=n_0+n_0-1$，解得 $n_0=(n+1)/2$。

也可以画一棵满足题设条件的二叉树草图，代入选项求解。

5. D

树的度指树中各个结点的度的最大值，只有一个结点的二叉树的度为 0，Ⅰ正确，Ⅱ错误。Ⅲ明显错误。对比满二叉树，完全二叉树少了一些最底层、最右边的连续叶结点，Ⅳ正确。

6. C

树的结点总数 $n=n_0+n_1+n_2+n_3=n_0+5$。再根据性质：树中的结点数等于所有结点的度数之和加 1，$n=n_3×3+n_2×2+n_1+1=2×3+1×2+2+1=11$。解得 $n_0=6$。

7. A

要区分有向树与二叉树之间的不同点，可得不同形态的有向树有 2 种，如下图（a）所示；不同形态的二叉树有 5 种，如下图（b）所示。

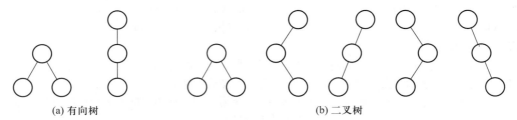

(a) 有向树   (b) 二叉树

8. C

当二叉树为单侧树时具有最大高度，即每层上只有一个结点，则最大高度为 1 025；而当树为完全二叉树时，其高度最小，则最小高度为 $\lfloor \log_2 n \rfloor + 1 = 11$（$n$ 为结点数）。

9. B

由二叉树的性质 $n_0 = n_2 + 1$，即 $n_2 = n_0 - 1 = 10 - 1 = 9$。

10. A

假设在一棵二叉树中最多只有左孩子，没有右孩子，则这是一棵左斜单枝树，遍历过程少了 R。前序遍历结果（NL）和后序遍历结果（LN）正好相反，A 项错误。而对其进行的中序遍历结果（LN）与后序遍历结果（LN）相同，前序遍历结果（NL）与按层遍历结果（NL）相同。选项 D 描述的是右斜单枝树，遍历过程少了 L，前序遍历结果（NR）与中序遍历结果（NR）相同。

11. C

交换所有分支结点左、右子树的位置，可以递归地进行如下操作：先递归交换左子树中的所有分支结点，再递归交换右子树中的所有分支结点，最后交换根结点所有子树的位置。这对应了先遍历左子树，再遍历右子树，最后访问根结点的后序遍历方式。

12. C

此题难度较大，对于选项 A、B 和 D 中含有"一定"的说法，只需举出一个反例即可；而对于选项 C 中含有"可能"的说法，只需举出一个满足条件的特例即可。如果 s 的右孩子存在，则 s->rchild 指向 s 的右孩子，后序遍历时右孩子一定会在 s 之前被访问，此时 s 的后序直接后继结点不是其右孩子，A 项错误。如果 s 的左、右子树均存在，则 s 的后序直接前驱结点一定在它的右子树中，而不是 s->lchild，B 项错误。当 s 的右孩子 s->rchild 是一个叶结点时，s->rchild->rchild 就会指向 s->rchild 在后序遍历时的下一个结点，即 s，构成了一个环，C 项正确。如果 s 只有右孩子，且其是一个叶结点时，s->lchild 指向 s 在后序遍历时的直接前驱结点，即 s 的右孩子，而 s->rchild 也指向 s 的右孩子，D 项错误。

13. B

线索二叉树中用 ltag/rtag 标识结点的左/右指针域是否为线索，当其值为 1 时，对应指针域为线索，表示没有左/右孩子；当其值为 0 时，对应指针域为左/右孩子。

14. B

本题考查了两个知识点：一是由遍历序列确定一棵二叉树的形态，同时知道两种遍历序列并且其中一个是中序序列才能唯一确定一棵二叉树；二是森林和二叉树的转化关系。首先根据后序序列得知二叉树的根为 E，然后根据中序序列得到如下页图（a）所示的划分，再根据后序序列得知左子树的根为 A。之后观察中序序列，发现这个子树只有右子树；又考察后序序列，得到以 A 为根的这棵子树的根为 C；回到中序序列，这时可以判断出以 A 为根的这棵子树的形态了。同理可确定 E 的右子树，结果如下页图（b）所示。根据二叉树和森林的转化关系，很容易发现该二叉树由两棵树转化而成。

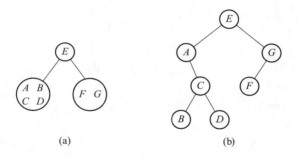

(a)   (b)

15. A

根据哈夫曼树的构造过程，由 n 个结点构造哈夫曼树需要 $n-1$ 次合并，每次合并新建一个分支结点，故结点总数为 $n+n-1=2n-1$。

16. C

哈夫曼编码是前缀编码，即任何一个编码都不是另一个编码的前缀。在选项 C 中，10 是 100 的前缀，因此不是哈夫曼编码。

17. D

画出各选项编码对应的哈夫曼树。题中要求哈夫曼树只有度为 0 或 2 的结点，选项 D 所对应的哈夫曼树如下图所示，不符合题意。

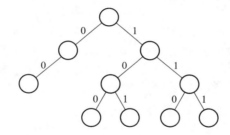

二、综合应用题

1. （1）按照二叉树的性质，$n=2^h-1$，反之，$h=\log_2(n+1)$。

（2）用高度 h 确定根结点编号的依据：① 从满二叉树推知，结点数有 $n=2^h-1$ 个，编号从 0 到 $n-1(2^h-2)$；② 由于是按中序遍历次序所做的编号，根结点左、右子树的结点数相等，根结点的编号应位于正中间；③ 按照求中间点的公式，中间点的编号应为 $\mathrm{mid}=(\mathrm{low}+\mathrm{high})/2=(0+2^h-2)/2=2^{h-1}-1$，此即满二叉树根结点的编号。依此类推，根结点左子树有 $2^{h-1}-1$ 个结点，其结点编号从 0 到 $2^{h-1}-2$，左子树的根结点，即根结点左孩子结点的编号为 $2^{h-2}-1$；右孩子结点的编号为 $2^{h-1}+(2^{h-2}-1)=3\times2^{h-2}-1$。

2. 一维数组通常从 0 号位置开始存放，因此结点 i 的左孩子应为 $2i+1$，右孩子应为 $2i+2$。

在使用递归算法建立二叉链表时，使用了引用型参数 ptr，目的是把新建立的根结点带回上一层。例如，如果原来是空树，函数将 root（=NULL）通过 ptr（作为 root 的别名）传入，函数建立新结点，该结点的地址直接放入 root，成为该树的根结点。如果原来是非空树，ptr 成为上一层 ptr 的 lchild 或 rchild 的别名，新结点的地址将直接放入上一层 ptr 的 lchild 或 rchild 中，实现自动链接。本算法是二叉树前序遍历算法的一个应用，初始调用时 i 为 0，ptr 用 root（=NULL）作为实际参数代入。算法的代码如下：

```
void ConstructTree(DataType T[],int n,int i,BiTNode * &ptr){
    /*将用 T[n]顺序存储的完全二叉树,以 i 为根的子树转换成用二叉链表表示的以 ptr 为根的完
全二叉树。利用引用型参数 ptr 将形参的值带回实参。*/
    if(i>=n) ptr=NULL;
    else{
```

```
        ptr=(BiTNode*)malloc(sizeof(BiTNode));
//建立根结点
        ptr->data=T[i];
        ConstructTree(T,n,2*i+1,ptr->lchild);
//递归建立左子树
        ConstructTree(T,n,2*i+2,ptr->rchild);
//递归建立右子树
    }
}
```

3. 算法思路: 采用递归的方法在 t 的左子树或右子树中寻找 p, 每递归一层, 结点所在层次加 1, 当找到 p 时, 逐层递归返回。当 t 即为 p 时, 返回 1; 如找不到, 则返回 $-\infty$ (用 -9999 标识)。算法实现如下:

```
int level(BiTNode *t,BiTNode){
    if(t==NULL)return-9999;                    //返回 -∞
    if(t==p) return 1;
    intlevel1,level2;                          //分别统计在左子树或右子树中的层次
    level1=level1(t->lchild,p)+1;
    level2=level1(t->rchild,p)+1;
    if(level1>0) return level1;
    else if(level2>0) return level2;
    else return 0;                             //找不到结点 p
}
```

4. (1) 算法思想: 采用递归的方法, 分为三种情况讨论。

① 当树为空时, 度为 1 的结点数为 0; ② 当只存在一个左子树或者只存在一个右子树时, 度为 1 的结点数为递归地在左子树中求得的度为 1 的结点数加 1, 或递归地在右子树中求得的度为 1 的结点数加 1; ③ 当同时存在左子树和右子树时, 度为 1 的结点数为递归地在左子树和右子树中求得的度为 1 的结点数之和。

(2) 算法实现如下:

```
int Degrees1(BiTNode *t){
    if(t==NULL) return 0;                                          //情况①
    if(t->lchild!=NULL&&t->rchild==NULL||t->lchild==NULL&&t->rchild!=NULL)
    return
    1+Degrees1(t->lchild)+Degrees1(t->rchild);                     //情况②
    return
    Degrees1(t->lchild)+Degrees1(t->rchild);                       //情况③
}
```

5. 遍历一遍二叉树, 遍历每个结点时统计结点个数。

(1) 算法思想: ① 若该结点为空, 则返回 0; ② 若该结点不为空, 则依次遍历左、右子树, 返回左、右子树的结点个数之和加 1。

(2) 算法实现如下:

```
int SumOfNode(BiTree T){
    if(T==NULL)return 0;                              //若该结点为空,返回 0
    int lsum,rsum;                                    //用于存储左子树和右子树的结点数
    lsum=SumOfNode(T->lchild);                        //递归遍历左子树
    rsum=SumOfNode(T->rchild);                        //递归遍历右子树
    return lsum+rsum+1;
}
```

基础好的同学可以采用更加精简的形式,如下:

```
int PreOrder(BiTreeT){
    if(T==NULL)return 0;
    return SumOfNode(T->lchild)+SumOfNode(T->rchild)+1;
}
```

6. 哈夫曼树的构造过程:先选择权值最小的两个结点,将其作为左、右孩子结点构造一棵二叉树,然后将这两个结点从集合中删除,并将其权值相加组成一个新结点,再将该结点加入结点集合。依此类推,直到集合中只有一个元素为止。最后在二叉树的所有左分支上标"0",右分支上标"1"。结果如下图所示。

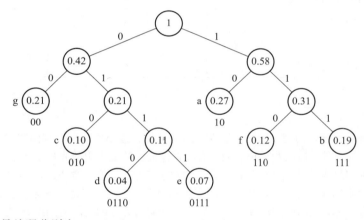

各字母的哈夫曼编码分别为 a:10、b:111、c:010、d:0110、e:0111、f:110、g:00。

第 4 章　图

【真题分布】

主要考点	考查次数	
	单项选择题	综合应用题
图的基本概念	7	1
图的存储及基本操作	5	4
图的遍历	5	1
最小生成树	3	2
有向无环图存储算术表达式	1	0
最短路径	3	2
拓扑排序	8	0
关键路径	3	1

【复习要点】

（1）图的相关概念：顶点的度，图的连通性，连通分量，最小生成树，有向图的强连通性，路径和路径长度，无向连通图的最大边数和最小边数，有向强连通图的最大边数和最小边数。

（2）邻接矩阵和邻接表的特点，两种存储表示中求顶点数、边数、顶点的度和邻接顶点等。

（3）深度优先搜索的递归算法，利用图的深度优先搜索算法和广度优先搜索算法建立图的生成树或生成森林，利用图的遍历算法求解图的连通性问题，两种遍历算法的时间复杂度分析。

（4）最小生成树的概念和性质，构造最小生成树的 Prim 算法和 Kruskal 算法的基本思想、构造步骤及时间复杂度分析，在求解最小生成树算法中对小根堆和并查集的应用。

（5）求解点对点最短路径的 Dijsktra 算法思想、求解步骤、复杂度分析，$dist$ 辅助数组的变化，求解单源最短路径的 Floyd 算法的基本思想和求解步骤。

（6）拓扑序列和逆拓扑序列的概念，求解拓扑序列和逆拓扑序列的方法和步骤，存储结构对拓扑排序算法时间复杂度的影响，利用图的深度优先搜索进行拓扑排序的方法。

（7）关键路径的概念和性质，求解关键路径的方法和步骤。

4.1　图

4.1.1　图的基本概念

图 G（gragh）由顶点集 V 和边集 E 组成，记为 $G=(V,E)$。通常用 $V(G)$ 和 $E(G)$ 分别表示图 G 的顶点集和边集，用 $|V|$ 和 $|E|$ 表示顶点数和边数。$E(G)$ 可以为空集，但 $V(G)$ 一定非空，即图中可以只有顶点而没有边。

表 1-4-1 列出了关于图的常见基本概念。

表1-4-1　关于图的常见基本概念

基本概念	定义
边、弧	边是顶点的无序对，记为 (v, w) 或 (w, v) 弧是顶点的有序对，记为 $<v, w>$，表示从 v 到 w 的弧，v 称为弧尾，w 称为弧头
无向图	若 E 是无向边（简称边）的有限集合，则图 G 为无向图
有向图	若 E 是有向边（也称弧）的有限集合，则图 G 为有向图
顶点的度、入度、出度	图中每个顶点的度定义为以该顶点为一个端点的边的数目 对于**无向图**，顶点 v 的度是指依附于该顶点的边的数量，记为 TD(v) 对于**有向图**，顶点 v 的度分为入度和出度，入度是以 v 为终点的有向边的数目，记为 ID(v)；出度是以 v 为起点的有向边的数目，记为 OD(v)。顶点 v 的度等于其入度和出度之和，即 TD$(v)=$ID(v)+OD(v)
连通、连通图、连通分量	在**无向图**中，若从顶点 v 到顶点 w 有路径存在，则称 v 和 w 是连通的 若图 G 中任意两个顶点都是连通的，则称图 G 为连通图，否则为非连通图 无向图中的极大连通子图称为连通分量
强连通、强连通图、强连通分量	在**有向图**中，若从顶点 v 到顶点 w，从顶点 w 到顶点 v 之间都有路径，则称这两个顶点是强连通的 若图中任意一对顶点都是强连通的，则称此图为强连通图 有向图中的极大强连通子图称为有向图的强连通分量
完全图	在**无向完全图**中，任意两个顶点之间都存在边，共有 $n(n-1)/2$ 条边 在**有向完全图**中，任意两个顶点之间都存在方向相反的两条弧，共有 $n(n-1)$ 条有向边
子图	设有两个图 $G=(V, E)$ 和 $G'=(V', E')$，若 V' 是 V 的子集，且 E' 是 E 的子集，则称 G' 是 G 的子图 注意：不是任意 V' 和 E' 都能构成子图，前提是 V' 和 E' 必须能够构成图
生成树、生成森林	连通图的生成树是包含图中全部顶点的一个极小连通子图 在非连通图中，连通分量的生成树构成了非连通图的生成森林
路径、路径长度和回路	顶点 v_p 到顶点 v_q 之间的一条路径是指顶点序列 v_p, v_{i1}, v_{i2}, …, v_{im}, v_q 路径上边的数目称为路径长度 第一个顶点和最后一个顶点相同的路径称为回路或环
简单路径、简单回路	在路径序列中，顶点不重复出现的路径称为简单路径 除第一个顶点和最后一个顶点之外，其余顶点不重复出现的回路称为简单回路

4.1.2　图的基本性质

（1）在无向图中，任意顶点的入度等于出度。

（2）在无向图中，所有顶点的度数之和等于边数的两倍。

（3）在有向图中，全部顶点的入度之和＝出度之和＝边数。

4.2　图的存储结构

4.2.1　邻接矩阵

邻接矩阵存储结构是指，用矩阵表示图中顶点之间的邻接关系和权值，用一个一维数组存储图中顶点的信息，用一个二维数组存储图中边的信息。设 $G=(V, E)$ 是具有 n 个顶点的图，顶点序号依次是 0、1、2、…、$n-1$，则 G 的邻接矩阵是一个 $n×n$ 的矩阵 arc，它定义为：

$$arc[i][j] = \begin{cases} 1, & \text{若 } (v_i, v_j) \in E \text{ 或} <v_i, v_j> \in E \\ 0, & \text{其他} \end{cases}$$

对于带权图而言，若顶点 v_i 和 v_j 之间有边相连，则邻接矩阵中对应项存放着该边对应的权值；若不相连，则用 ∞ 来表示这两个顶点之间不存在边。

图 1-4-1 所示为有向图 G_1、无向图 G_2 及它们对应的邻接矩阵。

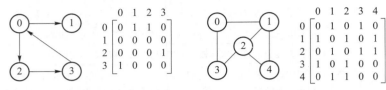

(a) 有向图 G_1 及其邻接矩阵   (b) 无向图 G_2 及其邻接矩阵

图 1-4-1   图及其邻接矩阵

图的邻接矩阵存储结构描述如下：

```
#define   MaxVertices 100                     //定义图中顶点数目的最大值
typedef   struct{
    VertexType vexs[MaxVertices];             //存放图中顶点信息
    int arc[MaxVertices][MaxVertices];        //邻接矩阵,存放图中边的信息
    int vexnum,arcnum;                        //图中顶点数和边数
} MGraph;                                     //MGraph 是邻接矩阵存储的图类型
```

图的邻接矩阵表示法具有以下特点：

（1）无向图的邻接矩阵一定是一个对称矩阵（并且唯一）。因此，在实际存储邻接矩阵时只需存储上（或下）三角矩阵的元素即可。

（2）对于无向图，邻接矩阵的第 i 行（或第 i 列）非零元素的个数正好是第 i 个顶点的度 $\mathrm{TD}(v_i)$。

（3）对于有向图，邻接矩阵的第 i 行（或第 i 列）非零元素的个数正好是第 i 个顶点的出度 $\mathrm{OD}(v_i)$（或入度 $\mathrm{ID}(v_i)$）。

（4）很容易确定图中任意两个顶点之间是否有边相连，但要确定图中有多少条边，则必须按行、按列对每个元素进行检测，代价很大，这是邻接矩阵存储的局限性。

（5）邻接矩阵法的空间复杂度为 $O(n^2)$，其中 n 为图的顶点数 $|V|$，因此它适合存储稠密图。

4.2.2   邻接表

邻接表是指，对图 G 中的每个顶点 v_i，将所有邻接于 v_i 的顶点链成一个单链表，这个单链表就称为顶点 v_i 的边表（对于有向图则称为出边表），边表的头指针和顶点的数据信息采用顺序存储（称为顶点表）。所以，在邻接表中存在两种结点：顶点表结点和边表结点，如图 1-4-2 所示。

(a) 顶点表结点   (b) 边表结点

图 1-4-2   顶点表和边表结点结构示意图

图 1-4-3 所示为无向图 G_1、有向图 G_2 及它们对应的邻接表。

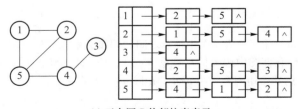

(a) 无向图 G_1 的邻接表表示

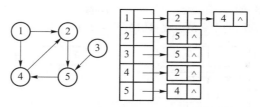

(b) 有向图G_2的邻接表表示

图1-4-3　图及其邻接表

图的邻接表存储结构描述如下：

```
#define MaxVertices  100              //定义图中顶点数目的最大值
typedef struct{                       //边表结点
    int adjvex;                       //该弧所指向的顶点的位置
    WeightType cost;                  //带权图中的边权值
    struct ArcNode * nextarc;         //指向下一条弧的指针
} ArcNode;
typedef struct{                       //顶点表结点
    VertexType data;                  //顶点数据
    ArcNode * firstarc;               //指向第一条依附该顶点的弧的指针
}Vnode,AdjList[MaxVertices];
typedef struct{
    int vexnum,arcnum;                //图中顶点数和边数
    AdjList vertices;                 //邻接表
}ALGraph;                             //ALGraph 是以邻接表存储的图类型
```

图的邻接表存储方法具有以下特点：

（1）若无向图有 n 个顶点、e 条边，则其邻接表仅需 n 个顶点表结点和 $2e$ 个边表结点。

（2）对于稀疏图，采用邻接表表示将大大节省存储空间。

（3）对于无向图，顶点 v_i 的度恰为第 i 个链表中的结点数；对于有向图，第 i 个链表中的结点数只是顶点 v_i 的出度，要求入度，则必须遍历整个邻接表。

（4）在邻接表上容易找到任一顶点的所有边。但要判定任意两个顶点（v_i 和 v_j）之间是否有边或弧相连，则需搜索第 i 个或第 j 个链表，在这方面不及邻接矩阵方便。

（5）图的邻接表表示并不唯一，这是因为在每个顶点对应的单链表中，各边结点的链接次序可以是任意的，取决于建立邻接表的算法以及边的输入次序。

4.2.3　十字链表

十字链表是**有向图**的一种链式存储结构。在十字链表中，对应于有向图中的每条弧有一个结点，对应于每个顶点也有一个结点。这些结点的结构如图1-4-4所示：

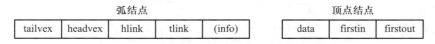

图1-4-4　十字链表的弧结点和顶点结点

弧结点中有 5 个域：尾域（tailvex）和头域（headvex）分别指示弧尾（弧的起点）和弧头（弧的终点）这两个顶点在图中的位置，链域 hlink 指向弧头相同的下一条弧，链域 tlink 指向弧尾相同的下一条弧，info 域存放该弧的相关信息，该域为可选项。这样，弧头相同的弧在同一个链表上，弧尾相同的弧也在同一个链表上。

顶点结点中有 3 个域：data 域存放与顶点相关的数据信息，如顶点名称；firstin 和 firstout 两个域分别指向以该顶点为弧头或弧尾的第一个弧结点。

图 1-4-5（a）所示的有向图的十字链表表示如图 1-4-5（b）所示。注意，顶点结点是顺序存储的。

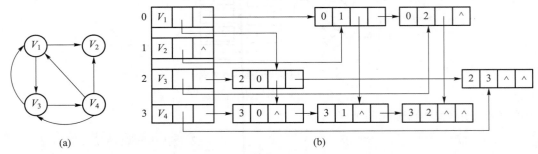

图 1-4-5　有向图的十字链表表示

在十字链表中，既容易找到以 v_i 为尾的弧，也容易找到以 v_i 为头的弧，因而容易求得顶点的出度和入度。

图的十字链表表示不是唯一的，但一个十字链表能确定一个图。

4.2.4　邻接多重表

在邻接表中，容易求得顶点和边的各种信息，但在邻接表中求两个顶点之间是否存在边，或需要对边执行删除等操作时，需要分别在两个顶点的边表中遍历，效率较低。邻接多重表是**无向图**的另一种链式存储结构，与十字链表类似，在邻接多重表中，每一条边用一个结点表示，其结构如图 1-4-6 所示。

(mark)	ivex	ilink	jvex	jlink	(info)

图 1-4-6　邻接多重表中边的结构

其中，mark 为标志域，可用以标记该条边是否被搜索过；ivex 和 jvex 为该边依附的两个顶点在图中的位置；ilink 指向下一条依附于顶点 ivex 的边；jlink 指向下一条依附于顶点 jvex 的边，info 为指向和边相关的各种信息的指针域。注意，mark 域和 info 域为可选项。

每一个顶点也用一个结点表示，它由如图 1-4-7 所示的两个域组成。

data	firstedge

图 1-4-7　邻接多重表的顶点结构

其中，data 域存储该顶点的相关信息，firstedge 域指示第一条依附于该顶点的边。

在邻接多重表中，所有依附于同一顶点的边串联在同一链表中，由于每条边依附于两个顶点，则每个边结点同时链接在两个链表中。图 1-4-8 为无向图的邻接多重表表示。注意，每条边只用一个结点表示。

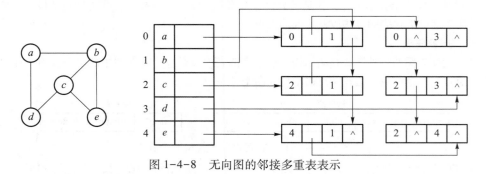

图 1-4-8　无向图的邻接多重表表示

4.3　图的遍历

从图中某一顶点出发，按某种搜索方法访遍其余顶点，且使每一顶点仅被访问一次，这一过程称为**图的遍历**。图的遍历方法常用的有两种：广度优先搜索（BFS）和深度优先搜索（DFS）。

4.3.1 广度优先搜索

类似于二叉树的层序遍历,尽可能广地搜索一个图,如图 1-4-9 所示。

遍历顺序:

$$V_1 \longrightarrow V_2 \longrightarrow V_3 \longrightarrow V_4 \longrightarrow V_5 \longrightarrow V_6 \longrightarrow V_7 \longrightarrow V_8$$

图 1-4-9 图的广度优先搜索示例

图的广度优先搜索步骤如下:

(1) 访问起始顶点 v。

(2) 依次访问 v 的未访问过的邻接顶点 w_1,w_2,…,w_i。

(3) 再从这些访问过的顶点出发,访问它们未被访问过的所有邻接顶点,依此类推,直到图中所有和 v 连通的顶点都被访问过为止。

(4) 另选一个未被访问过的顶点作为起始顶点,重复步骤 (1)、(2)、(3),直至所有顶点都被访问。

图的广度优先搜索算法如下:

```
void BFSTraverse(Graph G){
    for(i=0;i<G.vexnum;i++)
        visited[i]=0;                  //访问标记数组初始化
    for(i=0;i<G.vexnum;i++)
        if(! visited[i])
            BFS(G,i);                  //vi 未访问过,从 vi 开始 BFS
}
```

用邻接表实现广度优先搜索的算法如下:

```
void BFS_AL(ALGraph G,int i){
    visited[i]=1;
    visit(i);                          //访问 i,对应标记置为 1
    InitQueue(Q);
    EnQueue(Q,i);                      //辅助队列初始化,顶点 i 入队
    while(! IsEmpty(Q)){
        DeQueue(Q,v);                  //顶点 v 出队
        for(p=G.vertices[v].firstarc;p;p=p->nextarc){
            w=p->adjvex;
            if(visited[w]==0){
                visit(w);
                visited[w]=1;          //访问顶点 w,对应的访问标记置为 1
                EnQueue(Q,w);          //当前被访问的顶点 w 入队
            }
        }
    }
}
```

用邻接矩阵实现广度优先搜索的算法如下：

```
void BFS_M(MGraph G,int i){
    visited[i]=1;
    visit(i);                              //访问 i,对应标记置为1
    InitQueue(Q);
    EnQueue(Q,i);                          //辅助队列初始化,顶点 i 入队
    while(! IsEmpty(Q)){
        DeQueue(Q,v);                      //顶点 v 出队
        for(w=0;w<G.vexnum;w++)
            if(visited[w]==0&&G.arc[v][w]==1){
                visit(w);
                visited[w]=1;              //访问顶点 w,对应的访问标记置为1
                EnQueue(Q,w);              //当前被访问的顶点 w 入队
            }
    }
}
```

BFS 算法的性能分析：
- BFS 算法需要借助一个辅助队列，空间复杂度为 $O(|V|)$。
- 采用邻接表表示时，算法总的时间复杂度为 $O(|V|+|E|)$。
- 采用邻接矩阵表示时，算法总的时间复杂度为 $O(|V|^2)$。

在广度优先搜索的过程中可以得到一棵遍历树，称为**广度优先生成树**，如图 1-4-10 所示。需要注意的是，一给定图的邻接矩阵存储表示是唯一的，故其广度优先生成树也是唯一的；但由于邻接表存储表示不唯一，故其广度优先生成树也是不唯一的。

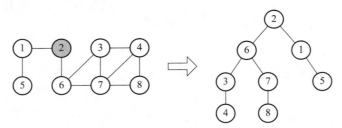

图 1-4-10　图的广度优先生成树

4.3.2　深度优先搜索

类似于树的先根遍历，尽可能"深"地搜索一个图，如图 1-4-11 所示。

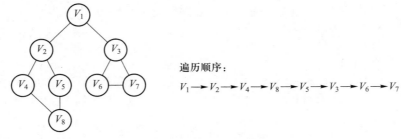

遍历顺序：

$V_1 \rightarrow V_2 \rightarrow V_4 \rightarrow V_8 \rightarrow V_5 \rightarrow V_3 \rightarrow V_6 \rightarrow V_7$

图 1-4-11　图的深度优先搜索示例

图的深度优先搜索步骤如下：

（1）访问图中某一起始顶点 v。

（2）由 v 出发，访问与 v 邻接且未被访问的任一顶点 w_1，再访问与 w_1 邻接且未被访问的任一顶点 w_2，重复该过程。

（3）当不能再继续向下访问时，依次退回到最近被访问的顶点，若它还有邻接顶点未被访问，则从该顶点开始重复步骤（2），直到图中所有顶点均被访问过为止。

图的深度优先搜索算法如下：

```
void DFSTraverse(Graph G){
    for(i=0;i<G.vexnum;i++)
        visited[i]=0;                   //初始化每个结点的访问标记
    for(i=0;i<G.vexnum;i++)
        if(visited[i]==0)
            DFS(G,i);                   //选用 DFS_AL 或 DFS_M
}
```

思考：这里如果不使用第二个 for 语句，而直接调用 DFS(G, 0)，会有什么后果？

用邻接表实现深度优先搜索的算法如下：

```
void DFS_AL(ALGraph G,int i){
    visited[i]=1;
    visit(i);                           //访问当前顶点 i,对应的访问标记置为 1
    for(ArcNode *p=G.vertices[i].firstarc;p;p=p->nextarc){
        w=p->adjvex;
        if(visited[w]==0)
            DFS_AL(G,w);                //递归访问邻接顶点
    }
}
```

用邻接矩阵实现深度优先搜索的算法如下：

```
void DFS_M(MGraph G,int i){
    visited[i]=1;
    visit(i);                           //访问当前顶点 i,对应的访问标记置为 1
    for(j=0;j<G.vexnum;j++){
        if(visited[j]==0&&G.arc[i][j]==1)
        DFS_M(G,j);                     //递归访问邻接顶点
    }
}
```

DFS 算法的性能分析：

- DFS 算法是一个递归算法，需借助一个递归工作栈，空间复杂度为 $O(|V|)$。
- 采用邻接表表示时，算法总的时间复杂度为 $O(|V|+|E|)$。
- 采用邻接矩阵表示时，算法总的时间复杂度为 $O(|V|^2)$。

与广度优先搜索一样，深度优先搜索也会产生一棵**深度优先生成树**。当然，这是有条件的，即对连通图调用 DFS 才能产生深度优先生成树，否则产生的将是**深度优先生成森林**，如图 1-4-12 所示。与 BFS 类似，基于邻接表存储的深度优先生成树是不唯一的。

对无向图来说，若无向图是连通的，则从任一顶点出发，仅需一次遍历就能够访问图中的所有顶点；若无向图是非连通的，则从某一个顶点出发，一次遍历只能访问到该顶点所在连通分量的所有顶点，而

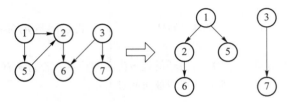

图 1-4-12 图的深度优先生成森林

对于图中其他连通分量的顶点，则无法通过这次遍历访问。

注意：同一个图，其邻接矩阵表示是唯一的，但邻接表表示可能不唯一，因为如果边的输入先后次序不同，则生成的邻接表也不同。因此，对于同样一个图，基于邻接矩阵的遍历所得到的 DFS 序列和 BFS 序列是唯一的，基于邻接表的遍历所得到的 DFS 序列或 BFS 序列可以不唯一。

4.4 图的基本应用

4.4.1 最小生成树

生成树是连通图的极小连通子图，它包含图中所有顶点，并且只含尽可能少的边。这意味着对于生成树来说，若砍去它的一条边，就会使生成树变成非连通图；若给它增加一条边，就会形成一条回路。

在所有生成树的集合中，边的权值之和最小的那棵生成树，称为**最小生成树**。

最小生成树的性质：

- 最小生成树可能是不唯一的，即可能有多个最小生成树。
- 当图 G 中的各边权值互不相等时，G 的最小生成树是唯一的。
- 最小生成树所对应的边的权值之和总是唯一的，而且是最小的。

1. Prim 算法

用 Prim 算法构造图 1-4-13（a）所示连通图的最小生成树的过程如图 1-4-13（b）—（f）所示。

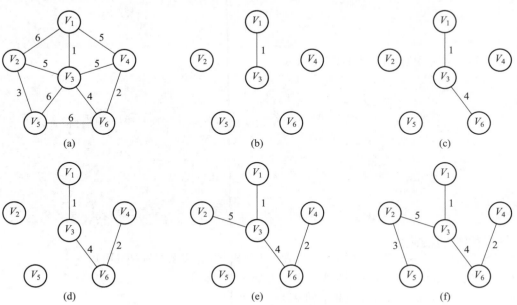

图 1-4-13 用 Prim 算法构造最小生成树

用 Prim 算法构造最小生成树的步骤如下：

（1）向空树 $T=(V_T, E_T)$ 中添加图 $G=(V, E)$ 的任一顶点 u_0，使 $V_T=\{u_0\}$，$E_T=\varnothing$。

（2）选择满足 $\{u \in V_T, v \in V-V_T\}$ 且权值最小的边 (u, v)（通过小根堆的方法来选择权值最小的边，小根堆的介绍见第 6 章），并使 $V_T=V_T\cup\{v\}$，$E_T=E_T\cup\{(u,v)\}$。

（3）重复步骤（2）至 $V_T=V$。

Prim 算法的时间复杂度为 $O(|V|^2)$，不依赖于 $|E|$，适用于**边稠密**的图。

2. Kruskal 算法

用 Kruskal 算法构造图 1-4-14（a）所示连通图的最小生成树的过程如图 1-4-14（b）—（f）所示：

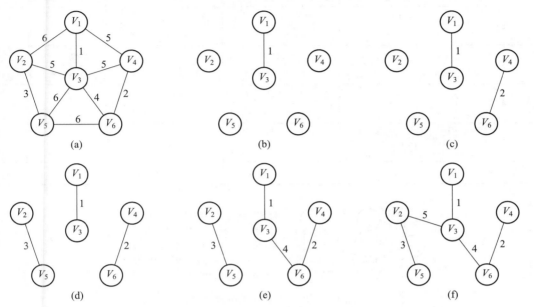

图 1-4-14　用 Kruskal 算法构造最小生成树

用 Kruskal 算法构造最小生成树的步骤如下：

（1）将 n 个顶点视为 n 个集合；按边的权值由小到大排序。

（2）不断选取当前未被选取的权值最小的边（通过小根堆），若其两个顶点不属于同一顶点集合，则将该边放入生成树的边集，同时将两个顶点所在的集合合并（通过并查集的 Find 和 Union 运算）。

（3）重复步骤（2），直到选取了 $n-1$ 条边为止，这样就构成了一棵最小生成树。

Kruskal 算法的时间复杂度为 $O(|E|\log_2|E|)$，适用于**边稀疏而顶点较多**的图。

4.4.2　最短路径

带权图中边的权值表示路径长度，从一个顶点到另一个顶点的路径长度是路径上各边的权值之和。

● 单源最短路径问题：求从给定源点到其他各个顶点的最短路径长度。

● 点对点最短路径问题：求每一对顶点之间的最短路径长度。

1. Dijkstra 算法

用邻接矩阵 $arcs$ 表示带权有向图：

$$arcs[i][j]=\begin{cases} e_{ij} & e_{ij}\text{为有向边}<i,\ j>\text{的权值} \\ \infty & \text{不存在有向边}<i,\ j> \end{cases}$$

此外，设置辅助数组：

● $dist[\ ]$：记录了从源点 v_0 到其他各顶点当前的最短路径长度。

假设从顶点 0 出发，即 $v_0=0$。Dijkstra 算法的步骤如下：

（1）**初始化**：集合 S 记录已求得的最短路径的顶点，初始为 $\{0\}$，$dist[i]$ 初值为 $arcs[0][i]$。

（2）**选点**：从顶点集合 $V-S$ 中选出 v_j，满足 $dist[j]=\min\{dist[i]\ |\ v_i\in V-S\}$，$v_j$ 就是当前求得的一条从 v_0 出发的最短路径的终点，令 $S=S\cup\{j\}$。

（3）**松弛**：修改从 v_0 出发到集合 $V-S$ 上任一顶点 v_k 可达的最短路径长度，如果 $dist[j]+arcs[j][k]<dist[k]$，则令 $dist[k]=dist[j]+arcs[j][k]$。

（4）**重复**：重复步骤（2）~（3）$n-1$ 次，直到所有的顶点都包含在 S 中。

表 1-4-2 所示为用 Dijkstra 算法求解图 1-4-15 中从顶点 v_1 出发到其余顶点的最短路径。

表 1-4-2　从 v_1 到各顶点的 *dist* 值和最短路径的求解过程

顶点	第 1 趟	第 2 趟	第 3 趟	第 4 趟
2	10 $v_1 \rightarrow v_2$	8 $v_1 \rightarrow v_5 \rightarrow v_2$	8 $v_1 \rightarrow v_5 \rightarrow v_2$	
3	∞	14 $v_1 \rightarrow v_5 \rightarrow v_3$	13 $v_1 \rightarrow v_5 \rightarrow v_4 \rightarrow v_3$	9 $v_1 \rightarrow v_5 \rightarrow v_2 \rightarrow v_3$
4	∞	7 $v_1 \rightarrow v_5 \rightarrow v_4$		
5	5 $v_1 \rightarrow v_5$			
集合 S	$\{v_1, v_5\}$	$\{v_1, v_5, v_4\}$	$\{v_1, v_5, v_4, v_2\}$	$\{v_1, v_5, v_4, v_2, v_3\}$

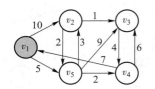

每趟得到的最短路径为：
第 1 趟：$v_1 \rightarrow v_5$，路径长度为 5
第 2 趟：$v_1 \rightarrow v_5 \rightarrow v_4$，路径长度为 7
第 3 趟：$v_1 \rightarrow v_5 \rightarrow v_2$，路径长度为 8
第 4 趟：$v_1 \rightarrow v_5 \rightarrow v_2 \rightarrow v_3$，路径长度为 9

图 1-4-15　Dijkstra 求解最短路径

Dijkstra 算法的时间复杂度为 $O(|V|^2)$。

2. Floyd 算法

求所有顶点之间的最短路径问题描述如下：已知一个各边权值均大于 0 的带权有向图，对每一对顶点 $v_i \neq v_j$，要求出 v_i 与 v_j 之间的最短路径和最短路径长度。

Floyd 算法描述如下：

（1）定义一个 n 阶方阵的序列：$A^{(-1)}$，$A^{(0)}$，…，$A^{(n-1)}$；

（2）$A^{(-1)}[i][j] = arcs[i][j]$（$arcs[i][j]$ 与 Dijkstra 算法中的定义相同）；

（3）递推产生 $A^{(k)}[i][j] = \min\{A^{(k-1)}[i][j], A^{(k-1)}[i][k] + A^{(k-1)}[k][j]\}$，$k = 0, 1, …, n-1$

- $A^{(k)}[i][j]$ 是从顶点 v_i 到 v_j、中间顶点的序号不大于 k 的最短路径的长度。
- 经过 n 次迭代后所得到的 $A^{(n-1)}[i][j]$ 就是 v_i 到 v_j 的最短路径长度

图 1-4-16 所示为带权有向图 G 及其邻接矩阵。应用 Floyd 算法求所有顶点之间的最短路径长度的过程如表 1-4-3 所示。

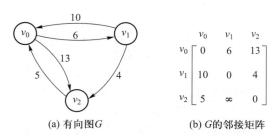

(a) 有向图 G　　　　　(b) G 的邻接矩阵

图 1-4-16　带权有向图 G 及其邻接矩阵

算法执行过程说明如下：

<u>初始化</u>：方阵 $A^{(-1)}[i][j] = arcs[i][j]$。

<u>第一趟</u>：将 v_0 作为中间顶点，检测所有顶点对 $\{i, j\}$，如果有 $A^{(-1)}[i][j] > A^{(-1)}[i][0] + A^{(-1)}[0][j]$，

则将 $A^{(-1)}[i][j]$ 更新为 $A^{(-1)}[i][0]+A^{(-1)}[0][j]$。更新 $A^{(-1)}[2][1]=11$，更新后的方阵标记为 $A^{(0)}$。

第二趟：将 v_1 作为中间顶点，检测全部顶点对 $\{i, j\}$。更新 $A^0[0][2]=10$，更新后的方阵标记为 $A^{(1)}$。

第三趟：将 v_2 作为中间顶点，检测全部顶点对 $\{i, j\}$。更新 $A^1[1][0]=9$，更新后的方阵标记为 $A^{(2)}$。此时 $A^{(2)}$ 中保存的就是任意对顶点的最短路径长度。

表 1-4-3　Floyd 算法的执行过程

A	$A^{(-1)}$			$A^{(0)}$			$A^{(1)}$			$A^{(2)}$		
	v_0	v_1	v_2	v_0	v_1	v_2	v_0	v_1	v_2	v_0	v_1	v_2
v_0	0	6	13	0	6	13	0	6	**10**	0	6	10
v_1	10	0	4	10	0	4	10	0	4	**9**	0	4
v_2	5	∞	0	5	**11**	0	5	11	0	5	11	0

Floyd 算法的时间复杂度为 $O(|V|^3)$。

Floyd 算法允许图中有带负权值的边，但不允许有由带负权值的边组成的回路。

也可以用单源最短路径算法来解决每对顶点之间的最短路径问题。轮流以每个顶点作为源点，重复执行 n 次 Dijkstra 算法，其时间复杂度为 $O(|V|^2)|V|=O(|V|^3)$。

4.4.3　有向无环图描述表达式

如果一个有向图中不存在环，则称其为**有向无环图**，简称 DAG 图。

有向无环图是描述含有公共子式的表达式的有效工具。例如表达式

$$((a+b)*(b*(c+d))+(c+d)*e)*((c+d)*e)$$

可以用上一章介绍的二叉树来表示，如图 1-4-17 所示。仔细观察该表达式，可发现一些相同的子表达式 $(c+d)$ 和 $(c+d)*e$，而在二叉树中，它们也重复出现。若利用有向无环图，则可实现对相同子式的共享，从而节省存储空间，图 1-4-18 所示为该表达式的有向无环图表示。

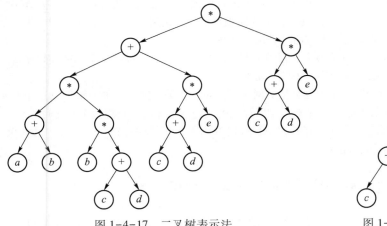

图 1-4-17　二叉树表示法

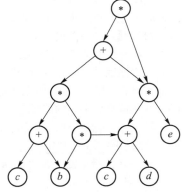

图 1-4-18　有向无环图表示法

4.4.4　拓扑排序

在 AOV 网（顶点表示活动的有向图）中，若不存在回路，则所有活动可排列成一个线性序列，使每个活动的所有前驱活动都排在该活动之前，将此序列称为**拓扑序列**，拓扑序列满足下列条件：

（1）每个顶点出现且只出现一次。

（2）若顶点 A 在序列中排在顶点 B 的前面，则图中不存在从顶点 B 到顶点 A 的路径。

每个有向无环图都有一个或多个拓扑序列。

拓扑排序的步骤：

（1）从有向无环图中选择一个没有前驱的顶点并输出。

（2）从图中删除该顶点和所有以它为起点的有向边。

（3）重复（1）和（2）直到当前的图为空或当前图中不存在无前驱的顶点为止。而后一种情况则说明有向图中必然存在环。

下面通过实例来说明拓扑排序过程，如图 1-4-19 所示。

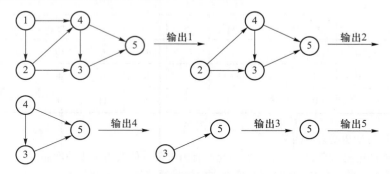

图 1-4-19 有向无环图的拓扑排序过程

图 1-4-19 拓扑排序后的结果为 {1，2，4，3，5}。

由于输出每个顶点的同时还要删除以它为起点的边，故采用邻接表存储时拓扑排序的时间复杂度为 $O(|V|+|E|)$，采用邻接矩阵存储时拓扑排序的时间复杂度为 $O(|V|^2)$。

对一个有向无环图，如果采用下列步骤进行排序，则称之为**逆拓扑排序**：

（1）从有向无环图中选择一个没有后继（出度为 0）的顶点并输出。

（2）从图中删除该顶点和所有以它为终点的有向边。

（3）重复（1）和（2）直到当前的图为空。

4.4.5 关键路径

带权有向图以顶点表示事件、有向边表示活动，边上的权值表示完成该活动的开销，称为 **AOE 网**。在 AOE 网中，从源点到汇点的最大路径长度的路径称为**关键路径**，关键路径长度是整个工程所需的最短工期。关键路径上的活动称为**关键活动**。关键路径满足下列性质：

（1）可以通过加快关键活动，来缩短整个工程的工期。并非关键活动缩短多少工期就缩短多少，因为缩短到一定的程度，该关键活动可能变成非关键活动了。

（2）关键路径并不唯一。对于有几条关键路径的网，只提高一条关键路径上的关键活动速度并不能缩短整个工程的工期，只有加快那些包含在所有关键路径上的关键活动才能达到缩短工期的目的。

（3）在从源点到汇点的路径上，所有具有最大路径长度的路径，都是关键路径。所有"最长路径"（关键路径）上的所有活动，都是关键活动。

求关键路径的几个参数定义：

（1）**事件 v_k 的最早发生时间 $v_e(k)$**：从源点到顶点 v_k 的最大路径长度。

- v_e（源点）$= 0$
- $v_e(k) = \max\{v_e(j) + \text{weight}(v_j，v_k)\}$，$v_k$ 为 v_j 的任意后继，$\text{weight}(v_j，v_k)$ 表示 <v_j，v_k> 上的权值

（2）**事件 v_k 的最迟发生时间 $v_l(k)$**：从顶点 v_k 到汇点的最短路径长度。

- v_l（汇点）$= v_e$（汇点）
- $v_l(k) = \min\{v_l(j) - \text{weight}(v_k，v_j)\}$，$v_k$ 为 v_j 的任意前驱

（3）**活动 a_i 的最早开始时间 $e(i)$**：该活动的起点所表示的事件的最早发生时间。

- $e(i) = v_e(k)$

（4）**活动 a_i 的最迟开始时间 $l(i)$**：该活动的终点所表示的事件的最迟发生时间与该活动所需时间

之差。

- $l(i)=v_l(j)-weight(v_k, v_j)$

（5）**活动 a_i 的最迟开始时间 $l(i)$ 和最早开始时间 $e(i)$ 的差额**：该活动完成的时间余量，即在不增加完成整个工程所需总时间的情况下，活动 a_i 可以拖延的时间。$l(i)-e(i)=0$ 的活动 a_i 是关键活动。

- $d(i)=l(i)-e(i)$

求关键路径的算法步骤如下：

（1）从源点出发，令 v_e（源点）$=0$，用拓扑排序求其余顶点的最早发生时间 $v_e(\ )$。

（2）从汇点出发，令 v_l（汇点）$=v_e$（汇点），用逆拓扑排序求其余顶点的最迟发生时间 $v_l(\ )$。

（3）根据各顶点的 $v_e(\ )$ 值求所有弧的最早开始时间 $e(\ )$。

（4）根据各顶点的 $v_l(\ )$ 值求所有弧的最迟开始时间 $l(\ )$。

（5）求 AOE 网中所有活动的差额 $d(\ )$，找出所有 $d(\ )=0$ 的活动构成关键路径。

4.5 同步练习

一、单项选择题

1. 若一个具有 n 个顶点、k 条边的无向图是一个森林（$n>k$），则该森林中至少有（　　）棵树。

A. k　　　　　　　　B. n　　　　　　　　C. $n-k$　　　　　　　　D. 1

2. 关于下图所示的邻接矩阵，若顶点 A 的出度为 2，则描述错误的是（　　）。

$$\begin{array}{c} & \begin{array}{cccccc} A & B & C & D & E & F \end{array} \\ \begin{array}{c} A \\ B \\ C \\ D \\ E \\ F \end{array} & \left[\begin{array}{cccccc} 0 & 1 & \infty & 2 & \infty & \infty \\ \infty & 0 & 3 & \infty & 4 & \infty \\ 5 & \infty & 0 & \infty & \infty & 6 \\ \infty & 7 & \infty & 0 & \infty & \infty \\ \infty & \infty & 8 & \infty & 0 & \infty \\ \infty & \infty & \infty & 9 & \infty & 0 \end{array}\right] \end{array}$$

A. 顶点 A 到顶点 C 的最短路径长度为 4

B. 顶点 A 的度为 3

C. 顶点 A 到顶点 C 只有 2 条路径

D. 顶点 E 的度为 2

3. 在一个有 n 个顶点和 e 条边的有向图的邻接矩阵中，删除一条边 $<v_i, v_j>$ 需要耗费的时间是（　　）。

A. $O(1)$　　　　　B. $O(i)$　　　　　C. $O(j)$　　　　　D. $O(i+j)$

4. 在一个有 n 个顶点和 e 条边的有向图的邻接矩阵中，计算某个顶点 i 的出度所耗费的时间是（　　）。

A. $O(n)$　　　　　B. $O(e)$　　　　　C. $O(n+e)$　　　　　D. $O(n^2)$

5. n 个顶点的强连通图的邻接矩阵中至少有（　　）个非零元素。

A. $n-1$　　　　　B. n　　　　　C. $2n-2$　　　　　D. $2n$

6. 在有向图的十字链表表示中，弧结点的个数是图中弧条数的（　　）倍。

A. 1　　　　　　　B. 2　　　　　　　C. 1/2　　　　　　　D. 都不对

7. 如果无向图 G 必须进行两次广度优先搜索才能访问其所有顶点，那么下列说法中不正确的是（　　）。

A. G 肯定不是完全图　　　　　　　B. G 中一定有回路

C. G 一定不是连通图　　　　　　　D. G 有 2 个连通分量

8. 一个有向图 G 及其邻接表如下页图所示，从顶点 1 开始按深度优先遍历得到的顶点序列是（　　）。

A. 1，2，3，4，5　　　　　　　　B. 1，2，3，5，4

C. 1，2，4，5，3　　　　　　　　D. 1，2，5，3，4

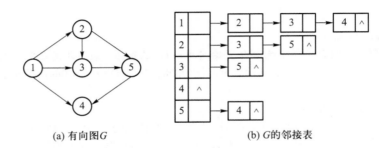

(a) 有向图 G (b) G 的邻接表

9. 下列关于最小生成树算法的叙述中，正确的是（   ）。

A. Prim 和 Kruskal 算法的时间效率相同

B. Prim 和 Kruskal 算法都基于贪心算法

C. Prim 算法与边数无关，适合求解边稀疏的图

D. Kruskal 算法与边数无关，适合求解边稀疏的图

10. 当各边上的权值（   ）时，BFS 算法可以用来解决单源最短路径问题。

A. 都相等   B. 都互不相等

C. 不一定相等   D. 都大于 0

11. 在下图所示的带权有向图中，从顶点 1 到顶点 5 的最短路径为（   ）。

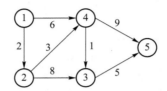

A. 1→4→5   B. 1→2→3→5

C. 1→4→3→5   D. 1→2→4→3→5

12. 设 AOV 网有 n 个顶点和 e 条边，如果采用邻接表作为其存储表示，拓扑排序的时间复杂度为（   ）；如果采用邻接矩阵作为其存储表示，则拓扑排序的时间复杂度为（   ）。

A. $O(n\log_2 e)$ B. $O(n+e)$

C. $O(n^e)$ D. $O(n^2)$

13. 设有一个有向图 $G=\{V, E\}$，其中 $V=\{v_1, v_2, v_3, v_4, v_5, v_6\}$，$E=\{<v_1, v_2>, <v_2, v_3>, <v_3, v_4>, <v_5, v_2>, <v_5, v_6>, <v_6, v_4>\}$，不属于该图的拓扑序列是（   ）。

A. $v_1, v_5, v_2, v_3, v_6, v_4$ B. $v_5, v_6, v_1, v_2, v_3, v_4$

C. $v_1, v_2, v_3, v_4, v_5, v_6$ D. $v_5, v_1, v_6, v_2, v_3, v_4$

14. 下列关于 AOE 网的叙述中，不正确的是（   ）。

A. 关键活动不按期完成就会影响整个工程的完成时间

B. 任何一个关键活动提前完成，那么整个工程将会提前完成

C. 所有的关键活动提前完成，那么整个工程将会提前完成

D. 某些关键活动若提前完成，那么整个工程将会提前完成

二、综合应用题

1. 设含有 n 个顶点的有向图用邻接表表示，图的顶点编号与数组的下标相同，表示为 $0\sim n-1$，试编写一个算法求顶点 k 的入度。

2. 一个无向图如下页图所示。请回答下列问题：

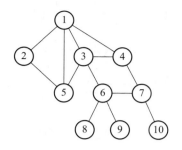

（1）画出该图的邻接表。

（2）根据该邻接表，以顶点 1 为根，画出该图的深度优先生成树和广度优先生成树。

3. 下面是求无向连通图最小生成树的一种算法的伪代码：

```
//设图中总顶点数为n,总边数为m
将图中所有的边按其权值从大到小排序为(e₁,e₂,e₃,…,eₘ)
i=1;
while(m≥n){
    从图中删去eᵢ; (m=m-1)
    若图不再连通,则恢复eᵢ; (m=m+1)
    i=i+1;
}
```

试问这个算法的思想是否正确，并说明原因。

4. 已知一个无向图如下图所示，用 Prim 算法和 Kruskal 算法生成最小生成树（假设以 1 为起点），并画出构造的过程。

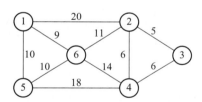

5. 对于一个有向图，如何判断图中是否存在环？给出两种判断方法。

6. 以下图为例，用 Dijsktra 算法计算从顶点 *A* 到其他各个顶点的最短路径和最短路径长度。

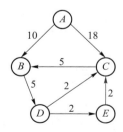

7. 某一工程作业的网络如下页图所示，其中箭头表示作业，箭头旁边的数字表示完成作业所需的天数，箭头前后的圆圈表示事件，圆圈中的数字表示事件的编号，用事件编号的序号表示进行作业的路径，问：

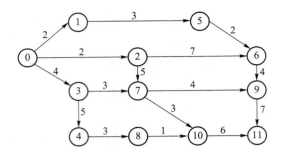

（1）完成该工程的关键路径是什么？

（2）完成该工程至少需要多少天？

（3）该工程中具有最大充裕天数的事件是什么事件？充裕天数是多少？

（4）关键路径上的事件的充裕天数是多少？

答案与解析

一、单项选择题

1. C

设此森林中有 m 棵树，每棵树具有的顶点数为 $V_i(1 \leqslant i \leqslant m)$，则每棵树有且仅有 V_i-1 条边，有 $V_1+V_2+\ldots+V_m=n$，$(V_1-1)+(V_2-1)+\ldots+(V_m-1) \leqslant k$。于是 $n-m \leqslant k$ 即 $m \geqslant n-k$。

2. C

根据邻接矩阵，画出其对应的带权有向图如下所示：

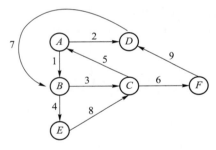

可知，顶点 A 到 C 的最短路径为 $A \to B \to C$，长度 $=1+3=4$；顶点 A 的入度为 1，出度为 2，则度为 3；顶点 A 到 C 的路径有 4 条，分别为 $A \to B \to C$、$A \to B \to E \to C$、$A \to D \to B \to C$、$A \to D \to B \to E \to C$；顶点 E 的入度和出度均为 1，则度为 2。

3. A

有向图的邻接矩阵不是对称矩阵，边 $<v_i, v_j>$ 在矩阵中仅第 i 行第 j 列为 1，且矩阵可以按其下标直接存取，所以要删除边 $<v_i, v_j>$，只要在相应位置置零即可。

4. A

计算顶点 i 的出度，把第 i 行所有的矩阵元素中的 1 加起来，共检测 n 次。

5. B

具有 n 个顶点的无向连通图，至少需要 $n-1$ 条边；而 n 个顶点的有向连通图，则至少需要 n 条边（有向环）。邻接矩阵中每个非零元素都对应着有向图中的一条有向边。

6. A

十字链表是邻接表和逆邻接表的结合。在十字链表中，有向图的每条弧对应有一个结点，每个顶点也对应有一个结点，因此选 A 项。

7. B

广度优先搜索是一个逐层遍历的过程。无向图 G 必须进行两次广度优先搜索才能访问其所有顶点，

说明图 G 有 2 个连通分量，而图 G 中不一定有回路，如下图所示。

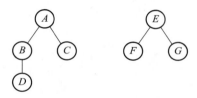

8. B

深度优先遍历的过程：以顶点 1 为起点，1 先输出；顶点 1 的第一个邻接点为 2，2 输出；顶点 2 的第一个邻接点为 3，3 输出；顶点 3 的第一个邻接点为 5，5 输出；顶点 5 的第一个邻接点为 4，4 输出；此时所有顶点都已被访问一次，因此深度优先遍历的序列为 1，2，3，5，4。

注意，此题不能在图 G 上进行深度优先遍历，然后得出答案。因为图 G 中每个顶点的邻接点没有次序之分，如本题没有给出其邻接表表示，则深度优先访问完顶点 1 之后，可以任选其 3 个邻接点 2、3、4 之中的一个进行访问。而给出邻接表表示之后，相当于规定了各邻接点的次序。一般来说，图的深度优先遍历序列不一定是唯一的，但如果给出了图的邻接表表示，则其深度优先遍历序列被唯一确定。

9. B

贪心算法是求解图的最小生成树的基础算法，Prim 和 Kruskal 都是基于贪心算法，B 项正确。Prim 不依赖于边，时间复杂度为 $O(|V|^2)$，因此适合求解边稠密的图；Kruskal 每次选择最小权值的边加入森林，它依赖于边，时间复杂度为 $O(|E|\log|E|)$，适合求解边稀疏的图。选项 A、C 和 D 错误。

10. A

BFS 算法可以看成按"层序"遍历。在各边权值都相等的场合，使用 DFS 算法也能求得单源顶点到其他各顶点的最短路径。

11. D

从顶点 1 到顶点 5 有 4 条路径，只有 1→2→4→3→5 这条路径的路径长度最短，等于 11。

12. B、D

采用邻接表作为 AOV 网的存储表示方法进行拓扑排序时，需要对 n 个顶点做入栈、出栈、输出各一次，再处理 e 条边时，需要检测这 n 个顶点的边表的 e 个边结点，总的时间复杂度为 $O(n+e)$。采用邻接矩阵作为 AOV 网的存储表示方法进行拓扑排序时，在处理 e 条边时，需要对每个顶点检测相应矩阵中的某一行，寻找与它相关联的边，以便对这些边的入度减 1，需要的时间代价为 $O(n^2)$。

13. C

题设对应的有向图 G 如下图所示。

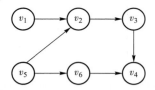

拓扑排序后可以得到 7 种不同的结果：① v_1，v_5，v_6，v_2，v_3，v_4；② v_1，v_5，v_2，v_3，v_6，v_4；③ v_1，v_5，v_2，v_6，v_3，v_4；④ v_5，v_1，v_2，v_6，v_3，v_4；⑤ v_5，v_1，v_2，v_3，v_6，v_4；⑥ v_5，v_1，v_6，v_2，v_3，v_4；⑦ v_5，v_6，v_1，v_2，v_3，v_4。没有 v_1，v_2，v_3，v_4，v_5，v_6 这条序列。

14. B

关键路径是 AOE 网中的最长路径，关键路径的长度表示整个工期完成的最短时间，若关键活动不按期完成，必将增加关键路径的长度，从而使整个工期延长。关键路径可能不唯一，当有多条关键路径存在时，必须缩短几条关键路径上的关键活动时间才能缩短整个工期；若只缩短其中一条关键路径上的关键活动时间，只能导致本条关键路径变成非关键路径，而无法缩短整个工期；若延长其中一条关键路径上的关键活动时间，会使关键路径的长度变长，且导致其他关键路径变成非关键路径。可知选项 A、C 和 D 正确，B 项错误。

二、综合应用题

1. 假设用 sum 来记录顶点 k 的入度，初值为 0，检查表中所有的边结点，看边结点所指顶点是否为 k，若为 k 则 sum 加 1。算法代码如下：

```
int count(AGraph * g,int k){
    ArcNode * p;                        //指针 p 用来扫描每个顶点所发出的弧
    int i,sum = 0;                       //sum 初值为 0
    for(i = 0;i<g->n;++i){
        p=g->adjlist[i].firstarc;        //从依附于该顶点的第一条弧开始扫描
        while(p! =NULL){
            if(p->adjvex = = k){         //若顶点 i 所发出的弧的另一端是顶点 k,则 sum 加 1
                ++sum;                   //sum 加 1
                break;
            }
            p=p->nextarc;                //扫描下一条弧
        }
    }
    return sum;                          //返回 k 的入度
}
```

2. (1) 该图的邻接表如下图所示：

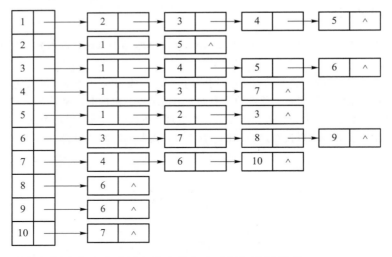

(2) 以顶点 1 为根的深度优先生成树和广度优先生成树如下图所示：

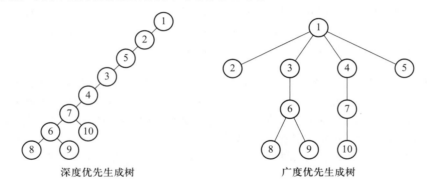

深度优先生成树　　　　　　　广度优先生成树

3. 算法正确。一个无向连通图的边数 m 可以大于顶点数 n，此时图中必然存在回路。在回路上依次删去权值最大的边 e_1、权值稍小的边 e_2、……，直到不能再删除为止。剩下的既不能构成回路，又不能再减少的边就构成了最小生成树的边。下图举例说明了该算法的执行过程。

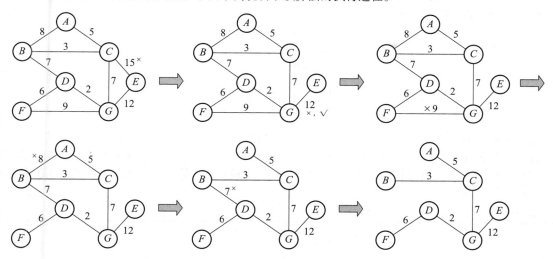

4.（1）用 Prim 算法构造最小生成树的过程如下图所示：

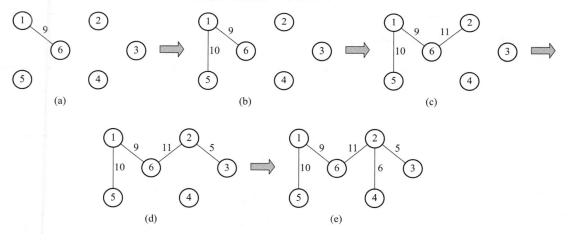

（2）用 Kruskal 算法构造最小生成树的过程如下图所示：

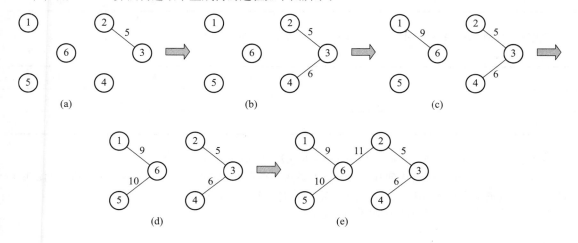

5. 可采用以下两种方法判断有向图中是否存在环：① 拓扑排序。如果图中存在无法找到下一个可以加入拓扑序列的顶点，则说明此图存在环。② 深度优先搜索。若从图上的某个顶点 u 出发，在 DFS(u) 结束之前出现一条从顶点 v 到 u 的边，由于 v 在生成树上是 u 的子孙，则图中必定存在包含 u 和 v 的环。

6. 该有向图的邻接矩阵为：

$$
\begin{array}{c}
\quad\ \ \begin{array}{ccccc} A & B & C & D & E \end{array} \\
\begin{array}{c} A \\ B \\ C \\ D \\ E \end{array}
\left[
\begin{array}{ccccc}
0 & 10 & 18 & \infty & \infty \\
\infty & 0 & \infty & 5 & \infty \\
\infty & 5 & 0 & \infty & \infty \\
\infty & \infty & 2 & 0 & 2 \\
\infty & \infty & 2 & \infty & 0
\end{array}
\right]
\end{array}
$$

用 Dijkstra 算法计算从顶点 A 到其他各个顶点的最短路径和最短路径长度的过程如下列各表所示。

说明：在下列各表中，s 行的"1"表示对应的顶点已求出最短路径；"0"表示对应的顶点还未求出最短路径。dist 行表示目前计算得到的源点经过 s 中已求出最短路径的顶点到（或直接到）各顶点的最短路径长度。

第一步：

	A	B	C	D	E
s	1	0	0	0	0
dist	0	10	18	∞	∞

该路径为：$A{\to}A$；$A{\to}B$；$A{\to}C$；A 无法到 D 和 E。

第二步：

	A	B	C	D	E
s	1	1	0	0	0
dist	0	10	18	15	∞

该路径为：$A{\to}A$；$A{\to}B$；$A{\to}C$；$A{\to}B{\to}D$；A 无法到 E。

第三步：

	A	B	C	D	E
s	1	1	0	1	0
dist	0	10	17	15	17

该路径为：$A{\to}A$；$A{\to}B$；$A{\to}B{\to}D{\to}C$；$A{\to}B{\to}D$；$A{\to}B{\to}D{\to}E$。

第四步：

	A	B	C	D	E
s	1	1	1	1	1
dist	0	10	17	15	17

该路径为：$A{\to}A$；$A{\to}B$；$A{\to}B{\to}D{\to}C$；$A{\to}B{\to}D$；$A{\to}B{\to}D{\to}E$。

从第四步可以看出，顶点 A 到其余各顶点的最短距离：A 到它本身的最短距离为 0，到 B 的最短距离为 10，到 C 的最短距离为 17，到 D 的最短距离为 15，到 E 的最短距离为 17。

7. 下表给出了求题中对应的关键路径的过程：

	0	1	2	3	4	5	6	7	8	9	10	11
$v_e(i)$	0	2	2	4	9	5	9	7	12	13	13	20
$v_l(i)$	0	4	2	5	10	7	9	9	13	13	14	20
$v_l - v_e$	0	2	0	1	1	2	0	2	1	0	1	0

（1）根据上表很容易求出关键路径：0→2→6→9→11。

（2）根据关键路径上关键活动的持续时间可知，完成该工程至少需要 20 天。

（3）该工程中具有最大充裕天数的事件是 1、5 和 7，充裕天数均是 2 天。

（4）很显然，关键路径上的事件的充裕天数是 0。

第5章 查找

【真题分布】

主要考点	考查次数	
	单项选择题	综合应用题
顺序查找和折半查找	5	1
二叉排序树	6	0
平衡二叉树	7	0
B 树及其基本操作、B+树的基本概念	10	0
散列（Hash）表	5	1
串的模式匹配算法	2	0

【复习要点】

（1）对一般线性表和有序线性表顺序查找的区别，三种查找方法（顺序查找、折半查找与分块查找）的判定树、查找过程和查找效率（成功与不成功），折半查找的递归方式和非递归方式。

（2）二叉排序树的定义、性质和查找效率，二叉排序树的查找、插入、删除和构造过程。

（3）平衡二叉树和平衡因子的定义，平衡二叉树的插入和删除过程，在插入和删除过程中的平衡化旋转，从空树开始插入新结点的建树过程，平衡二叉树高度与结点个数的关系。

（4）红黑树的定义和性质，红黑树的插入及构造过程。

（5）B 树的定义和性质，B 树中结点个数与高度的关系，B 树的插入及溢出结点分裂方法，从空树开始建立 B 树的过程，B 树的删除及结点调整合并方法。B+树的定义、性质及与 B 树的区别。

（6）散列表的构造过程，包括散列函数和处理冲突的方法，处理冲突的线性探测法中的删除问题、堆积问题及平均探测次数，处理冲突的双散列法和链地址法及其平均探测次数，查找效率的影响因素。

（7）KMP 算法的思想，*next* 数组的构造过程其实是一个与自身进行 KMP 匹配的过程。

5.1 查找的基本概念

（1）**关键字**。数据元素中唯一标识该元素的某个数据项的值。

（2）**查找**。在数据集合中查找一个关键字等于给定值的数据元素。查找的结果一般分为两种：一种是<u>查找成功</u>，即找到了关键字等于给定值的数据元素；另一种是<u>查找失败</u>。

（3）**查找表（查找结构）**。用于查找的数据集合称为查找表。对查找表经常进行的操作一般有 4 种：① 查询某个特定的数据元素是否在查找表中；② 检索满足条件的某个特定数据元素的各种属性；③ 在查找表中插入一个数据元素；④ 从查找表中删除某个数据元素。

（4）**静态查找表**。若一个查找表的操作只涉及上述操作①和②，则无须动态地修改查找表，此类查找表称为<u>静态查找表</u>。适合静态查找表的查找方法有顺序查找、折半查找、散列查找等。

（5）**动态查找表**。与静态查找表相对应，需要动态地插入或删除的查找表称为<u>动态查找表</u>。适合动态查找表的查找方法有二叉排序树查找、散列查找等。

（6）**平均查找长度**。在查找过程中，查找长度是指需要比较关键字的次数，而平均查找长度则是指在所有查找过程中进行关键字比较次数的平均值。

5.2 顺序查找和折半查找

5.2.1 顺序查找

逐个比较查找表中的元素，直到找到目标元素或到达查找表的尽头为止，时间复杂度为 $O(n)$。

1. 一般线性表的查找

对于有 n 个元素的线性表，若比较到表中第 i 个元素时查找成功，需进行 i 次关键字的比较。当查找成功时，在等概率的情况下，平均查找长度为：

$$\text{ASL}_{成功} = \frac{1}{n} \sum_{i=1}^{n} i = \frac{n+1}{2}$$

当查找不成功时，平均查找长度为 $\text{ASL}_{不成功} = n+1$。

顺序查找的优点是对元素的存储方式没有要求，顺序存储或链式存储皆可；缺点是当 n 较大时，平均查找长度较大，效率低。对表中元素的有序性也没有要求，无论元素是否按关键字有序无序均可应用。

2. 有序线性表的查找

如果在查找之前就已经知道表是按关键字有序的，那么当查找失败时，可以不用再比较到表的另一端就能返回查找失败的信息，这样能降低顺序查找失败的平均查找长度。

在有序线性表的顺序查找中，查找成功的平均查找长度和对一般线性表的顺序查找一样。

在查找概率相等的情形下，查找不成功时的平均查找长度

$$\text{ASL}_{不成功} = \sum_{j=1}^{n} q_j(l_j-1) = \frac{1}{n+1}(1+2+\dots+n+n) = \frac{n}{2} + \frac{n}{n+1}$$

式中，q_j 为到达第 j 个失败结点的概率，等于 $1/(n+1)$；l_j 为第 j 个失败结点所在的层数。当 $n=6$ 时，$\text{ASL}_{不成功}=6/2+6/7=3.86$，比一般的顺序查找要好一些。

注意：对有序表的顺序查找中线性表可以为链式存储结构，而折半查找只能为顺序存储结构。

5.2.2 折半查找

折半查找法又称二分查找法，它仅适用于**有序的顺序表**。折半查找法的思想是：

（1）若表为空，则查找失败；否则，执行（2）。

（2）将需要比较的关键字（key）与表中间位置元素的关键字比较，若相等，则查找成功；否则执行（3）。

（3）若 key 小于表中间位置元素的关键字，则以中间元素以前的半部分作为新的查找表；若 key 大于表中间位置元素的关键字，则以中间元素以后的半部分作为新的查找表。执行（1）。

以有序顺序表 ｛7，10，13，16，19，29，32，33，37，41，43｝为例，折半查找的查找过程可用图 1-5-1 所示的**判定树**来描述。树中每个圆形结点表示一个元素（或记录），矩形结点表示查找不成功

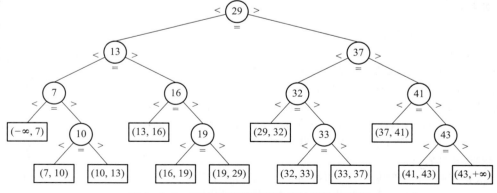

图 1-5-1　描述折半查找的查找过程的判定树

的情况。查找成功时的比较过程是从根结点到相应圆形结点的路径，而查找不成功时的比较过程是从根结点到某个失败结点的父结点的路径。若有序序列中有 n 个元素，则对应的判定树有 n 个圆形结点和 $n+1$ 个矩形结点。

折半查找的判定树，实际上是一棵平衡二叉树，设 h 为树高，则当元素个数为 n 时，树高 $h=\lceil\log_2(n+1)\rceil$。任意两个查找序列，若它们的元素个数相同，则它们折半查找判定树的结构完全相同。

由上述分析可知，用折半查找法查找到给定值的比较次数最多不会超过树的高度，在查找概率相等的情形下，查找成功的平均查找长度为；

$$\text{ASL}=\frac{1}{n}\sum_{i=1}^{n}l_i=\frac{1}{n}(1\times1+2\times2+\ldots+h\times2^{h-1})=\frac{n+1}{n}\log_2(n+1)-1\approx\log_2(n+1)-1$$

在图 1-5-1 所示的判定树中，在查找概率相等时，查找成功时 $\text{ASL}=(1\times1+2\times2+3\times4+4\times4)/11=3$，查找不成功时 $\text{ASL}=(3\times4+4\times8)/12=11/3$。

5.2.3 分块查找

分块查找 又称索引顺序查找，是对顺序查找的一种改进查找方法，既有动态结构，又适于快速查找。

将一个大的查找表分为若干子块，块内可以无序，但块与块之间是有序的。对于任意的 i，第 i 块中所有记录的关键字都小于第 $i+1$ 块中所有记录的关键字。再建立一个索引表，索引表中含有各块的最大关键字和各块中第一个记录的地址，索引表按关键字有序排列。

分块查找的过程分为两步：第一步是在索引表中确定待查记录所在的块，可以采用顺序查找法或折半查找法；第二步是在块内顺序查找。例如，元素集合为 $\{88，24，72，61，21，6，32，11，8，31，22，83，78，54\}$，按照关键字值 24、54、78、88，分为 4 个块和索引表，如图 1-5-2 所示。

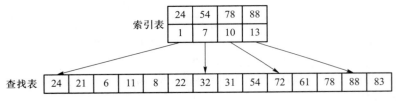

图 1-5-2　分块查找示意图

设索引查找和块内查找的平均查找长度分别为 L_I，L_s，分块查找的平均查找长度为索引查找和块内查找的平均查找长度之和，即 $\text{ASL}=L_I+L_s$。将长度为 n 的查找表均匀地分为 b 块，每块有 s 个记录，在等概率情况下，若在块内和索引表中均采用顺序查找，则平均查找长度为

$$\text{ASL}=L_I+L_s=\frac{b+1}{2}+\frac{s+1}{2}=\frac{s^2+2s+n}{2s}$$

虽然索引表占据了额外的存储空间，对索引表的查找也增加了一定的系统开销，但因为将查找表进行分块，使得在块内查找时，查找范围缩小，与顺序查找相比，效率提升不少。

5.3　树型查找

5.3.1　二叉排序树

1. 二叉排序树的定义

二叉排序树（也叫二叉查找树或二叉搜索树）如图 1-5-3 所示，二叉排序树或者是空二叉树，或者是具有如下性质的二叉树：

（1）左子树上所有结点的关键字（若存在）均小于根结点的关键字。

（2）右子树上所有结点的关键字（若存在）均大于根结点的关键字。

（3）左子树和右子树又各是一棵二叉排序树。

二叉排序树的**特点**：

对二叉排序树进行中序遍历，可以得到一个递增的有序序列。

在二叉排序树中删除后又插入同一结点，得到的二叉排序树与原来的不一定

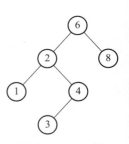

图 1-5-3　一棵
二叉排序树

相同，这是因为在二叉排序树中插入的新结点均作为叶子结点，但中序遍历序列一定相同。

2. 二叉排序树的查找

二叉排序树的查找过程（若二叉排序树非空）：

（1）将给定值与根结点的关键字比较，若相等，则查找成功。

（2）当根结点的关键字大于给定值时，在根结点的左子树中查找。

（3）否则在根结点的右子树中查找。

二叉排序树的查找效率最好为 $O(\log_2 n)$，最差为 $O(n)$。

3. 二叉排序树的插入

二叉排序树的插入过程如图 1-5-4 所示：

（1）若原二叉排序树为空，则将待插入结点直接插入。

（2）若待插入结点关键字小于根结点关键字，则将待插入结点插入左子树中。

（3）若待插入结点关键字大于根结点关键字，则将待插入结点插入右子树中。

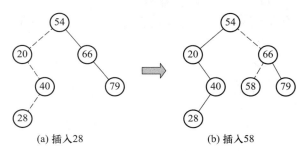

(a) 插入28   (b) 插入58

图 1-5-4　向二叉排序树中插入结点

由此可见，插入的新结点一定是某个叶结点。

4. 二叉排序树的构造

二叉排序树的构造是指，从一棵空树出发，依次输入元素，将它们插入二叉排序树中的合适位置。设关键字序列为 {45，24，53，12}，则构造二叉排序树的过程如图 1-5-5 所示。

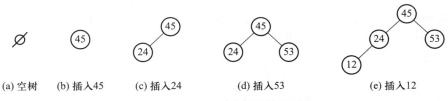

(a) 空树   (b) 插入45   (c) 插入24   (d) 插入53   (e) 插入12

图 1-5-5　二叉排序树的构造过程

5. 二叉排序树的删除

在二叉排序树中删除一个结点时，必须确保删除结点后的二叉排序树仍满足二叉排序树的定义。删除操作的实现过程按以下三种情况来处理：

（1）如果被删除结点 x 是叶结点，则直接删除。

（2）若结点 x 只有一棵左子树或右子树，则让 x 的子树成为 x 父结点的子树，替代 x 的位置。

（3）若结点 x 有左、右两棵子树，则令 x 的中序直接后继（或直接前驱）替代 x，然后递归地删除这个直接后继（或直接前驱），这样就转换成了（1）或（2）的情况。

在后两种情况下分别删除结点的过程如图 1-5-6 所示。

从查找过程看，二叉排序树与二分查找相似。就平均时间性能而言，二叉排序树上的查找和二分查找差不多。但二分查找的判定树唯一，而二叉排序树不唯一，对相同的关键字，其插入顺序不同，可能生成不同的二叉排序树。二叉排序树查找算法的平均查找长度主要取决于树的高度。如果二叉排序树是一棵只有右（左）孩子的单支树（类似于有序单链表），其平均查找长度和单链表相同，为 $O(n)$。

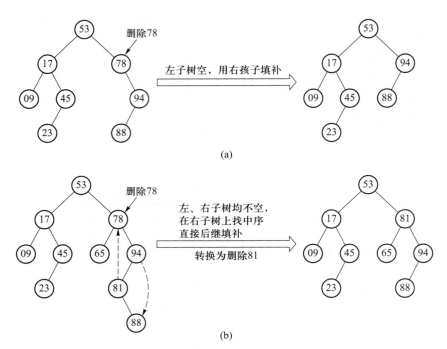

(a)

(b)

图 1-5-6　二叉排序树结点的删除过程

5.3.2　平衡二叉树

1. 平衡二叉树的定义

将结点左子树与右子树的高度差定义为该结点的**平衡因子**。

平衡二叉树（又称为 AVL 树）或者是一棵空树，或者是具有下列性质的二叉树：它的左子树和右子树都是平衡二叉树，且平衡因子绝对值不超过 1。

注意：平衡二叉树也是一种二叉排序树，故平衡二叉树的概念包含两个方面：平衡、有序。

2. 平衡二叉树的插入

最小不平衡子树：在插入路径上，以离插入结点最近，且平衡因子绝对值大于 1 的结点作为根的子树。图 1-5-7 虚线框内为最小不平衡子树。

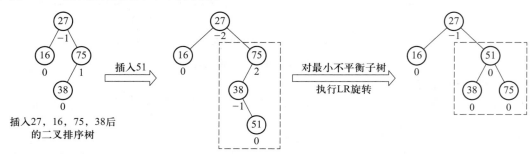

图 1-5-7　最小不平衡子树

平衡二叉树的插入过程：

（1）按二叉排序树的插入算法插入一个结点；

（2）若原平衡二叉树在新结点插入后不再平衡，需要找到最小不平衡子树进行调整。

调整的规律有下列 4 种情况：

（1）**LL 平衡旋转**（右单旋转）。由于在 A 结点的左孩子（L）的左子树（L）上插入新结点，A 的平衡因子由 1 增至 2，导致以 A 为根的子树失去平衡，需要一次向右的旋转操作。

将 A 的左孩子 B 向右上旋转代替 A 成为根结点，将 A 结点向右下旋转成为 B 的右子树的根结点，而 B 的原右子树则为 A 结点的左子树，如图 1-5-8 所示。

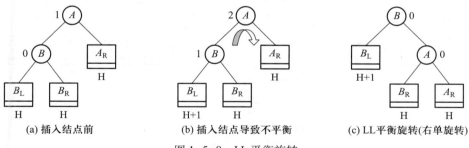

(a) 插入结点前　　　　　　(b) 插入结点导致不平衡　　　　　(c) LL平衡旋转(右单旋转)

图 1-5-8　LL 平衡旋转

（2）**RR 平衡旋转**（左单旋转）。由于在 A 的右孩子（R）的右子树（R）上插入新结点，A 的平衡因子由 -1 减至 -2，导致以 A 为根的子树失去平衡，需要一次向左的旋转操作。

将 A 的右孩子 B 向左上旋转，代替 A 成为根结点，将 A 结点向左下旋转成为 B 的左子树的根结点，而 B 的原左子树则作为 A 结点的右子树，如图 1-5-9 所示。

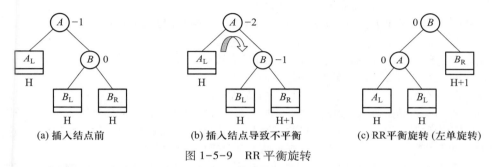

(a) 插入结点前　　　　　　(b) 插入结点导致不平衡　　　　　(c) RR平衡旋转 (左单旋转)

图 1-5-9　RR 平衡旋转

（3）**LR 平衡旋转**（先左后右双旋转）。由于在 A 的左孩子（L）的右子树（R）上插入新结点，A 的平衡因子由 1 增至 2，导致以 A 为根的子树失去平衡，需要进行两次旋转操作。

先将 A 的左孩子 B 的右子树的根结点 C 向左上旋转，提升到 B 结点的位置，然后再把该 C 结点向右上旋转，提升到 A 结点的位置，如图 1-5-10 所示。

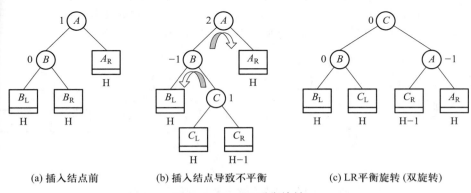

(a) 插入结点前　　　　　　(b) 插入结点导致不平衡　　　　　(c) LR平衡旋转 (双旋转)

图 1-5-10　LR 平衡旋转

（4）**RL 平衡旋转**（先右后左双旋转）。由于在 A 的右孩子（R）的左子树（L）上插入新结点，A 的平衡因子由 -1 减至 -2，导致以 A 为根的子树失去平衡，需要进行两次旋转操作。

先将 A 的右孩子 B 的左子树的根结点 C 向右上旋转，提升到 B 结点的位置，然后再把该 C 结点向左上旋转，提升到 A 结点的位置，如图 1-5-11 所示。

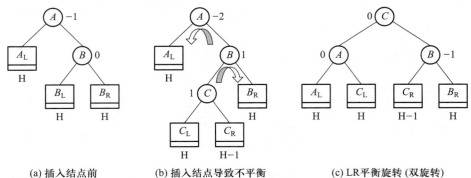

| (a) 插入结点前 | (b) 插入结点导致不平衡 | (c) LR平衡旋转 (双旋转) |

图 1-5-11　RL 平衡旋转

3. 平衡二叉树的删除

与平衡二叉树的插入操作类似，以删除结点 w 为例来说明平衡二叉树删除操作的步骤：

（1）用二叉排序树的方法对结点 w 执行删除操作。

（2）从结点 w 开始向上回溯，找到第一个不平衡的结点 z（即最小不平衡子树）；y 为结点 z 的高度最高的孩子结点；x 是结点 y 的高度最高的孩子结点。

（3）对以 z 为根的子树进行平衡调整，其中 x、y 和 z 可能的位置有 4 种情况：

- y 是 z 的左孩子，x 是 y 的左孩子（LL，右单旋转）；
- y 是 z 的左孩子，x 是 y 的右孩子（LR，先左后右双旋转）；
- y 是 z 的右孩子，x 是 y 的右孩子（RR，左单旋转）；
- y 是 z 的右孩子，x 是 y 的左孩子（RL，先右后左双旋转）。

这 4 种情况与插入操作的调整方式一样。不同之处在于，插入操作仅需要对以 z 为根的子树进行平衡调整；而删除操作不一样，先对以 z 为根的子树进行平衡调整，如果调整后子树的高度减 1，则可能需要对 z 的祖先结点进行平衡调整，甚至回溯到根结点（导致树高度减 1）。

在平衡二叉树上进行查找的过程与二叉排序树相同。含有 n 个结点的平衡二叉树的最大高度与 $\log_2 n$ 是同数量级的，因此平衡二叉树的平均查找长度为 $O(\log_2 n)$。

4. 平衡二叉树的查找

在平衡二叉树上进行查找的过程与二叉排序树相同。因此，在查找过程中，与给定值进行比较的关键字个数不超过树的高度。假设以 n_h 表示高度为 h 的平衡树中含有的最少结点数。显然，有 $n_0=0$，$n_1=1$，$n_2=2$，并且有 $n_h=n_{h-1}+n_{h-2}+1$。可以证明，含有 n 个结点的平衡二叉树的最大高度与 $\log_2 n$ 是同数量级的，因此平衡二叉树的平均查找长度为 $O(\log_2 n)$，如图 1-5-12 所示。

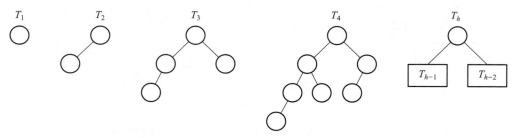

图 1-5-12　结点个数 n 最少的平衡二叉树

5.3.3 红黑树

1. 红黑树的定义

为了保持 AVL 树的平衡性，需要在插入和删除操作后，频繁地调整全树整体拓扑结构，因此代价较大。为此，进一步放宽平衡条件，引入了红黑树的结构。一棵**红黑树**是满足下列红黑性质的二叉排序树。

性质1：每个结点或是红色的，或是黑色的。

性质2：根结点是黑色的。

性质3：叶结点（虚构的外部结点、NULL 结点）都是黑色的。

性质4：不存在两个相邻的红结点（即红结点的父结点和孩子结点均是黑色的）。

性质5：对每个结点，在从该结点到任一叶结点的简单路径上，所含黑结点的数目相同。

与折半查找树和 B 树类似，为了便于对红黑树的实现和理解，引入了 $n+1$ 个外部叶结点，以保证红黑树中每个结点（内部结点）的左、右孩子均非空。图 1-5-13 是一棵红黑树。

在从某结点出发（不含该结点）到达一个叶结点的任一简单路径上的黑结点总数称为该结点的黑高（记为 bh），黑高的概念是由性质5确定的。根结点的黑高称为该红黑树的黑高。

结论1：从根结点到叶结点的最长路径不大于最短路径的2倍。

结论2：有 n 个内部结点的红黑树的高度 $h \leqslant 2\log_2(n+1)$。

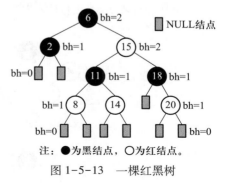

图 1-5-13　一棵红黑树

可见，红黑树将 AVL 树的"高度平衡"，降低到"任一结点左右子树的高度相差不超过2倍"的"适度平衡"。对于一棵动态查找树，如果插入和删除操作比较少，查找操作比较多，采用 AVL 树合适，否则采用红黑树更合适。但由于维护 AVL 树的高度平衡所付出的代价比获得的效益大得多，因此红黑树的实际应用更广泛。C++中的 map 和 set（Java 中的 TreeMap 和 TreeSet）就是用红黑树实现的。

2. 红黑树的插入

红黑树的插入过程和二叉排序树的插入过程基本类似，不同之处在于，在红黑树中插入新结点后需要进行调整（主要通过重新着色或旋转操作进行调整），以满足红黑树的性质。

设结点 z 为新插入的结点。插入过程描述如下：

（1）用二叉排序树插入法插入，并将结点 z 着为红色。若结点 z 的父结点是黑色的，则无须做任何调整，此时就是一棵标准的红黑树。

（2）如果结点 z 是根结点，将 z 着为黑色（树的黑高增1），结束。

（3）如果结点 z 不是根结点，并且 z 的父结点 $z.p$ 是红色的，则区别在于 z 的叔结点 y 的颜色不同，分为下面三种情况。因 $z.p$ 是红色的，插入前的树是合法的，根据性质2和性质4，爷结点 $z.p.p$ 必然存在且为黑色。性质4只在 z 和 $z.p$ 之间被破坏了。

情况1（LR，先左旋，再右旋）：z 的叔结点 y 是黑色的，z 的父结点是爷结点的左孩子且 z 是一个右孩子，即 z 是爷结点的左孩子的右孩子。先做一次左旋，将此情形转变为**情况2**（变为**情况2**后再做一次右旋），左旋后 z 变为父结点 $z.p$ 的左孩子。因为 z 和 $z.p$ 都是红色的，所以左旋操作对结点的黑高和性质5都无影响。

情况2（LL，右单旋）：z 的叔结点 y 是黑色的，z 的父结点是爷结点的左孩子且 z 是一个左孩子，即 z 是爷结点的左孩子的左孩子。做一次右旋，并交换 z 的原父结点和原爷结点的颜色，就可以保持性质5，也不会改变树的黑高。这样，红黑树中也不再有相邻的两个红结点，结束。**情况1**和**情况2**的调整方式如图 1-5-14 所示。

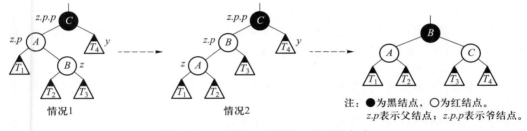

图 1-5-14　情况1和情况2的调整方式

每一棵子树 T_1，T_2，T_3 和 T_4 都有一个黑色根结点，且具有相同的黑高。

若父结点 $z.p$ 是爷结点 $z.p.p$ 的右孩子，则还有两种对称的情况：**RL**（先右旋，再左旋），**RR**（右单旋），在此不再赘述。红黑树的调整方法和 AVL 调整方法有异曲同工之妙。

情况 3（z 是左孩子或右孩子无影响）：z 的叔结点 y 是红色的，z 的父结点 $z.p$ 也是红色的，因为爷结点 $z.p.p$ 是黑色的，将 $z.p$ 和 y 都着为黑色，将 $z.p.p$ 着为红色，以在局部保持性质 4 和性质 5。然后，把 $z.p.p$ 作为新结点 z 来进行插入操作，指针 z 在树中上移两层。调整方式如图 1-5-15 所示。

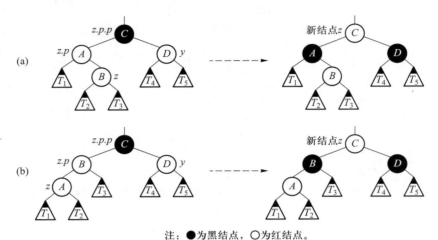

注：●为黑结点，○为红结点。

图 1-5-15　情况 3 的调整方式

若父结点 $z.p$ 是爷结点 $z.p.p$ 的右孩子，也还有两种对称的情况，不再赘述。

不断重复（2）和（3）两步。只要满足**情况 3**的条件，就会不断循环，每次循环指针 z 都会上移两层，直到满足（2）（即 z 上移到根结点）或满足**情况 1** 或**情况 2**的条件。

红黑树的删除操作较为复杂，统考（408）考查的概率较低。

5.4　B 树和 B+树

5.4.1　B 树的概念

一棵 m 阶 B 树或为空树，或为满足下列特性的 m 叉树：

（1）树中每个结点至多有 m 棵子树，即至多含有 $m-1$ 个关键字。

（2）若根结点不是终端结点，则至少有两棵子树。

（3）除根结点外的所有非叶结点至少有 $\lceil m/2 \rceil$ 棵子树，即至少含有 $\lceil m/2 \rceil-1$ 个关键字。

（4）所有非叶结点的结构如下：

n	P_0	K_1	P_1	K_2	P_2	...	K_n	P_n

其中，P_n 为指针，K_n 为关键字，P_{i-1} 所指子树中所有结点的关键字均小于 K_i；P_i 所指子树中所有结点的关键字均大于 K_i。

（5）所有的叶结点都出现在同一层次上，并且不带信息（可视为外部结点或查找失败的结点）。

图 1-5-16 所示为一棵 5 阶 B 树的实例，5 阶 B 树中所有结点的最大孩子数 $m=5$。

借助以上实例来分析 B 树的性质：

（1）如果根结点没有关键字就没有子树，此时 B 树为空；如果根结点有关键字，则其子树必然大于等于两棵，因为子树个数等于关键字个数加 1。

（2）除根结点外的所有非终端结点至少有 $\lceil m/2 \rceil = \lceil 5/2 \rceil = 3$ 棵子树（即至少有 $\lceil m/2 \rceil-1 = \lceil 5/2 \rceil-1 = 2$ 个关键字），至多有 5 棵子树（即至多有 4 个关键字）。

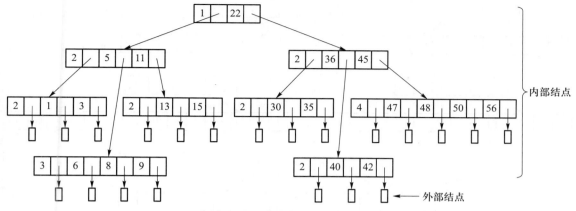

图1-5-16　一棵5阶B树的实例

（3）结点中关键字从左到右递增有序，关键字两侧均有指向子树的指针，左边指针所指子树的所有关键字均小于该关键字，右边指针所指子树的所有关键字均大于该关键字。

（4）所有叶结点均在第4层，代表查找失败的位置。

5.4.2　B树的查找

B树的查找包含两个基本操作：① 在B树中找结点（在磁盘上进行），当查找到叶结点时，查找失败。② 在结点内的多关键字有序表中查找关键字（在内存中进行）。

由于B树存储在磁盘上，因此前一个查找操作是在磁盘上进行的。而后一个查找操作是在B树上查找到某个结点后，先将结点信息读入内存，然后在有序表中进行查找，若找到则查找成功，否则按照对应的指针信息到所指的子树中去查找。例如，在图1-5-16中查找关键字42，首先从根结点开始，根结点只有一个关键字，且42>22，若存在，必在关键字22的右子树上，右孩子结点有两个关键字，而36<42<45，则若存在，必在36和45间的子树上，然后在该子结点中查到关键字42，查找成功。若查找到叶结点（对应指针为空指针），则说明树中没有对应的关键字，查找失败。

5.4.3　B树的高度

B树中的大部分操作所需的磁盘存取次数与B树的高度成正比。

下面来分析B树在不同情况下的高度。当然，应该明确B树的高度不包括最后不带任何信息的叶结点所处的那一层（有些书对B树高度的定义中，包含最后的那一层）。

若$n \geq 1$，则对任意一棵包含n个关键字、高度为h、阶数为m的B树：

（1）因为B树中每个结点最多有m棵子树，$m-1$个关键字，所以在一棵高度为h的m阶B树中，关键字的个数应满足$n \leq (m-1)(1+m+m^2+\dots+m^{h-1})=m^h-1$，因此$h \geq \log_m(n+1)$。

（2）若让每个结点中的关键字个数达到最少，则容纳同样多关键字的B树高度达到最大。由B树的定义：第一层至少有1个结点；第二层至少有2个结点；除根结点外的每个非终端结点至少有$\lceil m/2 \rceil$棵子树，则第三层至少有$2\lceil m/2 \rceil$个结点……第$h+1$层至少有$2(\lceil m/2 \rceil)^{h-1}$个结点。第$h+1$层是不包含任何信息的叶结点。对于关键字个数为$n$的B树，叶结点即查找不成功的结点数为$n+1$，由此有$n+1 \geq 2(\lceil m/2 \rceil)^{h-1}$，即$h \leq \log_{\lceil m/2 \rceil}((n+1)/2)+1$。

例如，假设一棵3阶B树共有8个关键字，则其高度范围为$2 \leq h \leq 3.17$。

5.4.4　B树的插入

B树的插入过程如下：

（1）查找：利用B树查找算法，找出插入该关键字的最底层中某个非叶结点。

（2）插入：当插入后的结点关键字个数小于m，可以直接插入；若等于m，则必须对结点进行分裂。分裂的过程及方法如图1-5-17所示（3阶B树）。

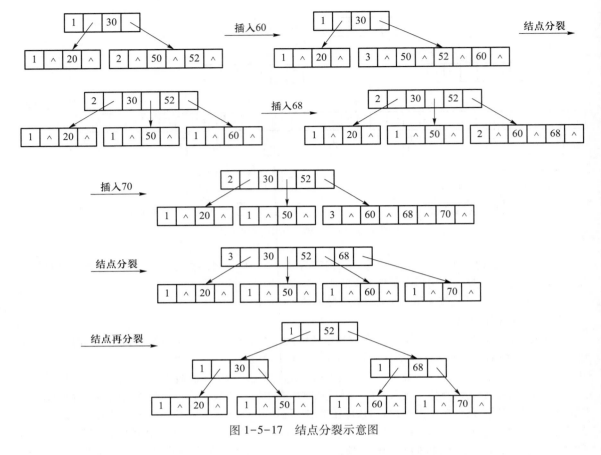

图 1-5-17　结点分裂示意图

若此时导致其父结点的关键字个数也超过了上限，则继续进行这种分裂操作。

若最终使得根结点分裂，则 B 树的高度增 1。

5.4.5　B 树的删除

为使删除后的结点中的关键字个数≥$\lceil m/2 \rceil$-1，需要将结点进行"合并"。

当被删关键字 k 不在终端结点（最低层非叶结点）中时，可以先用 k 的前驱（或后继）k' 来替代 k，然后在相应的结点中删除 k'，关键字 k' 必定落在某个终端结点中，这样则转换成了被删关键字在终端结点中的情形。因此只需讨论删除终端结点中关键字这一种情形。

当被删关键字在终端结点（最底层非叶结点）中时，有下列三种情况：

（1）直接删除。若该结点的关键字个数≥$\lceil m/2 \rceil$，直接删去该关键字。

（2）兄弟够借。若该结点的关键字个数=$\lceil m/2 \rceil$-1，且与该结点相邻的右（或左）兄弟结点的关键字个数≥$\lceil m/2 \rceil$，则将该关键字删除后，需要调整该结点右（或左）兄弟结点及其双亲结点（父子换位法），示意图如图 1-5-18（a）所示（3 阶 B 树）。

（3）兄弟不够借。若该结点的关键字个数=$\lceil m/2 \rceil$-1，且与该结点相邻的右（或左）兄弟结点的关键字个数均=$\lceil m/2 \rceil$-1，则将该关键字删除后，再将右（或左）兄弟结点和双亲结点中的关键字进行合并，如图 1-5-18（b）所示。

在合并的过程中，若导致其父结点的关键字个数也不满足 B 树的定义，则继续进行这种合并操作。若最终使得根结点被合并，则 B 树高度减 1。

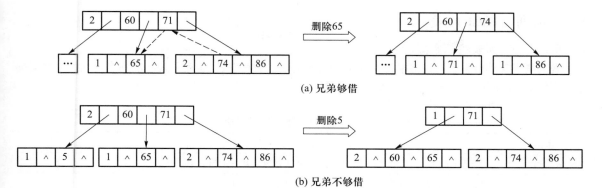

(a) 兄弟够借

(b) 兄弟不够借

图 1-5-18　B 树中删除终端结点关键字示意图

5.4.6　B+树的基本概念

B+树是 B 树的一种变形树，一棵 m 阶 B+树需满足下列条件：

（1）每个分支结点最多有 m 棵子树（孩子结点）。

（2）根结点（度 > 1）至少有两棵子树，其他每个分支结点至少有 $\lceil m/2 \rceil$ 棵子树。

（3）结点的子树个数与关键字个数相等。

（4）所有叶结点包含全部关键字及指向相应记录的指针，叶结点中关键字按大小顺序排列，相邻叶结点按大小顺序相互链接。

（5）所有分支结点（可视为索引的索引）中仅包含其各子结点（即下一级的索引块）中关键字的最大值及指向其孩子结点的指针。

m 阶 B+树与 m 阶 B 树的区别主要是：

（1）在 B+树中，具有 n 个关键字的结点只含有 n 棵子树，即每个关键字对应一棵子树；在 B 树中，具有 n 个关键字的结点含有 （$n+1$）棵子树。

（2）在 B+树中，非根结点关键字个数 n 的范围是 $\lceil m/2 \rceil \leq n \leq m$（根结点：$1 \leq n \leq m$）；在 B 树中，非根结点关键字个数 n 的范围是 $\lceil m/2 \rceil - 1 \leq n \leq m-1$（根结点：$1 \leq n \leq m-1$）。

（3）在 B+树中，所有非叶结点仅起到索引作用，即结点中的每个索引项只含有对应子树的最大关键字和指向该子树的指针，不含有该关键字对应记录的存储地址。

（4）在 B+树中，叶结点包含了全部关键字，即其他非叶结点中的关键字包含在叶结点中；在 B 树中，叶结点包含的关键字和其他结点包含的关键字是不重复的。

图 1-5-19 所示为一棵 4 阶 B+树，其中叶结点包含所有关键字及对应记录的指针。通常在 B+树中有两个头指针：一个指向根结点，另一个指向关键字最小的叶结点。因此，可以对 B+树进行两种查找运算：一种是从最小关键字开始顺序查找，另一种是从根结点开始进行多路查找。

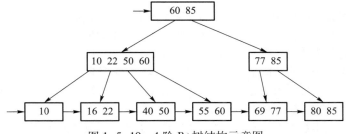

图 1-5-19　4 阶 B+树结构示意图

B+树的查找、插入和删除操作和 B 树类似。只是在查找过程中，如果非叶结点上的关键字等于给定值时并不终止，而是继续向下查找，直到找到叶结点上的该关键字为止。所以，在 B+树中查找，无论查找成功与否，每次查找都是一条从根结点到叶结点的路径。

5.5 散列（Hash）表

5.5.1 散列表的基本概念

散列表（又称哈希表）是根据关键字直接进行访问的数据结构。也就是说，散列表建立了一种关键字和存储地址之间的直接映射关系，使每个关键字与结构中的唯一存储位置相对应。

表1-5-1列出了关于散列表的常见术语。

表1-5-1 散列表的常见术语

术语	定义及说明
散列函数	把元素关键字映射成其对应地址的函数称为散列函数，记为 Hash（key）
冲突	散列函数把两个或两个以上的不同关键字映射到同一地址
同义词	发生冲突的不同关键字，即散列地址相同的不同关键字
堆积（聚集）	非同义词之间争夺一个地址的现象

前面介绍的线性表和树表的查找中，记录在表中的位置跟记录的关键字之间不存在确定关系，因此，在这些表中查找记录时需进行一系列的关键字比较，查找的效率取决于比较的次数。

5.5.2 常见的散列函数

在构造散列函数时有几点要求：

（1）散列函数的定义域必须包含全部关键字，而值域则依赖于哈希表的大小；

（2）由散列函数计算出来的地址应该能够等概率、均匀地分布在整个地址空间，只有这样才使得查找效率较高；

（3）散列函数应尽可能简单，能在较短的时间内计算出结果。

下面介绍3种常用的构造散列函数的方法。

1. 直接定址法

直接取关键字的某个线性函数值为散列地址，散列函数为

$$\text{Hash}(\text{key}) = a * \text{key} + b$$

式中，a 和 b 为常数。这种方法计算最简单，并且不会产生冲突。它适用于关键字的分布基本连续的情况，若关键字分布不连续，空位较多，将造成存储空间的浪费。

2. 除留余数法

假定哈希表表长为 m，取一个不大于 m，但最接近或等于 m 的质数 p，散列函数为

$$\text{Hash}(\text{key}) = \text{key} \% p$$

这种方法最简单、最常用，其关键是选好 p，使得每个关键字通过该函数转换后都能等概率地映射到散列空间上的任一地址，从而尽可能减少产生冲突的可能性。

3. 数字分析法

设关键字是 r 进制数（如十进制数），而 r 个数码在各位上出现的频率不一定相同，可能在某些位上分布均匀，每种数码出现的机会均等；也可能在某些位上分布不均匀，则应选取数码分布较为均匀的若干位作为散列地址。这种方法只适用于一个已知的关键字集合。

不同的散列函数适用于不同的情况，因此不能笼统地概括哪种散列函数最好。在实际选择中，采用何种散列函数取决于关键字集合的情况，但目标是为了使产生冲突的可能性尽量降低。

5.5.3 处理冲突的方法

设计出来的任何散列函数都不可能绝对地避免冲突。为此，必须考虑在发生冲突时如何处理，即为产生冲突的关键字寻找下一个"空"地址。散列表的性能主要取决于处理冲突的方法。

1. 开放定址法

当发生散列冲突时，如果散列表未被装满，说明在散列表中必然还有空地址，那么可以把关键字存放到冲突地址中的下一个"空"地址中去。其数学递推公式为：

$$\text{Hash}_i = (\text{Hash}(key) + d_i) \% m$$

式中，i 为冲突次数，$i=0,1,2,\dots,k(k \leqslant m-1)$；$d_i$ 为增量序列；m 为散列表表长。根据 d_i 取值方案的不同，有不同的再散列方法，主要介绍以下 3 种。

（1）**线性探测再散列法**。$d_i=1,2,\dots,m-1$。图 1-5-20 所示是关键字 $\{19,14,23,1,68,20,84,27,55,11,10\}$ 按照散列函数 $\text{Hash}(key)=key\%13$ 和线性探测再散列法处理冲突得到的散列表。

0	1	2	3	4	5	6	7	8	9	10	11	12
	14	1	68	27	55	19	20	84		23	11	10

图 1-5-20　线性探测再散列法处理冲突构造的散列表

线性探测再散列法可能使散列地址 i 的同义词存入散列地址 $i+1$，这样本应存入散列地址 $i+1$ 的元素就争夺散列地址 $i+2$ 的元素的地址……从而造成大量元素在相邻的地址上"**堆积**"，降低了查找效率。

（2）**二次探测再散列法**。$d_i=1^2,-1^2,2^2,-2^2,\dots,\pm k^2(k \leqslant m/2)$。图 1-5-21 所示是关键字 $\{19,14,23,1,68,20,84,27,55,11,10\}$ 按照散列函数 $\text{Hash}(key)=key\%13$ 和二次探测再散列法处理冲突得到的散列表。

0	1	2	3	4	5	6	7	8	9	10	11	12
27	14	1	68	55	84	19	20			10	23	11

图 1-5-21　二次探测再散列法处理冲突构造的散列表

（3）**双散列法**。令 $d_i=i\times\text{Hash}_2(key)$。使用两个散列函数 $\text{Hash}_1(key)$ 和 $\text{Hash}_2(key)$，当通过第一个散列函数 $\text{Hash}_1(key)$ 得到的地址发生冲突时，则利用第二个散列函数 $\text{Hash}_2(key)$ 计算该关键字的地址增量。

在双散列法中，最多经过 $m-1$ 次探测就会遍历表中所有位置，回到 0 位置。

注意：在开放定址法中，不能随意物理删除表中的已有元素，因为若删除元素，则会截断其他具有相同散列地址的元素的查找地址。因此，要删除一个元素时，可给它做一个删除标记，进行逻辑删除。

2. 拉链法

拉链法是将所有关键字为同义词的记录存储在同一个线性链表中。假设某散列函数产生的散列地址在区间 $[0,m-1]$ 上，则设立一个大小为 m 的数组 Chain[m]，数组中存放的是线性链表的头指针，凡是散列地址为 i 的元素都插入头指针为 Chain[i] 的链表中。关键字序列为 $\{19,14,23,1,68,20,84,27,55,11,10,79\}$，散列函数 $\text{Hash}(key)=key\%13$，用拉链法处理冲突，建立的表如图 1-5-22 所示。

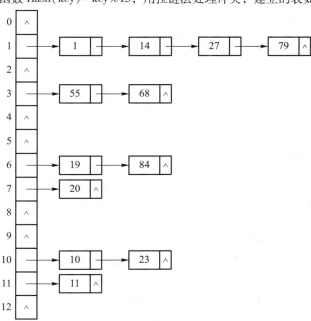

图 1-5-22　拉链法处理冲突的散列表

5.5.4 散列法查找及性能分析

对于一个给定的关键字 key，根据散列函数可以计算出其散列地址，执行步骤如下：

初始化：Addr=Hash(key)；

（1）检测查找表中地址为 Addr 的位置上是否有记录，若无记录，返回**查找失败**标志；若有记录，比较它与 key 的值，若相等，则返回**查找成功**标志，否则执行步骤（2）。

（2）用给定的处理冲突方法计算"下一个散列地址"，并把 Addr 置为此地址，转入步骤（1）。

例如，关键字序列 {19，14，23，1，68，20，84，27，55，11，10，79} 按照散列函数 Hash(key)=key%13和线性探测处理冲突构造所得的散列表 L 如图 1-5-23 所示。

图 1-5-23　用线性探测法得到的散列表

关键字 84 的查找过程为：先求散列地址 Hash(84)=6，因 $L[6]$ 不空且 $L[6] \neq 84$，则第一次冲突处理后的地址 $Hash_1=(6+1)\%16=7$，而 $L[7]$ 不空且 $L[7] \neq 84$，则第二次冲突处理后的地址 $Hash_2=(6+2)\%13=8$，$L[8]$ 不空且 $L[8]=84$，查找成功。

关键字 38 的查找过程为：先求散列地址 Hash(38)=12，$L[12]$ 不空且 $L[12] \neq 38$，则找下一地址 $Hash_1=(12+1)\%13=10$，由于 $L[0]$ 是空记录，故表中不存在关键字为 38 的记录。

查找各关键字的比较次数如表 1-5-2 所示。

表 1-5-2　查找各关键字的比较次数

关键字	14	1	68	27	55	19	20	84	79	23	11	10
比较次数	1	2	1	4	3	1	1	3	9	1	1	3

平均查找长度：$ASL=(1\times6+2+3\times3+4+9)/12=2.5$。

对同一组关键字，设定相同的散列函数，则用不同的处理冲突的方法，得到的散列表会不同，它们的平均查找长度也不同。本例采用拉链法时的平均查找长度就与上述不相同。

从散列表的查找过程可见：

"冲突"的产生使得散列表的查找过程仍然是一个将给定值和关键字进行比较的过程。因此，仍需要以平均查找长度作为衡量散列表查找效率的度量。

散列表的查找效率取决于三个因素：散列函数、处理冲突的方法和装填因子。

散列表的**装填因子**一般记为 α，定义为一个表的装满程度，即

$$\alpha = \frac{\text{表中记录数 } n}{\text{散列表长度 } m}$$

散列表的平均查找长度依赖于散列表的装填因子 α，而不直接依赖于 n 或 m。直观地看，α 越大，说明表越"满"，再插入新元素时发生冲突的可能性越大，反之发生冲突的可能性越小。

5.6 字符串模式匹配

字符串模式匹配又称子串定位操作，是求第一个字符串（子串或模式串）在第二个字符串（主串）中的位置。该操作主要有两种经典的算法——朴素的模式匹配算法和高效的模式匹配算法（即 KMP 算法）。

5.6.1 朴素的模式匹配算法

朴素的模式匹配算法思想：从主串 S 的第一个字符开始，与模式串 T 的第一个字符比较，若相等，则继续逐个比较后续字符；否则从主串的下一个字符起，重新和模式串的字符比较；以此类推，直至 T 中的字符组成的序列和 S 中一个连续的字符序列相等，则称匹配成功，函数值为与 T 中第一个字符相等的字符在 S 中的序号，否则称匹配不成功。朴素的模式匹配算法的最坏时间复杂度为 $O(mn)$。

5.6.2 高效的模式匹配算法——KMP 算法

在朴素的模式匹配算法中，已匹配相等的序列是模式串的某个前缀，因此每次回溯就相当于模式串与自身某个前缀在比较，这种频繁的重复比较是其低效的原因所在。从分析模式串本身的结构入手，就能得知当匹配到某个字符不等时，应向后滑动到什么位置，即已匹配相等的前缀和模式串若有首尾重合，则对齐它们，对齐部分显然无须再比较，下一步直接从主串的当前位置继续比较。

这就是 KMP 算法的由来。KMP 算法的核心是求解 next 数组，**$next[j]$ 的含义是**：在模式串的第 j 个字符与主串发生失配时，应跳到模式串的 $next[j]$ 位置重新与主串当前位置进行比较。有两种方法求解 next 数组，第一种方法是手动计算部分匹配值（略）；第二种方法是通过如下公式计算。

设主串为 $'s_1s_2...s_n'$，模式串为 $'p_1p_2...p_m'$，当主串中第 i 个字符与模式串中第 j 个字符失配时，假设此时模式串应向右滑动，然后将模式串中第 $k(k<j)$ 个字符与主串继续比较，则模式串中前 $k-1$ 个字符的子串必须满足下列条件，且不可能存在 $k'>k$ 满足下列条件：

$$'p_1p_2...p_{k-1}' = 'p_{j-k+1}p_{j-k+2}...p_{j-1}'$$

若存在满足以上条件的子串，则发生失配时，仅需将模式串向右滑动至模式串中第 k 个字符和主串第 i 个字符对齐，此时模式串中前 $k-1$ 个字符的子串必定与主串中第 i 个字符之前长度为 $k-1$ 的子串相等，由此，只需从模式串第 k 个字符与主串第 i 个字符继续比较即可，如表 1-5-3 所示。

表 1-5-3　模式串右移到合适位置（阴影对齐部分表示上下字符相等）

主串	s_1	...	...	...	...	...	s_{i-k+1}	...	s_{i-1}	s_i	...	...	...	...	s_n
模式串			p_1	...	p_{k-1}	...	p_{j-k+1}	...	p_{j-1}	p_j	...	p_m			
右移					p_1	...	p_{k-1}		p_k	...		p_m			

当模式串已匹配相等序列中不存在满足上述条件的子串时（可以看成 $k=1$），显然应该将模式串右移 $j-1$ 位，让主串第 i 个字符和模式串第一个字符进行比较，此时右移位数最大。

当模式串第一个字符（$j=1$）与主串第 i 个字符发生失配时，规定 $next[1]=0$[①]。将模式串右移一位，从主串的下一个位置（$i+1$）和模式串的第一个字符继续比较。

通过上述分析可以得出 next 函数的公式：

$$next[j]=\begin{cases}0, & j=1 \\ \max\{k\mid 1<k<j \text{ 且 } 'p_1...p_{k-1}'='p_{j-k+1}...p_{j-1}'\}, & \text{当此集合不空时} \\ 1, & \text{其他情况}\end{cases}$$

上述公式不难理解，我们来尝试推理求解的步骤。

首先，由公式可知

$$next[1]=0$$

设 $next[j]=k$，此时 k 应满足的条件在上文已描述。

此时 $next[j+1]$ 的值可能有两种情况：

（1）若 $p_k=p_j$，则表明在模式串中

$$'p_1...p_{k-1}p_k'='p_{j-k+1}...p_{j-1}p_j'$$

并且不可能存在 $k'>k$ 满足上述条件，此时 $next[j+1]=k+1$，即

$$next[j+1]=next[j]+1$$

（2）若 $p_k \neq p_j$，则表明在模式串中

$$'p_1...p_{k-1}p_k' \neq 'p_{j-k+1}...p_{j-1}p_j'$$

此时可以把求 next 函数值的问题视为一个模式匹配的问题。用前缀 $p_1...p_k$ 去跟后缀 $p_{j-k+1}...p_j$ 匹配，则当 $p_k \neq p_j$ 时，应将 $p_1...p_k$ 向右滑动至以第 $next[k]$ 个字符与 p_j 比较，如果 $p_{next[k]}$ 与 p_j 还是不匹配，那么

[①]　可理解为将主串第 i 个字符和模式串第一个字符的前面空位置对齐，即模式串右移一位。

需要寻找长度更短的相等前缀、后缀，下一步继续用 $p_{next[next[k]]}$ 与 p_j 比较，以此类推，直到找到某个更小的 $k'=next[next...[k]](1<k'<k<j)$，满足条件

$$'p_1...p_{k'}'= {'p_{j-k'+1}...p_j}'$$

则 $next[j+1]=k'+1$。

也可能不存在任何 k' 满足上述条件，即不存在长度更短的相等前缀、后缀，令 $next[j+1]=1$。下面举一个简单的例子，如表 1-5-4 所示。

表 1-5-4　求模式串的 $next$ 值

j	1	2	3	4	5	6	7	8	9
模式串	a	b	a	a	b	c	a	b	a
$next[j]$	0	1	1	2	2	3	?	?	?

图 1-5-26 的模式串中已求得 6 个字符的 $next$ 值，现求 $next[7]$，因为 $next[6]=3$，又 $p_6 \neq p_3$，则需比较 p_6 和 p_1（因 $next[3]=1$），由于 $p_6 \neq p_1$，而 $next[1]=0$，所以 $next[7]=1$；求 $next[8]$，因 $p_7=p_1$，则 $next[8]=next[7]+1=2$；求 $next[9]$，因 $p_8=p_2$，则 $next[9]=3$。

KMP 算法的时间复杂度是 $O(m+n)$。

KMP 算法还可以继续优化，$next$ 数组进一步改进得到 $nextval$ 数组。

5.7　同步练习

一、单项选择题

1. 有一个按元素值从小到大排好序的顺序表（长度大于 2），分别用顺序查找法和折半查找法查找与给定值相等的元素，比较次数分别是 s 和 b。在查找成功的情况下，s 和 b 的关系是（　　）；在查找不成功的情况下，s 和 b 的关系是（　　）。

A. $s=b$　　　　　　　B. $s>b$　　　　　　　C. $s<b$　　　　　　　D. 不确定

2. 对于长度为 18 的有序顺序表，若采用折半查找法，则查找第 15 个元素的查找次数为（　　）。

A. 3　　　　　　　　　B. 4　　　　　　　　　C. 5　　　　　　　　　D. 6

3. 在顺序表 {8，11，15，19，25，26，30，33，42，48，50} 中，用折半查找法查找元素 20 的比较次数为（　　）。

A. 2　　　　　　　　　B. 3　　　　　　　　　C. 4　　　　　　　　　D. 5

4. 当对一个线性表 $R[60]$ 进行索引顺序查找（分块查找）时，若共分成了 10 个子表，每个子表有 6 个表项。假定对索引表和数据子表都采用顺序查找，则查找每一个表项的平均查找长度为（　　）。

A. 7　　　　　　　　　B. 8　　　　　　　　　C. 9　　　　　　　　　D. 10

5. 分别对大小均为 n 的有序表和无序表进行顺序查找，在等概率的情况下，当查找失败时，它们的平均查找长度：（　　）。

A. 有序表大于无序表　　　　　　　　　　B. 两者相等

C. 无序表大于有序表　　　　　　　　　　D. 无法确定

6. 在下列二叉树中，从任一结点出发到根的路径上所经过的结点序列，按其关键字有序是（　　）。

A. 二叉排序树　　　　B. 赫夫曼树　　　　C. 红黑树　　　　D. 堆

7. 在含有 12 个结点的平衡二叉树中，查找关键字为 35 的结点（树中存在该结点），则依次比较的关键字序列可能是（　　）。

A. 46，36，18，20，28，35　　　　　　　B. 47，37，18，27，36

C. 27，48，39，43，37　　　　　　　　　D. 15，25，55，35

8. 分别用下列序列构造一棵二叉排序树，与用其他 3 个序列构造结果不同的是（　　）。

A. 4，2，6，3，5，7　　　　　　　　　　B. 4，2，3，7，5，6

C. 4，6，2，7，5，3　　　　　　　　　　D. 4，6，5，2，7，3

9. 在下列关于红黑树的说法中，正确的是（　　）。

A. 红黑树是一种特殊的平衡二叉树

B. 如果红黑树的所有结点都是黑色的，那么它一定是一棵满二叉树

C. 红黑树的任何一个分支结点都有两个非空孩子结点

D. 红黑树的子树也一定是红黑树

10. 在下列四个选项中，满足红黑树定义的是（　　）。

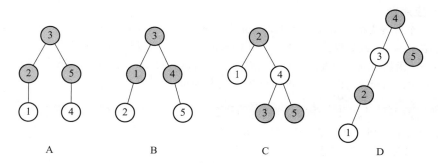

11. 下列关于 B 树的说法中，不正确的是（　　）。

A. m 阶 B 树中的每个结点的子树个数都小于或等于 m

B. m 阶 B 树中的每个结点的子树个数都大于或等于 $\lceil m/2 \rceil$

C. m 阶 B 树中的任何一个结点的子树高度都相等

D. m 阶 B 树具有 k 个子树的非叶子结点含有 $k-1$ 个关键字

12. 在 10 阶 B 树中，根结点所包含的关键字个数最多为（　　），最少为（　　）。

A. 7，0　　　　　　　B. 9，1　　　　　　　C. 8，3　　　　　　　D. 10，4

13. 在一棵高度为 h 的 B 树中插入一个新关键字时，为查找插入位置需读取（　　）个结点。

A. $h-1$　　　　　　B. h　　　　　　　C. $h+1$　　　　　　D. $h+2$

14. 已知一棵 10 阶 B 树中含有 960 个关键字，则该树的最小高度为（　　）。

A. 3　　　　　　　　B. 5　　　　　　　　C. 10　　　　　　　D. 12

15. 在采用拉链法解决冲突时，在每一个散列地址所链接的同义词子表中，各个表项的（　　）相同。

A. 关键字值　　　　　B. 元素值　　　　　　C. 散列地址　　　　　D. 含义

16. 设散列表长为 m，key 为表项的关键字，散列函数采用除留余数法，即 Hash(key) = key%p。为了减少发生冲突的频率，p 一般取（　　）。

A. m　　　　　　　　　　　　　　　　B. 小于等于 m 的最大质数

C. 大于 m 的最小质数　　　　　　　　　D. 小于等于 m 的最大合数

17. 对包含 n 个元素的散列表（表长为 m）进行查找，平均查找长度（　　）。

A. 为 $O(\log_2 n)$　　B. 为 $O(n)$　　　　C. 不直接依赖于 n　　D. 直接依赖于 m

18. 散列表的平均查找长度和（　　）无直接关系。

A. 散列函数　　　　　B. 装载因子　　　　　C. 散列表记录类型　　D. 处理冲突的方法

19. 下列关于哈希查找说法中，不正确的有（　　）个。

Ⅰ. 采用链地址法解决冲突时，查找一个元素的时间是相同的

Ⅱ. 采用链地址法解决冲突时，若规定插入总是在链首，则插入任意一个元素的时间是相同的

Ⅲ. 采用链地址法解决冲突易引起聚集现象

Ⅳ. 再散列法不易产生聚集

Ⅴ. 散列查找中不需要任何关键字的比较

A. 2　　　　　　　　B. 3　　　　　　　　C. 4　　　　　　　　D. 5

20. 散列表的地址范围为 0~16，散列函数为 Hash(key)= key%17。将关键字序列 {26，25，72，38，8，18，59} 依次存储到散列表中，采用线性探测再散列处理冲突，则查找 59 需要探测的次数是（ ）。

A. 2   B. 3   C. 4   D. 5

21. 设主串 S 为 "acbacacabcab"，模式串 T 为 "acabc"。采用 KMP 算法进行模式匹配，到匹配成功时为止，在匹配过程中进行的单个字符间的比较次数是（ ）。

A. 10   B. 12   C. 13   D. 15

二、综合应用题

1. 假定用一个带表头指针 head 且不带表头结点的循环链表来实现一个有序表。指针 current 指向当前查找成功的结点，下一次如果给定值 key 大于 current->data，可以从 current 开始查找，否则从 head 开始查找。编写一个函数实现这种查找。当查找成功时，函数返回 true，同时 current 保存被查找结点的地址，若查找不成功，则函数返回 false，current 置为表头 head。

```
bool Search(circLinkNode *head,circLinkNode *&current,dataType key)
```

2. 将关键字 {45，14，11，52，63，32，56，24} 依次插入一棵初始为空的二叉排序树，请回答：

（1）给出该二叉排序树的构造过程。

（2）在等概率的情况下，计算查找成功的平均查找长度。

（3）如果删除 52，画出删除后的二叉排序树。

3. 对于一棵非空二叉排序树 T，树中结点的关键字各不相同，试回答：

（1）将 T 的前序序列依次插入一棵空二叉排序树中，得到的新二叉排序树是否与 T 相同？

（2）在 T 中，关键字最小或最大的结点一定是叶结点吗？为什么？

4. 从空的平衡二叉树开始，按 {27，31，49，38，41，67} 顺序插入关键字，请给出最终的平衡二叉树，假设这 6 个关键字的查找概率相等，求该树的平均查找长度。

5. 含 9 个叶结点的 3 阶 B 树中至少有多少个非叶结点？含 10 个叶结点的 3 阶 B 树中至多有多少个非叶结点？

6. 下图所示为一棵 3 阶 B 树。试分别画出在插入 65、15、40 后 B 树的变化。

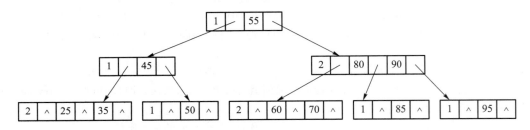

7. 下图为一棵 3 阶 B 树。试分别画出在删除 50、40 之后 B 树的变化。

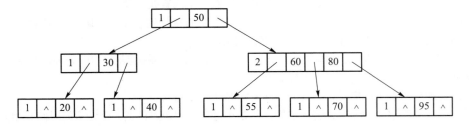

8. 设有一个散列表，要存放的元素为 {9，1，23，14，55，20，84，27}，采用除留余数法计算散列地址，要求装填因子为 0.8，并用开放定址法的二次探测再散列法 $Hash_i = (H(key)+d_i) \bmod m$（$d_i = 1^2$，$2^2$，$3^2$，……）处理冲突，$m$ 是散列表长度，$i=1$，2，…，$m-1$。要求：

（1）求散列表表长和散列函数。

（2）用该关键字序列构造散列表。

（3）计算查找成功的平均查找长度。

9. 设散列表为 $HT[0...12]$，即表长为 $m = 13$。现采用链地址法处理冲突。若插入的关键字序列为 $\{2，8，31，20，19，18，53，27\}$。请回答：

（1）画出插入这 8 个关键字后的散列表。

（2）计算查找成功的平均查找长度 ASL_{succ} 和查找不成功的平均查找长度 $\text{ASL}_{\text{unsucc}}$。

答案与解析

一、单项选择题

1. D、D

此题没有指明是否为平均性能。例如，在有序表中查找最小元素，则顺序查找比折半查找快，而折半查找的平均性能要优于顺序查找。

2. B

长度为 18 的有序表的折半查找判定树如下图所示，查找第 15 个元素的查找次数为 4。

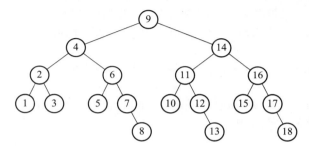

3. C

用折半查找法查找 20 的过程：首先与 26 比较，20<26；接下来依次与 15、19 和 25 比较，当比较到 25 时，20<25，且此时查找集合为空，因此查找不成功，总的比较次数为 4。

4. C

10 个子表需要 10 个索引项，每个子表有 6 个表项，则有：

$$\text{ASL}_{\text{索引顺序查找}} = \text{ASL}_{\text{索引表}} + \text{ASL}_{\text{子表}} = (10+1)/2 + (6+1)/2 = 9$$

5. C

无序表每次查找失败都会比较到表尾，有序表每次查找失败只需比较到比所查关键字大的元素即可停止，C 项正确。在查找成功时，有序表和无序表的平均查找长度是相等的。

6. D

要对各种树的特点非常清楚：二叉排序树的根不小于左子树上任何结点且不大于右子树上任何结点；红黑树是一种特殊的二叉排序树；哈夫曼树每个内部结点都等于两个孩子结点之和，但其左右孩子与双亲结点没有必然的大小关系（如存在负关键字时）；而在堆中，孩子结点一定大于或小于双亲结点，从任意结点到根结点的结点序列按关键字有序。

7. D

以 n_h 表示深度为 h 的平衡二叉树中含有的最少结点数，则 $n_0 = 0$，$n_1 = 1$，$n_2 = 2$，且有 $n_h = n_{h-1} + n_{h-2} + 1$，算出 $n_3 = 4$，$n_4 = 7$，$n_5 = 12$。即 12 个结点的平衡二叉树的最大层数为 5，又因 35 存在，D 项正确。

8. B

各选项构造的二叉排序树分别如下图所示。

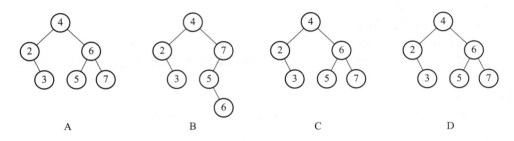

A   B   C   D

由此可知，B 与其他 3 个序列构造的二叉排序树不同。

9. B

红黑树是一种特殊的二叉排序树，平衡二叉树的左右子树高度差小于等于 1，红黑树显然不满足，A 项错误。从根结点出发到所有叶结点的黑结点数是相同的，若所有结点都是黑色，则一定是满二叉树，B 项正确。考虑某个黑结点，它可以有一个空叶结点孩子和一个非空红结点孩子，C 项错误。红黑树中可能存在红结点，根结点为红结点的子树不是红黑树，D 项错误。

10. A

红黑树是一种特殊的二叉排序树，B 项不满足二叉排序树的性质。C 项中，结点 2 的左右黑结点数不同。D 项中，结点 3 的左右黑结点数不同。只有 A 项满足红黑树的定义。

11. B

m 阶 B 树中根结点至少有 2 棵子树，B 项错误。其他选项均正确。

12. B

在 m 阶 B 树中，每个结点最多有 $m-1$ 个关键字。非根结点最少有 $\lceil m/2 \rceil$ 棵子树、$\lceil m/2 \rceil - 1$ 个关键字；而根结点至少有 1 个关键字、2 棵子树。

13. B

为插入一个新关键字，必须从根结点开始逐层向下查找插入位置，一般插入在叶结点中，所以需从根结点到叶结点，读取 h 个结点。

14. A

让每一层的关键字个数达到最多，B 树的高度就会降到最低。设 m 阶 B 树的最小高度为 h，则有 $h \geq \log_m(n+1)$，即 $h = \lceil \log_m(n+1) \rceil = \lceil \log_{10}(960+1) \rceil = 3$。

15. C

在拉链法的每一个散列地址所链接的同义词子表中，各个表项的散列地址相同。

16. B

在除留余数法中，除数 p 一般取小于等于 m 的最大质数（当 m 本身就是质数时，p 取 m 的值），其结果在 $0 \ldots m-1$ 之内。

17.

散列表的平均查找长度依赖于散列表的装填因子，而不直接依赖于 n 或 m。

18. C

根据特定的应用，可以设计一个随机性好的散列函数，从而减少冲突发生的次数。不同的冲突处理方法也会导致不同的探查次数。装填因子标志着散列表中元素的装满程度，它决定了散列表的平均性能。

19. B

使用链地址法处理冲突时，查找一个元素可能需要在链表中遍历，所需时间不一样，I 错误。同义词发生冲突不等于聚集，使用链地址法解决冲突时，将同义词放在同一个链表中，不会引起聚集现象，III 错误。哈希查找的思想是，先计算 Hash 地址来进行查找，然后再比较关键字，确定是否查找成功，V 错误。

20. C

建表过程如下：Hash(26)=9，不冲突；Hash(25)=8，不冲突；Hash(72)=4，不冲突；Hash(38)=4，冲突，冲突处理后的地址为5；Hash(8)=8，冲突，冲突处理后的地址为10；Hash(18)=1，不冲突；Hash(59)=8，冲突，冲突处理后的地址为11。因此在表中查找59需要探测4次。

21. B

假设位序从1开始，按照 *next* 数组生成算法，对于 *T* 有：

编号	1	2	3	4	5
T	a	c	a	b	c
next	0	1	1	2	1

第一趟连续比较3次，在模式串的3号位和主串的3号位匹配失败，模式串的下一个比较位置为 *next*[3]，即下一趟比较从模式串的1号位和主串的3号位开始；第二趟比较1次，模式串的1号位和主串的3号位匹配失败，下一趟从主串的下一位置（即4号位）和模式串的1号位开始；第三趟比较4次，在模式串的4号位和主串的7号位匹配失败，模式串的下一个比较位置为 *next*[4]，即下一趟比较从模式串的2号位和主串的7号位开始；第四趟比较4次，模式串匹配成功。单个字符的比较次数为12次。

二、综合应用题

1. 为便于理解，画出该算法的一个例子如下：

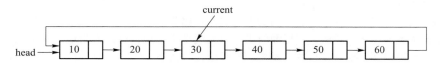

相应的查找函数实现如下：

```
bool Search(circLinkNode *head,circLinkNode *&current,dataType key){
    circLinkNode *p, *q;                    //确定查找范围,用p,q指示
    if(key<current->data)
        {p=head;q=current;}
    else
        {p=current;q=head;}
    while(p! =q&&p->data<key)p=p->link;     //循链查找
    if(p->data = =key)
        {current =p;return true;}           //找到
    else
        {current =head;return false;}       //未找到
}
```

2. （1）该二叉排序树的构造过程如下：

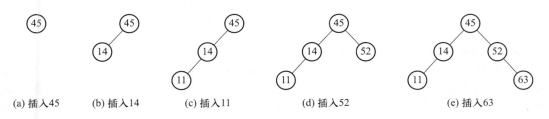

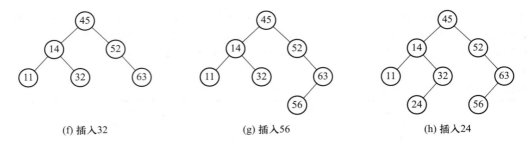

(f) 插入32　　　　　　(g) 插入56　　　　　　(h) 插入24

（2）查找成功的平均查找长度为：

$$ASL = (1 + 2 \times 2 + 3 \times 3 + 4 \times 2)/8 = 22/8$$

（3）删除52后的二叉排序树如下图所示。

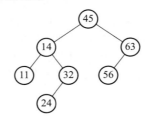

3.（1）相同。因为二叉排序树是二叉树，其前序序列的第一个元素是 T 的根，而对应前序序列的根之后的所有元素分为两组：从根结点的后一个元素开始，值小于根的一组元素就是 T 的左子树的前序序列，其余的元素大于根，即为 T 的右子树的前序序列。把 T 的前序序列依次插入初始为空的二叉排序树时，第一个元素就成为新树的根，它后面的第一组元素都小于根，可以递归地建立根的左子树；第二组元素都大于根，可以递归地建立根的右子树。最后得到的就是一棵与 T 相同的二叉排序树。

（2）不一定。最小的结点必无左孩子，但可以有右孩子；最大的结点必无右孩子，但可以有左孩子。二叉排序树的根一定大于左子树（若非空）上的所有结点，且一定小于右子树（若非空）上的所有结点，而根的左、右子树也是二叉排序树。这是一个递归的定义。因此寻找最小结点的过程可以是一个递归的过程，逐层查找树（或子树）根的左孩子，直至根的左孩子为空，这棵子树的根就是最小的结点，它没有左孩子。类似地，寻找最大结点的过程也可以是一个递归的过程，逐层查找树（或子树）根的右孩子，直至根的右孩子为空，这棵子树的根就是最大的结点，它没有右孩子。

4. 平衡二叉树的构造过程如下图所示：

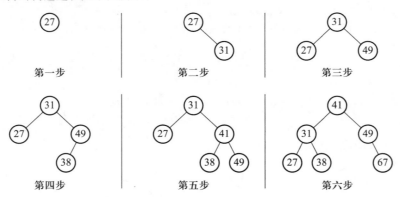

平均查找长度 $ASL = (1 \times 1 + 2 \times 2 + 3 \times 3)/6 = 14/6$。

5. B 树的所有叶结点都在同一层。对于一棵高度为 h（不含叶结点）的 B 树，当其树形类似于满二叉树时，叶结点个数最少，为 2^h；当其树形类似于满 3 叉树时，叶结点个数最多，为 3^h。在 3 阶 B 树中，当高度为 2 时（不含叶结点），叶结点个数取值范围为 $2^2 \sim 3^2$，即 4~9；当高度为 3 时，叶结点个数取值范围为 $2^3 \sim 3^3$，即 8~27；当高度为 4 时，叶结点个数取值范围为 $2^4 \sim 3^4$，即 16~81。

（2）查找成功的平均查找长度 ASL_{succ} 为：

$$ASL_{succ} = (1+2+1+1+2+1+1+1)/8 = 10/8$$

查找失败的平均查找长度 ASL_{unsucc} 为：

$$ASL_{unsucc} = (1+3+2+1+1+3+2+2+2+1+1+1+1)/13 = 21/13$$

注意：计算查找失败的平均查找长度有两种观点。其一，认为比较到空结点才算失败，所以比较次数等于冲突次数加1；其二，认为只有与关键字的比较才算比较次数。

第6章 排序

【真题分布】

主要考点	考查次数	
	单项选择题	综合应用题
插入排序	4	0
交换排序	4	0
选择排序	6	1
二路归并排序	2	1
基数排序	2	0
内部排序算法的比较	9	1
外部排序的思想	2	0

【复习要点】

（1）排序的定义，排序的稳定性和性能分析（比较次数和移动次数）。

（2）插入排序（直接插入排序、折半插入排序、希尔排序），交换排序（冒泡排序、快速排序），选择排序（简单选择排序、堆排序）的基本思想、步骤、稳定性和性能分析。

（3）二路归并排序（包括迭代和递归）的基本思想、步骤、稳定性和性能分析。

（4）基数排序（包括 LSD 和 MSD）的基本思想、步骤、稳定性和性能分析。

（5）各种排序算法的比较：归位性、时间复杂度、空间复杂度、稳定性及适用情况。

（6）外部排序的基本过程（m 路平衡归并，置换-选择排序，最佳归并树的构造）。

6.1 排序的基本概念

（1）**排序**。将元素的一个任意序列重新排列成一个按关键字有序序列的过程。

（2）**排序算法的稳定性**。若任意两个关键字相同的元素 R_i 和 R_j，在排序之前，R_i 在 R_j 前面。如果排序之后，R_i 仍在 R_j 前面，则称这个排序算法是稳定的，否则称这个排序算法是不稳定的。

（3）**内部排序和外部排序**。内部排序是指在排序期间元素全部存放在内存中的排序；外部排序是指在排序期间元素无法全部同时存放在内存中，而必须根据要求不断地在内、外存之间移动的排序。

（4）**时间开销**。在排序过程中要进行两种操作：比较和移动。排序的时间开销可用算法执行中的数据比较次数与数据移动次数来衡量。时间开销有时还受记录关键字初始排列的影响。

6.2 插入排序

插入排序的基本思想：每一趟将一个待排序的记录，按其关键字的大小插入前面已排好序的子序列中的合适位置，直到全部记录插入完成。

6.2.1 直接插入排序

把待排序表 $R[1...n]$ 看成一个有序子表和一个无序子表，初始时有序子表只包含一个元素 $R[1]$。

然后依次将无序子表中的第一个元素插入前面已排好序的子表中，直至全部元素都排好序，如图 1-6-1 所示。

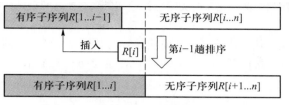

图 1-6-1　直接插入排序的基本思想

如果表中元素初始是逆序的，则是插入排序的最坏情形，这时总的比较和移动次数均达到最大值。反之，如果表中元素初始有序，则每趟排序都只需比较一次而无须移动元素，总共仅需比较 $n-1$ 次。

直接插入排序的性能如表 1-6-1 所示。

表 1-6-1　直接插入排序的性能

时间复杂度			空间复杂度	稳定性	适用性
最好情况	最坏情况	平均情况	$O(1)$	稳定	顺序表、链表
$O(n)$	$O(n^2)$	$O(n^2)$			

注意：绝大多数的内部排序算法只适用于顺序存储的线性表。

6.2.2　折半插入排序

直接插入排序总是一边比较一边移动元素。折半插入排序将比较和移动操作分离开来，即先查找元素的待插入位置，然后统一地移动待插入位置后的所有元素。这里查找插入位置时使用的是折半查找法，查找过程中的比较次数为 $O(n\log_2 n)$。折半插入排序仅减少了比较元素的次数。

直接插入排序和折半插入排序的阶段性特征是，在第 i 轮排序结束时，前 $i+1$ 个元素局部有序，但它们均不一定位于其最终的有序位置上。在不进行最后一趟排序之前，所有元素都可能不在其最终的有序位置上。

折半插入排序的性能如表 1-6-2 所示。

表 1-6-2　折半插入排序的性能

时间复杂度			空间复杂度	稳定性	适用性
最好情况	最坏情况	平均情况	$O(1)$	稳定	顺序表
$O(n\log_2 n)$	$O(n^2)$	$O(n^2)$			

6.2.3　希尔排序

希尔排序又称缩小增量排序，基本思想是，先取一个整数 gap，将所有间隔为 gap 的元素放在同一个组中，对每组元素分别进行直接插入排序。然后缩小间隔 gap，重复上述的分组划分和排序工作。最后，待整个表中的元素已呈"基本有序"状态时，再对全体元素进行一次直接插入排序。

希尔排序适用于基本有序和数据量不大的表。当 gap 较大时，分组的组数较多而组内元素个数较少，组内的插入排序可以达到较高效率；当 gap 减小后，虽然组内元素增多但有序性增加。

希尔排序的性能如表 1-6-3 所示。

表 1-6-3　希尔排序的性能

时间复杂度			空间复杂度	稳定性	适用性
最好情况	最坏情况	平均情况	$O(1)$	不稳定	顺序表
—	—	—			

6.3 交换排序

所谓交换，就是根据序列中两个元素的关键字比较结果来交换这两个元素在序列中的位置。

6.3.1 冒泡排序

冒泡排序的基本思想是：从后往前（或从前往后）两两比较相邻元素的值，若为逆序，则交换它们，直到序列比较完，称为一趟冒泡，如图 1-6-2 所示。最多 $n-1$ 趟冒泡就可以完成排序。

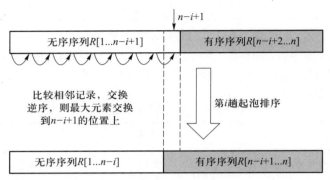

图 1-6-2　冒泡排序的基本思想

冒泡排序的阶段性特征是：每完成一趟排序，至少有一个新元素出现在它最终的有序位置上。

冒泡排序的性能如表 1-6-4 所示。

表 1-6-4　冒泡排序的性能

时间复杂度			空间复杂度	稳定性	适用性
最好情况	最坏情况	平均情况	$O(1)$	稳定	顺序表、链表
$O(n)$	$O(n^2)$	$O(n^2)$			

6.3.2 快速排序

快速排序的基本思想是：在排序表中选择一个元素（称为枢轴），在完成一趟划分之后，将待排序序列划分为两个子序列：左侧子序列中的所有元素都小于枢轴；右侧子序列中的所有元素都大于或等于枢轴。再递归地对两个子序列重复上述过程，直到整个序列有序，如图 1-6-3 所示。

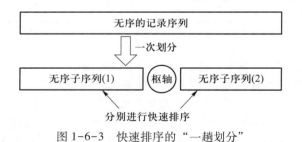

图 1-6-3　快速排序的"一趟划分"

快速排序的阶段性特征是：每完成一趟排序，都会有至少一个新的元素（枢轴）出现在它最终的有序位置上。它与冒泡排序不同的是，冒泡排序中每轮确定的元素位置是从序列的一端渐渐地向另一端移动，而快速排序在第 i 趟划分之后，序列中至少有 i 个元素满足：位置在它左边的元素都小于它，位置在它右边的元素都大于或等于它。

快速排序的性能如表 1-6-5 所示。

表 1-6-5　快速排序的性能

时间复杂度			空间复杂度	稳定性	适用性
最好情况	最坏情况	平均情况	$O(\log_2 n)$	不稳定	顺序表
$O(n\log_2 n)$	$O(n^2)$	$O(n\log_2 n)$			

6.4　选择排序

选择排序的基本思想是：第 i 趟选择是在后面 $n-i+1$ （$i=1$，2，...，$n-1$）个待排序元素中选出关键字最小的元素，作为有序元素序列的第 i 个元素，共需进行 $n-1$ 趟选择。

6.4.1　简单选择排序

简单选择排序的基本思想是：第 i 趟通过 $n-i$ 次关键字的比较，在 $n-i+1$ （$i=1$，2，...，$n-1$）个元素中选取关键字最小的元素，并和第 i 个元素交换，作为有序序列的第 i 个元素，如图 1-6-4 所示。

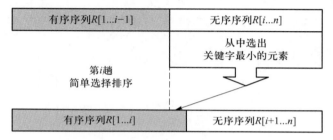

图 1-6-4　简单选择排序的基本思想

在简单选择排序过程中，元素移动的操作次数很少，不会超过 $3(n-1)$ 次，最好的情况是移动 0 次，此时对应的表已经有序；但元素间比较的次数与序列的初始状态无关，始终是 $n(n-1)/2$ 次。

简单选择排序的性能如表 1-6-6 所示。

表 1-6-6　简单选择排序的性能

时间复杂度			空间复杂度	稳定性	适用性
最好情况	最坏情况	平均情况	$O(1)$	不稳定	顺序表、链表
$O(n^2)$	$O(n^2)$	$O(n^2)$			

6.4.2　堆排序

1. 堆的定义

堆的定义是，n 个关键字序列 $L[1...n]$ 称为**堆**，当且仅当该序列满足 （$1 \leqslant i \leqslant \lfloor n/2 \rfloor$）：

（1）$L(i) \leqslant L(2i)$ 且 $L(i) \leqslant L(2i+1)$；

（2）$L(i) \geqslant L(2i)$ 且 $L(i) \geqslant L(2i+1)$。

满足（1）的堆称为小根堆，满足（2）的堆称为大根堆，大根堆如图 1-6-5 所示。显然，在大根堆中，最大元素存放在根结点中，小根堆的定义刚好相反，其根结点存放的是最小元素。

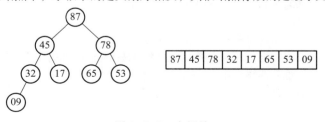

图 1-6-5　大根堆

2. 堆排序的思想

堆排序的基本思想是：首先将待排序序列构造成一个堆，此时，选出了堆中所有记录的最大（最小）者即堆顶元素；输出堆顶元素后，通常将堆底元素送入堆顶，此时堆的性质被破坏，然后将堆顶元素向下调整使其继续保持堆的性质，输出堆顶元素。如此反复，直到堆中只有一个元素为止。

堆排序的关键是构造堆，对初始序列建堆就是一个反复筛选的过程。有 n 个结点的完全二叉树，最后一个结点是第 $\lfloor n/2 \rfloor$ 个结点的孩子。对以第 $\lfloor n/2 \rfloor$ 个结点为根的子树筛选（对于大根堆，若根结点的关键字小于其左、右孩子中关键字的较大者，则交换），使该子树成为堆。之后向前依次对以各结点（$\lfloor n/2 \rfloor -1$—1）为根的子树进行筛选，比较每个子树根结点值是否大于其左、右子结点的值，若不是，将左、右子结点中较大值与之交换，交换后可能会破坏下一级的堆，于是继续采用上述方法构造下一级的堆，直到以该结点为根的子树构成堆为止。反复利用上述调整堆的方法建堆，直到根结点，调整过程的示例如图 1-6-6 所示。

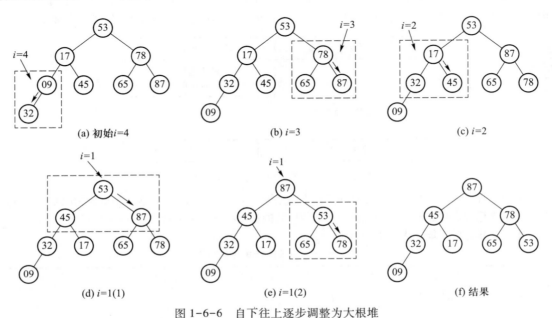

图 1-6-6　自下往上逐步调整为大根堆

调整的时间与树高有关，时间复杂度为 $O(h)$。在建堆过程中每次调整时，大部分结点的高度都较小。可以证明，在元素个数为 n 的序列上建堆，其时间复杂度为 $O(n)$。之后有 $n-1$ 次向下调整操作，每次调整的时间复杂度为 $O(h)$，故堆排序的最好、最坏和平均情况的时间复杂度均为 $O(n\log_2 n)$。

3. 堆的插入与删除

大根堆的插入过程如下：

（1）将新插入结点放在堆的末端。

（2）若新插入结点小于其父结点或者该结点为根结点，结束；否则执行（3）。

（3）将新插入结点与其父结点交换，返回（2）。

大根堆的插入操作示例如图 1-6-7 所示。

堆的删除过程如下（堆顶元素的输出）：

（1）将堆的最后一个元素与堆顶元素交换，堆的大小减 1（此时堆的性质被破坏）；

（2）对新的根结点进行堆的调整操作。

堆排序的性能如表 1-6-7 所示。

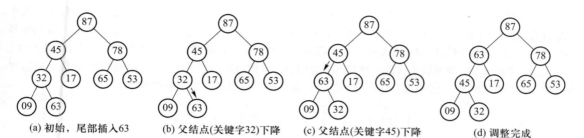

| | (a) 初始，尾部插入63 | (b) 父结点(关键字32)下降 | (c) 父结点(关键字45)下降 | (d) 调整完成 |

图 1-6-7　大根堆的插入操作示例

表 1-6-7　堆排序的性能

时间复杂度			空间复杂度	稳定性	适用性
最好情况	最坏情况	平均情况	$O(1)$	不稳定	顺序表
$O(n\log_2 n)$	$O(n\log_2 n)$	$O(n\log_2 n)$			

选择排序的阶段性特征与冒泡排序一样，都是在每趟结束后，会有至少一个新的元素出现在它最终应该出现的位置上，且这些元素的位置都是从序列的一端向另一端蔓延。

6.5　二路归并排序

"归并"是指将两个或两个以上的有序表合并成一个新的有序表。将长度为 n 的待排序序列视为 n 个有序的子表，每个子表长度为 1，然后两两归并，得到 $\lceil n/2 \rceil$ 个长度为 2 或 1 的有序表；再两两归并，如此反复，直到合并成一个长度为 n 的有序表为止。图 1-6-8 是一个二路归并排序的例子。

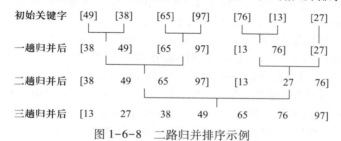

图 1-6-8　二路归并排序示例

递归形式的二路归并排序算法是分治法的应用，其操作模式也可以直观地表示如下：

分解：将 n 个元素分成 2 个各含 $n/2$ 个元素的子序列。

解决：用归并排序对 2 个子序列递归地排序。

合并：合并 2 个已排好序的子序列，可得到排序结果。

二路归并排序算法的性能如表 1-6-8 所示。

表 1-6-8　二路归并排序算法的性能

时间复杂度			空间复杂度	稳定性	适用性
最好情况	最坏情况	平均情况	$O(n)$	稳定	顺序表
$O(n\log_2 n)$	$O(n\log_2 n)$	$O(n\log_2 n)$			

6.6　基数排序

基数排序是一种很特别的排序方法，它是一种借助多关键字排序的思想，对单逻辑关键字进行排序的方法。为实现多关键字排序，通常有两种方法：第一种是**最高位优先**（MSD）法，按关键字位权重递减依次进行排序；第二种是**最低位优先**（LSD）法，按关键字位权重递增依次进行排序。

假设数组 $A[0...n]$ 中均保存 3 位十进制整数。设置 10 个桶，编号为 0~9。先对数组中各元素按个位数分类，个位数为 $r(0 \leqslant r \leqslant 9)$ 的元素依次放入编号为 r 的桶中，这称为第一趟**分配**；然后，按桶编号 0~9 顺序，将每个桶中数据按放入的次序收集起来，这称为第一趟**收集**。将收集的数据再按十位数分类，十位数为 $r(0 \leqslant r \leqslant 9)$ 的元素依次放入编号为 r 的桶中，这称为第二趟分配，然后是第二趟收集。之后再进行第三趟分配和收集，结果为有序序列。排序过程的简单示意图如图 1-6-9 所示。

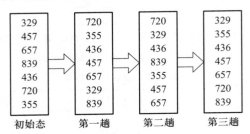

图 1-6-9　基数排序的简单示意图

给定 n 个 d 位数和基数 $r \leqslant d$，基数排序需要进行 d 趟，每一趟分配和收集的时间为 $O(n+r)$，因此总的时间复杂度为 $O(d(n+r))$，它与序列的初态无关。每一趟排序需要借助 r 个队列，空间复杂度为 $O(r)$。基数排序中使用的是队列，相同关键字元素的相对位置不会发生改变，因此它是一种稳定的排序方法。

6.7　内部排序算法的比较

（1）**归位性**。在排序过程中，每一趟都能确定一个元素在其最终位置的有：冒泡排序、简单选择排序、堆排序、快速排序。其中前三者能形成全局有序子序列，后者能确定枢轴元素的最终位置。直接插入排序每一趟排序形成的有序子序列只是局部有序的。

（2）**时间复杂度**。所有简单排序（直接插入排序、冒泡排序和简单选择排序）的时间复杂度均为 $O(n^2)$；对于已基本接近有序的序列，使用直接插入排序最好。时间复杂度均为 $O(n\log_2 n)$ 的有：快速排序、堆排序和归并排序。快速排序是公认的最好的内部排序方法。

（3）**空间复杂度**。所有简单排序（直接插入排序、冒泡排序和简单选择排序）和堆排序的空间复杂度为 $O(1)$。快速排序的空间复杂度为 $O(\log_2 n)$，即辅助栈的大小。归并排序的空间复杂度为 $O(n)$。

（4）**稳定性**。对于不稳定的排序算法，只要举出一个不稳定的实例即可。简单选择排序、希尔排序、快速排序和堆排序是不稳定的排序算法。

在时间复杂度为 $O(n\log_2 n)$ 的排序算法中：快速排序可能出现最坏情况，此时递归深度为 $O(n)$、时间复杂度为 $O(n^2)$。堆排序的最好、最坏、平均时间复杂度都为 $O(n\log_2 n)$，且所需辅助空间比快速排序少，但快速排序与堆排序这两种算法都是不稳定的。若要求排序是稳定的，则可以选择归并排序。

各种内部排序算法性能比较如表 1-6-9 所示。

表 1-6-9　内部排序算法性能的比较

算法种类	时间复杂度			空间复杂度	是否稳定
	最好情况	最坏情况	平均情况		
直接插入排序	$O(n)$	$O(n^2)$	$O(n^2)$	$O(1)$	是
冒泡排序	$O(n)$	$O(n^2)$	$O(n^2)$	$O(1)$	是
简单选择排序	$O(n^2)$	$O(n^2)$	$O(n^2)$	$O(1)$	否
希尔排序	—	—	—	$O(1)$	否
快速排序	$O(n\log_2 n)$	$O(n^2)$	$O(n\log_2 n)$	$O(\log_2 n)$	否
堆排序	$O(n\log_2 n)$	$O(n\log_2 n)$	$O(n\log_2 n)$	$O(1)$	否

算法种类	时间复杂度			空间复杂度	是否稳定
	最好情况	最坏情况	平均情况		
二路归并排序	$O(n\log_2 n)$	$O(n\log_2 n)$	$O(n\log_2 n)$	$O(n)$	是
基数排序	$O(d(n+r))$	$O(d(n+r))$	$O(d(n+r))$	$O(r)$	是

内部排序算法小结：

（1）若 n 较小（例如，$n \leqslant 50$），则可以采用直接插入排序或简单选择排序。由于直接插入排序所需的记录移动操作次数比简单选择排序多，因而当记录本身信息量较大时，用简单选择排序较好。

（2）若文件的初始状态已按关键字基本有序，则选用直接插入排序或冒泡排序为宜。

（3）若 n 较大，则应采用时间复杂度为 $O(n\log_2 n)$ 的排序算法：快速排序、堆排序或归并排序等。当待排序的关键字随机分布时，快速排序的平均时间最短，堆排序所需的辅助空间少于快速排序，并且不会出现快速排序可能出现的最坏情况。这两种排序都是不稳定的，若要求排序稳定，则可选用归并排序。

（4）在基于比较的排序算法中，每次比较两个关键字的大小之后，仅仅出现两种可能的转移，可以用一棵二叉树来描述判定过程。当关键字随机分布时，任何基于比较的排序算法都至少需要 $O(n\log_2 n)$ 的时间。

（5）若 n 很大，记录的关键字位数较少且可以分解时，采用基数排序较好。

（6）当记录本身信息量较大时，为避免耗费大量时间移动记录，可用链表作为存储结构。

6.8 外部排序

外部排序是指当待排序文件较大、内存一次放不下、需存放在外存时对文件的排序。

本节主要研究以下几方面的内容：

（1）为减少平衡归并中外存读写次数所采取的方法：增大归并路数和减少归并段个数。

（2）利用败者树增大归并路数。

（3）利用置换–选择排序增大归并段长度，来减少归并段个数。

（4）由长度不等的归并段，进行多路平衡归并，需要构造最佳归并树。

6.8.1 外部排序的方法

外部排序通常采用归并排序方法。它包括两个相对独立的阶段：① 根据内存缓冲区大小，将外存上的文件分成若干长度为 l 的子文件，依次读入内存并利用内部排序方法对它们进行排序，并将排序后得到的有序子文件重新写回外存，称这些有序子文件为归并段或顺串；② 对这些归并段进行逐趟归并，使归并段（有序子文件）逐渐由小到大，直至得到整个有序文件为止。

在外部排序中实现两两归并时，由于不可能将两个有序段及归并结果段同时存放在内存中，因此需要不停地将数据读出、写入磁盘，而这会耗费大量的时间。一般情况下：

外部排序的总时间 = 内部排序所需的时间 + 外存信息读写的时间 + 内部归并所需的时间

外存信息读写的时间远大于内部排序和内部归并所需的时间，因此应着力减少 I/O 次数。一般地，对 r 个初始归并段，做 k 路平衡归并，归并树可用严格 k 叉树（即只有度为 k 与度为 0 的结点的 k 叉树）来表示。第一趟可将 r 个初始归并段归并为 $\lceil r/k \rceil$ 个归并段，以后每趟归并将 m 个归并段归并成 $\lceil m/k \rceil$ 个归并段，直至最后形成一个大的归并段为止。树的高度 $h-1 = \lceil \log_k r \rceil = $ 归并趟数 S。可见，只要增大归并路数 k，或减少初始归并段个数 r，都能减少归并趟数 S，进而减少读写磁盘的次数，达到提高外部排序速度的目的。

6.8.2 多路平衡归并与败者树

增加归并路数 k 时，内部归并的时间将增加。做内部归并时，在 k 个元素中选择关键字最小的记录需要比较 $k-1$ 次。每趟归并 n 个元素需要做 $(n-1)(k-1)$ 次比较，S 趟归并总共需要的比较次数为：

$$S(n-1)(k-1) = \lceil \log_k r \rceil (n-1)(k-1) = \lceil \log_2 r \rceil (n-1)(k-1)/\lceil \log_2 k \rceil$$

式中，$(k-1)/\lceil \log_2 k \rceil$ 随 k 增长而增长，因此内部归并时间亦随 k 的增长而增长。这将抵消由于增大 k 而减少外存访问次数所得到的效益。因此，不能使用普通的内部归并排序算法。

为了使内部归并不受 k 增大的影响，引入了**败者树**。败者树可视为一棵完全二叉树。在归并过程中，k 个叶结点分别存放 k 个归并段当前参加比较的记录，内部结点用来记忆左右子树中的"败者"，而让"胜者"往上继续进行比较。若比较两个数，定义大的为"败者"、小的为"胜者"，则根结点指向的数为最小数。

如图 1-6-10 (a) 所示，$b3$ 与 $b4$ 比较，$b4$ 是败者，将段号 4 写入父结点 $ls[4]$。$b1$ 与 $b2$ 比较，$b2$ 是败者，将段号 2 写入 $ls[3]$。$b3$ 与 $b4$ 的胜者 $b3$ 与 $b0$ 比较，$b0$ 是败者，将段号 0 写入 $ls[2]$。最后两个胜者 $b3$ 与 $b1$ 比较，$b1$ 是败者，将段号 1 写入 $ls[1]$。而将胜者 $b3$ 的段号 3 写入 $ls[0]$。此时，根结点 $ls[0]$ 所指段的关键字最小。$b3$ 中的 6 输出后，将下一关键字填入 $b3$，继续比较，如图 1-6-10 (b) 所示。

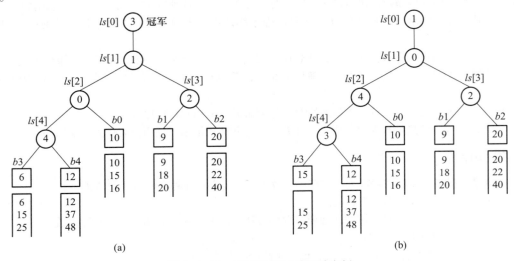

(a)   (b)

图 1-6-10 实现 5 路归并的败者树

因为 k 路归并的败者树深度为 $\lceil \log_2 k \rceil$，因此 k 个记录中选择最小关键字，最多需要 $\lceil \log_2 k \rceil$ 次比较。所以总的比较次数为 $S(n-1)\lceil \log_2 k \rceil = \lceil \log_k r \rceil (n-1)\lceil \log_2 k \rceil = (n-1)\lceil \log_2 r \rceil$。可见，使用败者树后，内部归并的比较次数与 k 无关了。因此，增大归并路数 k 将有效地减少归并树的高度，从而减少 I/O 次数。但是，归并路数 k 并不是越大越好。当归并路数 k 增大时，相应地需要增加输入缓冲区的个数。若可供使用的内存空间不变，则势必要减少每个输入缓冲区的容量，这使得内存、外存交换数据的次数增多。

6.8.3 置换-选择排序（生成初始归并段）

减少初始归并段个数 r 也可以减少归并趟数 S。若总的记录个数为 n，每个归并段的长度为 l，则归并段的个数 $r = \lceil n/l \rceil$。采用内部排序方法得到的各个初始归并段长度都相同（除最后一段外），它依赖于内部排序时可用内存工作区的大小。因此，必须探索新的方法，用来产生更长的初始归并段。

置换-选择排序算法是：根据内存缓冲区大小，从外存输入文件读入记录，当记录充满缓冲区后，选择最小记录（记为 MINIMAX）写回外存输出文件，其空缺位置由下一个读入记录替代，输出的记录成为当前初始归并段的一部分。从缓冲区中选出比 MINIMAX 大的最小记录，作为新的 MINIMAX 并写回输出文件。如果新读入的记录比 MINIMAX 要小，则它不能成为当前初始归并段的一部分，而将用来生成下一个初始归并段。如此反复，直到缓冲区中的所有记录都比当前初始归并段的 MINIMAX 小时，就生成了一个初始归并段。用同样的方法继续生成下一个初始归并段，直到全部记录处理完毕。

可以证明，通过置换-选择排序算法得到的初始归并段，其平均长度为内存工作区大小的两倍。

6.8.4　最佳归并树

在外部排序的归并方案中，若初始归并段（视为叶结点）不足以构成一棵严格 k 叉树时，需添加长度为 0 的"虚段"，按照哈夫曼树的原则，权为 0 的叶子应离树根最远。在归并树中，让记录数少的初始归并段最先归并，记录数多的初始归并段最晚归并，就可以建立总的 I/O 次数最少的最佳归并树。

如何判定添加虚段的数目？设度为 0 的结点有 $n_0(=n)$ 个，度为 k 的结点有 n_k 个，则对严格 k 叉树有 $n_0 = (k-1)n_k+1$，由此可得 $n_k = (n_0-1)/(k-1)$。

- 若 $(n_0-1)\%(k-1)=0$（% 为取余运算），则说明这 n_0 个叶结点（初始归并段）正好可以构造 k 叉归并树。此时，内部结点有 n_k 个。

- 若 $(n_0-1)\%(k-1)=u\neq0$，则说明这 n_0 个叶结点有 u 个多余，不能包含在 k 叉归并树中。为构造包含所有 n_0 个初始归并段的 k 叉归并树，应在原有 n_k 个内部结点的基础上再增加 1 个内部结点。它在归并树中代替了一个叶结点的位置，被代替的叶结点加上刚才多出的 u 个叶结点，即再加上 $k-u-1$ 个空归并段，就可以建立归并树。

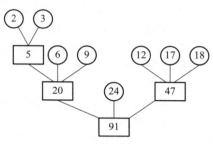

以图 1-6-11 为例，8 个叶结点 2、3、6、9、12、17、18、24 构成三叉树，$(n_0-1)\%(k-1)=(8-1)\%(3-1)=1$，说明 7 个叶结点刚好可以构成一个严格三叉树（假设把以 5 为根的树视为一个叶子）。为此，将叶子 5 变成一个内结点，再添加 $3-1-1=1$ 个空归并段，就可以构成一个严格三叉树。

图 1-6-11　8 个归并段的最佳归并树

6.9　同步练习

一、单项选择题

1. 在内部排序的过程中，通常需要对待排序的关键字集合进行多遍扫描。采用不同排序方法，会产生不同的中间序列。要将序列 {Q，H，C，Y，P，A，M，S，R，D，F，X} 按字母序的升序重新排列。则：

（1）（　　）是冒泡排序一趟扫描的结果。
（2）（　　）是初始增量为 4 的希尔排序一趟扫描的结果。
（3）（　　）是二路归并排序一趟扫描的结果。
（4）（　　）是以第一个元素为基准元素的快速排序一趟扫描的结果。
（5）（　　）是堆排序初始建堆的结果。

A．F，H，C，D，P，A，M，Q，R，S，Y，X
B．P，A，C，S，Q，D，F，X，R，H，M，Y
C．A，D，C，R，F，Q，M，S，Y，P，H，X
D．H，C，Q，P，A，M，S，R，D，F，X，Y
E．H，Q，C，Y，A，P，M，S，D，R，F，X

2. 当 n 个待排序元素的关键字都相等时，直接插入排序、冒泡排序、简单选择排序的关键字比较次数和元素移动次数分别为（　　）、（　　）和（　　）。

A．$n-1$ 和 0　　　　　　B．$n(n-1)/2$ 和 n　　　　　C．$n(n-1)/2$ 和 0　　　　D．$O(n)$ 和 $O(n)$

3. 对于快速排序算法，假设 n 个待排序元素的关键字都相等，则完成排序所需关键字比较次数为（　　），数据移动次数是（　　），递归工作栈所需活动记录个数是（　　）。

A．n　　　　　　　B．$2(n-1)$　　　　　　C．$n(n-1)/2$　　　　D．$\log_2 n$

4. 堆是一种有用的数据结构，下列排序码序列中，（　　）不是一个堆。

A．100，85，98，77，80，60，82，40，20，10，66
B．100，98，85，82，80，77，66，60，40，20，10
C．10，20，40，60，66，77，80，82，85，98，100

D. 100，85，40，77，80，60，66，98，82，10，20

5. 设有一组关键字序列 {46，79，56，38，40，84}，则利用堆排序的方法建立的初始堆（大根堆）是（　　）。

A. 79，46，56，38，40，80　　　　　　　　B. 84，79，56，46，40，38

C. 84，79，56，38，40，46　　　　　　　　D. 84，56，79，40，46，38

6. 用归并排序算法对序列 {1，2，6，4，5，3，8，7} 进行排序，共需要进行（　　）次比较。

A. 12　　　　　　　B. 13　　　　　　　C. 14　　　　　　　D. 15

7. 下列关于排序的叙述中，正确的是（　　）。

A. 不管初始数据如何，快速排序永远都不会比冒泡排序慢

B. 折半插入排序仅减少了关键字间的比较次数，而记录的移动次数不变

C. 直接插入排序、冒泡排序、简单选择排序都是基于"交换"操作的排序方法

D. 内部排序就是在计算机内部进行的排序

8. 下面给出的 4 种排序方法中，（　　）是不稳定的排序。

A. 直接插入排序　　　　B. 冒泡排序　　　　　C. 二路归并排序　　　　D. 堆排序

9. 对下列 4 种排序方法，在排序中关键字比较次数与记录初始排列状态无关的是（　　）。

A. 直接插入排序　　　　B. 折半插入排序　　　C. 快速排序　　　　　D. 冒泡排序

10. 在下列排序算法中，在待排序数据已有序时，花费时间反而最多的是（　　）。

A. 冒泡排序　　　　　　B. 希尔排序　　　　　C. 快速排序　　　　　D. 堆排序

11. 序列 {8，9，10，4，5，6，20，1，2} 只能是（　　）两趟排序后的结果。

A. 选择排序　　　　　　B. 冒泡排序　　　　　C. 插入排序　　　　　D. 堆排序

12. 对一组数据 {84，47，25，15，21} 进行排序，数据的排序次序在排序的过程中的变化为：

第一步：{15，47，25，84，21}　　　　　　第二步：{15，21，25，84，47}

第三步：{15，21，25，84，47}　　　　　　第四步：{15，21，25，47，84}

则其采用的排序方法是（　　）。

A. 选择排序　　　　　　B. 冒泡排序　　　　　C. 二路归并排序　　　　D. 插入排序

13. 下列排序算法中，（　　）不能保证每趟排序至少能将一个元素放到其最终的位置上。

A. 快速排序　　　　　　B. 希尔排序　　　　　C. 堆排序　　　　　　D. 冒泡排序

14. 若对 29 个记录只进行三趟多路平衡归并，则选取的归并路数至少是（　　）。

A. 2　　　　　　　　B. 3　　　　　　　　C. 4　　　　　　　　D. 5

二、综合应用题

1. 试为下列每种情况选择合适的排序方法：

（1）$n = 30$，要求最坏情况下速度最快。

（2）$n = 30$，要求既要快，又要稳定。

（3）$n = 100\ 000$，要求平均情况下速度最快。

（4）$n = 100\ 000$，要求最坏情况下速度最快且稳定。

（5）$n = 100\ 000$，要求既快又省内存。

2. 在执行某个排序算法过程中，出现了排序关键字朝着最终排序序列相反方向移动的情况，有人因而认为该算法是不稳定的。这种说法对吗？

3. 设与记录 R_1、R_2、…、R_n 对应的关键词分别是 K_1、K_2、…、K_n。如果存在 R_i 和 R_j，使得 $j < i$ 且 $K_i < K_j$ 成立，试证明经过一趟冒泡排序后，一定有记录与 R_i 进行交换。

4. 设有 5 个互不相同的元素 a、b、c、d、e，能否通过 8 次比较就将其排好序？如果能，请列出其比较过程；如果不能，则说明原因。

5. 全国有 10 000 人参加物理竞赛，只录取成绩优异的前 10 名，并将他们从高分到低分输出；而对落选的考生，不需排出名次，采用何种排序方法速度最快？

6. 举例说明希尔排序、简单选择排序、快速排序和堆排序是不稳定的排序方法。

7. 以关键字序列 $\{503,087,512,061,908,170,897,275,653,426\}$ 为例，手工模拟归并排序算法和基数排序算法，分别写出这两种排序算法每一趟排序结束时的关键字状态。

8. 设有 n 个整数存放于一维数组中，试设计一个算法，使得在 $O(n)$ 的时间内重排数组，将所有取负值的关键字排在所有取正值（非负值）的关键字之前。

9. 编写一个算法，在基于单链表表示的待排序序列上进行简单选择排序。

10. 已知有 31 个长度不等的初始归并段，其中 8 段长度为 2，8 段长度为 3，7 段长度为 5，5 段长度为 12，3 段长度为 20。请为此设计一个最佳 5 路归并方案，并计算该归并树的带权路径长度 WPL。

答案与解析

一、单项选择题

1. D、B、E、A、C

（1）冒泡排序每一趟两两比较相邻元素，若为逆序则交换。一趟扫描后，将关键字最大的元素交换到最后的位置，或将关键字最小的元素交换到开始位置，D 项正确。

（2）希尔排序是按增量将序列分组，取增量 $d_1 = 4$ 把全部元素分成 4 个组，所有间隔为 4 的元素放在一组，组内采用直接插入排序，B 项正确。

（3）二路归并排序初始将序列视为 n 个长度为 1 的子序列，然后两两归并，E 项正确。

（4）快速排序以第一个元素为基准，对整个序列做一趟划分，将序列中所有元素分成两部分，关键字比它小的在前半部分，关键字比它大的在后半部分，A 项正确。

（5）堆排序初始建堆后，根结点是关键字最小（或最大）的结点，C 项是小根堆。

2. A、A、C

当所有待排序元素的关键字都相等时，可按初始序列已有序的情况来分析。① 对于直接插入排序，其比较次数和移动次数受序列初态影响，每趟只比较 1 次，重复 $n-1$ 趟，比较次数为 $n-1$，移动次数为 0，A 项正确。② 对于冒泡排序，其比较次数和移动次数也受序列初态影响，只比较一趟，比较次数为 $n-1$，移动次数为 0，A 项正确。③ 对于简单选择排序，其比较次数不受序列初态影响，比较 $n-1$ 趟，比较次数为 $n(n-1)/2$，但移动次数受序列初态影响，为 0，C 项正确。

3. C、B、A

待排序元素的关键字都相等就相当于初始有序，此时快速排序的效率最低。关键字的比较次数为：$(n-1)+(n-2)+...+1=n(n-1)/2$。数据移动次数为 $2(n-1)$，因每趟基准元素需要移出和移回，共执行 $n-1$ 趟。需要分配递归工作栈的活动记录 n 个，因为每一次外部调用也要建立活动记录。

4. D

堆是一个排序码的序列 $\{K_0, K_1, K_2, ..., K_{n-1}\}$，当它具有如下特性时为小根堆：$K_i \leq K_{2i}$，$K_i \leq K_{2i+1}$，这里有 $i=0，1，2，...，\lfloor (n-1)/2 \rfloor$。由此可知，选项 A、B 和 C 都符合堆的要求。

5. C

对一个无序序列建堆的过程就是一个反复筛选的过程，首先从第 $\lfloor n/2 \rfloor = 3$ 个元素 56 开始筛选，交换 56 和 84；接着第 2 个元素 79 被筛选，不需要交换；然后第 1 个元素 46 被筛选，交换 46 和 84，交换后破坏了子树的堆，再交换 46 和 56。调整过程如下图所示。

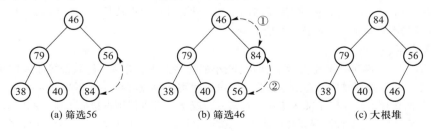

(a) 筛选 56　　　　(b) 筛选 46　　　　(c) 大根堆

综上，利用堆排序的方法建立的初始大根堆为 84，79，56，38，40，46。

6. C

第一趟归并后 {1, 2}，{4, 6}，{3, 5}，{7, 8}，共比较 4 次；第二趟归并后 {1, 2, 4, 6}，{3, 5, 7, 8}，共比较 4 次；第三趟归并后 {1, 2, 3, 4, 5, 6, 7, 8}，共比较 6 次。三趟归并共需要进行 14 次比较。

7. B

如果序列初态有序，则冒泡排序只需一趟即可排好序，但快速排序则很慢，A 项错误。所谓内部排序指的是该方法处理的数据都存放在内存中，D 项错误。C 项显然错误。只有 B 项正确。

8. D

在平均时间复杂度为 $O(n\log_2 n)$ 的排序方法中，只有归并排序是稳定的。在平均时间复杂度为 $O(n^2)$ 的排序方法中，只有简单选择排序是不稳定的。

9. B

在排序过程中，折半插入排序通过对前面已排好序的子序列进行折半查找，以确定当前元素的插入位置，即使原始序列是有序的，所需的比较次数仍然是相同的。而其他 3 种排序方法，序列的初始状态都会影响排序过程中的比较次数。

10. C

在初始序列有序时，快速排序会在每一步递归过程中出现划分子序列不对称的情况，所花时间会达到 $O(n^2)$。而其余排序方法不会出现时间反而增加的情况。

11. C

在执行两趟选择排序后，结果应为 {1, 2, ...}。在执行两趟冒泡排序后（假设从前向后扫描），结果应为 {..., 10, 20}。在执行两趟堆排序后，若采用小根堆，则结果应为 {..., 10, 20}；若采用大根堆，则结果应为 {..., 2, 1}。在执行两趟插入排序后，待排序序列前 3 个关键码局部有序。

12. A

选择排序的第 i 趟从 $L[i..n]$ 中选择关键字最小的元素与 $L(i)$ 交换，第 i 趟排序后前 i 个元素全局有序，各趟排序过程均满足这两个特征，A 项正确。冒泡排序每一趟两两比较相邻元素，若为逆序则交换，第一步到第二步之间的变化不符合其特征，B 项错误。二路归并排序将初始序列视为 n 个长度为 1 的子序列，然后持续两两归并，直到合并成一个长度为 n 的有序序列，显然不符合，C 项错误。插入排序在第 i 趟排序后，原序列的前 i+1 个元素局部有序，显然不符合，D 项错误。

13. B

希尔排序并不能保证每趟排序后确定某个元素位置，在下一次步长改变时，可能又会发生改变。同样不能保证每趟排序至少能将一个元素放到其最终的位置上的还有归并排序和插入排序。而选项 A、C、D 都会在每趟结束后确定一个元素的最终位置。

14. C

m 路平衡归并就是将 m 个有序表组合成一个新的有序表。每经过一趟归并后，剩下的记录数是原来的 $1/m$，则经过 3 趟归并后 $\lceil 29/m^3 \rceil = 1$，4 为满足条件的最小数。

注意：本题中 4 和 5 均能满足，但 6 不满足，若 m=6，则只需 2 趟归并便可排好序。因此，还需要满足 $m^2<29$，即只有 4 和 5 才能满足。

【另解】画出选项 A、B、C 对应的满叉树的草图，然后计算结点数是否能达到或超过 29 个，若 C 项能到达，则 D 项就不必画了，否则就必然选 D 项。

二、综合应用题

1. （1）和（2）这两种情况要在适用于 n 比较小的排序方法中选择，包括直接插入排序、折半插入排序、冒泡排序、简单选择排序。在最坏情况下，可以使用简单选择排序和折半插入排序。在平均情况下，既快又稳定的排序方法是折半插入排序。在最好情况下，可以使用直接插入排序和冒泡排序。

（3）、（4）和（5）这三种情况要在适用于 n 比较大的排序方法中选择，包括快速排序、堆排序、归并排序和基数排序。在平均情况下，速度最快的是快速排序。在最坏情况下，最快且稳定的是基数排序和归并排序，但基数排序不是基于关键字比较的算法，如果只考虑基于关键字比较的算法，则只能选择归并排序。既快又省内存的是堆排序。

2. 不正确。本题的描述与稳定性的定义无关，不能据此来判断排序算法的稳定性。例如，序列 $\{5, 4, 1, 2, 3\}$ 在第一趟冒泡排序后得到 $\{4, 1, 2, 3, 5\}$。其中 4 向前移动，与其最终位置相反。但冒泡排序是稳定的排序。

3. 冒泡排序的思想是相邻两个记录的关键字比较，若反序则交换，一趟排序完成得到一个极值。由题干假设知，R_j 在 R_i 之前且 $K_j > K_i$，即说明 R_j 和 R_i 是反序。设 R_i 之前的全部记录 $R_1 \sim R_{i-1}$（其中包括 K_j）中关键字最大为 K_{max}，则 $K_{max} \geq K_j$，故经过前 $i-2$ 次冒泡排序后，R_{i-1} 的关键字一定为 K_{max}，又因 $K_{max} \geq K_j > K_i$，故 R_{i-1} 和 R_i 为反序，由此可知 R_{i-1} 和 R_i 必定交换，证毕。

4. 可以通过 8 次比较排好序。取 a 与 b 进行比较，c 与 d 进行比较。设 $a>b$、$c>d$（$a<b$、$c<d$ 情况类似），此时需 2 次比较，取 b 和 d 比较，若 $b>d$，则有序列 $a>b>d$；若 $b<d$，则有序列 $c>d>b$，此时已进行了 3 次比较。再把另外两个元素按折半插入排序方法，插入上述某个序列中。第一个元素需要 2 次比较，第二个元素最多需要 3 次比较，最多共需 5 次比较，从而共需 8 次比较。

5. 在内部排序方法中，一趟排序后只有简单选择排序和冒泡排序可以选出一个最大（或最小）元素，并加入已有的有序子序列中，但要比较 $n-1$ 次，选次大元素要再比较 $n-2$ 次，其时间复杂度为 $O(n^2)$。从 10 000 个元素中选出 10 个元素不能使用这种方法。而快速排序、插入排序、归并排序、基数排序等时间性能好的排序，都要等到最后才能确定各元素位置。只有堆排序，在未结束全部排序前，可以有部分排序结果。建立堆后，堆顶元素就是最大（或最小，视大根堆或小根堆而定）元素，然后，调整堆又选出次大（小）元素。凡要求在 n 个元素中选出 $k(k \ll n, k > 2)$ 个最大（或最小）元素的排序，一般使用堆排序，因为堆排序建堆比较次数至多不超过 $4n$。对深度为 h 的堆，在调整堆算法中进行的关键字比较次数至多为 $2(h-1)$ 次，在堆排序情况下，比较次数最多不会超过 $4n+2k\log_2 n$，且辅助空间为 $O(1)$。

6. 以下例子中 275 和 275 * 是关键字相等的两个不同元素，为区分二者，在后一个 275 上加 *。如果排序后 275 * 移到了 275 前面，表示此排序方法不稳定。

(1) 希尔排序 $\{512 \quad 275 \quad 275* \quad 061\}$ 增量 2：1 与 3，2 与 4 逆序交换
$\{275* \quad 061 \quad 512 \quad 275\}$ 增量 1：直接插入排序
$\{061 \quad 275* \quad 275 \quad 512\}$ 结果

(2) 简单选择排序 $\{275 \quad 275* \quad 512 \quad \underline{061}\}$ $i=1$，最小者 061，与 275 对调
$\{061 \quad \underline{275*} \quad 512 \quad 275\}$ $i=2$，最小者 275 *，原地不动
$\{061 \quad 275* \quad 512 \quad \underline{275}\}$ $i=3$，最小者 275，与 512 对调
$\{061 \quad 275* \quad 275 \quad 512\}$ 结果

(3) 快速排序 $\{\underline{512} \quad 275 \quad 275*\}$ 基准 512，与 275 * 对调
$\{275* \quad 275 \quad 512\}$ 结果

(4) 堆排序 $\{275 \quad 275* \quad 061 \quad 170\}$ 已经是最大堆，交换 275 与 170
$\{170 \quad 275* \quad 061 \quad 275\}$ 对前 3 个调整
$\{275* \quad 170 \quad 061 \quad 275\}$ 前 3 个最大堆，交换 275 * 与 061
$\{061 \quad 170 \quad 275* \quad 275\}$ 对前 2 个调整
$\{170 \quad 061 \quad 275* \quad 275\}$ 前 2 个最大堆，交换 170 与 061
$\{061 \quad 170 \quad 275* \quad 275\}$

不稳定的原因是有隔空交换的情形发生。

7.（1）归并排序算法将待排序表视为 n 个长度为 1 的有序子表，然后不断两两归并。过程如下：

原始序列	503	087	512	061	908	170	897	275	653	426
第一趟	087，503		061，512		170，908		275，897		426，653	
第二趟	061，087，503，512				170，275，897，908				426，653	
第三趟	061，087，170，275，503，512，897，908								426，653	
第四趟	061，087，170，275，426，503，512，653，897，908									

（2）基数排序算法采用最低位优先法，通过 3 次"分配"和"收集"来完成排序。过程如下：

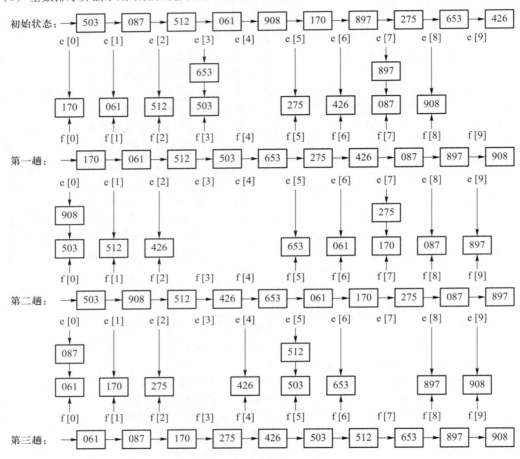

8. 采用快速排序算法中的划分算法来做。（稍做修改）

```
typedef int DataType;                    //数组元素类型只可能取 int 或 float
void reArrange(DataType A[],int n){
    int i=0,j=n-1;DataType temp;
    while(i<j){
        while(i<j&&A[j]>=0)j--;
        while(i<j&&A[i]<0)i++;
        if(i<j){
            temp=A[i];A[i]=A[j];A[j]=temp;
            i++;j--;
        }
    }
```

9. 算法思想：每趟在原始链表中摘下关键字最大的结点（几个关键字相等时为最前面的结点），把它插入结果链表的最前端。由于在原始链表中摘下的关键字越来越小，在结果链表前端插入的关键字也越来越小，最后形成的结果链表中的结点将按关键字非递减的顺序有序链接。假设单链表不带表头结点。

```
void selectSort(LinkedList& L){
    LinkNode *h=L,*p,*q,*r,*s;
    L=NULL;
    while(h! =NULL){                    //持续扫描原链表
        p=s=h;q=r=NULL;                 //指针 s 和 q 记忆最大结点和前驱
        while(p! =NULL){                //扫描原链表,寻找最大结点 s
            if(p->data>s->data)
                {s=p;r=q;}              //找到更大的,记忆它
            q=p;p=p->link;
        }
        if(s==h)h=h->link;             //最大结点在原链表前端
        else r->link=s->link;          //最大结点在原链表表内
        s->link=L;L=s;                 //结点 S 插入到结果链前端
    }
}
```

10. 计算是否需要补充空归并段，计算 $(n-1)\%(k-1)=(31-1)\%(5-1)=2\neq0$，说明不能做完全的 4 路归并，因为多出了 2 个初始归并段，必须补充 $k-2-1=2$ 个长度为 0 的空归并段。如下图所示。

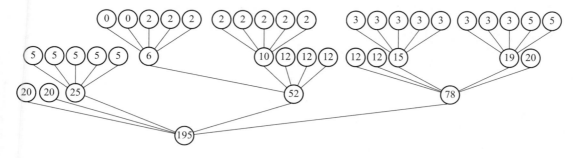

构造出来的最佳归并树如下图所示。

带权路径长度：
$$WPL=(2\times8+3\times8+5\times2)\times3+(5\times5+12\times5+20\times1)\times2+20\times2=400。$$

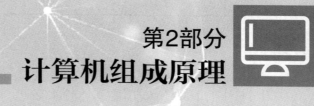

第2部分
计算机组成原理

第1章　计算机系统概述

【真题分布】

主要考点	考查次数	
	单项选择题	综合应用题
计算机系统层次结构	6	0
计算机性能指标	9	2

【复习要点】

（1）计算机系统层次结构及相关的硬件基本组成、软件分类和工作过程。

（2）计算机性能指标及有关的计算与术语解释。

1.1　计算机系统层次结构

硬件系统和软件系统共同构成了一个完整的计算机系统。硬件是指有形的物理设备，是计算机系统中实际物理装置的总称。软件是指在硬件上运行的程序和相关的数据及文档。

1.1.1　计算机硬件

1. 冯·诺依曼计算机

冯·诺依曼在研究 EDVAC 计算机时提出了"存储程序"的概念，"存储程序"的思想奠定了现代计算机的基本结构，以此概念为基础的各类计算机通称为冯·诺依曼计算机，其特点如下：

- 采用"存储程序"的工作方式。
- 计算机硬件系统由运算器、存储器、控制器、输入设备和输出设备 5 大部件组成。
- 指令和数据以同等地位存储在存储器中，形式上没有区别，但计算机应能区分它们。
- 指令和数据均用二进制代码表示。
- 指令由操作码和地址码组成，操作码指出操作的类型，地址码指出操作数的地址。

2. 计算机的功能部件

存储器：分为主存和辅存，中央处理器可以直接访问的程序和数据存放在主存中。

运算器：完成对信息或数据的处理和运算，如算术和逻辑运算。

控制器：完成对计算机各部件协同运行的指挥控制，即保证指令按预定的次序执行，保障每一条指令按规定的执行步骤正确执行，还要处理各项紧急事件。

输入设备：用来输入原始数据和程序，如键盘、鼠标。

输出设备：用来输出计算机的处理结果，如显示器和打印机。

一般将运算器和控制器集成到同一个芯片上，称为中央处理器（CPU）。CPU 和主存储器共同构成主机，而除主机外的其他硬件装置（外存、I/O 设备等）统称为外部设备，简称外设。

1.1.2　计算机软件

1. 软件的分类

软件按其功能分类，可分为系统软件和应用软件。

2. 三个级别的计算机语言

（1）机器语言

机器语言由二进制编码组成，它是计算机**唯一**可以直接识别和执行的语言。

（2）汇编语言

汇编语言是用英文单词或其缩写代替二进制的指令代码，更容易为人们记忆和理解。汇编语言程序必须经过汇编操作，转换为机器语言后，才能在计算机硬件上执行。

（3）高级语言

高级语言（如 C、C++、Java 等）程序需要先经过编译程序编译成汇编语言程序，再经过汇编操作成为机器语言程序。高级语言程序也可直接通过解释的方式"翻译"成机器语言程序。

由于计算机无法直接理解和执行高级语言程序，因此需要将高级语言程序转换为机器语言程序，通常把进行这种转换的软件系统称为翻译程序。翻译程序有以下三类：

汇编程序（汇编器）：将汇编语言程序翻译成机器语言程序。

解释程序（解释器）：将高级语言源程序中的语句按执行顺序逐条翻译成机器指令并立即执行。

编译程序（编译器）：将高级语言源程序翻译成汇编语言程序或机器语言程序。

3. 软、硬件逻辑功能的等价性

硬件实现的往往是最基本的算术和逻辑运算功能，而其他功能大多通过软件的扩充得以实现。对某一功能来说，既可以由硬件实现，也可以由软件实现。从用户的角度来看，它们在功能上是等价的。这一等价性被称为**软、硬件逻辑功能的等价性**。例如，浮点数运算既可以用专门的硬件浮点运算器实现，也可以通过一段子程序实现，这两种方法在功能上完全等效。

1.1.3 计算机系统的层次结构

从用户的角度看，人们在操作系统提供的运行环境下，首先用高级语言编写程序（称为源程序），然后将其翻译成汇编语言程序（或其他中间语言程序），再将其翻译成机器能识别的机器语言程序（称为目标程序），最后用微程序解释每条机器指令。这样形成了一个常见的 5 级计算机系统的层次结构，如图 2-1-1 所示。

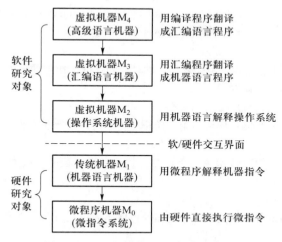

图 2-1-1 5 级计算机系统的层次结构

从计算机系统的 5 级层次结构来看，可以将硬件研究的对象归结为微程序机器 M_0 与传统机器 M_1，即实际机器。软件的研究对象主要是操作系统及以上的各级虚拟机器。通常将除硬件系统以外的其余层级称为虚拟机器，即操作系统机器 M_2、汇编语言机器 M_3 与高级语言机器 M_4。所谓虚拟机器是指这台计算机只对该层的观察者存在。对某一层的观察者来说，他只能通过该层级的语言来了解和使用计算机，至于下层是如何工作和实现的就不必关心了。简而言之，虚拟机器是由软件实现的机器。

相邻层次之间的关系紧密，下层是上层的基础，上层是下层的扩展。随着超大规模集成电路技术的不断发展，部分软件功能将由硬件来实现，因而软/硬件交界面的划分也不是绝对的。

1.1.4 计算机的工作过程

1. 存储程序的基本思想

"存储程序"的基本思想：程序执行前，先将第一条指令的地址存放于程序计数器（PC）中，取指令时，将 PC 的内容作为地址访问主存。在每条指令执行过程中，都需要计算下一条将执行指令的地址，并送至 PC。若当前指令为顺序型指令，则下一条指令的地址为 PC 的内容加上当前指令的长度；若当前指令为转跳型指令，则下一条指令地址为指令中指定的目标地址。当前指令执行完毕后，根据 PC 的值到主存中取出的是下一条将要执行的指令，因而计算机能周而复始地自动取出并执行每一条指令。

2. 从源程序到可执行程序

以 UNIX 系统中的 GCC 编译器程序为例，读取源程序文件 hello.c，并把它翻译成一个可执行目标程序 hello，整个翻译过程可分为 4 个阶段，如图 2-1-2 所示。

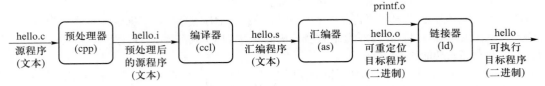

图 2-1-2　将源程序转换为可执行程序的过程

（1）预处理阶段：预处理器（cpp）对源程序中以字符"#"开头的命令进行处理。例如，将 #include 命令后面的".h"文件内容插入程序文件。输出结果是一个以".i"为扩展名的源文件 hello.i。

（2）编译阶段：编译器（ccl）对预处理后的源程序进行编译，生成一个汇编语言源程序 hello.s。汇编语言源程序中的每条语句都用一种文本格式描述一条机器语言指令。

（3）汇编阶段：汇编器（as）将 hello.s 翻译成机器语言指令，把这些指令打包成一个称为可重定位目标程序 hello.o，它是一种二进制文件，因此用文本编辑器打开会显示乱码。

（4）链接阶段：链接器（ld）将多个可重定位目标程序和标准库函数合并为一个可执行目标程序，或简称可执行程序。在本例中，链接器将 hello.o 和标准库函数 printf 所在的可重定位目标模块 printf.o 合并，生成可执行程序 hello。最终生成的可执行程序被保存在磁盘上。

3. 计算机硬件的工作过程

通常，在接收到计算机机器语言的程序之后，计算机硬件的工作过程分为以下几步：

（1）把程序和数据装入主存储器。

（2）从程序的起始地址运行程序。

（3）按照程序的首地址从存储器中取出第一条指令，经过译码等步骤控制计算机各功能部件协同运行，完成这条指令的功能，并计算下一条指令的地址。

（4）用新得到的指令地址继续读出第二条指令并执行，直到程序结束为止。每条指令都是在取指、译码和执行的循环过程中完成的。

4. 对指令执行过程的描述

以取数指令（将指令地址码指示的主存中的操作数取出后送至 ACC）为例，其执行过程如下：

（1）取指令：PC→MAR→M→MDR→IR

根据 PC 取指令到 IR。将 PC 的内容送至 MAR，将 MAR 的内容送至地址线，同时控制器将读信号送至读/写信号线，从主存指定存储单元读出指令，并通过数据线送至 MDR，再传送到 IR 中。

（2）分析指令：OP（IR）→CU

指令译码并送出控制信号。控制器根据 IR 中指令的操作码，生成相应的控制信号，送到不同的执行部件。在本例中，IR 中是取数指令，因此读控制信号被送到总线的控制线上。

（3）执行指令：AD（IR）→MAR→M→MDR→ACC

取数操作。将 IR 中指令的地址码送至 MAR，将 MAR 的内容送至地址线，同时控制器将读信号送至读/写信号线，从主存指定存储单元读出操作数，并通过数据线送至 MDR，再传送到 ACC 中。

每取完一条指令，还须为取下一条指令做准备，计算下一条指令的地址，即（PC）+1→PC。

1.2　计算机性能指标

1. 机器字长

通常所说的"某 16 位或 32 位机器"，其中的 16、32 就是指字长，也称机器字长。字长一般等于 CPU 内部通用寄存器的位数或 ALU 的宽度，它反映了计算机处理信息的能力。字长越长，数的表示范围越大，计算精度越高。字和字长的概念不同。字是用来表示被处理信息的单位，用来度量数据类型的宽度，如 x86 机器中把一个字定义为 16 位。

- 指令字长：一条指令字中包含的二进制代码的位数。
- 存储字长：一个存储单元存储的二进制代码的长度。

它们都必须是字节的整数倍。指令字长一般取存储字长的整数倍，若指令字长等于存储字长的 2 倍，则需要 2 个机器周期来取一条指令；若指令字长等于存储字长，则取指周期等于机器周期。

2. 数据通路带宽

数据通路带宽是指数据总线一次所能并行传送数据的位数，它关系到数据的传送能力。这里所说的数据通路宽度是指外部数据总线的宽度，它与 CPU 内部的数据总线宽度（内部寄存器的大小）可能不同。

注意：各个子系统通过数据总线连接形成的数据传送路径称为数据通路。

3. 主存容量

主存容量是指主存所能存储信息的最大容量，通常以字节数来衡量，也可以用字数×字长（如 512 K×16 位）来表示存储容量。例如，存储体内有 64 K = 65 536 个存储单元（1K = 2^{10} = 1 024），若 MDR 为 32 位（MDR 的位数反映了存储字长），表示存储容量为 64K×32 位。

4. 运算速度

吞吐量：系统在单位时间内处理请求的数量，主要取决于主存的存取周期。

响应时间：从用户向计算机发送一个请求，到系统对该请求做出响应并获得所需结果的时间。通常包括 CPU 时间（执行程序的时间）与等待时间（用于磁盘访问、存储器访问、I/O 操作等的时间）。

CPU 时钟周期：机器内部主时钟脉冲信号的宽度，它是 CPU 工作的最小时间单位。

主频（CPU 时钟频率）：机器内部主时钟的频率，即 CPU 时钟周期的倒数，它是衡量机器速度的重要参数。对同一个型号的计算机，其主频越高，完成指令的一个执行步骤所用的时间越短，执行指令的速度越快。对主频最直观的理解就是 1 秒钟有多少个时钟周期。

注意：CPU 时钟周期=1/主频，主频通常以 Hz（赫兹）为单位，1 Hz 表示每秒 1 次。

CPI（Clock cycle Per Instruction）：执行一条指令所需的时钟周期数。对一道程序或一台机器来说，其 CPI 指该程序或该机器指令集中所有指令执行所需的平均时钟周期数（此时 CPI 是一个平均值）。

IPS（Instructions Per Second）：每秒执行的指令数。IPS = 1/平均指令周期 = 指令数/执行时间 = 主频/CPI。

CPU 执行时间：运行一道程序所花费的时间。CPU 执行时间 =（指令数×CPI）/主频。

上式表明，CPU 的性能（CPU 执行时间）取决于 3 个要素：<u>主频、CPI 和指令数</u>。主频、CPI 和指令数是相互制约的。例如，更改指令集可以减少程序所含的指令数，但同时可能引起 CPU 结构的调整，从而可能会增加时钟周期的宽度（降低主频）。

MIPS（Million Instructions Per Second）：指的是每秒执行百万条指令的数目。MIPS = 指令数/（执行时间×10^6）= 主频/（CPI×10^6）。

FLOPS（FLoating-point Operations Per Second）：指的是每秒执行浮点运算的次数。

- MFLOPS：百万次浮点运算每秒。MFLOPS = 浮点运算次数/（执行时间×10^6）。
- GFLOPS：十亿次浮点运算每秒。GFLOPS = 浮点运算次数/（执行时间×10^9）。

- TFLOPS：万亿次浮点运算每秒。TFLOPS＝浮点运算次数/（执行时间×10^{12}）。
- PFLOPS：千万亿次浮点运算每秒。PFLOPS＝浮点运算次数/（执行时间×10^{15}）。
- EFLOPS：百京次浮点运算每秒。EFLOPS＝浮点运算次数/（执行时间×10^{18}）。
- ZFLOPS：十万京次浮点运算每秒。ZFLOPS＝浮点运算次数/（执行时间×10^{21}）。

注意：在描述存储容量、文件大小时，K、M、G、T通常用2的幂次表示，如1 Kb＝2^{10} b；在描述速率、频率时，k、M、G、T通常用10的幂次表示，如1 kb/s＝10^3 b/s。其含义取决于所用的场景。

5. 基准程序

基准程序是专门用来进行性能评价的一组程序，其能够很好地反映机器在运行实际负载时的性能。可以通过在不同机器上运行相同的基准程序来比较其在不同机器上的运行时间，从而评测机器性能。

1.3 同步练习

一、单项选择题

1. 下列选项中，（ ）不是冯·诺依曼型计算机的最根本特征。
 A. 以运算器为中心
 B. 指令并行执行
 C. 存储器按地址访问
 D. 数据以二进制编码，并采用二进制运算

2. 计算机系统中的存储器系统是指（ ），没有外部存储器的计算机监控程序可以存放在（ ）。
 A. RAM，CPU
 B. ROM，RAM
 C. 主存，RAM 和 ROM
 D. 主存和外存，ROM

3. 对计算机语言执行速度的比较，下列正确的是（ ）。
 A. 机器语言>C++>汇编语言
 B. C++>机器语言>汇编语言
 C. 机器语言>汇编语言>C++
 D. 汇编语言>C++>机器语言

4. 下列软件中不属于系统软件的是（ ）。
 A. 编译软件
 B. 操作系统
 C. 数据库管理系统
 D. C 语言程序

5. 下列各项中为用户提供一个基本操作界面的是（ ）。
 A. 系统软件
 B. 应用软件
 C. 硬件系统
 D. CPU

6. 根据计算机系统的多级层次结构，可将计算机系统分为虚拟机器和实际机器，（ ）属于实际机器层。
 A. 操作系统层
 B. 汇编语言层
 C. 机器语言层
 D. 高级语言层

7. 机器字长是指（ ）。
 A. CPU 控制总线根数
 B. CPU 一次能处理的数据位数
 C. CPU 地址总线位数
 D. 存储器单元和寄存器的位数

8. 在用于科学计算的计算机中，标志系统性能的主要参数是（ ）。
 A. 主时钟频率
 B. 主存容量
 C. MFLOPS
 D. MIPS

9. 若某处理器的时钟频率为 500 MHz，每 4 个时钟周期组成一个机器周期，执行一条指令需要 3 个机器周期，则该处理器的平均执行速度为（ ） MIPS。
 A. $42×10^6$
 B. 126
 C. 42
 D. 125

10. 机器 A 的主频为 800 MHz，某程序在 A 上运行需要 12 s。现在硬件设计人员想设计机器 B，希望该程序在 B 上的运行时间能缩短为 8 s，使用新技术后可使 B 的主频大幅度提高，但在 B 上运行该程序所需的时钟周期数为在 A 上的 1.5 倍。则机器 B 的主频至少应为（ ）。
 A. 800 MHz
 B. 1.2 GHz
 C. 1.5 GHz
 D. 1.8 GHz

二、综合应用题

说明机器字长、指令字长、存储字长的区别和联系。

答案与解析

一、单项选择题

1. B

冯·诺依曼型计算机属于 SISD 系统，指令是串行执行的。

2. D

主存和外存（也称辅存）共同构成存储系统。主存可由 RAM 与 ROM 构成。

3. C

C++是高级语言，计算机语言执行速度通常为：机器语言>汇编语言>高级语言。

4. D

选项 A、B 和 C 都属于系统软件。用户为解决某类问题，用 C 语言编写的程序属于应用软件。

5. A

硬件系统是整个计算机系统的基础和核心；应用软件为用户提供解决具体问题的应用系统界面；系统软件（如操作系统）为用户提供一个基本操作界面。

6. C

计算机系统通常由 5 个层级组成。第 1 级是微程序机器级或逻辑电路级，第 2 级是传统机器级（机器语言级），第 3 级是操作系统级，第 4 级是汇编语言级，第 5 级是高级语言级。实际机器是用硬件或固件实现的机器，第 1~2 级是实际机器。虚似机器是用软件实现的机器，第 3~5 级是虚拟机器。

7. B

机器字长是指 CPU 一次能够处理的数据长度（二进制位数）。机器字长通常和 CPU 内部寄存器的位数相等。字长越长，数的表示范围越大，计算的精度越高。

8. C

MFLOPS 是指每秒执行百万次浮点运算的数目，该参数用来描述计算机的浮点运算性能，而用于科学计算的计算机主要就是评估浮点运算的性能。

9. C

执行一条指令需要的时钟周期数为 $4\times3=12$，每秒执行百万条指令数为 $500\text{ M}/12\approx42\text{ MIPS}$。

10. D

在机器 A 上运行该程序所需的时钟周期数为 $800\text{ M}\times12=9\,600\text{ M}$，则在机器 B 上运行该程序所需的时钟周期数为 $9\,600\text{ M}\times1.5=14\,400\text{ M}$，设机器 B 的主频至少应为 x，则 $8x=14\,400\text{ M}$，解得 $x=1\,800\text{ M}$。

二、综合应用题

机器字长：计算机能直接处理的二进制数据的位数，机器字长一般等于内部寄存器的大小，它决定了计算机的运算精度。指令字长：一个指令字中包含二进制代码的位数。存储字长：一个存储单元存储二进制代码的长度。它们都必须是字节的整数倍。指令字长一般取存储字长的整数倍，如果指令字长等于存储字长的 2 倍，就需要 2 次访存来取出一条指令，因此，取指周期为机器周期的 2 倍；如果指令字长等于存储字长，则取指周期等于机器周期。早期的计算机存储字长一般和机器的指令字长与数据字长相等，故访问一次主存便可以取出一条指令或一个数据。随着计算机的发展，指令字长可变，数据字长也可变，但它们都必须是字节的整数倍。

第 2 章　数据的表示和运算

【真题分布】

主要考点	考查次数	
	单项选择题	综合应用题
定点数的表示与运算	10	8
C 语言中各种数据的转换	3	2
IEEE 754 标准浮点数，浮点数运算	10	3
数据按边界对齐存储和按大、小端存储	4	0

【复习要点】

（1）真值、机器数，定点数的表示及原理。
（2）C 语言中的整型数据，有符号数与无符号数、不同字长整数之间的类型转换。
（3）ALU 的基本组成，标志位的产生，定点数的运算及相关电路，溢出概念与判断方法。
（4）IEEE 754 标准浮点数的表示和特点，浮点数的加/减运算方法。
（5）C 语言中的浮点型数据，浮点型与整型、浮点型之间的类型转换，隐式类型转换。
（6）数据按边界对齐方式的存储，数据按大端和小端方式存储。

2.1　数制与编码

计算机系统内部的所有信息都是用二进制编码的，这样做的原因有：
（1）使用有两个稳定状态的物理器件就可以表示二进制数的每一位，制造成本比较低。
（2）二进制的 1 和 0 正好与逻辑值"真"和"假"对应，为计算机实现逻辑运算提供了便利。
（3）二进制的编码和运算规则都很简单，通过逻辑门电路能方便地实现算术运算。

2.1.1　进位计数制及其相互转换

1. 进位计数制

常用的进位计数制有二进制、八进制、十进制、十六进制。

在进位计数制中，每个数位所用到的不同数码的个数称为**基数**，如十进制的基数为 10。每个数码所表示的数值等于该数码本身乘以一个与它所在数位有关的常数，这个常数称为**位权**。

一个 r 进制数（K_i 的取值可以是 0，1，…，$r-1$ 共 r 个数码中的任意一个，$i=-m$，…，-1，0，…，$n-1$，n）可表示为

$$K_n K_{n-1} \ldots K_0 . K_{-1} \ldots K_{-m}$$

二进制：计数"逢二进一"。它的任意数位的权为 2^i。

八进制：计数"逢八进一"。只要把二进制中的 3 位数码编为一组就是一位八进制数码。

十六进制：计数"逢十六进一"。每个数位可取 0~9、A、B、C、D、E、F 中的任意一个，其中 A~F 分别表示 10~15。4 位二进制数码与 1 位十六进制数码相对应。

2. 不同进制数之间的相互转换

（1）二进制数转换为八进制数或十六进制数

在转换时，以小数点为界。整数部分为从小数点开始往左数，分为 3 位（八进制）或 4 位（十六进制）一组，数的最左边可根据需要加 "0" 补齐；小数部分为从小数点开始往右数，分为 3 位或 4 位一组，数的最右边可根据需要加 "0" 补齐。再将每组转成相应的 1 位八进制数或十六进制数即可。

进制数之间相互转换，都可以先转换为二进制数。如十六进制数转换为八进制数时，先将十六进制数转换为二进制数，然后将二进制数转换为八进制数较为方便。

（2）任意进制数转换为十进制数

任意进制数的各位数码与它的权值相乘，再把乘积相加，即得到相应的十进制数。这种转换方式称为**按权展开法**。

（3）十进制数转换为二进制数

将十进制数转换为二进制数，一般采用基数乘除法。整数部分和小数部分分别处理，最后将整数部分与小数部分的转换结果拼接起来。

整数部分的转换规则：除 2 取余，最先取得的余数为数的最低位，最后取得的余数为数的最高位（即除 2 取余，先余为低，后余为高），商为 0 时结束。

小数部分的转换规则：乘 2 取整，最先取得的整数为数的最高位，最后取得的整数为数的最低位（即乘 2 取整，先整为高，后整为低），乘积为 0 或精度满足要求时结束。

3. 真值和机器数

真值：正、负号加某进制数绝对值的形式，即机器数所代表的实际值。

机器数：一个数值数据的机内编码，即符号和数值都数码化的数。常用的有原码和补码表示法等，这几种表示法都将数据的符号数字化，通常用 "0" 表示 "正"，用 "1" 表示 "负"。

2.1.2 定点数的编码表示

根据小数点的位置是否固定，可分为两种数据表示形式：定点表示和浮点表示。在现代计算机中，通常用定点补码整数表示整数，用定点原码小数表示浮点数的尾数部分，用移码表示浮点数的阶码部分。

1. 无符号整数的表示

当一个编码的全部二进制位均为数值位时，相当于数的绝对值，该编码表示**无符号整数**。在字长相同的情况下，它能表示的最大数比带符号整数大。例如，8 位无符号整数的表示范围为 $0 \sim 2^8 - 1$，即最大数为 255，而 8 位带符号整数的最大数是 127。通常，在全部是正数运算且不出现负值结果的情况下，使用无符号整数表示。例如，可用无符号整数进行地址运算，或用它来表示指针。

例如，对于 8 位无符号整数，最小数为 0000 0000（值为 0），最大数为 1111 1111（值为 $2^8 - 1 = 255$），即表示范围为 $0 \sim 255$；而对于 8 位带符号整数，最小数为 1000 0000（值为 $-2^7 = -128$），最大数为 0111 1111（值为 $2^7 - 1 = 127$），即表示范围为 $-128 \sim 127$。

2. 带符号数的表示

最高位用来表示符号位，而不再表示数值位。

（1）定点整数

约定小数点在有效数值部分最低位之后。数据 $x = x_0 x_1 x_2 \ldots x_n$（其中 x_0 为符号位，$x_1 \sim x_n$ 是数值的有效部分，也称尾数，x_n 为最低有效位），在计算机中的表示形式如图 2-2-1 所示。

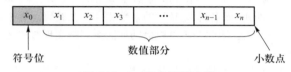

图 2-2-1　定点整数表示

（2）定点小数

约定小数点在有效数值部分最高位之前。数据 $x = x_0 . x_1 x_2 \ldots x_n$（其中 x_0 为符号位，$x_1 \sim x_n$ 是尾数，x_1 为最高有效位），在计算机中的表示形式如图 2-2-2 所示。

事实上，在计算机内部并没有小数点，只是人为约定了小数点的位置。因此，在定点数的编码和运

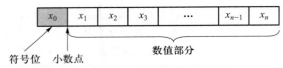

符号位   小数点   数值部分

图 2-2-2   定点小数表示

算中不用考虑对应的定点数是小数还是整数，而只需要关心它们的符号位和数值位即可。

3. 原码、补码、反码和移码

（1）原码表示法

用机器数的最高位表示数的符号，其余各位表示数的绝对值。原码的定义如下：

$$[x]_原 = \begin{cases} 0, x, & 0 \leq x < 2^n \\ 2^n - x = 2^n + |x|, & -2^n < x \leq 0 \end{cases} \quad (x \text{ 是真值，字长为 } n+1)$$

若字长为 $n+1$，则原码整数的表示范围为 $-(2^n-1) \leq x \leq 2^n-1$（关于原点对称）。

原码的性质：

① 由符号位与数的绝对值组成，符号位 0 为正、1 为负。

② 简单直观，与真值的转换简单。

③ 0 有 ± 0 两个编码，即 $[+0]_原 = 00000$ 和 $[-0]_原 = 10000$。

④ 原码加减运算规则比较复杂，乘除运算规则简单。

（2）补码表示法

正数的补码和原码相同，负数的补码等于模（$n+1$ 位补码的模为 2^{n+1}）与该负数绝对值之差。补码的定义如下：

$$[x]_补 = \begin{cases} 0, x, & 0 \leq x < 2^n \\ 2^{n+1} + x = 2^{n+1} - |x|, & -2^n \leq x < 0 \end{cases} \quad (\text{mod } 2^{n+1})$$

综合上述定义可知：不论正数还是负数，$[x]_补 = 2^{n+1} + x$（$-2^n \leq x < 2^n$，mod 2^{n+1}）。

若字长为 $n+1$，则补码整数的表示范围为 $-2^n \leq x \leq 2^n-1$（比原码多表示"-2^n"）。

补码的性质：

① 补码和其真值的关系：$[x]_补 = $ 符号位 $* 2^{n+1} + x$。

② 0 的编码唯一，因此整数补码比原码多表示 -2^n。

③ 符号位参与补码加减运算，统一采用加法操作实现。

④ 将 $[x]_补$ 的符号位与数值位一起右移并保持原符号位的值不变，可实现除法功能。

几个特殊数据的补码表示：

① $[+0]_补 = [-0]_补 = 0, 00\cdots0$（含符号位共 $n+1$ 个 0），说明 0 的补码表示是唯一的。

② $[-1]_补 = 2^{n+1} - 1 = 1, 11\cdots1$（含符号位共 $n+1$ 个 1）。

③ $[2^n-1]_补 = 0, 11\cdots1$（n 个 1），即 $n+1$ 位补码能表示的最大整数。

④ $[-2^n]_补 = 1, 00\cdots0$（n 个 0），即 $n+1$ 位补码能表示的最小整数。

模运算：

在模运算中，一个数与它除以"模"后得到的余数是等价的，如 A、B、M 满足 $A = B + K \times M$（K 为整数），则记为 $A \equiv B \ (\text{mod } M)$，即 A、B 各除以 M 后的余数相同。在补码运算中，$[A]_补 - [B]_补 = [A]_补 + M - [B]_补$，而 $M - [B]_补 = [-B]_补$，因此补码可以借助加法运算来实现减法运算。

补码与真值之间的转换：

① 真值转换为补码：对于正数，与原码的转换方式一样。对于负数，符号位取 1，其余各位由真值"各位取反，末位加 1"得到。② 补码转换为真值：若符号位为 0，则与原码的转换方式一样。若符号位为 1，则真值的符号为负，其数值部分的各位由补码"各位取反，末位加 1"得到。

变形补码是一种采用双符号位的补码表示法，又称模 4 补码，其定义为

$$[x]_补 = \begin{cases} x & 0 \leq x < 2^n \\ 2^{n+2} + x = 2^{n+2} - |x| & -2^n \leq x < 0 \end{cases} \quad (\text{mod } 2^{n+2})$$

双符号位 00 表示正，11 表示负，10 和 01 表示溢出，变形补码用于算术运算的 ALU 部件中。

（3）反码表示法

负数的补码可采用"数值位各位取反，末位加 1"的方法得到，如果数值位各位取反而末位不加 1，那么就是负数的反码表示。正数的反码定义和相应的补码（或原码）表示相同。

反码表示存在以下几个方面的不足：0 的表示不唯一（即存在±0）；表示范围比补码少一个最小负数。反码在计算机中很少使用，通常用作数码变换的中间表示形式。

原码、补码、反码三种编码表示总结如下：

① 三种编码的符号位相同，正数的机器码相同。

② 原码和反码的表示在数轴上对称，二者都存在±0 两个零。

③ 补码的表示在数轴上不对称，0 的表示唯一，补码比原码和反码多表示一个数。

④ 负数的反码、补码末位相差 1。

⑤ 原码很容易判断大小。而负数的补码和反码很难直接判断大小，可采用如下规则快速判断：对于负数，数值部分越大，绝对值越小，真值越大（更靠近 0）。

（4）移码表示法

移码是在真值 x 上加上偏置值 2^n 构成的，相当于 x 在数轴上向正方向偏移了若干单位。移码定义为：
$$[x]_{\text{移}} = 2^n + x \quad (-2^n \leq x < 2^n，其中机器字长为 n+1)$$

移码的性质：

① 0 的表示唯一，$[+0]_{\text{移}} = 2^n + 0 = [-0]_{\text{移}} = 2^n - 0 = 100\ldots0$。

② 一个真值的移码和补码仅差一个符号位，$[x]_{\text{补}}$ 的符号位取反即得 $[x]_{\text{移}}$，反之亦然。

③ 移码全 0 时，对应真值的最小值 -2^n；移码全 1 时，对应真值的最大值 $2^n - 1$。

④ 保持了数据原有的大小顺序，移码大真值就大，便于进行比较操作。

2.1.3　C 语言中的整型数据类型

1. C 语言中的整型数据

C 语言中的整型数据就是定点整数，一般用补码表示。根据位数的不同，可以分为字符型（char）、短整型（short 或 short int）、整型（int）、长整型（long 或 long int）。char 是整型数据中比较特殊的一种，其他如 short/int/long/等不指定 signed/unsigned 时都默认是带符号整数，但 char 默认是无符号整数。无符号整数（unsigned short/int/long）的全部二进制位均为数值位，没有符号位，相当于数的绝对值。

signed/unsigned 整型数据都是按补码形式存储的，只是 signed 型的最高位代表符号位，而在 unsigned 型中表示数值位，这两者体现在输出上则分别是 %d 和 %u。

2. 带符号数和无符号数的转换

C 语言允许在不同的数据类型之间做类型转换。C 语言的强制类型转换格式为"TYPE b =（TYPE）a"，强制类型转换后，返回一个具有 TYPE 类型的数值，这种操作并不会改变操作数本身。

先看由 short 型转换到 unsigned short 型的情况。考虑如下代码片段：

```
short x =-4321;
unsigned short y =(unsigned short)x;
```

执行上述代码后，$x = -4\,321$，$y = 61\,215$。得到的 y 似乎与原来的 x 没有一点关系。不过将这两个数转化为二进制表示时，我们就会发现其中的规律，如表 2-2-1 所示。

表 2-2-1　y 与 x 的对比

变量	值	位															
		15	14	13	12	11	10	9	8	7	6	5	4	3	2	1	0
x	−4321	1	1	1	0	1	1	1	1	0	0	0	1	1	1	1	1
y	61215	1	1	1	0	1	1	1	1	0	0	0	1	1	1	1	1

通过本例可知：强制类型转换的结果是保持每位的值不变，仅改变了解释这些位的方式。

再来看由 unsigned short 型转换到 short 型的情况。考虑如下代码片段：

```
unsigned short x = 65535;
short y = (short)x;
```

执行上述代码后，$x=65535$，$y=-1$。把这两个数转化为二进制表示，同样可以证实之前的结论。

因此，带符号数转化为等长的无符号数时，符号位解释为数据的一部分，负数转化为无符号数时数值将发生变化。同理，无符号数转化为带符号数时，最高位解释为符号位，也可能发生数值的变化。

注意： 如果同时有无符号数和带符号数参与运算，C 语言标准规定按无符号数进行运算。

3. 不同字长整数之间的转换

另一种常见的运算是在不同字长的整数之间进行数值转换。

先看长字长变量向短字长变量转换的情况。考虑如下代码片段：

```
int x = 165537, u = -34991;         // int 型占用 4B
short y = (short)x, v = (short)u;    // short 型占用 2B
```

执行上述代码后，$x=165537$，$y=-31071$，$u=-34991$，$v=30545$。x、y、u、v 的十六进制表示分别是 0x000286a1、0x86a1、0xffff7751、0x7751。由本例可知：长字长整数向短字长整数转换时，系统把多余的高位部分直接截断，低位直接赋值，因此也是一种保持位值的处理方法。

最后来看短字长变量向长字长变量转换的情况。考虑如下代码片段：

```
short x = -4321;
int y = (int)x;
unsigned short u = (unsigned short)x;
unsigned int v = (unsigned int)u;
```

执行上述代码后，$x=-4321$，$y=-4321$，$u=61215$，$v=61215$。x、y、u、v 的十六进制表示分别是 0xef1f、0xffffef1f、0xef1f、0x0000ef1f。由本例可知：短字长整数向长字长整数转换时，不仅要使相应的位值相等，还要对高位部分进行扩展。如果原数字是无符号整数，则进行**零扩展**，扩展后的高位部分用 0 填充。否则进行**符号扩展**，扩展后的高位部分用原数字符号位填充。其实两种方式扩展的高位部分都可理解为原数字的符号位。这与之前的 3 个例子都不一样，从位值与数值的角度看，前 3 个例子的转换规则都是保证相应的位值相等，而短字长到长字长的转换可以理解为保证数值的相等。

2.2　运算方法和运算电路

2.2.1　基本运算部件

1. 运算器的基本组成

运算器由算术逻辑单元（ALU）、累加器（AC）、状态寄存器（PSW）、通用寄存器组等组成。

（1）算术逻辑单元：完成加、减、乘、除四则运算，与、或、非、异或等逻辑运算。

（2）累加器：暂存参加运算的操作数和结果的部件，为 ALU 执行运算提供一个工作区。

（3）状态寄存器：也称作标志寄存器，用来记录运算结果的状态信息。

（4）通用寄存器组：保存参加运算的操作数和运算结果。

2. 加法器

对于 n 位加法器，可以用 n 个全加器（实现两个本位数加上低位进位，生成一个本位和一个向高位的进位。）串接起来实现逐位相加，位间进行串行传送，称为串行进位加法器。在串行进位中，进位按串行方式传递，高位仅依赖低位进位，因此速度较慢。

为了提高加法器的速度，必须尽量避免进位之间的依赖。引入进位生成函数和进位传递函数，可以使各个进位并行产生，这种以并行进位方式实现的加法器称为并行进位加法器。

3. 算术逻辑单元（ALU）

ALU 是一种能进行多种算术运算和逻辑运算的组合逻辑电路，ALU 的核心是"带标志加法器"，ALU 的基本结构如图 2-2-3 所示。其中 A 和 B 是两个 n 位操作数输入端；C_{in} 是进位输入端；ALUop 是操作控制端（发出控制信号），用来控制 ALU 所执行的处理操作。例如，ALUop 选择 Add 运算，ALU 就执行加法运算，输出的结果就是 A 加 B 之和。ALUop 的位数决定了操作的种类。例如，当位数为 3 时，ALU 最多只有 8 种操作。F 是结果输出端，此外，还输出相应的标志信息，在 ALU 进行加法运算时，可以得到最高位的进位 C_{out}。

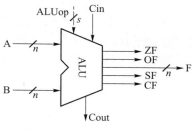

图 2-2-3　ALU 的基本结构

2.2.2 定点数的移位运算

当计算机中没有乘/除法运算电路时，可以通过加法运算和移位运算相结合的方法来实现乘/除法运算。对于任意二进制整数，左移一位，若不产生溢出，则相当于乘以 2（与十进制数的左移一位相当于乘以 10 类似）；右移一位，若不考虑因移出而舍去的末位尾数，则相当于除以 2。根据操作数的类型不同，移位运算可以分为算术移位运算和逻辑移位运算。

1. 算术移位

算术移位运算需要考虑符号位的问题，即将操作数视为带符号整数。

计算机中的带符号整数都是用补码表示的，因此对于带符号整数的移位操作应采用补码算术移位方式。算术移位运算的规则：左移时，高位移出，低位补 0，如果移出的高位不同于移位后的符号位，即左移前后的符号位不同，则发生溢出；右移时，低位移出，高位补符号位，如果低位的 1 移出，则影响精度。例如，补码 1001 和 0101 左移时会发生溢出，右移时会丢失精度。

2. 逻辑移位

逻辑移位运算将操作数视为无符号整数。逻辑移位运算的规则：左移时，高位移出，低位补 0；右移时，低位移出，高位补 0。对于无符号整数的逻辑左移，若高位的 1 移出，则发生溢出。

2.2.3 定点数的加减运算

1. 补码的加减运算

补码加减运算的规则简单，易于实现。补码加减运算的公式如下（设机器字长为 $n+1$）：

$$[A+B]_{补}=[A]_{补}+[B]_{补}(\bmod\ 2^{n+1})$$

$$[A-B]_{补}=[A]_{补}+[-B]_{补}(\bmod\ 2^{n+1})$$

补码运算的特点如下：

（1）按二进制运算规则运算，逢二进一。

（2）若做加法，两数的补码直接相加；若做减法，则将被减数加上减数的机器负数。

（3）符号位与数值位一起参与运算，加、减运算结果的符号位也在运算中直接得出。

（4）最终将运算结果的高位丢弃，保留 $n+1$ 位，运算结果亦为补码。

2. 溢出判别方法

溢出是指运算结果超出了数的表示范围。通常，大于能表示的最大正数称为正上溢，小于能表示的最小负数称为负上溢。仅当两个符号相同的数相加，或两个符号相异的数相减才可能产生溢出。

补码加减运算的溢出判断方法有以下 3 种：

（1）采用一位符号位。由于减法运算在机器中是用加法器实现的，因此无论是加法还是减法，只要参加操作的两个数符号相同，结果又与原操作数符号不同，表示结果溢出。

（2）采用双符号位。运算结果的两个符号位相同，表示未溢出；运算结果的两个符号位不同，表示溢出，此时最高位符号位代表真正的符号。符号位 $S_1S_2=00$ 表示结果为正数，无溢出。$S_1S_2=11$ 表示结果为负数，无溢出。$S_1S_2=01$ 表示结果正溢出。$S_1S_2=10$ 表示结果负溢出。

（3）采用一位符号位和数据位的进位。若符号位的进位 C_s 与最高数位的进位 C_1 相同，则说明没有溢出，否则表示发生溢出。

3. 补码加减运算电路

图 2-2-4 所示是带标志加法器，该电路可实现补码加减运算。当控制端 Sub 为 0 时，做加法，Sub 控制多路选择器将 Y 输入加法器，实现 X+Y=$[x]_{补}$+$[y]_{补}$。当控制端 Sub 为 1 时，做减法，Sub 控制多路选择器将 $\overline{Y}$ 输入加法器，并将 Sub 作为低位进位送到加法器，实现 X+$\overline{Y}$+1=$[x]_{补}$+$[-y]_{补}$。

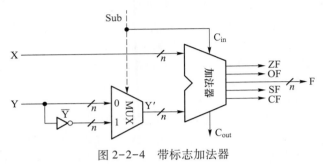

图 2-2-4　带标志加法器

无符号整数相当于正整数的补码表示，因此图 2-2-4 的电路同时也能实现无符号整数的加/减运算。对于带符号整数 x 和 y，图中 X 和 Y 分别是 x 和 y 的补码表示；对于无符号整数 x 和 y，图中 X 和 Y 分别是 x 和 y 的二进制表示。不论是补码减法还是无符号整数减法，都是用被减数加上减数的负数的补码（即 $\overline{Y}$+1）来实现。

运算器本身无法识别所处理的二进制串是带符号整数还是无符号整数。例如，0-1=00…0 + 11…1=11…1，若解释为带符号整数，对应值为-1，结果正确；若解释为无符号整数，对应值为 2^n-1（n 位无符号整数的最大值），结果出错。

可通过标志信息来区分带符号整数运算结果和无符号整数运算结果。

零标志 ZF：ZF=1 表示结果 F 为 0。对于无符号整数和带符号整数的运算，ZF 都有意义。

溢出标志 OF：判断带符号整数运算是否溢出，它是符号位进位与最高数位进位异或的结果，即 OF=$C_n \oplus C_{n-1}$。对于无符号整数运算，OF 没有意义，通俗地说就是根据 OF 无法判断无符号整数运算是否溢出，例如无符号整数加法 010+011=101，此时 OF=1，但结果未溢出。

符号标志 SF：表示结果的符号，即 F 的最高位。对于无符号整数运算，SF 没有意义。

进/借位标志 CF：表示无符号整数运算时的进位/借位，判断是否发生溢出。加法时，CF=1 表示结果溢出，因此 CF 等于进位输出 C_{out}。减法时，CF=1 表示有借位，即不够减，故 CF 等于进位输出 C_{out} 取反。综合可得 CF=Sub$\oplus C_{out}$。例如，无符号整数加法 110+011 最高位产生进位，无符号数减法 000-111 最高位产生借位，结果均发生溢出（即 CF=1）。对于带符号数运算，CF 没有意义，也就是说根据 CF 无法判断带符号数运算是否溢出。

（1）无符号数大小的比较

对于无符号数的运算，零标志 ZF、进/借位标志 CF 有意义。假设两个无符号数 A 和 B，以执行 $A-B$ 为例来说明 ZF、CF 标志的几种可能情况。

若 $A=B$，如 $A-B$=011-011=000，此时结果为零，ZF=1，无借位，CF=0。

若 $A>B$，如 $A-B$=010-001=001，此时结果非零，ZF=0，无借位 CF=0。

若 $A<B$，如 $A-B$=000-001=（1）000-001=111，此时 ZF=0，有借位，CF=1。

当 ZF=1 时，说明 $A=B$。当 ZF=0 且 CF=0 时，说明 $A>B$。当 ZF=0 且 CF=1 时，说明 $A<B$。

（2）带符号数大小的比较

对于带符号数的运算，零标志 ZF、溢出标志 OF、符号标志 SF 有意义。假设两个带符号数 A 和 B，用补码表示，以执行 $[A]_{补}-[B]_{补}$ 为例来说明 ZF、OF、SF 标志的几种可能情况。

若 $A=B$，如 $[A]_{补}-[B]_{补}$=011-011=$[A]_{补}$+$[-B]_{补}$=011+101=（1）000，此时结果为零，ZF=

1，最高位进位与次高位进位的异或结果 $OF = C_3 \oplus C_2 = 0$，结果的最高位 $SF = 0$。

若 $A>B$，如 $[A]_{补} - [B]_{补} = 010 - 001 = 010 + 111 = (1)\ 001$，此时 $ZF = 0$，$OF = 0$，$SF = 0$；又如 $[A]_{补} - [B]_{补} = 011 - 101 = 011 + 011 = 110$，此时 $ZF = 0$，$OF = 1$，$SF = 1$。

若 $A<B$，如 $[A]_{补} - [B]_{补} = 000 - 001 = 000 + 111 = 111$，此时 $ZF = 0$，$OF = 0$，$SF = 1$。又如 $[A]_{补} - [B]_{补} = 101 - 011 = 101 + 101 = (1)\ 010$，此时 $ZF = 0$，$OF = 1$，$SF = 0$。

当 $ZF = 1$ 时，说明 $A = B$。当 $ZF = 0$ 且未发生溢出时，即 $OF = 0$，若 $SF = 0$ 则表示结果非负，说明 $A > B$；当发生溢出时，即 $OF = 1$，若 $SF = 1$，则必然是正数减去负数发生溢出导致结果为负，因此当 $OF = SF$（或 $OF \oplus SF = 0$）且 $ZF = 0$ 时，说明 $A > B$。当 $ZF = 0$ 且未发生溢出时，即 $OF = 0$，若 $SF = 1$，则表示结果为负，说明 $A < B$；当发生溢出时，即 $OF = 1$，若 $SF = 0$，则必然是负数减去正数发生溢出导致结果为正，因此当 $OF \neq SF$（或 $OF \oplus SF = 1$）且 $ZF = 0$ 时，说明 $A < B$。

4. 原码的加减运算（了解）

在原码加减运算中，将符号位和数值位分开处理，具体规则如下：

加法规则：遵循"同号求和，异号求差"的原则，先判断两个操作数的符号位。具体来说，符号位相同，则数值位相加，结果符号位不变，若最高数值位相加产生进位，则发生溢出；符号位不同，则做减法，绝对值大的数减去绝对值小的数，结果的符号位与绝对值大的数相同。

减法规则：先将减数符号取反，然后将被减数与符号取反后的减数按原码加法进行运算。

2.2.4 定点数的乘除运算

乘除运算的难度较大，考查的概率也较低，觉得不好理解的考生可以放在后面复习。

1. 乘法运算

（1）乘法运算的基本原理

原码乘法运算的特点是符号位与数值位是分开算的，原码乘法运算分为两步：① 乘积的符号位由两个乘数的符号位"异或"得到；② 乘积的数值位是两个乘数的绝对值之积。两个定点数的数值部分之积可看成两个无符号数的乘积，下面是两个无符号数相乘的手算过程。

$$
\begin{array}{r}
0.1101 \\
\times 0.1011 \\
\hline
\end{array}
$$

乘数 $X = 0.x_1x_2x_3x_4 = 0.1101$
乘数 $Y = 0.y_1y_2y_3y_4 = 0.1011$

$$
\begin{array}{l}
\quad\quad 1101 \cdots\cdots X \times y_4 \times 2^{-4} \quad X \times 1 \text{ 右移 4 位} \\
\quad\ 1101 \cdots\cdots X \times y_3 \times 2^{-3} \quad X \times 1 \text{ 右移 3 位} \\
\ 0000 \cdots\cdots X \times y_2 \times 2^{-2} \quad X \times 0 \text{ 右移 2 位} \\
1101 \cdots\cdots X \times y_1 \times 2^{-1} \quad X \times 1 \text{ 右移 1 位} \\
\hline
\end{array}
$$

0.10001111

上述过程可写成数学推导过程：

$$X \times Y = X \times y_4 \times 2^{-4} + X \times y_3 \times 2^{-3} + X \times y_2 \times 2^{-2} + X \times y_1 \times 2^{-1}$$

$$= 2^{-1}(2^{-1}(2^{-1}(2^{-1}(0 + X \times y_4) + X \times y_3) + X \times y_2) + X \times y_1)$$

更普遍地，对于 n 位无符号数乘法 $X \times Y$，可递推地定义为：

初始时 $P_0 = 0$

$P_1 = 2^{-1}(P_0 + X \times y_n)$

$P_2 = 2^{-1}(P_1 + X \times y_{n-1})$

…

$P_n = 2^{-1}(P_{n-1} + X \times y_1)$

其递推公式为 $P_{i+1} = 2^{-1}(P_i + X \times y_{n-i})$（$i = 0, 1, 2, \cdots, n-1$）

最终乘积 $P_n = X \times Y$

由上述分析可知，乘法运算可用加法和移位运算来实现（乘 2^{-1} 相当于做一次右移），两个 n 位无符号数相乘共需进行 n 次加法和 n 次移位运算。原码乘法运算的过程可归纳为：

① 两个乘数均取绝对值参加运算，看作无符号数，符号位为 $x_s \oplus y_s$。

② 部分积 P_i 是乘法运算的中间结果，初值 $P_0 = 0$。从乘数的最低位 y_n 开始，先将前面所得的部分积 P_i 加上 $X \times y_{n-i}$，然后右移一位，此步骤重复 n 次。

由于参与运算的是两个数的数值位，因此运算过程中的右移操作均为逻辑右移。

（2）无符号数乘法运算电路

图 2-2-5 是实现两个 32 位无符号数乘法运算的逻辑结构图。

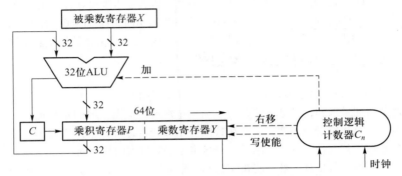

图 2-2-5　32 位无符号数乘法运算的逻辑结构图

部分积和被乘数做无符号数加法时，可能产生进位，因此需要一个专门的进位位 C。乘积寄存器 P 初始时置 0。计数器 C_n 初值为 32，每循环一次减 1。ALU 对乘积寄存器 P 和被乘数寄存器 X 的内容做"无符号加法"运算，运算结果送回寄存器 P，进位存放在 C 中。每次循环都对进位位 C、乘积寄存器 P 和乘数寄存器 Y 实现同步"逻辑右移"，此时，进位位 C 移入寄存器 P 的最高位，寄存器 Y 的最低位移出。每次从寄存器 Y 移出的最低位都被送到控制逻辑，以决定被乘数是否"加"到部分积上。

在字长为 32 位的计算机中，对于两个 int 型变量 x 和 y 的乘积，若乘积高 32 位的每一位都相同，且都等于乘积低 32 位的符号，则表示不溢出，否则表示溢出。当 x 和 y 都为 unsigned int 型变量时，若乘积的高 32 位全 0，则表示不溢出，否则表示溢出。

2. 除法运算

（1）除法运算的基本原理

原码的除法运算与乘法运算很相似，都是一种移位和加减运算迭代的过程，但除法运算比乘法运算更为复杂。n 位定点数的除法运算需统一为：一个 $2n$ 位的数除以一个 n 位的数，得到一个 n 位的商，因此需要对被除数进行扩展。对于定点正小数（即原码小数），只需在被除数低位添 n 个 0 即可。对于定点正整数（即无符号整数），只需在被除数高位添 n 个 0 即可。在做整数除法时，若除数为 0，则发生"除数为 0"异常，此时需调出操作系统相应的异常处理程序进行处理。

下面以两个无符号整数为例说明手算除法步骤。

$$
\begin{array}{r}
00111 \\
0010\overline{)\,00001111} \\
\underline{0010} \\
00111 \\
\underline{0010} \\
0011 \\
\underline{0010} \\
0001
\end{array}
$$

商 = 0111 = 7
被除数 $X = 15 = 1111 = 0000\ 1111$
除数 $Y = 2 = 0010$

余数 = 0001 = 1

上述除法运算的过程可归纳为：

① 被除数与除数相减，够减则上商为 1；不够减则上商为 0。

② 每次得到的差为中间余数，将除数右移后与上次的中间余数比较。用中间余数减除数，够减则上商为1；不够减则上商为0。如此重复，直到商的位数满足要求为止。

如果是$2n$位除以n位的无符号数，商的位数为$n+1$位，当第一次试商为1时，则表示结果溢出（即无法用n位表示商），如 1111 1111/1111 = 1 0001。如果是两个n位的无符号数相除，则第一位商为0，且结果肯定不会溢出，如两个4位数相除的最大商为 0000 1111/0001 = 1111。对于浮点数尾数的原码小数相除，第一次试商为1，则说明尾数部分有溢出，可通过右规消除。

计算机内部的除法运算与手算除法一样，通过被除数（中间余数）减除数来得到每一位商，够减上商1，不够减上商0。原码除法运算也要将符号位和数值位分开处理，商的符号位是两个数的符号位"异或"的结果，商的数值位是两个数的绝对值之商。

（2）除法运算电路

图2-2-6是一个32位除法运算的逻辑结构图。

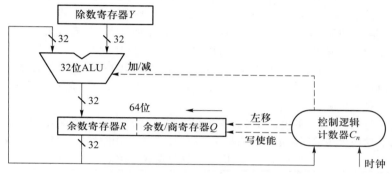

图2-2-6　32位除法运算的逻辑结构图

除数寄存器Y存放除数；余数寄存器R初始时存放扩展被除数的高32位，运算过程中存放中间余数的高位部分，结束时存放的是余数；余数/商寄存器Q初始时存放扩展被除数的低32位，运算过程中部分存放中间余数的低位部分、部分存放商，结束时存放的是32位商。ALU是除法运算的核心部件，对寄存器R和Y的内容做加/减运算，运算结果被送回寄存器R。计数器C_n初值为32，每循环一次减1。每次循环，寄存器R和Q实现同步左移，左移时，Q的最高位移入R的最低位，Q中空出的最低位被上商。从低位开始，逐次把商的各个数位左移到Q中。每次由控制逻辑根据ALU运算结果的符号来决定上的商是0还是1。

如果是两个32位int型整数相除，除了$-2^{31}/-1$会溢出，其余情况都不会溢出。

2.3　浮点数的表示和运算

2.3.1　浮点数的表示

1. 浮点数的表示格式

通常，浮点数表示为

$$N = (-1)^S \times M \times R^E$$

式中，S为数符，取0或1；M称为尾数，一般用定点原码小数表示；E为阶码，用移码表示。R是基数（隐含），通常取2。可见浮点数由数符、尾数和阶码3部分组成。阶码的值反映浮点数小数点的实际位置；阶码的位数反映浮点数的表示范围；尾数的位数反映浮点数的精度。

2. 浮点数的表示范围

原码是关于原点对称的，故浮点数的表示范围也是关于原点对称的，如图2-2-7所示。

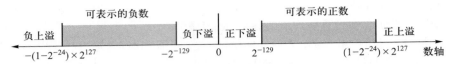

图 2-2-7　浮点数的表示范围

运算结果大于最大正数时称为正上溢，小于最小负数时称为负上溢，统称上溢。当运算结果在 0 至最小正数之间时称为正下溢，在 0 至最大负数之间时称为负下溢，统称下溢。

3. 浮点数的规格化

规格化是指通过调整一个非规格化浮点数的尾数和阶码的大小，使非零的浮点数在尾数的最高数位上保证是一个有效值，从而尽可能多地保留有效数字的位数。

左规：当运算结果尾数的最高数位不是有效位，即出现 $\pm 0.0 \cdots 0 \times \cdots \times$ 的形式时，需要进行左规。左规时，尾数每左移一位、阶码减 1（基数为 2 时），直至尾数变成规格化形式为止。

右规：当运算结果尾数的有效位进到小数点左边时，需要进行右规。将尾数右移一位、阶码加 1（基数为 2 时）。需要右归时，只需进行一次。右规时，阶码增加可能会导致溢出。

基数为 2 的原码表示的规格化尾数 M 的绝对值应满足 $1/2 \leqslant |M| \leqslant 1$。

（1）正数为 $0.1 \times \cdots \times$ 的形式，最大值 $0.11 \cdots 1$，最小值 $0.100 \cdots 0$，表示范围为 $1/2 \leqslant M \leqslant (1-2^{-n})$。

（2）负数为 $1.1 \times \cdots \times$ 的形式，最大值 $1.10 \cdots 0$，最小值 $1.11 \cdots 1$，表示范围为 $-(1-2^{-n}) \leqslant M \leqslant -1/2$。

4. IEEE 754 标准浮点数

IEEE 754 标准浮点数格式（见表 2-2-2）有短浮点数（float 型）、长浮点数（double 型）、临时浮点数，基数隐含为 2，阶码采用移码表示。除临时浮点数外，尾数采用隐藏位策略的原码表示。

表 2-2-2　IEEE 754 浮点数的格式

类型	数符	阶码	尾数数值	总位数	偏置值	
					十六进制	十进制
短浮点数	1	8	23	32	7FH	127
长浮点数	1	11	52	64	3FFH	1023
临时浮点数	1	15	64	80	3FFFH	16383

以短浮点数为例，最高位是数符位；其后是 8 位阶码，阶码的偏置值为 $2^{8-1}-1=127$；基数为 2；其后是 23 位尾数，尾数是用原码表示的纯小数。对于规格化的二进制浮点数，尾数的最高位总是"1"，为了使尾数能多表示一位有效位，将这个"1"隐藏，称为**隐藏位**，因此 23 位尾数实际表示了 24 位有效数字。

IEEE 754 规定隐藏位"1"的位置在小数点之前，例如，$(12)_{10}=(1100)_2$，将它规格化后结果为 1.1×2^3，其中，整数部分的"1"将不存储在 23 位尾数内。

IEEE 754 标准浮点数的范围见表 2-2-3。

表 2-2-3　IEEE 754 标准浮点数的范围

格式	最小值	最大值
单精度	$E=1$，$M=0$，$1.0 \times 2^{1-127}=2^{-126}$	$E=254$，$M=.111\cdots$，$1.111 \cdots 1 \times 2^{254-127}=2^{127} \times (2-2^{-23})$
双精度	$E=1$，$M=0$，$1.0 \times 2^{1-1\,023}=2^{-1\,022}$	$E=2\,046$，$M=.1111\cdots$，$1.111 \cdots 1 \times 2^{2\,046-1\,023}=2^{1\,023} \times (2-2^{-52})$

对于 IEEE 754 格式的浮点数，阶码全 0 或全 1 时，有其特别的解释，如表 2-2-4 所示。

表 2-2-4　阶码全 0 或全 1 时 IEEE 754 浮点数的解释

值的类型	单精度（32 位）				双精度（64 位）			
	符号	阶码	尾数	值	符号	阶码	尾数	值
+0	0	0	0	0	0	0	0	0
−0	1	0	0	−0	1	0	0	−0
+∞	0	255（全 1）	0	∞	0	2 047（全 1）	0	∞
−∞	1	255（全 1）	0	−∞	1	2 047（全 1）	0	−∞

（1）全 0 阶码、全 0 尾数：+0/−0。0 的符号取决于数符 S，一般情况下+0 和−0 是等效的。

（2）全 1 阶码、全 0 尾数：+∞/−∞。+∞ 在数值上大于所有有限数，−∞ 则小于所有有限数。引入无穷大数使得在计算过程出现异常的情况下程序能继续进行下去。

5. 定点、浮点表示的区别

（1）数值的表示范围。对于相同的字长，浮点表示法所能表示的数值范围远大于定点表示法。

（2）精度。对于相同的字长，浮点数虽然扩大了数的表示范围，但精度降低了。

（3）数的运算。浮点数包括阶码和尾数两部分，运算时不仅要做尾数的运算，还要做阶码的运算，而且运算结果要求规格化，所以浮点数运算比定点数运算复杂。

（4）溢出问题。在定点数运算中，当运算结果超出数的表示范围时，发生溢出；在浮点数运算中，当运算结果超出尾数表示范围时，不一定发生溢出，只有规格化后阶码超出所能表示的范围时，才发生溢出。

2.3.2　浮点数的加/减运算

浮点数运算的特点是阶码运算和尾数运算分开进行，浮点数加/减运算分为以下几步：

（1）对阶

对阶的目的是使两个操作数的小数点位置对齐，使两个数的阶码相等。先求阶差，然后以小阶向大阶看齐的原则，将阶码小的尾数右移一位（基数为 2），阶码加 1，直到两个数的阶码相等为止。

（2）尾数求和

将对阶后的尾数按定点数加/减运算规则运算。

（3）规格化

IEEE 754 规格化尾数的形式为±1. ×⋯×。

① 右规：当结果为±1×. ×⋯×时，需进行右规。尾数右移一位，阶码加 1。当尾数右移时，最高位 1 被移到小数点前一位作为隐藏位，最后一位移出时，要考虑舍入。

② 左规：当结果为±0.0⋯01×⋯×时，需进行左规。尾数每左移一位，阶码减 1。可能需要左规多次，直到将第一位 1 移到小数点左边。

左规一次相当于乘以 2，右规一次相当于除以 2；需要右规时，只需进行一次。

（4）舍入

在对阶和尾数右规时，尾数右移可能会将低位丢失，影响精度，IEEE 754 有以下 4 种舍入方式：

① 就近舍入：舍入为最近的那个数，一般选择舍入为最近的偶数。

② 正向舍入：朝+∞ 方向舍入，即取右边的那个数。

③ 负向舍入：朝−∞ 方向舍入，即取左边的那个数。

④ 截断：朝 0 方向舍入，即取绝对值较小的那个数。

（5）溢出判断

浮点数的溢出并不是以尾数溢出来判断的，尾数溢出可以通过右规操作得到纠正。运算结果是否溢出主要看结果的指数是否发生了上溢，因此是由指数上溢来判断的。

若一个正指数超过了最大允许值（127 或 1 023），则发生指数上溢，产生异常。若一个负指数超过了最小允许值（-126 或-1 022），则发生指数下溢，通常把结果按机器零处理。

2.3.3　C 语言中的浮点型数据

C 语言中的 float 和 double 类型分别对应于 IEEE 754 单精度浮点数和双精度浮点数。long double 类型对应于扩展双精度浮点数，但 long double 的长度和格式随编译器的不同而有所不同。在进行不同类型数据的混合运算时，遵循的原则是"类型提升"，即较低类型转换为较高类型。类型转换以 char→int→long→double 和 float→double 最为常见，从前到后范围和精度都从小到大、从低到高，转换过程没有损失。

在进行不同类型数的混合运算时，遵循的原则是"类型提升"，即较低类型转换为较高类型。如 long 型与 int 型一起运算时，需先将 int 型转换为 long 型，然后再进行运算，结果为 long 型。如果 float 型和 double 型一起运算，虽然两者同为浮点型，但精度不同，仍需先将 float 型转换为 double 型后再进行运算，结果亦为 double 型。所有这些转换都是系统自动进行的，这种转换称为隐式类型转换。

- int 转换为 float 时，虽然不会发生溢出，但 float 尾数连隐藏位共 24 位，当 int 型数的第 24～31 位非 0 时，无法精确转换成 24 位浮点数的尾数，需进行舍入处理，影响精度。
- int 或 float 转换为 double 时，因 double 的有效位数更多，因此能保留精确值。
- double 转换为 float 时，因 float 表示范围更小，因此大数转换时可能会发生溢出。此外，由于尾数有效位数变少，因此高精度数转换时会发生舍入。
- float 或 double 转换为 int 时，因 int 没有小数部分，因此数据会向 0 方向截断（仅保留整数部分），发生舍入。另外，因 int 表示范围更小，因此大数转换时可能会溢出。

2.4　数据的存储和排列

2.4.1　数据按"边界对齐"方式存储

现代计算机都是按字节编址的，假设字长为 32 位，数据按边界对齐方式存放要求其存储地址是自身大小的整数倍，半字地址是 2 的整数倍，字地址是 4 的整数倍，当所存数据不满足此要求时，可填充一个或多个空白字节。这样无论所存的数据是字节、半字还是字，均可一次访存取出。虽然浪费了一些存储空间，但可提高存取速度。当数据不按边界对齐方式存储时，半字长或字长的数据可能在两个存储字中，此时需要两次访存，并对高低字节的位置进行调整后才能取得所需数据，从而影响系统的效率。

例如，"字节 1、字节 2、字节 3、半字 1、半字 2、半字 3、字 1"的数据按序存放在存储器中，按边界对齐方式和不按边界对齐方式存储时，格式分别如图 2-2-8 和图 2-2-9 所示。

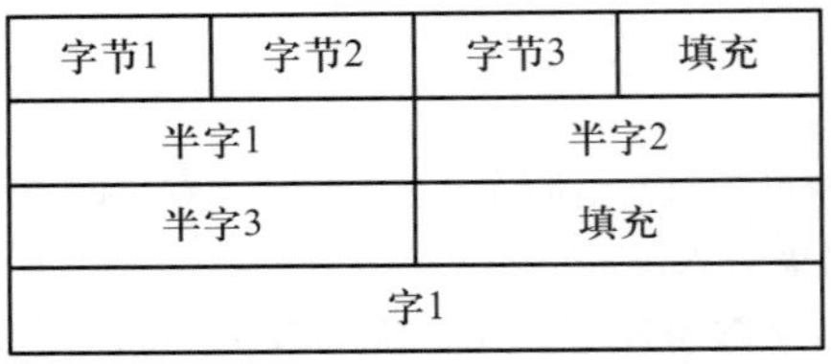

字节1	字节2	字节3	填充
半字1		半字2	
半字3		填充	
字1			

图 2-2-8　按边界对齐方式存储

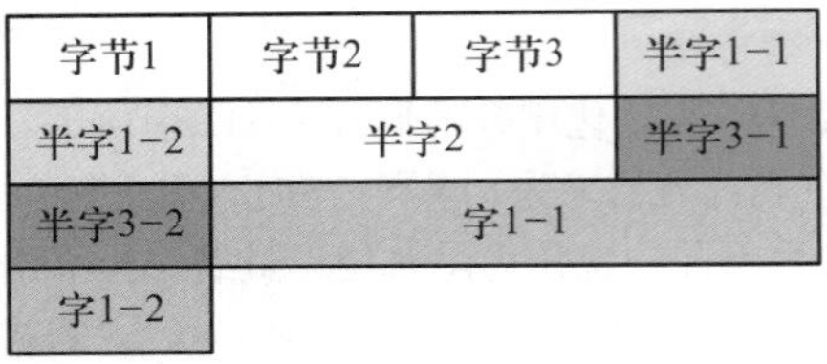

字节1	字节2	字节3	半字1-1
半字1-2	半字2		半字3-1
半字3-2	字1-1		
字1-2			

图 2-2-9　不按边界对齐方式存储

在 C 语言的 struct 类型中，边界对齐方式存储有两个重要要求：① 每个成员按其类型的方式对齐，char 型的对齐值为 1，short 型为 2，int 型为 4，单位为字节。② struct 的长度必须是成员中最大对齐值的整数倍（不够就补空字节），以便在处理 struct 数组时保证每项都满足边界对齐的条件。

先来看两个例子（32bit，x86 环境，GCC 编译器）：

```
struct A{                    struct B{
    int a;                       char b;
    char b;                      int a;
    short c;                     short c;
}                            }
```

在执行语句 sizeof( ) 后，结果却是：sizeof(A) = 8，sizeof(B) = 12。

之所以出现上面的结果，是因为编译器要使结构体成员在空间上对齐。若 N 为对齐值，则该成员的“存放起始地址%N=0”，而结构体中的成员都是按定义的先后顺序排列的。结构体的成员要对齐排列，结构体本身也要根据自身的有效对齐值圆整（即结构体长度必须是有效对齐值的整数倍）。

设 B 从地址 0x0000 开始，第 1 个成员 b 的对齐值是 1，其存放地址 0x0000 符合 0x0000%1=0；第 2 个成员 a 的对齐值是 4，只能存放在 0x0004 到 0x0007 这 4 个字节中，满足 0x0004%4=0 且紧邻第 1 个成员；第 3 个成员 c 的对齐值是 2，可以存放在 0x0008 到 0x0009 这两个字节中。此外结构体长度必须是最大对齐值的整数倍，故 0x000A 到 0x000B 也为 B 所占用，共 12 字节。

设 A 也从地址 0x0000 开始，第 1 个成员 a 的对齐值是 4，存放在 0x0000 到 0x0003 共 4 字节中；第 2 个成员 b 的对齐值是 1，存放在 0x0004 中；第 3 个成员 c 的对齐值是 2，为满足“起始地址%N=0”的条件，只能存放在 0x0006 到 0x0007 这两个字节中，结构体占用 0x0000 到 0x0007 共 8 字节。

按边界对齐方式相对于不按边界对齐方式是一种空间换时间的思想。精简指令系统计算机 RISC 通常采用边界对齐方式，因为对齐方式取指令时间相同，能适应指令流水。

2.4.2 数据的“大端方式”和“小端方式”存储

在存储数据时，通常用最低有效字节（LSB）和最高有效字节（MSB）来分别表示数据的低位和高位。例如，在 32 位机器中，一个 int 型变量 i 的机器数为 01 23 45 67H，其 MSB=01H，LSB=67H。

现代计算机基本都采用字节编址，即每个地址编号中存放 1 字节。不同类型的数据占用的字节数不同，如 int 和 float 型占 4 字节，double 型占 8 字节等，而程序中对每个数据只给定一个地址。假设变量 i 的地址为 08 00H，字节 01H、23H、45H、67H 应各有一个内存地址，那么 4 字节应如何在内存中排列呢？多字节数据都存放在连续的字节序列中，根据数据中各字节在连续字节序列中的排列顺序不同，可以采用两种排列方式：大端方式（big endian）和小端方式（little endian），如图 2-2-10 所示。

		0800H	0801H	0802H	0803H	
大端方式	…	01H	23H	45H	67H	…

		0800H	0801H	0802H	0803H	
小端方式	…	67H	45H	23H	01H	…

图 2-2-10　采用大端方式和小端方式存储数据

- 大端方式：先存储高位字节，后存储低位字节。字中的字节顺序和原序列相同。
- 小端方式：先存储低位字节，后存储高位字节。字中的字节顺序和原序列相反。

在检查底层机器级代码时，需要分清各类型数据字节序列的顺序。例如，以下是由反汇编器（汇编的逆过程，即将机器代码转换为汇编代码）生成的一行机器级代码的文本表示：

```
4004d3:01 05 64 94 04 08        add  % eax,0x8049464
```

其中，“4004d3”是十六进制表示的地址，“01 05 64 94 04 08”是指令的机器代码，“add　%eax，0x8049464”是指令的汇编形式，该指令的第 2 个操作数是一个立即数 0x8049464。立即数存放的字节序列为 64H、94H、04H、08H，正好与操作数的字节顺序相反，即采用的是小端方式存储，得到 08049464H，去掉开头的 0，得到值 0x8049464，在阅读以小端方式存储的机器代码时，要注意字节是按相反顺序显示的。

2.5 同步练习

一、单项选择题

1. 下列不同进位计数制的数中，最大的数是（　　）。
   A. $(0.101)_2$ 　　　　 B. $(0.62)_{10}$ 　　　　 C. $(0.52)_8$ 　　　　 D. $(0.75)_{16}$

2. 若某数 x 的真值为 -0.1010，在计算机中的表示为 1.0110，则该数所用的编码是（　　）。
   A. 原码 　　　　 B. 补码 　　　　 C. 反码 　　　　 D. 移码

3. 设 $[x]_原 = 1.x_1x_2x_3x_4$，当满足下列（　　）时，$x > -1/2$ 成立。
   A. x_1 必为 0，$x_2 \sim x_4$ 至少有一个为 1 　　　　 B. x_1 必为 0，$x_2 \sim x_4$ 任意
   C. x_1 必为 1，$x_2 \sim x_4$ 任意 　　　　 D. 以上答案均不正确

4. 针对 8 位二进制数，下列说法中正确的是（　　）。
   A. -127 的补码为 10000000 　　　　 B. -127 的反码等于 0 的移码
   C. $+1$ 的移码等于 -127 的反码 　　　　 D. 0 的补码等于 -1 的移码

5. 在机器数（　　）中，零的表示形式是唯一的。
   A. 原码 　　　　 B. 补码 　　　　 C. 反码 　　　　 D. 补码和反码

6. 在下列机器数中，真值最小的数是（　　）。
   A. $[x]_原 = 0101101$ 　　　　 B. $[x]_反 = 0101101$
   C. $[x]_补 = 0101101$ 　　　　 D. $[x]_移 = 0101101$

7. 将用 8 位二进制补码表示的十进制数 -121，扩展成 16 位二进制补码，其结果为（　　）。
   A. 0087H 　　　　 B. FF87H 　　　　 C. 8079H 　　　　 D. FFF9H

8. 对于补码机器数的算术移位，方法正确的是（　　）。
   A. 右移时高位补"0"，左移时低位补"0"
   B. 右移时高位补"1"，左移时低位补"0"
   C. 右移时高位补符号位，左移时低位补"0"
   D. 右移时高位补符号位，左移时低位补符号位

9. 在补码加/减运算部件中，必须有（　　）电路，它一般用异或门来实现。
   A. 译码 　　　　 B. 编码 　　　　 C. 溢出判断 　　　　 D. 移位

10. 在定点二进制运算器中，减法运算一般通过（　　）来实现。
    A. 原码运算的二进制减法器 　　　　 B. 补码运算的二进制减法器
    C. 原码运算的十进制加法器 　　　　 D. 补码运算的二进制加法器

11. 用补码双符号位表示的定点小数，下述哪种情况属于负溢出（　　）。
    A. 11.0000000 　　　　 B. 01.0000000 　　　　 C. 10.0000000 　　　　 D. 00.1000000

12. 在某 8 位计算机中，x 和 y 是两个带符号整数，用补码表示，$[x]_补 = F5H$，$[y]_补 = 7EH$，则 $x-y$ 的值及其相应的溢出标志 OF 分别是（　　）。
    A. 115、0 　　　　 B. 119、0 　　　　 C. 115、1 　　　　 D. 119、1

13. 考虑以下 C 语言代码：

```
short si = -8196;
int i = si;
```

执行上述程序段后，i 的机器数表示为（　　）。
    A. 0000 9FFCH 　　　　 B. 0000 DFFCH 　　　　 C. FFFF 9FFCH 　　　　 D. FFFF DFFCH

14. 十进制数 -0.75 的 IEEE 754 单精度格式表示成十六进制为（　　）。
    A. 3F200000H 　　　　 B. BE200000H 　　　　 C. BF400000H 　　　　 D. BE400000H

15. 某 IEEE 754 标准浮点数的十六进制格式为 C1360000H，其十进制数值为（　　）。
    A. 11.375 　　　　 B. -11.375 　　　　 C. -4.6875 　　　　 D. 4.6875

16. 设某浮点机的阶码基数为 4，两个浮点数 x、y 的阶差为 1（x 的阶码大），则在求 $x-y$ 的过程中，对阶时应（   ）。

    A. 将 x 的尾数左移 1 位　　　　　　　　B. 将 x 的尾数左移 2 位

    C. 将 y 的尾数右移 2 位　　　　　　　　D. 将 y 的尾数右移 1 位

17. 假设浮点数的尾数采用补码表示，尾数相加后，符号位为 01，表示（   ）。

    A. 发生溢出，需要中断处理

    B. 发生溢出，按机器零处理

    C. 需要右规，且右规后才能判断是否溢出

    D. 需要左规，且左规后才能判断是否溢出

18. 某浮点数的阶码采用移码表示，尾数采用原码表示，判断该浮点数是否为规格化数的方法是（   ）。

    A. 尾数的最高位为 1，其余位任意　　　　　B. 尾数的最高位为 0，其余位任意

    C. 尾数最高位和数符相同，其余位任意　　　D. 尾数最高位和数符相异，其余位任意

19. 判断浮点数运算是否溢出，取决于（   ）。

    A. 尾数是否上溢　　　　　　　　　　　　　B. 尾数是否下溢

    C. 阶码是否上溢　　　　　　　　　　　　　D. 阶码是否下溢

20. 如果采用"0 舍 1 入法"，则 0.1101 0001 1 舍去最后一位后，结果为（   ）。

    A. 0.1101 0001　　　B. 0.1101 0010　　　C. 0.1101 0011　　　D. 0.1101 0111

21. 设有变量定义：char w；int x；float y；double z；且均已赋确定值，则表达式 "$w * x+z-y$" 值的数据类型是（   ）。

    A. int　　　　　　　B. float　　　　　　　C. double　　　　　　D. char

22. 假定变量 i、f 的数据类型分别是 int、float。已知 $i=12\,345$，$f=1.2345e3$，则在一个 32 位机器中执行下列表达式时，结果为"假"的是（   ）。

    A. $i==(\mathrm{int})(\mathrm{float})i$　　　　　　　　　B. $i==(\mathrm{int})(\mathrm{double})i$

    C. $f==(\mathrm{float})(\mathrm{int})f$　　　　　　　　D. $f==(\mathrm{float})(\mathrm{double})f$

23. 若有如下 C 语言语句：

```
int x=3,y=2;
float a=2.5,b=3.5;
```

则表达式 "$(\mathrm{float})(x+y)/2+(\mathrm{int})b\%(\mathrm{int})a$" 的值为（   ）。

    A. 2.500000　　　　B. 3.000000　　　　C. 3.500000　　　　D. 3

24. 设有以下 C 语言代码段：

```
int m=13;
float a=12.6,x;
x=m/2+a/2;
printf("% f\n",x);
```

执行上述代码后，输出的 x 值为（   ）。

    A. 12.000000　　　B. 12.300000　　　C. 12.800000　　　D. 12

25. 某计算机按字节编址，采用小端方式存储信息。其中，某指令的一个操作数为 32 位，该操作数的地址为 8000 00C0H，则该操作数的 MSB（最高有效字节）存放的地址是（   ）。

    A. 8000 00C0H　　　B. 8000 00C1H　　　C. 8001 00C2H　　　D. 8000 00C3H

26. 在某 32 位计算机中，存储器按字节编址，假定 int 和 char 型长度分别为 32 位和 8 位，并且数据按边界对齐方式存储。C 语言程序段如下：

```
struct{
    char a;
    int b;
    char c;
}testLen;
```

如果执行语句 sizeof(*testLen*)，则得到的结果是（　　）。

A. 6   B. 9   C. 10   D. 12

二、综合应用题

1. 已知 $[x]_{补} = 0.11011$，$[y]_{补} = 1.01011$，试计算 $[x+y]_{补}$、$[x-y]_{补}$。

2. 假定某程序中定义了 3 个变量 x、y 和 z，其中 x 和 z 为 int 型，y 为 short 型。当 $x = -258$，$y = -20$ 时，执行赋值语句 $z = x - y$ 后，存放 z 的寄存器中的内容是多少？

3. 对于以下 C 语言程序片段：

```
unsigned int x=134;
unsigned int y=246;
int m=x;
int n=y;
unsigned int z1=x-y;
unsigned int z2=x+y;
int k1=m-n;
int k2=m+n;
```

在执行该程序的过程中，请回答：

（1）m、n 的机器数和真值各是什么？

（2）$z1$、$k1$ 的机器数和真值各是什么？计算时的标志 CF、SF、ZF 和 OF 各是什么？是否溢出？

（3）$z2$、$k2$ 的机器数和真值各是什么？计算时的标志 CF、SF、ZF 和 OF 各是什么？是否溢出？

4. 若 $x1 = 1.1B \times 2^{-126}$，$y1 = 1.0B \times 2^{-126}$，$x2 = 1.1B \times 2^{-125}$，$y2 = 1.0B \times 2^{-125}$。试问：

（1）$x1$、$y1$ 用 float 型表示的机器数各是多少？$x1-y1$ 的机器数和真值各是多少？

（2）$x2$、$y2$ 用 float 型表示的机器数各是多少？$x2-y2$ 的机器数和真值各是多少？

5. 假定某计算机存储器按字节编址，CPU 从存储器中读出一个 4 字节信息 D = 3234 3538H，该信息的内存地址为 0000 F00CH，按小端方式存放，请回答下列问题。

（1）该信息 D 占用了几个内存单元？这几个内存单元的地址及内容各是什么？

（2）若 D 是一个 32 位无符号数，则其值是多少？

（3）若 D 是一个 32 位补码表示的带符号整数，则其值是多少？

（4）若 D 是一个 IEEE 754 单精度浮点数，则其值是多少？

答案与解析

一、单项选择题

1. C

A 项的十进制数值是 0.625，A 项比 B 项大；将 C 项和 D 项转换为二进制形式分别为 0.101 010 和 0.0111 0101，C 项比 A 项、D 项大。

2. B

−0.1010 的原码表示形式是 1.1010，补码的转换方法为原码除符号位以外，各位取反，再末位加 1，取反得 1.0101，再加 1 得 1.0110。

3. B

$-1/2$ 的原码表示为 1.1000；当 x_1 为 0 时，x 的绝对值小于 $1/2$，又因为 x 为负数，故此时 $x>-1/2$ 成立。

4. B

求机器负数补码的规则"符号位取 1，数值位各位取反，末位加 1"，127 的二进制表示为 0 1111111，得 -127 的补码为 1 0000001，A 项错误。求机器负数反码的规则与补码的区别就是"末位不加 1"，得 -127 的反码为 1 0000000，0 的移码为 $0+2^{n-1}=0+2^7$，即 1 0000000，B 项正确。$+1$ 的移码为 1 0000001，C 项错误。0 的补码的唯一表示为 0 000 0000，而 -1 的移码为 0 1111111，D 项错误。

5. B

在数据的各种编码表示法中，零的补码和移码表示是唯一的。

6. D

当真值为正数时，原码、反码和补码的表示形式相同，可知选项 A、B 和 C 均为正数。当真值为负数时，原码、反码和补码的表示形式不同，但符号位都是 1，对于数值位，反码是原码的各位取反，补码是原码的各位取反加 1。移码是真值加 2^{n-1}，符号位为 0 时对应的真值为负数，可知 D 项为负数。

7. B

十进制数 -121 的 8 位二进制补码表示为 1000 0111，扩展为 16 位二进制补码，需进行符号扩展，扩展后的高位部分用原数字符号位填充，结果为 1111 1111 1000 0111，即 FF87H。

8. C

当机器数为正时，右移和左移都补 0；当机器数为负时，右移时高位补 1，左移时低位补 0。

9. C

在带标志加法器中，溢出标志的逻辑表达式为 $OF=C_n \oplus C_{n-1}$，通常用异或门实现。

10. D

在机器中，补码的减法运算是通过加法运算来实现的，原码的加减运算是当作无符号数的加减运算来实现的，它们都是通过补码二进制加法器来实现的。

11. C

两个符号位不同表示溢出，最高位代表真正的符号位，故最高位为 1 表示负溢出。

12. D

对于补码减法运算，控制端 Sub 为 1，故低位进位输入位 = Sub = 1。$[x]_{补}=1111\ 0101$，$[y]_{补}=0111\ 1110$，$[-y]_{补}=1000\ 0001+1$，$[x]_{补}-[y]_{补}=[x]_{补}+[-y]_{补}=1111\ 0101+1000\ 0010=0111\ 0111=(119)_{10}$，进位丢掉，参与运算的两个数的符号位均为 1，结果的符号位为 0，故溢出标志 OF 为 1。

13. D

对于带符号整数，从短字长到长字长的转换中须进行符号扩展，扩展的高位部分补符号位，si 的十六进制表示为 DFFCH，符号位为 1，扩展到 32 位后，高 16 位补 1。

14. C

0.75 的二进制表示为 $2^{-1}\times1.10000\ldots$（小数点前的 1 为数值位），阶码加 127 得 126（0111 1110），尾数为 1000 0000 0000 0000 0000 000（小数点前的 1 省略），与符号位合并，得到 -0.75 的表示为 1，0111 1110，1000 0000 0000 0000 0000 000，即 BF400000H。

15. B

C1360000H 的二进制为 11000001 00110110 0…0，由 IEEE 754 单精度浮点数格式可知，符号位为 1，移码指数为 10000010 = 130，指数 = 移码 $-127=3$，尾数为 01101100，结果为 $-1.0110110*2^3=-11.375$。

16. C

对阶时应遵循小阶向大阶看齐的原则，故应将 y 的尾数右移，又因阶码基数为 4，故阶码加 1，尾数向右移动 2 位。

17. C

在浮点运算过程中，数符为 01 并不代表溢出，只有阶码不足以表示数据时才表示发生了溢出。数符为 01 时需要右规，即尾数右移，阶码加 1。阶码加 1 后，若超出能表示的最大值，则说明发生溢出。

18. A

规格化操作是通过调整非规格化浮点数的尾数和阶码大小，使非零浮点数尾数的最高位是一个有效值。

当尾数 S 用原码表示时，要使得 $1/2 \leq |S| < 1$，其尾数第一位必须是 1。正数为 $0.1 \times \times \cdots \times$ 的形式，其最大值表示为 $0.11 \cdots 1$，最小值表示为 $0.100 \cdots 0$，尾数的表示范围为 $1/2 \leq M \leq (1-2^{-n})$；负数为 $1.1 \times \times \cdots \times$ 的形式，其最大值表示为 $1.10 \cdots 0$，最小值表示为 $1.11 \cdots 1$，尾数的表示范围为 $-(1-2^{-n}) \leq M \leq -1/2$。

当尾数 S 用补码表示时，要使得 $1/2 \leq |S| < 1$，当浮点数为正时，和原码一样，最高位必须为 1；当浮点数为负时，最高位必须为 0，否则取反加 1 求真值时就会造成 $|S| < 1/2$。正数为 $0.1 \times \times \cdots \times$ 的形式，其最大值表示为 $0.11 \cdots 1$，最小值表示为 $0.100 \cdots 0$，表示范围为 $1/2 \leq M \leq (1-2^{-n})$；负数为 $1.0 \times \times \cdots \times$ 的形式，其最大值表示为 $1.01 \cdots 1$，最小值表示为 $1.00 \cdots 0$，表示范围为 $-1 \leq M \leq -(1/2+2^{-n})$。

综上，原码规格化数的尾数最高位一定是 1，补码规格化数的尾数最高位一定与尾数符号位相反。

19. C

浮点数的溢出由阶码决定。下溢时，按机器零处理；上溢时，才是真正的溢出，需做中断处理。

20. B

二进制中的"0 舍 1 入法"类似于十进制数运算中的"四舍五入"法，在尾数右移时，被移去的最低数值位为 0，则舍去；被移去的最低数值位为 1，则在尾数的末位加 1。

21. C

在做不同类型数据的混合运算时，需进行隐式类型转换，遵循的原则是"类型提升"，即较低类型转换为较高类型，以 char→int→long→double 和 float→double 最为常见。

22. C

对于选项 A，$i = 12\ 345 < 16\ 384 = 2^{14}$，因此 i 的有效数位不会超过 15，即小于 24，转换为 float 型时不会丢失有效数位，再转换为 int 型后，与原来的值相同。对于选项 B，double 型比 float 型的精度更高、表示范围更大，也不会丢失有效数位。对于选项 C，f 转换为 int 型时小数部分丢弃，再转换为 float 型后，与原来的值不相同。对于选项 D，float 型转换为 double 型时，其值不会发生任何变化，再转换为 float 型后，与原来的值完全相同。

23. C

$x+y$ 的结果为 int 型，数值为 5，强制转换为 float 型，除以 2 后的结果为 float 型，数值为 2.5，（int）$b \% \text{int}(a)$ 的结果为 int 型，数值为 1，float 型 2.5 和 int 型 1 相加的结果为 float 型 3.5（隐式类型转换）。

24. B

整数与整数运算，结果为整数，所以 $m/2$ 结果为 6。实数与整数运算，结果为实数，所以 $a/2$ 结果为 6.3，两者相加结果为 12.3。由 C 语言的输出格式可得，输出值保留小数点后 6 位，输出的 x 值为 12.300000。

25. D

小端存储是将最低位字节存放在内存最低位字节地址上，在高位地址存储高位字节。该操作数占 4 个字节，存储地址为 8000 00C0H，则该操作数的最高有效字节存放在 8000 00C3H。

26. D

假设存储起始地址是 0x00，成员 a 的对齐值是 1，存放地址 0x00 符合 0x00%1=0；成员 b 的对齐值是 4，只能存放在 0x04 到 0x07 这 4 个字节中，满足 0x04%4=0；成员 c 的对齐值是 1，可以存放在 0x08 中。结构体长度必须是最大对齐值的整数倍，故 0x09 到 0x0B 也为 *testLen* 所占用，共 12 字节。

二、综合应用题

1. 为判断溢出，采用双符号位。

$[x+y]_{补} = [x]_{补} + [y]_{补} = 00.11011 + 11.01011 = 00.00110$。无溢出，结果正确。

减法运算先求 $-y$ 的补码，$[-y]_{补} = 0.10101$，$[x-y]_{补} = [x]_{补} + [-y]_{补} = 00.11011 + 00.10101 = 01.10000$。

两个符号位相反，出现溢出。双符号位为 01 表示发生正溢出，结果不正确。

2. 带符号整数是用补码表示的，因此本题可直接算出 z 的值，然后再求出 z 的补码形式；也可先求出 x 和 y 的补码表示，再通过补码加法求出运算结果 z。显然，前一种思路效率较高。

对于前一种思路，执行赋值语句后，$z=-238$，-238 的补码表示为 $[-0000\ 0000\ 0000\ 0000\ 0000\ 0000\ 1110\ 1110]_{补} = 1111\ 1111\ 1111\ 1111\ 1111\ 1111\ 0001\ 0010 = FFFF\ FF12H$。

3. （1）因为 x 和 y 是无符号数，$x=134=1000\ 0110B$，$y=246=1111\ 0110B$，所以 x 和 m 的机器数相同，y 和 n 的机器数相同。m 的真值为 $-111\ 1010B = -122$，n 的真值为 $-000\ 1010B = -10$。

（2）因为无符号整数和带符号整数都是在同一个整数加减运算器中执行，所以 $z1$ 和 $k1$ 的机器数相同，且生成的标志也相同；$z2$ 和 $k2$ 的机器数相同，且生成的标志也相同。

对于 $z1$ 和 $k1$ 的计算，可通过 x 的机器数加 y 的机器数 "各位取反、末位加 1" 得到，即机器数为 $1000\ 0110+0000\ 1010=(0)1001\ 0000$。此时，$CF = Sub \oplus C = 1 \oplus 0 = 1$，$SF = 1$，$ZF = 0$，$OF = 0$（异号相加，不会溢出）。无符号数 $z1$ 的真值为 $1001\ 0000B = 144$，因为 $CF = 1$，说明相减时有借位，不够减，结果溢出。$k1$ 的真值为 $-111\ 0000B = -112$，因为 $OF = 0$，说明结果没有溢出。

（3）对于 $z2$ 和 $k2$ 的计算，可通过 x 的机器数加 y 的机器数得到，即机器数为 $1000\ 0110+1111\ 0110 = (1)0111\ 1100$。此时，$CF = Sub \oplus C = 0 \oplus 1 = 1$，$SF = 0$，$ZF = 0$，$OF = 1$（同号相加，结果符号相异，发生溢出）。无符号数 $z2$ 的真值为 $0111\ 1100B = 124$，因为 $CF = 1$，说明相加时有进位，结果发生溢出。$k2$ 的真值为 $+111\ 1100B = 124$，因为 $OF = 1$，说明结果溢出。

4. （1）$x1$ 的机器数为 $0\ 0000\ 0001\ 100\ 0000\ 0000\ 0000\ 0000\ 0000$，$y1$ 的机器数为 $0\ 0000\ 0001\ 000\ 0000\ 0000\ 0000\ 0000\ 0000$。阶码都为 $0000\ 0001$，故尾数直接相减，得 0.1。需对尾数进行左规：阶码减 1，得阶码为全 0，故结果是非规格化数，尾数不变，$x1-y1$ 的尾数为 $0.100\ 0000\ 0000\ 0000\ 0000\ 0000$，阶码为 $0000\ 0000$，即机器数为 $0\ 0000\ 0000\ 100\ 0000\ 0000\ 0000\ 0000\ 0000$（$0040\ 0000H$），真值为 $0.1 \times 2^{-126} = 2^{-127}$。

（2）$x2$ 的机器数为 $0\ 0000\ 0010\ 100\ 0000\ 0000\ 0000\ 0000\ 0000$，$y2$ 的机器数为 $0\ 0000\ 0010\ 000\ 0000\ 0000\ 0000\ 0000\ 0000$。阶码都为 $0000\ 0010$，故尾数直接相减，得 0.1。需对尾数进行左规：阶码减 1，得阶码为 $0000\ 0001$，尾数左移一位，得 $x1-y1$ 的尾数为 $1.000\ 0000\ 0000\ 0000\ 0000\ 0000$，阶码为 $0000\ 0001$。即机器数为 $0\ 0000\ 0001\ 000\ 0000\ 0000\ 0000\ 0000\ 0000$（$0080\ 0000H$），真值为 $1.0 \times 2^{-126} = 2^{-126}$。

从浮点数加/减运算过程可以看出，浮点数的溢出并不以尾数溢出来判断，尾数溢出可以通过右规操作得到纠正。因此，结果是否溢出，要通过判断是否 "阶码上溢" 来确定。

5. 将 $3234\ 3538H$ 展开为二进制表示为 $0011\ 0010\ 0011\ 0100\ 0011\ 0101\ 0011\ 1000B$。

（1）存储器按字节编址，因此 4 个字节占用 4 个内存单元，地址范围为 $0000\ F00CH \sim 0000\ F00FH$。由于采用小端方式存放，所以最低有效字节 $38H$ 存放在 $0000\ F00CH$ 中，$35H$ 存放在 $0000\ F00DH$ 中，$34H$ 存放在 $0000\ F00EH$ 中，$32H$ 存放在 $0000\ F00FH$ 中。

（2）无符号数值为 $2^{29}+2^{28}+2^{25}+2^{21}+2^{20}+2^{18}+2^{13}+2^{12}+2^{10}+2^8+2^5+2^4+2^3$。

（3）若 D 为补码整数。符号位为 0，表示其为正数，其值与无符号数的值一样。

（4）若 D 为 IEEE 754 单精度浮点数。符号位为 0，为正数；阶码为 $0110\ 0100B = 100$，故阶为 $100-127 = -27$；尾数小数部分为 $0.011\ 0100\ 0011\ 0101\ 0011\ 1000$，所以，其值为 $1.011\ 0100\ 0011\ 0101\ 0011\ 1B \times 2^{-27}$。

第 3 章 存储器系统的层次结构

【真题分布】

主要考点	考查次数	
	单项选择题	综合应用题
半导体存储器	6	1
主存的扩充及与 CPU 的连接	6	1
低位交叉存储器	2	1
磁盘存储器	4	0
高速缓冲存储器（Cache）	12	9
虚拟存储器	5	9

【复习要点】

（1）半导体存储芯片的特性、工作原理、扩展技术及与 CPU 的连接，多模块存储器的原理。

（2）磁盘存储器的原理、特点、性能指标，RAID 的原理，固态硬盘的特点和原理。

（3）程序访问的局部性原理，Cache 的工作原理及性能计算，Cache 和主存的三种映射方式的原理、特点、地址结构、访存过程，Cache 替换算法（常考 LRU），Cache 写策略，Cache 块中的标记项。

（4）虚拟存储器的基本原理，页表机制（二级页表结合操作系统考查），快表的原理，具有快表和 Cache 的多级页式存储系统的工作原理（综合性较强），段式和段页式虚拟存储器的基本原理。

3.1 存储器概述

3.1.1 存储器的分类

- 按在系统中的层次划分：高速缓冲存储器（Cache），主存储器（内存），辅助存储器（外存）。
- 按存储介质划分：磁表面存储器，半导体存储器，光盘存储器。
- 按存取方式划分：随机存取存储器（RAM），只读存储器（ROM），串行访问存储器。
- 按信息的可保存性划分：易失性存储器，非易失性存储器。

3.1.2 存储器的性能指标

存储器有 3 个主要性能指标，即存储容量、单位成本和存储速度。

- 存储容量：存储字数×字长（如 1 M×8 位）。
- 单位成本：每位价格=总成本/总容量。
- 存储速度：数据传输率=数据的宽度/存储周期。存储周期是指连续两次访问存储器进行存、取操作所需要的最小时间间隔。

3.1.3 存储器的层次结构

为了解决存储系统大容量、高速度和低成本之间的矛盾，现代计算机通常采用多级存储结构。分级存储体系的实现目标是：从 CPU 看，存储系统整体存储速度接近 Cache，容量及成本却接近辅存，从而大大提高了系统的性能和价格比。层次化的存储器主要由三个层次构成，分别为 Cache、主存、辅存。

- Cache-主存层

该层通过硬件自动实现，对所有用户透明，主要解决 CPU 与内存速度不匹配的问题。

- 主存-辅存层

该层通过硬件和操作系统中的存储管理软件共同实现，主要解决内存容量不足的问题。

在存储体系中，Cache、主存能与 CPU 直接交换信息，辅存则要通过主存与 CPU 交换信息；主存与 CPU、Cache、辅存都能交换信息，如图 2-3-1 所示。

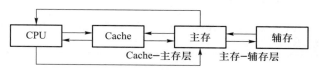

图 2-3-1　三级存储系统的层次结构及构成

3.2　半导体随机存储器

半导体存储器分为随机存取存储器（RAM）和只读存储器（ROM）。RAM 又分为静态随机存取存储器（SRAM）和动态随机存取存储器（DRAM），主存储器主要由 DRAM 实现，靠近处理器的那一层（Cache）则由 SRAM 实现，它们都是易失性存储器。ROM 是非易失性存储器。

3.2.1　SRAM

通常把存放一个二进制位的物理器件称为存储元，它是存储器最基本的构件。地址码相同的多个存储元构成一个存储单元。若干存储单元的集合构成存储体。

SRAM 的存储元是用双稳态触发器（六晶体管 MOS）来记忆信息的，因此即使信息被读出后，它仍保持其原状态而不需要再生（非破坏性读出）。

SRAM 的存取速度快，但集成度低，功耗较大，价格昂贵，一般用于 Cache。

3.2.2　DRAM

DRAM 利用栅极电容上的电荷来存储信息，电荷一般只能维持 1~2 ms，即使电源不掉电，信息也会自动消失，为此，必须进行定期刷新。DRAM 的基本存储元通常只使用一个晶体管，所以它比 SRAM 的密度要高很多。相对于 SRAM 来说，DRAM 具有容易集成、位价低、容量大和功耗低等优点，但 DRAM 的存取速度比 SRAM 慢，一般用于大容量的主存系统。

DRAM 芯片容量较大，地址位数较多，为了减少芯片的地址引脚数，通常采用地址引脚复用技术，行地址和列地址通过相同的引脚分先后两次输入，这样地址引脚数可减少一半。假定一个 $2^n \times b$ 位 DRAM 芯片的存储体，行数为 r，列数为 c，则 $2^n = r \times c$。存储体的地址位数为 n，其中行地址位数为 $\log_2 r$，列地址位数为 $\log_2 c$，则 $n = \log_2 r + \log_2 c$。由于 DRAM 芯片采用地址引脚复用技术，为减少地址引脚数，应尽量使行、列位数相同，即满足 $|r-c|$ 最小。又由于 DRAM 按行刷新，为减少刷新开销，应使行数较少，因此还需满足 $r \leqslant c$。

目前更常用的是同步 DRAM（SDRAM）芯片，它将 CPU 发出的地址和控制信号锁存起来，CPU 在其读写完成之前可进行其他操作。SDRAM 的每一步操作都在系统时钟的控制下进行，支持突发传输方式。第一次存取时给出首地址，同一行的所有数据都被送到行缓冲器，因此，以后每个时钟周期都可以连续地从 SDRAM 输出一个数据。行缓冲器用来缓存指定行中整行的数据，其大小为列数×位平面数，通常用 SRAM 实现。

3.2.3　ROM

根据制造工艺不同，ROM 可分为固定掩模型 ROM（MROM）、一次可改写 ROM（PROM）、紫外线擦除电可编程 ROM（EPROM）、电擦除电可编程 ROM（E^2PROM）、快擦写（Flash）存储器。

Flash 存储器是在 E^2PROM 的基础上发展而来的，其主要特点有：① 价格便宜、集成度高；② 属非易失性存储器，适合长期保存信息；③ 能快速擦写，写入前必须先擦除，因此写比读要慢。

SRAM、DRAM 和 ROM 这 3 种存储器的特点见表 2-3-1。

表 2-3-1　SRAM、DRAM 和 ROM 的特点

存储器	特点
SRAM	非破坏性读出，不需要刷新。断电信息即丢失，属易失性存储器。存取速度快，但集成度低，功耗较大，常用于 Cache
DRAM	破坏性读出，需定期刷新。断电信息即丢失，属易失性存储器。集成度高、位价低、容量大、功耗低。存取速度比 SRAM 慢，常用于大容量的主存系统
ROM	通常只能读出，不能写入。信息永久保存，属非易失性存储器。ROM 和 RAM 可同作为主存的一部分，构成主存的地址域

3.3　主存储器

3.3.1　存储芯片的基本组成

存储芯片通常由存储阵列、译码器电路、控制电路和数据缓冲电路等部分组成。
- 存储阵列（存储体）：由大量相同的位存储单元阵列构成。
- 译码器电路：将来自地址总线的信号翻译成某个单元的选通信号，使该单元能被读写。
- 控制电路：对存储芯片进行控制，包括片选控制、读/写控制和输出控制等。
- 数据缓冲电路：暂存写入的数据或从存储体内读出的数据。

3.3.2　多模块存储器

多模块存储器有多种类型，为提高访问速度，常用的有单体多字存储器和多体低位交叉存储器。

1. 单体多字存储器
- 结构特点：存储器中只有一个存储体，每个存储单元存储 m 个字，总线宽度也为 m 个字。
- 访问方式：一次并行读出 m 个字，地址必须顺序排列并处于同一存储单元。
- 优缺点：宽度为单体单字存储器的近 m 倍（访问的内容在同一行时）。如果出现访问冲突（需要的内容不在同一行）或遇到转移指令，效率会显著降低。

2. 多体低位交叉存储器

多体低位交叉存储器由多个存储模块组成，每个模块都有相同的容量和存取速度，各模块都有独立的读写控制电路、地址寄存器和数据寄存器。各模块采用低位交叉方式编址。

低位交叉编址是指用主存地址的低位来指明存储器模块，高位指明模块内的字地址。连续的地址分布在相邻的模块中，同一模块内的地址是不连续的。例如，一个模 4 交叉编址的存储器，存储体个数为 4，则 0，4，8，…单元位于 M_0；1，5，9，…单元位于 M_1；以此类推，如图 2-3-2 所示。

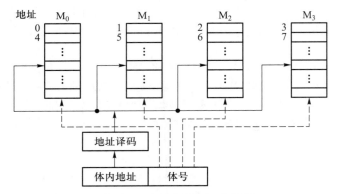

图 2-3-2　多体低位交叉存储器

程序连续存放在相邻模块中，采用低位交叉编址后，可在不改变每个模块存取周期的前提下，采用流水线的方式并行存取，提高存储器的带宽。在一个存储周期 T 内，m 个模块按一定的顺序分时启动，

分时启动的时间间隔为 $t=T/m$，则整个存储器的存取速度可以提高 m 倍。

在理想情况下，m 体交叉存储器每隔 $1/m$ 存取周期可读写一个数据，如果相邻的 m 次访问的访存地址出现在同一个模块内，就会发生访存冲突，此时需延迟发生冲突的访问请求。

3.3.3 主存和 CPU 之间的连接

单个芯片的容量不可能很大，通过存储器芯片扩展技术，将多个芯片集成在一个内存条上，然后由多个内存条及主板上的 ROM 芯片组成计算机所需的主存空间，再通过总线与 CPU 相连。

1. 主存容量扩展

（1）位扩展

位扩展是指对字长进行扩展（增加存储字长）。当 CPU 的数据线数多于存储芯片的数据位数时，必须对存储芯片的位数进行扩展，使其数据位数与 CPU 的数据线数相等。

位扩展的连接方式：各芯片的地址线、片选线和读写控制线与系统总线相应并联；各芯片的数据线单独引出，分别连接系统数据线。各芯片同时工作。

例如，用 8 K×1 位的 SRAM 芯片组成 8 K×8 位的存储器，共需 8 个芯片。

（2）字扩展

字扩展是指对存储字的数量进行扩展，而存储字的位数满足系统要求。系统数据线位数等于芯片数据线位数，系统地址线位数多于芯片地址线位数。

字扩展的连接方式：各芯片的地址线与系统地址线的低位对应相连；芯片的数据线和读写控制线与系统总线相应并联；由系统地址线的高位译码得到各芯片的片选信号。各芯片分时工作。

如图 2-3-3 所示，用 16 K×8 位的 SRAM 芯片组成 64 K×8 位的存储器，共需 4 个芯片。4 个芯片的地址线与系统地址线的低 14 位相连。系统地址线 $A_{15}A_{14}$ 用作片选信号，当 $A_{15}A_{14}=00$ 时，选中 1 号芯片；当 $A_{15}A_{14}=01$ 时，选中 2 号芯片，以此类推（在同一时间内只能有一个芯片被选中）。

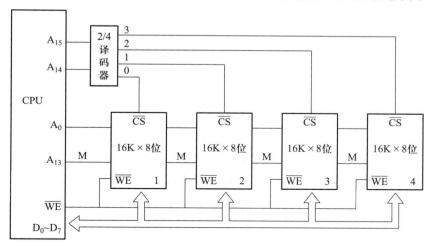

图 2-3-3　字扩展连接示意图

各芯片的地址分配如下：

1 号芯片：最低地址 **00**00 0000 0000 0000；最高地址 **00**11 1111 1111 1111。

2 号芯片：最低地址 **01**00 0000 0000 0000；最高地址 **01**11 1111 1111 1111。

3 号芯片：最低地址 **10**00 0000 0000 0000；最高地址 **10**11 1111 1111 1111。

4 号芯片：最低地址 **11**00 0000 0000 0000；最高地址 **11**11 1111 1111 1111。

（3）字和位同时扩展

字和位同时扩展是前两种扩展的组合，这种方式既增加存储字的数量，又增加存储字长。

字和位同时扩展的连接方式：将进行位扩展的芯片作为一组，各组的连接方式与位扩展相同；由系统地址线高位译码产生若干个片选信号，分别接到各组芯片的片选信号。

例如，用 16 K×4 位的 RAM 芯片组成 64 K×8 位的存储器，共需 8 个芯片，分成 4 组，每组 2 个。

2. 主存与 CPU 的连接

（1）合理选择存储芯片。通常选用 ROM 存放系统程序，选用 RAM 组成用户区。

（2）地址线的连接。CPU 地址线的低位与存储芯片的地址线相连，以选择芯片中的某一单元（字选）；CPU 地址线的高位在扩充存储芯片时用，以选择存储芯片（片选）。

（3）数据线的连接。比较 CPU 的数据线数与存储芯片的数据位数。相等时，可直接相连；不等时，必须对存储芯片进行扩位，使其数据位数与 CPU 的数据线数相等。

（4）读/写命令线的连接。CPU 读/写命令线一般可直接与存储芯片的读/写控制端相连。

（5）片选线的连接。片选信号一般由系统地址线高位译码，它是主存与 CPU 连接的关键。

3.4 外部存储器

3.4.1 磁盘存储器

磁盘存储器的优点：存储容量大，位价低；记录介质可重复使用；记录信息可长期保存而不丢失，甚至可脱机存档；非破坏性读出，读出时不需要再生。缺点：存取速度慢，机械结构复杂。

1. 磁盘存储器的组成

（1）磁盘设备的组成

磁盘存储器由磁盘驱动器、磁盘控制器等组成。

- 磁盘驱动器：核心部件是磁头和盘片，温彻斯特盘是一种可移动磁头、固定盘片的硬盘。
- 磁盘控制器：磁盘驱动器与主机的接口，负责接收 CPU 发来的命令，向磁盘驱动器发出控制信号。

（2）存储区域

一块磁盘划分为若干个记录面，每个记录面划分为若干条磁道，而每条磁道又划分为若干个扇区，扇区（也称块）是磁盘读写的最小单位，即磁盘按块存取。

磁头数：即记录面数，表示磁盘总共有几个磁头，一般来说一个记录面对应一个磁头。

柱面数：每个记录面上磁道数。不同记录面的相同编号的磁道构成一个圆柱面。

扇区数：表示每条磁道上有几个扇区。

相邻磁道及相邻扇区间通过一定的间隙分隔开，以避免精度错误。由于扇区按固定圆心角度划分，因此位密度从最外道向里道增加，磁盘的存储能力受限于最内道的最大记录密度。

（3）磁记录原理

磁记录原理：磁头和磁性记录介质做相对运动时，通过电磁转换完成读/写操作。

编码方法：按某种规律，把一连串的二进制信息转换成存储介质磁层中一个磁化翻转状态的序列。

（4）磁盘地址

主机向磁盘控制器发送寻址信息，磁盘的地址一般如下所示：

柱面（磁道）号	盘面号	扇区号

若磁盘有 16 个盘面，每个盘面有 256 个磁道，每个磁道划分为 16 个扇区，则每个扇区地址要 16 位二进制代码，其格式如下所示：

柱面（磁道）号（8 位）	盘面号（4 位）	扇区号（4 位）

（5）磁盘的工作过程

磁盘的主要操作是寻址、读盘、写盘。磁盘属于机械式部件，其读/写操作是串行的，不可能在同一时刻既读又写，也不可能在同一时刻读两组数据或写两组数据。

（6）磁盘的性能指标

① 记录密度：分为道密度、位密度和面密度。道密度是指沿磁盘半径方向单位长度上的磁道数；位

密度是指磁道单位长度上能记录的二进制位数；面密度是位密度和道密度的乘积。

② **磁盘的容量**：分为非格式化容量和格式化容量。**非格式化容量**是指记录表面可利用的磁化单元总数，非格式化容量=记录面数×柱面数×每条磁道的磁化单元数。**格式化容量**是指按照某种特定的记录格式所能存储信息的总量。格式化容量=记录面数×柱面数×每条磁道扇区数×每个扇区的容量。

【命题追踪：磁盘存取时间的计算（2013年、2015年、2022年）】

③ **存取时间**：存取时间由**寻道时间**（磁头移动到目的磁道的时间）、**旋转延迟时间**（磁头定位到要读写扇区的时间）和**传输时间**（传输数据所花费的时间）3部分构成。由于寻道和找扇区的距离远近不一，因此通常取平均值（平均寻道时间取从最外道移动到最内道时间的一半，平均旋转延迟时间取旋转半周的时间）。

④ **数据传输率**：指磁盘存储器在单位时间内向主机传送数据的字节数。假设磁盘转数为 r 转/秒，每条磁道容量为 N 字节，则数据传输率为 $D_r = rN$。

2. 冗余磁盘阵列RAID

RAID是将多个独立的物理磁盘组成一个磁盘阵列，数据在多个物理盘上分割交叉存储、并行访问。在RAID1~RAID5的几种方案中，无论何时有磁盘损坏，都可以随时拔出受损的磁盘再插入好的磁盘，而数据不会损坏。

RAID的分级如下所示：

- RAID0：无冗余和无校验的磁盘阵列。
- RAID1：镜像磁盘阵列。
- RAID2：采用纠错的海明码的磁盘阵列。
- RAID3：位交叉奇偶校验的磁盘阵列。
- RAID4：块交叉奇偶校验的磁盘阵列。
- RAID5：无独立校验的奇偶校验磁盘阵列。

RAID0把连续多个数据块交替地存放在不同物理磁盘的扇区中，几个磁盘交叉并行读写，即条带化技术，这样不仅扩大了存储容量，而且提高了磁盘数据存取速度，但RAID0没有容错能力。

RAID1是为了提高可靠性，使两个磁盘同时进行读写，互为备份，如果一个磁盘出现故障，可从另一磁盘中读出数据。两个磁盘当一个磁盘使用，意味着容量减少一半。

总之，RAID通过同时使用多个磁盘，提高了传输率；通过在多个磁盘上并行存取来大幅提高吞吐量；通过镜像功能，提高了安全性、可靠性；通过数据校验，提供容错能力。

3.4.2 固态硬盘

固态硬盘（SSD）是基于闪存技术的存储器，它与U盘并没有本质差别。SSD由闪存芯片和闪存翻译层组成，闪存芯片替代传统磁盘中的磁盘驱动器，闪存翻译层将来自CPU的读写请求翻译成对芯片的读写控制信号，相当于磁盘中的磁盘控制器。如图2-3-4所示，一个闪存由 B 个块组成，每个块由 P 页组成。数据以页为单位读写，只有一页所属的块整个被擦除之后，才能写这一页。一旦一个块被擦除了，块中的每一页都可以直接再写一次。某个块进行了数千次重复写之后，就会损坏。

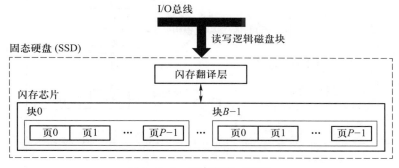

图2-3-4 固态硬盘（SSD）

随机写很慢，有两个原因。首先，擦除块比较慢。其次，如果试图写一个已含有数据的页 Pi，那么这个块中所有含有用数据的页都必须被复制到一个新（擦除过的）块后，才能进行对页 Pi 的写操作。

SSD 有很多优点，其由半导体存储器构成，没有机械部件，因而随机访问速度比磁盘快很多，也没有任何机械噪声和震动。另外，其还具有能耗低、抗震性好、安全性高等优点。

SSD 也有缺点，闪存的擦写寿命是有限的，读/写数据通常会集中在 SSD 的一部分闪存，这部分闪存就会损坏得特别快，在磨损不均衡的情况下，数个闪存块的损坏，会导致整个 SSD 损坏。为弥补 SSD 的寿命缺陷，引入了磨损均衡技术，SSD 磨损均衡技术大致分为两种：

- 动态磨损均衡。写入数据时，自动选择较新的闪存块，让旧的闪存块先"歇一歇"。
- 静态磨损均衡。监测并自动进行数据分配，让旧的闪存块承担无须写数据的储存任务，同时让较新的闪存块腾出空间，平常的读/写操作在较新的闪存块中进行，这样就使各闪存块的损耗更为均衡。

有了这种算法加持，SSD 的寿命就比较可观了。例如，对于一个 256 GB 的 SSD，闪存的擦写寿命是 500 次的话，那么就需要写入 125 TB 数据，才"寿终正寝"。

3.5 高速缓冲存储器（Cache）

Cache 由 SRAM 组成，在 CPU 和主存之间设置 Cache 可以显著提高存储系统的效率。

3.5.1 程序访问的局部性原理

程序访问的局部性原理包括时间局部性和空间局部性。

- 时间局部性：最近的未来要用到的信息很可能是现在正在使用的信息。这是因为程序存在大量循环和需要多次重复执行的子程序段，以及对数组的存储和访问操作。
- 空间局部性：最近的未来要用到的信息很可能与现在正在使用的信息在存储空间上是邻近的。这是因为指令通常是顺序存放、顺序执行的。

高速缓冲技术就是利用程序访问的局部性原理，把程序中正在使用的部分存放在一个高速、容量较小的 Cache 中，使 CPU 的访存操作大多针对 Cache 进行，从而大大提高程序的执行速度。

3.5.2 Cache 的基本工作原理

为了便于 Cache 与主存交换信息，Cache 和主存都被划分为相等的块，Cache 块又称 Cache 行，每块由若干字节组成，块的长度称为块长。由于 Cache 的容量远小于主存的容量，所以 Cache 中的块数要远少于主存中的块数，Cache 中仅保存主存中最活跃的若干块的副本。因此，可按照某种策略预测 CPU 在未来一段时间内欲访存的数据，将其装入 Cache。图 2-3-5 所示为 Cache 的基本结构。

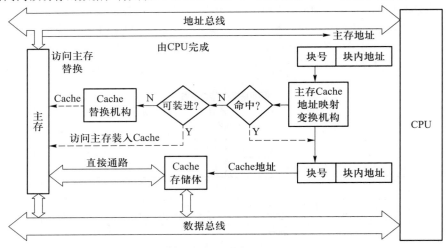

图 2-3-5　Cache 的基本结构

当 CPU 发出读请求时，若访存地址在 Cache 中命中，就将此地址转换成 Cache 地址，直接对 Cache 进行读操作，与主存无关；若 Cache 未命中，则仍需访问主存，并把此字所在的块一次性地从主存调入 Cache。若此时 Cache 已满，则需根据某种替换算法，用这个块替换 Cache 中原来的某块信息。注意，CPU 与 Cache 之间的数据交换以字为单位，而 Cache 与主存之间的数据交换则以 Cache 块为单位。

当 CPU 发出写请求时，若 Cache 命中，则可能会遇到 Cache 与主存中内容不一致的问题。例如，由于 CPU 写 Cache，把 Cache 某单元中的内容从 X 修改成了 X'，而主存对应单元中的内容仍然是 X，没有改变。所以若 Cache 命中，需要采用一定的写策略处理（遵循一致性原则）。

CPU 欲访问的信息已在 Cache 中的比率称为 Cache 的命中率。设在一个程序执行期间，Cache 的总命中次数为 N_c，访问主存的总次数为 N_m，则命中率 H 为

$$H = N_c / (N_c + N_m)$$

可见为提高访问效率，命中率 H 越接近 1 越好。设 t_c 为命中时的 Cache 访问时间，t_m 为未命中时的访问时间，$1-H$ 表示未命中率，则 Cache-主存系统的平均访问时间 T_a 为

$$T_a = H * t_c + (1-H) * t_m$$

Cache 系统的访问效率为

$$e = t_c / T_a$$

根据 Cache 的读/写流程，可知实现 Cache 时需解决以下关键问题：
- **数据查找**：如何快速判断数据是否在 Cache 中。
- **地址映射**：主存块如何存放在 Cache 中，如何将主存地址转换为 Cache 地址。
- **替换策略**：Cache 满后，使用何种策略对 Cache 块进行替换或淘汰。
- **写入策略**：如何既保证主存块和 Cache 块的数据一致性，又保证效率。

3.5.3 Cache 和主存的映射方式

Cache 行中的信息是主存中某个块的副本，地址映射是指把主存地址空间映射到 Cache 地址空间，即把存放在主存中的信息按照某种规则装入 Cache。由于 Cache 行数比主存块数少得多，主存中只有一部分块的信息可放在 Cache 中，因此在 Cache 中要为每个块加一个标记，指明它是主存中哪一块的副本。该标记的内容相当于主存中块的编号。为了说明 Cache 行中的信息是否有效，每个 Cache 行需要一个有效位，该位为 1 时，表示 Cache 中该映射的主存块数据有效；否则无效。

地址映射的方法有以下 3 种。

1. 直接映射

主存中的每一块只能装入 Cache 中的唯一位置，如图 2-3-6 所示。直接映射实现简单，但不够灵

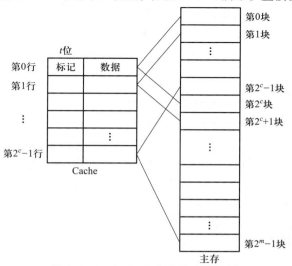

图 2-3-6 Cache 和主存的直接映射

活，即使 Cache 的其他许多地址空着也不能占用，这使得直接映射的块冲突概率高，空间利用率低。

Cache 与主存的直接映射关系可定义为

$$\text{Cache 行号} = \text{主存块号 mod Cache 总行数}$$

设 Cache 共有 2^c 行，主存有 2^m 块，在直接映射方式中，主存的第 0、2^c、2^{c+1}…块，映射到 Cache 的第 0 行；而主存的第 1、2^c+1、$2^{c+1}+1$…块，映射到 Cache 的第 1 行，以此类推。给每个 Cache 行设置一个长为 $t=m-c$ 位的标记，当主存某块调入 Cache 后，就将其块号的高 t 位设置在对应 Cache 行的标记中。

直接映射的地址结构为：

标记	Cache 行号	块内地址

<u>访存过程</u>：根据访存地址中间的 c 位，找到对应的 Cache 行。将该 Cache 行中的标记和主存地址的高 t 位标记进行比较，若相等且有效位为 1，则 Cache 命中，此时根据主存地址中低位的块内地址，在对应的 Cache 行中存取信息；若不相等或有效位为 0，则 Cache 未命中，此时 CPU 从主存中读出该地址所在的一块信息，并送至对应的 Cache 行中，将有效位置 1，并置标记为地址中的高 t 位。

2. 全相联映射

主存中的每一块可以装入 Cache 中的任意位置，Cache 中每行的标记用于指出该行取自主存的哪一块，所以 CPU 访存时需要与所有 Cache 行的标记进行比较，如图 2-3-7 所示。

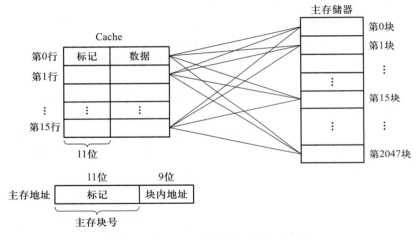

图 2-3-7　Cache 和主存的全相联映射

全相联映射方式的优点是 Cache 块的冲突概率低，只要有空闲 Cache 行，就不会发生冲突，空间利用率高，命中率也高；缺点是标记的比较速度较慢，实现成本较高，通常需采用按内容寻址的相联存储器。

全相联映射的地址结构为：

标记	块内地址

<u>访存过程</u>：首先将主存地址的高位标记（位数 $=\log_2$ 主存块数）与 Cache 各行的标记进行比较，若有一个相等且对应有效位为 1，则命中，此时根据块内地址从该 Cache 行中取出信息；若都不相等，则未命中，此时 CPU 从主存中读出该地址所在的一块信息送到 Cache 的任意一个空闲行中，将有效位置 1，并设置标记，同时将该地址中的内容送 CPU。

通常为每个 Cache 行设置 1 个比较器，比较器位数等于标记字段的位数。访存时根据标记字段的内容来访问 Cache 行中的主存块，因而其查找过程是一种"<u>按内容访问</u>"的存取方式，因此是一种相联存储器。

3. 组相联映射

将 Cache 分成 Q 个大小相等的组，每个主存块可装入对应组的任意一行，即组间采用直接映射、而组内采用全相联映射的方式。当 $Q=1$ 时变为全相联映射，当 $Q=$ Cache 行数时变为直接映射。假设每组有 r 个 Cache 行，则称之为 r 路组相联，图 2-3-8 中每组有 2 个 Cache 行，因此称为 2 路组相联。

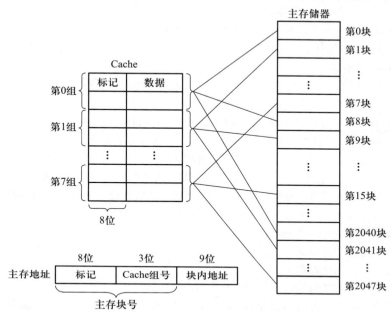

图 2-3-8　Cache 和主存的 2 路组相联映射

组相联映射的关系可以定义为

$$Cache 组号 = 主存块号 \bmod Cache 组数(Q)$$

路数越大，即每组 Cache 行的数量越多，发生块冲突的概率越低，但比较电路也越复杂。

组相联映射的地址结构为：

标记	Cache 组号	块内地址

访存过程：先根据访存地址中间的 Cache 组号，找到对应的 Cache 组；然后将该组中每个 Cache 行的标记与主存地址的高位标记进行比较。若有一个相等且有效位为 1，则 Cache 命中，此时根据主存地址中的块内地址，在对应 Cache 行中存取信息；若都不相等，或虽相等但有效位为 0，则 Cache 未命中，此时 CPU 从主存中读出该地址所在的一块信息，并送至对应 Cache 组的任意一个空闲行，将有效位置 1，并设置标记。

在直接映射中，因为每块只能映射到唯一的 Cache 行，因此只需设置 1 个比较器。而 r 路组相联映射需要在对应分组中与 r 个 Cache 行进行比较，因此需设置 r 个比较器。

在 3 种映射方式中，直接映射的每个主存块只能映射到 Cache 中的某一固定行；全相联映射可以映射到所有 Cache 行；N 路组相联映射可以映射到 N 行。当 Cache 大小、主存块大小一定时：

- 直接映射的命中率最低，全相联映射的命中率最高；
- 直接映射的判断开销最小、所需时间最短，全相联映射的判断开销最大、所需时间最长；
- 直接映射标记所占的额外空间开销最少，全相联映射标记所占的额外空间开销最大。

3.5.4　Cache 中主存块的替换算法

在采用全相联映射或组相联映射时，主存向 Cache 传送一个新块，当 Cache 或 Cache 组中的空间已被占满时，就需要使用替换算法置换 Cache 行。而采用直接映射时，无须考虑替换算法。

常用的替换算法有随机（RAND）算法、先进先出（FIFO）算法、近期最少使用（LRU）算法和最不经常使用（LFU）算法。其中最常考查的是 LRU 算法。

- **随机算法**：随机地确定替换的 Cache 块。实现简单，但未依据局部性原理，命中率较低。
- **先进先出算法**：选择最早调入的行进行替换。实现简单，但也未依据局部性原理。
- **近期最少使用算法**：依据局部性原理，选择近期最久未访问过的 Cache 行作为被替换的行。LRU 算法为每个 Cache 行设置一个计数器，用来记录主存块的使用情况，并根据计数值选择淘汰某个块，计数值的位数与 Cache 组大小有关，2 路时有 1 位 LRU 位，4 路时有 2 位 LRU 位。
- **最不经常使用算法**：将一段时间内访问次数最少的 Cache 行换出。与 LRU 类似，也设置一个计数器，Cache 行建立后从 0 开始计数，每访问一次计数器加 1，需要替换时将计数值最小的行换出。

3.5.5　Cache 写策略

因为 Cache 中的内容是主存块内容的副本，当对 Cache 中的内容进行更新时，就需选用写操作策略使 Cache 内容和主存内容保持一致。此时分两种情况。

（1）对于 Cache 写命中（要修改的单元在 Cache 中），有两种处理方法：

- **全写法**（直写法）。将数据同时写入 Cache 和主存。这种方法实现简单，一致性好。缺点是降低了速度，时间开销为访存时间。为了减少写入主存的开销，可以在 Cache 和主存之间加一个写缓冲。
- **回写法**（写回法）。数据只写入 Cache，而不立即写入主存，只有当此块被换出时才写回主存。这种方法效率很高，但一致性较差。在每个 Cache 行中设置一个**修改位**（脏位），若修改位为 1，则说明对应 Cache 行中的块被修改过，替换时须写回主存；若修改位为 0，替换时无须写回主存。

（2）对于 Cache 写未命中（要修改的单元不在 Cache 中），也有两种处理方法。

- **写分配法**。先更新主存单元，然后将该块调入 Cache。依据了空间局部性原理。
- **非写分配法**。只更新主存单元，不进行调块。

非写分配法通常与全写法合用，写分配法通常与回写法合用。

随着流水线技术的发展，分离的指令 Cache 和数据 Cache 产生了。统一的 Cache 优点是设计和实现相对简单，但由于执行部件存取数据时，指令预取部件要从统一 Cache 读指令，会引发冲突。采用分离的 Cache 结构可以解决这个问题，而且分离的 Cache 还能充分利用指令和数据的不同局部性来优化性能。

现代计算机通常设立多级 Cache，假设两级 Cache 按离 CPU 的远近分别命名为 L1 Cache、L2 Cache，离 CPU 越近则速度越快、容量越小。指令 Cache 与数据 Cache 分离一般在 L1 级，L1 Cache 对 L2 Cache 使用全写法，L2 Cache 对主存使用回写法。由于 L2 Cache 的存在，因此避免了因频繁写而造成写缓冲溢出的情况。

3.6　虚拟存储器

主存和辅存共同构成了虚拟存储器，二者在硬件和系统软件的共同管理下工作。对于应用程序员而言，虚拟存储器是透明的。虚拟存储器具有主存的速度和辅存的容量。

3.6.1　虚拟存储器的基本概念

虚拟存储器将主存和辅存的地址空间统一编址，形成一个庞大的地址空间，在这个空间内，用户可以自由编程，而不必在乎实际的主存容量和程序在主存的实际存放位置。用户编程允许涉及的地址称为虚地址或逻辑地址，虚地址对应的存储空间称为虚拟空间。实际的主存地址称为实地址或物理地址，实地址对应的是主存地址空间。虚地址比实地址要大很多。

CPU 使用虚地址时，先判断这个虚地址对应的内容是否已装入主存。若已在主存中，则通过地址变换，CPU 可直接访问主存指示的实际单元；若不在主存中，则把包含这个字的一页或一段调入主存后再由 CPU 访问。若主存已满，则采用替换算法置换主存中的交换块（即页面）。

虚拟存储器采用了和 Cache 类似的技术，将辅存中经常被访问的数据副本存放到主存中。但缺页（或段）而访问辅存的代价很大，因此虚存机制采用全相联映射，每个页面可以存放到主存区域的任意一个空闲页位置。此外，当进行写操作时，不能每次写操作都同时写回磁盘，因而采用回写法。

3.6.2　页式虚拟存储器

页式虚拟存储器以页为基本单位。虚拟空间与主存空间都被划分成同样大小的页，主存的页称为**实**

页或页框，虚存的页称为**虚页**。把逻辑地址（虚地址）分为两个字段：高位为**虚页号**，低位为**页内地址**。物理地址（实地址）也分为两个字段：高位为物理页号，低位为页内地址。从逻辑地址到物理地址的转换是由页表实现的。**页表**是一张存放在主存中的虚页号和实页号的对照表，它记录程序的虚页调入主存时被安排在主存中的位置。页表一般长久地保存在内存中。

1. 页表

图 2-3-9 是一个页表示例。**有效位**也称装入位，用来表示对应页面是否在主存，若为 1，则表示该虚页已从外存调入主存，此时页表项存放该页的物理页号；若为 0，则表示页面没有调入主存，此时页表项可以存放该页的磁盘地址。**脏位**也称修改位，用来表示页面是否被修改过，虚拟存储机制中采用回写策略，利用脏位可判断替换时是否需要写回磁盘。**引用位**也称使用位，用来配合替换策略进行设置，例如是否使用先进先出（FIFO）或近期最少使用（LRU）策略等。

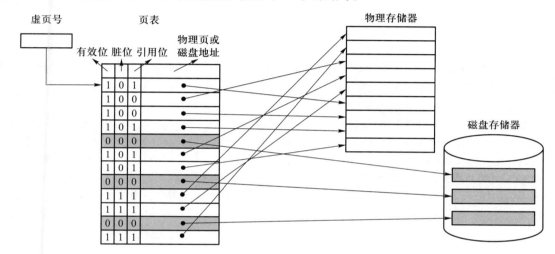

图 2-3-9　主存中的页表示例

假设 CPU 欲访问的数据在第 1 页，对应的有效位为 1，说明该页已存放在主存中，先通过地址转换部件将虚拟地址转换为物理地址，然后到相应的主存实页中存取数据。若该数据在第 5 页，有效位为 0，则发生"缺页"异常，需调用操作系统的缺页异常处理程序。缺页异常处理程序根据对应表项中的存放位置字段，将所缺页面从磁盘调入一个空闲的物理实页。若主存中没有空闲实页，还需选择一个页面替换。由于采用回写策略，因此换出页面时根据脏位确定是否要写回磁盘。缺页处理过程中需要对页表进行相应的更新。

2. 地址转换

在虚拟存储系统中，指令给出的地址是虚地址，因此 CPU 执行指令时，要先将虚地址转换为实地址，才能到主存中存取指令和数据。由于逻辑地址和物理地址的页面大小相同，因此页内地址是相等的。

每个进程都有一个**页表基址寄存器**，存放该进程的页表基地址，据此找到对应的页表基地址（对应①），然后根据逻辑地址高位的虚页号找到对应的页表项（对应②），若装入位为 1，则取出物理页号（对应③），和虚地址低位的页内地址拼接，形成实际物理地址（对应④）。若装入位为 0，说明缺页，需要操作系统进行缺页处理。地址变换过程如图 2-3-10 所示。

页式虚拟存储器的优点是：页的长度固定，页表简单，调入方便。缺点是：最后一页的零头无法利用而造成浪费，并且页不是逻辑上独立的实体，所以处理、保护和共享都不及段式虚拟存储器方便。

3. 快表（TLB）

依据程序执行的局部性原理，CPU 在一段时间内总是经常访问某些页时，若把这些页对应的页表项存放在由 Cache 组成的**快表**中，则可以明显提高效率。相应地，把放在主存中的页表称为**慢表**（Page）。在地址转换时，先查找快表，若命中，则无须再访问主存中的页表。

快表用 SRAM 实现，其工作原理类似于 Cache，通常采用全相联或组相联映射方式。TLB 表项由页

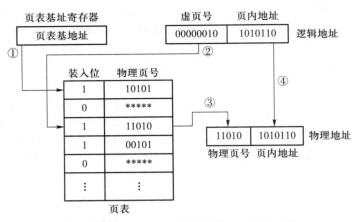

图 2-3-10　页式虚拟存储器的地址变换过程

表表项内容和 TLB 标记组成。在全相联映射方式下，TLB 标记就是对应页表项的虚页号；在组相联映射方式下，TLB 标记则是对应虚页号的高位部分，而虚页号的低位部分作为 TLB 组的组号。

4. 具有 TLB 和 Cache 的多级存储系统

图 2-3-11 是一个具有 TLB 和 Cache 的多级存储系统，其中 Cache 采用 2 路组相联映射。CPU 给出一个 32 位的逻辑地址，TLB 采用全相联映射，每一项都有一个比较器，查找时将虚页号与每个 TLB 标记同时进行比较，若有某一项相等且对应有效位为 1，则 TLB 命中，此时可直接通过 TLB 进行地址转换；若未命中，则 TLB 缺失，需要访问主存去查页表。图中所示是两级页表方式，虚页号被分成页目录索引和页表索引两部分，由这两部分得到对应的页表项，从而进行地址转换，并将相应表项调入 TLB，若 TLB 已满，则还需要采用替换策略。完成由逻辑地址到物理地址的转换后，Cache 机构根据映射方式将

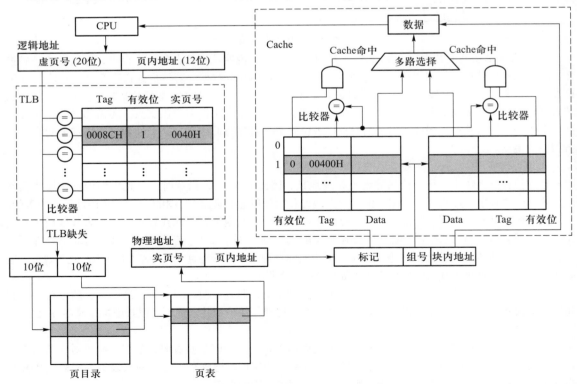

图 2-3-11　具有 TLB 和 Cache 的多级存储系统

物理地址划分成多个字段，然后根据映射规则找到对应的 Cache 行或组，将对应 Cache 行中的标记与物理地址中的高位部分进行比较，若相等且对应有效位为 1，则 Cache 命中，此时根据块内地址取出对应的字送 CPU。

查找时，快表和慢表也可以同步进行，若快表中有此虚页号，则能很快地找到对应的实页号，并使慢表的查找作废，从而就能做到虽采用虚拟存储器，但访问主存速度几乎没有下降。

在一个具有 Cache 和 TLB 的虚拟存储系统中，CPU 一次访存操作可能涉及对 TLB、页表、Cache、主存和磁盘的访问。CPU 在访存过程中存在 3 种缺失情况：① TLB 缺失：要访问页面的页表项不在 TLB 中；② Cache 缺失：要访问的主存块不在 Cache 中；③ Page 缺失：要访问的页面不在主存中。这 3 种缺失的可能组合如表 2-3-2 所示。最好的情况是第 1 种组合，此时无须访问主存；第 2 种和第 3 种组合都需要访问一次主存；第 4 种组合需要访问两次主存；第 5 种组合发生"缺页异常"，需要访问磁盘，并且至少访问两次主存。Cache 缺失处理由硬件完成；缺页处理由软件完成，操作系统通过"缺页异常处理程序"实现；而 TLB 缺失既可以用硬件也可以用软件来处理。

表 2-3-2　TLB、Cache、Page 三种缺失的可能组合情况

序号	TLB	Page	Cache	说明
1	命中	命中	命中	TLB 命中则 Page 一定命中，信息在主存中，也在 Cache 中
2	命中	命中	缺失	TLB 命中则 Page 一定命中，信息在主存中，不在 Cache 中
3	缺失	命中	命中	TLB 缺失但 Page 命中，信息在主存中，也在 Cache 中
4	缺失	命中	缺失	TLB 缺失但 Page 命中，信息在主存中，不在 Cache 中
5	缺失	缺失	缺失	TLB 缺失、Page 也缺失，信息不在主存中，也不在 Cache 中

3.6.3　段式虚拟存储器

段式虚拟存储器中的段是按程序的逻辑结构划分的，各段的长度因程序而异。虚地址分为两部分：段号和段内地址。虚地址到实地址之间的变换是由段表来实现的。段表的每行记录与某个段对应的段号、装入位和段长等信息。由于段的长度可变，所以段表中要给出各段的起始地址与段的长度。

CPU 用逻辑地址访存时，先根据段号与段表基地址拼接成对应的段表项，再根据该段表项的装入位判断该段是否已调入主存（装入位为"1"，表示该段已调入主存）。当已调入主存时，从段表读出该段在主存的起始地址，与段内地址相加，得到对应的主存物理地址。地址变换过程如图 2-3-12 所示。

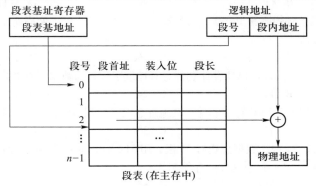

图 2-3-12　段式虚拟存储器的地址变换过程

段式虚拟存储器的优点是，段的分界与程序的逻辑分界相对应，这使得程序易于编译、修改和保护，也便于多道程序共享；缺点是因为段长度可变，分配空间不便，容易留下碎片，造成浪费。

3.6.4　段页式虚拟存储器

把程序按逻辑块分段，段内再分页，主存空间也划分为大小相等的页，程序对主存的调入调出仍以页为基本单位，这样的虚拟存储器称为**段页式虚拟存储器**。在段页式虚拟存储器中，每个程序对应一个段表，每段对应一个页表，段的长度必须是页长的整数倍，段的起点必须是某一页的起点。

虚地址分为段号、段内页号、页内地址 3 部分。CPU 根据虚地址访存时，首先根据段号得到段表地址，然后从段表中取出该段的页表起始地址，与虚地址段内页号拼接，得到页表地址；最后从页表中取出实页号，与页内地址拼接成主存实地址。

段页式虚拟存储器的优点是，兼具页式和段式虚拟存储器的优点，可以按段实现共享和保护。缺点是在地址变换过程中需要两次查表，系统开销较大。

3.6.5　虚拟存储器与 Cache 的比较

相同之处：

- 目标都是为了提高系统性能，两者都有容量、速度、价格的梯度。
- 都把数据划分为信息块，作为基本的传送单位，虚拟存储器系统的信息块更大。
- 都有地址的映射算法、替换算法、更新策略等问题。
- 依据局部性原理，应用"快速缓存"思想，将活跃的数据放在相对高速的部件中。

不同之处：

- Cache 主要是为了提高系统速度，而虚拟存储器是为了解决主存容量不足的问题。
- Cache 由硬件实现，对所有程序员透明；虚拟存储器由操作系统和硬件共同实现，对应用程序员透明。
- 在不命中时对性能的影响不同。因为 CPU 的速度约为 Cache 的 10 倍，主存的速度为硬盘的 100 倍以上，因此虚拟存储器系统在不命中时对系统性能的影响更大。
- CPU 与 Cache 和主存有直接通路，而辅存与 CPU 没有直接通路。在 Cache 不命中时，CPU 能和主存直接通信；而虚拟存储器系统在不命中时，须先将数据从硬盘调入主存，CPU 才能访问。

3.7　同步练习

一、单项选择题

1. 在主存储器速度的表示中，T_A（存取时间）与 T_C（存取周期）关系的正确表述是（　　）。

A. $T_A > T_C$　　　　B. $T_A < T_C$　　　　C. $T_A = T_C$　　　　D. 没关系

2. 动态 RAM 的刷新单位是（　　）。

A. 存储单元　　　　B. 行　　　　　　　C. 列　　　　　　　D. 存储体

3. 若动态 RAM 每毫秒必须刷新 100 次，每次刷新需 100 ns，一个存储周期需要 200 ns，则刷新占存储器总操作时间的百分比是（　　）。

A. 0.5%　　　　　　B. 1.5%　　　　　　C. 1%　　　　　　　D. 2%

4. 某存储容量为 1 M×4 位的 DRAM 存储芯片，其地址引脚数与数据引脚数之和为（　　）。

A. 28　　　　　　　B. 14　　　　　　　C. 24　　　　　　　D. 12

5. 一个 16 K×32 位的静态 RAM 存储芯片，其地址总线和数据总线位数的总和是（　　）。

A. 48　　　　　　　B. 46　　　　　　　C. 36　　　　　　　D. 39

6. 设 CPU 地址总线有 24 根，数据总线有 32 根，用 512 K×8 位的 RAM 芯片构成该机器的主存储器，则该机器的主存最多需要（　　）个这样的存储芯片。

A. 256　　　　　　　B. 512　　　　　　　C. 64　　　　　　　D. 128

7. 某机器采用四体低位交叉存储器，现分别执行下述操作：① 读取 6 个连续地址单元中存放的存储字，重复 80 次；② 读取 8 个连续地址单元中存放的存储字，重复 60 次。则①、②所花费的时长之比为（　　）。

A. 1 : 1　　　　　　B. 2 : 1　　　　　　C. 4 : 3　　　　　　D. 3 : 4

8. 已知单个存储体的存取周期为 T，CPU 连续从四体高位交叉存储器中取出 N 个字需要的时间为（　　）。

A. $4T$　　　　　　B. $(N-1)T$　　　　　　C. NT　　　　　　D. 无法确定

9. 在常用磁盘的各磁道中，（　　）。

A. 最外圈磁道的位密度最大　　　　　　B. 最内圈磁道的位密度最大

C. 中间磁道的位密度最大　　　　　　D. 所有磁道的位密度一样大

10. 某磁盘盘面共有 200 个磁道，盘面总存储容量为 60 MB，磁盘旋转一周的时间为 25 ms，每个磁道有 8 个扇区，各扇区之间有一个间隙，磁头通过每个间隙需 1.25 ms。则磁盘接口所需最大传输速率是（　　）。

A. 10 MB/s　　　　　B. 60 MB/s　　　　　C. 83.3 MB/s　　　　　D. 20 MB/s

11. 在程序的执行过程中，Cache 与主存的地址映射是由（　　）。

A. 操作系统来管理的　　　　　　B. 程序员调度的

C. 硬件自动完成的　　　　　　D. 存储管理硬件和存储管理软件共同完成的

12. 局部性通常有两种不同的形式：时间局部性和空间局部性。代码是否高速缓存友好，就取决于这两方面。对于下面这个函数，说法正确的是（　　）。

```
int sumvec(int v[N]){
    int i,sum=0;
    for(i=0;i<N;i++)
        sum+=v[i];
    return sum;
}
```

A. 对于变量 i 和 sum，循环体具有良好的空间局部性

B. 对于变量 i、sum 和 $v[N]$，循环体具有良好的空间局部性

C. 对于变量 i 和 sum，循环体具有良好的时间局部性

D. 对于变量 i、sum 和 $v[N]$，循环体具有良好的时间局部性

13. 设 T_c 为 Cache 的访问时间，T_m 为主存的访问时间，h 为 Cache - 主存系统的命中率，则 T_a（Cache-主存系统的平均访问时间）的表达式为（　　）。

A. $T_a = T_c h + T_m (1-h)$　　　　　　B. $T_a = T_c + T_m (1-h)$

C. $T_a = T_m + T_c h$　　　　　　D. 无法确定

14. 在下列因素中，与 Cache 命中率无关的是（　　）。

A. Cache 块的大小　　B. Cache 的容量　　C. 主存的存取速度　　D. Cache 的映射方式

15. 在 Cache 的地址映射中，（　　）较多采用"按内容寻址"的相联存储器来实现。

A. 直接映射　　　　B. 全相联映射　　　　C. 组相联映射　　　　D. 段相联映射

16. 设一个 Cache 的容量为 2 K 字，每个块为 16 字，主存的容量是 256 K 字，在直接映射方式下，主存中的第 5 540 个字映射到 Cache 中的块号（　　）。

A. 5AH　　　　　　B. 90H　　　　　　C. 02H　　　　　　D. 14

17. 某页式虚拟存储器使用 LRU 替换算法，假定内存容量为 4 个页面，且开始时是空的，考虑如下的页面访问顺序：1, 8, 1, 7, 8, 2, 7, 2, 1, 8, 3, 8, 2, 1, 3, 1, 7, 1, 3, 7。则页面命中次数是（　　）。

A. 24　　　　　　B. 14　　　　　　C. 16　　　　　　D. 6

18. 假定 CPU 通过存储器总线读取数据的过程为：发送地址和读命令需 1 个时钟周期，存储器准备

一个数据需 8 个时钟周期，总线上每传送 1 个数据需 1 个时钟周期。若主存和 Cache 之间交换的主存块大小为 64 B，存取宽度和总线宽度都为 4 B，则 Cache 的一次缺失损失至少为（　　）个时钟周期。

    A. 64   B. 72   C. 80   D. 160

19. 以下有关页式存储管理的叙述中，错误的是（　　）。

    A. 进程地址空间被划分成等长的页，内存被划分成同样大小的页框

    B. 采用全相联映射，每个页可以映射到任何一个空闲的页框中

    C. 当从磁盘装入的信息不足一页时会产生页内碎片

    D. 相对于段式存储管理，页式存储管理更利于存储保护

20. 以下是有关虚拟存储管理机制中页表的叙述，其中错误的是（　　）。

    A. 系统中每个进程有一个页表   B. 页表中每个表项与一个虚页对应

    C. 每个页表项中都包含有效位（装入位）   D. 所有进程都可以访问页表

21. 以下有关缺页处理的叙述中，错误的是（　　）。

    A. 若对应页表项中的有效位为 0，则发生缺页

    B. 缺页是一种外部中断，需要调用操作系统提供的中断服务程序来处理

    C. 在缺页处理过程中，需根据页表中给出的磁盘地址去读磁盘数据

    D. 缺页处理完成后要重新执行发生缺页的指令

22. 36 位虚地址的页式虚拟存储器，每页 8 KB，每个页表项为 32 位，页表的总容量为（　　）。

    A. 1 MB   B. 4 MB   C. 8 MB   D. 32 MB

二、综合应用题

1. 设存储器容量为 32 字，字长 64 位，模块数 $m=4$，分别用顺序方式和交叉方式进行组织。若存储周期 $T=200$ ns，数据总线宽度为 64 位，总线传送周期 $t=50$ ns，问：顺序存储器和交叉存储器带宽各是多少？

2. 某磁盘存储器转速为 3 000 r/min，共有 4 个记录面，每面有 275 道，每道记录信息 12 288 B，最小磁道直径为 230 mm。请回答：

    （1）该磁盘存储器的非格式化容量是多少？

    （2）该磁盘存储器的最大位密度是多少？

    （3）该磁盘存储器的平均数据传输率是多少？

3. 设某计算机的 Cache 采用 4 路组相联映射，已知 Cache 容量为 16 KB，主存容量为 2 MB，每个字块有 8 个字，每个字有 32 位。请回答：

    （1）主存地址多少位（按字节编址）？各字段如何划分（各需多少位）？

    （2）设 Cache 初始为空，CPU 从主存单元 0、1、…、100 依次读出 101 个字（主存一次读出一个字），并重复按此次序读 11 次，Cache 的命中率为多少？

    （3）若 Cache 速度是主存的 5 倍，则采用 Cache 与不采用 Cache 比较，速度提高多少倍？

4. 设有一个直接映射的 Cache，其容量为 8 KB，每字块为 16 B，主存的容量为 512 KB，求：

    （1）主存的字节地址有多少位？主存字块标记、Cache 块号和块内地址各多少位？

    （2）主存中的第 i 块映射到 Cache 中哪一个块中？

    （3）将主存的第 513 块调入 Cache，则 Cache 的块号为多少？它的主存字块标记是多少？

    （4）在上一步的基础上，当送出的主存字地址为 04011H 时是否命中？

5. 某计算机的主存空间大小为 64 KB，按字节编址，Cache 采用 4 路组相联映射、LRU 替换和回写策略，Cache 容量 4 KB，主存与 Cache 之间交换的主存块大小为 64 B。请回答：

    （1）主存地址字段如何划分？请说明各字段的含义。

    （2）Cache 的总容量有多少位？

6. 某计算机有容量为 256 B 的数据 Cache，主存块大小为 32 B。现有如下 C 语言程序段：

```
int i,j,c,s,a[128];
...
for(i=0;i<10000;i++)
    for(j=0;j<128;j=j+s)
        c=a[j];
```

int 型数据用 32 位补码表示，编译器将变量 i、j、c、s 都分配在通用寄存器中，因此，只要考虑数组元素的访存情况，假定数组起始地址正好在一个主存块的开始处。请回答：

（1）若 Cache 采用直接映射方式，则当 $s=64$ 和 $s=63$ 时，缺失率分别为多少？

（2）若 Cache 采用 2 路组相联映射方式，则当 $s=64$ 和 $s=63$ 时，缺失率又分别为多少？

7. 某页式虚拟存储器按字节编址，逻辑地址有 36 位，页大小为 16 KB，物理地址位数为 32，页表中有效位和修改位各占 1 位、使用位和存取方式位各占 2 位，且所有虚页都在使用中。请问：

（1）每个进程的页表大小至少为多少？

（2）如果所使用的快表（TLB）共有 256 个表项，采用 2 路组相联映射，则快表的大小至少为多少？

答案与解析

一、单项选择题

1. B

一般有 $T_C=T_A+T_r$，对 SRAM 来说，T_r 为存取信息的稳定时间；对 DRAM 来说，T_r 为刷新时间。

2. B

动态 RAM 芯片中的全部记忆单元排列成矩阵，刷新是以行为单位进行的。

3. C

以 1 ms 为单位来进行计算，1 ms 中用来刷新的时间为 $100×100$ ns $= 10\ 000$ ns，因此刷新占存储器总操作时间的百分比为 10^4 ns$/10^6$ ns$=1\%$。

4. B

容量为 $a×b$ 的芯片，a 连接地址线，b 连接数据线。因此本题地址线位数 $=\log_2 1M = 20$，数据线位数 $=4$，DRAM 采用地址复用技术，其地址引脚数只有 SRAM 的一半，故地址引脚数为 10。

5. B

地址总线位数 $=\log_2 16K=14$，数据总线位数 $=32$，地址总线和数据总线位数的总和是 46。

6. D

地址总线为 24 根，则寻址范围是 2^{24}，数据总线为 32 根，则字长为 32 位。主存的总容量 $=2^{24}×32$ 位，因此所需存储芯片个数 $=(2^{24}×32$ 位$)/(512\ K×8$ 位$)=128$。

7. C

① 在每轮读取存储器的前 6 个 $T/4$（共 $3T/2$）时间内，依次进入各体。下一轮欲读取存储器时，最近访问的 M1 还在占用中（才过 $T/2$），因此必须再等待 $T/2$ 才能开始新的读取（M1 连续完成两次读取，即共经过 $2T$ 后进入下一轮），如下图所示。（注意：进入下一轮不需要第 6 个字读取结束，第 5 个字读取结束，M1 就已经空出来了，可马上进入下一轮。）最后一轮读取结束的时间是本轮第 6 个字读取结束，共 $(6-1)×(T/4)+T=2.25T$。① 的总时长为 $(80-1)×2T+2.25T=160.25T$。

② 每轮读取 8 个存储字后刚好经过 $2T$，每轮结束后，最近访问的 M1 刚经过了 T，此时可以立即开始下一轮的读取。最后一轮读取结束的时间是本轮第 8 个字读取结束，共 $(8-1)×(T/4)+T=2.75T$。②的总时长为 $(60-1)×2T+2.75T=120.75T$。

故①和②所花费的总时长之比为 $4:3$。

8. C

高位交叉存储，即顺序存储，当存储器只与 CPU 交换信息时，其带宽与单体存储器相等。只有当合理调度，使得 CPU 与外部设备同时访问存储器的不同体时，才能发挥其优势。

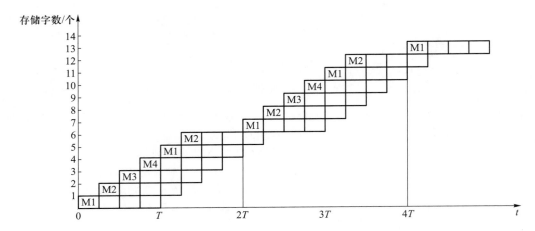

9. B

磁盘数据都存放于磁道上，磁道是磁盘上的一组同心圆。位密度是指单位长度磁道能记录的二进制位数。磁盘各磁道上所记录的信息量相同，故位密度从外向内递增，因此最内圈磁道的位密度最大。

10. D

每个磁道的容量=60 MB/200=0.3 MB，读一个磁道数据的时间等于磁盘旋转一周的时间减去通过扇区间隙的总时间（每个磁道有 8 个间隙），即 25 ms-1.25 ms×8=15 ms，最大数据传输速率=0.3 MB/15 ms=20 MB/s。

11. C

Cache 与主存的地址映射是由硬件实现的；主存与辅存的地址映射是由硬件与操作系统共同实现的。

12. C

时间局部性是指一个内存位置被重复引用，循环体中的局部变量 i 和 sum 具有良好的时间局部性。空间局部性是指，如果一个内存位置被引用，很快它附近的位置也会被引用，因为指令通常是顺序存放、顺序执行的，数据一般也是以向量、数组等形式存储的，数组 $v[N]$ 具有良好的空间局部性。

13. D

T_a 的表达式应根据机器的硬件结构来确定。如果访存时对 Cache 的访问和对主存的访问并行，Cache 命中则中断访存，应选 A 项；如果访存时先访问 Cache，在未命中的情况下再访问主存，则应选 B 项。

14. C

Cache 块的大小对命中率影响很大，Cache 块只有一个存储单元时命中率很低，当 Cache 块增加到某个最佳大小时命中率最高，再继续增加也会导致命中率的显著降低。Cache 容量越大，命中率越高，但当容量增加到一定程度后，命中率的提升不再明显。不同映射方式的命中率显然不同，其中全相联映射的命中率最高，直接映射的命中率最低。主存的存取速度只影响 Cache 不命中时的性能。

15. B

在全相联映射方式中，主存中的每一块都可以装入 Cache 中的任意位置，为了提高比较速度，通常采用昂贵的"按内容寻址"的相联存储器来实现。

16. A

主存容量 256K=2^{18}，Cache 容量 2K=2^{11}，Cache 块内字数 16=2^4，可知字地址的低 4 位为 Cache 块内地址，中间 7 位为 Cache 字块地址（块号），剩余高 7 位是标记。第 5 540 个字的字地址为 5 539，转换为二进制为 1 0101 1010 0011，块号为 101 1010，即 5AH。

17. B

利用 LRU 替换算法时的替换情况如下所示，命中 14 次。

访问页面	1	8	1		7	8	2	7	2	1	8	3	8	2	1	3	1	7	1	3	7
物理页1	1	1	1	1	1	1	1	1	1	1	1	1	1	1	1	1	1	1	1	1	1
物理页2		8	8	8	8	8	8	8	8	8	8	8	8	8	8	8	8	7	7	7	7
物理页3				7	7	7	7	7	7	7	7	3	3	3	3	3	3	3	3	3	3
物理页4						2	2	2	2	2	2	2	2	2	2	2	2	2	2	2	2
是否命中			√		√			√		√			√	√	√			√	√	√	

18. D

一次缺失时，需要从主存读出一个主存块（64 B），每个总线事务读取 4 B，因此需要 64 B/4 B = 16 个总线事务。每个总线事务所用时间为 1+8+1 = 10 个时钟周期，总共需要 160 个时钟周期。

19. D

段的分界与程序的逻辑分界相对应，因此段式存储管理方式易于编译、修改、保护和共享。

20. D

系统中每个进程都有一个页表，它是虚页号和实页号的对照表，每个页表项都有 1 个有效位（也称装入位），用来表示对应页面是否已从外存调入主存。进程只能访问自己的页表。

21. B

缺页是 CPU 在指令执行过程中进行取指令或读写数据时发生的一种故障，属于内部异常。

22. D

虚存容量为 2^{36} B = 64 GB，页面大小为 8 KB，共需要 64 GB/8 KB = 8 M 个页表项，每个页表项为 32 位（4 B），因此，页表的总容量为 8 M×4 B = 32 MB。

二、综合应用题

1. 用顺序方式和交叉方式组织时，连续读出 m = 4 个字的信息总量都为 q = 64 位×4 = 256 位。

用顺序方式和交叉方式组织时，连续读出 4 个字需要的时间和带宽分别为

顺序方式时间：

$$t_2 = mT = 4×200 \text{ ns} = 800 \text{ ns} = 8×10^{-7} \text{ s}$$

交叉方式时间：

$$t_1 = T+(m-1)t = 200 \text{ ns}+3×50 \text{ ns} = 350 \text{ ns} = 3.5×10^{-7} \text{ s}$$

顺序方式带宽：

$$W_2 = q/t_2 = 256/(8×10^{-7}) \text{ bit/s} = 3.2×10^8 \text{ bit/s}。$$

交叉方式带宽：

$$W_1 = q/t_1 = 256/(3.5×10^{-7}) \text{ bit/s} = 7.3×10^8 \text{ bit/s}。$$

2. （1）磁盘非格式化容量 = 记录面数×每面的磁道数×磁道容量。该磁盘共有 4 个记录面，每面有 275 道，每道容量为 12 288 B，故该磁盘非格式化容量 = 4×275×12 288 B = 13 516 800 B。

（2）由于各磁道的信息量相等，因此最内圈磁道的位密度最大，即 12 288/2πR = 17（B/mm）。

（3）平均数据传输率 = 每道容量×盘片转速 = 12 288 B×3 000 r/min = 36 864 000 r/min = 614 400 r/s。

3. （1）主存容量为 2 MB，按字节编址，所以主存地址为 21 位。每个字块有 8 = 2^3 个字，每个字 32 b = 2^2 B，字块内地址为 5 位。Cache 容量为 16 KB = 2^{14} B，字块大小为 2^5 B。Cache 共有 2^9 块，采用 4 = 2^2 路组相联映射，可得组地址为 7 位。主存字块标记位数为 21-7-5 = 9。地址格式如下：

主存字块标记（9 位）	组地址（7 位）	字块内地址（5 位）

（2）由于每个字块有 8 个字，所以 CPU 要访问的第 0、1、…、100 个字单元分别在字块 0 至字块 12 中，采用 4 路组相联映射将分别映射到第 0 至第 12 组中，但 Cache 初始为空，所以第一次读时每一块中

的第一个单元均未命中，但后面 10 次每个单元均可以命中。所以命中率 = $(11 \times 101 - 13)/(11 \times 101) = 98.8\%$

（3）设 Cache 的存储周期为 T，则主存的存储周期为 $5T$。

采用 Cache 的访问时间 = $98.8\% \times T + (1 - 98.8\%) \times 5T = 1.048T$。

不采用 Cache 的访存时间 = $5T$。

所以，提高倍数 = $(5/1.048) - 1 = 3.77$。

4.（1）主存容量为 512 KB = 2^{19} B，即字节地址为 19 位。主存地址分为 3 段：主存字块标记、Cache 块号和块内地址。主存字块标记的长度为：19 位 $-$ 13 位 = 6 位。Cache 块号为 9 位，块内地址为 4 位。

（2）主存中的第 i 块映射到 Cache 中第 $i \bmod 2^9$ 块中。

（3）Cache 块号 $= i \bmod 2^9 = 513 \bmod 2^9 = 1$，即 1 号块。主存字块标记 $= \lfloor i/2^9 \rfloor = \lfloor 513/2^9 \rfloor = 1$，即主存字块标记为 000001。

（4）19 位主存字地址为 04011H = 000 0100 0000 0001 0001，其主存字块标记 000010 $\neq$ 000001（对应 Cache 块的当前主存字块标记），故未命中。

5.（1）Cache 的行数为 4 KB/64 B = 64；每组有 4 行，共 16 组。主存地址空间大小为 64 KB，按字节编址，所以主存地址有 16 位，其中低 6 位为块内地址，中间 4 位为组号（组索引），高 6 位为标记。

（2）采用回写法，Cache 每行需有 1 位修改位；采用 4 路组相联映射，故每行需有 2 位 LRU 位。此外，每行还有 6 位标记、1 位有效位和 64 B 数据。Cache 共 64 行，故总容量为 $64 \times (6 + 1 + 1 + 2 + 64 \times 8) = 33\ 408$ 位。

6. 主存块大小为 32 B，数组起始地址正好是一个主存块的开始，因此每 8 个数组元素占一个主存块；Cache 共有 256 B/32 B = 8 行，采用 2 路组相联映射，Cache 有 4 组。以下仅考虑数组访问情况。

（1）直接映射。当 $s = 64$ 时，访存顺序为 $a[0]$、$a[64]$，$a[0]$、$a[64]$，…共循环 10 000 次。因为 $a[0]$ 和 $a[64]$ 正好相差 256 B（8 个主存块），在直接映射方式下，除 8 同余，$a[0]$ 所在主存块和 $a[64]$ 所在主存块正好被映射到同一个 Cache 行，因而每次都会发生冲突，缺失率 100%。当 $s = 63$ 时，访存顺序为 $a[0]$、$a[63]$、$a[126]$，$a[0]$、$a[63]$、$a[126]$，…，循环 10 000 次。因为 $a[63]$ 所在主存块的第一个数组元素 $a[56]$ 和 $a[126]$ 所在主存块的第一个数组元素 $a[120]$ 之间正好相差 8 个主存块，在直接映射方式下，这两个元素会映射到同一个 Cache 行，因此每次都会发生冲突，而 $a[0]$ 不会发生冲突，缺失率约为 67%。

（2）2 路组相联。当 $s = 64$ 时，访存顺序为 $a[0]$、$a[64]$，$a[0]$、$a[64]$，…，共循环 10 000 次。因为 $a[0]$ 和 $a[64]$ 正好相差 8 个主存块，在 2 路组相联映射方式下，除 4 同余，这两个元素所在主存块会映射到同一组，可放在同一组的不同 Cache 行中，不会发生冲突，总缺失次数仅为 2，缺失率近似为 0。当 $s = 63$ 时，访存顺序为 $a[0]$、$a[63]$、$a[126]$，$a[0]$、$a[63]$、$a[126]$，…，共循环 10 000 次。因为 $a[63]$ 所在主存块的第一个数组元素 $a[56]$ 和 $a[126]$ 所在主存块的第一个数组元素 $a[120]$ 正好相差 8 个主存块，这两个元素会映射到同一组，可放在同一组的不同 Cache 行中，而 $a[0]$ 不会发生冲突，总缺失次数仅为 3，缺失率近似为 0。

7.（1）页大小为 16 KB，因此页内地址为 14 位。逻辑地址为 36 位，虚页号位数为 36 $-$ 14 = 22，虚页数为 2^{22} 个，因此每个进程的页表项数为 2^{22} 个。物理地址为 32 位，实页号位数为 32 $-$ 14 = 18。每个页表项的位数为 1 + 1 + 2 + 2 + 18 = 24。每个进程的页表大小至少为 $24 \times 2^{22} = 24 \times 4$ Mb = 12 MB。

（2）TLB 的总表项数为 256，采用 2 路组相联映射，因此共有 128 组。在虚页号 22 位中，低 7 位用来表示组号，高 15 位作为标记，和每个 TLB 组中的各标记进行比较，以判断 TLB 是否命中。所以，TLB 中每个页表项比主存中的页表项多了 15 位的标记，即 TLB 中每个页表项的位数为 24 + 15 = 39。整个快表的大小至少为 $256 \times 39 = 9\ 984$ b = 1 248 B。

第4章 指令系统

主要考点	考查次数	
	单项选择题	综合应用题
指令格式	4	6
常见的寻址方式	9	5
CISC 和 RISC	1	1
程序的机器级代码表示	0	2

【复习要点】

（1）指令的格式及相关概念，定长与扩展操作码格式。

（2）常见的寻址方式、特点及有效地址的计算。

（3）常用的汇编指令，过程调用、选择语句和循环语句的机器级表示，标志位及其使用。

（4）CISC 和 RISC 的基本概念，CISC 和 RISC 的比较。

4.1 指令格式

指令（机器指令）是指计算机执行某种操作的命令。一台计算机的所有指令的集合构成该计算机的**指令系统**，也称指令集。指令系统是计算机的主要属性，位于硬件和软件的交界面上。

4.1.1 指令的基本格式

一条指令就是机器语言的一条语句，通常包括操作码和操作数地址两部分。

操作码指出指令执行什么操作和具有何种功能。例如，指出是算术加运算，还是减运算；是程序转移，还是返回操作。**操作数地址**指出被操作的信息（指令或数据）的地址，包括参加运算的一个或多个操作数的地址、运算结果的保存地址、程序的转移地址、被调用的子程序的入口地址等。

指令长度是指一条指令中所包含的二进制代码的位数，它取决于操作码的长度、操作数地址的长度和操作数的个数。在一个指令系统中，若所有指令的长度都是相等的，称为**定长指令字结构**（定字长指令）。定字长指令的执行速度快，控制简单。若各种指令的长度随指令功能而异，称为**变长指令字结构**（变字长指令）。由于主存是按字节编址的，所以指令字长多为字节的整数倍。

指令长度的不同会导致取指令时间开销的不同，单字长指令只需访存 1 次就能将指令完整取出；而双字长指令则需访存 2 次才能完整取出，耗费 2 个存取周期。

4.1.2 定长操作码指令

定长操作码指令是在指令字的最高位部分分配固定的若干位（定长）表示操作码。一般 n 位操作码字段的指令系统最大能够表示 2^n 条指令。定长操作码指令对于简化计算机硬件设计，提高指令译码和识别速度很有利。当计算机字长为 32 位或更长时，这是常规做法。

4.1.3 扩展操作码指令

可变长度操作码指令是指全部指令的操作码字段的位数不固定，且分散地放在指令字的不同位置上。显然，这将增加指令译码和分析的难度，使控制器的设计复杂化。

常见的可变长度操作码是扩展操作码，操作码的长度随地址数的减少而增加，不同地址数的指令可以具有不同长度的操作码。图 2-4-1 所示为一种扩展操作码。指令字长为 16 位，其中 4 位为基本操作码字段 OP，另有 3 个 4 位长的地址字段分别为 A_1、A_2、A_3。4 位基本操作码若全部用于三地址指令，则有 16 条。图 2-4-1 中所示的三地址指令为 15 条，1111 留作扩展操作码使用；二地址指令为 15 条，1111 1111 留作扩展操作码使用；一地址指令为 15 条，1111 1111 1111 留作扩展操作码使用；零地址指令为 16 条。

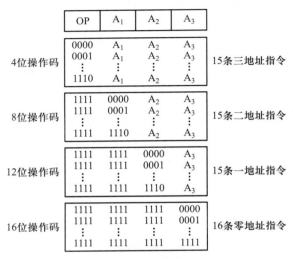

图 2-4-1　扩展操作码

除了这种安排以外，还有其他多种扩展方法，如形成 15 条三地址指令、12 条二地址指令、63 条一地址指令和 16 条零地址指令，共 106 条指令，请读者自行分析。

在设计扩展操作码指令时，需要注意两点：① 不允许短操作码是长操作码的前缀；② 各指令的操作码一定不能重复。在通常情况下，对使用频率较高的指令分配较短的操作码，对使用频率较低的指令分配较长的操作码，从而尽可能减少指令译码和分析的时间。

4.1.4　指令的操作类型

设计指令系统时必须考虑应提供哪些操作类型，指令操作类型按功能可分为以下几种。

1. 数据传送

数据传送指令通常有寄存器之间的数据传送（MOV）、从内存单元读取数据到 CPU 寄存器（LOAD）、从 CPU 寄存器写数据到内存单元（STORE）等。

2. 算术和逻辑运算

这类指令主要有加（ADD）、减（SUB）、比较（CMP）、乘（MUL）、除（DIV）、加 1（INC）、减 1（DEC）、与（AND）、或（OR）、取反（NOT）、异或（XOR）、进栈操作（PUSH）、出栈操作（POP）等。

3. 移位操作

移位操作指令主要有算法移位指令、逻辑移位指令、循环移位指令等。

4. 转移操作

转移操作指令主要有无条件转移（JMP）指令、条件转移（BRANCH）指令、调用（CALL）指令、返回（RET）指令、陷阱（TRAP）指令等。无条件转移指令在任何情况下都执行转移操作，而条件转移指令仅在满足特定条件时才执行转移操作，转移条件一般是一个或几个标志位的值。

调用指令和转移指令的区别：执行调用指令时必须保存下一条指令的地址（返回地址），当子程序执行结束时，根据返回地址返回到主程序继续执行；而转移指令则不返回执行。

5. 输入输出操作

这类指令用于 CPU 与外部设备交换数据或传送控制命令及状态信息。

4.2 指令的寻址方式

寻址方式是寻找指令或操作数有效地址的方式，也就是指确定本条指令的数据地址，以及下一条将要执行的指令地址的方法。寻址方式分为指令寻址和数据寻址两大类。

4.2.1 有效地址的概念

指令中的地址字段并不代表操作数的真实地址，称为形式地址（A）。结合形式地址和寻址方式，可计算出操作数在存储器中的真实存储地址，这一地址称为有效地址（EA）。

4.2.2 指令寻址和数据寻址

指令寻址是指寻找下一条将要执行的指令地址，数据寻址是指寻找操作数的地址。

1. 指令寻址

指令寻址方式有两种：一种是顺序寻址方式，另一种是跳跃寻址方式。

顺序寻址：通过程序计数器（PC）加"1"（1 条指令的长度），自动形成下一条指令的地址。PC 自增的大小与编址方式、指令字长有关。现代计算机通常是按字节编址的，若指令字长为 16b，则 PC 自增为（PC）+2；若指令字长为 32b，则 PC 自增为（PC）+4。

跳跃寻址：通过转移类指令实现。跳跃是指由本条指令给出下条指令地址的计算方式。而是否跳跃可能受到状态寄存器的控制，跳跃的方式分为绝对转移（地址码直接指出转移目的地址）和相对转移（地址码指出转移目的地址相对于当前 PC 值的偏移量），由于 CPU 总是根据 PC 的内容去主存取指令，因此转移类指令执行的结果是修改 PC 值，下一条指令仍然通过 PC 给出。

2. 数据寻址

数据寻址是指如何在指令中表示一个操作数的地址。数据寻址的方式较多，通常在指令字中设置一个寻址特征字段，用来指明属于哪种寻址方式，由此可得指令的格式如下：

操作码	寻址特征	形式地址（A）

操作码的位数决定了指令的条数，寻址特征和形式地址共同决定了可寻址的范围。

- 若为立即寻址，则形式地址的位数决定了数的范围。
- 若为直接寻址，则形式地址的位数决定了可寻址的范围。
- 若为寄存器寻址，则形式地址的位数决定了通用寄存器的最大数量。
- 若为寄存器间接寻址，则寄存器字长决定了可寻址的范围。

4.2.3 常见寻址方式

1. 立即寻址

指令的地址字段指出的不是操作数的地址，而是操作数本身，称为立即寻址，又称为立即数寻址。数据采用补码形式存放。图 2-4-2 为立即寻址示意图，图中#表示立即寻址特征，A 就是操作数本身。

- 优点：指令在执行阶段不访问主存，指令执行速度快。
- 缺点：A 的位数限制了立即数的范围，只适合操作数较小的情况。

2. 直接寻址

指令格式的地址字段中直接指出操作数在内存中的地址，即 EA＝A，如图 2-4-3 所示。

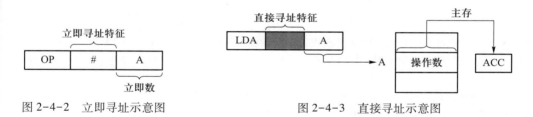

图 2-4-2　立即寻址示意图　　　图 2-4-3　直接寻址示意图

- 优点：指令简单，不需要专门计算操作数的地址，指令在执行阶段仅访问一次主存。
- 缺点：A 的位数决定了操作数的寻址范围，操作数的地址不易修改。

3. 间接寻址

间接寻址是相对于直接寻址而言的，是指指令的地址字段给出的形式地址不是操作数的真正地址，而是操作数地址的地址，即 $EA=(A)$，如图 2-4-4 所示。主存字第一位为 1 时表示取出的仍不是操作数的地址，即多次间址。当主存字第一位为 0 时，表示取得的是操作数的地址。

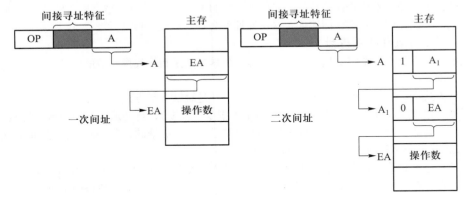

图 2-4-4　间接寻址示意图

- 优点：可扩大寻址范围（有效地址 EA 的位数大于形式地址 A 的位数），便于编制程序。
- 缺点：指令在执行阶段要多次访存（一次间址需两次访存）。

4. 寄存器寻址

指令在执行时所需的操作数来自寄存器，运算结果也写回寄存器，即 $EA=R_i$，如图 2-4-5 所示。
- 优点：指令在执行阶段不访问主存，只访问寄存器，指令字短且执行速度快。
- 缺点：寄存器的价格昂贵，且数量有限。

5. 寄存器间接寻址

寄存器中给出的不是一个操作数，而是操作数的内存地址，即 $EA=(R_i)$，如图 2-4-6 所示。

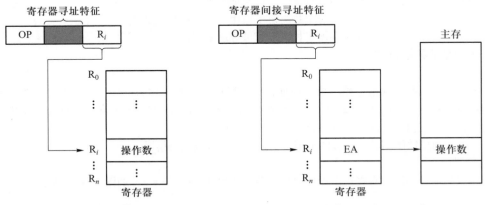

图 2-4-5　寄存器寻址示意图　　　　图 2-4-6　寄存器间接寻址示意图

- 优点：获得操作数地址的速度较快；寄存器编号较短，可有效减少操作数字段的位数。
- 缺点：寄存器数量有限；指令的执行阶段需要访问主存（因为操作数在主存中）。

6. 相对寻址

将 PC 的内容加上指令中的形式地址，形成操作数的有效地址，即 $EA=(PC)+A$，A 为相对于当前指令地址的位移量，A 的位数决定操作数的寻址范围，可正可负，用补码表示，如图 2-4-7 所示。

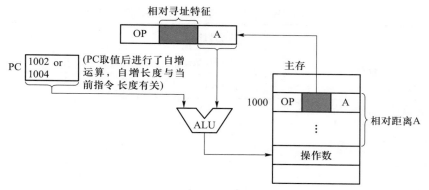

图 2-4-7　相对寻址示意图

● 优点：便于程序浮动，广泛应用于转移指令。

注意，对于转移指令 JMP A，当 CPU 从存储器中取出一个字节时，会自动执行（PC）+1→PC，若转移指令的地址为 X，且占 2 个字节，在取出该指令后，PC 的值会增 2，即（PC）= X+2，这样在执行完该指令后，会自动跳转到 X+2+A 的地址继续执行。

7. 基址寻址

将基址寄存器 BR 的内容加上指令中的形式地址，从而形成操作数的有效地址，即 EA =（BR）+A，其中基址寄存器既可采用专用寄存器，也可采用通用寄存器，如图 2-4-8 所示。

● 优点：可扩大寻址范围；有利于多道程序设计和浮动程序编制。

● 缺点：偏移量（形式地址 A）的位数较短。

8. 变址寻址

变址寻址 EA =（IX）+A，其中 IX 为变址寄存器，如图 2-4-9 所示。变址寄存器是面向用户的，在程序执行过程中，变址寄存器的内容可变（作为偏移量），形式地址 A 不变（作为基地址）。

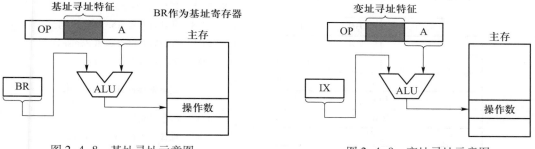

图 2-4-8　基址寻址示意图　　　　　　图 2-4-9　变址寻址示意图

● 优点：可扩大寻址范围；在循环体中将 A 设为数组初始地址，可实现数组功能；适合编制循环程序。

显然，变址寻址与基址寻址的有效地址形成过程极为相似。但从本质上讲，两者有较大区别。基址寄存器是面向操作系统的，主要用于为程序或数据分配存储空间，其内容由操作系统或管理程序确定，在程序的执行过程中不可变，而指令字中的 A 是可变的；变址寻址主要用于处理数组问题，在变址寻址中，变址寄存器的内容是由用户设定的，在程序执行过程中其值可变，而指令字中的 A 是不可变的。

相对寻址、基址寻址和变址寻址 3 种寻址方式非常类似，都是将某个寄存器的内容与一个形式地址相加，以生成操作数的有效地址，通常把它们统称为偏移寻址。

表 2-4-1 列出了寻址方式、有效地址及访存次数的简单总结（不含取本条指令的访存）。

表 2-4-1　寻址方式、有效地址及访存次数的总结

寻址方式	有效地址	访存次数
立即寻址	A 是操作数	0
直接寻址	EA = A	1
间接寻址	EA = (A)	2
寄存器寻址	EA = R_i	0
寄存器间接寻址	EA = (R_i)	1
相对寻址	EA = (PC)+A	1
基址寻址	EA = (BR)+A	1
变址寻址	EA = (IX)+A	1

4.3　程序的机器级代码表示

4.3.1　汇编指令基础

1. 相关寄存器

x86 处理器中有 8 个 32 位的通用寄存器，各寄存器及说明如图 2-4-10 所示。为了向后兼容，EAX、EBX、ECX 和 EDX 的高两位字节和低两位字节可以独立使用，E 代表 Extended，表示 32 位的寄存器。例如，EAX 的低两位字节称为 AX，而 AX 的高低字节又可分别作为两个 8 位寄存器，分别称为 AH 和 AL。

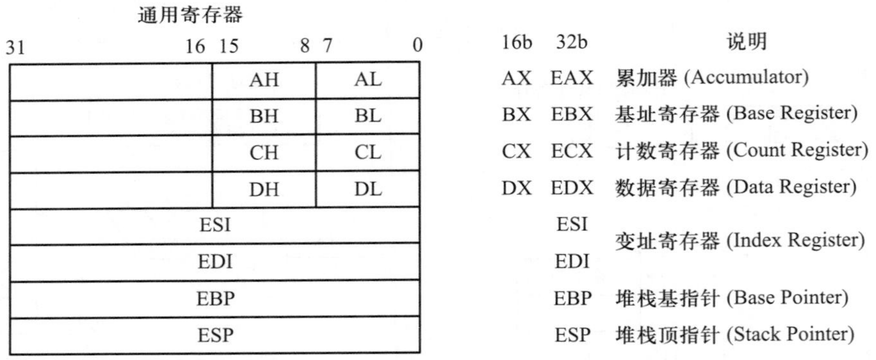

图 2-4-10　x86 处理器中的通用寄存器及说明

除 EBP 和 ESP 外，其他几个寄存器的用途是比较多的。

2. 汇编指令格式

使用不同的编程工具开发程序，用到的汇编指令格式也不相同，一般有两种不同的汇编指令格式：AT&T 格式和 Intel 格式（统考要求掌握的是 Intel 格式）。它们的区别主要体现在：

（1）AT&T 格式的指令只能用小写字母；而 Intel 格式的指令对字母的大小写不敏感。

（2）在 AT&T 格式中，第一个为源操作数，第二个为目的操作数，方向从左到右，合乎自然；在 Intel 格式中，第一个为目的操作数，第二个为源操作数，方向从右到左。

（3）在 AT&T 格式中，寄存器需要加前缀"%"，立即数需要加前缀"$"；在 Intel 格式中，寄存器和立即数都不需要加前缀。

（4）在内存寻址方面，AT&T 格式使用"（"和"）"；而 Intel 格式使用"［"和"］"。

（5）在处理复杂寻址方式时，例如，AT&T 格式的内存操作数"disp（base,index,scale）"分别表示

偏移量、基址寄存器、变址寄存器和比例因子，如"8(%edx,%eax,2)"表示操作数为 M[R[edx]+R[eax]*2+8]，其对应 Intel 格式的操作数为"[edx+eax*2+8]"。

（6）在指定数据长度方面，AT&T 格式在操作码的后面紧跟一个字符，表明操作数大小，"b"表示 byte、"w"表示 word，"l"表示 long。Intel 格式是在操作码后面显式地注明 byte ptr、word ptr 或 dword ptr。

表 2-4-2 展示了几条不同指令的两种格式。其中，mov 指令用于在内存和寄存器或寄存器之间移动数据；lea 指令用于将一个内存地址（而不是其所指的内容）加载到目的寄存器。

表 2-4-2　AT&T 格式指令和 Intel 格式指令的对比

AT&T 格式	Intel 格式	含义
Mov $100,%eax	mov eax,100	$100 \rightarrow R[eax]$
mov %eax,%ebx	mov ebx,eax	$R[eax] \rightarrow R[ebx]$
mov %eax,(%ebx)	mov [ebx],eax	$R[eax] \rightarrow M[R[ebx]]$
mov %eax,-8(%ebp)	mov [ebp-8],eax	$R[eax] \rightarrow M[R[ebp]-8]$
lea 8(%edx,%eax,2),%eax	lea eax,[edx+eax*2+8]	$R[edx]+R[eax]*2+8 \rightarrow R[eax]$
movl %eax,%ebx	mov dword ptr ebx,eax	长度为 4 字节的 $R[eax] \rightarrow R[ebx]$

注：R[r] 表示寄存器 r 的内容，M[addr] 表示主存单元 addr 的内容，→表示信息传送方向。

两种汇编指令格式的相互转换并不复杂，但历年统考真题均采用的是 Intel 格式。

4.3.2　过程调用的机器级表示

假定过程 P（调用者）调用过程 Q（被调用者），过程调用的执行步骤如下：

（1）P 将入口参数（实参）放在 Q 能访问到的地方。

（2）P 将返回地址存到特定的地方，然后将控制转移到 Q。

（3）Q 保存 P 的现场（通用寄存器的内容），并为自己的非静态局部变量分配空间。

（4）执行过程 Q。

（5）Q 恢复 P 的现场，将返回结果放到 P 能访问到的地方，并释放局部变量所占空间。

（6）Q 取出返回地址，将控制转移到 P。

第（2）步是由 call 指令实现的，第（6）步通过 ret 指令返回过程 P。在上述步骤中，需要为入口参数、返回地址、过程 P 的现场、过程 Q 的局部变量、返回结果找到存放空间。但用户可见的寄存器数量有限，为此需要设置一个专门的存储区域来保存这些数据，这个存储区域就是栈。寄存器 EAX、ECX 和 EDX 是调用者保存寄存器，其保存和恢复的任务由过程 P 负责，当 P 调用 Q 时，Q 就可以直接使用这 3 个寄存器。寄存器 EBX、ESI、EDI 是被调用者保存寄存器，Q 必须先将它们的值保存在栈中才能使用它们，并在返回 P 之前先恢复它们的值。每个过程都有自己的栈区，称为栈帧，因此，一个栈由若干栈帧组成。栈指针寄存器 EBP 指示栈帧的起始位置（栈底），栈指针寄存器 ESP 指示栈顶，栈从高地址向低地址增长，因此，当前栈帧的范围在栈指针 EBP 和 ESP 指向的区域之间。

下面用一个简单的 C 语言程序来说明过程调用的机器级实现。

```
int add(int x,int y){
    return x+y;
}

int caller(){
    int temp1=125;
    int temp2=80;
    int sum=add(temp1,temp2);
    return sum;
}
```

经 GCC 编译后，caller 过程对应的代码如下（#后面的文字是注释）。

```
caller:
push   ebp
mov    ebp,esp
sub    esp,24
mov    [ebp-12],125          #M[R[ebp]-12]←125,即 temp1=125
mov    [ebp-8],80            #M[R[ebp]-8]←80,即 temp2=80
mov    eax,dword ptr [ebp-8]  #R[eax]←M[R[ebp]-8],即 R[eax]=temp2
mov    [esp+4],eax           #M[R[esp]+4]←R[eax],即 temp2 入栈
mov    eax,dword ptr [ebp-12] #R[eax]←M[R[ebp]-12],即 R[eax]=temp1
mov    [esp],eax             #M[R[esp]]←R[eax],即 temp1 入栈
call   add                   #调用 add,将返回值保存在 eax 中
mov    [ebp-4],eax           #M[R[ebp]-4]←R[eax],即 add 返回值送 sum
mov    eax,dword ptr [ebp-4]  #R[eax]←M[R[ebp]-4],即 sum 作为返回值
leave
ret
```

图 2-4-11 给出了 caller 栈帧的状态，假定 caller 被过程 P 调用。执行第 4 行指令后 ESP 所指的位置如图中所示，可以看出 GCC 为 caller 的参数分配了 24 字节的空间。从汇编代码可以看出，caller 中只使用了调用者保存寄存器 EAX，没有使用任何被调用者保存寄存器，因而在 caller 栈帧中无须保存除 EBP 以外的任何寄存器的值；caller 有 3 个局部变量 $temp1$、$temp2$ 和 sum，皆被分配在栈帧中；在用 call 指令调用 add 函数之前，caller 先将入口参数从右向左依次将 $temp2$ 和 $temp1$ 的值（即 80 和 125）保存到栈中，在执行 call 指令时再把返回地址压入栈中。此外，在最初进入 caller 时，还将 EBP 的值压入了栈中，因此 caller 的栈帧中用到的空间占 4+12+8+4=28 字节。但是，caller 的栈帧总共有 4+24+4=32 字节，浪费了 4 字节空间。这是因为 GCC 为保证数据的严格对齐而规定每个函数的栈帧大小必须是 16 字节的倍数。

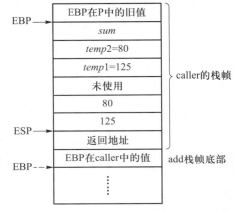

图 2-4-11　caller 和 add 的栈帧

call 指令执行后，add 函数的返回参数存放在 EAX 中，因而在 call 指令后面的两条指令中，指令 "mov ［ebp-4］,eax" 将 add 的结果存入 sum 变量的存储空间，其变量的地址为 R[ebp]-4；指令 "mov eax,dword ptr[ebp-4]" 将 sum 变量的值作为返回值送到寄存器 EAX 中。

在执行 ret 指令之前，应将当前栈帧释放掉，并恢复旧 EBP 的值，上述 leave 指令实现了这个功能，leave 指令功能相当于以下两条指令的功能。

```
mov    esp,ebp
pop    ebp
```

其中，第一条指令使 ESP 指向当前 EBP 的位置；第二条指令执行后，EBP 恢复为 P 中的旧值，并使 ESP 指向返回地址。

执行完 leave 指令后，ret 指令就可以从 ESP 所指处取返回地址，以返回 P 执行。当然，编译器也可以通过 pop 指令和对 ESP 的内容做加法来进行退栈操作，而不一定要使用 leave 指令。

add 过程经 GCC 编译并进行链接后对应的代码如下：

```
8048469:55              push ebp
804846a:89 e5           mov  ebp,esp
804846c:8b 45 0c        mov  eax,dword ptr [ebp+12]
804846f:8b 55 08        mov  edx,dword ptr [ebp+8]
8048472:8d 04 02        lea  eax,[edx+eax]
8048475:5d              pop  ebp
8048476:c3              ret
```

通常，一个过程对应的机器级代码有 3 个部分：准备阶段、过程体和结束阶段。

上述第 1、2 行指令是准备阶段的代码段，它通过将当前栈指针 ESP 传送到 EBP 来完成将 EBP 指向当前栈帧底部的任务，如图 2-4-11 所示，EBP 指向 add 栈帧底部，从而可以方便地通过 EBP 获取入口参数。这里 add 的入口参数 x 和 y 对应的值（125 和 80）分别在地址为 R[ebp]+8、R[ebp]+12 的存储单元中。

上述第 3、4、5 行指令是过程体的代码段，过程体结束时将返回值放在 EAX 中。这里好像没有加法指令，实际上第 5 行 lea 指令执行的是加法运算 R[edx]+R[eax] $* 1=x+y$。

上述第 6、7 行指令是结束阶段的代码段，通过将 EBP 弹出栈帧来恢复 EBP 在 caller 过程中的值，并在栈中退出 add 过程的栈帧，使得执行到 ret 指令时栈顶中已经是返回地址。这里的返回地址应该是 caller 代码中第 12 行指令 "mov [ebp-4],eax" 的地址。

add 过程中没有用到任何被调用者保存寄存器，没有局部变量，此外，add 不再调用其他过程，因而也没有入口参数和返回地址要保存，因此，在 add 的栈帧中除了需要保存 EBP 以外，无须保留其他任何信息。

4.3.3 选择语句的机器级表示

常见的选择语句有 if-then、if-then-else 等。编译器通过条件码（标志位）设置指令和各类转移指令来实现程序中的选择语句。条件码描述了最近的算术或逻辑运算操作的属性，可以检测这些寄存器来执行条件分支指令，最常用的条件码有 CF、ZF、SF 和 OF。

常见的算术逻辑运算指令（add、sub、imul、or、and、shl、inc、dec、not、sal 等）会设置条件码，还有 cmp 和 test 指令只设置条件码而不改变任何其他寄存器。

条件跳转指令 **jcondition**（如 je、jne、jz、jg、jge、jl 等）就是根据条件码 ZF 和 SF 来实现跳转的。

if-else 语句的通用形式如下：

```
if(test_expr)
    then_statement
else
    else_statement
```

这里的 test_expr 是一个整数表达式，它的取值为 0（假）或非 0（真）。两个分支语句（then_statement 或 else_statement）只会执行一个。

这种通用形式可以被翻译成如下的 goto 语句形式：

```
t =test_expr;
if(! t)
    goto false;
then_statement
goto done;
false:
else_statement
done:
```

对于下面的 C 语言函数：

```
int get_cont(int * p1,int * p2){
    if(p1>p2)
        return * p2;
    else
        return * p1;
}
```

已知 p1 和 p2 对应的实参已被压入调用函数的栈帧，它们对应的存储地址分别为 R［ebp］+8、R［ebp］+12（EBP 指向当前栈帧底部），返回结果存放在 EAX 中。其对应的汇编代码为：

```
mov   eax,dword ptr [ebp+8]        #R[eax]←M[R[ebp]+8],即 R[eax]=p1
mov   edx,dword ptr [ebp+12]       #R[edx]←M[R[ebp]+12],即 R[edx]=p2
cmp   eax,edx                      #比较 p1 和 p2,即根据 p1-p2 的结果置标志
jbe   .L1                          #若 p1<=p2,则转标记 L1 处执行
mov   eax,dword ptr [edx]          #R[eax]←M[R[edx]],即 R[eax]=M[p2]
jmp   .L2                          #无条件跳转到标记 L2 执行
.L1:
mov   eax,dword ptr [eax]          #R[eax]←M[R[eax]],即 R[eax]=M[p1]
.L2:
```

p1 和 p2 是指针型参数，故在 32 位机器中的长度是 dword ptr，比较指令 cmp 的两个操作数都应来自寄存器，故应先将 p1 和 p2 对应的实参从栈中取到通用寄存器，比较指令执行后得到各个条件码，然后根据各条件码的组合选择执行不同的指令，因此需要用到条件转移指令。

4.3.4 循环语句的机器级表示

常见的循环语句有 while、for 和 do-while 语句。汇编语言中没有相应的指令存在，可以用条件测试和跳转指令的组合来实现循环的效果，大多数编译器将前两种循环语句都转换为 do-while 语句形式来产生机器代码。在循环结构中，通常使用条件转移指令来判断循环的结束。

1. do-while 循环

do-while 循环语句的通用形式如下：

```
do
    body_statement
    while(test_expr);
```

这种通用形式可以被翻译成如下所示的条件和 goto 语句：

```
loop:
body_statement
t=test_expr;
if(t)
    goto loop;
```

每次循环，程序会执行循环体里的语句，body_ statement 至少会执行一次，然后执行测试表达式。如果测试为真，就继续执行循环。

2. while 循环

while 循环语句的通用形式如下：

```
while(test_expr)
    body_statement
```

与 do-while 循环的不同之处在于，第一次执行 body_statement 之前，就会测试 test_expr 的值，循环可能未开始就中止了。GCC 通常会将其翻译成条件分支加 do-while 循环的方式。

用如下模板来表示这种方法，把通用的 while 循环格式翻译成 do-while 循环：

```
t =test_expr;
if(! t)
    goto done;
do
    body_statement
    while(test_expr);
done:
```

相应地，进一步把它翻译成 goto 语句：

```
t =test_expr;
if(! t)
    goto done;
loop:
body_statement
t =test_expr;
if(t)
    goto loop;
done:
```

3. for 循环

for 循环语句的通用形式如下：

```
for(init_expr;test_expr;update_expr)
    body_statement
```

这个 for 循环的行为与下面这段 while 循环代码的行为一样：

```
init_expr;
while(test_expr){
    body_statement
    update_expr;
}
```

进一步把它翻译成 goto 语句：

```
init_expr;
t =test_expr;
if(! t)
    goto done;
loop:
body_statement
update_expr;
t =test_expr;
if(t)
    goto loop;
done:
```

下面是一个用 for 循环语句写的自然数求和的函数：

```
int nsum_for(int n){
    int i;
    int result=0;
    for(i=1;i<=n;i++)
        result+=i;
    return result;
}
```

上述代码中 for 循环的不同组成部分如下：

init_expr $i=1$
test_expr $i<=n$
update_expr $i++$
body_statemen $result+=i$

通过替换前面给出模板中的相应位置，很容易把 for 循环转换为 while 或 do-while 循环。将这个函数翻译为 goto 语句代码后，不难得出其过程体的汇编代码：

```
mov  ecx,dword ptr [ebp+8]    #R[ecx]←M[R[ebp]+8],即 R[ecx]=n
mov  eax,0                    #R[eax]←0,即 result=0
mov  edx,1                    #R[edx]←1,即 i=1
cmp  edx,ecx                  #Compare R[edx]:R[ecx],即比较 i:n
jg   .L2                      #If greater,转跳到 L2 执行
.L1:                          #loop:
add  eax,edx                  #R[eax]←R[eax]+R[edx],即 result+=i
add  edx,1                    #R[edx]←R[edx]+1,即 i++
cmp  edx,ecx                  #比较 R[edx]和 R[ecx],即比较 i:n
jle.L1                        #If less or equal,转跳到 L1 执行
.L2:
```

已知 n 对应的实参已被压入调用函数的栈帧，其对应的存储地址为 R[ebp]+8，过程 nsum_for 中的局部变量 i 和 result 被分别分配在寄存器 EDX 和 EAX 中，返回参数在 EAX 中。

4.4 CISC 和 RISC 的基本概念

指令系统的发展有两种截然不同的方向：一种是增强原有指令的功能，设置更为复杂的新指令实现软件功能的硬化，这类机器称为**复杂指令系统计算机**（CISC）；另一种是减少指令种类和简化指令功能，提高指令的执行速度，这类机器称为**精简指令系统计算机**（RISC）。

4.4.1 复杂指令系统计算机（CISC）

随着超大规模集成电路（VLSI）技术的发展，硬件成本不断下降，这促使人们在指令系统中增加更多、更复杂的指令，以适应不同的应用领域，因此 CISC 诞生了。CISC 的主要特点有：

（1）指令系统复杂庞大，指令数目一般为 200 条以上。
（2）指令的长度不固定，指令格式多，寻址方式多。
（3）可以访存的指令不受限制。
（4）各种指令使用频度相差很大。
（5）各种指令执行时间相差很大，大多数指令需要多个时钟周期才能完成。
（6）控制器大多采用微程序控制。有些指令非常复杂，以至于无法采用硬布线控制。
（7）难以用优化的编译程序生成高效的目标代码。

如此庞大的指令系统，对指令的设计提出了极高的要求，研制周期变得很长。后来人们发现，一味地追求指令系统的完备程度不是提高性能的唯一途径。对传统 CISC 的测试发现，典型程序中 80% 的语句仅使用系统中 20% 的指令。于是人们开始了对指令系统合理性的研究，RISC 随之诞生。

4.4.2 精简指令系统计算机（RISC）

RISC 的着眼点不仅仅是简化指令系统，而是通过简化指令系统使计算机的结构更加简单合理，从而提高处理速度，其主要途径是减少指令的执行周期数。RISC 的主要特点有：

（1）选取使用频率高的一些简单指令，复杂指令的功能由简单指令的组合来实现。

（2）指令长度固定，指令格式种类少，寻址方式种类少。

（3）只有 Load/Store（取数/存数）指令访存，其余指令的操作都在寄存器之间进行。

（4）尽量使用寄存器-寄存器指令，CPU 中通用寄存器的数量相当多。

（5）RISC 采用指令流水线技术，大部分指令在一个时钟周期内完成。

（6）以硬布线控制为主，不用或少用微程序控制。

（7）特别重视编译优化工作，以减少程序执行时间。

从指令系统兼容性看，CISC 大多能实现软件兼容，即高档机包含了低档机的全部指令，并能加以扩充。但 RISC 简化了指令系统，指令少，格式也不同于低档机，因此通常不能与低档机兼容。

当前在设计指令系统时，向着 RISC 和 CISC 结合、取长补短的方向发展。

4.4.3 CISC 和 RISC 的比较

和 CISC 相比，RISC 的优点主要体现在以下几方面：

（1）RISC 更能充分利用 VLSI 芯片的面积。CISC 大多采用微程序控制，其控制存储器占 CPU 芯片面积的 50% 以上；RISC 采用组合逻辑控制，其硬布线逻辑只占 CPU 芯片面积的 10% 左右，空出的面积可供其他功能部件使用。

（2）RISC 指令系统简单，便于设计，故机器设计周期短；逻辑简单，可靠性高。

（3）RISC 指令少，寻址方式少，这使得编译程序容易选择更优化的指令代码和寻址方式。

（4）RISC 的指令数、寻址方式和指令格式种类少，又设有多个通用寄存器，采用流水线技术，所以运算速度更快，大多数指令在一个时钟周期内完成。

CISC 与 RISC 的特点对比见表 2-4-3。

表 2-4-3　CISC 与 RISC 的特点对比

对比项目	CISC	RISC
指令系统	复杂，庞大	精简
指令数目	一般大于 200 条	一般小于 100 条
指令字长	不固定	固定
可访存指令	不加限制	只有 Load/Store 指令
各种指令执行时间	相差较大	绝大多数在一个时钟周期内完成
各种指令使用频度	相差很大	相差不大
通用寄存器数量	较少	多
目标代码	难以用优化的编译程序生成高效的目标代码	采用优化的编译程序，生成的代码较为高效
控制方式	绝大多数为微程序控制	绝大多数为组合逻辑控制
指令流水线	可以通过一定的方式实现	必须实现

4.5 同步练习

一、单项选择题

1. 零地址的运算类指令在指令格式中不给出操作数的地址，参加的两个操作数来自（   ）。
   A. 累加器和寄存器
   B. 累加器和暂存器
   C. 堆栈的栈顶和次栈顶单元
   D. 堆栈的栈顶单元和暂存器

2. 在关于二地址指令，以下论述正确的是（   ）。
   A. 在二地址指令中，运算结果通常存放在其中一个地址码所提供的地址中
   B. 在二地址指令中，指令的地址码字段存放的一定是操作数
   C. 在二地址指令中，指令的地址码字段存放的一定是寄存器号
   D. 在二地址指令中，指令的地址码字段存放的一定是操作数地址

3. 四地址指令 OP A1 A2 A3 A4 的功能为（A1）OP（A2）→A3，A4 给出下一条指令的地址，假设 A1、A2、A3、A4 都为主存地址，则完成上述指令需要访存（   ）次。
   A. 2
   B. 3
   C. 4
   D. 5

4. 某机器的指令字长为 16 位，有 8 个通用寄存器，有 8 种寻址方式，单操作数指令最多有（   ）条，双操作数指令最多有（   ）条。
   A. 1 024、16
   B. 2 048、32
   C. 256、64
   D. 1 024、32

5. 某机器字长为 32 位，主存按半字编址，每取出一条指令后 PC 值自动加 2，则指令长度是（   ）。
   A. 16 位
   B. 32 位
   C. 128 位
   D. 256 位

6. 在各种寻址方式中，关于指令的地址码字段，可能的情况有（   ）。
   Ⅰ. 寄存器编号
   Ⅱ. 设备端口地址
   Ⅲ. 存储器的单元地址
   Ⅳ. 数值
   A. Ⅰ和Ⅱ
   B. Ⅰ、Ⅱ和Ⅲ
   C. Ⅰ和Ⅲ
   D. Ⅰ、Ⅱ、Ⅲ和Ⅳ

7. 直接寻址、间接寻址、立即寻址 3 种寻址方式的指令执行速度由快至慢的排序是（   ）。
   A. 直接寻址、立即寻址、间接寻址
   B. 直接寻址、间接寻址、立即寻址
   C. 立即寻址、直接寻址、间接寻址
   D. 立即寻址、间接寻址、直接寻址

8. 在寄存器间接寻址方式中，操作数在（   ）中。
   A. 通用寄存器
   B. 堆栈
   C. 主存单元
   D. 专用寄存器

9. 设相对寻址的转移指令占两个字节，第一个字节是操作码，第二个字节是相对位移量（用补码表示），每当 CPU 从存储器取出一个字节时，则自动完成（PC）+1→PC。设当前 PC 的内容为 2003H，要求转移到地址 200AH，则该转移指令第二个字节的内容应为（   ）；若 PC 的内容为 2008H，要求转移到 2001H，则该转移指令第二个字节的内容应为（   ）。
   A. 05H
   B. 07H
   C. F8H
   D. F7H

10. 变址寻址、相对寻址的特点分别是（   ）。
    A. 利于编制循环程序、实现程序浮动
    B. 实现程序浮动、处理数组问题
    C. 实现转移指令、利于编制循环程序
    D. 实现程序浮动、利于编制循环程序

11. 下列关于基址寻址和变址寻址的说法正确的是（   ）。
    A. 基址寄存器的内容由用户确定，在程序执行过程中不可变
    B. 变址寄存器的内容由用户确定，在程序执行过程中不可变
    C. 在程序执行过程中，变址寄存器、基址寄存器的内容都是可变的
    D. 在程序执行过程中，基址寄存器的内容不可变，变址寄存器的内容可变

12. 下列说法中不正确的是（   ）。
    A. 变址寻址时，有效数据存放在主存中
    B. 堆栈是先进后出的存储器

C. 堆栈指针 SP 的内容表示当前堆栈内所存储数据的个数

D. 内存中指令的寻址和数据的寻址是交替进行的

13. 一般来说，变址寻址经常和其他寻址方式混合使用，设变址寄存器为 IX，形式地址为 D，先间接寻址再变址寻址，则这种寻址方式的有效地址为（　　　）。

A. EA = D+(IX) 　　　 B. EA = (D)+(IX) 　　　 C. EA = (D+(IX)) 　　　 D. EA = D+IX

14. 在下列几种寻址方式中，访问存储器速度最慢的是（　　　）。

A. 相对寻址 　　　　　　　　　　　　　B. 寄存器间接寻址

C. 变址寻址 　　　　　　　　　　　　　D. 先相对寻址后间接寻址

15. 某计算机按字节编址，采用大端方式存储。其中，某指令的一个操作数的机器数为 ABCD 00FFH，该操作数采用基址寻址方式，指令中形式地址（用补码表示）为 FF00H，当前基址寄存器的内容为 C000 0000H，则该操作数的 LSB（即 FFH）存放的地址是（　　　）。

A. C000 FF00H 　　　 B. C000 FF03H 　　　 C. BFFF FF00H 　　　 D. BFFF FF03H

16. 以下有关使用 GCC 生成 C 语言程序可执行文件的叙述中，错误的是（　　　）。

A. 第一步预处理，对#include、#define、#ifdef 等预处理命令进行处理

B. 第二步编译，将预处理结果编译转换为二进制形式的汇编语言代码

C. 第三步汇编，将汇编语言代码汇编转换为机器指令表示的机器语言代码

D. 第四步链接，将多个模块的机器语言代码链接生成可执行文件

17. 在下列几个选项中，不符合 RISC 指令系统特征的是（　　　）。

A. 多采用微程序控制方式，以期更快的设计速度

B. 指令格式简单，指令数目少

C. 寻址方式少且简单

D. 所有指令的平均执行时间约为一个时钟周期

二、综合应用题

1. 某机器采用一地址格式的指令系统，允许直接寻址和间接寻址。机器配备有如下硬件：ACC、MAR、MDR、PC、X、MQ、IR 以及变址寄存器 R_X 和基址寄存器 R_B，均为 16 位。

（1）若采用单字长指令，共能完成 105 种操作，则指令一次间接寻址的范围是多少？

（2）若采用双字长指令，操作码位数及寻址方式不变，则指令可直接寻址的范围又是多少？写出其指令格式并说明各字段的含义。

（3）若存储字长不变，可采用什么方法访问容量为 8 MB 的主存？

2. 某机器存储器容量为 64 K×16 位，该机器访存指令格式如下：

OP		M	I	X	A	
0	3	4　5	6	7	8	15

其中，M 为寻址特征（0 为直接寻址，1 为基址寻址，2 为相对寻址，3 为立即寻址，立即数用补码表示）；I 为间接寻址特征（I=1 间接寻址）；X 为变址寻址特征（X=1 变址寻址）。

设 PC 为程序计数器，R_X 为变址寄存器，R_B 为基址寄存器，试问：

（1）该指令能定义多少种操作？

（2）立即寻址操作数的范围是多少？

（3）在非间接寻址情况下，除立即寻址外，写出每种寻址方式计算有效地址的表达式。

（4）设基址寄存器为 14 位，在非变址直接基址寻址时，指令的寻址范围是多少？

（5）间接寻址时，寻址范围是多少？若允许多次间接寻址，寻址范围是多少？

3. 某台字长和地址都为 16 位的计算机，程序计数器为 PC，内存以字编址。在地址为 2003H 的内存中，有一条无条件相对转移指令，其机器码为 41FCH，其中的操作码为 8 位，请计算相对转移的具体地址。

4. 一段 C 语言程序代码如下：

```
#inlcude<stdio.h>
#define N 4
int s=0;
int buf[4]={-259,-126,-1,60};
int sum(){
    int i;
    for(i=0;i<N;i++)
        s+=buf[i];
    return s;
}
extern int s;
void main(){
    s=sum();
    printf("sum=%d\n",s);
}
```

在某 32 位 Linux 平台上，用 GCC 编译驱动程序处理上述源程序，生成的可执行文件名为 test，使用 "objdump-d test" 得到 sum 函数的反汇编结果如下（提示：该汇编指令中加 $ 表示常量，加 % 表示寄存器）。

```
8048448:      55                       push  %ebp
8048449:      89 e5                    mov %esp,%ebp
804844b:      83 ec 10                 sub  $0x10,%esp
804844e:      c7 45 fc 00 00 00 00     movl $0x0,-0x4(%ebp)
8048455:      eb 1a                    jmp  8048471<sum+0x29>
8048457:      8b 45 fc                 mov  -0x4(%ebp),%eax
804845a:      8b 14 05 dc 96 04 08     mov 0x80496dc(,%eax,4),%edx
8048461:      a1 f0 96 04 68           mov 0x80496f0,%eax
8048466:      01 d0                    add %edx,%eax
8048468:      a3 f0 96 04 08           mov %edx,0x80496f0
804846d:      83 45 fc 01              addl $0x1,-0x4(%ebp)
8048471:      83 7d fc 03              cmpl $0x3,-0x4(%ebp)
8048475:      7e e0                    jle  8048457<sum+0xf>
8048477:      a1 f0 96 04 08           mov 0x80496f0,%eax
804847c:      c9                       leave
804847d:      c8                       ret
```

请回答下列问题：

（1）已知数据采用小端方式存储，数组 buf 的首地址为 80496dc，则 80496dc、80496de 这两个存储单元的内容分别是什么（用十六进制表示）？

（2）8048455 处的指令是什么类型的指令？该指令对于指令流水线有什么影响？

（3）sum 函数机器代码占多少字节？设页面大小为 4 KB，则 sum 函数占据几页？页号分别为多少？

（4）在执行 sum 函数过程中，访问指令和访问数据各发生几次缺页？

答案与解析

一、单项选择题

1. C

零地址的运算类指令又称为堆栈运算指令，参与的两个操作数来自堆栈的栈顶和次栈顶单元。

2. A

选项 B、C 和 D 都是可能的情况，而不是一定。

3. C

取指令需要访存 1 次，取两个操作数访存 2 次，保存运算结果访存 1 次，共需访存 4 次。

4. A

由题意可知，通用寄存器需 3 位，寻址方式需 3 位，对单操作数指令来说，剩下 10 位为操作码，即 1 024（2^{10}）条指令；对双操作数指令来说，有 $16-2\times(3+3)=4$ 位操作码，即 16 条指令。

5. B

由于主存按半字编址，即存储字长为 16 位。由于每取出一条指令后 PC 值自动加 2，说明指令字长为存储字长的两倍，即 32 位。

6. D

在指令执行过程中，需要操作的数据可能存放在主存、主存的堆栈区、寄存器、或 I/O 端口中，数据本身也可能包含在指令中（立即数）。所以 Ⅰ、Ⅱ、Ⅲ 和 Ⅳ 都可能作为指令的地址码。

7. C

立即寻址不需要访存，故最快；直接寻址需访存 1 次，间接寻址至少需访存 2 次。

8. C

在寄存器间接寻址方式中，寄存器中存放的是操作数的地址，主存单元存放的是操作数。

9. A、D

由于转移指令占两个字节，当 PC 的内容为 2003H 时，执行完转移指令后，PC 的内容为 2005H，所以有 200AH−2005H＝05H；当 PC 的内容为 2008H 时，执行完转移指令后 PC 的内容为 200AH，所以有 2001H−200AH＝−9H，用补码表示为 F7H。

10. A

变址寻址便于处理数组问题和编制循环程序；而相对寻址可使程序的转移地址不固定，无论程序在主存的哪段区域，都可正确运行，对于编制浮动程序特别有利。

11. D

基址寄存器的内容由操作系统或管理程序确定，在程序的执行过程中其值不可变，而指令字中的 A 是可变的；变址寄存器的内容是由用户设定的，在程序执行过程中其值可变，而指令字中的 A 是不可变的。

12. C

堆栈指针 SP 的内容表示栈顶的地址。

13. B

先间接寻址，就是先计算间接寻址的形式地址（D），后变址寻址得到操作数的地址 EA＝（D）＋（IX）。若本题改为先变址寻址再间接寻址的寻址方式，则答案应为 EA＝（D＋（IX））。

14. D

相对寻址的有效地址 EA＝（PC）＋A，访存 1 次。寄存器间接寻址的有效地址 EA＝（寄存器编号 Ri），访存 1 次。变址寻址的有效地址 EA＝（变址寄存器 IX）＋A，访存 1 次。先相对寻址后间接寻址的有效地址 EA＝（（PC）＋A），第 1 次访存取的是操作数的地址，第 2 次访存取出操作数，访存 2 次。

15. D

基址寻址操作数的有效地址为基址寄存器内容加上形式地址（可正可负），即 C000 0000H＋FF00H＝

C000 0000H＋FFFF FF00H＝BFFF FF00H。因为是大端方式存储，所以 LSB（FFH）的存放地址为 BFFF FF03H。

16. B

汇编语言代码是文本助记符形式，不是二进制形式。

17. A

RISC 的指令长度固定，指令格式种类少，寻址方式种类少，指令数目少。只有 Load/Store 指令访存，其他指令都在寄存器之间操作。RISC 采用指令流水线技术，绝大部分指令在一个时钟周期内完成。RISC 不用或少用微程序控制。

二、综合应用题

1.（1）根据 IR 和 MDR 均为 16 位，且采用单字长指令，得出指令字长为 16 位。根据 105 种操作，取操作码为 7 位。因允许直接寻址和间接寻址，且有变址寄存器和基址寄存器，因此取 2 位寻址特征，能支持 4 种寻址方式。最后得指令格式如下：

7	2	7
OP	M	A

其中，OP 为操作码，可完成 105 种操作；M 为寻址特征，可支持 4 种寻址方式；A 为形式地址。

这种格式的指令可直接寻址的范围为 $2^7 = 128$，一次间接寻址的范围为 $2^{16} = 65\ 536$。

（2）双字长指令格式如下：

7	2	7
OP	M	A_1
A_2		

其中，OP、M 的含义同上；A_1 // A_2 为 23 位形式地址。

这种格式的指令可直接寻址的范围为 $2^{23} = 8$ M。

（3）容量为 8 MB 的存储器，MDR 为 16 位，即对应 4 M×16 位的存储器。可采用双字长指令，直接访问 4 M 存储空间，此时 MAR 取 22 位；也可采用单字长指令，但 R_X 和 R_B 取 22 位，用变址寻址或基址寻址方式访问 4 M 存储空间。

2.（1）该指令能定义 16 种操作。

（2）立即寻址操作数的范围为 −128 ~ +127。

（3）直接寻址 EA = A，基址寻址 EA = (R_B) + A，变址寻址 EA = (R_X) + A，相对寻址 EA = (PC) + A。

（4）非变址直接基址寻址时 EA = (R_B) + A，R_B 为 14 位，故可寻址的范围为 2^{14}。

（5）间接寻址时，如果不考虑多次间址，寻址范围为 64 K，因为从存储器中读出的 16 位数为有效地址；如果考虑多次间接寻址，则需用最高一位作为多次间接寻址标志（"1" 为多次间接寻址），此时寻址范围为 32 K。

3. 根据题意，机器码 41FCH 为一个字长，取指后，PC 为 2004H。操作码 41H 为 8 位，偏移量 FCH 也为 8 位，符号位扩展后的 16 位偏移量是 FFFCH。转移的具体地址计算为 PC = PC + 16 位偏移量 = 2004H + FFFCH = 2000H，进到最高位的 1 自动丢失。

所以相对转移的具体地址为 2000H。

4.（1）int 占 4 字节，需要 4 个存储单元，因此 80496dc ~ 8049df 存放了 buf[0] 的内容，−259 的十六进制补码为 0xfffffefd；数据采用小端方式存储，因此 80496dc 的内容是 0xfd，080496de 的内容是 0xff。

（2）8048455 处的指令是跳转类指令，跳转类指令有可能造成指令流水线的控制阻塞。

（3）sum 函数机器代码所占字节数 = 0x804847d − 0x8048448 + 0x1 = 0x36 = 54。页面大小为 4 KB，则页内地址为低 12 位，即十六进制的后 3 位，而高 4 位为页号且都为 8048，可以看出 sum 函数存放在同一页中。

（4）调用 sum 函数时已将该页调入内存，执行时访问指令不会发生缺页。根据汇编代码，得到变量 s 的地址为 0x80496f0，数组 buf 首地址为 0x80496dc（每循环一次+0x4，共循环 4 次），前 16 位是标记位，因此 s 和 buf 存放在同一页，且与 sum 函数不在同一页，访问 s 和 buf 一共会产生 1 次缺页中断。

第 5 章 中央处理器 (CPU)

【真题分布】

主要考点	考查次数	
	单项选择题	综合应用题
CPU 的功能和基本结构	5	4
指令执行过程	2	2
数据通路的功能和基本结构	3	4
控制器的功能和工作原理	6	5
指令流水线	10	2
多处理器的基本概念	1	0

【复习要点】

（1）运算器和控制器的组成，各种寄存器的功能和特性（特别是透明性、位数关系）。

（2）指令周期的概念，3 种指令执行方式的特点。

（3）数据通路的结构，数据通路中的数据传送流程和控制信号。

（4）硬布线控制器的概念、原理，微操作命令分析，控制方式。

（5）微程序控制器的概念、原理、相关术语，微程序控制器的组成和工作过程，微指令的编码方式及特点，微指令的地址形成方式，微指令的格式及特点，两种控制器的比较。

（6）异常和中断的概念、特点，异常和中断的分类，异常和中断的响应过程。

（7）指令流水的定义、原则和特点，时空图表示法，流水线的数据通路，流水线的 3 种冒险与处理，流水线的性能指标，高级流水线技术（多发射技术和超标量技术）。

（8）flynn 分类法，硬件多线程和超线程、多核处理器、共享内存多处理器的概念。

5.1 CPU 的功能和基本结构

5.1.1 CPU 的功能

中央处理器（CPU）由运算器和控制器组成。控制器的功能是协调并控制计算机各部件执行程序的指令序列，包括取指令、分析指令和执行指令；运算器的功能是对数据进行加工。CPU 的功能包括：

- 指令控制：完成取指令、分析指令和执行指令的操作，即程序的顺序控制。
- 操作控制：产生完成一条指令所需的操作信号，把各种操作信号送到相应的部件，从而控制这些部件按指令的要求正确执行。
- 时间控制：严格控制各种操作信号的出现时间、持续时间及出现的时间顺序。
- 数据加工：对数据进行算术和逻辑运算。
- 中断处理：对计算机运行过程中出现的异常情况和特殊请求进行处理。

5.1.2 CPU 的基本结构

1. 运算器

运算器接收从控制器送来的命令，对数据执行算术运算、逻辑运算或条件测试。运算器主要由算术逻辑单元（ALU）、暂存寄存器、累加寄存器（ACC）、通用寄存器组、程序状态字寄存器（PSW）、移位器、计数器等组成。

- 算术逻辑单元：主要功能是进行算术/逻辑运算。
- 暂存寄存器：用于暂存从主存或通用寄存器读来的数据。暂存寄存器对应用程序员是透明的。
- 累加寄存器：用于暂存 ALU 运算的结果信息，可以作为加法运算的一个输入端。
- 通用寄存器组：用于存放操作数和各种地址信息等。SP 是堆栈指针，指示栈顶的地址。
- 程序状态字寄存器：保留算术/逻辑运算指令或测试指令的运行结果建立的各种状态信息，如溢出标志（OF）、符号标志（SF）、零标志（ZF）、进位标志（CF）等。

2. 控制器

控制器是整个系统的指挥中枢，控制器的功能是根据指令操作码、指令的执行步骤和条件信号来形成当前计算机各部件要用到的控制信号。控制器由程序计数器（PC）、指令寄存器（IR）、指令译码器（ID）、主存地址寄存器（MAR）、主存数据寄存器（MDR）、时序系统和操作控制器等组成。

- 程序计数器：用于指出下一条指令在主存中的存放地址。若 PC 和主存均按字节编址，则 PC 的位数等于主存地址位数。
- 指令寄存器：用于保存当前正在执行的指令，IR 的位数等于指令字长。
- 指令译码器：仅对操作码字段进行译码，向控制器提供特定的操作信号。
- 主存地址寄存器：用于存放要访问的主存单元的地址，MAR 的位数等于主存地址线数，它反映了最多可寻址的存储单元个数。
- 主存数据寄存器：用于存放向主存写入的信息或从主存读出的信息，MDR 的位数等于存储字长。当 CPU 与主存交换信息时，都要用到 MAR 和 MDR。
- 时序系统：用于产生各种时序信号，它们都由统一时钟（CLOCK）整形和分频得到。
- 操作控制器：按照指令功能产生各种控制信号。

注意：CPU 内部寄存器大致可分为两类：一类是用户可见寄存器，可对这类寄存器编程，如通用寄存器组、程序状态字寄存器、PC；另一类是用户不可见寄存器，不可对这类寄存器编程，如 MAR、MDR、IR。

5.2 指令的执行过程

5.2.1 指令的执行

CPU 执行指令时，首先进入取指周期，从 PC 指出的主存单元中取出指令，送至指令寄存器，同时 PC 加 "1" 以作为下一条指令的地址。当遇到转移指令等改变执行顺序的指令时，在 PC+ "1" 后会重新计算并更新 PC 值。然后判断是否有间接寻址，如果有，进入间址周期以获取操作数的有效地址。之后进入执行周期，完成取操作数、执行运算和存操作数的任务。执行周期结束后，如果 CPU 检测到中断请求，则进入中断周期，此时需要关中断、保存断点、修改 PC 值为中断服务程序的入口地址，并转向中断服务程序，关于中断的具体内容，见本部分 5.5 节。

5.2.2 指令执行方案

指令周期是指从取指令、指令译码到执行完该指令所需的全部时间。一个指令周期通常包含若干个机器周期（执行步骤），每个步骤完成指令的一部分功能，几个依次执行的步骤完成这条指令的全部功能。在计算机中，指令和数据都以二进制代码的形式存放在内存中，然而 CPU 却能识别这些二进制代码：CPU 根据所处的周期能迅速准确地判断哪些是指令，哪些是数据，并将它们送往相应的地方。

出于性能和硬件成本等方面的考虑，可以选用 3 种不同的方案来安排指令的执行步骤。

1. 单指令周期方案

安排所有指令都在相同的时间内完成，称为**单指令周期方案**。每条指令都在一个时钟周期内完成

（即 CPI＝1），指令之间串行执行。因此，时钟周期取决于执行时间最长的指令的执行时间。对于那些本来可在更短时间内完成的指令，要使用这个较长的周期来完成，会降低整个系统的运行速度。单指令周期 CPU 实现简单，但资源利用率不高、性能较低。

2. 多指令周期方案

对不同类型的指令选用不同的执行步骤，称为**多指令周期方案**。指令需要几个周期就为其分配几个周期，因此可选用不同个数的时钟周期来完成不同指令的执行过程（即 CPI>1），而不再要求所有指令占用相同的时间。多指令周期 CPU 提高了指令执行速度和资源利用率。

3. 流水线方案

指令之间可以并行执行的方案，称为**流水线**方案。其追求的目标是力争在每个时钟周期内完成一条指令的执行过程（只在理想情况下才能达到该效果，此时 CPI＝1），使系统运行效率得到更大提高。这种方案在每个时钟周期启动一条指令，尽量让多条指令同时运行，但各自处在不同的执行步骤中。

5.3 数据通路的功能和基本结构

5.3.1 数据通路的功能

随着技术的发展，更多的功能逻辑部件被集成到 CPU 芯片中，但不论 CPU 内部结构多复杂，它都可看成由数据通路（Datapath）和控制部件（Control Unit）两大部分组成。

数据在指令执行过程中所经过的路径，包括路径上的部件称为**数据通路**，ALU、通用寄存器、状态寄存器、异常和中断处理逻辑等都是指令执行时数据流经的部件，都属于数据通路的一部分。数据通路描述了信息从哪里开始，中间经过哪些部件，最后被传送到哪里。数据通路由**控制部件**控制，控制部件根据每条指令功能的不同，生成对数据通路的控制信号。

5.3.2 数据通路的组成

组成数据通路的元件主要分为组合逻辑元件和时序逻辑元件两类。

1. 组合逻辑元件（操作元件）

任何时刻产生的输出仅取决于当前的输入。组合电路<u>不含存储信号的记忆单元</u>，也不受时钟信号的控制，输出与输入之间无反馈通路，信号是单向传输的。数据通路中的组合逻辑元件有加法器、算术逻辑部件（ALU）、译码器、多路选择器、三态门等，常用的如图 2-5-1 所示。

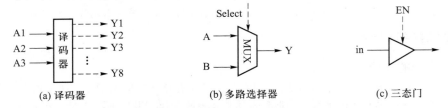

(a) 译码器　　　　　(b) 多路选择器　　　　　(c) 三态门

图 2-5-1　数据通路中的几种常用的组合逻辑元件

图中虚线表示控制信号，译码器可用于操作码或地址码译码，n 位输入对应 2^n 种不同组合，因此有 2^n 个不同输出。多路选择器（MUX）需要控制信号 Select 确定选择哪个输入被输出。三态门可看作一种控制开关，由控制信号 EN 决定信号线的通断，当 EN＝1 时，三态门被打开，输出信号等于输入信号；当 EN＝0 时，输出端呈高阻态（隔断态），所连寄存器与总线断开。

2. 时序逻辑元件（状态元件）

任何时刻的输出不仅与该时刻的输入有关，还与该时刻以前的输入有关，因而时序电路必然包含存储记忆单元。此外，时序电路必须在时钟节拍下工作。各类寄存器和存储器，如通用寄存器组、程序计数器、状态/移位/暂存/锁存寄存器等，都属于时序逻辑元件。

5.3.3 数据通路的基本结构

数据通路的基本结构主要有以下几种：

单总线方式：将 ALU 及所有寄存器都连接到一条公共的内部总线上。这种结构比较简单，但数据传输存在较多的冲突现象，性能较低。如图 2-5-2 所示为单总线的数据通路和控制信号。

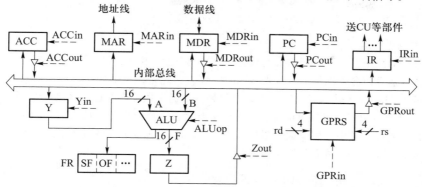

图 2-5-2　单总线的数据通路和控制信号

在图 2-5-2 中，GPRs 为通用寄存器组，rs、rd 分别为所读、写的通用寄存器的编号；Y 和 Z 为暂存器；FR 为标志寄存器，用于存放 ALU 产生的标志信息。带箭头虚线表示控制信号，字母加 "in" 表示该部件允许写入，字母加 "out" 表示该部件允许输出。MDRin 表示将内部总线上信息写入 MDR，MDRout 表示将 MDR 的内容送入内部总线。能输出到内部总线的部件均通过一个三态门与内部总线相连，用于控制该部件与内部总线之间数据通路的连接与断开。

注意：单周期处理器（CPI＝1）不能采用单总线方式，这是因为单总线将所有寄存器连接到一条公共总线上，一个时钟周期内只允许一次操作，无法完成一条指令的所有操作。

多总线方式：将所有寄存器的输入端和输出端连接到多条公共通路上，相比单总线中一个时钟周期只允许传一个数据，多总线方式可同时在多条总线上传送不同的数据，提高了效率。

专用数据通路方式：根据指令执行过程中的数据和地址的流动方向安排连接线路，避免使用共享的总线，性能较高，但硬件量大。

5.3.4　数据通路的操作举例

下面以图 2-5-2 所示的单总线数据通路为例，介绍一些常见操作的流程及控制信号。

1. 通用寄存器之间传送数据

在寄存器和总线之间有两个控制信号：Rin 和 Rout。Rin 有效时，控制部件将总线上的信息存到寄存器 R 中，Rout 有效时，控制部件将寄存器 R 的内容送至总线。现以程序计数器 PC 为例，把 PC 的内容送至 MAR，实现该操作的流程及控制信号为：

（PC）→MAR	#PCout 和 MARin 有效，PC 内容→MAR

2. 从主存读取数据

从主存中读取的信息可能是数据或指令，现以 CPU 从主存中取指令为例，说明数据在单总线数据通路中的传送过程。实现该操作的流程及控制信号为：

（PC）→MAR	#PCout 和 MARin 有效，现行指令地址→MAR
MEM(MAR)→MDR,（PC）+1→PC	#MDRin 有效，CU 发读命令，取出指令后 PC+1
（MDR）→IR	#MDRout 和 IRin 有效，现行指令→IR

第一步，将 PC 的内容通过内部总线送至 MAR，需要 1 个时钟周期。第二步，CU 向主存发读命令，从 MAR 所指主存单元读取一个字，并送至 MDR；同时 PC 加 1，为取下一条指令做准备，需要 1 个主存周期。第三步，将 MDR 的内容通过内部总线送至 IR，需要 1 个时钟周期。

3. 将数据写入主存

将寄存器 R1 的内容写入寄存器 R2 所指的主存单元，完成该操作的流程及控制信号为：

(R1)→MDR	#R1out 和 MDRin 有效
(R2)→MAR	#R2out 和 MARin 有效
MDR→MEM(MAR)	#MDRout 有效,CU 发写命令

4. 执行算术或逻辑运算

在单总线数据通路中,每一时刻总线上只有一个数据有效。由于 ALU 是一个没有存储功能的组合逻辑元件,在其执行运算时必须保持两个输入端同时有效,因此先将一个操作数经内部总线送入暂存器 Y 保存,Y 的内容在 ALU 的 A 输入端始终有效,再将另一个操作数经内部总线直接送到 ALU 的 B 输入端。此外,ALU 的输出端不能直接与总线相连,否则其输出会通过总线反馈到输入端,影响运算结果,因此将运算结果暂存在暂存器 Z 中。假设加法指令"ADD　ACC,R1"实现将 ACC 的内容和 R1 的内容相加并写回 ACC,完成该操作的流程及控制信号为:

(R1)→Y	#R1out 和 Yin 有效,操作数→Y
(ACC)+(Y)→Z	#ACCout 和 ALUin 有效,CU 向 ALU 发加命令,结果→Z
(Z)→ACC	#Zout 和 ACCin 有效,结果→ACC

以上 3 步不能同时执行,否则会引起总线冲突,因此该操作需要 3 个时钟周期。

5. 修改程序计数器的值

转移指令通过修改程序计数器 PC 的值来达到转跳的目的。假设转移指令"JMP addr",addr 为目的转移地址,实现将 IR 中的地址字段写入 PC,完成该操作的流程及控制信号为:

Ad(IR)→PC	#IRout 和 PCin 有效

5.4　控制器的功能和工作原理

5.4.1　控制器的功能

控制器是计算机系统的指挥中心,控制器的主要功能有:

- 从主存中取出一条指令,并指出下一条指令在主存中的位置。
- 对指令进行译码或测试,产生相应的操作控制信号,以便启动规定的动作。
- 指挥并控制 CPU、主存和输入/输出设备之间的数据流动方向。

根据控制器产生微操作控制信号的方式不同,控制器可分为硬布线控制器和微程序控制器。

5.4.2　硬布线控制器

1. 硬布线控制器的基本概念

硬布线控制器又称为组合逻辑控制器,微操作控制信号由组合逻辑电路(由门电路与触发器构成的复杂网络)根据当前的指令操作码、状态和时序,即时产生。硬布线控制器通常应用于 RISC 计算机。

- 优点:控制器的速度取决于电路延迟,速度快。
- 缺点:逻辑线路固定,难以扩充和修改,结构复杂,不规整。

2. 微操作命令

硬布线控制单元具有发出各种操作命令(即控制信号)序列的功能。这些命令与指令有关,而且必须按一定次序发出,才能使机器有序地工作。对于不同的指令,控制单元发出各种不同的微操作命令。硬布线控制器的微操作命令流程图(访存指令采用间接寻址)如图 2-5-3 所示。

3. CPU 的控制方式

控制单元控制一条指令执行的过程,实质上是依次执行一个确定的微操作序列的过程。不同指令和不同微操作所需的执行时间也是不同的。主要有以下 3 种控制方式:

(1) 同步控制方式:系统有一个统一的时钟,通常以最长、最烦琐的微操作作为标准,采取完全统一的、具有相同时间间隔和相同数目的节拍作为机器周期来运行不同的指令。

这种方式的优点是控制电路简单,缺点是运行速度慢。

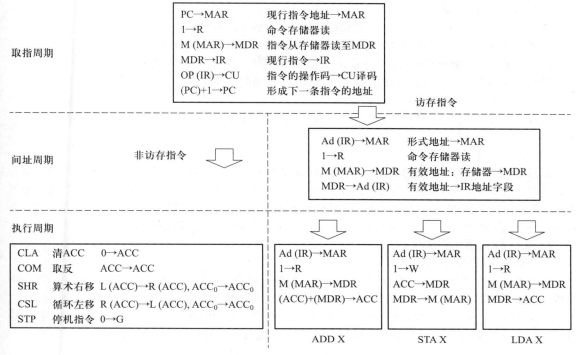

取指周期

PC→MAR	现行指令地址→MAR
1→R	命令存储器读
M (MAR)→MDR	指令从存储器读至MDR
MDR→IR	现行指令→IR
OP (IR)→CU	指令的操作码→CU译码
(PC)+1→PC	形成下一条指令的地址

访存指令

间址周期　非访存指令

Ad (IR)→MAR	形式地址→MAR
1→R	命令存储器读
M (MAR)→MDR	有效地址：存储器→MDR
MDR→Ad (IR)	有效地址→IR地址字段

执行周期

CLA	清ACC	0→ACC
COM	取反	ACC→ACC
SHR	算术右移	L (ACC)→R (ACC), ACC_0→ACC_0
CSL	循环左移	R (ACC)→L (ACC), ACC_0→ACC_0
STP	停机指令	0→G

Ad (IR)→MAR	
1→R	
M (MAR)→MDR	
(ACC)+(MDR)→ACC	

ADD X

Ad (IR)→MAR
1→W
ACC→MDR
MDR→M (MAR)

STA X

Ad (IR)→MAR
1→R
M (MAR)→MDR
MDR→ACC

LDA X

图 2-5-3　硬布线控制器的微操作命令

（2）异步控制方式：不存在基准时钟，各部件按自身固有的速度工作，通过应答方式进行联络。这种方式的优点是运行速度快，缺点是控制电路比较复杂。

（3）联合控制方式：介于同步、异步之间的一种折中方式，对不同指令的微操作实行大部分采用同步控制、小部分采用异步控制的办法。

硬布线控制的功能由逻辑门组合实现，其速度主要取决于电路延迟，因而在高速计算机中的核心部件 CPU 往往采用硬布线逻辑实现。硬布线控制器的控制信号先用逻辑式列出，经化简后用电路来实现，因此显得零乱复杂，当需要修改或增加指令时就必须重新设计电路，非常麻烦。而且指令系统功能越全，微操作命令就越多，线路越庞杂，调试也更困难。为了克服这些缺点，便产生了微程序设计方法。

5.4.3　微程序控制器

1. 微程序控制器的基本概念

微程序设计思想就是将每条机器指令编写成一个微程序，每个微程序包含若干条微指令，每条微指令对应一个或几个微操作命令。因此，执行一条指令的过程就是执行一个微程序的过程，这些微程序存储在一个控制存储器中。目前，大多数计算机都采用微程序设计技术。微程序控制器通常应用于 CISC 计算机。

- 优点：具有较好的规整性、灵活性和可维护性。
- 缺点：每条指令都要从控制存储器中取一次，影响了速度。

（1）微命令与微操作

一条机器指令可以分解成一个微操作序列，这些微操作是计算机中最基本、不可再分解的操作。在微程序控制的计算机中，控制部件向执行部件发出的各种控制命令称为微命令，它是构成控制序列的最小单位。例如，打开或关闭某个控制门的电位信号、某个寄存器的打入脉冲等。微命令和微操作是一一对应的。微命令是微操作的控制信号，微操作是微命令的执行过程。

微命令有相容性和互斥性之分。相容性微命令是指那些可以同时产生，共同完成某些微操作的微命令；而互斥性微命令是指在机器中不允许同时出现的微命令。

注意：硬布线控制器中也有微命令与微操作的概念，微命令与微操作并非微程序控制器的专有概念。

（2）微指令与微周期

微指令是若干个微命令的集合。一条微指令通常至少包含两部分信息：

① 操作控制字段，又称微操作码字段，用于产生某一步操作所需的各种操作控制信号；

② 顺序控制字段，又称微地址码字段，用于控制产生下一条要执行的微指令地址。

微周期是指从控制存储器中取出并执行一条微指令所需的全部时间，通常为一个时钟周期。

（3）主存储器与控制存储器

主存储器用于存放程序和数据，在 CPU 外部，用 RAM 实现；控制存储器（CM）用于存放微程序，在 CPU 内部，用 ROM 实现。

（4）程序与微程序

微程序和程序是两个不同的概念。程序是指令的有序集合，用于完成特定的功能；微程序是由微指令组成的，用于描述机器指令。微程序实际上是机器指令的实时解释器，是由计算机设计者事先编制好并存放在控制存储器中的。对程序员来说，计算机系统中微程序的结构和功能是透明的，无须知道。而程序最终由机器指令组成，是由软件设计人员事先编制好并存放在主存或辅存中的。

2. 微程序控制器的组成和工作过程

（1）微程序控制器的基本组成

图 2-5-4 是一个微程序控制器的基本结构图。控制存储器（CM）是微程序控制器的核心部件，由 ROM 构成，用来存放各指令对应的微程序。微指令寄存器（μPC）用来存放从 CM 中取出的微指令，它的位数同微指令字长相等。微地址形成部件用来产生初始微地址和后继微地址，以保证微指令的连续执行。微地址寄存器（μIR）接收微地址形成部件送来的微地址，用来在 CM 中读取微指令。

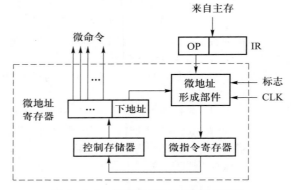

图 2-5-4　微程序控制器的基本结构

（2）微程序控制器的工作过程

在微程序控制器的控制下，计算机执行机器指令的过程如图 2-5-5 所示。

① 执行取微指令公共操作。在机器开始运行时，自动将取指微程序的入口地址送入 μIR，并从 CM 中读出相应的微指令送入 μPC。取指微程序的入口地址一般为 CM 的 0 号单元。

② 由机器指令的操作码通过微地址形成部件产生对应微程序的入口地址，并送入 μIR。

③ 从 CM 中逐条取出对应的微指令并执行。

④ 执行完一条机器指令对应的微程序后，继续回到第①步，以完成取下一条指令的公共操作。

以上是一条机器指令的执行过程，如此周而复始，直到整个程序执行完毕为止。

（3）微程序和机器指令

通常，一条机器指令对应一个微程序。由于任何一条机器指令的取指操作都是相同的，因此可将取指操作统一编成一个微程序，这个微程序只负责将指令从主存单元中取出送至指令寄存器中。

若指令系统有 n 种机器指令，则 CM 中至少有 $n+1$ 个微程序（1 个为公共的取指微程序）。此外，也可以编出对应间接寻址周期和中断周期的微程序，所以 CM 中至少有 $n+3$ 个微程序。

3. 微指令的编码方式

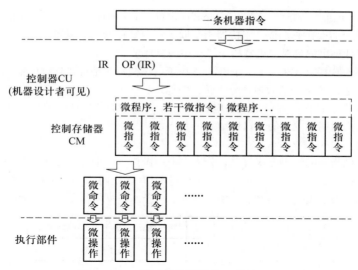

图 2-5-5　微程序控制器的工作流程图

微指令的编码是指对微指令的控制字段进行编码，以形成控制信号。

（1）直接编码方式

微指令的微命令字段中每一位都代表一条微命令，每条微命令对应一个微操作，无须进行译码，如图 2-5-6 所示。选用或不选用某条微命令，只需将表示该微命令的对应位设置成 1 或 0。

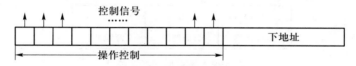

图 2-5-6　微指令的直接编码方式

- 优点：简单、直观，执行速度快，操作并行性最好。
- 缺点：微指令字长过长，n 个微命令就要求操作字段有 n 个，造成控制存储器容量极大。

（2）字段编码方式

将微指令的微命令字段分成若干小字段，把互斥性微命令设置在同一字段内，相容性微命令设置在不同的字段内。每个字段独立编码，每种编码代表一条微命令，且各字段编码的含义单独定义，如图 2-5-7 所示。

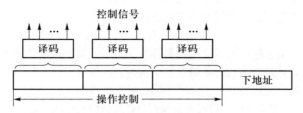

图 2-5-7　微指令的字段编码方式

这种方式可以缩短微指令字长，但因译码而降低了速度。分段的原则如下：

- 互斥性微命令分在同一段内，相容性微命令分在不同段内。
- 每个小段中包含的信息位不能太多，否则将增加译码线路的复杂性和译码时间。
- 一般每个小段还要留出一个状态，表示本字段不发出任何微命令。因此，当某字段的长度为 3 位时，最多只能表示 7 个互斥的微命令，通常用 000 表示不操作。

4. 微指令的地址形成方式

后续微地址的形成主要有以下几种基本类型：

（1）由微指令的下地址字段指出。在微指令格式中设置一个下地址字段，用来指出后续微指令的地址。

（2）根据机器指令的操作码形成。当机器指令取至指令寄存器后，微指令的地址由操作码经微地址形成部件形成，该部件输出的是对应机器指令微程序的首地址。

（3）增量计数器法，即（μPC）+1→μPC，适用于后续微指令地址是连续的情况。

（4）根据各种标志确定下一条微指令分支转移的地址。

（5）由硬件直接产生微程序入口地址。电源加电后，第一条微指令的地址可由专门的硬件电路产生，这个地址即为取指周期微程序的入口地址。

5. 微指令的格式

微指令的格式与微指令的编码方式有关，分为水平型微指令、垂直型微指令和混合型微指令 3 种。

水平型微指令。指令字中的一位对应一个控制信号，有输出时为 1，否则为 0，如图 2-5-8 所示。直接编码、字段编码和混合编码都属于水平型微指令。一条水平型微指令定义几种并行的基本操作。

A_1	A_2	...	A_{n-1}	A_n	判断测试字段	后继地址字段
操作控制					顺序控制	

图 2-5-8　水平型微指令格式

- 优点：微程序短，执行速度快，并行操作能力强。
- 缺点：微指令长。编写微程序较麻烦，用户难以掌握。

垂直型微指令。采用类似于机器指令操作码的方式，在微指令字中设置微操作码字段，采用微操作码编译法，由微操作码规定微指令的功能，如图 2-5-9 所示。一条垂直型微指令只能定义一种微命令。

μOP	Rd	Rs
微操作码	目的地址	源地址

图 2-5-9　垂直型微指令格式

- 优点：微指令短，简单规整，便于编写微程序，用户容易掌握。
- 缺点：微程序长，执行速度慢，工作效率低。

混合型微指令。在垂直型微指令的基础上增加一些不太复杂的并行操作，吸取了以上两种方式的优点。

6. 硬布线控制器和微程序控制器的特点

（1）硬布线控制器的特点

由于控制器的速度取决于电路延迟，所以硬布线控制器的优点是速度快；由于将控制部件视为专门产生固定时序控制信号的逻辑电路，所以把用最少元件和取得最高速度作为设计目标，所以其缺点是，一旦设计完成，就不可能通过其他额外修改添加新功能。

（2）微程序控制器的特点

相比组合逻辑控制器，微程序控制器的优点是具有规整性、灵活性和可维护性；由于微程序控制器采用了存储程序原理，所以其缺点是，每条指令都要从控制存储器中取一次，影响执行速度。

为便于比较，下面以表格的形式对比二者的不同，见表 2-5-1。

表 2-5-1　微程序控制器与硬布线控制器的对比

对比项	微程序控制器	硬布线控制器
工作原理	微操作控制信号以微程序的形式存放在控制存储器中，执行指令时读出即可	微操作控制信号由组合逻辑电路根据当前的指令码、状态和时序，即时产生
执行速度	慢	快
规整性	较规整	烦琐、不规整
应用场合	CISC CPU	RISC CPU
扩充性	易扩充修改	不易扩充

5.5 异常和中断机制

5.5.1 基本概念

由 CPU 内部产生的意外事件称为**异常**，有些教材也称之为**内中断**。由来自 CPU 外部的设备向 CPU 发出的中断请求称为**中断**，通常用于信息的输入/输出，有些教材也称之为**外中断**。异常是 CPU 在执行一条指令时，在其内部检测到的、与正在执行的指令相关的同步事件；而中断是一种典型的、由外部设备触发的、与当前正在执行的指令无关的异步事件。

对异常和中断处理过程的大致描述：当 CPU 在执行用户程序时检测到一个异常事件，或在执行某条指令后发现一个中断请求信号，则 CPU 会打断当前用户程序，然后转到相应的异常或中断处理程序去执行。异常和中断的处理过程基本是相同的，这也是有些教材将两者统称为中断的原因。

5.5.2 异常和中断的分类

1. 异常的分类

异常是由 CPU 内部产生的意外事件，分为硬故障中断和程序性异常。**硬故障中断**是由硬连线出现异常引起的，如存储器校验错、总线错误等。**程序性异常**也称软件中断，是指在 CPU 内部因执行指令而引起的异常事件。如整除 0、溢出、断点、单步跟踪、非法指令、栈溢出、地址越界、缺页等。

按异常发生原因和返回方式的不同，可分为故障、自陷和终止。

故障（fault）。故障是指在引起故障的指令启动后、执行结束前被检测到的异常事件。例如，在指令译码时出现"非法操作码"；在取数据时发生"缺段"或"缺页"；在执行整数除法指令时发现"除数为 0"等。对于"缺段""缺页"等异常，处理后已将所需的段或页面从磁盘调入主存，可回到发生故障的指令继续执行，断点为当前发生故障的指令；对于"非法操作码""除数为 0"等异常，因为无法通过异常处理程序恢复故障，所以不能回到原断点处执行，必须终止进程的执行。

自陷（trap）。自陷是预先安排的一种"异常"事件。通常做法是：事先在程序中用一条特殊指令来人为设置一个"陷阱"，当执行到被设置了"陷阱"的指令时，CPU 在执行完自陷指令后，根据不同"陷阱"类型自动进行相应的处理，然后返回到自陷指令的下一条指令执行。注意，当自陷指令是转移指令时，并不是返回到下一条指令执行，而是返回到转移目标指令执行。在 x86 机器中，用于程序调试的"断点设置"和单步跟踪功能就是通过陷阱机制实现的。此外，系统调用指令、条件自陷指令等都属于陷阱指令，当执行到这些指令时，无条件或有条件地自动调出操作系统内核程序执行。

故障异常和自陷异常属于程序性异常（软件中断）。

终止（abort）。如果在执行指令的过程中发生了使计算机无法继续执行的硬件故障，如控制器出错、存储器校验错等，那么程序将无法继续执行，只能终止，此时，应调出中断服务程序来重启系统。这种异常与故障和自陷不同，不是由特定指令产生的，而是随机发生的。

终止异常和外中断属于硬件中断。

2. 中断的分类

此处的**中断**是指来自 CPU 外部、与 CPU 执行指令无关的事件引起的中断，包括 I/O 设备发出的 I/O 中断（如键盘输入、打印机缺纸等），或发生某种特殊事件（如用户按 Esc 键、定时器计数时间到等）。外部 I/O 设备通过特定的中断请求信号线向 CPU 提出中断请求。中断可分为可屏蔽中断和不可屏蔽中断。

可屏蔽中断是指通过可屏蔽中断请求线 INTR 向 CPU 发出的中断请求。CPU 可以通过在中断控制器中设置相应的屏蔽字来屏蔽它或不屏蔽它，被屏蔽的中断请求将不会被送到 CPU。

不可屏蔽中断是指通过专门的不可屏蔽中断请求线 NMI 向 CPU 发出的中断请求，通常是非常紧急的硬件故障，如电源掉电等。这类中断请求信号不可被屏蔽，以让 CPU 快速处理这类紧急事件。

中断和异常在本质上是一样的，但它们之间有以下两个重要的不同点：

• "缺页"或"溢出"等异常事件是由特定指令在执行过程中产生的，而中断不和任何指令相关联，也不阻止任何指令的完成。

• 异常的检测由 CPU 自身完成，不必通过外部的某个信号通知 CPU。对于中断，CPU 必须通过中断请求线获取中断源的信息，才能知道哪个设备发生了何种中断。

此外，根据识别中断服务程序地址的方式，可分为向量中断和非向量中断；根据中断处理过程是否允许被打断，还可分为单重中断和多重中断，具体介绍见本部分第 6 章。

5.5.3 异常和中断的响应过程

CPU 在执行指令时，如果发生了异常或中断请求，必须进行相应的处理。从 CPU 检测到异常或中断事件，到调出相应的处理程序，整个过程称为**异常和中断的响应**。CPU 对异常和中断的响应过程可分为：关中断、保存断点和程序状态、识别异常和中断并转到相应的处理程序。

（1）**关中断**。在保存断点和程序状态期间，不能被新的中断所打断，因此要禁止响应新的中断，即关中断。通常通过设置"中断允许"（IF）触发器来实现，若 IF 置为 1，则为开中断，表示允许响应中断；若 IF 置为 0，表示关中断，表示不允许响应中断。

（2）**保存断点和程序状态**。为了能在异常和中断处理后正确返回到被中断的程序继续执行，必须将程序的断点（返回地址）送到栈或特定寄存器中。此外，被中断时的程序状态字寄存器的内容也需要保存在栈或特定寄存器中，在异常和中断返回时恢复到程序状态字寄存器中。

（3）**识别异常和中断并转到相应的处理程序**。对异常的识别有软件识别和硬件识别两种方式。异常和中断源的识别方式不同，异常大多采用软件识别方式，而中断则可采用软件识别方式或硬件识别方式。

软件识别方式是指 CPU 设置一个异常状态寄存器，用于记录异常原因。操作系统使用一个统一的异常或中断查询程序，按优先级顺序查询异常状态寄存器，以检测异常和中断类型，先查询到的先被处理，然后转到内核中相应的处理程序。**硬件识别方式**又称向量中断，异常或中断处理程序的首地址称为中断向量，所有中断向量存放在中断向量表中。每个异常或中断都被指定一个中断类型号。在中断向量表中，类型号和中断向量一一对应，因而可根据类型号快速找到对应的处理程序。

整个响应过程是不可被打断的。中断响应过程结束后，CPU 就从 PC 中取出中断服务程序的第一条指令开始执行，直至中断返回，整个中断处理过程是由软硬件协同实现的。

5.6 指令流水线

前面介绍的指令都是在单周期 CPU 中串行执行的，而现代计算机普遍采用指令流水线技术，即同一时刻有多条指令在 CPU 的不同功能部件中并发执行，这大大提高了功能部件的并行性。

5.6.1 指令流水线的基本概念

可以从以下两方面提高处理机的并行性：

时间上的并行技术。将一个任务分解为几个不同的子阶段，每个阶段在不同的功能部件上并行执行，在同一时刻能执行多个任务，从而提升系统性能，这种方法称为流水线技术。

空间上的并行技术。在一个处理机内设置多个执行相同任务的功能部件，且让这些功能部件并行工作，这样的处理机称为超标量处理机。

如果将指令执行的各阶段视为相应的流水段，则指令的执行过程就构成了一条指令流水线。假设一条指令的执行过程分为如下 5 个阶段（称功能段或流水段）：

- 取指（IF）：从指令存储器或 Cache 中取指令。
- 译码/读寄存器（ID）：操作控制器对指令进行译码，同时从寄存器堆中取操作数。
- 执行/计算地址（EX）：执行运算操作或计算地址。
- 访存（MEM）：对存储器进行读/写操作。
- 写回（WB）：将指令执行结果写回寄存器堆。

把第 $k+1$ 条指令的取指阶段提前到第 k 条指令的译码阶段，从而将第 $k+1$ 条指令的译码阶段与第 k 条指令的执行阶段同时进行，一个 5 段指令流水线如图 2-5-10 所示。

从图 2-5-10 看出，在理想情况下，每个时钟周期都有一条指令进入流水线，每个时钟周期都有一条指令完成，每条指令的时钟周期数（即 CPI）都为 1。

为了利于实现指令流水线，指令集应具有如下特征：

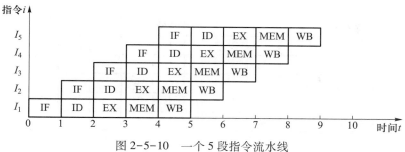

图 2-5-10　一个 5 段指令流水线

- 指令长度应尽量一致，有利于简化取指和指令译码操作。
- 指令格式应尽量规整，尽量保证源寄存器的位置相同，有利于在指令未知时就可取寄存器操作数。
- 采用 Load/Store 指令。其他指令都不能访问存储器，这样可把 Load/Store 指令的地址计算和运算指令的执行步骤规整在同一个周期中，有利于减少操作步骤。
- 数据和指令在存储器中"对齐"存放。减少访存次数，使数据在一个流水段内就能取到。

5.6.2　流水线的基本实现

1. 流水线设计的原则

在单周期实现中，虽然不是所有指令都必须经历完整的 5 个阶段，但只能以执行速度最慢的指令作为设计其时钟周期的依据，单周期 CPU 的时钟频率取决于数据通路中的最长路径。

流水线设计的原则：① 指令流水段个数以最复杂指令所用的功能段个数为准；② 流水段的长度以最复杂的操作所花的时间为准。

假设某条指令的 5 个阶段所花的时间分别如下。取指：200 ps；译码：100 ps；执行：150 ps；访存：200 ps；写回：100 ps。该指令的总执行时间为 750 ps。按照流水线设计原则，每个流水段的长度为 200 ps，所以每条指令的执行时间为 1 ns，反而比串行执行时增加了 250 ps。假设某程序有 N 条指令，单周期处理器所用的时间为 $N \times 750$ ps，而流水线处理器所用的时间为 $(N+4) \times 200$ ps。由此可见，流水线方式并不能缩短单条指令的执行时间，但对于整个程序来说，执行效率得到了大幅提高。

2. 流水线的逻辑结构

每个流水段后面都要增加一个流水寄存器，用于锁存本段处理完的所有数据，以保证本段的执行结果能在下个时钟周期给下一个流水段使用，如图 2-5-11 所示。各种寄存器和数据存储器均采用统一时钟 CLK 进行同步，每经历一个时钟，各段处理完的数据都将锁存到段尾的流水寄存器中，作为后段的输入。同时当前段也会收到前段通过流水寄存器传递过来的数据。

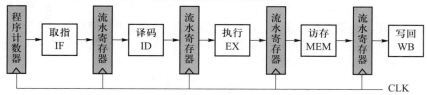

图 2-5-11　流水线的逻辑结构图

一条指令会依次进入 IF、ID、EX、MEM、WB 5 个功能段进行处理，当第一条指令进入 WB 段后，各流水段都包含一条不同的指令，流水线中将同时存在 5 条不同的指令并行执行。

3. 指令流水线的表示方法

通常用时空图来直观地描述指令流水线的执行情况，如图 2-5-12 所示。在时空图中，横坐标表示时间，它被分割成长度相等的时间段 T；纵坐标为空间，表示当前指令所处的功能部件。

图中，指令 I_1 在时刻 0 进入流水线，在时刻 $5T$ 流出流水线。指令 I_2 在时刻 T 进入流水线，在时刻 $6T$ 流出流水线。依此类推，每隔一个时间段 T 就有一条指令进入流水线，从时刻 $5T$ 开始，每隔一个时间段 T 就有一条指令流出流水线。在时刻 $10T$ 时，流水线上便有 6 条指令流出。若采用串行方式执行，

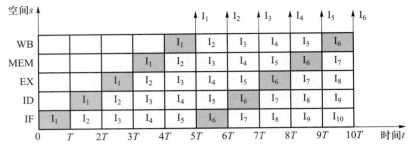

图 2-5-12　一个 5 段指令流水线时空图

在时刻 10T 时，只能执行 2 条指令，可见使用流水线方式成倍地提高了计算机的指令执行速度。

只有大量连续任务不断输入流水线，才能充分发挥流水线的性能，而指令的执行正好是连续不断的，非常适合采用流水线技术。对于其他部件级流水线，如浮点运算，也同样适合采用流水线。

5.6.3　流水线的冒险与处理

在指令流水线中，可能会遇到一些情况使得后续指令无法正确执行而引起流水线阻塞，这种现象称为流水线冒险。根据导致冒险的原因不同，分为结构冒险、数据冒险和控制冒险 3 种。

不同类型指令在各流水段的操作是不同的，表 2-5-2 列出了几类指令在各流水段中的操作。

表 2-5-2　不同类型指令在各流水段中的操作

指令	流水段				
	IF	ID	EX	MEM	WB
算术运算	取指	译码 读寄存器堆	执行	—	结果写回寄存器堆
取/存	取指	译码 读寄存器堆	计算访存有效地址	访存（读/写）	将读出的数据 写入寄存器堆
转移	取指	译码 读寄存器堆	计算转移目的地址，设置条件码	若条件成立，将转移目的地址送 PC	—

1. 结构冒险

由不同指令在同一时刻争用同一功能部件而形成的冲突，称为资源冲突，即由硬件资源竞争造成的冲突。例如，指令和数据通常都存放在同一存储器中，在第 4 个时钟周期，第 i 条 load 指令进入 MEM 段时，第 i+3 条指令的 IF 段也要访存取指，此时会发生访存冲突，为此可在前一条指令访存时，暂停（一个时钟周期）取后一条指令的操作，如表 2-5-3 所示。当然，如果第 i 条指令不是 load 指令，在MEM 段不访存，也就不会发生访存冲突。

表 2-5-3　用暂停后续指令的方法解决访存冲突

指令	时钟周期								
	1	2	3	4	5	6	7	8	9
load 指令	IF	ID	EX	MEM	WB				
指令 i+1		IF	ID	EX	MEM	WB			
指令 i+2			IF	ID	EX	MEM	WB		
指令 i+3				停顿	IF	ID	EX	MEM	WB
指令 i+4					IF	ID	EX	MEM	

有以下两种办法避免结构冒险：

（1）在前一指令访存时，使后一条相关指令（及其后续指令）暂停一个时钟周期。

（2）设置多个独立的部件。例如，对于寄存器访问冲突，可将寄存器读口和写口独立开来；对于访存冲突，单独设置数据存储器和指令存储器。

2. 数据冒险

流水线中的多条指令因重叠操作，可能改变对操作数的读写访问顺序，从而发生与数据相关冲突，也称数据冒险。数据冲突可以分为以下 3 类。

（1）写后读（Read After Write，RAW）冲突

当前指令将数据写入寄存器后，下一条指令才能从该寄存器读取数据。否则，读到的就是错误（旧）数据。例如，考虑下列两条指令：

```
I1    add R1,R2,R3              #(R2)+(R3)→R1
I2    sub R4,R1,R5              #(R1)-(R5)→R4
```

在 RAW 冲突中，指令 I2 的源操作数是指令 I1 的目的操作数。正常的读写顺序是由指令 I1 先写入 R1，再由指令 I2 来读 R1。在非流水线时，这种先写后读的顺序是自然维持的。但在流水线中，由于重叠操作，读写的先后顺序关系发生了变化，如表 2-5-4 所示。

表 2-5-4 add 和 sub 指令发生 RAW 冲突

指令	时钟周期					
	1	2	3	4	5	6
add	IF		ID	EX	MEM	WB
sub		IF	ID	EX	MEM	WB

读 R1   写 R1

由表 2-5-4 可见，在第 5 个时钟周期，add 指令才将运算结果写入 R1，但后继 sub 指令在第 3 个时钟周期就要从 R1 中读数，使先写后读的顺序改变为先读后写，发生了 RAW 的数据冲突。如果不采取措施，按表 2-5-4 的读写顺序，就会导致结果出错。为此，可以暂停 sub 指令 3 个时钟周期，直至前面 add 指令的结果生成，如表 2-5-5 所示。

表 2-5-5 用延迟相关指令的办法解决 RAW 冲突

指令	时钟周期								
	1	2	3	4	5	6	7	8	9
add	IF	ID	EX	MEM	WB				
sub		IF				ID	EX	MEM	WB

有以下几种办法解决 RAW 数据冲突问题：

① 把遇到数据相关的指令及其后续指令都暂停一至多个时钟周期，直到数据相关问题消失后再继续执行，可分为硬件阻塞（stall）和软件插入"nop"指令两种方法。

② 设置相关转发通路，称为数据旁路技术，即不等前一条指令把计算结果写回寄存器，下一条指令也不再从寄存器读，而是直接将执行结果送到其他指令所需要的地方。

注意： 在按序执行①的流水线中，只可能会出现 RAW 冲突。

（2）读后写（Write After Read，WAR）冲突

当前指令读出某寄存器的数据后，下一条指令才能写入该寄存器。否则，读到的就是错误（新）数据。下列指令中，寄存器 R1 可能存在这样的冲突，当指令 I2 试图在指令 I1 读 R1 之前就写入该寄存器，这样指令 I1 就错误地读出该寄存器新的内容。

---

① 统考经常考查"按序发射，按序完成"的方式，即指令按顺序进入流水线，先流入的指令先流出流水线。

| I1 | add R3,R1,R2 | #(R1)+(R2)→R3 |
| I2 | sub R1,R4,R5 | #(R4)-(R5)→R1 |

在 WAR 冲突中，指令 I2 的目的操作数是指令 I1 的源操作数。

（3）写后写（Write After Write，WAW）冲突

当前指令写入寄存器后，下一条指令才能写该寄存器。否则，下一条指令在当前指令之前写，将使寄存器的值不是最新值。下列指令中，寄存器 R1 可能存在这样的冲突，当指令 I2 试图在指令 I1 之前就写入 R1，就会错误地使由指令 I1 写入的值成为该寄存器的新内容。

| I1 | add R1,R2,R3 | #(R2)+(R3)→R1 |
| I2 | sub R1,R4,R5 | #(R4)-(R5)→R1 |

在 WAW 冲突中，指令 I2 和指令 I1 的目的操作数是相同的。

注意：在非按序执行的流水线中，由于允许后进入流水线的指令超过先进入流水线的指令先流出流水线，因此既可能发生 RAW 冲突，还可能发生 WAR 和 WAW 冲突。

3. 控制冒险

指令通常是顺序执行的，但当遇到改变指令执行顺序的情况，例如执行转移或返回指令、发生中断或异常时，会改变 PC 值，从而造成断流，也称为**控制冲突**。

对于由转移指令引起的冲突，最简单的处理方法就是推迟后续指令的执行。通常把由流水线阻塞而带来的延迟时钟周期数称为延迟损失时间片 C。下列指令中，假设 R2 存放常数 N，R1 的初值为 1，bne 指令在 EX 段计算转移目的地址，并在 MEM 段确定是否将 PC 值更新为转移目的地址，因此仅当 bne 指令执行到第 5 个时钟周期结束时才能将转移目的地址送 PC。为此，在数据通路检测到分支指令后，可以在分支指令后插入 C（此处 $C=3$）条 "nop" 指令，如表 2-5-6 所示。

| I1 | loop:add R1,R1,1 | #(R1)+1→R1 |
| I2 | bne R1,R2,loop | #if(R1)! =(R2) goto loop |

表 2-5-6　用插入空操作的办法解决控制冲突

指令	时钟周期									
	1	2	3	4	5	6	7	8	9	10
add	IF	ID	EX	MEM	WB					
bne		IF	ID	EX	MEM	WB				
add						IF	ID	EX	MEM	WB

有以下几种办法解决控制冲突问题：

（1）对于由转移指令引起的冲突，可采用和解决数据冲突相同的硬件阻塞（stall）和软件插入 "nop" 指令的方法。比如，延迟损失多少时间片，就插入多少条 "nop" 指令。

（2）对转移指令进行分支预测，尽早生成转移目的地址。

5.6.4　流水线的性能指标

1. 流水线的吞吐率

流水线的吞吐率是指在单位时间内流水线所完成的任务数量，或输出结果的数量。流水线吞吐率（TP）的计算公式为

$$TP = \frac{n}{T_k} = \frac{n}{(k+n-1)\Delta t}$$

式中，n 是任务数，T_k 是处理完 n 个任务所用的总时间。设 k 为流水段的段数，Δt 为时钟周期。一条理想的 k 段流水线，能在 $k+n-1$ 个时钟周期内完成 n 个任务。

当连续输入的任务数 $n→∞$ 时，可得最大吞吐率为 $TP_{max}=1/\Delta t$。

2. 流水线的加速比

流水线的加速比是指，完成同样一批任务，不使用流水线与使用流水线所用的时间之比。

流水线加速比（S）的基本公式为

$$S=\frac{T_0}{T_k}=\frac{kn\Delta t}{(k+n-1)\Delta t}=\frac{kn}{k+n-1}$$

式中，T_0 表示不使用流水线的总时间；T_k 表示使用流水线的总时间。k 段流水线完成 n 个任务所需的时间为 $T_k=(k+n-1)\Delta t$；顺序执行 n 个任务所需的时间为 $T_0=kn\Delta t$。

当连续输入的任务数 $n\to\infty$ 时，可得最大加速比为 $S_{max}=k$。

5.6.5 高级流水线技术

提高指令级并行的策略有以下 3 种：

1. 超标量流水线技术

超标量流水线技术也称动态多发射技术，每个时钟周期内可并发多条独立指令，以并行操作方式将两条或多条指令编译并执行，为此需配置多个功能部件，如图 2-5-13 所示。在简单的超标量 CPU 中，指令是按顺序发射执行的。为了更好地提高并行性能，多数超标量 CPU 都结合动态流水线调度技术，通过动态分支预测等手段，指令不按顺序执行，这种方式称为乱序执行方式。

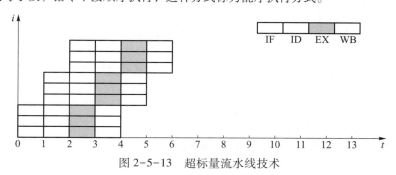

图 2-5-13 超标量流水线技术

2. 超长指令字技术

超长指令字技术也称静态多发射技术，由编译程序挖掘出指令间潜在的并行性，将多条能并行操作的指令组合成一条具有多个操作码字段的超长指令字（可达几百位），为此需要采用多个处理部件。

3. 超流水线技术

超流水线技术将流水段进一步细分，这样时钟周期更短，指令吞吐率也更高。但是流水线级数越多，用于流水寄存器的开销就越大，因而流水线级数并不是越多越好。

超流水线 CPU 在流水线充满后，每个时钟周期还是执行一条指令，CPI＝1，但其主频更高；而多发射流水线 CPU 每个时钟周期可以处理多条指令，CPI＜1，但其成本更高，控制更复杂。

5.7 多处理器的基本概念

基于指令流和数据流的数量，将计算机体系结构分为单指令流单数据流（SISD）、单指令流多数据流（SIMD）、多指令流单数据流（MISD）和多指令流多数据流（MIMD）4 类。

5.7.1 SISD、SIMD、MISD、MIMD 的基本概念

1. 单指令流单数据流（SISD）结构

SISD 是传统的串行计算机结构，处理器在一段时间内仅执行一条指令，按指令流规定的顺序串行执行指令。为了提高速度，有些 SISD 计算机采用流水线的方式，因此，SISD 处理器有时会设置多个功能部件，并采用多模块交叉方式组织存储器。本书前面介绍的内容多属于 SISD 结构。

2. 单指令流多数据流（SIMD）结构

SIMD 是指一个指令流同时对多个数据流进行处理，一般称为数据级并行技术。这种结构的计算机通常由一个指令控制部件、多个处理单元组成。SIMD 在使用 for 循环处理数组时最有效，比如，一条分别

对 16 对数据进行运算的 SIMD 指令，如果在 16 个 ALU 中同时运算，则仅需一次运算的时间就能完成。

3. 多指令流单数据流（MISD）结构

MISD 是指同时执行多条指令，处理同一个数据，实际上不存在这样的计算机。

4. 多指令流多数据流（MIMD）结构

MIMD 是指同时执行多条分别处理多个不同的数据的指令，MIMD 分为多计算机系统或多处理器系统。多计算机系统中的每个计算机节点都具有各自的私有存储器，并具有独立的主存地址空间，不能通过存取指令来访问不同节点的私有存储器，而是通过消息传递进行数据传送。

向量处理器是 SIMD 的变种，它是一种实现了直接操作一维数组（向量）指令集的 CPU。其思想是，将从存储器中收集的一组数据按顺序放到一组向量寄存器中，以流水线的方式对它们依次操作，最后将结果写回寄存器。向量处理器在数值模拟等特定领域中极大地提升了计算机性能。

SIMD 和 MIMD 是两种并行计算模式，其中 SIMD 是一种数据级并行模式，而 MIMD 是一种并行程度更高的线程级并行模式。

5.7.2 硬件多线程的基本概念

在传统 CPU 中，线程的切换包含一系列的开销，频繁切换会极大影响系统性能，由此诞生了**硬件多线程**。在支持硬件多线程的 CPU 中，为每个线程提供单独的通用寄存器组、程序计数器等，线程的切换只需激活选中的寄存器，从而省略了与存储器数据交换的环节，大大减少了线程切换的开销。

硬件多线程有 3 种实现方式：细粒度多线程、粗粒度多线程和同时多线程。

1. 细粒度多线程

多个线程之间轮流交叉执行指令，多线程之间的指令是不相关的，可以乱序并行执行。处理器能在每个时钟周期切换线程。

2. 粗粒度多线程

连续几个时钟周期都执行同一线程的指令序列。仅在一个线程出现了较大开销的阻塞（如 Cache 缺失）时才切换线程。当发生流水线阻塞时，必须清除被阻塞的流水线，新线程的指令开始执行前需要重载流水线，因此线程切换的开销较大。

上述两种多线程技术都实现了指令级并行，但线程级不并行。

3. 同时多线程

同时多线程（SMT）是上述两种多线程技术的变种，它在实现指令级并行的同时实现线程级并行，即它在同一时钟周期中发射多个不同线程中的多条指令执行。

图 2-5-14 分别是 3 种硬件多线程实现方式的调度示例。

时钟	CPU
i	发射线程A的指令j、j+1
i+1	发射线程B的指令k、k+1
i+2	发射线程A的指令j+2、j+3
i+3	发射线程B的指令k+2、k+3

(a) 细粒度多线程示例

时钟	CPU
i	发射线程A的指令j、j+1
i+1	发射线程A的指令j+2、j+3，发现Cache miss
i+2	线程调试，从A切换到B
i+3	发射线程B的指令k、k+1
i+4	发射线程B的指令k+2、k+3

(b) 粗粒度多线程示例

时钟	CPU
i	发射线程A的指令j、j+1，线程B的指令k、k+1
i+1	发射线程A的指令j+2、线程B的指令k+2，线程C的指令m
i+2	发射线程A的指令j+3、线程C的指令m+1、m+2

(c) 同时多线程示例

图 2-5-14　3 种硬件多线程实现方式的调度示例

英特尔（Intel）处理器中的超线程（hyper-threading）即为同时多线程，在一个单处理器或单个核中设置了两套线程状态部件，共享高速缓存和功能部件。

5.7.3　多核处理器的基本概念

多核处理器是将多个处理单元集成到单个 CPU 中，每个处理单元称为一个核（core）。通常，也将多核处理器称为片上多处理器。每个核可以有独自的 Cache，也可以共享 Cache，所有核通常共享主存储器。图 2-5-15 是一个不共享 Cache 的双核 CPU 结构。

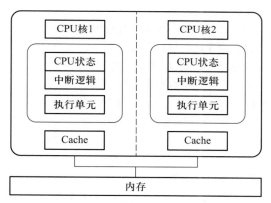

图 2-5-15　不共享 Cache 的双核 CPU 结构

在多核计算机系统中，为充分发挥硬件的性能，必须采用多线程（或多进程）方式，使得每个核在同一时刻都有线程在执行。多核上的多个线程在物理上是并行执行的，是真正意义上的并行，在同一时刻有多个线程在并行执行。而单核上的多线程实际上在同一时刻只有一个线程在执行。

5.7.4　共享内存多处理器的基本概念

具有共享的单一物理地址空间的多处理器称为**共享内存多处理器**（SMP）。处理器通过存储器中的共享变量互相通信，所有处理器都能通过存取指令访问存储器的任意位置。

单一地址空间的多处理器有两种类型：

• **统一存储访问（UMA）**多处理器。每个处理器对所有存储单元的访问时间是大致相同的，即访问时间与哪个处理器提出访存请求及访问哪个字无关。

• **非统一存储访问（NUMA）**多处理器。对某些存储器的访问速度要比其他的快，具体取决于哪个处理器提出访存请求及访问哪个字，这是由于主存被分割并分配给了不同处理器。

早期的 CPU 没有整合内存控制器，访存操作需要经过北桥芯片（集成了内存控制器，并与内存相连），CPU 通过前端总线和北桥芯片相连，这就是 UMA 构架。随着 CPU 性能提升方式由提高主频转到增加 CPU 数量（多核、多 CPU），越来越多的 CPU 争用前端总线，这使得前端总线成为瓶颈。为了消除 UMA 架构的瓶颈，NUMA 构架诞生，内存控制器被集成到 CPU 内部，每个 CPU 都有独立的内存控制器。每个 CPU 独立连接到一部分内存，CPU 直连的这部分内存称为本地内存。CPU 之间通过 QPI 总线相连，通过 QPI 总线访问其他 CPU 的远程内存。与 UMA 架构不同的是，在 NUMA 架构下，内存的访问出现了本地和远程的区别，访问本地内存的速度明显快于访问远程内存。

本部分第 3 章讨论的一致性是指 Cache 与主存之间的数据一致性。在 UMA 架构的多处理器中，所有 CPU 共享同一内存空间，每个 CPU 的 Cache 都是共享内存中的一部分副本，因此多核系统的 Cache 一致性既包括 Cache 和内存之间的一致性，也包括各 CPU 的 Cache 之间的一致性，也就是说，对内存同一位置的数据，不同 CPU 的 Cache 中不应该有不一致的内容。

5.8　同步练习

一、单项选择题

1. 下列寄存器中，对汇编语言程序员不透明的是（　　　　）。

A. MAR   B. PC   C. MDR   D. IR

2. 下列有关程序计数器（PC）的叙述中，错误的是（   ）。

A. 每条指令执行后，PC 的值都会被改变

B. 指令顺序执行时，PC 的值总是自动加 1

C. 调用指令执行后，PC 的值一定是被调用过程的入口地址

D. 无条件转移指令执行后，PC 的值一定是转移目标地址

3. 下列有关数据通路的叙述中，错误的是（   ）。

A. 数据通路由若干组合逻辑元件和时序逻辑元件连接而成

B. 数据通路的功能由控制部件送出的控制信号决定

C. ALU 属于操作元件，用于执行各类算术/逻辑运算

D. 通用寄存器属于状态元件，但不包含在数据通路中

4. 某计算机微指令的操作控制部分长度为 18 位，采用分段直接编码方式，共分 6 段，各段分别为 2 位、3 位、4 位、3 位、4 位、2 位。则该计算机的微程序控制器中一条微指令最多能产生（   ）种微命令。

A. 2^{16} B. 2^{17} C. 2^{18} D. 2^{19}

5. 在微程序控制中，把操作控制信号编成（   ）。

A. 微指令   B. 微地址   C. 操作码   D. 程序

6. 在微程序控制器中，形成微程序入口地址的是（   ）。

A. 机器指令的地址码字段   B. 微指令的地址码字段

C. 机器指令的操作码字段   D. 微指令的微操作码字段

7. 在采用断定方式的微指令中，下一条微指令的地址（   ）。

A. 在微指令计数器中   B. 在程序计数器中

C. 根据条件码产生   D. 在当前的微指令中

8. 硬布线控制器和微程序控制器相比，下列说法正确的是（   ）。

A. 硬布线控制器是在控制存储器和微指令的寄存器直接控制下实现的

B. 硬布线控制器设计复杂烦琐，适用于 RISC 结构

C. 微程序控制器是用时序逻辑电路来实现的

D. 微程序控制器比硬布线控制器的速度高

9. 机器指令中地址字段的作用是存取数据，微指令格式中地址字段的作用是（   ）。

A. 确定执行顺序   B. 存取地址   C. 存取数据   D. 存取指令

10. 在下列选项中，能引起外部中断的事件是（   ）。

A. 键盘输入   B. 除数为 0   C. 浮点运算下溢   D. 访存缺页

11. 以下关于指令流水线设计的叙述中，错误的是（   ）。

A. 指令执行过程中的各个子功能都须包含在某个流水段中

B. 所有子功能都必须按一定的顺序经过流水段

C. 虽然各子功能实际所用时间可能不同，但经过每个流水段的时间都一样

D. 任何时候各个流水段的功能部件都不可能执行空操作（nop）

12. 下列有关多周期数据通路和单周期数据通路比较的叙述中，错误的是（   ）。

A. 单周期 CPU 的 CPI 总比多周期 CPU 的 CPI 大

B. 单周期 CPU 的时钟周期比多周期 CPU 的时钟周期长

C. 在一条指令执行过程中，单周期 CPU 中的每个控制信号取值一直不变，而多周期 CPU 中的控制信号可能会发生改变

D. 在一条指令执行过程中，单周期数据通路中的每个部件只能被使用一次，而在多周期中同一个部件可使用多次

13. 在以下给定的情况中，不会引起指令流水线阻塞的是（　　）。

A. 条件转移　　　　　　B. TLB 缺失　　　　　　C. Cache 缺失　　　　　　D. 执行空操作指令

14. 在流水线计算机中，下列语句发生数据相关的类型是（　　）。

```
ADD R1,R2,R3;            #(R2)+(R3)->R1
ADD R4,R1,R5;            #(R1)+(R5)->R4
```

A. 写后写　　　　　　　B. 读后写　　　　　　　C. 写后读　　　　　　　D. 读后读

15. 以下关于数据冒险的叙述中，正确的是（　　）。

Ⅰ. 数据冒险是指后面指令用到的数据还未来得及由前面指令产生

Ⅱ. 在发生数据冒险的指令之间插入空操作指令能避免数据冒险

Ⅲ. 采用转发（旁路）技术可以解决一部分数据冒险问题

Ⅳ. 通过编译器调整指令顺序可解决部分数据冒险问题

A. Ⅰ、Ⅱ和Ⅳ　　　　　B. Ⅰ、Ⅱ和Ⅲ　　　　　C. Ⅰ、Ⅲ和Ⅳ　　　　　D. 全部

16. 以下关于控制冒险的叙述中，正确的是（　　）。

Ⅰ. 条件转移指令执行时可能会发生控制冒险

Ⅱ. 在分支指令后加入若干空操作指令可避免控制冒险

Ⅲ. 采用转发（旁路）技术可以解决部分控制冒险问题

Ⅳ. 通过编译器调整指令顺序可解决部分控制冒险问题

A. Ⅰ、Ⅱ和Ⅳ　　　　　B. Ⅰ、Ⅱ和Ⅲ　　　　　C. Ⅰ、Ⅲ和Ⅳ　　　　　D. 全部

17. 在下列指令序列中，第 1 和第 3 条、第 2 和第 3 条指令之间发生数据相关。采用"取指、译码/取数、执行、访存、写回" 5 段流水线，并控制在时钟的前半周期写寄存器堆，后半周期读寄存器堆，那么不采用"转发"技术时，需要在第 3 条指令前加入（　　）条 nop 指令才能使这段程序不发生数据冒险。

```
mov       R1,a              #a->(R1)
load      R2,8(b)           #R[b+8]->(R2)
add       R3,R1,R2          #(R1)+(R2)->(R3)
```

A. 1　　　　　　　　　　B. 2　　　　　　　　　　C. 3　　　　　　　　　　D. 4

18. 1945 年，冯·诺依曼提出了一种计算机体系结构，它属于（　　）。

A. SISD　　　　　　　　B. SIMD　　　　　　　　C. MISD　　　　　　　　D. MIMD

19. 双核 CPU 和超线程 CPU 的共同点是（　　）。

A. 都有两个内核　　　　　　　　　　　　　　　B. 都能同时执行两个运算

C. 都包含两个 CPU　　　　　　　　　　　　　　D. 都不会出现争抢资源的现象

二、综合应用题

1. 假设某计算机平均执行一条指令需要两次访问内存，平均需要 3 个 CPU 周期，每个 CPU 周期平均包含 4 个节拍周期。若机器主频为 240 MHz，请回答：

（1）若主存为"0 等待"（即不需要插入等待周期），则执行一条指令的平均时间为多少？

（2）若每次访问内存需要插入 2 个等待周期，则执行一条指令的平均时间为多少？

2. 若某计算机主频为 200 MHz，平均每条指令周期为 2.5 个 CPU 周期，平均每个 CPU 周期包括 2 个主频周期，请回答：

（1）该计算机指令平均执行速度为多少 MIPS？

（2）若主频不变，但平均每条指令包括 5 个 CPU 周期，每个 CPU 周期又包含 4 个主频周期，指令平均执行速度为多少 MIPS？

（3）由此可得出什么结论？

3. 单总线 CPU 结构如下图所示。其中，AR 为地址寄存器，DR 为数据寄存器，MEM 为主存储器，

R0~R3 为通用寄存器组，PSW 为状态字寄存器，Y、Z 为暂存寄存器，PC 为程序计数器，IR 为指令寄存器。

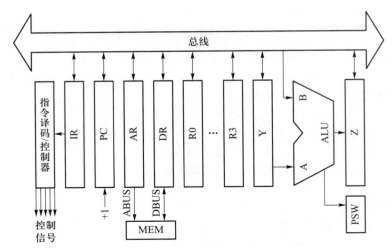

试写出加法指令 "ADD R0，Offs(R1)" 的读取和执行流程。其中，R0 表示目的寻址为寄存器寻址；Offs (R1) 表示源寻址为变址寻址，Offs 是偏移量，R1 作为变址寄存器。

4. 已知子程序调用的过程如下图所示。子程序执行结束后，跳转指令需返回到地址 $M+1$，返回地址是以 K 为地址的内存单元中的内容（间接寻址特征位为 1，即间接寻址），即 $M+1$ 存放在指令的地址字段 K 所指的存储单元，从 $K+1$ 号单元开始才是子程序的真正内容。请回答：

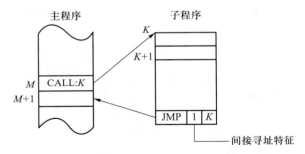

（1）假设采用硬布线控制，写出返回指令的取指阶段和执行阶段的全部微操作命令及节拍安排。
（2）假设采用微程序控制，该计算机指令系统采用 6 位定长操作码格式，共对应多少个微程序？
（3）从原理、执行速度和灵活性 3 个方面分析硬布线控制和微程序控制的区别。

5. 有一段指令序列。其中，s1~s3 和 t1~t2 都是通用寄存器。假定在一个采用"取指、译码/取数、执行、访存、写回"的 5 段流水线 CPU 中执行上述指令序列，在该流水线数据通路中，寄存器写口和寄存器读口分别安排在一个时钟周期的前、后半个周期内独立工作。请回答下列问题。

ADD	s3,s1,s0	#s1+s0->s3
SUB	t2,s0,s3	#s0+s3->t2
LOAD	t1,0(t2)	#M[(t2)+0]->t1
ADD	t1,t1,t2	t1+t2->t1

（1）在以上指令序列中，哪些指令之间发生数据相关？是哪种数据相关？
（2）不采用"转发"技术的话，需要在何处、加入几条 nop 指令才能使这段指令序列的执行避免数据冒险？该指令序列的执行共需要多少个时钟周期？

答案与解析

一、单项选择题

1. B

某个寄存器对汇编语言程序员来说是透明的，是指汇编语言程序员在使用汇编指令编写程序时，无法感知这个寄存器的存在。显然，汇编语言程序员无须知道 MAR、MDR 和 IR 的存在，但汇编语言程序员肯定要知道指令如何改变 PC 的内容，通过转移指令可以改变 PC 的顺序增量方式。

2. B

每条指令执行结束后，PC 的值一定会改变。如何改变？主要看指令是顺序执行还是跳跃执行。若是顺序执行，则 PC 总是自动加上当前执行指令的长度，通常说的"1"是指一条指令的长度，所以 B 项的说法有误。无条件转移指令是无条件跳转到转移目标地址执行，因此 PC 值要改变为转移目标地址。

3. D

数据通路是指令执行过程中数据所流经的路径及路径上的部件，这些部件或是组合逻辑元件或是时序逻辑元件。数据通路的功能由控制部件送出的控制信号决定。数据通路中一个重要的组合逻辑元件为 ALU，用于执行各类算术/逻辑运算；另一个重要的元件为通用寄存器，属于时序逻辑元件。

4. C

本题中微命令字段共分 6 段，各段分别为 2 位、3 位、4 位、3 位、4 位、2 位，所以各段分别可以表示 4、8、16、8、16、4 个互斥的微命令。其中，各段中都有一个状态表示不发出任何命令。故最多可以产生微指令数量为 $4 \times 8 \times 16 \times 8 \times 16 \times 4 = 2^{18}$ 个。

5. A

在微程序控制中，把操作控制信号编成微指令。

6. C

当执行完公用的取指微程序，从主存中取出机器指令之后，由机器指令的操作码字段指出各个微程序的入口地址（初始微地址）。

7. D

断定方式不采用 CMAR（或 μPC），而是在微指令格式中设置一个下地址字段，用来指明下一条要执行的微指令地址。当一条微指令被取出后，下一条微指令的地址就已在当前的微指令中了。

8. B

硬布线控制器速度快，但设计复杂烦琐，适用于 RISC 结构。微程序控制器的速度相对较慢，但设计比较规整，易于实现指令系统修改，适用于 CISC 结构。微程序控制器的控制功能是在控制存储器和微指令的寄存器直接控制下实现的；而硬布线控制器的控制功能则是由逻辑门组合实现的。

9. A

微指令格式中的下地址字段直接指出了后续微指令的地址，起确定执行顺序的作用。

10. A

"除数为 0"和"访存缺页"都是 CPU 内部执行指令引起的异常事件，属于内部异常。"浮点运算下溢"通常当作机器零处理，不会引起中断。只有键盘输入才是引起中断的外部事件。

11. D

当流水线遇到冲突时，可通过插入空操作（nop）来处理。选项 A、B 和 C 都是流水线设计的要求。

12. A

多周期 CPU 的每条指令的 CPI 不同，复杂指令的 CPI 比简单指令的 CPI 大。单周期 CPU 的每条指令在一个时钟周期内完成，所以 CPI 为 1，时钟周期往往很长，通常取最复杂指令的执行时间。

13. D

TLB 缺失和 Cache 缺失是由多个指令竞争同一资源而形成的冲突，属于资源冲突。条件转移改变了指令执行顺序，从而造成断流，属于控制冲突。执行空操作指令是解决流水线冲突的方法。

14. C

流水线中数据相关的类型有读后写、写后读、写后写 3 种。这两条指令都需要操作 R1，第一条指令还没写入 R1，第二条指令就读出了 R1 的内容，读到的是错误（旧）数据，故发生写后读相关。

15. D

Ⅰ 是数据冒险的定义。Ⅱ、Ⅲ 和 Ⅳ 都是解决数据冒险的方法。

16. A

由分支指令而引起控制冒险也可采用和解决数据冒险一样的硬件阻塞法或软件阻塞法（插入空操作指令）。假设延迟损失时间片为 t，则在数据通路中检测到分支指令时，就在分支指令后插入 t 个气泡，或在编译时在分支指令后填入 t 条 nop 指令。这两种方式都是消极的方式，效率较低。

17. B

第 3 条指令先后与第 1 条、第 2 条指令发生"写后读"数据相关，由于都是与前面指令的"写回"段发生冲突，因此计算插入 nop 指令时只需考虑第 2 条指令，需要在第 3 条指令前插入两条 nop 指令，此时第 2 条指令的"写回"段虽与第 3 条指令的"译码/取数"段重叠，但该时钟的前半周期写寄存器堆，后半周期读寄存器堆，因此不会发生数据冒险。如下图所示。

18. A

计算机系统结构分为 4 种：SISD、SIMD、MISD 和 MIMD。传统的冯•诺依曼计算机属于单指令流单数据流系统，也就是 SISD。

19. B

超线程技术在 CPU 内部仅复制必要的线程资源，共享 CPU 的高速缓存和功能部件，让两个线程可以并行执行，模拟双核心 CPU，选项 A、C 错误。当两个线程同时需要某个共享资源时，其中一个线程必须暂时挂起，直到这些资源空闲以后才能继续运行，选项 D 错误。选项 B 正确。

二、综合应用题

1. 因为机器主频为 240 MHz，所以主频（节拍）周期 = (1/240) μs。

（1）每个 CPU 周期平均包含 4 个节拍周期，CPU 周期 = 节拍周期×4 = 4/（240 MHz）= (1/60) μs。若访存不需要插入等待周期，则执行一条指令平均需要 3 个 CPU 周期。所以，指令周期 = CPU 周期×3 = (1/60)×3 μs = (1/20) μs = 0.05 μs。机器平均速度 = 1/(0.05 μs) = 20 MIPS。

（2）平均执行一条指令需要两次访问内存，每次访问内存需要插入 2 个等待周期。所以，指令周期 = 0.05 μs+2×2(1/240) μs = (1/20) μs+(1/60) μs = (1/15) μs。机器的平均速度 = 15 MIPS。

2. 主频为 200 MHz，所以主频周期 = 1/200 MHz = 0.005 μs。

（1）平均每条指令周期为 2.5 个 CPU 周期，平均每个 CPU 周期包括 2 个主频周期，所以一条指令的执行时间 = 2×2.5×0.005 μs = 0.025 μs。该计算机指令平均执行速度 = 1/(0.025 μs) = 40 MIPS。

（2）平均每条指令包括 5 个 CPU 周期，每个 CPU 周期又包含 4 个主频周期，所以一条指令的执行时间 $= 4 \times 5 \times 0.005$ μs $= 0.1$ μs。该计算机指令平均执行速度 $= 1/(0.1$ μs$) = 10$ MIPS。

（3）由此可见，指令的复杂程度会影响指令的平均执行速度。

3. 加法指令"ADD R0, Offs(R1)"的执行流程如下：

步骤	执行步骤	功能
1	PC→AR，PC+1→PC，Read	送指令地址
2	MEM→DR，DR→IR	取指到指令寄存器
3	Offs(IR 地址码字段)→Y	将偏移量送到 Y
4	R1+Y→Z	将偏移量与基址相加
5	Z→AR，Read	新地址送地址寄存器
6	MEM→DR，DR→Y	读源操作数
7	R0+Y→Z	两数相加
8	Z→R0	结果送 R0

4. （1）返回指令的微操作命令及节拍安排如下：

取指周期：

节拍 T_0：PC→MAR，1→R　　　　（注：M→MAR）

节拍 T_1：M(MAR)→MDR，(PC)+1→PC

节拍 T_2：MDR→IR，OP(IR)→ID

执行周期：

节拍 T_0：K(IR)→MAR　　　　（把 K 放入 MAR）

节拍 T_1：PC→MDR，1→W　　　　（注：M+1→MDR）（把 PC 当到 MDR 中，为存入主存做准备）

节拍 T_2：MDR→M(MAR)，K+1→PC（把要返回的 PC 保存到 K 中，另外更新 PC）

（2）$2^6 = 64$ 个微程序，一条机器指令对应一段微程序。注：若单独把取指指令写成一个微程序，则微程序个数多 1，而如果带有中断功能的 CPU，那么微程序个数也要加 1，若把间接寻址操作独立出来，则还要多 1。所以微程序的数量根据情况不同应该为 64~67 个。

（3）微程序控制器采用了"存储程序"的原理，每条机器指令对应一个微程序，因此易于修改和扩充，灵活性好，但每条指令的执行都要访问控制存储器，所以速度慢。硬布线控制器采用专门的逻辑电路实现，其速度主要取决于逻辑电路的延迟，因此速度快，但修改和扩展比较困难。

5. （1）发生数据相关的是：第 1 和第 2 条指令之间关于 s3；第 2 和第 3 条指令之间关于 t2；第 2 和第 4 条指令之间关于 t2；第 3 和第 4 条指令之间关于 t1。都是"写后读"相关。

（2）由于都是"写后读"相关，即后条指令的"译码/取数"段与前条指令的"写回"段冲突，因此需分别在第 2、3、4 条指令前加入 2 条 nop 指令，才能避免数据冒险。此时前面指令的"写回"段虽与后面指令的"译码/取数"段重叠，但该时钟的前半周期写寄存器堆，后半周期读寄存器堆，因而不会再发生数据冒险。共加了 6 条 nop 指令，该指令序列执行所需的时钟周期数为 $(5-1)+(4+6) = 14$。

第6章 总线和输入/输出系统

【真题分布】

主要考点	考查次数	
	单项选择题	综合应用题
总线概念和常见总线标准	9	2
总线的性能指标	6	1
外部设备和 I/O 接口	7	1
程序查询方式	1	1
程序中断方式	15	3
DMA 方式	3	3

【复习要点】

（1）总线的基本概念、组成、主要性能指标（特别是总线带宽），常见的总线标准。

（2）总线事务的定义，突发传送方式，总线定时方式，异步定时方式的 3 种类型。

（3）I/O 接口的功能和结构，I/O 端口两种编址方式的原理及各自的优缺点。

（4）程序查询方式的概念、原理、特点。

（5）中断方式的概念、原理、特点，中断响应的条件及过程，中断处理过程，中断屏蔽技术。

（6）DMA 方式的概念、原理、特点，DMA 方式的传送方式和传送过程，与中断方式的比较。

6.1 总线

6.1.1 总线概述

1. 总线的定义

总线是一组能为多个部件分时和共享的信息传送线路。**分时**是指同一时刻只允许有一个部件向总线发送信息，若系统中有多个部件，则它们只能分时地向总线发送信息。**共享**是指总线上可以连接多个部件，各个部件之间互相交换的信息都可通过这组线路分时共享，多个部件可同时从总线上接收信息。

总线上所连接的设备，按其对总线有无控制功能，可分为主设备和从设备两种。

主设备：发出总线请求且获得总线控制权的设备。

从设备：被主设备访问的设备，只能响应从主设备发来的各种总线命令。

2. 总线的分类

（1）按功能层次分类

① **片内总线**：芯片内部的总线，是 CPU 的寄存器之间、寄存器与 ALU 之间的公共连接线。

② **系统总线**：计算机系统内各功能部件（CPU、主存、I/O 接口）之间相互连接的总线。系统总线按传输信息内容的不同，又可分为数据总线、地址总线和控制总线。

• **数据总线**用来在各部件之间传输数据、指令和中断类信号等，它是双向传输总线。

- **地址总线**用来指出数据总线上的数据所在的主存单元或 I/O 端口的地址，它是单向传输总线。
- **控制总线**传输的是控制信息，包括 CPU 送出的控制命令和主存（或外设）返回的反馈信号。

③ **I/O 总线**：主要用于连接中低速的 I/O 设备，通过 I/O 接口与系统总线连接，目的是将低速设备与高速总线分离，以提升总线的系统性能，常见的有 USB 总线、PCI 总线。

（2）按时序控制方式分类

① **同步总线**：总线上连接的部件或设备通过统一的时钟进行同步，在规定的时钟节拍内进行规定的总线操作，来完成部件或设备之间的信息传输。

② **异步总线**：总线上连接的部件或设备没有统一的时钟，而是以信号握手的方式来协调各部件或设备之间的信息传输，总线操作时序不是固定的。

（3）按数据传输方式分类

① **串行总线**：只有一条双向传输或两条单向传输的数据线，数据按比特位串行顺序传输，其效率低于并行总线；串行传输对数据线的要求不太高，因此适合长距离通信。

② **并行总线**：有多条双向传输的数据线，可实现多比特同时传输，效率比串行总线高；缺点是各条数据线的传输可能不协调，且线路之间相互干扰还会造成传输错误，因此适合短距离通信。

注意：并行总线并不一定总是比串行总线快，它们适用于不同的场景。并行总线由于是多个数据位同时传输，需要考虑数据的协同性，以及线路之间的相互干扰，这导致工作频率无法持续提高。而串行总线可通过不断提高工作频率来提高传输速度，使其速度最终超越并行总线。

3. 系统总线的结构

根据连接方式的不同，总线连接结构通常分为单总线结构、双总线结构和三总线结构。

单总线结构。将 CPU、主存、I/O 设备（通过 I/O 接口）都挂在一组总线上，允许 I/O 设备之间、I/O 设备与主存之间直接交换信息。CPU 与主存、CPU 与外设之间可直接交换信息。
- 优点：结构简单，成本低，易于接入新设备。
- 缺点：带宽低、负载重，多个部件只能争用唯一的总线，且不支持并发传送操作。

双总线结构。有两条总线：一条是主存总线，用于在 CPU、主存和通道之间传送数据；另一条是 I/O 总线，用于在多个外部设备与通道之间传送数据。
- 优点：将低速 I/O 设备从单总线上分离出来，实现了存储器总线和 I/O 总线分离。
- 缺点：需要增加通道等硬件设备。

三总线结构。在计算机系统各部件之间采用 3 条各自独立的总线来构成信息通路，这 3 条总线分别为主存总线、I/O 总线和直接内存访问（DMA）总线，如图 2-6-1 所示。

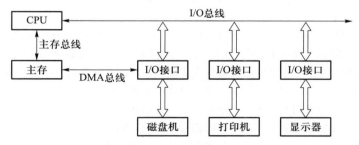

图 2-6-1　三总线结构

主存总线用于 CPU 和内存之间传送地址、数据和控制信息。I/O 总线用于 CPU 和各类外设之间通信。DMA 总线用于内存和外设之间直接传送数据。
- 优点：提高了 I/O 设备的性能，使其更快地响应命令，提高系统吞吐量。
- 缺点：任意时刻只能使用一种总线，系统工作效率较低。

4. 总线的性能指标
- **总线传输周期**：指一次总线操作所需的时间，包括申请阶段、寻址阶段、传输阶段和结束阶段。

总线传输周期通常由若干总线时钟周期构成。

- **总线时钟周期**：即机器的时钟周期。计算机有一个统一的时钟，总线也要受此时钟的控制。
- **总线工作频率**：总线上各种操作的频率，为总线周期的倒数。其实际上指 1 秒内传送几次数据。若总线周期=N 个时钟周期，则总线工作频率=时钟频率/N。
- **总线时钟频率**：即机器的时钟频率，为时钟周期的倒数。
- **总线宽度**：总线上同时能传输的数据位数，指数据总线的根数，如 32 根称为 32 位总线。
- **总线带宽**：单位时间内总线上最多可传输数据的位数，通常用每秒传送信息的字节数来衡量，单位可用字节/秒（B/s）表示。总线带宽=总线工作频率×（总线宽度/8）。
- **总线复用**：总线复用是指一种信号线在不同的时间传输不同的信息。例如，有些总线没有单独的地址线，地址信息通过数据线来传送，称为地址/数据线复用，从而节省空间和成本。

总线最主要的性能指标为总线宽度、总线工作频率、总线带宽。三者关系：总线带宽=总线宽度×总线工作频率。

例如，总线工作频率为 22 MHz，总线宽度为 16 位，则总线带宽=22×（16/8）=44（MB/s）。

6.1.2　总线事务和定时

1. 总线事务

从请求总线到完成总线使用的操作序列称为总线事务，它是在一个总线周期中发生的一系列活动。典型的总线事务包括请求操作、仲裁操作、地址传输、数据传输和总线释放。

请求操作。 主设备（CPU 或 DMA）发出总线传输请求，并获得总线控制权。

仲裁操作。 总线仲裁机构决定将下一个传输周期的总线使用权授予某一个申请者。

地址传输。 主设备通过总线给出要访问的从设备地址及有关命令，启动从模块。

数据传输。 主模块和从模块进行数据交换，可进行单向或双向数据传送。

总线释放。 主模块的有关信息均从系统总线上撤除，让出总线使用权。

在常规的传送方式中，一次总线事务只传输一个地址和一个（字长）数据。

总线上的数据传送方式分为非突发方式和突发方式两种。**非突发方式**在每个传送周期内都是先传送地址，再传送数据，主从设备之间每次通常只能传输一个字长的数据。**突发（猝发）方式**能够进行连续成组数据的传送，其寻址阶段发送的是连续数据单元的首地址，在传输阶段传送多个连续单元的数据，每个时钟周期可以传送一个字长的信息，直到一组数据全部传送完毕后，再释放总线。

2. 总线定时

总线定时是指总线在双方交换数据的过程中需要在时间上对配合关系进行控制，其实质是一种协议或规则，主要有同步、异步、半同步和分离式 4 种定时方式。

同步定时方式是指系统采用一个统一的时钟信号来协调发送和接收双方的传送定时关系。时钟产生相等的时间间隔，每个间隔构成一个总线周期。在一个总线周期中，发送方和接收方可以进行一次数据传送。因为采用统一的时钟，每个部件或设备发送或接收信息都在固定的总线传送周期中。

- 优点：传送速度快，具有较高的传输速率；总线控制逻辑简单。
- 缺点：主从设备属于强制性同步；不能及时进行数据通信的有效性检验，可靠性较差。

同步通信适用于总线长度较短及总线所连接部件的存取时间比较接近的系统。

在**异步定时方式**中，没有统一的时钟，也没有固定的时间间隔，完全依靠传送双方相互制约的"握手"信号来实现定时控制。把交换信息的两个设备分为主设备和从设备，主设备提出交换信息的"请求"信号，经接口传送到从设备；从设备接到主设备的请求后，通过接口向主设备发出"回答"信号。

- 优点：总线周期长度可变，能保证两个速度差异大的设备之间可靠地进行信息交换。
- 缺点：比同步定时方式稍复杂一些，速度比同步定时方式慢。

根据"请求"和"回答"信号的撤销是否互锁，异步定时方式又分为以下 3 种类型：

不互锁方式。 主设备发出"请求"信号后，不必等到从设备的"回答"信号，而是经过一段时间便撤销"请求"信号。而从设备在接到"请求"信号后，发出"回答"信号，并经过一段时间后自动撤销

"回答"信号。双方不存在互锁关系，如图2-6-2（a）所示。

半互锁方式。主设备发出"请求"信号后，必须在接到从设备的"回答"信号后，才撤销"请求"信号，二者有互锁的关系。而从设备在接到"请求"信号后，发出"回答"信号，但不必等待主设备撤销"请求"信号，而是一段时间间隔后自动撤销"回答"信号，此时不存在互锁关系。半互锁方式如图2-6-2（b）所示。

全互锁方式。主设备发出"请求"信号后，必须在从设备"回答"后才撤销"请求"信号；从设备发出"回答"信号后，必须在获知主设备"请求"信号已撤销后，再撤销其"回答"信号，如图2-6-2（c）所示。

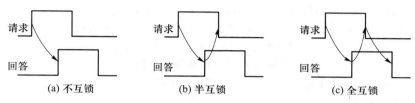

图 2-6-2 请求和回答信号的互锁

半同步定时方式既保留了同步定时方式的特点，如所有地址、命令、数据信号的发出时间都严格参照系统时钟的某个前沿开始，而接收方都采用系统时钟后沿时刻来进行判断识别；同时又像异步定时那样，允许不同速度的设备和谐地工作。半同步定时方式适用于工作速度不高，但又包含了速度差异较大的各类设备的简单系统。

- 优点：比异步定时方式简单，各模块在系统时钟的控制下同步工作，可靠性较高。
- 缺点：系统时钟频率不能要求太高，从整体上看，系统工作速度不是很高。

以上3种定时方式都是从主设备发出地址和读写命令开始，直到数据传输结束，在整个传输周期中，总线的使用权完全由主设备和由它选中的从设备占据。其实从设备在准备数据的阶段，总线纯属空闲等待，为进一步挖掘总线的潜力，又提出了分离式定时方式。

分离式定时方式将总线事务分解为请求和应答两个子过程。在第一个子过程中，主设备A在获得总线使用权后，将命令、地址等信息发到总线上，经总线传输后由从设备B接收。此过程占用总线的时间很短，主设备一旦发送完毕，就立即释放总线，以便其他设备使用。在第二个子过程中，设备B收到设备A发来的有关命令，将设备A所需的数据准备好后，便由设备B申请总线使用权，一旦获准，设备B便将相应的数据送到总线上，供设备A接收。上述两个子过程都只有单方向的信息流，每个设备都变为了主设备。

- 优点：在不传送数据时释放总线，使总线可接受其他设备的请求，不存在空闲等待时间。
- 缺点：控制复杂，开销大。

6.2　I/O系统基本概念

6.2.1　输入/输出系统

输入/输出系统主要是对各种形式的信息进行输入/输出的控制。

接口：在各个外设与主机之间传输数据时进行速度匹配、格式转换等协调工作的部件。

输入设备：向计算机系统输入命令、文本、数据等的部件。如键盘、鼠标等。

输出设备：将信息输出到计算机外部进行显示、交换的部件。如显示器、打印机等。

外存设备：除计算机内存及CPU缓存以外的存储器。如硬盘、光盘等。

一般来说，I/O系统由I/O软件和I/O硬件两部分构成。

I/O软件包括驱动程序、用户程序、管理程序等，通常用I/O指令和通道指令实现。

I/O硬件包括外部设备、设备控制器和接口、I/O总线等。

6.2.2　外部设备

1. 输入设备

键盘：最常用的输入设备，通过它可发出命令或输入数据。

鼠标：常用的定位输入设备，把用户的操作与计算机显示器上的位置信息联系起来。

2. 输出设备

（1）显示器：有 CRT 显示器（已不常见）、LCD 显示器、LED 显示器等，主要有以下参数：

- 屏幕大小：以对角线长度表示，常用的有 12~29 英寸等。
- 分辨率：表示像素的个数，以宽和高上像素数的乘积表示，如 1 280×1 024 等。
- 灰度级：黑白显示器指所显示的像素点的亮暗差别，彩色显示器则表现为颜色的不同。
- 刷新：光点保持极短的时间便会消失，为此必须在光点消失之前再重新扫描显示一遍。
- 刷新频率：指单位时间内扫描整个屏幕内容的次数，刷新频率通常为 60~120 Hz。
- 显示存储器（VRAM）：为了提高刷新图像的信号速度，要把一帧图像信息存储在 VRAM 中。

$$VRAM\ 容量=分辨率×灰度级位数$$

$$VRAM\ 带宽=分辨率×灰度级位数×帧频$$

（2）打印机：按工作方式分为针式打印机、喷墨式打印机、激光打印机和热敏打印机等。

3. 外部存储器（辅存）

辅存主要有磁盘存储器、固态硬盘（SSD）、光盘存储器，其中常用的辅存已在本部分第 3 章中介绍过。

6.3 I/O 接口（I/O 控制器）

6.3.1 I/O 接口的功能

（1）地址译码和设备选择：使主机能和指定外设交换信息。

（2）主机和外设的通信联络控制：保证整个计算机系统能统一、协调地工作。

（3）数据缓冲：消除主机与外设的速度差异，以避免因速度不一致而丢失数据的情况发生。

（4）信号格式的转换：实现主机与外设的信号格式转换，如电平转换、并/串或串/并转换等。

（5）传输控制命令和状态信息：如 CPU 启动外设命令、外设将"准备好"信息反馈给 CPU 等。

（6）中断功能：必要时可实现程序中断。

6.3.2 I/O 接口的基本结构

如图 2-6-3 所示，I/O 接口在主机侧通过系统总线与内存、CPU 相连。数据缓冲寄存器用来暂存与 CPU 或内存之间传送的数据信息，状态寄存器用来记录接口和设备的状态信息，控制寄存器用来保存 CPU 对外设的控制信息。状态寄存器和控制寄存器在传送方向上是相反的，访问时间上也是错开的，因此可以合二为一。

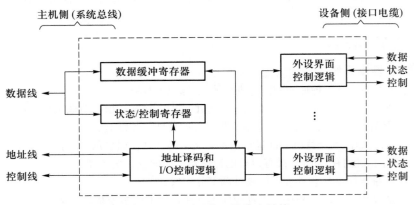

图 2-6-3 I/O 接口的基本结构

I/O 接口中的数据线传送的是读写数据、状态信息、控制信息和中断类信号。地址线传送的是要访问 I/O 接口中的寄存器地址。控制线传送的是读/写控制信号，以确认是读寄存器还是写寄存器。此外，控制线还会传送中断请求和响应信号、仲裁信号和握手信号。

对数据缓冲寄存器、状态/控制寄存器的访问操作是通过相应的指令来完成的，通常称这类指令为 I/O 指令，I/O 指令只能在操作系统内核的底层 I/O 软件中使用，它们是一种特权指令。

6.3.3　I/O 接口的类型

从不同的角度看，I/O 接口可以分为不同的类型。

（1）按数据传送方式（外设和接口一侧），可分为并行接口和串行接口，接口要完成数据格式的转换。

（2）按主机访问 I/O 设备的控制方式不同，可分为程序查询接口、中断接口和 DMA 接口等。

（3）按功能选择的灵活性不同，可分为可编程接口和不可编程接口。

6.3.4　I/O 端口及其编址

I/O 端口是指接口电路中可被 CPU 直接访问的寄存器，主要有数据端口、状态端口和控制端口。通常，CPU 能对数据端口执行读/写操作，但对状态端口只能执行读操作，对控制端口只能执行写操作。I/O 端口要想能被 CPU 访问，就必须对各个端口进行编号，每个端口对应一个端口地址。

对 I/O 端口的编址方式有与存储器统一编址和独立编址两种。

统一编址：又称存储器映射方式，是指把 I/O 端口当作存储器的单元进行地址分配。在这种方式下，CPU 不需要设置专门的 I/O 指令，用统一的访存指令就可以访问 I/O 端口。

- 优点：不需要专门的 I/O 指令，CPU 访问 I/O 端口更灵活，还可使端口有较大的编址空间。
- 缺点：占用存储器地址，使内存容量变小，统一编址的设备进行 I/O 操作的速度较慢。

独立编址：又称 I/O 映射方式，I/O 端口的地址空间与主存地址空间是两个独立的地址空间，因而无法从地址码的形式上区分，需要设置专门的 I/O 指令来访问 I/O 端口。

- 优点：I/O 指令与存储器指令有明显区别，程序编制清晰，便于理解。
- 缺点：I/O 指令少，需要 CPU 提供存储器读/写、设备读/写两组控制信号，增加了硬件复杂性。

6.4　I/O 方式

6.4.1　程序查询方式

信息交换的控制完全由 CPU 执行程序实现。程序查询方式在接口中设置一个数据缓冲寄存器和一个设备状态寄存器。主机在进行 I/O 操作时，先发出询问信号，读取设备的状态并根据设备状态决定下一步操作究竟是进行数据传送还是等待。在程序查询方式中，CPU 与 I/O 串行工作，如图 2-6-4 所示。

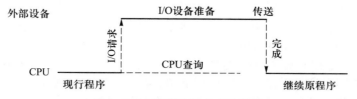

图 2-6-4　程序查询方式示意图

根据查询方式的不同，程序查询方式可分为：

（1）**独占查询**

一旦设备启动，CPU 就持续查询接口状态，CPU 花费 100% 的时间用在 I/O 操作上，此时外设和 CPU 完全串行工作。

（2）**定时查询**

CPU 周期性地查询接口状态，每次总是等到条件满足，才进行一个数据的传送，传送完成后返回用户程序。定时查询的时间间隔与设备的数据传输率有关。

程序查询方式的优点是设计简单、硬件量少。缺点是 CPU 要花费很多时间来查询和等待，且在一段时间内只能和一台外设交换信息，CPU 与设备串行工作，效率很低。

6.4.2 程序中断方式

1. 中断的基本概念

中断的作用：① 实现 CPU 与 I/O 设备的并行工作；② 处理硬件故障和软件错误；③ 实现人机交互；④ 实现多道程序、分时操作；⑤ 实时处理需要借助中断系统来实现快速响应；⑥ 实现应用程序和操作系统（管态程序）的切换；⑦ 实现多处理器系统中各处理器之间的信息交流和任务切换。

中断的思想：CPU 先在程序中安排好在某个时机启动某台外设，然后继续执行当前程序，无须像程序查询方式那样一直等待。一旦外设完成数据传送的准备工作，就主动向 CPU 发出中断请求，请求 CPU 为自己服务。在可响应中断的条件下，CPU 暂时中止现行程序，转去执行中断服务程序为外设服务，在中断服务程序中完成一次主机与外设之间的数据传送，传送完成后，CPU 返回原来的程序。如图 2-6-5 所示。

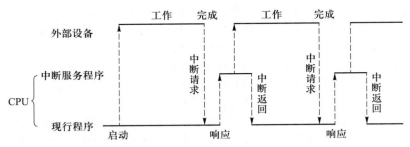

图 2-6-5　程序中断方式示意图

2. 中断的工作流程

（1）中断请求

中断源是请求 CPU 中断的设备或事件，中断源向 CPU 发出中断请求的时间是随机的。为了记录中断事件并区分不同的中断源，对每个中断源设置**中断请求标记触发器**，当其状态为"1"时，表示中断源有请求。这些触发器可组成中断请求标记寄存器，寄存器可集中在 CPU 中，也可分散在各个中断源中。

通过 INTR 线发出的是**可屏蔽中断**，通过 NMI 线发出的是**不可屏蔽中断**。可屏蔽中断的优先级最低，在关中断模式下不会被响应。不可屏蔽中断用于处理紧急和重要的事件，如时钟中断、电源掉电等，其优先级最高，其次是内部异常，即使在关中断模式下也会被响应。

（2）中断响应判优

中断优先级包括响应优先级和处理优先级，响应优先级通常是固定的，不便改动。处理优先级可利用中断屏蔽技术动态调整，以实现多重中断，将在后面介绍。**中断响应优先级**通过硬件排队器（或中断查询程序）实现，它决定 CPU 响应中断请求的先后顺序。由于许多中断源提出中断请求的时间是随机的，因此当多个中断源同时提出请求时，需通过中断判优逻辑来确定响应哪个中断源的请求。

一般来说，响应优先级为① 不可屏蔽中断>内部异常>可屏蔽中断；② 硬件故障>软件中断；③ DMA中断请求>I/O 设备传送的中断请求；④ 高速设备>低速设备，输入设备>输出设备，实时设备>普通设备。

（3）CPU 响应中断的条件

I/O 设备的就绪时间是随机的，而 CPU 在统一的时刻，即每条指令执行阶段结束前，向接口发出中断查询信号，以获取 I/O 设备的中断请求。CPU 在一定的条件下响应中断源发出的中断请求，并经过一些特定的操作，转去执行中断服务程序。CPU 响应中断必须满足以下 3 个条件：

① 中断源有中断请求。

② CPU 允许中断及开中断（异常和不可屏蔽中断不受此限制）。

③ 一条指令执行完毕（异常不受此限制），且没有更高级的任务在执行。

（4）中断响应过程

CPU 响应中断后，经过某些操作，转去执行中断服务程序，这些操作是由硬件直接实现的，称为**中断隐指令**，中断隐指令只是一种虚拟的说法，并不是一条真正的指令。它所完成的操作如下：

① **关中断**。CPU 响应中断后，首先要保护程序的断点和现场信息，在保护断点和现场的过程中，CPU 不能响应更高级中断源的中断请求。

② **保存断点**。为保证在中断服务程序执行完毕后能正确返回到原来的程序，必须将原程序的断点（指令无法直接读取的 PC 和 PSW 的内容）保存在栈或特定寄存器中①。

注意异常和中断的差异：异常指令通常并没有执行成功，异常处理后通常要重新执行，所以其断点是当前指令的地址。而中断的断点则是下一条指令的地址。

③ **引出中断服务程序**。识别中断源，将对应的服务程序入口地址送入程序计数器。有两种方法识别中断源：硬件向量法和软件查询法。本节主要讨论比较常用的向量中断。

（5）中断向量

中断识别分为向量中断和非向量中断两种。非向量中断即软件查询法。

每个中断都有一个唯一的类型号，每个中断类型号都对应一个中断服务程序，每个中断服务程序都有一个入口地址，CPU 必须找到入口地址，即**中断向量**。把系统中的全部中断向量集中存放到存储器的某个区域内，这个存放中断向量的存储区就称为**中断向量表**。

CPU 响应中断后，首先通过识别中断源获得中断类型号，然后据此计算出对应中断向量的地址；再根据该地址从中断向量表中取出中断服务程序的入口地址，并送入程序计数器，以转而执行中断服务程序，这种方法称为中断向量法，采用中断向量法的中断称为**向量中断**。

（6）中断处理过程

不同计算机的中断处理过程各具特色，就其多数而论，中断处理流程如下：

① 关中断。

② 保存断点。

③ 引出中断服务程序。①~③的功能在前面已介绍过。

④ 保存现场和屏蔽字。进入中断服务程序后首先要保存现场和中断屏蔽字，现场信息是指用户可见的工作寄存器的内容，是程序执行到断点处的现行值。

注意：现场和断点这两类信息都不能被破坏。在中断服务程序中，指令把现场信息保存到栈中，即由软件实现；而断点信息由 CPU 在中断响应时自动保存到栈或指定寄存器中，即由硬件实现。

⑤ 开中断。允许更高级中断请求得到响应，实现中断嵌套。

⑥ 执行中断服务程序。这是中断请求的目的。

⑦ 关中断。保证在恢复现场和屏蔽字时不被中断，单重中断没有⑤和⑦两步。

⑧ 恢复现场和屏蔽字。将现场和屏蔽字恢复到原来的状态。

⑨ 开中断、中断返回。使 CPU 返回到原程序的断点处，以便继续执行原程序。

其中，①~③由中断隐指令（硬件）自动完成；④~⑨由中断服务程序完成。

注意：恢复现场是指，在中断返回前必须将寄存器的内容恢复到中断处理前的状态，这部分工作由中断服务程序完成。中断返回由中断服务程序的最后一条指令，即中断返回指令完成。

3. 多重中断和中断屏蔽技术

若在 CPU 执行中断服务程序的过程中，又出现了新的更高优先级的中断请求，而 CPU 对新的中断请求不予响应，则这种中断称为单重中断，如图 2-6-6（a）所示。若 CPU 暂停现行的中断服务程序，转去处理新的中断请求，这种中断称为**多重中断**，又称中断嵌套，如图 2-6-6（b）所示。

CPU 要具备多重中断的功能，必须满足下列条件：

（1）在中断服务程序中提前设置开中断指令。

（2）优先级别高的中断源有权中断优先级别低的中断源。

---

① x86 机器保存 PC 和 PSW 到内存栈中；MIPS 机器没有 PSW，只保存 PC 到特定寄存器中。

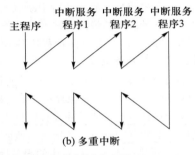

图 2-6-6　单重中断和多重中断示意图

中断处理优先级是指多重中断的实际处理次序，可使用中断屏蔽技术动态调整，从而灵活地调整中断服务程序的优先级，每个中断源都有一个屏蔽触发器，1 表示屏蔽该中断源的请求，0 表示可以正常申请，所有屏蔽触发器的内容组合在一起称为中断屏蔽字，通过软件的方法改写中断屏蔽字，可以动态改变中断处理次序。如果不使用中断屏蔽技术，处理优先级和响应优先级相同。

4. 程序中断和调用子程序的区别

程序中断和调用子程序的根本区别主要表现在服务时间和服务对象不一样。

（1）调用子程序发生的时间是已知和固定的，即在主程序中执行调用指令（CALL）时发生，调用指令所在位置是已知的；而程序中断发生的时间一般是随机的。

（2）子程序完全为主程序服务，两者属于主从关系；而中断服务程序与主程序一般是无关的。

（3）主程序调用子程序的过程完全属于软件处理过程；而中断处理系统是一个软、硬件结合系统。

从宏观上看，虽然程序中断方式克服了程序查询方式中 CPU "踏步"现象，提高了 CPU 的利用率。但从微观操作分析，CPU 在处理中断服务程序时，仍需暂停原程序的运行，尤其是当高速设备频繁地、成批地与主存交换信息时，需不断打断 CPU 执行现行程序而去执行中断服务程序。

6.4.3　DMA 方式

DMA 方式是一种完全由硬件进行成组信息传送的控制方式，它在外设与内存之间开辟一条"直接数据通道"，信息传送不再经过 CPU，也就不需要保护、恢复 CPU 现场等操作，降低了 CPU 在传送数据时的开销。在 DMA 方式中，中断的作用仅限于故障和正常传送结束时的处理。

1. DMA 方式的特点

主存和 DMA 接口之间有一条直接数据通路。由于 DMA 方式传送数据不需要经过 CPU，因此不必中断现行程序，I/O 设备与主机并行工作，程序和传送并行工作。DMA 方式的主要特点如下：

（1）DMA 使主存与 CPU 的固定联系脱钩，主存既可被 CPU 访问，又可被外设访问。

（2）在传送数据块时，主存地址的确定、传送数据的计数等都由硬件电路直接实现。

（3）主存中要开辟专用缓冲区，及时供给和接收外设的数据。

（4）DMA 传送速度快，CPU 和外设并行工作，提高了系统效率。

（5）DMA 在传送开始前要通过程序进行预处理，结束后要通过中断方式进行后处理。

2. DMA 控制器的组成

在 DMA 方式中，对数据传送过程进行控制的硬件称为 DMA 控制器。当 I/O 设备需要进行数据传送时，通过 DMA 控制器向 CPU 提出总线请求，CPU 响应之后将让出系统总线，由 DMA 控制器接管总线进行数据传送。DMA 控制器的主要功能如下：

（1）接受外设发出的 DMA 请求，并向 CPU 发出总线请求。

（2）CPU 响应总线请求后，发出总线响应信号，接管总线控制权，进入 DMA 操作周期。

（3）确定传送数据的主存单元地址及长度，并自动修改主存地址计数和传送长度计数。

（4）规定数据在主存和外设间的传送方向，发出读/写等控制信号，执行数据传送操作。

（5）向 CPU 报告 DMA 操作的结束。

图 2-6-7 给出了一个简单的 DMA 控制器。

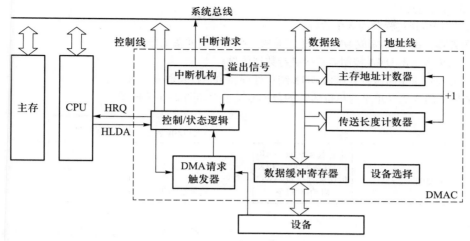

图 2-6-7　简单的 DMA 控制器

3. DMA 的传送方式

主存和外设之间交换信息不通过 CPU，但当外设和 CPU 同时访问主存时，可能发生冲突。为了有效地使用主存，DMA 控制器与 CPU 通常采用以下 3 种方式使用主存：

（1）停止 CPU 访存

当 I/O 设备有 DMA 请求时，由 DMA 接口向 CPU 发送一个停止信号，使 CPU 放弃总线控制权，停止访问主存，直到 DMA 传送一块数据结束。数据传送结束后，DMA 接口通知 CPU 可以使用主存，并把总线控制权交回给 CPU。

- 优点：控制简单，适用于数据传输率很高的 I/O 设备实现成组数据的传送。
- 缺点：DMA 在访问主存时，CPU 基本上处于不工作状态。

（2）周期挪用

由于 I/O 访存的优先级高于 CPU 访存（I/O 不立即访存就可能丢失数据），因此由 I/O 设备挪用一个存取周期，传送完一个数据字后立即释放总线，如图 2-6-8 所示，这是一种单字传送方式。当 I/O 设备有 DMA 请求时，会遇到 3 种情况：①CPU 不在访存，因此 I/O 的访存请求与 CPU 未发生冲突；②CPU 正在访存，此时必须待存取周期结束后，CPU 再将总线占有权让出；③I/O 和 CPU 同时请求访存，出现访存冲突，此时 CPU 要暂时放弃总线占有权。

图 2-6-8　周期挪用

- 优点：既实现了 I/O 传送，又较好地保证了主存与 CPU 的效率。
- 缺点：每挪用一个主存周期，DMA 接口都要申请、建立和归还总线控制权。

（3）DMA 与 CPU 交替访存

将 CPU 的工作周期分成两个时间片，一个给 CPU，一个给 DMA，CPU 和 DMA 交替访存。这种方式适用于 CPU 的工作周期比主存存取周期长的情况。例如，若 CPU 的工作周期是 1.2 μs，主存的存取周期小于 0.6 μs，则可将一个 CPU 周期分为 C_1 和 C_2 两个周期，其中 C_1 专供 DMA 访存，C_2 专供 CPU 访存。这种方式不需要申请和归还总线使用权，总线使用权是通过 C_1 和 C_2 分时控制的。

- 优点：不需要总线控制权的申请、建立和归还过程，具有很高的传送速率。
- 缺点：相应的硬件逻辑变得更为复杂。

4. DMA 的传送过程

DMA 的数据传送过程分为 3 个阶段：

（1）预处理：由 CPU 完成 DMA 传送之前的一些必要的准备工作。

（2）数据传送：由 DMA 控制器直接进行数据传送。

（3）后处理：由中断服务程序做 DMA 结束处理，包括校验数据是否出错等。

采用周期挪用方式（单字为单位的）的数据传送过程如图 2-6-9 所示。

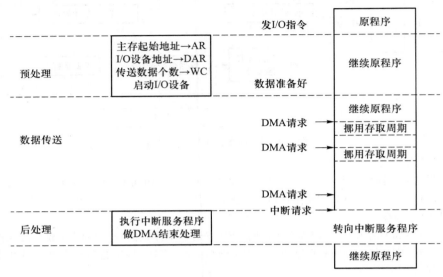

图 2-6-9　采用周期挪用方式的数据传送过程示意图

在 DMA 方式下，整个数据块的传送过程都不需要 CPU 参与，CPU 只在最初的 DMA 控制器初始化和最后的 DMA 结束处理时介入，因此 CPU 用于 I/O 的开销非常小。

5. DMA 和中断方式的区别

（1）中断是程序的切换，需要保护和恢复现场；而 DMA 方式除了开始和结束时以外，不占用 CPU 资源。

（2）对中断请求的响应只能发生在每条指令执行完毕时（即指令的执行周期后）；而对 DMA 请求的响应可以发生在每个机器周期结束时。

（3）中断传送过程需要 CPU 的干预；而 DMA 传送过程不需要 CPU 的干预，因此数据传输率非常高，适用于高速外设的成组数据传送。

（4）DMA 请求的优先级高于中断请求。

（5）中断方式具有对异常事件的处理能力，而 DMA 方式仅局限于传送数据。

（6）从数据传送来看，中断方式靠程序传送，而 DMA 方式靠硬件传送。

（7）传送结束时，DMA 方式是由 DMA 控制器向 CPU 请求中断做结束处理，中断方式则是由 CPU 向控制器发送完成信号。

6.5　同步练习

一、单项选择题

1.“总线忙”信号由（　　）建立。

A. 获得总线控制权的设备　　　　　　　　B. 发出“总线请求”的设备

C. 总线控制器　　　　　　　　　　　　　D. CPU

2. 系统总线中的控制总线主要用来传送（　　）。

Ⅰ. 存储器和 I/O 设备的地址码

Ⅱ. 存储器和 I/O 设备的时序信号

Ⅲ. 存储器和 I/O 设备的控制信号

Ⅳ. 来自 I/O 设备和存储器的响应信号

A. Ⅱ、Ⅲ   B. Ⅰ、Ⅲ、Ⅳ   C. Ⅲ、Ⅳ   D. Ⅱ、Ⅲ、Ⅳ

3. 下列关于 USB 总线特性的描述中，错误的是 （   ）。

A. 可实现外设的即插即用和热插拔

B. 可通过级联方式连接多台外设

C. 是一种通信总线，连接不同外设

D. 同时可传输 2 位数据，数据传输率高

4. 以下描述 PCI 总线的基本概念中，正确的是 （   ）。

A. PCI 总线是一个与处理器时钟频率无关的高速外围总线

B. PCI 总线需要人工方式与系统进行配置

C. 系统中只允许有一条 PCI 总线

D. PCI 不支持即插即用

5. 在系统总线中，地址总线的位数与 （   ）有关。

A. 机器字长   B. 存储单元个数   C. 存储字长   D. 存储器带宽

6. 假设某存储器总线采用同步通信方式，时钟频率为 50 MHz，总线以突发方式传输 8 个字，以支持块长为 8 个字（每字 4 B）的 Cache 行的读写。若全部访问都为读操作，访问顺序是 1 个时钟周期接收地址，3 个时钟周期等待存储器读数，8 个时钟周期用于传输 8 个字。则该存储器的数据传输速率为 （   ）。

A. 114.3 MB/s   B. 126 MB/s   C. 133.3 MB/s   D. 144.3 MB/s

7. 在下列各种情况中，最应采用异步传输方式的是 （   ）。

A. I/O 接口与打印机交换信息

B. CPU 与主存交换信息

C. CPU 和 PCI 总线交换信息

D. 由统一时序信号控制方式下的设备

8. 传输一张分辨率为 640×480 像素、65 536 色的图片（无压缩），数据传输速率为 56 kb/s，大约需要的时间是 （   ）。

A. 34.82 s   B. 42.86 s   C. 85.71 s   D. 87.77 s

9. 在微型计算机系统中，I/O 设备通过 （   ）与主板的系统总线相连。

A. DMA 控制器   B. 设备控制器   C. 中断控制器   D. I/O 端口

10. 主机在与设备间传送数据时，若采用 （   ），则主机与设备是串行工作的。

A. 程序查询方式   B. 程序中断方式   C. 通道方式   D. DMA 方式

11. 中断隐指令是指 （   ）。

A. 操作数隐含在操作码中的指令

B. 在一个机器周期里完成全部操作的指令

C. 用户看不到（透明），且是实实在在存在的指令

D. 指令系统中没有的指令

12. 中断地址是 （   ）。

A. 子程序入口地址   B. 中断服务程序入口地址

C. 中断服务程序入口地址表   D. 程序返回地址

13. 鼠标适用于 （   ）方式实现输入操作。

A. 程序查询   B. 程序中断   C. DMA   D. 通道

14. 中断系统是由 （   ）实现的。

A. 硬件   B. 固件   C. 软硬件结合   D. 中断服务程序

15. 为了便于实现多级中断，保存现场信息最有效的办法是使用（　　）。

    A. 通用寄存器　　　　　　B. 堆栈　　　　　　C. 存储器　　　　　　D. 外存

16. 某 CPU 访问存储器与访问 I/O 端口的指令相同，则存储器与 I/O 端口（　　）。

    A. 地址编码可能重叠　　　　　　　　　　B. 地址编码一定互斥

    C. 地址空间一定重叠　　　　　　　　　　D. 寻址的地址线数目通常不同

17. 在独立编址方式下，存储器单元和 I/O 设备是靠（　　）来区分的。

    A. 不同的地址码　　　　　　　　　　　　B. 不同的地址总线

    C. 不同的指令和不同的控制信号　　　　　D. 上述都不对

18. 在 I/O 设备、数据通道、时钟和软件这 4 项中，可能成为中断源的是（　　）。

    A. I/O 设备　　　　　　　　　　　　　　B. I/O 设备、数据通道

    C. I/O 设备、数据通道、时钟　　　　　　D. I/O 设备、数据通道、时钟和软件

19. 下列关于多重中断系统中 CPU 响应中断的说法中，错误的是（　　）。

    A. 仅在用户态（执行用户程序）下，CPU 才能检测和响应中断

    B. CPU 只有在检测到中断请求信号后，才会进入中断响应周期

    C. 进入中断响应周期时，CPU 一定处于中断允许状态（开中断）

    D. 若 CPU 检测到中断请求信号，则一定存在未被屏蔽的中断请求信号

20. 在某计算机系统中，假定硬盘以中断方式与 CPU 进行数据输入/输出，以 16 位为传输单位，传输速率为 50 KB/s，每次传输的开销（包括中断）为 100 个 CPU 时钟周期，CPU 的主频为 50 MHz，请问硬盘数据传送占 CPU 时间的比例是（　　）。

    A. 10%　　　　　　B. 56.8%　　　　　　C. 5%　　　　　　D. 50%

21. DMA 方式将建立一条直接数据通路，它位于（　　）。

    A. I/O 设备和主存之间　　　　　　　　　B. 两个 I/O 设备之间

    C. I/O 设备和 CPU 之间　　　　　　　　D. CPU 和主存之间

22. DMA 方式的接口电路中有程序中断部件，其作用是（　　）。

    A. 实现数据传送　　　　　　　　　　　　B. 向 CPU 提出总线使用权

    C. 向 CPU 提出传输结束　　　　　　　　D. 运算结果溢出处理

23. 采用 DMA 方式传送数据时，周期窃取是指窃取一个或多个（　　）。

    A. 指令周期　　　　　　B. 机器周期　　　　　　C. 存取周期　　　　　　D. 时钟周期

二、综合应用题

1. 某总线在一个总线周期中并行传送 4 个字节的数据，假设一个总线周期等于一个时钟周期，总线时钟频率为 33 MHz。问：

    （1）总线带宽是多少？

    （2）如果一个总线周期中并行传送 64 位数据，总线时钟频率升为 66 MHz，求总线带宽是多少？

    （3）分析哪些因素影响带宽。

2. 某计算机的 CPU 主频为 500 MHz，所连接的某外设的最大数据传输速率为 20 KB/s，该外设接口中有一个 16 位的数据缓存器，相应的中断服务程序的执行时间为 500 个时钟周期。试回答下列问题：

    （1）是否可用中断方式进行该外设的输入/输出？若能，在该设备持续工作期间，CPU 用于该设备输入/输出的时间占整个 CPU 时间的百分比大约为多少？

    （2）若该外设的最大数据传输速率是 2 MB/s，则可否用中断方式进行输入/输出？

3. 假设计算机的主频为 1 GHz，CPI 为 5，需要从某个成块传送的 I/O 设备读取 1 000 B 的数据到主存缓冲区，该 I/O 设备一旦启动即按 50 KB/s 的数据传输率向主机传送 1 000 B 数据，每个字节的读取、处理并存入内存缓冲区需要 1 000 个时钟周期。对于这 1 000 B 数据的读取过程，请回答：

    （1）采用程序查询方式，每次处理一个字节，一次状态查询至少需要 60 个时钟周期。CPU 用于该设备输入/输出的时间占整个 CPU 时间的百分比至少是多少？

（2）采用中断方式，外设每准备好一个字节发送一次中断请求，每次中断响应需要 2 个时钟周期，中断服务程序的执行需要 1 200 个时钟周期。CPU 用于该设备 I/O 的时间占整个 CPU 时间的百分比至少是多少？

（3）采用周期挪用的 DMA 方式，每挪用一次存取周期处理一个字节，一次 DMA 传送完成 1 000 B 的传送，DMA 初始化和后处理的时间为 2 000 个时钟周期，CPU 和 DMA 之间没有访存冲突。CPU 用于该设备输入/输出的时间占整个 CPU 时间的百分比至少是多少？

（4）如果设备的速度提高到 5 MB/s，则上述 3 种方式中哪些是不可行的？为什么？

答案与解析

一、单项选择题

1. A

在总线控制中，申请使用总线的设备向总线控制器发出"总线请求"信号，由总线控制器进行裁决。如果裁决允许该设备使用总线，就由总线控制器向该设备发出"总线允许"信号，该设备接收到后发出"总线忙"信号，用于通知其他设备总线已被占用。当该设备使用完总线时，将"总线忙"信号撤销，释放总线。

2. D

存储器和 I/O 设备的地址码应该通过地址线来传送，I 错误。控制线应该用来传送来自存储器和 I/O 设备的时序信号、控制信号和响应信号。

3. D

USB 总线的特点：① 即插即用；② 热插拔；③ 有很强的连接能力；④ 有很好的可扩充性，一个 USB 控制器最多可连接 127 个外部设备；⑤ 高速传输，速度可达 480 Mbps。所以选项 A、B、C 都符合 USB 总线的特点。对于选项 D，USB 是串行总线，不能同时传输 2 位数据。

4. A

PCI 总线是一个与 CPU 主频无关的高速外围总线，计算机中的网卡、声卡、调制解调器可通过 PCI 总线与主机相连。PCI 是支持即插即用的。通过常识可以排除选项 B 和 C。

5. B

地址总线的位数与存储单元的个数有关，如地址总线为 20 根，则存储单元个数为 2^{20}。

6. C

一次总线事务传输的数据量为 8×4 B = 32 B，需要的时钟周期数为 $1+3+8=12$，每个时钟周期为 $1/50$ MHz，所用的总时间为 $12 \times (1/50 \text{ MHz}) = 0.24 \times 10^{-6}$ s。则读操作的数据传输速率为 32 B/0.24 s = 133.3 MB/s。

7. A

异步传输方式依靠传送双方相互制约的"握手"信号来实现定时控制，能保证两个工作速度相差很大的部件或设备之间可靠地进行信息交换。I/O 接口与打印机的速度差异较大，应采用异步传输方式。

8. D

先计算图片的存储空间大小，图片的颜色数为 65 536，需要用 $\log_2 65\,536 = 16$ 位二进制来表示，图片的存储空间大小为 $640 \times 480 \times 16$ b = 4 915 200 b。传输时间为 4 915 200 b/$(56 \times 1\,000$ b/s$) = 87.77$ s。

9. B

I/O 设备不可能直接与主板总线相连，总是通过设备控制器来相连的。选项 D 是设备控制器中的寄存器。选项 A 和 C 都是两种特殊的设备控制器。

10. A

主机在与设备间传送数据时，若采用程序查询方式，则主机与设备是串行工作的。

11. D

中断隐指令并不存在于指令系统中，只有在响应中断时由硬件直接控制执行。

12. D

中断地址就是断点地址，即程序返回的地址。

13. B

鼠标和键盘属于慢速设备，适用于程序中断方式实现输入操作。

14. C

中断响应要求快速，一般用硬件实现；中断处理一般用软件实现；中断响应过程中的现场保护和恢复用硬件实现，以保证速度；另一部分现场用软件实现，以保证灵活性。

15. B

堆栈是具有后进先出特点的数据结构，只能在一端（栈顶）进行插入和删除操作。为了便于实现多级中断，可使用进栈指令将各寄存器的内容存至堆栈中，即将程序中断时的"现场"保存起来。

16. B

访问存储器与访问 I/O 端口的指令相同，即为统一寻址（编址）方式，它们所使用的地址对应整个主存地址空间，但存储器地址编码与 I/O 地址编码互斥。

17. C

在独立编址方式下，无法通过地址码来区分存储器单元和 I/O 设备，而是通过设置专门的 I/O 指令来访问 I/O 控制器中的端口，I/O 指令是独立于系统指令的。

18. D

I/O 接口中有中断请求和控制逻辑，必要时可实现程序中断。时钟能发出时钟中断。软件可通过中断机制请求操作系统服务。因此这 4 项都可能成为中断源。

19. A

执行中断处理时处于系统内核态，若此时不能检测和响应中断，则无法实现中断嵌套，选项 A 错误。

20. C

CPU 时钟周期 = $1/(50 \times 10^6/\text{s})$ = 20 ns。每次传输 16 位数据时的 CPU 时间开销 = 100×20 ns = 2 ms。而硬盘传输 16 位数据的总时间 = 16 b/(50 KB/s) = 2 B/(50×10^3 B/s) = 40 ms。数据传送占 CPU 时间的比例 = 2 ms/40 ms = 5%。

21. A

直接存储器访问 DMA 方式是在外设和主存之间开辟一条"直接数据通路"，在不需要 CPU 干预也不需要软件介入的情况下，在两者之间进行高速数据传送。

22. C

DMA 接口电路中中断部件的作用是，在 DMA 传送结束时通知 CPU 进行后续的处理。

23. C

当外设发出 DMA 请求时，I/O 设备便窃取一个或多个存取周期，意味着 CPU 在执行访存指令时插入了 DMA 请求，并挪用了一个或多个存取周期，使 CPU 延缓了一个或多个存取周期再访存。

二、综合应用题

1. （1）设总线带宽用 D_r 表示，总线时钟周期用 $T = 1/f$ 表示，一个总线周期传送的数据量用 D 表示，根据定义可得 $D_r = D/T = Df = 4$ B $\times 33 \times 10^6/\text{s} = 132$ MB/s。

（2）因为 64 位 = 8 B，所以 $D_r = Df = 8$ B $\times 66 \times 10^6/\text{s} = 528$ MB/s。

（3）总线带宽是总线能提供的数据传送速率，通常用每秒传送数据的字节数（或位数）来表示。影响总线带宽的主要因素有总线宽度、传送距离、总线发送和接收电路工作频率以及数据传送形式。

2. （1）外设接口中有一个 16 位的数据缓存器，因此可以每 16 位发出一次中断请求，中断请求的时间间隔为 2 B/(20 KB/s) = 100 μs。中断服务程序的执行时间为(1/500 MHz)×500 = 1 μs。而中断响应就是执行一条隐指令，所用时间与中断处理（执行中断服务程序）的时间比，几乎可以忽略不计，整个中断响应并处理的时间约为 1 μs 多一点，远小于中断请求的间隔时间。因此可以用中断方式进行该设备的输入/输出。CPU 用于该设备输入/输出的时间占整个 CPU 时间的百分比约为 1 μs/100 μs = 1%。

（2）若外设的最大传输速率为 2 MB/s，则中断请求的时间间隔为 2 B/(2 MB/s) = 1 μs。而整个中断响应并处理的时间大约为 1 μs 多一点，中断请求的间隔时间小于中断响应和处理时间，即中断处理还未结束就会有该外设新的中断请求到达，因此不能用中断方式进行该设备的输入/输出。

3. 时钟周期为 $1/(1 \times 10^9 \text{ GHZ}) = 1$ ns。每个字节读取、处理并存入内存缓冲区需要 1 000 个时钟周期，因此对于程序查询方式和中断方式，CPU 为每个字节传送所用的时间为 $1\,000 \times 1$ ns = 1 μs。数据传输率为 50 KB/s，设备每隔 $1/(50 \times 10^3 \text{B/s}) = 2 \times 10^{-5}$ s = 20 μs 准备好一个字节，因而读取 1 000 B 的时间为 $1\,000 \times 20$ μs = 20 ms。

（1）在程序查询方式下，可设置每隔 20 000 ns 查询一次，这样查询开销最小，即第一次查询时就会发现就绪，对于每个字节的传送，CPU 所用时钟周期数为 60+1 000 = 1 060。因此 CPU 用在该设备输入/输出的时间至少为 $1\,000 \times 1\,060 \times 1$ ns = 1.06 ms，占 CPU 时间的百分比至少为 1.06/20 = 5.3%。如下图所示。

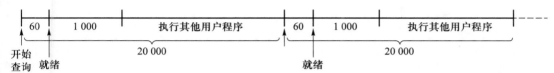

（2）在程序中断方式下，外设每准备好一个字节请求一次中断，每次中断 CPU 所用时钟周期数为 2+1 200 = 1 202，CPU 用在该设备输入/输出的时间为 $1\,000 \times 1\,202 \times 1$ ns = 1.202 ms，占 CPU 时间的百分比为 1.202/20 = 6.01%。如下图所示。

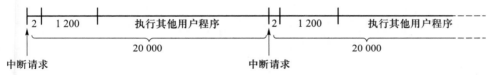

（3）在 DMA 方式下，CPU 和 DMA 没有访存冲突，因此 CPU 为传送 1 000 B 所用的时钟周期数就是 2 000，CPU 用在该设备输入/输出的时间为 $2\,000 \times 1$ ns = 2 μs，占 CPU 时间的百分比为 2/(1 000 × 20) = 0.01%。

（4）若设备数据传输率为 5 MB/s，则该设备传输 1 000 B 所用时间为 $1\,000/(5 \times 10^6 \text{MB/s}) = 200$ μs。对于程序查询方式，CPU 传送 1 000 B 所用时间至少为 $1\,000 \times (60+1\,000) \times 1$ ns = 1 060 μs；对于中断方式，CPU 传送 1 000 B 所用时间为 $1\,000 \times (2+1\,200) \times 1$ ns = 1 202 μs。在这 2 种方式下，CPU 所用的时间都比设备所用时间长得多，即设备的传输比 CPU 的处理快得多，从而发生数据丢失，因此这 2 种方式都不能用于该设备的 I/O 操作。对于 DMA 方式，CPU 传送 1 000 B 所用时间为 $2\,000 \times 1$ ns = 2 000 ns = 2 μs，占整个 CPU 时间的百分比为 2/200 = 1%。说明可以使用 DMA 方式，但由于该设备速度加快，因此 CPU 更频繁进行 DMA 预处理和后处理。

由此可见，对于快速设备，采用程序查询方式和中断方式的 CPU 开销大，使得 CPU 来不及处理设备传输的数据而导致数据丢失，因而快速设备不能采用这 2 种 I/O 方式。

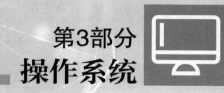

第3部分
操作系统

第1章 操作系统基础

【真题分布】

主要考点	考查次数	
	单项选择题	综合应用题
操作系统的概念、特征和功能	4	0
内核态与用户态	7	1
中断和异常	6	1
系统调用	5	0
操作系统引导	1	1

【复习要点】

（1）操作系统的作用、基本特征和发展过程，多道程序设计技术。

（2）中断与异常的分类、作用及处理过程。

（3）CPU 的两种运行模式及切换，各种操作系统结构的特点，操作系统的引导。

1.1 操作系统的基本概念

1.1.1 操作系统的概念

操作系统（OS）是指控制和管理整个计算机系统的硬件和软件资源，并合理地组织调度计算机的工作和资源的分配，以提供给用户和其他软件方便的接口和环境的程序集合。操作系统是随着计算机研究和应用的发展逐步形成并发展起来的，是最基本的系统软件。

1.1.2 操作系统的特征

（1）**并发**。两道或多道程序在同一时间间隔内执行。而在每一时刻，单 CPU 环境下实际仅有一道程序执行，故微观上这些程序还是在分时地交替执行。并发性是通过分时得以实现的。

（2）**共享**。系统资源可被内存中的多道程序共同使用。有两种资源共享方式：互斥访问和同时访问。并发执行的要求引出了资源共享；而资源共享的管理又直接影响程序的并发执行。

并发和共享是操作系统的最基本特征，互为依存。

（3）**异步**。在多道程序环境下允许多道程序并发执行，但由于资源有限，进程以不可预知的速度向前推进。只要运行环境相同，操作系统就要保证进程多次运行后能获得相同的结果。

（4）**虚拟**。虚拟是指把物理上的一个实体变成逻辑上的多个对应物，目的是为用户提供易于使用、方便、高效的操作环境。操作系统用两种方式来实现虚拟：时分复用和空分复用。

1.1.3 操作系统的功能

1. 管理计算机系统资源

（1）**处理机管理**：包括进程控制、进程同步、进程通信、进程调度。

（2）**存储器管理**：包括内存分配、地址映射、内存保护与共享、内存扩充等功能。

（3）**文件管理**：包括文件的存储空间管理、目录管理、文件读/写管理和保护等。

（4）**设备管理**：包括缓冲管理、设备分配、设备处理、虚拟设备等功能。

2. 提供用户与计算机硬件系统之间的接口

为方便用户使用操作系统还提供了两类接口：

（1）命令接口。**联机命令接口**：适用于分时或实时系统，用户通过控制台或终端输入操作命令，向系统提出各种服务要求。**脱机命令接口**：适用于批处理系统，用户事先用相应的作业控制命令写成一份作业操作说明书，连同作业一起提交给系统，用户不能直接干预作业的运行。

（2）程序接口。程序接口由一组**系统调用命令**（也称广义指令）组成。用户通过在程序中使用这些系统调用命令来请求操作系统为其提供服务。**图形接口**（GUI）是指用户在图形界面上点击或使用快捷键就能方便地使用操作系统。GUI 最终是通过调用程序接口实现的。

3. 扩充机器

在裸机上覆盖操作系统后，便得到一台功能增强、使用方便的多层扩充机器或多层虚拟机器。

1.2 操作系统的发展与分类

按操作系统的发展历程和使用环境对其进行分类，操作系统可分为单道批处理系统、多道批处理系统、分时系统和实时系统。

1. 单道批处理系统

单道是指内存中仅有一道程序在运行；批处理是指在系统监督程序的控制下，磁带里的一批作业能一个接一个地被处理。单道批处理系统在解决人机矛盾和 CPU 与 I/O 设备速度不匹配的矛盾中形成，略微提高了系统资源的使用率。其特征有自动性、顺序性、单道性。

2. 多道批处理系统

多道是指内存中同时存在多道程序，当一个占据内存空间的程序不使用 CPU 而忙于 I/O 时，CPU 可以选择内存中的其他程序运行。多道批处理系统提高了 CPU 的利用率和系统吞吐量，也提高了内存和 I/O 设备的利用率。其特征有多道性、无序性、调度性。

3. 分时系统

操作系统通过时间片轮转的方式将 CPU 分配给多个用户程序。由于时间片很短，所以每个用户都感觉自己是在独占计算机系统。分时系统具有多路性、独立性、及时性和交互性。

4. 实时系统

实时系统要求系统及时响应外部事件的请求，并在规定时间内处理完这些请求。按截止时间可将实时任务分为硬实时任务（必须在截止时间前完成）和软实时任务（不太严格地在截止时间前完成）。

此外还可以从用户数量上对操作系统分类：单用户操作系统和多用户操作系统。

1.3 操作系统的运行环境

1.3.1 CPU 运行模式

在计算机系统中，CPU 通常执行两种不同性质的程序：一种是操作系统内核程序；另一种是操作系统外层的应用程序。对操作系统而言，这两种程序的作用不同，前者是后者的管理者，因此"管理程序"要执行一些特权指令，而"被管理程序"出于安全考虑不能执行这些指令。

● **特权指令**是指不允许用户直接使用的指令，如 I/O 指令、置中断指令，访问用于内存保护的寄存器、送程序状态字到程序状态字寄存器等指令。

● **非特权指令**是指允许用户直接使用的指令，其不能直接访问系统中的软/硬件资源，仅限于访问用户的地址空间，这也是为了防止用户程序对系统造成破坏。

在具体实现上，CPU 的运行模式划分成**内核模式**（又称核心态）和**用户模式**（又称用户态），以严格区分两类程序。

操作系统大多都是层次式的，各项功能分别被设置在不同的层次上。与硬件关联较紧密的模块，如时钟管理、中断处理、设备驱动等程序处于最底层。其上是运行频率较高的程序，如进程管理、存储器管理和设备管理等。这两部分内容构成了操作系统的内核。

操作系统的内核通常包括以下 4 方面内容：

（1）**时钟管理**。操作系统通过时钟管理，向用户提供标准的系统时间。通过时钟中断信号，可实现进程的切换。

（2）**中断机制**。中断技术是操作系统各项操作的基础，现代操作系统是靠中断驱动的软件。在中断机制中，只有一小部分功能属于内核，负责保护和恢复中断现场的信息，转移控制权到相关的处理程序。这样可以减少中断的处理时间，提高系统的并行处理能力。

（3）**原语**。按层次结构设计的操作系统，底层必然是一些可被调用的公用小程序，它们各自完成一个规定的操作，称为原语。原语与其他程序的区别在于，其为**原子操作**（atomic operation）。实现原语的直接方法是关中断，让其所有动作不可分割地进行完再打开中断。

（4）**用于系统控制的数据结构及指令**。系统中用来登记状态信息的数据结构很多，比如作业控制块、进程控制块、设备控制块、消息队列、缓冲区、空闲区登记表、内存分配表等。为了实现有效的管理，系统需要一些基本的操作，主要有进程管理、存储器管理和设备管理等。

核心态指令实际上包括系统调用类指令和一些针对时钟、中断和原语的操作指令。

1.3.2　中断和异常的概念

在引入了核心态和用户态这两种运行状态后，就需要考虑这两种状态之间如何切换的问题了。操作系统内核工作在核心态，而用户程序工作在用户态。系统不允许用户程序实现核心态的功能，而它们又必须使用这些功能。因此，需要在核心态建立一些"门"，以便 CPU 能够从用户态进入核心态。在实际的操作系统中，CPU 运行上层程序时唯一能进入这些"门"的途径就是中断或异常。在发生中断或异常时，运行用户态的 CPU 会立即进入核心态，这是通过硬件实现的（例如，用一个特殊寄存器的一位来表示 CPU 所处的工作状态，0 表示核心态，1 表示用户态。若要进入核心态，则只需将该位置 0 即可）。中断是操作系统中非常重要的一个概念，对一个运行在计算机上的实用操作系统而言，缺少了中断机制，将是不可想象的。

1. 中断和异常的定义

中断（interruption）也称外中断或外部中断，是指来自 CPU 执行指令以外的事件，通常用于信息的输入/输出，如设备发出的 I/O 结束中断，表示设备输入/输出处理已经完成。又如时钟中断，表示一个固定的时间片已到，让 CPU 处理计时、启动定时运行的任务等。

异常（exception）也称内中断或内部异常，是指源自 CPU 执行指令内部的事件，如程序的非法操作码、地址越界、运算溢出、虚存系统的缺页及专门的陷入指令等引起的事件。异常不能被屏蔽，一旦出现应立即处理。内部异常和外部中断的联系与区别如图 3-1-1 所示。

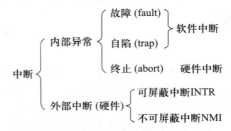

图 3-1-1　内部异常和外部中断的联系与区别

2. 中断和异常的分类

外部中断可分为 2 种：可屏蔽中断和不可屏蔽中断。① **可屏蔽中断**是指通过 INTR 线发出的中断请求，通过改变屏蔽字可以实现多重中断，从而使得中断处理更加灵活。② **不可屏蔽中断**是指通过 NMI 线发出的中断请求，通常是紧急的硬件故障，如电源掉电等。

异常可分为 3 种：故障、自陷和终止。① **故障**（fault）通常是由指令执行引起的异常，如非法操作码、缺页故障、除数为 0、运算溢出等。② **自陷**（trap）是一种事先安排的"异常"事件，用于在用户态下调用操作系统内核程序，如条件陷阱指令。③ **终止**（abort）是指出现了使得 CPU 无法继续执行的硬件故障，如控制器出错、存储器校验错等。

故障和自陷属于**软件中断**，终止和外部中断属于**硬件中断**。

1.3.3 系统调用

系统调用是指用户在程序中调用操作系统所提供的一些子功能。系统调用可视为特殊的公共子程序。系统中的各种共享资源都由操作系统统一掌管，因此在用户程序中，凡是与资源有关的操作（如存储分配、I/O 操作及文件管理等）都必须通过系统调用的方式向操作系统提出请求，并由操作系统代为完成。这些系统调用按功能大致可分为如下几类：

- **设备管理**：实现设备的请求或释放，以及设备启动等功能。
- **文件管理**：实现文件的读、写、创建及删除等功能。
- **进程控制**：实现进程的创建、撤销、阻塞及唤醒等功能。
- **进程通信**：实现进程之间的消息传递或信号传递等功能。
- **内存管理**：实现内存的分配、回收以及获取作业占用内存区大小及起始地址（始址）等功能。

系统调用的处理需要由操作系统内核完成，运行在核心态。用户程序通过执行陷入指令（又称访管指令）来发起系统调用，请求操作系统提供服务。服务完成后，操作系统内核又会把 CPU 的使用权还给用户程序（CPU 状态会从核心态回到用户态）。系统调用执行过程如图 3-1-2 所示。这样设计的目的是：用户程序不能直接执行对系统影响非常大的操作，必须通过系统调用的方式请求操作系统代为执行，防止用户程序随意更改或访问重要的系统资源，以便保证系统的稳定和安全。

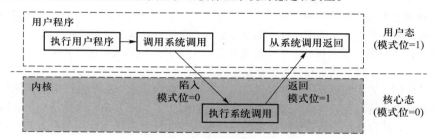

图 3-1-2　系统调用执行过程

注意：由用户态转到核心态要用到访管指令，访管指令是在用户态使用的，所以不是特权指令。

操作系统的运行环境可以理解为：用户通过操作系统运行上层程序，而这个上层程序的运行依赖于操作系统的底层管理程序提供服务支持。当需要管理程序服务时，系统则通过硬件中断机制进入核心态，运行管理程序；也可能是程序运行出现异常情况，被动地需要管理程序的服务，这时就通过异常处理进入核心态。管理程序运行结束时，用户程序需要继续运行，此时通过保存的程序现场退出中断或异常处理程序，返回断点处继续执行。

1.4　操作系统结构

1. 分层式

将操作系统分为若干层次，每一层都只能使用紧邻它的低层所提供的功能和服务。从硬件开始，自底向上一层一层地增添相应功能的软件，称为分层式操作系统结构。

- 优点：便于调试和验证，正确性高；结构清晰，易于扩充和维护。
- 缺点：合理定义各层比较困难；效率较差。

2. 模块化

将操作系统按功能划分为若干个独立的模块，管理相应的功能，同时规定好各模块之间的接口，以实现模块之间的通信，对较大模块又可按子功能进一步细分。

- 优点：提高了操作系统设计的正确性、可理解性和可维护性；增强了操作系统的可适应性；加速了操作系统的开发过程。

● 缺点：模块及接口划分比较困难；模块设计的每一步决策很难建立在可靠的基础上。

3. 宏内核

宏内核，也称单内核或大内核，是指将系统的主要功能模块作为一个紧密联系的整体运行在核心态，从而为用户程序提供高性能的系统服务。

● 优点：各管理模块之间共享信息，能有效利用相互之间的有效特性，有性能优势。
● 缺点：内核代码庞大，层次交互关系复杂，层次接口难以定义，难以维护。

4. 微内核

将内核中最基本的功能保留在内核，而将那些不需要在核心态执行的功能移到用户态执行。微内核结构将操作系统划分为两大部分：微内核和多个服务器。微内核是指精心设计、能实现操作系统最基本和核心功能的小型内核，包含与硬件处理紧密相关的部分以及客户和服务器之间的通信。操作系统中绝大部分功能都放在微内核外的一组服务器（进程）中实现，运行在用户态。客户与服务器之间是借助微内核提供的消息传递机制来实现交互的。

微内核结构通常利用"机制与策略分离"的原理来构造 OS 结构，将机制部分以及与硬件紧密相关的部分放入微内核，而绝大部分放在微内核外的各种服务器中实现，而大多数服务器都要比微内核大。因此，在采用客户/服务器模式后，能把微内核做得很小。

微内核通常具有如下功能：

（1）**进程（线程）管理**。进程（线程）之间的通信功能是微内核 OS 最基本的功能，此外还有进程的切换和调度，以及多 CPU 之间的同步等功能，都应放入微内核。

（2）**低级存储器管理**。微内核只配置最基本的低级存储器管理机制，如用于实现将逻辑地址变换为物理地址的页表机制和地址变换机制，这一部分是依赖于硬件的，因此放入微内核。

（3）**中断和陷入处理**。微内核的主要功能是捕获发生的中断和陷入事件，并进行中断响应处理，在识别中断或陷入事件后，再发送给相关的服务器来处理。

在微内核结构中，为了实现高可靠性，只有微内核运行在内核态，一个模块中的错误只会使这个模块崩溃，不会使整个系统崩溃。例如，文件服务代码运行时出了问题，在宏内核结构中，因为文件服务是运行在内核态的，所以系统会直接崩溃。而微内核结构的文件服务是运行在用户态的，只要把文件服务功能强行停止并重启就可以继续使用了，系统不会崩溃。

● 优点：提高了系统的扩展性和灵活性、可靠性和安全性、可移植性；可实现分布式计算。
● 缺点：需要频繁在核心态和用户态之间切换，系统开销较大。

5. 外核

不同于虚拟机克隆真实机器，另一种策略是对机器进行分区。分给每个用户整个资源的一个子集。这样，某个虚拟机可能得到磁盘的第 0 至 1023 号盘块，而另一台虚拟机会得到第 1024 至 2047 号盘块，等等。在底层中，一种称为外核（exokernel）的程序在核心态中运行，其任务是为虚拟机分配资源，并检查使用这些资源的企图，以确保没有机器会使用其他机器的资源。每个用户层的虚拟机可以运行自己的操作系统，但限制只能使用已经申请并且分配给自己的那部分资源。

外核机制的优点是减少了映射层。在其他的设计中，每个虚拟机都认为其有自己的磁盘，盘块号从 0 到最大编号，这样虚拟机监控程序必须维护一张表格以重映像磁盘地址（或其他资源）。有了外核，这个重映射处理就不需要了。外核只需要记录已经分配给各个虚拟机的有关资源即可。该方法还有一个优点，它将多道程序（在外核内）与用户操作系统代码（在用户空间内）加以分离，而且相应负载并不大，这是因为外核所做的只是保持多个虚拟机彼此不发生冲突。

1.5 操作系统引导

操作系统引导是指计算机利用 CPU 运行特定程序，通过程序识别硬盘、硬盘分区，以及硬盘分区上的操作系统。最后通过程序启动操作系统，一环扣一环地完成上述过程。

操作系统常见的引导过程如下：

（1）激活 CPU。激活的 CPU 读取 ROM 里的引导程序（boot），将指令寄存器置为基本输入输出系统（BIOS）的第一条指令，即开始执行 BIOS 程序。

（2）硬件自检。启动 BIOS 程序后，先进行硬件自检，检查硬件是否出现故障。如有故障，主板会发出不同含义的蜂鸣，中止启动；如无故障，屏幕会显示 CPU、内存、硬盘等信息。

（3）加载带有操作系统的硬盘。硬件自检后，BIOS 开始读取启动顺序（boot sequence）（在 CMOS 里设置），把控制权交给启动顺序排在第一位的存储设备。CPU 通过遍历的方式寻找带有主引导记录的系统硬盘。

（4）加载主引导记录（MBR）。硬盘以特定的标识符区分引导硬盘和非引导硬盘。如果发现一个存储设备不是引导硬盘，就检查下一个存储设备。如无其他启动设备，就会导致系统崩溃。

（5）扫描硬盘分区表，并加载磁盘活动分区。主引导记录获得控制权后，需要找出哪个硬盘分区含有操作系统，于是开始扫描硬盘分区表，进而识别含有操作系统的硬盘分区（活动分区）。其中，MBR 包含硬盘分区表，硬盘分区表以特定的标识符区分活动分区和非活动分区。

（6）加载分区引导记录（PBR）。读取活动分区的第一个扇区，这个扇区叫分区引导记录，其作用是寻找并激活分区根目录下用于引导操作系统的程序（启动管理器）。

（7）加载启动管理器。分区引导记录搜索活动分区中的启动管理器，加载启动管理器。

（8）加载操作系统内核。

1.6 虚拟机

虚拟机是一台逻辑上的计算机，是指利用特殊的虚拟化技术，通过隐藏特定计算平台的实际物理特性，为用户提供抽象的、统一的、模拟的计算环境。有两类虚拟机管理程序。

1. 第一类虚拟机管理程序

第一类虚拟机管理程序就像一个操作系统，因为其是唯一一个运行在最高特权级的程序。其在裸机上运行并且具备多道程序功能，如图 3-1-3（a）所示。虚拟机管理程序向上层提供了若干台虚拟机，这些虚拟机是裸机硬件的精确复制品，所以在不同的虚拟机上可以运行不同的操作系统。

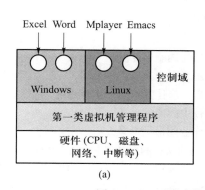
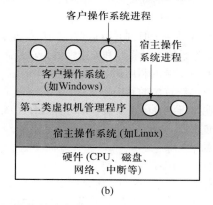

图 3-1-3　两类虚拟机管理程序在系统中的位置

虚拟机上的操作系统认为自己运行在核心态（实际上不是），称为**虚拟核心态**。虚拟机中的用户进程认为自己运行在用户态（实际上确实是）。当虚拟机操作系统执行了一条 CPU 处于核心态才允许执行的指令时，会陷入虚拟机管理程序。在支持虚拟化的 CPU 上，虚拟机管理程序检查这条指令是由虚拟机中的操作系统执行的还是用户程序执行的。如果是前者，虚拟机管理程序将安排这条指令正确执行。否则，虚拟机管理程序将模拟真实硬件面对用户态执行敏感指令时的行为。

在不支持虚拟化的 CPU 上，真实硬件不会直接执行虚拟机中的敏感指令，这些敏感指令被转为对虚拟机管理程序的调用，由虚拟机管理程序模拟这些指令的功能。

2. 第二类虚拟机管理程序

第二类虚拟机管理程序是一个依赖于 Windows、Linux 等操作系统分配和调度资源的程序，很像一个普通的进程，如图 3-1-3（b）所示。第二类虚拟机管理程序仍伪装成具有 CPU 和各种设备的完整计算机。VMware Workstation 就是 X86 平台的第二类虚拟机管理程序。

运行在两类虚拟机管理程序上的操作系统都称作**客户操作系统**。对于第二类虚拟机管理程序，运行在底层硬件上的操作系统称作**宿主操作系统**。

第二类虚拟机管理程序像一个刚启动的计算机那样运转，驱动器可以是虚拟设备，然后将操作系统安装到虚拟磁盘上（只是宿主操作系统中的一个文件）。客户操作系统安装完成后，就能启动并运行了。

虚拟化在 Web 主机领域很流行。没有虚拟化，服务商只能提供共享托管（不能控制服务器的软件）及独占托管。当服务商提供租用虚拟机时，一台物理服务器就可以运行许多虚拟机，每台虚拟机看起来都是一台完全的服务器，客户可以在虚拟机上安装自己想用的操作系统和软件。

1.7 同步练习

单项选择题

1. 在下列选项中，（　　）不是操作系统关心的主要问题。
A. 管理计算机裸机
B. 设计、提供用户程序与计算机硬件系统的界面
C. 管理计算机系统资源
D. 高级程序设计语言的编译器

2. 引入多道程序技术的前提条件之一是系统具有（　　）。
A. 多个 CPU　　　　B. 多个终端　　　　C. 中断功能　　　　D. 分时功能

3. 在单处理器系统中实现并发技术后，（　　）。
A. 各进程在某一个时刻并行运行，CPU 与外设间并行工作
B. 各进程在一个时间段内并行运行，CPU 与外设间串行工作
C. 各进程在一个时间段内并行运行，CPU 与外设间并行工作
D. 各进程在某一个时刻并行运行，CPU 与外设间串行工作

4. 实时操作系统对可靠性和安全性的要求极高，其（　　）。
A. 追求系统资源的利用率　　　　　　　B. 不强调响应速度
C. 不强求系统资源的利用率　　　　　　D. 不必向用户反馈信息

5. 作业在执行中发生了缺页中断，经操作系统处理后，应让其执行的指令是（　　）。
A. 被中断的那一条　　　　　　　　　　B. 被中断的后一条
C. 作业的第一条　　　　　　　　　　　D. 作业的最后一条

6. 用户及其应用程序和应用系统是通过（　　）提供的支持和服务来使用系统资源的。
A. 点击鼠标　　　　B. 键盘命令　　　　C. 系统调用　　　　D. 图形用户界面

7. 在操作系统中，有些指令只能在系统的核心态下运行，而不允许普通用户程序使用。下列操作中，可以运行在用户态下的是（　　）。
A. 设置定时器的初值　　　　　　　　　B. 触发 trap 指令
C. 内存单元复位　　　　　　　　　　　D. 关闭中断允许位

8. 对于以下服务，在采用微内核结构的操作系统中，（　　）不宜放在微内核中。
Ⅰ. 进程间通信机制　　　Ⅱ. 低级 I/O　　　Ⅲ. 低级进程管理和调度
Ⅳ. 中断和陷入处理　　　Ⅴ. 文件系统服务
A. Ⅰ、Ⅱ和Ⅲ　　　B. Ⅱ和Ⅴ　　　　C. 仅Ⅴ　　　　D. Ⅳ和Ⅴ

9. 计算机操作系统的引导程序位于（　　）。
A. 主板 BIOS　　　　B. 片外 Cache　　　　C. 主存 ROM 区　　　　D. 硬盘

答案与解析

单项选择题

1. D

从计算机的角度看，OS 的作用是管理计算机的硬件、软件等各种系统资源。从用户的角度看，OS 的作用是提供用户和计算机硬件之间的接口。选项 D 不属于操作系统的关心范畴。

2. C

有了中断才能实现多个进程之间的切换，进而实现进程的并发，实现并发后才能把多个进程装入内存实现多道程序技术。

3. C

并发性是若干个进程在同一个时间段内并行运行，所以排除选项 A 和 D。对于单处理器系统，同一时刻可以有一个进程在使用 CPU，而有另外的进程在和外设传输数据，所以 CPU 可以与外设并行。不过进程和进程间不能并行工作，进程只有在多处理器系统中才能实现并行。

4. C

高可靠性意味着实时系统往往会采取某种措施，而这必然会导致系统资源利用率不高。

5. A

显然选项 C 和 D 是错误的。按照中断处理的一般方法，应该选 B 项。但缺页中断是一个特殊的中断，因为发生缺页中断时，访问存储器操作没有完成，必须在操作系统调入页后重新访问存储器，因此引起缺页中断的指令需要执行两次：一次触发调页，一次访问存储器。

6. C

无论用户点击鼠标、敲击键盘或点击图形用户界面，最终都是通过系统调用命令（即程序接口）实现的，而应用程序和应用系统通过系统调用请求操作系统服务。

7. B

设定定时器的初值属于时钟管理的内容，需在核心态下运行；trap 指令是用户态到核心态的入口，可在用户态下运行；内存单元复位属于存储器管理的内容，在用户态下随意控制内存单元的复位将是很危险的行为。关闭中断允许位属于中断机制，只能运行在核心态。

8. C

进程（线程）之间的通信功能是微内核最频繁使用的功能，因此几乎所有微内核 OS 都将其放入微内核中。低级 I/O 和硬件紧密相关，因此应放入微内核中。低级进程管理和调度属于调度功能的机制部分，应将它放入微内核中。微内核 OS 将与硬件紧密相关的一小部分放入微内核中处理，此时微内核的主要功能是捕获所发生的中断和陷入事件，并进行中断响应处理，在识别中断或陷入的事件后，再发送给相关的服务器来处理，故中断和陷入处理也应放入微内核中。而文件系统服务是放在微内核外的文件服务器中实现的，故仅 V 不宜放在微内核中。

9. D

操作系统的引导程序位于硬盘活动分区的引导扇区。引导程序可分成两种：一种是位于 ROM 中的自举程序（BIOS 的组成部分），用于启动具体的设备；另一种是位于装有操作系统的硬盘的活动分区引导扇区中的引导程序（称为启动管理器），用于引导操作系统。

第2章 进程管理

【真题分布】

主要考点	考查次数	
	单项选择题	综合应用题
进程与线程的概念	6	0
进程状态与进程控制	8	0
CPU 调度	14	1
进程同步与互斥	10	8
经典同步问题	0	6
死锁	12	0

【复习要点】

（1）进程（线程）的概念、特点、控制、3种基本状态及转化，进程和线程的比较。

（2）进程调度的时机与调度算法，调度性能的评价，进程切换的过程。

（3）同步与互斥的概念，实现同步与互斥的基本方法，信号量机制，经典同步问题。

（4）死锁的概念，死锁的处理策略，死锁的预防和避免，死锁的检测和解除。

2.1 进程与线程

2.1.1 进程的概念

在多道程序环境下，允许多道程序并发执行，此时它们将失去封闭性，并具有间断性及不可再现性的特征。为此引入了**进程**的概念，以便更好地描述和控制程序的并发执行。

为了使参与并发执行的程序（含数据）能独立地运行，必须为之配置一个专门的数据结构，称为**进程控制块**（PCB）。系统利用 PCB 来描述进程的基本情况和运行状态，进而控制和管理进程。相应地，由程序段、相关数据段和 PCB 3 部分构成了**进程映像**（进程实体）。所谓创建进程，实质上是创建进程映像中的 PCB；而撤销进程，实质上是撤销进程映像中的 PCB。

值得注意的是，进程映像是静态的，进程则是动态的。

可以这样定义：**进程**是进程实体的运行过程，是系统进行资源分配和调度的独立单位。

进程是由多道程序的并发执行而引出的，它和程序是两个截然不同的概念。进程的基本特征如下。

- **动态性**：进程是进程实体的一次执行过程（生命周期）。动态性是进程的最基本特征。
- **并发性**：这是指多个进程实体同存于内存中，能在一段时间内同时运行。
- **独立性**：进程实体是一个能独立运行、独立获得资源和独立接受调度的基本单位。
- **异步性**：进程按各自独立的、不可预知的速度向前推进，即进程按异步方式运行。
- **结构性**：从结构上看，进程实体由程序段、数据段和进程控制段（即 PCB）3 部分组成。

2.1.2 进程的状态与转换

由于系统中各进程并发运行及相互制约，因此进程在其生存周期中，其状态不断发生变化。通常进程有以下 5 种状态，其中前 3 种是进程的基本状态。

（1）**运行态**：进程已获得所必需的资源，其程序正在 CPU 上运行。

（2）**就绪态**：进程已获得了除 CPU 之外的所有必需的资源，一旦得到 CPU 即可运行。系统中处于就绪态的进程可能有多个，通常将它们排成一个队列，称为就绪队列。

（3）**阻塞态**（又称**等待态**）：进程正在等待某一事件而暂停运行，如等待某资源为可用（不包括 CPU）或等待输入/输出完成。系统通常将处于阻塞态的进程排成一个队列。

（4）**创建态**：进程正在被创建，若所需资源尚不能得到满足，则暂时不能转到就绪态。

（5）**终止态**：进程正从系统中消失，可能是进程正常结束或因其他原因被终止运行。

区别就绪态和阻塞态：就绪态是指进程仅缺少 CPU，只要获得 CPU 资源就可立即运行；而阻塞态是指进程需要其他资源。之所以把 CPU 和其他资源区分开，是因为在分时系统的时间片轮转机制中，每个进程分到的时间片是若干毫秒，也就是说，进程得到 CPU 的时间很短且调度频繁，进程在运行过程中实际上是频繁地转换到就绪态的；而其他资源的使用和分配对应的时间相对来说很长，进程转换到阻塞态的次数也相对较少。这样来看，就绪态和阻塞态是进程生命周期中两个完全不同的状态，很显然需要加以区分。

图 3-2-1 说明了 5 种进程状态间的转换，而 3 种基本状态之间的转换如下：

就绪态→运行态：处于就绪态的进程被调度后获得 CPU 资源，就转换为运行态。

运行态→就绪态：处于运行态的进程由于分配的时间片用完而被暂停运行，便回到就绪态。

运行态→阻塞态：处于运行态的进程由于 I/O 等事件而受阻，就转换为阻塞态。

阻塞态→就绪态：处于阻塞态的进程在 I/O 等事件完成后重新进入就绪态，等待分配 CPU。

图 3-2-1　5 种进程状态间的转换

进程从运行态变成阻塞态是主动行为，而从阻塞态变成就绪态是被动行为，需要其他相关进程的协助。

2.1.3　进程的组织

进程一般由以下 3 个部分组成：

1. 进程控制块

进程被创建时，操作系统为其新建一个 PCB，该结构之后常驻内存，任意时刻都可以存取，并在进程结束时删除。PCB 是进程实体的一部分，是进程存在的唯一标志。

当创建一个进程时，系统为该进程建立一个 PCB；当进程运行时，系统通过 PCB 了解进程的状态信息，以便对其进行控制和管理；当进程结束时，系统收回其 PCB。在进程的生命周期中，系统总是通过 PCB 对其进行控制，亦即系统唯有通过 PCB 才能感知进程的存在。

表 3-2-1 是一个 PCB 通常包含的内容。

表 3-2-1　PCB 通常包含的内容

进程描述信息	进程控制和管理信息	资源分配清单	CPU 相关信息
进程标识符（PID） 用户标识符（UID）	进程当前状态 进程优先级 代码运行入口地址 程序的外存地址 进入内存时间 CPU 占用时间 信号量使用	代码段指针 数据段指针 堆栈段指针 文件描述符 键盘 鼠标	通用寄存器值 地址寄存器值 控制寄存器值 标志寄存器值 状态字

各部分的主要内容说明如下：

进程描述信息。进程标识符：标识各个进程。用户标识符：进程归属的用户。

进程控制和管理信息。进程当前状态：描述进程的状态信息。该部分还包含进程优先级等。

资源分配清单。该部分包含描述进程地址空间，打开文件的列表和所使用的 I/O 设备信息。

CPU 相关信息。该部分也称 CPU 的上下文，指 CPU 中各寄存器的值。

2. 程序段

程序段就是能被进程调度程序调度到 CPU 执行的程序代码段。程序可被多个进程共享。

3. 数据段

数据段可以是与进程对应的程序加工处理的原始数据，也可以是程序执行时产生的中间或最终结果。

2.1.4　进程控制

进程控制是对系统中的所有进程实施有效的管理，它具有创建新进程、撤销已有进程、实现进程状态转换等功能。通常把进程控制用的程序段称为原语，原语在执行期间不允许被中断。

1. 进程的创建

允许一个进程创建另一个进程，此时创建者称为**父进程**，被创建者称为**子进程**。子进程可以继承父进程所拥有的资源。创建一个新进程的过程如下（创建原语）：

- 为新进程分配一个唯一的进程标识符，并申请一个空白 PCB。
- 为新进程分配资源。例如，为新进程的程序和数据以及用户栈分配必要的内存空间。
- 初始化 PCB，包括初始化标识信息、CPU 状态和控制信息，设置进程的优先级等。
- 将新进程插入就绪队列，等待被调度运行。

2. 进程的终止

引起进程终止的事件主要有正常结束、异常结束、外界干预。终止一个进程的过程如下：

- 根据被终止进程的标识符，检索进程 PCB。
- 若被终止进程处于运行态，立即终止该进程的运行。
- 若该进程有子进程，还终止其所有子进程并回收其资源。
- 将该进程所拥有的全部资源，或归还给其父进程或归还给操作系统。
- 将该进程的 PCB 从所在队列（链表）中删除。

3. 进程的阻塞和唤醒

正在运行的进程，由于请求系统服务、启动某种操作、新数据尚未到达或无新工作可做等事件，自动执行阻塞（block）原语，使自己由运行态变为阻塞态。可见，阻塞是进程自身的一种主动行为，也只有正在运行的进程，才可能转为阻塞态。

阻塞原语的执行过程：① 找到将要被阻塞进程的 PCB；② 若该进程为运行态，则保护现场，将其状态转为阻塞态，停止运行；③ 把该 PCB 插入相应事件的等待队列中。

当被阻塞进程所等待的事件发生时，如它所期待的数据已到达，则由有关进程（如提供数据的进程）调用唤醒（wakeup）原语，将等待该事件的进程唤醒。

唤醒原语的执行过程：① 在该事件的阻塞队列中找到相应进程的 PCB；② 将该进程从阻塞队列中移出，并置其状态为就绪态；③ 把该 PCB 插入就绪队列，等待调度程序调度。

应当注意，block 原语和 wakeup 原语是一对作用刚好相反的原语，必须成对使用。如果在某进程中调用了 block 原语，则必须在与之合作的或其他相关的进程中安排一条 wakeup 原语，以便能唤醒阻塞进程；否则，阻塞进程将会因不能被唤醒而永久地处于阻塞状态。

2.1.5　进程间的通信

进程间的通信是指进程之间的数据交换。PV 操作是低级通信方式，高级通信方式是指以较高的效率传输大量数据的通信方式。高级通信方式可分为以下 3 大类：

1. 共享存储

在通信的进程之间存在一块可直接访问的共享空间，通过对共享空间的读/写操作实现进程之间的信息交换。在对共享空间进行读/写操作时，需要使用同步互斥工具（如 PV 操作）对共享空间的读/写进行控制。共享存储又分为两种：低级方式和高级方式。**低级方式**基于数据结构的共享；**高级方式**基于存储区的共享。操作系统只负责为通信进程提供可共享的存储空间和同步互斥工具，而数据交换则由用户自己使用读/写指令完成。

2. 消息传递

在消息传递系统中，进程间的数据交换以格式化的**消息**（message）为单位。进程通过系统提供的发送消息和接收消息两个原语进行数据交换。这种方式隐藏了通信实现细节，简化了通信程序的设计，是当前应用最广泛的进程间通信机制。具体又可分为：

直接通信方式：发送进程直接把消息发送给接收进程，并将其挂在接收进程的消息缓冲队列上，接收进程从消息缓冲队列中取得消息。

间接通信方式：发送进程把消息发送到某个中间实体，接收进程从中间实体取得消息。这种中间实体一般称为信箱。该通信方式广泛应用于计算机网络中。

3. 管道通信

管道是指用于连接一个读进程和一个写进程，以实现它们之间通信的一个**共享文件**。写进程以字符流的形式往管道写入数据，读进程则以字符流的形式从管道读出数据，由此完成通信。为了协调双方的通信，管道机制必须提供 3 方面的协调能力：互斥、同步和确定对方的存在。

在 Linux 中，管道是一种使用非常频繁的通信机制。管道也是一种文件，但它又和一般的文件有所不同，管道可以克服使用文件进行通信的两个问题，具体表现为：

（1）管道是一个固定大小的缓冲区。在写管道时可能变满，此时，对管道的 write( ) 调用将默认地被阻塞，等待某些数据被读取，以便腾出足够的空间供 write( ) 调用写。

（2）读进程可能工作得比写进程快。当所有管道内的数据已被读取时，管道变空。此时，一个随后的 read( ) 调用将默认被阻塞，等待某些数据被写入。

注意：从管道读数据是一次性操作，数据一旦被读取，就释放空间以便写更多数据。管道只能采用半双工通信，即某一时刻只能单向传输。要实现父子进程互动通信，需定义两个管道。

2.1.6 线程和多线程模型

1. 线程的基本概念

引入进程，是为了使多道程序更好地并发执行，以提高资源利用率和系统吞吐量，增加并发程度；而引入线程，则是为了减少程序在并发执行时所付出的时空开销，提高操作系统的并发性能。对**线程**最直接的理解就是"轻量级进程"，是程序执行流的最小单元，由线程 ID、程序计数器、寄存器集合和堆栈组成。线程是进程中的一个实体，是被系统独立调度和分派的基本单位，线程自己不拥有系统资源，只拥有一些在运行中必不可少的资源，但其可与同属一个进程的其他线程共享进程所拥有的全部资源。同一进程中的多个线程之间可以并发执行。

2. 线程的状态与转换

与进程一样，各线程之间也存在着共享资源和相互合作的制约关系，致使线程在运行时也具有间断性。相应地，线程在运行时也具有 3 种基本状态：

（1）**运行态**：线程已获得 CPU 而正在运行。

（2）**就绪态**：线程已具备各种运行条件，只需再获得 CPU 便可立即执行。

（3）**阻塞态**：线程在运行中因某事件受阻而处于暂停状态。

线程这 3 种基本状态之间的转换和进程基本状态之间的转换是一样的。

3. 线程的属性

多线程操作系统中的进程已不再是一个基本的运行实体，但它仍具有与运行相关的状态。所谓进程处于"运行"状态，实际上是指该进程中的某线程正在运行。线程的主要属性如下：

（1）线程是一个轻型实体，其不拥有系统资源，仅拥有一些必不可少的资源。

（2）不同的线程可以执行相同的程序。

（3）同一进程中的各个线程共享该进程所拥有的资源。

（4）线程是 CPU 的独立调度单位，多个线程是可以并发执行的。

（5）线程在其生命周期内会经历阻塞态、就绪态和运行态等各种状态变化。

<u>为什么线程的提出有利于提高系统并发性？</u>可以这样理解：由于有了线程，所以在线程切换时，可能会发生进程切换，也可能不发生进程切换；平均而言，每次切换所需的开销就变小了，因此能够让更多的线程参与并发，而不会影响响应时间等问题。

4. 线程与进程的比较

（1）调度性。线程是独立调度的基本单位，线程切换的代价远低于进程。同一进程中的线程切换不会引起进程切换。但从一个进程中的线程切换到另一个进程中的线程时，会引起进程切换。

（2）并发性。进程之间可以并发执行，同一个进程中的多个线程之间亦可并发执行，甚至不同进程中的线程也能并发执行，从而使操作系统具有更好的并发性。

（3）拥有的资源。进程是拥有系统资源的基本单位，而线程仅拥有一些必不可少的资源，线程可以访问其隶属进程的系统资源，主要表现在同一进程中的所有线程都具有相同的地址空间。

（4）独立性。每个进程都拥有独立的地址空间和资源，同一进程中的不同线程是为了提高并发性以及进行相互之间的合作而创建的，它们共享进程的地址空间和资源。

（5）系统开销。线程的创建、撤销或切换的开销远小于进程。此外，由于同一进程内的线程共享进程的地址空间，因此这些线程之间的同步与通信非常容易实现。

（6）是否支持多 CPU 系统。对于传统单线程进程，不管有多少个 CPU，进程都只能运行在一个 CPU 上。对于多线程进程，可以将进程中的多个线程分配到多个 CPU 上运行。

5. 线程的组织与控制

（1）线程控制块

与进程类似，系统为每个线程配置了一个**线程控制块**（TCB），用于记录控制和管理线程的信息。TCB 通常包括线程标识符，一组寄存器，线程运行状态，优先级，线程专有存储区，堆栈指针等。同一进程中的所有线程都完全共享进程的地址空间和全局变量。

（2）线程的创建

线程也是具有生命期的，其由创建而产生，由调度而执行，由终止而消亡。相应地，在操作系统中有用于创建线程和终止线程的函数（或系统调用）。

用户在程序启动时，通常仅有一个称为"初始化线程"的线程在执行，其主要功能是创建新线程。在创建新线程时，需要利用一个线程创建函数，并提供相应的参数，如指向线程主程序的入口指针、堆栈的大小、线程优先级等。线程创建函数执行完毕后，将返回一个线程标识符。

（3）线程的终止

当一个线程完成自己的任务后，或是线程在运行中出现异常而被强制终止时，由终止线程调用相应的函数执行终止操作。但有些线程（主要是系统线程），它们一旦被建立起来，便一直运行而不会被终止。通常，线程被终止后并不立即释放它所占有的资源，只有当进程中的其他线程执行了分离函数后，被终止线程才与资源分离，此时的资源才能被其他线程利用。

被终止但尚未释放资源的线程仍可被其他线程所调用，以使被终止线程重新恢复运行。

6. 线程的实现方式

线程的实现方式可以分为 3 类：用户级线程、内核级线程（又称内核支持的线程）和组合方式。

（1）用户级线程

在用户级线程中，线程管理（创建、撤销和切换等）的工作都在用户空间中完成，内核意识不到线程的存在。可以通过使用线程库将应用程序设计成多线程程序。如图 3-2-2（a）所示。

• 优点：① 线程切换不需要转换到内核空间（对同一进程中的线程而言），从而节省了开销。② 不同进程可根据自身需要，对自己的线程选择专用的调度算法。③ 用户级线程的实现与操作系统平台无关，线程管理的代码属于用户程序的一部分。

● 缺点：① 一个线程被阻塞，同一进程内的所有线程都会被阻塞。② 不能发挥多 CPU 的优势，内核以进程为单位分配 CPU，因此同一时刻一个进程中仅有一个线程能运行。

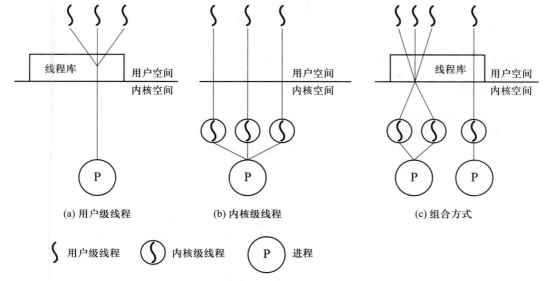

图 3-2-2　用户级线程、内核级线程和组合方式

（2）内核级线程

无论是系统进程还是用户进程，都是在内核的支持下运行的。而内核级线程同样也是在内核的支持下运行的，线程管理的工作都是在内核空间内实现的。如图 3-2-2（b）所示。而内核也为每一个内核级线程设置了一个线程控制块，内核根据该控制块而感知线程的存在。

● 优点：① 能发挥多 CPU 的优势，内核能同时调度同一进程中的多个线程并行执行。② 如果进程中的一个线程被阻塞了，内核可以调度该进程中的其他线程占有 CPU。③ 内核支持线程具有很小的数据结构和堆栈，线程切换快、开销小。④ 内核本身也可采用多线程技术，能提高系统的执行速度和效率。

● 缺点：同一进程中的线程切换，需要从用户态转到核心态进行，系统开销较大。这是因为用户进程的线程在用户态运行，而线程调度和管理是在内核实现的。

（3）组合方式

在组合方式中，内核支持对多个内核级线程的管理，同时也允许用户程序管理用户级线程。如图 3-2-2（c）所示。同一进程中的多个线程可在多 CPU 上并行执行，且在阻塞一个线程时并不需要将整个进程阻塞，所以其结合了内核级线程和用户级线程的优点，并克服了各自的不足。

线程库（thread library）是为程序员提供创建和管理线程的应用程序接口（API），主要有两种实现方法：

① 在用户空间中提供一个没有内核支持的库。这种库的所有代码和数据结构都位于用户空间。这意味着，调用库内的一个函数只是引起用户空间的一个本地函数的调用。

② 实现由操作系统直接支持的内核级的一个库。对于这种情况，库内的代码和数据结构位于内核空间。调用库中的一个 API 函数通常会引起对内核的系统调用。

7. 多线程模型

（1）**多对一模型**：将多个用户级线程映射到一个内核级线程。

这些用户级线程一般属于一个进程，线程的调度和管理在用户空间完成。仅当用户级线程需要访问内核时，才将其映射到一个内核级线程上，但每次只允许一个线程进行映射。

● 优点：线程管理是在用户空间进行的，因而效率比较高。

● 缺点：如果一个线程在访问内核时发生阻塞，则整个进程都会被阻塞；任一时刻，只有一个线程能够访问内核，多个线程不能同时在多个 CPU 上运行。

（2）**一对一模型**：将每个用户级线程映射到一个内核级线程。

● 优点：当一个线程被阻塞后，允许调度另一个线程运行，所以并发能力较强。

● 缺点：每创建一个用户级线程，相应地就需要创建一个内核级线程，开销较大。

（3）**多对多模型**：将 n 个用户级线程映射到 m 个内核级线程上，要求 $n \geq m$。

● 优点：既克服了多对一模型并发不高的缺点，又克服了一对一模型的一个用户级进程占用太多内核级线程而开销太大的缺点。此外，还拥有上述两种模型各自的优点。

2.2 CPU 调度

2.2.1 调度的基本概念

在多道程序环境下，进程数目往往多于 CPU 数目，这就要求系统能按照某种算法（遵循公平、高效的原则）把 CPU 分配给就绪队列中的一个进程，使之运行。

作业从提交开始直到完成，往往要经历以下 3 级调度，如图 3-2-3 所示。

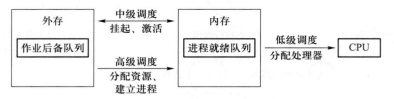

图 3-2-3　CPU 的 3 级调度

（1）**高级调度**（作业调度）。根据某种算法，把外存上处于后备队列中的某些作业调入内存，并进行资源分配、创建进程，然后挂到就绪队列上。多道批处理系统大多配有作业调度。

（2）**中级调度**（内存调度）。为了提高内存利用率和系统吞吐量，应将那些暂时不能运行的进程调至外存等待，此时的进程状态称为就绪驻外存状态（或挂起状态）。当其已具备运行条件且内存又有空闲时，由中级调度来决定将其重新调入内存，并修改其状态为就绪态，挂在就绪队列上等待。

（3）**低级调度**（进程调度）。按照某种策略从就绪队列中选取一个进程，将 CPU 分配给它。进程调度是操作系统中最基本的一种调度，在操作系统中必须配置进程调度。

3 种调度的运行频率：高级调度<中级调度<低级调度。

2.2.2 调度的准则

为了比较调度算法的性能，有很多评价标准，主要介绍以下几种：

（1）**CPU 利用率**：计算公式如下。

$$CPU\ 利用率 = \frac{CPU\ 有效工作时间}{CPU\ 有效工作时间 + CPU\ 空闲等待时间}$$

（2）**系统吞吐量**：表示单位时间内 CPU 完成作业的数量。

（3）**周转时间**：指从作业提交到作业完成所经历的时间，是作业等待、在就绪队列中排队、在 CPU 上运行及输入/输出操作所花费时间的总和。

● 周转时间=作业完成时间-作业提交时间

● 平均周转时间=（作业1的周转时间+……+作业 n 的周转时间）/n

● 带权周转时间=周转时间/实际运行时间

● 平均带权周转时间=（作业1的带权周转时间+……+作业 n 的带权周转时间）/n

（4）**等待时间**：指进程等 CPU 的时间之和，等待时间越长，用户满意度越低。

（5）**响应时间**：指从用户提交请求到系统首次产生响应所用的时间。

2.2.3 调度的实现

1. 调度程序（调度器）

在操作系统中，用于调度和分派 CPU 的组件称为调度程序，如图 3-2-4 所示。

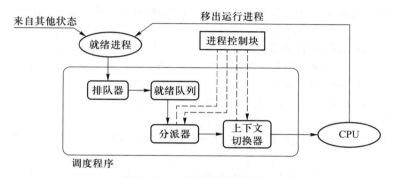

图 3-2-4　调度程序的结构

调度程序通常由 3 部分组成：

（1）**排队器**。系统中的所有就绪进程按照一定的策略排成一个或多个队列，以便于调度程序选择。每当有一个进程转变为就绪态时，排队器便将其插入相应的就绪队列。

（2）**分派器**。依据调度程序所选的进程，分派器将其从就绪队列中取出，将 CPU 分配给该进程。

（3）**上下文切换器**。在对 CPU 进行切换时，会发生两对上下文的切换操作：第一对，将当前进程的上下文保存到其 PCB 中，再装入分派器的上下文，以便分派器运行；第二对，移出分派器的上下文，而把新选进程的 CPU 现场信息装入 CPU 的各相应寄存器中。

2. 调度的时机

调度程序是操作系统内核程序。请求调度的事件发生后，才可能运行调度程序，调度了新的就绪进程后，才会进行进程切换。理论上这 3 件事情应该顺序执行，但在实际的操作系统内核程序运行中，若某时刻发生了引起进程调度的因素，则不一定能马上进行调度与切换。

在现代操作系统中，不能进行进程的调度与切换的情况有以下几种：

（1）**在处理中断的过程中**。中断处理过程复杂，很难做到进程切换，而且中断处理是系统工作的一部分，逻辑上不属于某一进程，不应被剥夺 CPU 资源。

（2）**进程在操作系统内核临界区中**。临界区需要独占式访问，理论上必须加锁，以防止其他并行进程进入，在解锁前不应切换到其他进程，以加快临界区的释放。

（3）**在其他需要完全屏蔽中断的原子操作过程中**。在如加锁、解锁、中断现场保护和恢复等原子操作过程中，连中断都要屏蔽，更不应该进行进程调度与切换。

若在上述过程中发生了引起调度的条件，则不能马上进行调度和切换，应置系统的请求调度标志，直到上述过程结束后才进行相应的调度与切换。

应该进行进程调度与切换的情况如下：

（1）发生引起调度条件且当前进程无法继续运行下去时，可以马上进行调度与切换。若操作系统只在这种情况下进行进程调度，则是非抢占方式调度。

（2）中断或异常处理结束后，返回被中断进程的用户态程序执行现场前，若置请求调度标志，即可马上进行进程调度与切换，这是抢占方式调度。

进程切换在调度完成后立刻发生，其要求保存原进程断点的现场信息，恢复被调度进程的现场信息。

3. 调度的方式

调度方式通常指系统采用抢占方式调度还是非抢占方式调度。

抢占方式（剥夺方式）：当一个进程正在 CPU 上执行时，若有某个更为重要或紧迫的进程需要使用 CPU，则允许调度程序根据某种原则，暂停正在执行的进程，将 CPU 分配给这个新进程。抢占方式对提高系统吞吐率和响应效率都有明显的好处。但"抢占"不是一种任意行为，必须遵循一定的原则，主要有优先权、短进程优先和时间片原则等。

非抢占方式（非剥夺方式）：当前在 CPU 上执行的一个进程一直占用 CPU，直到该进程运行结束，或因某种原因主动放弃 CPU，调度程序再将 CPU 分配给其他进程。非抢占方式的优点是实现简单、系统开销小，适用于大多数的批处理系统，但它不能用于分时系统和大多数的实时系统。

4. 闲逛进程

在进程切换时，如果系统中没有就绪进程，就会调度**闲逛进程**（idle）运行，如果没有其他进程就绪，则该进程一直运行，并在运行过程中测试中断。闲逛进程的优先级最低，只有没有就绪进程时才会运行闲逛进程，只要有进程就绪，闲逛进程就会立即让出 CPU。

闲逛进程不需要 CPU 之外的资源，其不会被阻塞。

5. 两种线程调度

（1）**用户级线程调度**。由于内核并不知道线程的存在，所以内核还是和以前一样，选择一个进程，并给予时间控制。由进程中的调度程序决定哪个线程运行。

（2）**内核级线程调度**。内核选择一个特定线程运行，通常不用考虑该线程属于哪个进程。对被选择的线程赋予一个时间片，如果超过了时间片，就会强制挂起该线程。

用户级线程调度在同一进程中进行，仅需少量的机器指令；而内核级线程调度需要完整的上下文切换、修改内存映像、使高速缓存失效，这导致若干数量级的延迟。

2.2.4 典型的调度算法

在操作系统中存在多种调度算法，其中一些调度算法也适用于作业调度。

1. 先来先服务（FCFS）调度算法

把 CPU 分配给最先进入就绪队列的进程，进程一旦获得 CPU，便一直运行下去，直到该进程完成或被阻塞才释放 CPU。如果一个长作业先到达系统，会使后面许多短作业等待很长时间，因此该算法不能作为分时系统和实时系统的主要调度策略。但该算法常与其他调度策略结合使用。

FCFS 调度算法的特点是算法简单，但效率低；对长作业比较有利，但对短作业不利（相对 SJF 和 HRN 算法而言）；有利于 CPU 繁忙型作业，而不利于 I/O 繁忙型作业。

2. 短进程/作业优先（SPF/SJF）调度算法

从就绪队列中选出一个估计运行时间最短的进程，将 CPU 分配给它，使之立即运行，直到其完成或发生某事件而被阻塞时才释放 CPU。

SJF 算法对长作业不利，由于调度程序总是优先调度那些（即使是后来的）短作业，因此长作业长期不被调度（"饥饿"现象）。此外，SJF 算法完全未考虑作业的紧迫程度，因而不能保证紧迫型作业会被及时处理。短作业优先算法的平均等待时间、平均周转时间最少。

3. 优先级调度算法

把 CPU 分配给就绪队列中具有最高优先级的进程。根据新出现更高优先级进程能否抢占正在运行的进程，可分为非抢占式优先级调度算法和抢占式优先级调度算法。而根据进程被创建后其优先级是否可以改变，可以将进程优先级分为以下两种：

静态优先级：进程优先级在创建进程时确定，且在进程的整个运行期间保持不变。

动态优先级：进程优先级在进程运行过程中根据情况的变化动态调整。

优先级的设置原则：系统进程>用户进程、交互型进程>非交互型进程、I/O 型进程>计算型进程。

4. 高响应比优先（HRN）调度算法

高响应比优先调度算法是对 FCFS 和 SJF 的一种综合平衡，同时考虑每个作业的等待时间和估计的运行时间，从中选出响应比最高的作业投入运行。响应比的变化规律可描述为：

$$响应比\ R_\mathrm{P}=\frac{等待时间+要求服务时间}{要求服务时间}$$

由公式可知：① 等待时间相同时，要求服务时间越短，响应比越高，类似于 SJF。② 要求服务时间相同时，响应比由其等待时间决定，类似于 FCFS。③ 对于长作业，响应比随等待时间的增加而提高，当其等待时间足够长时，也可获得 CPU，克服了"饥饿"现象。

上述 4 种调度算法通常既可用于进程调度，也适用于作业调度。

5. 时间片轮转（RR）调度算法

时间片轮转调度算法主要适用于分时系统。将所有就绪进程按 FCFS 策略排成一个队列，调度程序总是选择就绪队列中第一个进程运行，但仅能运行一个时间片。在使用完一个时间片后，释放 CPU 给下一个就绪进程，而被剥夺的进程返回到就绪队列的末尾重新排队。

时间片的长短对系统影响很大。若时间片足够大，以至于所有进程都能在一个时间片内执行完毕，那么就退化为 FCFS；如果时间片很小，那么 CPU 在进程间的切换过于频繁。时间片的长短通常由以下因素确定：系统的响应时间、就绪队列中的进程数目和系统的处理能力。

6. 多级队列调度算法

对于前述的各种调度算法，由于系统中仅设置一个进程的就绪队列，即调度算法是固定且单一的，无法满足系统中不同用户对进程调度策略的不同要求。

多级队列调度算法在系统中设置多个就绪队列，将不同类型或性质的进程固定分配在不同的就绪队列中，每个队列可采用不同的调度算法。同一队列中的进程可以设置不同的优先级，不同的队列本身也可设置不同的优先级。在多 CPU 系统中，可以很方便地为每个 CPU 设置单独的就绪队列，每个 CPU 可采用各自不同的调度策略，这样就能根据用户需求将多个线程分配在一个或多个 CPU 上运行。

7. 多级反馈队列调度算法

多级反馈队列调度算法是时间片轮转调度算法和优先级调度算法的结合，如图 3-2-5 所示。通过动态调整进程优先级和时间片大小，这种算法可以兼顾多方面的系统目标。其实现思想如下：

（1）设置多个就绪队列，并为每个队列赋予不同的优先级。第 1 级队列的优先级最高，第 2 级队列的优先级次之，其余队列的优先级逐级降低。

（2）赋予各个队列的进程运行时间片的大小各不相同。在优先级越高的队列中，每个进程的时间片越小。例如，第 $i+1$ 级队列的时间片要比第 i 级队列的时间片长 1 倍。

（3）每个队列都采用 FCFS 算法。当新进程进入内存后，先将其放入第 1 级队列的末尾。当轮到该进程运行时，如其能在该时间片内完成，便可撤离系统。若其在一个时间片结束时尚未完成，则调度程序将其转入第 2 级队列的末尾，依此类推。当进程最后被降到第 n 级队列后，在第 n 级队列中便采用时间片轮转方式运行。

（4）按队列优先级调度。仅当第 $1 \sim (i-1)$ 级队列均为空时，才会调度第 i 级队列中的进程运行。若 CPU 正在执行第 i 级队列中的某进程时，又有新进程进入任一优先级较高的队列，此时须立即把正在运行的进程放回第 i 级队列的末尾，而把 CPU 分配给新到的高优先级进程。

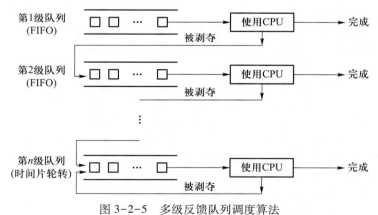

图 3-2-5　多级反馈队列调度算法

多级反馈队列调度算法的优势如下：

（1）终端型作业用户：短作业优先。

（2）短批处理作业用户：周转时间较短。

（3）长批处理作业用户：经过前面几个队列，其得到部分执行机会，不会长期得不到处理。

2.2.5　进程切换

对于通常的进程而言，其创建、撤销及要求由系统设备完成的 I/O 操作，都是通过系统调用而进入内核，再由内核中的相应处理程序予以完成的。进程切换同样是在内核的支持下实现的，因此可以说，任何进程都是在操作系统内核的支持下运行的，是与内核紧密相关的。

1. 上下文切换

切换 CPU 到另一个进程需要保存当前进程状态和恢复另一个进程的状态，这个任务称为**上下文切换**。**上下文**是指某一时刻 CPU 寄存器和程序计数器的内容。

进行上下文切换时，内核会将旧进程状态保存在其 PCB 中，然后加载经调度而要执行的新进程的上下文。上下文切换实质上是指 CPU 从一个进程的运行转到另一个进程上运行。在这个过程中，进程的运行环境产生了实质性的变化。上下文切换的流程如下：

（1）挂起一个进程，保存 CPU 上下文，包括程序计数器和其他寄存器。
（2）更新 PCB 信息。
（3）把进程的 PCB 移入相应的队列，如就绪、在某事件阻塞等队列。
（4）选择另一个进程执行，并更新其 PCB。
（5）跳转到新进程 PCB 中的程序计数器所指向的位置执行。
（6）恢复 CPU 上下文。

2. 上下文切换的消耗

上下文切换通常是计算密集型的，即需要相当可观的 CPU 时间，在每秒几十上百次的切换中，每次切换都需要纳秒级的时间，所以上下文切换对系统来说意味着消耗大量的 CPU 时间。有些 CPU 提供多个寄存器组，这样，上下文切换只需要简单改变当前寄存器组的指针。

3. 上下文切换与模式切换

模式切换与上下文切换是不同的，模式切换时，CPU 逻辑上可能还在执行同一进程。用户进程最开始都运行在用户态，若进程因中断或异常进入核心态运行，执行完毕后又回到用户态被中断的进程运行。用户态和核心态之间的切换称为**模式切换**，而不是上下文切换，因为没有改变当前的进程。上下文切换只能发生在核心态，是多任务操作系统中一个必需的特性。

注意：调度和切换有区别。调度是指决定资源分配给哪个进程的行为，是一种决策行为；切换是指实际分配的行为，是执行行为。一般来说，先有资源的调度，然后才有进程的切换。

2.3　进程同步

2.3.1　进程同步的基本概念

在多道程序环境下，进程是并发执行的，不同进程间存在不同的相互制约关系。为了协调这种相互制约关系，达到资源共享和进程协作，避免进程间的冲突，引入了进程同步。

1. 临界资源

一次仅允许一个进程使用的资源称为**临界资源**。许多物理设备都属于临界资源，如打印机、磁带机等。此外，还有许多变量、数据等都可以被若干进程共享，它们也属于临界资源。对临界资源的访问，必须互斥地进行，在每个进程中，访问临界资源的那段代码称为**临界区**。

为了保证临界资源的正确使用，可以把临界资源的访问过程代码分成以下 4 个部分：

- 进入区：为了进入临界区使用临界资源，在进入区要检查可否进入临界区。
- 临界区：进程中访问临界资源的那段代码，又称为临界段。
- 退出区：将正在访问临界区的标志清除。
- 剩余区：代码中的其余部分。

各部分代码关系描述如下：

```
do{
    entry section;            //进入区
    critical section;         //临界区
```

```
        exit section;                        //退出区
        remainder section;                   //剩余区
   } while(true)
```

2. 同步

同步亦称直接制约关系，其源于进程之间的相互合作。为完成某种任务而建立的两个或多个进程，因为需要在某些位置上协调工作次序而等待、传递信息所产生的制约关系。

3. 互斥

互斥亦称间接制约关系，当一个进程进入临界区使用临界资源时，另一个进程必须等待，当占用临界资源的进程退出临界区后，另一个进程才能够访问此临界资源。

为禁止两个进程同时进入临界区，应遵循以下准则：

- **空闲让进**。当临界区空闲时，可以允许一个请求进入临界区的进程立即进入临界区。
- **忙等待**。当已有进程进入临界区时，其他试图进入临界区的进程必须等待。
- **有限等待**。对请求访问的进程，应保证能在有限时间内进入临界区，以免陷入"死等"。
- **让权等待**。当进程不能进入临界区时，应立即释放 CPU，防止进程忙等待。

2.3.2 实现临界区互斥的基本方法

1. 软件实现方法

在进入区设置和检查一些标志来标明是否有进程在临界区中，如果已有进程在临界区，则在进入区通过循环检查进行等待，进程离开临界区后则在退出区修改标志。

（1）算法 1：单标志法

该算法设置一个公用整型变量 turn，用于指示被允许进入临界区的进程编号，即若 turn = 0，则允许 P0 进程进入临界区。该算法可确保每次只允许一个进程进入临界区。但两个进程必须交替进入临界区，如果某个进程不再进入临界区了，那么另一个进程也将无法进入临界区。这样很容易造成资源利用不充分。算法描述如下：

```
P0 进程：                          P1 进程：
while(turn! =0);                  while(turn! =1);          //进入区
critical section;                 critical section;         //临界区
turn=1;                           turn=0;                   //退出区
remainder section;               remainder section;         //剩余区
```

（2）算法 2：双标志先检查法

该算法的基本思想是在每个进程访问临界区资源之前，先查看临界资源是否正被访问，若正被访问，该进程需等待；否则，进程进入自己的临界区。为此，设置了一个数据 $flag[i]$ 作为状态标志，若第 i 个元素值为 false，表示 Pi 进程未进入临界区；若值为 true，表示 Pi 进程进入临界区。算法描述如下：

```
Pi 进程：                              Pj 进程：
while(flag[j]);        ①            while(flag[i]);       ②      //进入区
flag[i]=true;         ③            flag[j]=true;         ④      //进入区
critical section;                  critical section;             //临界区
flag[i]=false;                     flag[j]=false;                //退出区
remainder section;                 remainder section;            //剩余区
```

优点：进程间不用交替进入临界区，可连续使用临界区；缺点：Pi 和 Pj 可能同时进入临界区。按①、②、③、④序列执行时，会同时进入临界区。即在检查对方的 $flag$ 之后和切换自己的 $flag$ 之前有一段时间，结果都检查通过。这里的问题出在检查和修改操作不能同时进行。

（3）算法 3：双标志后检查法

算法 2 是先检查对方的进程状态标志后，再置自己的标志。由于在检查和放置中可插入另一个进程到达时的检查操作，会造成两个进程在分别检查后同时进入临界区。为此，算法 3 采用先设置自己标志，再检查对方的状态标志。若对方标志为 true，则进程等待；否则进入临界区。算法描述如下：

```
Pi 进程:                          Pj 进程:
    flag[i]=true;                     flag[j]=true;              //进入区
    while(flag[j]);                   while(flag[i]);            //进入区
    critical section;                 critical section;         //临界区
    flag[i]=false;                    flag[j]=false;             //退出区
    remainder section;                remainder section;        //剩余区
```

当两个进程几乎同时想进入临界区时，它们分别将自己的标志值 $flag$ 设置为 true，并且同时检查对方的状态（while 语句），如果发现对方也要进入临界区，则双方互相谦让，结果谁也进不了临界区，从而导致"饥饿"现象。

（4）算法 4：皮特森算法（Peterson's Algorithm）

为了防止两个进程为进入临界区而无限期等待，又设置变量 $turn$，每个进程在先设置自己的标志后再设置 $turn$ 标志。这时，再同时检查另一个进程的状态标志和 $turn$ 标志，这样可以保证当两个进程同时要求进入临界区时，只允许一个进程进入临界区。算法描述如下：

```
Pi 进程:                              Pj 进程:
    flag[i]=ture;turn=j;                  flag[j]=true;turn=i;       //进入区
    while(flag[j]&&turn==j);              while(flag[i]&&turn==i);   //进入区
    critical section;                     critical section;         //临界区
    flag[i]=false;                        flag[j]=false;             //退出区
    remainder section;                    remainder section;         //剩余区
```

考虑进程 Pi，一旦其设置 $flag[i]$ = true，表示其想要进入临界区，同时 $turn$ = j，此时如果进程 Pj 已在临界区中，则符合进程 Pi 中的 while 循环条件，则 Pi 不能进入临界区。而如果 Pj 没有进入临界区，即 $flag[j]$ = false，循环条件不符合，则 Pi 可以顺利进入，反之亦然。本算法是算法 1 和算法 3 的结合，利用 $flag$ 解决临界资源的互斥访问，而利用 $turn$ 解决"饥饿"现象。

2. 硬件实现方法

硬件实现方法是通过硬件支持实现临界区问题的低级方法，又称元方法。

（1）中断屏蔽方法

当一个进程正在执行其临界区代码时，防止其他进程进入其临界区的最简单的方法是关中断。因为 CPU 只在发生中断时引起进程切换，因此屏蔽中断能够保证当前运行的进程临界区代码顺利地执行完毕，进而保证互斥的正确实现，然后执行开中断。其典型模式为：

```
......
关中断;
临界区;
开中断
......
```

这种方法限制了 CPU 交替执行程序的能力，因此执行的效率会明显降低。对内核来说，在其执行更新变量或列表的几条指令期间，关中断是很方便的，但将关中断的权力交给用户则很不明智，若一个进程关中断后不再开中断，则系统可能会因此终止。

（2）硬件指令方法

TestAndSet 指令：读出指定标志后把该标志设置为真。其功能描述如下：

```
boolean TestAndSet(boolean * lock){
    boolean old;
    old = * lock;
    * lock = true;
    return old;
}
```

可以为每个临界资源设置一个共享布尔变量 lock，表示资源的两种状态：true 表示正被占用，初值为 false。进程在进入临界区之前，利用 TestAndSet 检查标志 lock，若无进程在临界区，则其值为 false，可以进入，关闭临界资源，把 lock 置为 true，使任何进程都不能进入临界区；若有进程在临界区，则循环检查，直到进程退出。利用该指令实现互斥的过程描述如下：

```
while TestAndSet(&lock);
进程的临界区代码 CS；
lock = false；
进程的其他代码；
```

Swap 指令：交换两个字（字节）的内容。其功能描述如下：

```
Swap(boolean * a,boolean * b){
    boolean temp;
    Temp = * a;
    * a = * b;
    * b = temp;
}
```

TestAndSet 和 Swap 指令仅为功能描述，它们都是原子操作，由硬件直接实现。

用 Swap 指令可以简单有效地实现互斥，为每个临界资源设置一个共享布尔变量 lock，初值为 false；在每个进程中再设置一个局部布尔变量 key，用于与 lock 交换信息。在进入临界区前，先利用 Swap 指令交换 lock 与 key 的内容，然后检查 key 的状态；有进程在临界区时，重复交换和检查过程，直到进程退出。其处理过程描述如下：

```
key = true；
while(key! = false)
    Swap(&lock,&key)；
进程的临界区代码 CS；
lock = false；
进程的其他代码；
```

硬件指令方法的优点：适用于任意数目的进程，而不管是单 CPU 还是多 CPU；简单、容易验证其正确性。可以支持进程内有多个临界区，只需为每个临界区设置一个布尔变量。

硬件指令方法的缺点：进程等待进入临界区时要耗费 CPU 时间，不能实现让权等待。从等待进程中随机选择一个进入临界区，有的进程可能一直选不上，从而导致"饥饿"现象。

2.3.3　互斥锁

解决临界区问题最简单的工具就是**互斥锁**（mutex lock）。一个进程在进入临界区时应获得锁；在退出临界区时释放锁。函数 acquire() 获得锁，而函数 release() 释放锁。

每个互斥锁有一个布尔变量 available，表示锁是否可用。如果锁是可用的，调用 acquire() 会成功，且锁不再可用。当一个进程试图获取不可用的锁时，会被阻塞，直到锁被释放。

```
acquire()
    while(! available)
        ;                          //忙等待
    available=false;               //获得锁
}
release(){
    available=true;                //释放锁
}
```

acquire() 或 release() 的执行必须是原子操作，因此互斥锁通常采用硬件机制来实现。

互斥锁的主要缺点是忙等待，当有一个进程在临界区中时，任何其他进程在进入临界区时必须连续循环调用 acquire()。当多个进程共享同一 CPU 时，就浪费了 CPU 周期。因此，互斥锁通常用于多 CPU 系统，一个线程可以在一个 CPU 上等待，不影响其他线程的执行。

2.3.4 信号量

信号量机制是一种功能较强的机制，可用来解决互斥与同步问题，它只能被两个标准的原语 wait(S) 和 signal(S) 访问，也可分别记为"P 操作"和"V 操作"。

1. 整型信号量

整型信号量被定义为一个用于表示资源个数的整型量 S，wait 和 signal 操作可描述为：

```
wait(S){
    while(S<=0);
    S=S-1;
}
signal(S){
    S=S+1;
}
```

对于整型信号量机制中的 wait 操作，只要信号量 $S \le 0$，就会不断测试。因此，该机制并未遵循"让权等待"的准则，而是使进程处于"忙等待"的状态。

2. 记录型信号量

记录型信号量机制是一种不存在"忙等待"现象的进程同步机制。除了需要一个用于代表资源数目的整型变量 value 外，再增加一个进程链表 L，用于链接所有等待该资源的进程。记录型信号量得名于采用了记录型的数据结构。记录型信号量可描述为：

```
typedef struct{
    int value;                     //代表资源数目类型
    struct process * L;            //用来链接所有的等待进程
}semaphore;
```

相应的 wait(S) 和 signal(S) 的操作如下：

```
void wait(semaphore S){            //相当于申请资源
    S.value--;
    if(S.value<0){
        add this process to S.L;
        block(S.L);
    }
}
```

对于 wait 操作，*S.value*--表示进程请求一个该类资源。当 *S.value*<0 时，表示该类资源已分配完毕，因此进程应调用 block 原语，进行自我阻塞，放弃 CPU，并插入该类资源的等待队列 *S.L*，此时 *S.value* 的绝对值表示 *S.L* 中因等待该资源而被阻塞的进程个数。

```
void signal(semaphore S){            //相当于释放资源
    S.value++;
    if(S.value<=0){
      remove a process P from S.L;
      wakeup(P);
    }
}
```

对于 signal 操作，*S.value*++表示进程释放一个资源。若加 1 后仍有 *S.value*≤0，则表示在 *S.L* 中仍有等待该资源的进程被阻塞，因此应调用 wakeup 原语，唤醒 *S.L* 中的第一个等待进程。

3. 利用信号量实现进程同步

信号量机制能用于解决进程间各种同步问题。设 *S* 为实现进程 P1、P2 同步的公共信号量，初值为 0。进程 P2 中的语句 y 要使用进程 P1 中的语句 x 的运行结果，所以只有当语句 x 执行完毕之后进程 y 才可以运行。其实现进程同步的算法描述如下：

```
semaphore S=0;                //初始化信号量
P1(){
    ......
    x;                        //语句 x
    signal(S);                //告诉进程 P2,语句 x 已经完成
    ......
}
P2(){
    ......
    wait(S);                  //检查语句 x 是否完成
    y;                        //检查无误,运行语句 y
    ......
}
```

若 P2 先执行到 wait(*S*) 时，*S* 为 0，执行 P 操作会把进程 P2 阻塞，并放入阻塞队列中，当进程 P1 中的语句 x 执行完后，执行 V 操作，把 P2 从阻塞队列中放回就绪队列，当 P2 得到 CPU 时，就得以继续执行。

4. 利用信号量实现进程互斥

信号量机制也能很方便地解决进程互斥问题。设 *S* 为实现进程 P1、P2 互斥的信号量，由于每次只允许一个进程进入临界区，所以 *S* 的初值应为 1（即可用资源数为 1）。只需把临界区置于 wait(*S*) 和 signal(*S*) 之间，即可实现两个进程对临界资源的互斥访问。其算法描述如下：

```
semaphore S=1;                    //初始化信号量
P1(){
    ......
    wait(S);                      //准备开始访问临界资源,加锁
    进程 P1 的临界区
    signal(S);                    //访问结束,解锁
    ......
}
```

```
P2(){
    ......
    wait(S);                    //准备开始访问临界资源,加锁
    进程 P2 的临界区;
    signal(S);                  //访问结束,解锁
    ......
}
```

当没有进程在临界区时,任意一个进程要进入临界区会执行 P 操作,把 S 的值减为 0,然后进入临界区,而当有进程存在于临界区时,S 的值为 0,再有进程要进入临界区,执行 P 操作时将会被阻塞,直至在临界区中的进程退出临界区,这样便实现了临界区的互斥。

互斥的实现是不同进程对同一信号量进行 P、V 操作,一个进程在成功地对信号量执行了 P 操作后进入临界区,并在退出临界区后,由该进程本身对该信号量执行 V 操作,表示当前没有进程进入临界区,可让其他进程进入。

5. 分析进程同步和互斥问题的步骤

(1) 关系分析。找出问题中的进程数,并分析它们之间的同步和互斥关系。同步、互斥、前驱关系直接按照上述例子中的经典范式改写。

(2) 整理思路。找出解决问题的关键点,并根据做过的题目找出求解的思路。根据进程的操作流程确定 P 操作、V 操作的大致顺序。

(3) 设置信号量。根据以上两步,设置需要的信号量,确定初值,完善整理。

2.3.5 管程

1. 管程的定义

对于系统中的各种硬件资源和软件资源,均可用数据结构抽象地描述其资源特性,即用少量信息和对资源所执行的操作来表征资源,而忽略其内部结构和实现细节。**管程**是由一组数据及定义在这组数据之上的对这组数据的操作组成的软件模块,这组操作能初始化并改变管程中的数据和同步进程。

由上述定义可知,管程由 4 部分组成:

(1) 管程的名称;

(2) 局限于管程内部的共享数据结构说明;

(3) 对该数据结构进行操作的一组过程(或函数);

(4) 对局限于管程内部的共享数据设置初始值的语句。

2. 条件变量

一个进程进入管程后被阻塞,直到阻塞的原因解除,在此期间,如果该进程不释放管程,那么其他进程无法进入管程。为此,将阻塞原因定义为**条件变量** *condition*。通常,一个进程被阻塞的原因可以有多个,因此在管程中设置多个条件变量。每个条件变量保存了一个等待队列,用于记录因该条件变量而阻塞的所有进程,对条件变量只能进行两种操作,即 wait 和 signal。

***x*. wait**:当条件变量 *x* 对应的条件不满足时,正在调用管程的进程调用 *x*.wait 将自己插入 *x* 条件的等待队列,并释放管程。此时其他进程可以使用该管程。

***x*. signal**:条件变量 *x* 对应的条件发生了变化,则调用 *x*.signal,唤醒一个因 *x* 条件而阻塞的进程。

下面给出条件变量的定义和使用:

```
monitor Demo{
    共享数据结构 S;
    condition x;                    //定义一个条件变量 x
    init_code(){......}
    take_away(){
```

```
        if(S<=0)x.wait();                    //资源不够,在条件变量 x 上阻塞等待资源足够,
        分配资源,做一系列相应处理;
    }
    give_back(){
        归还资源,做一系列相应处理;
        if(有进程在等待)x.signal();          //唤醒一个阻塞进程
    }
}
```

条件变量和信号量的比较:

相似点:条件变量的 wait/signal 操作类似于信号量的 P/V 操作,可实现进程的阻塞/唤醒。

不同点:条件变量是"没有值"的,仅实现了"排队等待"功能;而信号量是"有值"的,信号量的值反映了剩余资源数,而在管程中,剩余资源数用共享数据结构记录。

2.3.6 经典同步问题

1. 生产者-消费者问题

问题描述:一组生产者进程和消费者进程共享一个初始为空、大小为 n 的缓冲区,只有缓冲区没满时,生产者才能把消息放入缓冲区,否则必须等待;只有缓冲区不空时,消费者才能从中取出消息,否则必须等待。由于缓冲区是临界资源,只允许一个生产者放入消息,或者一个消费者从中取出消息。

【问题分析】

(1) 关系分析:生产者和消费者对缓冲区互斥访问是互斥关系,同时生产者和消费者又是相互协作的关系,只有生产者生产之后消费者才能消费,它们也是同步关系。

(2) 整理思路:只有生产者和消费者两个进程,且正好这两个进程存在着互斥关系和同步关系,那么需要解决的是互斥和同步 P、V 操作的位置。

(3) 信号量设置:信号量 *mutex* 作为互斥信号量,用于控制互斥访问缓冲池,互斥信号量初值为 1;信号量 *full* 用于记录当前缓冲池中的"满"缓冲区数,初值为 0;信号量 *empty* 用于记录当前缓冲池中的"空"缓冲区数,初值为 n。

生产者-消费者进程的描述如下:

```
semaphore mutex=1;                      //临界区互斥信号量
semaphore empty=n;                      //空闲缓冲区
semaphore full=0;                       //缓冲区初始化为空
producer(){                             //生产者进程
    while(1){
        produce an item in nextp;       //生产数据
        P(empty);                       //获取空缓冲区单元
        P(mutex);                       //进入临界区
        add nextp to buffer;            //将数据放入缓冲区
        V(mutex);                       //离开临界区,释放互斥信号量
        V(full);                        //满缓冲区数加 1
    }
}
consumer(){                             //消费者进程
    while(1){
        P(full);                        //获取满缓冲区单元
        P(mutex);                       //进入临界区
```

```
    remove an item from buffer;         //从缓冲区中取出数据
    V(mutex);                           //离开临界区,释放互斥信号量
    V(empty);                           //空缓冲区数加 1
    consume the item;                   //消费数据
    }
}
```

该类问题要注意对缓冲区大小为 n 的处理,当缓冲区中有空时便可对信号量 *empty* 执行 P 操作,一旦取走一个产品便要执行 V 操作以释放空闲区。对信号量 *empty* 和 *full* 的 P 操作必须放在对 *mutex* 的 P 操作之前。如果生产者进程先执行 P(*mutex*),然后执行 P(*empty*),消费者先执行 P(*mutex*),然后执行 P(*full*),这样可不可以?答案是否定的。

设想生产者进程已将缓冲区放满,消费者进程并没有取产品,即 *empty* = 0,当下次仍然是生产者进程运行时,它先执行 P(*mutex*) 封锁信号量,再执行 P(*empty*) 时将被阻塞,希望消费者取出产品后将其唤醒;轮到消费者进程运行时,它先执行 P(*mutex*),然而由于生产者进程已经封锁 *mutex* 信号量,消费者进程也会被阻塞,这样一来生产者进程和消费者进程都将被阻塞,都指望对方唤醒自己,便陷入无休止的等待了。同理,如果消费者进程已经将缓冲区取空,即 *full* = 0,下次如果还是消费者先运行,也会出现类似的死锁。不过生产者在释放信号量时,*mutex*、*full* 先释放哪一个无所谓,消费者先释放 *mutex* 或 *empty* 都可以。

2. 读者-写者问题

问题描述:有读者和写者两组并发进程共享一个数据文件,当两个或两个以上的读者(读进程)同时访问共享数据时不会产生错误,但若某个写者(写进程)和其他进程(读进程或写进程)同时访问共享数据时则可能导致数据不一致的错误。因此要求:① 允许多个读者同时对文件执行读操作;② 在某一时刻只允许一个写者往共享文件中写信息;③ 任一写者在完成写操作之前不允许其他读者或写者访问共享数据文件;④ 写者对共享数据文件执行写操作前,应让已有的读者和写者全部退出。

【问题分析】

(1)关系分析:由分析可知读者和写者是互斥的,写者和写者也是互斥的,而读者和读者不存在互斥关系。

(2)整理思路:两个进程,即读者和写者。写者比较简单,其和任何进程互斥,用互斥信号量的 P、V 操作即可解决互斥问题。读者比较复杂,其要求实现与写者互斥的同时还要实现与其他读者的同步,因此,仅靠一对 P、V 操作是无法解决的。那么,在这里用到了一个计数器,用来判断当前是否有读者读文件。当有读者正在读文件的时候写者是无法写文件的,此时读者会一直占用文件,当没有读者正在读文件的时候写者才可以写文件。同时,不同读者对计数器的访问也应该是互斥的。

(3)信号量设置:设置信号量 *count* 作为计数器,用来记录当前读者数量,初值为 0;设置 *mutex* 为互斥信号量,用于保护更新 *count* 时的互斥;设置互斥信号量 *rw*,用于保证读者和写者的互斥访问。代码如下:

```
int count = 0;                          //用于记录当前的读者数量
semaphore mutex = 1;                    //用于保护更新 count 时的互斥
semaphore rw = 1;                       //用于保证读者和写者互斥地访问文件
writer() {                              //写者进程
    while(1) {
        P(rw);                          //互斥访问共享文件
        Writing                         //写入
        V(rw);                          //释放共享文件
    }
```

```
    }
reader(){                            //读者进程
    while(1){
        P(mutex);                    //互斥访问 count
        if(count==0)                 //当第一个读进程读共享文件时
            P(rw);                   //阻止写进程写
        count++;                     //读者计数器加 1
        V(mutex);                    //释放互斥信号量
        reading                      //读取
        P(mutex);                    //互斥访问 count
        count--;                     //读者计数器减 1
        if(count==0)                 //当最后一个读进程读完共享文件时
            V(rw);                   //允许写进程写
            V(mutex);                //释放互斥信号量
    }
}
```

在上述算法中，读者是优先的，即当存在读者读共享数据文件时写操作将被延迟，并且只要有一个读者活跃，随后而来的读者都将被允许访问共享数据文件。这样的方式会导致写进程可能长时间等待，且存在写进程饿死的情况。如果希望写者优先，即当有读进程正在读共享文件时，有写进程请求访问，此时应禁止后续读进程的请求，等到已在读共享文件的读进程执行完毕则立即让写进程运行，只有在无写进程运行的情况下才允许读进程再次运行。为此，增加一个信号量并且在上述程序中的 writer( ) 和 reader( ) 函数中各增加一对 P、V 操作，就可以得到写进程优先的解决程序。

3. 哲学家进餐问题

问题描述：一张圆桌边坐着 5 名哲学家，每两名哲学家之间的桌上摆一根筷子，两根筷子中间是一碗米饭，如图 3-2-6 所示。哲学家在思考时，并不影响他人。只有当哲学家饥饿时，才试图拿起左、右两根筷子（一根一根地拿起）。若筷子已在他人手上，则需要等待。饥饿的哲学家只有同时拿到两根筷子才可以开始进餐，进餐完毕后，放下筷子继续思考。

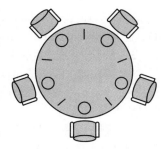

【问题分析】

（1）关系分析：5 名哲学家与左右邻居对中间筷子的访问是互斥关系。

（2）整理思路：显然，这里有 5 个进程。本题的关键是如何让一名哲学家拿到左右两根筷子而不造成死锁或饥饿现象。解决方法有两个：一是让他们同时拿两根筷子；二是对每名哲学家的动作制定规则，避免饥饿或死锁现象的发生。

图 3-2-6　5 名哲学家进餐

（3）信号量设置：定义互斥信号量数组 chopstick[5]={1,1,1,1,1}，用于对 5 根筷子的互斥访问。哲学家依次编号为 0~4，哲学家 i 左边筷子的编号为 i，哲学家右边筷子的编号为 $(i+1)\%5$。

```
semaphore chopstick[5]={1,1,1,1,1};        //定义信号量数组
    Pi(){                                  //初始化 i 号哲学家的进程
        do{
        P(chopstick[i]);                   //取左边筷子
        P(chopstick[(i+1)%5]);             //取右边筷子
        eat;                               //进餐
        V(chopstick[i]);                   //放回左边筷子
```

```
            V(chopstick[(i+1)%5]);              //放回右边筷子
            think;                              //思考
        }while(1);
    }
```

该算法存在以下问题：当 5 名哲学家都想要进餐并分别拿起左边的筷子时（都恰好执行完 P(chopstick[i]);）筷子已被拿光，等到他们再想拿右边的筷子时（执行 P(chopstick[(i+1)%5]);）就全被阻塞，导致死锁。为防止死锁发生，可对哲学家进程施加一些限制，比如至多允许 4 名哲学家同时进餐；仅当一名哲学家左右两边的筷子都可用时，才允许他拿筷子；对哲学家顺序编号，要求奇数号哲学家先拿左边的筷子，然后拿右边的筷子，而偶数号哲学家刚好相反。

2.4 死锁

2.4.1 死锁的概念

1. 死锁的定义

死锁是指多个进程因竞争资源而造成的一种僵局（互相等待），若无外力作用，这些进程都将无法向前推进。例如，某计算机系统中只有一台打印机和一台输入设备，进程 P1 正占用输入设备，同时又提出使用打印机的请求，但此时打印机正被进程 P2 所占用，而 P2 在释放打印机之前，又提出请求使用正被 P1 占用着的输入设备。这样两个进程相互无休止地等待下去，均无法继续执行，此时两个进程陷入死锁状态。

2. 死锁产生的原因

（1）系统资源的竞争

通常系统中拥有的不可剥夺资源，其数量不足以满足多个进程运行的需要，使得进程在运行过程中，会因争夺资源而陷入僵局，如磁带机、打印机等。

（2）进程推进顺序非法

进程运行时，请求和释放资源的顺序不当，也会导致死锁。如并发进程 P1、P2 分别保持了资源 R1、R2，而 P1 申请 R2，P2 申请 R1 时，两者都会因所需资源被占用而被阻塞。

3. 死锁产生的必要条件

产生死锁必须同时满足以下 4 个必要条件，只要其中任一条件不成立，死锁就不会发生。

• **互斥条件**：在一段时间内某资源仅为一个进程所占有。此时若有其他进程请求该资源，则请求进程只能等待。

• **不剥夺条件**：进程所获得的资源在使用完之前，不能被其他进程强行夺走，即只能由获得该资源的进程自己来释放（只能是主动释放）。

• **请求和保持条件**：进程已经保持了至少一个资源，但又提出了新的资源请求，而该资源已被其他进程占有，此时请求进程被阻塞，但对自己已获得的资源保持不放。

• **循环等待条件**：存在一种进程资源的循环等待链，链中每个进程已获得的资源同时被链中下一个进程所请求，即存在一个处于等待状态的进程集合 $\{P_1, P_2, ..., P_n\}$，其中 P_i 等待的资源被 P_{i+1}（$i = 0, 1, ..., n-1$）占有，P_n 等待的资源被 P_0 占有，如图 3-2-7 所示。

直观上看，循环等待条件似乎和死锁的定义一样，其实不然。按死锁定义构成等待环所要求的条件更严格，要求 P_i 等待的资源必须由 P_{i+1} 来满足，而循环等待条件则无此限制。例如，系统中有两台输出设备，P_0 占有一台，P_k 占有另一台，且 k 不属于集合 $\{0, 1, ..., n\}$。P_n 等待一台输出设备，它可从 P_0 获得，也可能从 P_k 获得。因此，虽然 P_n、P_0 和其他一些进程形成了循环等待圈，但 P_k 不在圈内，若 P_k 释放了输出设备，则可打破循环等待圈，如图 3-2-8 所示。

资源分配图含圈而系统又不一定有死锁的原因是同类资源数大于 1。但若系统中每类资源都只有一个，则资源分配图含圈就变成了系统出现死锁的充分必要条件。

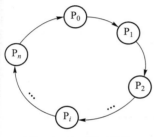

图 3-2-7　循环等待

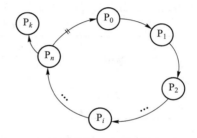

图 3-2-8　满足循环等待条件但无死锁

2.4.2　死锁处理策略

通常有以下 3 类方法处理死锁问题：

- **死锁预防**：设置某些限制条件，破坏产生死锁的 4 个必要条件中的一个或几个。
- **死锁避免**：在资源的动态分配过程中，用某种方法防止系统进入不安全状态。
- **死锁检测及解除**：无须采取任何限制性措施，允许进程在运行过程中发生死锁，通过系统的检测机构及时地检测出死锁的发生，然后采取某种措施解除死锁。

2.4.3　死锁预防

预防死锁的发生只需破坏死锁产生的 4 个必要条件之一即可。

1. 破坏互斥条件

若允许系统资源都能共享使用，则系统不会进入死锁状态。但有些资源根本不能同时访问，如打印机等临界资源只能互斥使用。所以破坏互斥条件预防死锁的方法不太可行。

2. 破坏不剥夺条件

当一个已保持了某些不可剥夺资源的进程，请求新的资源而得不到满足时，它必须释放已经保持的所有资源，待以后需要时再重新申请，从而破坏了不剥夺条件。该策略实现起来比较复杂，释放已获得的资源可能造成前一阶段工作的失效，也会降低系统效率。

3. 破坏请求和保持条件

进程在运行之前一次性申请完它所需要的全部资源，在资源未满足前，该进程不投入运行。一旦投入运行后，这些资源就一直归该进程所有，也不再提出其他资源请求，这样就可保证系统不会发生死锁。这种方法实现简单，但会严重浪费系统资源。而且还会导致"饥饿"现象，当个别资源长期被其他进程占用时，而致使等待该资源的进程迟迟不能开始运行。

4. 破坏循环等待条件

采用顺序资源分配法，给系统中的资源编号，规定每个进程必须按编号递增的顺序请求资源，同类资源一次申请完。缺点是编号必须相对稳定，这就限制了新类型设备的增加。

2.4.4　死锁避免

死锁避免同样属于事先预防的策略，这种方法所施加的限制条件较弱，可以获得较好的系统性能。进程可以动态地申请资源，但在进行资源分配前，应先计算此次资源分配的安全性。若此次分配不会导致系统进入不安全状态，则将资源分配给进程；否则，让进程等待。

1. 系统安全状态

系统安全状态是指系统能按某种进程推进顺序（P_1，P_2，…，P_n）为每个进程 P_i 分配其所需资源，直至满足每个进程对资源的最大需求，使每个进程都可顺利地完成。此时，称 P_1，P_2，…，P_n 为安全序列。如果系统无法找到一个安全序列，则称系统处于**不安全状态**。

假设系统中有 3 个进程 P1、P2 和 P3，共有 12 台磁带机。进程 P1 共需要 10 台磁带机，P2 和 P3 分别需要 4 台和 9 台。假设在 T_0 时刻，进程 P1、P2 和 P3 已分别获得 5 台、2 台和 2 台，尚有 3 台未分配，见表 3-2-2。则 T_0 时刻是安全的，因为存在一个安全序列 P2，P1，P3，即只要系统按此进程序列分配资源，则每个进程都能顺利完成。若在 T_0 时刻后，系统分配 1 台磁带机给 P3，则此时系统便进入不安全状态，因为此时已无法再找到一个安全序列。

表 3-2-2　资　源　分　配

进程	最大需求	已分配	可用
P1	10	5	3
P2	4	2	
P3	9	2	

并非所有的不安全状态都是死锁状态，但当系统进入不安全状态后，便可能进入死锁状态；反之，只要系统处于安全状态，系统便可避免进入死锁状态。

2. 银行家算法

银行家算法是最著名的死锁避免算法。其思想是：把操作系统视为银行家，操作系统管理的资源相当于银行家管理的资金，进程向操作系统请求分配资源相当于用户向银行家贷款。操作系统按照银行家制定的规则为进程分配资源。进程运行之前先声明对各种资源的最大需求量，当进程在运行中继续申请资源时，先测试该进程已占用的资源数与本次申请的资源数之和是否超过该进程声明的最大需求量。若超过则拒绝分配资源，若未超过则再测试系统现存的资源能否满足该进程尚需的最大资源量，若能满足则按当前的申请量分配资源，否则也要推迟分配。

（1）数据结构描述

● 可利用资源向量 Available：含有 m 个元素的数组，其中的每个元素代表一类可用的资源数目。$Available[j]=K$，表示系统中现有 R_j 类资源 K 个。

● 最大需求矩阵 Max：$n \times m$ 矩阵，定义系统中 n 个进程中的每个进程对 m 类资源的最大需求。$Max[i,j]=K$，表示进程 i 需要 R_j 类资源的最大数目为 K。

● 分配矩阵 Allocation：$n \times m$ 矩阵，定义系统中每类资源当前已分配给每个进程的资源数。$Allocation[i,j]=K$，表示进程 i 当前已分得 R_j 类资源的数目为 K。

● 需求矩阵 Need：$n \times m$ 矩阵，表示每个进程接下来最多还需要多少资源。$Need[i,j]=K$，表示进程 i 还需要 R_j 类资源的数目为 K。

上述 3 个矩阵间存在下述关系：

$$Need = Max - Allocation$$

（2）银行家算法描述

设 $Request_i$ 是进程 P_i 的请求向量，$Request_i[j]=K$ 表示进程 P_i 需要 R_j 类资源 K 个。当 P_i 发出资源请求后，系统按下述步骤进行检查：

① 若 $Request_i[j] \leqslant Need[i,j]$，则转向步骤②；否则出错，表示所需资源数已超过最大值。

② 若 $Request_i[j] \leqslant Available[j]$，则转向步骤③；否则，表示尚无足够资源，$P_i$ 须等待。

③ 试探着把资源分配给进程 P_i，并修改下列数据结构中的数值：

$$Available[j] = Available[j] - Request_i[j];$$
$$Allocation[i,j] = Allocation[i,j] + Request_i[j];$$
$$Need[i,j] = Need[i,j] - Request_i[j];$$

④ 执行安全性算法，检查在此次资源分配后，系统是否处于安全状态。若安全，则正式将资源分配给进程 P_i；否则，将本次的试探分配作废，恢复原来的资源分配状态，让 P_i 等待。

（3）安全性算法

设置工作向量 Work，有 m 个元素，表示系统中的剩余可用资源数目。

在开始执行安全性算法时，Work=Available。

① 初始时安全序列为空。

② 从 Need 矩阵中找出符合下列条件的行：该行对应的进程不在安全序列中，而且该行小于或等于 Work 向量，找到后，把对应的进程加入安全序列；若找不到，则执行步骤④。

③ 进程 P_i 进入安全序列后，可顺利执行，直至完成，并释放分配给它的资源，因此应执行 Work = Work+Allocation[i]，其中 Allocation[i] 表示进程 P_i 代表的在 Allocation 矩阵中对应的行，返回步骤②。

④ 若此时安全序列中已有所有进程，则系统处于安全状态，否则处于不安全状态。

2.4.5 死锁检测及解除

前面介绍的死锁预防和死锁避免算法，都是在为进程分配资源时施加限制条件或进行检测，若系统在为进程分配资源时不采取任何措施，则应该提供死锁检测和解除的手段。

1. 资源分配图

系统死锁可利用资源分配图来描述。如图 3-2-9 所示，大圆圈代表一个进程，方框代表一种类型资源。由于一种类型的资源可能有多个，用方框中的一个小圆圈代表一种类型资源中的一个资源。从进程到资源的有向边称为请求边，表示该进程申请一个该类资源；从资源到进程的边称为分配边，表示该类资源已经有一个被分配给了该进程。图中，进程 P_1 已经分得了两个 R_1 资源，又请求一个 R_2 资源；进程 P_2 分得了一个 R_1 和一个 R_2 资源，又请求一个 R_1 资源。

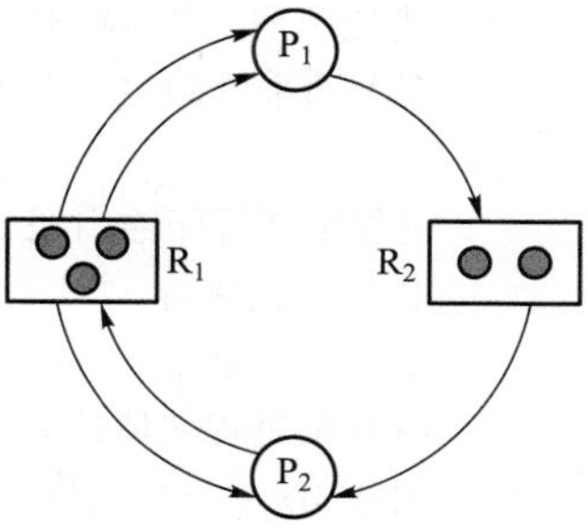

2. 死锁定理

可以通过将资源分配图简化的方法来检测系统状态 S 是否为死锁状态，方法如下：

图 3-2-9 资源分配图示例

（1）在资源分配图中，找出既不阻塞又不是孤点的进程 P_i（即找出一条有向边与它相连，且该有向边对应资源的申请数量小于或等于系统中现有空闲资源数量。若所有连接该进程的边均满足上述条件，则这个进程能继续运行直至完成，然后释放它所占有的所有资源）。消去它所有的请求边和分配边，使之成为孤立的圆圈。在图 3-2-10（a）中，P_1 是满足这一条件的进程，将 P_1 的所有边消去，便得到图 3-2-10（b）所示的情况。

（2）进程 P_i 所释放的资源，可以唤醒某些因等待这些资源而被阻塞的进程，原来的阻塞进程可能变为非阻塞进程，图中进程 P_2 就满足这样的条件。根据（1）中的方法进行一系列简化后，若能消去图中所有的边，则称该图是可完全简化的，如图 3-2-10（c）所示。

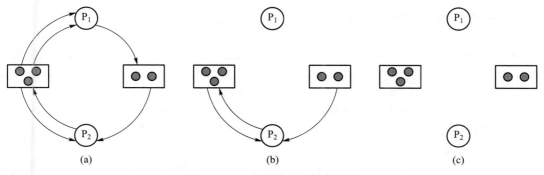

(a)   (b)   (c)

图 3-2-10 资源分配图的简化法

S 为死锁的条件是当且仅当 S 状态的资源分配图是不可完全简化的，该条件为**死锁定理**。

3. 死锁的解除

一旦检测出死锁，就应立即采取相应的措施，以解除死锁，主要方法如下：

（1）**资源剥夺法**。挂起某些死锁进程，并抢占它的资源，将这些资源分配给其他的死锁进程。但应防止被挂起的进程长时间得不到资源而处于资源匮乏的状态。

（2）**进程撤销法**。强制撤销部分甚至全部死锁进程并剥夺这些进程的资源。撤销的依据可以按进程优先级和撤销进程的代价等。

（3）**进程回退法**。让一（或多）个进程回退到足以回避死锁的地步，进程回退时自愿释放资源而非被剥夺。要求系统保持进程的历史信息，设置还原点。

2.5 同步练习

一、单项选择题

1. 下列关于进程的叙述中，正确的是（   ）。

A. 进程获得 CPU 运行是通过调度得到的

B. 优先级是进程调度的重要依据，一旦确定就不能改变

C. 在单 CPU 系统中，任何时刻都有一个进程处于运行状态

D. 进程申请 CPU 得不到满足时，其状态变为阻塞态

2. 在下列系统调用中，不会导致进程阻塞的是（   ）。

A. 读/写文件　　　　B. 获得进程 PID　　　　C. 申请内存　　　　D. 发送消息

3. 进程申请打印输出完成，向系统发出中断后，进程的状态变化为（   ）。

A. 从就绪到执行　　　　　　　　　　　　　B. 从执行到等待

C. 从等待到就绪　　　　　　　　　　　　　D. 从执行到就绪

4. PCB 是进程实体的一部分，下列（   ）不属于 PCB。

A. 进程 ID　　　　B. CPU 状态　　　　C. 堆栈指针　　　　D. 全局变量

5. 分时系统中的当前运行进程连续获得了两个时间片，原因可能是（   ）。

A. 该进程的优先级最高　　　　　　　　　　B. 就绪队列为空队列

C. 该进程最早进入就绪队列　　　　　　　　D. 该进程是一个短进程

6. 若进程 P 一旦被唤醒便可投入运行，系统可能为（   ）。

A. 在分时系统中，进程 P 的优先级最高

B. 抢占调度方式，就绪队列上的所有进程的优先级皆比 P 的低

C. 就绪队列为空队列

D. 抢占调度方式，P 的优先级高于当前运行的进程

7. 某作业 8：00 到达系统，估计运行时间为 1 h。若 10：00 开始执行该作业，其响应比是（   ）。

A. 2　　　　B. 1　　　　C. 3　　　　D. 4

8. N 个进程共享某一个临界资源，则互斥信量的取值范围为（   ）。

A. 0~1　　　　B. -1~0　　　　C. $-(N-1)$~1　　　　D. $-(N-1)$~0

9. 若一个信号量初值为 3，经过多次 P、V 操作以后当前值为 -1，表示等待进入临界区的进程数是（   ）。

A. 1　　　　B. 2　　　　C. 3　　　　D. 4

10. 设两个进程共用一个临界资源的互斥信号量为 $mutex$，当 $mutex=1$ 时表示（   ）。

A. 一个进程进入了临界区，另一个进程在等待　　　B. 没有进程进入临界区

C. 两个进程都进入了临界区　　　　　　　　　　　D. 两个进程都在等待

11. 如果有 3 个进程共享同一程序段，而且每次最多允许 2 个进程进入该程序段，则信号量的初值应设置为（   ）。

A. 3　　　　B. 1　　　　C. 2　　　　D. 0

12. 当一个进程因在记录型信号量 S 上执行 P(S) 操作而被阻塞后，S 的值为（   ）。

A. $S>0$　　　　B. $S<0$　　　　C. $S \geqslant 0$　　　　D. $S \leqslant 0$

13. 关于临界区问题的一个算法（假设只有进程 P0 和 P1 可能会进入临界区）描述如下：

```
do{
    while(turn! =i)
        if(turn! =-1)turn=i;
    turn=-1;
```

```
    临界区;
    turn=0;
    其他区;
}while(true)
```

其中 i 为 0 或 1。则该算法（　　　）。

A. 不能保证进程互斥进入临界区，且会出现"饥饿"现象

B. 不能保证进程互斥进入临界区，但不会出现"饥饿"现象

C. 能保证进程互斥进入临界区，但会出现"饥饿"现象

D. 能保证进程互斥进入临界区，不会出现"饥饿"现象

14. 为多道程序提供的共享资源不足时，可能出现死锁，不适当的（　　　）也可能产生死锁。

A. 进程调度顺序　　　　B. 进程的优先级　　　　C. 资源分配方法　　　　D. 进程推进顺序

15. 系统中有 3 个进程都需要 4 个同类资源，则必然不会发生死锁的最少资源数是（　　　）。

A. 9　　　　　　　　　B. 10　　　　　　　　　C. 11　　　　　　　　　D. 12

16. 顺序资源分配法破坏了死锁发生的（　　　）必要条件。

A. 互斥使用　　　　　　B. 占有等待　　　　　　C. 非剥夺　　　　　　　D. 循环等待

17. 在下列选项中，属于检测死锁的方法是（　　　）。

A. 银行家算法　　　　　B. 撤销进程法　　　　　C. 资源静态分配法　　　D. 资源分配图简化法

二、综合应用题

1. 在一个单道批处理系统中，一组作业的提交时间和运行时间见下表。试计算以下 3 种作业调度算法的平均周转时间和平均带权周转时间。（为方便计算，提交时间等均用小数表示。）

（1）先来先服务。

（2）短作业优先。

（3）高响应比优先。

作业	提交时间	运行时间
1	8.0	1.0
2	8.5	0.5
3	9.0	0.2
4	9.1	0.1

2. 下述是关于双进程临界区问题的算法（对编号为 id 的进程）。

```
do{
    blocked[id]=true;
    while(turn! =id){
        while(blocked[1-id]);
        turn=id;
    }
    编号为 id 的进程的临界区;
    blocked[id]=false;
    编号为 id 的进程的非临界区;
}while(true);
```

其中，布尔型数组 blocked[2] 的初始值为 {false，false}，整型变量 $turn$ 的初始值为 0，id 代表进程编号（0 或 1）。请说明它的正确性，或指出错误所在。

3. 银行有 n 个柜员，每个顾客进入银行后先取一个号，并且等着叫号，当一个柜员空闲后，就叫下一个号。试用信号量 P、V 操作实现此过程，并给出信号量定义和初始值。

4. 设系统中有 3 种类型的资源（A，B，C）和 5 个进程 P1、P2、P3、P4、P5，A 资源的数量为 17，B 资源的数量为 5，C 资源的数量为 20。在 T0 时刻系统状态见下表。系统采用银行家算法实施死锁避免策略。请回答下列问题。

	最大资源需求量			已分配资源数量		
	A	B	C	A	B	C
P1	5	5	9	2	1	2
P2	5	3	6	4	0	2
P3	4	0	11	4	0	5
P4	4	2	5	2	0	4
P5	4	2	4	3	1	4

（1）T0 时刻是否为安全状态？若是，请给出安全序列。
（2）在 T0 时刻若进程 P2 请求资源（0，3，4），是否能实施资源分配？为什么？
（3）在（2）的基础上，若进程 P4 请求资源（2，0，1），是否能实施资源分配？为什么？

答案与解析

一、单项选择题

1. A

在一些调度算法中，允许改变进程优先级。在单 CPU 系统中，进程只能并发运行，不能并行。进程在申请除 CPU 以外的一切所需资源而得不到满足时，状态为阻塞态。

2. B

进程在执行系统调用时，如果需要使用某种资源，就可能导致进程阻塞。"读/写文件"需要使用设备和文件缓冲区；"申请内存"需要分配内存资源；"发送消息"需要使用消息缓冲区。

3. C

当被阻塞进程所期待的事件发生时，如本题中的申请打印输出，则由有关进程调用唤醒原语（wake-up），将因请求该事件而被阻塞的进程唤醒。

4. D

进程实体主要由程序段、数据段和 PCB 组成。PCB 内所含有的数据结构主要有 4 大类：进程描述信息、进程控制和管理信息、资源分配清单、CPU 相关信息。由上述可得，全局变量与进程 PCB 无关，其只与用户代码有关。

5. B

对于分时系统，多个进程以轮转方式分享 CPU，一般不考虑进程的优先级、进程进入就绪队列的时间、进程的长短等。当前进程运行完一个时间片后回到就绪队列队尾，如果此时就绪队列为空队列，那么下一个时间片仍然分给该进程。

6. D

在分时系统中，进程调度按时间片轮转方式进行，与 P 的优先级无关。在抢占调度方式中，P 的优先级高于就绪队列中的所有进程，但不一定高于当前的运行进程，所以不一定能立即运行。若就绪队列为空队列，P 被唤醒并插入后会成为该队列的唯一进程，但这并不能说 P 可以立即获得 CPU，只有当前运行的进程释放了 CPU，P 才可以使用 CPU。在抢占式调度中，若 P 的优先级高于当前运行进程时，可以抢占 CPU，立即投入运行。

7. C

响应比=（等待时间+要求服务时间）/要求服务时间=（10-8+1)/1=3。

8. C

资源数量为 1，所以信号量最大值为 1；由于共有 N 个进程，当有一个进程在访问临界资源，另外 $N-1$ 个进程在等待队列中时，此信号量为最小值 $-(N-1)$。

9. A

信号量是一个特殊的整型变量，只有初始化和 P、V 操作才能改变其值。通常，信号量分为互斥量和资源量，互斥量的初值一般为 1，表示临界区只允许一个进程进入，从而实现互斥。当互斥量等于 0 时，表示临界区已有一个进程，临界区外尚无进程等待；当互斥量小于 0 时，表示临界区中有一个进程，互斥量的绝对值表示在临界区外等待的进程数。资源信号量初值可以是任意正整数，表示可用的资源数，当资源量为 0 时，表示所有资源已经全部用完，如果还有进程正在等待使用该资源，则等待的进程数就是资源量的绝对值。

10. B

$mutex$ 表示互斥访问临界资源，其初值为 1。在系统运行过程中，当 $mutex=1$ 时，表示系统只允许一个进程进入临界区，因此，该临界资源目前处于空闲，没有进程使用它，也就是说没有进程进入临界区。

11. C

由于每次最多允许 2 个进程进入该程序段，相当于该类资源的总数是 2，而信号量的初值就是该类资源的总数。

12. B

对于记录型信号量，在系统运行中，若 $S<0$，则表示有进程被阻塞，这是信号量的物理意义。因此，物理上如果有进程因执行 $P(S)$ 操作而被阻塞，则外在表现为 $S<0$。

13. B

若一个进程 P0 已经判断 $turn!=-1$，还未修改 $turn=0$ 之前，时间片已用完，转入进程调度，又选择另一个进程 P1 运行，该进程接着判断 $turn!=-1$，它将修改 $turn=1$，之后进入临界区执行。当 P1 退出临界区之前，P1 的时间片已用完，转入进程调度，又选择进程 P0 运行。进程 P0 继续完成 $turn=0$ 的操作，之后它也进入临界区执行。这样两个进程同时处于临界区中，显然错误。由于两个进程都能进入临界区，所以没有出现"饥饿"现象。

14. D

产生死锁的原因有两个：竞争资源和进程间推进顺序非法。

15. C

当资源数为 9 时，存在 3 个进程都占有 3 个资源的情况，为死锁；当资源数为 10 的时候，必然存在一个进程能拿到 4 个资源，然后其他进程可以顺利执行完。

16. D

采用顺序资源分配法破坏了循环等待条件，顺序资源分配法给系统中的资源编号，规定每个进程必须按编号递增的顺序请求资源，同类资源一次申请完。

17. D

银行家算法用于死锁避免；进程撤销法用于死锁解除；资源静态分配法用于死锁预防；资源分配图简化法用于死锁检测。

二、综合应用题

1. （1）先来先服务调度算法的作业调度情况见下表。

作业	提交时间	运行时间	开始时间	结束时间	周转时间	带权周转时间
1	8.0	1.0	8.0	9.0	1.0	1.0
2	8.5	0.5	9.0	9.5	1.0	2.0
3	9.0	0.2	9.5	9.7	0.7	3.5
4	9.1	0.1	9.7	9.8	0.7	7.0

先来先服务调度算法的平均周转时间 $=(1.0+1.0+0.7+0.7)/4=0.85$；平均带权周转时间 $=(1.0+2.0+3.5+7.0)/4=3.375$。

（2）短作业优先调度算法的作业调度情况见下表。

作业	提交时间	运行时间	开始时间	结束时间	周转时间	带权周转时间
1	8.0	1.0	8.0	9.0	1.0	1.0
2	8.5	0.5	9.3	9.8	1.3	2.6
3	9.0	0.2	9.0	9.2	0.2	1.0
4	9.1	0.1	9.2	9.3	0.2	2.0

短作业优先调度算法的平均周转时间 $=(1.0+1.3+0.2+0.2)/4=0.675$；平均带权周转时间 $=(1.0+2.6+1.0+2.0)/4=1.65$。

（3）高响应比优先调度算法：8.0 时只有 1 号作业，所以肯定是 1 号作业得到 CPU。9.0 时 1 号作业执行完毕，2 号作业响应比为 $(9.0-8.5+0.5)/0.5=2$，3 号作业响应比为 $(9.0-9.0+0.2)/0.2=1$，2 号作业的响应比比 3 号高，9.0 时调度 2 号作业。2 号作业到 9.5 时执行完，此时 3 号作业响应比为 $(9.5-9.0+0.2)/0.2=3.5$，4 号作业响应比为 $(9.5-9.1+0.1)/0.1=5$，4 号作业的响应比比 3 号高，所以先调度 4 号作业。

高响应比优先调度算法作业调度情况见下表。

作业	提交时间	运行时间	开始时间	结束时间	周转时间	带权周转时间
1	8.0	1.0	8.0	9.0	1.0	1.0
2	8.5	0.5	9.0	9.5	1.0	2.0
3	9.0	0.2	9.6	9.8	0.8	4.0
4	9.1	0.1	9.5	9.6	0.5	5.0

高响应比优先调度算法的平均周转时间 $=(1.0+1.0+0.8+0.5)/4=0.825$；平均带权周转时间 $=(1.0+2.0+4.0+5.0)/4=3.0$。

2. 这个双进程的临界区问题算法是错误的。两个进程的执行顺序如下所示。

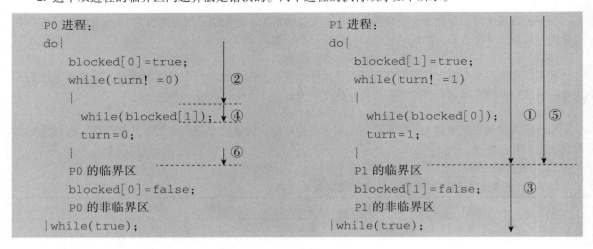

① 假设 P1 先获得 CPU 并进入临界区，此时出现中断。

② P0 获得 CPU，而 P0 也试图进入临界区，它只能在 "while(blocked[1]);" 处等待，无法进入，此时又发生中断。

③ P1 重新获得 CPU，并在退出临界区后执行 "blocked[1]=false;"，此时又出现中断。

④ P0 获得 CPU，P0 执行完 "while(blocked[1]);"，但还没有执行 "turn=0;"，此时又出现中断。

⑤ P1 得到 CPU 开始执行，它执行 "while(turn!=1);" 发现条件为假，于是进入临界区，此时再出现中断。

⑥ P0 得到 CPU，P0 执行完 "turn=0;" 后，也进入临界区。

此时 P0 和 P1 同时出现在各自的临界区中，都在访问临界资源，所以该双进程临界区问题算法没有满足"忙等待"，即互斥的条件，因此是错误的。

3. 将顾客号码排成一个队列，顾客进入银行领取号码后，将号码由队尾插入；柜员空闲时，从队首取得顾客号码，并且为这个顾客服务，由于队列为若干进程共享，所以需要互斥。柜员空闲时，若有顾客，就叫下一个顾客并为之服务。因此需设置一个信号量来记录等待服务的顾客数。

```
int mutex=1,customer_count=0;
process customer{                        process serversi(i=1,…,n){
    while(1){                                while(1){
        取号码；                                   P(customer_count);
        P(mutex);                                P(mutex);
        进入队列；                                 从队列中取下一个号码；
        V(mutex);                                V(mutex);
        V(customer_count);                       为该号码持有者服务；
    }                                        }
}                                        }
```

4. （1）T0 时刻各类资源剩余数量为（2，3，3）。利用银行家算法对 T0 时刻的资源分配情况进行分析，可得 T0 时刻的安全性分析情况，见下表。

	Work			Need			Allocation			Work+Allocation			Finish
	A	B	C	A	B	C	A	B	C	A	B	C	
P5	2	3	3	1	1	0	3	1	4	5	4	7	True
P4	5	4	7	2	2	1	2	0	4	7	4	11	True
P3	7	4	11	0	0	6	4	0	5	11	4	16	True
P2	11	4	16	1	3	4	4	0	2	15	4	18	True
P1	15	4	18	3	4	7	2	1	2	17	5	20	True

此时存在一个安全序列 {P5，P4，P3，P2，P1}，故该状态是安全的。

（2）在 T0 时刻，若进程 P2 请求资源（0，3，4），因请求资源数（0，3，4）>剩余资源数（2，3，3），所以不能分配。

（3）在（2）的基础上，若进程 P4 请求资源（2，0，1），按银行家算法进行检查：

P4 请求资源（2，0，1）≤P4 资源需求量（2，2，1）；P4 请求资源数（2，0，1）≤剩余资源数（2，3，3）。试分配并修改相应数据结构，资源分配情况见下表。

	Max			Allocation			Need			Available		
	A	B	C	A	B	C	A	B	C	A	B	C
P1	5	5	9	2	1	2	3	4	7	0	3	2
P2	5	3	6	4	0	2	1	3	4			
P3	4	0	11	4	0	5	0	0	4			
P4	4	2	5	4	0	5	0	2	0			
P5	4	2	4	3	1	4	1	1	0			

再利用安全性算法检查系统是否安全，可得此时刻的安全性分析情况，见下表。

	Work			Need			Allocation			Work+Allocation			Finish
	A	B	C	A	B	C	A	B	C	A	B	C	
P4	0	3	2	0	2	0	4	0	5	4	3	7	True
P5	4	3	7	1	1	0	3	1	4	7	4	11	True
P3	7	4	11	0	0	6	4	0	5	11	4	16	True
P2	11	4	16	1	3	4	4	0	2	15	4	18	True
P1	15	4	18	3	4	7	2	1	2	17	5	20	True

此时，存在一个安全序列 {P4，P5，P3，P2，P1}，故该状态是安全的，可以立即将 P4 所申请的资源分配给它。

第3章 内存管理

【真题分布】

主要考点	考查次数	
	单项选择题	综合应用题
内存管理的基本概念	2	0
连续分配存储管理方式	4	0
非连续分配存储管理方式	6	7
虚拟页式存储管理	15	6

【复习要点】

（1）进程的内存映像，逻辑地址到物理地址的转换。
（2）连续分配存储管理方式的原理及特点，分页和分段存储管理方式的原理及特点。
（3）虚拟内存的原理及特点，请求分页机制，页帧分配。
（4）页面替换算法及命中率分析，虚拟存储器的性能分析。

3.1 内存管理基础

3.1.1 内存管理的基本概念

内存管理的主要功能有：内存空间的分配与回收；地址转换，把逻辑地址转换成相应的物理地址；内存空间的扩充，利用虚拟存储技术或自动覆盖技术，从逻辑上扩充内存；内存共享，允许多个进程访问内存的同一部分；存储保护等。

在进行具体的内存管理之前，需要了解程序运行的基本原理和要求。

1. 程序的链接和装入

在执行程序之前，首先要对其进行编译和链接，然后装入内存。将用户源程序转换为可在内存中执行的程序，通常需要以下几个步骤（如图 3-3-1 所示）：

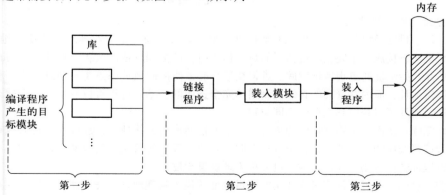

图 3-3-1 将用户源程序转换为可在内存中执行程序的步骤

- **编译**：由编译程序将用户源程序编译成若干个目标模块。
- **链接**：由链接程序将编译形成的一组目标模块与所需库函数链接，形成完整的装入模块。
- **装入**：由装入程序将装入模块装入内存运行。

程序的链接有以下 3 种方式：

（1）**静态链接**：在程序运行之前，先将各目标模块及它们所需的库函数链接成一个完整的装配模块，以后不再拆开。

（2）**装入时动态链接**：将用户源程序编译后所得到的一组目标模块，在装入内存时，采用边装入边链接的链接方式。

（3）**运行时动态链接**：对某些目标模块的链接，是在程序执行中需要该目标模块时才进行的。其优点是不仅能加快程序的装入过程，还可节省大量的内存空间。

内存的装入模块同样有以下 3 种装入内存的方式。

（1）**绝对装入**：在编译时，如果知道程序将驻留在内存的某个位置，则编译程序将产生绝对地址的目标代码。装入模块被装入内存后，程序中的逻辑地址与实际内存地址完全相同，不需要对程序和数据的地址进行修改。这种方式只适用于单道程序环境。

（2）**可重定位装入**：在多道程序环境下，目标模块的起始地址通常都从 0 开始，程序中的其他地址都是相对于起始地址的，此时应采用可重定位装入方式，根据内存的当前情况，将装入模块装入内存的适当位置。地址变换在装入时一次完成，以后不再改变，所以又称**静态重定位**，如图 3-3-2（a）所示。说明：不允许程序运行时在内存中移动位置。

（3）**动态运行时装入**（也称**动态重定位**）：这种方式并不立即把装入模块中的相对地址转换为绝对地址，而是把地址转换推迟到程序真正执行时才进行。因此，装入内存后的所有地址均为相对地址。这种方式应设置一个重定位寄存器，如图 3-3-2（b）所示。其特点是可以将程序分配到不连续的存储区中；在程序运行之前只装入部分代码即可投入运行，在程序运行期间根据需要动态申请内存；便于程序段的共享，可以向用户提供一个比存储空间大得多的地址空间。

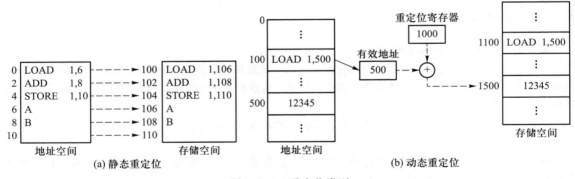

图 3-3-2　重定位类型

2. 逻辑地址空间与物理地址空间

编译后，每个目标模块都从 0 号单元开始编址，称为该目标模块的相对地址（或**逻辑地址**）。当链接程序将各个模块链接成一个完整的可执行的目标程序时，链接程序依次按各模块的相对地址构成统一的从 0 号单元开始编址的**逻辑地址空间**。进程在运行时，使用的地址都是逻辑地址。用户程序和程序员只需知道逻辑地址，而内存管理的具体机制则是完全透明的。不同进程可以有相同的逻辑地址，因为这些相同的逻辑地址可以映射到主存的不同位置。

物理地址空间是指内存中物理单元的集合，它是地址转换的最终地址，进程在运行时执行指令和访问数据，最后都要按照物理地址从主存中进行存取。当装入程序将可执行代码装入内存时，必须通过地址转换将逻辑地址转换成物理地址，这个过程称为**地址重定位**。

操作系统通过内存管理部件将进程使用的逻辑地址转换为物理地址。进程使用虚拟内存空间中的地址，操作系统在相关硬件的协助下，把它"转换"成真正的物理地址。逻辑地址通过页表映射到物理内存，页表由操作系统维护并被 CPU 引用。

3. 进程的内存映像

不同于存放在硬盘上的可执行程序文件，当一个程序调入内存运行时就构成了进程的内存映像，一个进程的**内存映像**一般有几个要素：

- **程序段**（代码段）：即程序的二进制代码，代码段是只读的，可以被多个进程共享。
- **数据段**：即程序运行时加工处理的对象，包括全局变量和静态变量。
- **进程控制块**：存放在系统区。操作系统通过 PCB 来控制和管理进程。
- **堆**：用来存放动态分配的变量。通过调用 malloc 函数动态地向高地址分配空间。
- **栈**：用来实现函数调用。从用户空间的最大地址往低地址方向增长。

程序段和数据段在程序调入内存时就指定了大小，而堆和栈不一样。当调用像 malloc 和 free 这样的 C 语言标准库函数时，堆可以在运行时动态地扩展和收缩。用户栈在程序运行期间也可以动态地扩展和收缩，每次调用一个函数，栈就会增长；从一个函数返回时，栈就会收缩。

图 3-3-3 是一个进程在内存中的映像。其中，共享库用来存放进程用到的共享函数库代码，如 printf( ) 函数等。在只读程序段中，.init 是程序初始化时调用的_init 函数；.text 是用户程序的机器代码；.rodata 是只读数据。在读/写数据段中，.data 是已初始化的全局变量和静态变量；.bss 是未初始化及所有初始化为 0 的全局变量和静态变量。

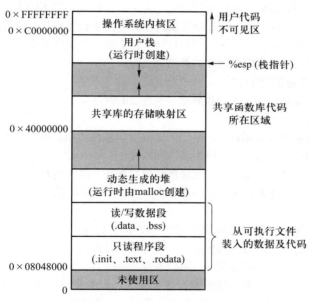

图 3-3-3　一个进程在内存中的映像

4. 内存保护

确保每个进程都有一个单独的内存空间。在内存分配前，需要保护操作系统不受用户进程的影响，同时保护用户进程不受其他用户进程的影响。内存保护可采取两种方法：

（1）在 CPU 中设置一对上、下限寄存器，存放用户作业在内存中的上限和下限地址，每当 CPU 要访问一个地址时，分别和两个寄存器的值相比，判断有无越界。

（2）采用**重定位寄存器和界地址寄存器**，重定位寄存器含最小的物理地址值，界地址寄存器含逻辑地址的最大值。内存管理机构动态地将逻辑地址与界地址寄存器进行比较，若未发生地址越界，则加上重定位寄存器的值后映射成物理地址，再送至内存，如图 3-3-4 所示。

加载重定位寄存器和界地址寄存器时必须使用特权指令，只有操作系统内核才可以加载这两个寄存器。这种方案允许操作系统内核修改这两个寄存器的值，而不允许用户程序修改。

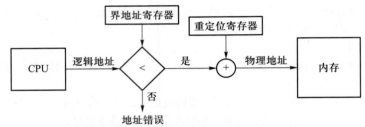

图 3-3-4　重定位寄存器和界地址寄存器的硬件支持

5. 内存共享

并不是所有的进程内存空间都适合共享，只有那些只读的区域才可以共享。**可重入代码**又称纯代码，是一种允许多个进程同时访问，且不允许被任何进程修改的代码。在实际执行时，也可以为每个进程配以局部数据区，把在执行中可能改变的部分复制到该数据区，这样，程序在执行时只需对该局部数据区中的内存进行修改，并不去改变共享的代码。

在本部分第 2 章中介绍过基于共享内存的进程通信，由操作系统提供同步和互斥工具。本章还将介绍一种内存共享的实现——内存映射文件。

6. 内存分配与回收

随着操作系统的发展存储管理方式也在不断发展。在操作系统由单道程序向多道程序发展时，存储管理方式便由单一连续分配，发展为固定分区分配。为了能更好地适应不同大小的程序要求，又从固定分区分配，发展到动态分区分配。为了更好地提高内存的利用率，进而从连续分配方式发展到离散分配方式——页式存储管理。而引入分段存储管理的目的，则主要是为了满足用户在编程和使用上多方面的要求，其中某些要求是其他几种存储管理方式难以满足的。

3.1.2　连续分配存储管理方式

连续分配存储管理方式是指为一个进程分配一个连续的内存空间。

1. 单一连续分配

内存在此方式下分为系统区和用户区，系统区仅供操作系统使用，通常在低地址部分；在用户区内存中，仅有一个进程，即整个内存的用户区由该进程独占。

这种方式的优点是简单、无外部碎片，无须进行内存保护，因为内存中永远只有一个进程。缺点是只能用于单用户、单任务的操作系统中，有内部碎片，内存利用率极低。

2. 固定分区分配

固定分区分配是最简单的一种多道程序存储管理方式，它将用户内存区划分为若干固定大小的区域，每个分区只装入一个进程。当有空闲分区时，便可再从外存的后备进程队列中选择适当大小的进程装入该分区，如此循环。分区大小可以相等也可以不等。

为便于内存分配，需建立一张分区使用表，通常按分区大小排队，各表项包括每个分区的分区号、大小、起始地址及状态（是否已分配），如图 3-3-5 所示。分配内存时，检索分区使用表，找到一个能满足要求且尚未分配的分区分配给装入的进程，并将对应表项的状态置为"已分配"；若找不到这样的分区，则拒绝分配。回收内存时，只需将对应表项的状态置为"未分配"即可。

分区号	大小/KB	起始地址/KB	状态
1	12	20	已分配
2	32	32	已分配
3	64	64	已分配
4	128	128	已分配

(a) 分区使用表

操作系统
进程A
进程B
进程C

20KB
32KB
64KB
128KB
256KB

(b) 内存分配情况

图 3-3-5　固定分区使用表和内存分配情况

这种方式存在两个问题：一是进程可能太大而放不进任何分区，这时就需要采用覆盖技术来使用内存空间；二是当进程小于固定分区大小时，也要占用一个完整的内存分区，这样分区内部就存在空间浪费，这种现象称为**内部碎片**。固定分区是可用于多道程序设计的最简单的存储分配方式，无外部碎片，但不能实现多个进程共享一个主存区，所以存储空间利用率低。

3. 动态分区分配

动态分区分配又称**可变分区分配**，是指在将进程装入内存时，根据实际需要，动态地分配内存，并使分区的大小正好适合进程的需要。因此，系统中分区的大小和数目是可变的。

如图 3-3-6 所示，系统有 64 MB 内存空间，其中低 8 MB 固定分配给操作系统，其余为用户可用内存。开始时装入前 3 个进程，它们分别分配到所需的空间后，内存仅剩 4 MB，进程 4 无法装入。在某个时刻，内存中没有一个就绪进程，CPU 出现空闲，操作系统就换出进程 2，换入进程 4。由于进程 4 比进程 2 小，这样在主存中就产生了一个 6 MB 的空闲内存块。之后 CPU 又出现空闲，需要换入进程 2，而主存无法容纳进程 2，操作系统就换出进程 1，换入进程 2。

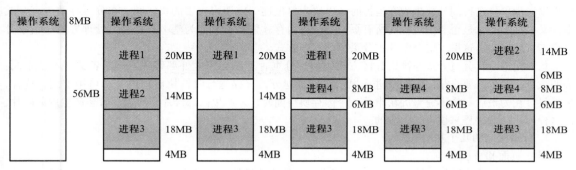

图 3-3-6 动态分区分配

动态分区在开始时是很好的，但随着时间的推移，内存中会产生越来越多小的内存块，内存的利用率也随之下降。这些小的内存块称为**外部碎片**，它存在于所有分区的外部，与此相对的是固定分区中的内部碎片。外部碎片可以通过**紧凑**技术来解决，即操作系统不时地对进程进行移动和整理。但这需要动态重定位寄存器的支持，且相对费时。

在进程装入或换入内存时，如果内存中有多个足够大的空闲块，操作系统必须确定分配哪个内存块给进程使用，这就是动态分区的分配策略，有以下算法：

（1）**首次适应**（first fit）算法：空闲分区以地址递增的次序链接，在分配内存时，从链首开始顺序查找，找到大小能满足要求的第一个空闲分区分配给进程。

（2）**邻近适应**（next fit）算法：又称循环首次适应算法，由首次适应算法演变而成。不同之处是，分配内存时从上次查找结束的位置开始继续查找。

（3）**最佳适应**（best fit）算法：空闲分区按容量递增的次序形成空闲分区链，找到第一个能满足要求又是最小的空闲分区分配给进程，避免"大材小用"。

（4）**最坏适应**（worst fit）算法：空闲分区以容量递减的次序链接，找到第一个能满足要求的，即最大的分区，从中分割一部分存储空间给进程。

首次适应算法最简单，通常也是最好和最快的。不过，首次适应算法会使得内存的低地址部分出现很多小的空闲分区，而每次分配查找时都要经过这些分区，因此增加了开销。

邻近适应算法试图解决这个问题。但它常常导致在内存空间的尾部（因为在一遍扫描中，内存前面部分使用后再释放时，不会参与分配）分裂成小碎片，其性能通常比首次适应算法差。

最佳适应算法虽然称为"最佳"，但是性能通常很差，因为每次分配会留下很小的难以利用的内存块，会产生最多外部碎片。

最坏适应算法与最佳适应算法相反，它选择最大的可用块，这看起来最不容易产生碎片，但是却把最大的连续内存划分开，会很快导致没有可用的大内存块，因此性能也非常差。

与固定分区分配类似，在动态分区分配中，设置一张空闲分区链（表），并按起始地址排序。在分配内存时，检索空闲分区链，找到所需分区，若其大小大于请求大小，便从该分区中按请求大小分割一块空间分配给装入进程（若剩余部分太小，不足以划分，则无须分割），余下部分仍留在空闲分区链中。回收内存时，系统根据回收分区的起始地址，从空闲分区链中找到相应的插入点，此时可能出现 4 种情况：① 回收区与插入点的前一空闲分区相邻，将这两个分区合并，并修改前一分区表项的大小，为两者之和；② 回收区与插入点的后一空闲分区相邻，将这两个分区合并，并修改后一分区表项的起始地址和大小；③ 回收区同时与插入点的前、后两个分区相邻，此时将这 3 个分区合并，修改前一分区表项的大小，为三者之和，取消后一分区表项；④ 回收区没有相邻的空闲分区，此时应为回收区新建一个表项，填写起始地址和大小，并插入空闲分区链。

以上 3 种内存分区管理方法有一个共同特点，即进程在内存中都是连续存放的。

3.1.3　基本分页存储管理方式

分页的思想：把内存空间划分为大小相等且固定的块，块相对较小，作为内存的基本单位。每个进程也以块为单位进行划分，进程在运行时，以块为单位逐个申请内存中的块空间。在分页存储管理方式中，又根据运行时是否要把进程的所有页面都装入内存才能运行，分为基本分页存储管理方式和请求分页存储管理方式。这里主要介绍基本分页存储管理方式。

从形式上看，分页方式与固定分区方式类似，<u>分页管理不会产生外部碎片</u>。但二者又有本质不同：块的大小相对分区要小很多，而且进程也按块进行划分，进程运行时按块申请内存的可用空间。这样，进程只会在为最后一个不完整的块申请一个内存块空间时，才产生内部碎片，所以尽管会产生内部碎片，但这种碎片相对进程来说也是很小的。

1. 分页存储的几个基本概念

（1）页面和页面大小

进程中的块称为**页面或页**（page），内存中的块称为**物理块、页帧**或**页框**（page frame）。进程在运行时需要申请内存空间，即要为每个页面分配内存中的可用页帧，使页和页帧一一对应。

为方便地址转换，页面大小应是 2 的整数幂。同时页面大小应该适中，页面太小会使进程的页面数过多，这样页表就会过长，占用大量内存，而且也会增加硬件地址转换的开销，降低页面换入/换出的效率；页面过大又会使页内碎片增多，降低内存的利用率。

（2）地址结构

分页存储管理的逻辑地址结构如图 3-3-7 所示。

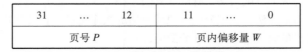

31	...	12	11	...	0
页号 P			页内偏移量 W		

图 3-3-7　分页存储管理的逻辑地址结构

地址长度为 32 位，地址结构包含两部分：12—31 位为页号 P，最多允许 2^{20} 页；0—11 位为页内偏移量 W，每页大小为 4 KB；

（3）页表

在分页存储管理系统中，允许进程的每一页离散地存储在内存的任一块中，为方便查找，系统为每个进程建立一张**页面映像表**，简称**页表**。页表实现了从页号到物理块号的地址映射。在配置页表后，进程在运行时，通过查找该表，即可找到每页在内存中的物理块号。

2. 基本地址变换机构

地址变换机构的任务是将逻辑地址转换为内存中的物理地址。地址变换是借助于页表实现的。图 3-3-8 给出了分页存储管理系统中的地址变换机构。

在系统中通常设置一个页表寄存器（PTR），存放页表在内存的起始地址 F 和页表长度 M。进程被调度执行时，将页表起始地址和页表长度装入页表寄存器中。设页面大小为 L，逻辑地址 A 到物理地址 E 的变换过程如下（假设逻辑地址、页号、每页的长度都是十进制数）：

（1）计算页号 P（$P=A/L$）和页内偏移量 W（$W=A\%L$）。

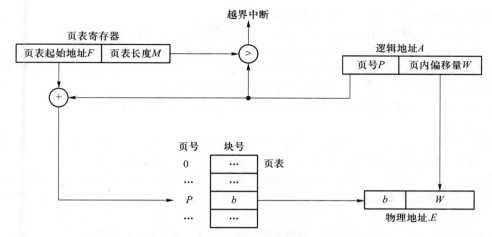

图 3-3-8　分页存储管理系统中的地址变换机构

（2）比较页号 P 和页表长度 M，若 $P \geqslant M$，则产生越界中断，否则继续执行。

（3）页表中页号 P 对应的页表项地址=页表起始地址 F+页号 P×页表项长度，取出该页表项内容 b，即为物理块号。页表项长度是指页地址所占的存储空间大小。

（4）计算 $E=b \times L + W$，用得到的物理地址 E 去访问内存。

以上整个地址变换过程均是由硬件自动完成的。

下面讨论分页存储管理方式存在的两个主要问题：① 每次访存操作都需要进行逻辑地址到物理地址的转换，地址转换过程必须足够快，否则访存速度会降低；② 每个进程引入页表，用于存储映射机制，页表不能太大，否则内存利用率会降低。

3. 具有快表的地址变换机构

由地址变换过程可知，若页表全部放在内存中，则存取一个指令或数据至少需两次访问内存：第一次是访问页表，确定所存取的指令或数据的物理地址；第二次是根据该地址存取指令或数据。显然，这种方法比通常执行指令的速度慢了一半。

为此，在地址变换机构中增设一个具有并行查找能力的高速缓冲存储器——**快表**，又称相联存储器（TLB），用来存放当前访问的若干页表项，以加速地址变换的过程。与此对应，内存中的页表常称为**慢表**。具有快表的地址变换机构如图 3-3-9 所示。

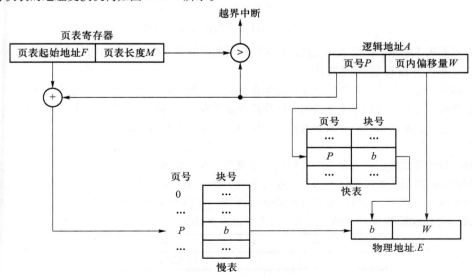

图 3-3-9　具有快表的地址变换机构

在具有快表的分页机制中，地址的变换过程如下：

（1）给出逻辑地址后，由硬件进行地址转换，将页号与快表中的所有页号进行比较。

（2）若找到匹配的页号，则直接从中取出块号，并与页内偏移量拼接形成物理地址。

（3）若未找到匹配的页号，则需要访问内存中的页表，读出页表项后，应同时将其存入快表，以便后续可能的再次访问。若快表已满，则须按特定的算法淘汰一个旧页表项。

有些 CPU 设计为快表和慢表同时查找，若在快表中查找成功则终止慢表的查找。

4. 两级页表

现代计算机都支持非常大的逻辑地址空间（$2^{32} \sim 2^{64}$），导致页表相当大。可以采用下列方法来解决：① 采用离散方式分配页表所需的存储空间；② 只将当前所需的部分页表项调入内存。

两级页表：将页表分页，并将各个页面离散地存放在不同的物理块中，同时为离散分配的页表再建立一张页表，称为**外层页表**，其每个页表项记录了页表页面的物理块号。对于 32 位逻辑地址空间、页面大小为 4 KB（即 12 位）的页表，若采用一级页表结构，应具有 20 位页号，即页表项应有 1M 个；在采用两级页表结构时，再对页表进行分页，使每页中包含 2^{10}（即 1 024）个页表项，最多允许有 2^{10} 个页表分页。两级页表的逻辑地址结构如图 3-3-10 所示。

外层页号P_1	外层页内地址P_2	页内地址d
31 22	21 12	11 0

图 3-3-10　两级页表的逻辑地址结构

两级页表的地址变换机构如图 3-3-11 所示。为实现方便，在地址变换机构中需设一个外层页表寄存器，用于存放外层页表的起始地址，并利用逻辑地址中的外层页号作为外层页表的索引，从中找到指定页表分页的起始地址，再利用外层页内地址作为指定页表分页的索引，找到指定的页表项，其中即含有该页在内存的物理块号，用该块号和页内地址即可构成访问的内存物理地址。

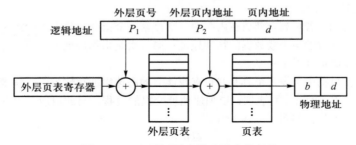

图 3-3-11　两级页表的地址变换机构

两级页表解决了大页表需要大片连续内存空间的问题，但并未减少页表所占的内存空间。

3.1.4　基本分段存储管理方式

分页存储管理方式是从计算机的角度考虑和设计的，以提高内存的利用率，提升计算机的性能，且分页通过硬件机制实现，对用户完全透明；而分段存储管理方式的提出则考虑了用户和程序员，以满足用户编程、信息保护和共享、空间动态增长及程序动态链接等多方面的需要。

1. 分段

分段存储管理方式按用户进程中的代码段划分逻辑空间。例如，用户进程由主程序段、两个子程序段、栈段和数据段组成，可以把这个用户进程划分为 5 段，每段从 0 开始编址，并分配一段连续的地址空间，其逻辑地址由段号 S 与段内偏移量 W 两部分组成。在图 3-3-12 中，段号为 16 位，段内偏移量为 16 位，因此一个作业最多有 $2^{16} = 65\ 536$ 段，最大段长为 64 KB。

31 … 16	15 … 0
段号S	段内偏移量W

图 3-3-12　分段系统中的逻辑地址结构

在分页存储管理系统中，逻辑地址的页号和页内偏移量对用户是透明的，但在分段存储管理系统中，段号和段内偏移量必须由用户显式提供，在高级程序设计语言中，这个工作由编译程序完成。

2. 段表

为每个进程建立一张段映射表，简称**段表**，用于实现从逻辑段到物理内存区的映射。每个段表项对应进程的一个段，段表项记录该段在内存中的起始地址和段的长度。在配置了段表后，运行中的进程可通过查找段表，找到每个段所对应的内存区。

3. 地址变换机构

分段存储管理系统的地址变换机构如图 3-3-13 所示。

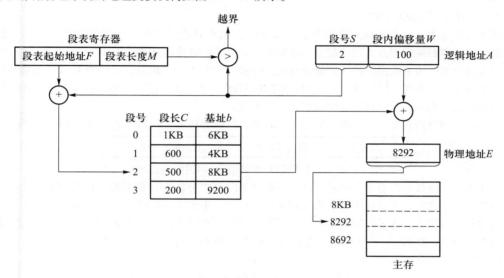

图 3-3-13　分段存储管理系统的地址变换机构

为了实现进程从逻辑地址到物理地址的变换，在系统中设置了段表寄存器，用于存放段表起始地址 F 和段表长度 M。从逻辑地址 A 到物理地址 E 之间的地址变换过程如下：

（1）从逻辑地址 A 中取出前几位为段号 S，后几位为段内偏移量 W。

（2）比较段号 S 和段表长度 M，若 $S \geq M$，则产生越界中断，否则继续执行。

（3）段表中段号 S 对应的段表项地址＝段表起始地址 F＋段号 $S \times$ 段表项长度，取出该段表项的前几位得到段长 C。若段内偏移量 $W \geq C$，则产生越界中断，否则继续执行。

（4）取出段表项中该段的基址 b，计算物理地址 $E = b + W$，用得到的物理地址 E 去访问内存。

分页和分段存储管理的主要区别如表 3-3-1 所示。

表 3-3-1　分页和分段存储管理的主要区别

分　　页	分　　段
页是信息的物理单位	段是信息的逻辑单位
分页是为了满足系统的需要	分段是为了满足用户的需要
页的大小固定且由系统确定，由硬件实现	段的长度不固定，取决于用户进程，编译程序在对源程序进行编译时根据信息的性质划分
作业地址空间是一维的	作业地址空间是二维的
有内部碎片，无外部碎片	有外部碎片，无内部碎片

4. 段的共享与保护

在分段存储管理系统中，段的共享是通过两个作业的段表中相应表项指向被共享的段的同一个物理副本来实现的。不能修改的代码称为**纯代码**或**可重入代码**（不属于临界资源），这样的代码和不能修改的数据可以共享，而可修改的代码和数据不能共享。

与分页存储管理系统类似，分段存储管理系统的保护方法主要有两种：一种是**存取控制保护**，另一种是**地址越界保护**。地址越界保护将段表寄存器中的段表长度与逻辑地址中的段号比较，若段号大于段表长度，则产生越界中断；再将段表项中的段长和逻辑地址中的段内偏移量进行比较，若段内偏移量大于段长，也会产生越界中断。分页管理只需判断页号是否越界，页内偏移量是不可能越界的。

与页式管理不同，段式管理不能通过给出一个整数便确定对应的物理地址，因为每段的长度是不固定的，无法通过整数除法得出段号，无法通过求余得出段内偏移量，所以段号和段内偏移量一定要显式给出（段号，段内偏移量），因此分段管理的地址空间是二维的。

3.1.5 段页式管理方式

分页存储管理能有效地提高内存利用率，而分段存储管理能反映程序的逻辑结构并有利于段的共享。如果将这两种存储管理方式结合起来，就形成了段页式存储管理方式。

在段页式存储管理系统中，作业的地址空间首先被分成若干个逻辑段，每段都有自己的段号，然后再将每一段分成若干个大小固定的页。对内存空间的管理仍然和分页存储管理一样，将其分成若干个和页面大小相同的存储块，对内存的分配以存储块为单位。

在段页式存储管理系统中，逻辑地址分为：段号、段内页号和页内偏移量，如图 3-3-14 所示。

段号 S	段内页号 P	页内偏移量 W

图 3-3-14　段页式存储管理系统的逻辑地址结构

为了实现地址变换，需要为每个进程建立一张段表，每个分段有一张页表。段表项中包括段号、页表长度和页表起始地址，页表项中包括页号和块号。此外，系统中还应有一个段表寄存器，用来存放段表起始地址和段表长度。在进行地址变换时，首先通过段表查到页表起始地址，然后通过页表找到页号，最后形成物理地址。如图 3-3-15 所示，为获取一条指令或数据实际需 3 次访存。

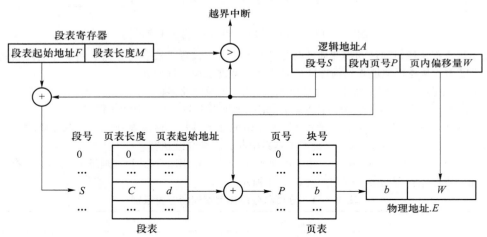

图 3-3-15　段页式存储管理系统的地址变换机构

3.2 虚拟内存管理

3.2.1 虚拟内存的基本概念

1. 传统存储管理方式的特征

上一节所讨论的内存管理策略都具有以下两个共同的特征：

● **一次性**：作业必须一次性全部装入内存后，方能开始运行。这会导致两种情况发生：① 当作业很大，不能全部被装入内存时，致使该作业无法运行；② 当大量作业要求运行时，由于内存不足以容纳所有作业，只能使少数作业先运行，导致多道程序的并发能力下降。

● **驻留性**：作业被装入内存后，就一直驻留在内存中，其任何部分都不会被换出，直至作业运行结束。运行中的进程会因等待 I/O 而被阻塞，可能处于长期等待状态。

由上可知，许多在程序运行中不用或暂时不用的程序（数据）占据了大量的内存空间，而一些需要运行的作业又无法装入运行，显然浪费了宝贵的内存资源。

2. 局部性原理

从广义上讲，Cache、快表及虚拟内存都属于**高速缓存**技术，这个技术所依赖的就是局部性原理，包括时间局部性和空间局部性。这部分内容已在计算机组成原理部分中介绍过。

时间局部性通过将近来使用的指令和数据，保存到高速缓存中，并使用高速缓存层次结构实现。**空间局部性**是使用较大的高速缓存，并将预取机制集成到高速缓存控制逻辑中实现。虚拟内存技术实际上就是利用局部性原理，建立了"内存-外存"的两级存储器结构。

3. 虚拟存储器的定义和特征

在程序装入时，仅需将程序当前要运行的少数页面（或段）先装入内存即可运行。在程序运行中，当所访问的信息不在内存时，由操作系统将所需的页面（或段）调入内存。此外，操作系统将内存中暂时不用的内容换出到外存，从而腾出空间存放将要调入内存的信息。

之所以将其称为**虚拟存储器**，是因为这种存储器实际上并不存在，只是由于系统提供了部分装入、请求调入和置换功能后（对用户透明），给用户的感觉是好像存在一个比实际物理内存大得多的存储器。但容量大只是一种错觉，是虚的。虚拟存储器有以下 3 个主要特征：

- **多次性**：作业在运行时无须一次性全部装入内存，而是允许被分成多次调入运行。
- **对换性**：作业在运行时无须常驻内存，而是允许在运行过程中进行换进、换出。
- **虚拟性**：从逻辑上扩充内存，使用户所看到的内存容量远大于实际内存容量。

4. 虚拟内存技术的实现

采用连续分配方式时，会使相当一部分内存空间都处于暂时或"永久"的空闲状态，造成内存资源的严重浪费，而且也无法从逻辑上扩大内存容量。虚拟内存技术允许将一个作业分多次调入内存。因此，虚拟内存的实现需要建立在离散分配的内存管理方式的基础上。

虚拟内存的实现有以下 3 种方式：

- 请求分页存储管理。
- 请求分段存储管理。
- 请求段页式存储管理。

不管哪种方式，都需要有一定的硬件支持。一般需要的支持有：

- 一定容量的内存和外存。
- 页表机制（或段表机制），作为主要的数据结构。
- 中断机构，当用户程序要访问的部分尚未调入内存时，则产生中断。
- 地址变换机构，逻辑地址到物理地址的变换。

3.2.2 请求分页管理方式

请求分页系统是建立在基本分页系统基础上，增加了请求调页功能和页面置换功能所形成的页式虚拟存储系统。在请求分页系统中，只要将当前进程需要的部分页面装入内存便启动运行。当进程需要访问某一条指令或数据时，硬件地址变换机构根据逻辑地址中的页号去检索内存中的页表，并根据相应页表项的状态位来判断该页是否已经在内存中。若已装入内存，则可从页表项中直接得到内存块号，并与页内偏移地址组合得到其物理地址，同时修改访问字段和修改位；若所需的页不在内存，还需要缺页中断机构来产生中断，转向中断处理程序。

为实现请求调页和置换功能，系统必须提供必要的支持：

- **硬件支持**：请求分页的页表机制、缺页中断机构、地址变换机构。
- **软件支持**：实现请求调页的软件、实现页面置换的软件。

1. 页表机制

在请求分页管理系统中，必然会出现要访问的页不在内存的情况，如何发现和处理这种情况是必须解决的基本问题。为此，在请求分页系统的页表项中增加了 4 个字段，如图 3-3-16 所示。

页号	物理块号	状态位P	访问字段A	修改位M	外存地址

图 3-3-16　请求分页系统中的页表项

- 状态位 P：指示本页是否已调入内存，供程序访问时参考。
- 访问字段 A：记录本页近期被访问的次数或已有多久未被访问，供置换算法参考。
- 修改位 M：标识本页在调入内存后是否被修改过。
- 外存地址：指出本页在外存上的地址，供调入该页时参考。

2. 缺页中断机构

当所要访问的页不在内存时，便产生缺页中断，请求操作系统将所缺的页调入内存。此时应将缺页的进程阻塞（调页完成唤醒），若内存中有空闲块，则分配一个块，将要调入的页装入该块，并修改页表中的相应页表项，若此时内存中没有空闲块，则要淘汰某页（若被淘汰页在调入内存期间被修改过，则要将其写回外存）。与外中断相比，缺页中断有两个明显区别：

- 在指令执行期间（而非一条指令执行完毕后）产生和处理中断信号，属于内部异常。
- 一条指令在执行期间，可能产生多次缺页中断。

3. 地址变换机构

请求分页系统中的地址变换机构，是在分页系统地址变换机构的基础上，为实现虚拟内存，再增加了某些功能而形成的。在进行地址变换时，先检索快表：

- 若找到要访问的页，便修改页表项中的访问位（写指令还须重置修改位），然后利用页表项中给出的物理块号和页内地址形成物理地址。
- 若未找到该页的页表项，应到内存中去查找页表，再对比页表项中的状态位，看该页是否已调入内存，未调入则产生缺页中断，请求从外存把该页调入内存。

3.2.3　物理块分配

1. 驻留集大小

对于分页式的虚拟内存，操作系统必须决定给一个进程分配多少个物理块。给一个进程分配的物理块的集合就是这个进程的驻留集。需要考虑以下几点：

- 分配给一个进程的物理块越少，驻留在内存的进程就越多，从而可提高 CPU 利用率。
- 若一个进程在内存中的物理块过少，则尽管有局部性原理，缺页率仍相对较高。
- 若分配的物理块过多，则由于局部性原理，对该进程的缺页率没有太明显的影响。

2. 内存分配策略

在请求分页系统中，可采取两种内存分配策略，即固定分配和可变分配策略。在进行置换时，也可采取两种策略，即全局置换和局部置换。于是可以组合出下面 3 种适用的策略。

（1）固定分配局部置换

为每个进程分配一定数目的物理块，在进程运行期间其内存空间不改变。所谓**局部置换**，是指如果进程在运行中发生缺页，则只能从该进程在内存的页面中选出一页换出，然后再调入一页，以保证分配给该进程的内存空间不变。实现这种策略时，难以确定应为每个进程分配的物理块数目：太少会频繁出现缺页中断，太多又会降低 CPU 和其他资源的利用率。

（2）可变分配全局置换

先为每个进程分配一定数目的物理块，在进程运行期间可根据情况适当增加或减少。所谓**全局置换**，是指如果进程在运行中发生缺页，系统从空闲物理块队列中取出一块分配给该进程，并将所缺页调入。这种方法比固定分配局部置换更加灵活，可以动态增加进程的物理块，但也存在弊端，如这种方法会盲目地给进程增加物理块，从而导致系统多道程序的并发能力下降。

（3）可变分配局部置换

为每个进程分配一定数目的物理块，当某进程发生缺页时，只允许从该进程在内存的页面中选出一页换出，因此不会影响其他进程的运行。若进程在运行中频繁地发生缺页中断，则系统再为该进程分配若干物理块，直至该进程的缺页率趋于适当程度；反之，若进程在运行中的缺页率特别低，则可适当减少分配给该进程的物理块，但不能引起其缺页率的明显增加。这种方法在保证进程不会过多地调页的同时，也保持了系统的多道程序并发能力。

3. 物理块调入算法

采用固定分配策略时，将系统中的空闲物理块分配给各个进程，可采用下述几种算法。

（1）平均分配算法：将系统中所有可供分配的物理块平均分配给各个进程。

（2）按比例分配算法：根据进程的大小按比例分配物理块。

（3）优先权分配算法：为重要和紧迫的进程分配较多的物理块。通常采取的方法是把所有可分配的物理块分成两部分：一部分按比例分配给各进程；另一部分则根据优先权分配。

4. 调入页面的时机

为确定系统将进程运行时所缺的页面调入内存的时机，可采取以下 2 种调页策略：

（1）**预调页策略**。采用以预测为基础的预调页策略，将那些预计在不久之后便会被访问的页面预先调入内存。该策略主要用于程序的首次调入，由程序员指出应先调入哪些页。

（2）**请求调页策略**。进程在运行中需要访问的页面不在内存，便提出请求，由系统将其所需页面调入内存。虚拟存储器大多采用此策略。其缺点是每次仅调入一页，增加了磁盘 I/O 开销。

预调页实际上是运行前调入，请求调页实际上是运行期间调入。

5. 调入页面的过程

（1）当进程所访问的页面不在内存时，便向 CPU 发出缺页中断，中断响应后便转入缺页中断处理程序。

（2）该程序通过查找页表得到该页的物理块，此时如果内存未满，则启动磁盘 I/O，将所缺页调入内存，并修改页表。

（3）如果内存已满，则先按某种置换算法，从内存中选出一页准备换出；如果该页未被修改过，则无须将该页写回磁盘；但如果该页已被修改，则必须将该页写回磁盘，然后再将所缺页调入内存，并修改页表中的相应表项，置其状态位为 1，再将此页表项写入快表。

（4）调入完成后，程序就可利用修改后的页表形成所要访问数据的内存地址。

3.2.4 页面置换算法

选择调出页面的算法称为页面置换算法。好的页面置换算法应有较低的页面更换频率，即应将以后不再会访问或较长时间内不会再访问的页面先调出。常见的置换算法如下：

1. 最佳（OPT）置换算法

选择的被淘汰页面是以后永不使用的，或是在最长时间内不再被访问的页面，以保证获得最低的缺页率。然而，由于人们目前无法预知进程在内存的若干页面中哪个是未来最长时间内不再被访问的，因而该算法无法实现。但可利用该算法去评价其他算法。

2. 先进先出（FIFO）置换算法

优先淘汰最早进入内存的页面，即淘汰在内存中驻留时间最久的页面。该算法实现简单，只需把已调入内存的页面根据先后次序链接成队列，设置一个指针总是指向最"老"的页面。但该算法与进程实际运行时的规律不适应，因为在进程中，有的页面经常被访问。

FIFO 置换算法还会产生一种异常，即当所分配的物理块数增大时而页故障数不减反增的异常，称为**Belady 异常**。如图 3-3-17 所示，页访问顺序为 3，2，1，0，3，2，4，3，2，1，0，4，当分配的物理块为 3 个时，缺页 9 次；当分配的物理块为 4 个时，缺页 10 次。

3. 最近最久未使用（LRU）置换算法

该算法选择最近最长时间未访问过的页面予以淘汰，其认为过去一段时间内未访问过的页面，在最近的将来可能也不会被访问。该算法为每个页面设置一个访问字段，用来记录页面自上次被访问以来所经历的时间，淘汰页面时选择现有页面中访问字段值最大的予以淘汰。

访问页面	3	2	1	0	3	2	4	3	2	1	0	4
物理块1	3	3	3	0	0	0	4			4	4	
物理块2		2	2	2	3	3	3			1	1	
物理块3			1	1	1	2	2			2	0	
缺页否	√	√	√	√	√	√	√			√	√	
物理块1*	3	3	3	3			4	4	4	4	0	0
物理块2*		2	2	2			2	3	3	3	3	4
物理块3*			1	1			1	1	2	2	2	2
物理块4*				0			0	0	0	1	1	1
缺页否	√	√	√	√			√	√	√	√	√	√

图 3-3-17　FIFO 算法产生的 Belady 异常

如图 3-3-18 所示。进程第一次访问页面 2 时,将最近最久未被访问的页面 7 置换出去;在访问页面 3 时,将最近最久未使用的页面 1 换出。

访问页面	7	0	1	2	0	3	0	4	2	3	0	3	2	1	2	0	1	7	0	1
物理块1	7	7	7	2		2		4	4	4	0			1		1		1		
物理块2		0	0	0		0		0	0	3	3			3		0		0		
物理块3			1	1		3		3	2	2	2			2		2		7		
缺页否	√	√	√	√		√		√	√	√	√			√		√		√		

图 3-3-18　LRU 置换算法的置换图

LRU 置换算法根据各页以前的使用情况来判断,是"向前看"的,而 OPT 置换算法则根据各页以后的使用情况来判断,是"向后看"的。而页面过去和未来的走向之间并无必然联系。

LRU 置换算法的性能较好,但需要寄存器和栈的硬件支持。LRU 是**堆栈**类的算法。可以证明,**堆栈**类算法不可能出现 Belady 异常。FIFO 算法基于队列实现,不是堆栈类算法。

4. 时钟(CLOCK)置换算法

时钟置换算法又称最近未使用算法(NRU),它是 LRU 和 FIFO 置换算法的折中。

(1)简单 CLOCK 置换算法

为每个物理块设置一位访问位,当某页首次被装入或被访问时,其访问位被置为 1。对于替换算法,将内存中的所有块视为一个循环队列,并有一个替换指针与之相关联,当某一页被替换时,该指针被设置指向被替换页的下一页。在选择一页淘汰时,只需检查块的访问位。若为 0,就选择该页换出;若为 1,则将它为 0,暂不换出,给予该页第二次驻留内存的机会,再依次检查下一页。当检查到队列中的最后一页时,若其访问位仍为 1,则再返回到队首去循环检查。由于该算法是循环地检查各页的使用情况,故称 **CLOCK 置换算法**。

假设页面访问顺序为 7,0,1,2,0,3,0,4,2,3,采用简单 CLOCK 置换算法,分配 4 个物理块,每页对应的结构为"页面号,访问位",置换过程如图 3-3-19 所示。

访问页面	7		0		1		2		0		3		0		4		2		3	
物理块1	7	1	7	1	7	1	7	1	7	1	3	1	3	1	3	1	3	1	3	1
物理块2			0	1	0	1	0	1	0	1	0	0	0	1	0	0	0	0	0	0
物理块3					1	1	1	1	1	1	1	0	1	0	4	1	4	1	4	1
物理块4							2	1	2	1	2	0	2	0	2	0	2	1	2	1
缺页否	√		√		√		√				√				√					

图 3-3-19　简单 CLOCK 置换算法的置换图

首次访问7，0，1，2时，产生缺页中断，依次调入内存，访问位都置为1。接下来访问0，已存在，访问位置为1。当访问3时，产生第5次缺页中断，替换指针初始指向物理块1，此时所有物理块的访问位均为1，则替换指针完整地循环扫描一周，把所有物理块的访问位都置为0，然后回到最初的位置（块1），替换块1中的页（包括置换页面和置访问位为1），如图3-3-20（a）所示。访问0，已存在，将访问位置为1。当访问4时，产生第6次缺页中断，替换指针指向块2（上次替换位置的下一块），块2的访问位为1，将其修改为0，继续扫描，块3的访问位为0，替换块3中的页，如图3-3-20（b）所示。最后依次访问2，3，均已存在，将它们的访问位都置为1。

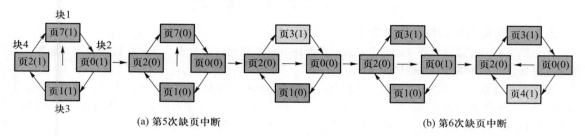

(a) 第5次缺页中断   (b) 第6次缺页中断

图3-3-20　缺页中断时替换指针扫描示意图

（2）改进CLOCK置换算法

将一个页面换出时，若该页已被修改，则须写回磁盘，替换代价更大。在**改进CLOCK算法**中，除考虑页面使用情况外，还增加了一个**修改位**。在选择页面换出时，优先考虑既未被使用过、又未被修改过的页面。由访问位A和修改位M可组合成以下4种类型的页面：

1类 $A=0$，$M=0$：最近未被访问且未被修改，是最佳淘汰页。

2类 $A=0$，$M=1$：最近未被访问，但已被修改，不是很好的淘汰页。

3类 $A=1$，$M=0$：最近已被访问，但未被修改，可能再被访问。

4类 $A=1$，$M=1$：最近已被访问且已被修改，可能再被访问。

内存中的每页必定都是这4类页面之一。在进行页面置换时，可采用与简单CLOCK算法类似的算法，差别在于该算法须同时检查访问位和修改位。算法执行过程如下：

① 从指针的当前位置开始，扫描循环队列，寻找 $A=0$ 且 $M=0$ 的1类页面，将遇到的第一个1类页面作为所选中的淘汰页。在第一次扫描期间不改变访问位A。

② 若第①步失败，则进行第二轮扫描，寻找 $A=0$ 且 $M=1$ 的2类页面。将遇到的第一个2类页面作为淘汰页。在第二轮扫描期间，将所有扫描过的页面的访问位都置为0。

③ 若第②步也失败，则将指针返回开始的位置，并将所有访问位置为0。重复第①步，并且若有必要，重复第②步，此时一定能找到应被淘汰的页。

3.2.5　内存映射文件

内存映射文件（memory-mapped files）与虚拟内存有些相似，将磁盘文件的全部或部分内容与进程虚拟地址空间的某个区域建立映射关系，便可以直接访问被映射的文件，而不必执行文件I/O操作，也无须对文件内容进行缓存处理。这种特性非常适合用来管理大尺寸文件。

使用内存映射文件所进行的任何实际交互都在内存中进行，并以标准的内存地址形式来访问。磁盘的周期性分页是由操作系统在后台隐蔽实现的，对应用程序而言是完全透明的。系统内存中的所有页面由虚拟存储器负责管理，虚拟存储器以统一的方式处理所有磁盘I/O。当进程退出或显式地解除文件映射时，所有被改动的页面会被写回磁盘文件中。

多个进程允许并发地映射内存同一文件，以便允许数据共享。实际上，很多时候，共享内存是通过内存映射来实现的。进程可以通过共享内存来通信，而共享内存是通过映射相同文件到通信进程的虚拟地址空间来实现的。内存映射文件充当通信进程之间的共享内存区域，如图3-3-21所示。一个进程在共享内存上完成了写操作，此刻当另一个进程再在映射到这个文件的虚拟地址空间上执行读操作时，就能立刻看到上一个进程写操作的结果。

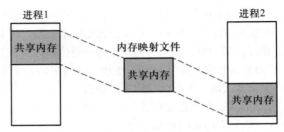

图 3-3-21　采用内存映射文件实现共享内存

3.2.6　虚拟存储器性能影响因素

缺页率是影响虚拟存储器性能的主要因素，而缺页率又受到页面大小、分配给进程的物理块数、页面置换算法以及程序编制方法的影响。

根据局部性原理，页面较大则缺页率较低，页面较小则缺页率较高。当页面较小时，一方面减少了内存碎片，有利于提高内存利用率；另一方面，也会使每个进程要求较多的页面，从而导致页表过长，占用大量内存。当页面较大时，虽然减少页表长度，但会使页内碎片增多。

分配给进程的物理块数越多，缺页率就越低，但当物理块超过某个数目时，再为进程增加一个物理块，对缺页率的改善已不明显。可见，此时已无必要再为它分配更多的物理块，否则也是浪费内存空间。只要保证活跃页面在内存，保持缺页率在一个很低的范围即可。

好的页面置换算法可使进程在运行过程中具有较低的缺页率。选择 LRU、CLOCK 等置换算法，将未来有可能访问的页面尽量保留在内存中，从而提高页面的访问速度。

写回磁盘（见计算机组成原理部分）的频率也会影响虚拟存储器的性能。换出已修改过的页面时，应当写回磁盘，如果每当一个页面被换出时就将其写回磁盘，那么每换出一个页面就需启动一次磁盘，效率极低。为此在系统中建立一个已修改换出页面的链表，对每个要被换出的页面（已修改），系统可暂不把它们写回磁盘，而是将其挂在该链表上，仅当被换出页面数达到给定值时，才将它们一起写回磁盘，这样显著减少了磁盘 I/O 的次数，即减少已修改页面换出的开销。此外，如有进程在这批数据还未写回磁盘时需要再次访问这些页面时，就不需从外存调入，直接从已修改换出页面链表上获取，这样也可以减少将页面从磁盘读入内存的频率，减少页面换进的开销。

编写程序的局部化程度越高，则执行时的缺页率也就越低。如果采用的是按行存储方式，访问时尽量采用相同的访问方式，避免按列访问造成缺页率过高的现象。

3.3　同步练习

一、单项选择题

1. 在分页存储管理中，页表内容如下表所示。若页面大小为 4 KB，则地址转换机构将逻辑地址 12293 转换成的物理地址为（　　）。

页号	块号
0	2
1	5
2	6
3	8
4	3
5	11

A. 20485　　　　　　B. 32773　　　　　　C. 24581　　　　　　D. 12293

2. 设有 8 页的逻辑空间，每页有 1 024 B，它们被映射到 32 块的物理存储区中。那么，逻辑地址的有效位是（　　）位，物理地址至少是（　　）位。

A. 10、11   B. 12、14   C. 13、15   D. 14、16

3. 下列算法中，最有可能使得高地址空间成为大的空闲区的分配算法是（   ）。

A. 首次适应算法   B. 最佳适应算法   C. 最坏适应算法   D. 循环首次适应算法

4. 静态重定位的时机是（   ）。

A. 程序编译时   B. 程序链接时   C. 程序装入时   D. 程序运行时

5. 为保证一个程序在内存中被改变了存放位置后仍能正确执行，则应采用（   ）技术。

A. 静态重定位   B. 动态重定位   C. 动态分配   D. 静态分配

6. 下列有关外层页表的叙述中，错误的是（   ）。

A. 反映页面在磁盘上存放的物理位置

B. 外层页表是指页表的页表

C. 为不连续（离散）分配的页表再建立一个页表

D. 若有了外层页表，则需要一个外层页表寄存器就能实现地址变换

7. 在分页存储管理系统中，内存保护信息维持在（   ）中。

A. 页表   B. 页地址寄存器   C. 页偏移地址寄存器   D. 保护码

8. 纯粹的分页存储管理方法无法解决内存共享和保护问题，那么最好借助于（   ）来实现良好的内存共享和保护。

A. 硬件   B. 编译器   C. 文件系统   D. 用户（程序员）

9. （   ）存储管理方式提供一维地址结构。

A. 分段   B. 分页   C. 分段和段页式   D. 以上都不对

10. 在请求分页系统中，页表中的修改位是供（   ）参考的。

A. 页面置换   B. 内存分配   C. 页面换出   D. 页面调入

11. 在请求分页系统，页表中的外存起始地址是供（   ）参考的。

A. 页面置换   B. 内存分配   C. 页面换出   D. 页面调入

12. 在虚拟存储系统的页表项中，决定是否将数据从文件系统中读取的是（   ）。

A. 页帧号   B. 修改位   C. 页类型   D. 保护码

13. 在请求分页系统中，已修改过的页面再次装入时应来自（   ）。

A. 磁盘文件区   B. 磁盘对换区   C. 后备作业区   D. I/O 缓冲池

14. 在请求分页系统中，若把页面尺寸增大一倍且可容纳的最大页数不变，则在程序执行时缺页中断次数会（   ）。

A. 增加   B. 减少   C. 不变   D. 可能增加也可能减少

15. 考虑页面替换算法，系统有 m 个物理块供调度，初始时全空；页面访问串的长度为 p，包含了 n 个不同的页号，无论用什么算法，缺页次数不会少于（   ）。

A. m B. p C. n D. $\min(m, n)$

16. 在虚拟存储系统中，若进程在内存中占 3 块（开始时为空），采用先进先出页面淘汰算法，当执行访问页号序列为 {1, 2, 3, 4, 1, 2, 5, 1, 2, 3, 4, 5, 6} 时，将产生（   ）次缺页中断。

A. 7   B. 8   C. 9   D. 10

17. 对操作系统而言，系统"抖动"现象的发生是由（   ）引起的。

A. 置换算法选择不当   B. 交换的信息量过大

C. 内存容量不足   D. 请求分页管理方案

18. 在请求分页系统中，若采用 FIFO 页面淘汰算法，则当进程分配到的物理块数增加时，缺页中断的次数会（   ）。

A. 增加   B. 减少   C. 无影响   D. 可能增加也可能减少

19. 在下列关于虚拟存储器实际容量的说法中，正确的是（   ）。

A. 等于外存（磁盘）的容量

B. 等于内、外存容量之和

C. 等于 CPU 逻辑地址给出的空间的大小

D. 选项 B、C 之中取小者

二、综合应用题

1. 下图所示为分页或分段两种存储管理方式的地址变换示意图（假定分段变换对每一段不进行段长越界检查，即段表中无段长信息）

（1）指出这两种变换各属于何种存储管理方式。

（2）计算出这两种变换所对应的物理地址。

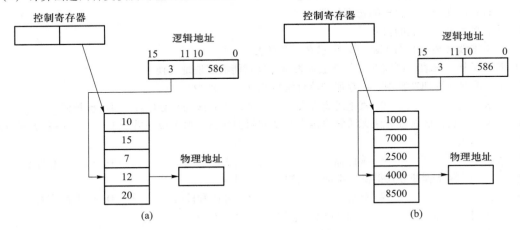

2. 在以下程序设计技术和数据结构中，哪些"适合""按需调页"环境，哪些"不适合"？

a. 堆栈   b. Hash 函数索引的符号表   c. 顺序搜索

d. 二分搜索   e. 纯代码   f. 矢量操作   g. 间接寻址

3. 某虚拟存储器的用户空间共有 32 个页面，每页 1 KB，内存 16 KB。试问：

（1）逻辑地址的有效位是多少？

（2）物理地址需要多少位？

（3）假定某时刻系统用户的第 0，1，2，3 页分别分配的物理块号为 5，10，4，7，试将虚地址 0A5C 和 093C 转换为物理地址。

4. 有下列程序：

```
int A[100][150],B[150][200],C[100][200];
int i,j,k;
    for(i=0;i<100;i++)
        for(j=0;j<200;j++)
            for(k=0;k<150;k++)
                C[i,j]+=A[i,k]*B[k,j];
```

假设矩阵 A 和 B 的初值已设置好，矩阵 C 初始为 0，各矩阵均以页为单位连续存放。又假定一个整数占一个字，代码以及变量 i、j 和 k 存放在其他页面里，并且存取变量 i、j 和 k 时不存在缺页问题。内存初始为空，在请求分页存储管理中，页面置换算法为 FIFO。

（1）进程分配 10 个页面，每个页面为 100 字，给矩阵 A、B 和 C 使用。问执行上面程序时，缺页次数是多少？当执行完程序时，留在内存的 10 个页面各属于哪些矩阵？

（2）当作业分配两个页面时，每个页面为 500 字，给矩阵 A、B 和 C 使用。问执行上述程序时，缺页次数是多少？当程序执行完毕时，留在内存的两个页面各属于哪些矩阵？

答案与解析

一、单项选择题

1. B

页面大小为 4 KB，即 2^{12} B，则页内偏移量为 12 位。逻辑地址 12293 转换为二进制数是 11000000000101，取低 12 位作为页内偏移量，剩余高位为页号，页号值为 3，查找页表得到对应块号是 8，与页内偏移量合并，得到物理地址 1000000000000101，转换为十进制数为 32773。

2. C

因 8 页 = 2^3 页，故逻辑页号占 3 位；每页有 1 024 B = 2^{10} B，故页内偏移量占 10 位，逻辑地址总共占 13 位。又因为页面大小和物理块大小是相同的，每个物理块也是 1 024 B，而内存至少有 32 个物理块，即内存大小至少是 32×1 024 B = 2^{15} B，物理地址至少占 15 位。

3. A

首次适应算法将空闲分区以地址递增的次序链接，内存分配时，从链首开始顺序查找，找到第一个大小满足要求的空闲区，这就可能使得高地址空间长期得不到分配，而成为大的空闲区。

4. C

重定位是指在作业装入时，对目标程序中指令和数据地址的修改过程。

5. B

动态重定位允许程序运行时在内存中移动位置，在程序执行过程中，每当访问到相应指令或数据时，才将要访问的程序或数据的相对地址转换为物理地址。

6. A

外层页表不能表示页面的物理位置，而只是在页表较多时为页表建立的一个页表。因为多了一层页表，也就额外需要一个寄存器来完成地址变换。

7. A

在分页存储管理系统中，通过在页表项中增加标志位字段实现内存保护。在 Intel 处理器中，标志位中有 R/W 位，该位为 0 表示该页为只读，为 1 时表示可读/写。在分段存储管理系统中，内存保护信息在段表项中的保护码字段中。

8. B

分页存储管理面向计算机，是为了提高计算机的内存利用率而提出的，对用户透明；分段存储管理则是从用户角度出发，可以很好地解决内存共享和保护等一系列问题。但是对于使用高级程序设计语言的用户而言，要求用户在程序中显式地进行内存共享和保护的工作，显然是不现实的，所以一般都由编译器在编译源程序时实现共享和保护。

9. B

在分页存储管理系统中，地址空间是一维的，程序员只需用一个符号表示地址。在分段存储管理系统中，段与段是独立的，且段长不固定，因此分段存储管理系统的地址空间是二维的，程序员在标识一个地址时，不仅要给出段名，还要给出段内位移。

10. C

页面换出时，若修改位为 1，则需写回外存。在改进 CLOCK 置换算法中，除了考虑页面使用情况外，还需考虑修改位，在选择页面换出时，优先考虑既未使用过又未修改过的页面。

11. D

外存起始地址指出该页在外存上的地址，即物理块号，供调入该页时参考。

12. C

页类型为零页时表示该页在分配物理块时应清零块空间；为写回 Swap 文件页时表示在回写时必须分配 Swap 空间，并回写到 Swap 空间中；没有设置页类型时，表示按正常方式处理。所以当一个进程被创建用来运行一个程序时，程序处理的数据所在的页面的页类型就决定了数据的读取方式：为零页时，数据不需要从文件系统中读取，直接清零所分配的块空间即可；为写回 Swap 文件页或没有设置页类型时，数据从文件系统中读取。

13. B

对换区的磁盘 I/O 速度比文件区更快，当已修改的页面换出时应将其调至对换区，以后需要时再从对换区调入。

14. D

页面尺寸增大，存放程序所需的物理块数就会减少，但缺页中断的次数还与置换算法和页面走向有关，因此选 D 项。

15. C

页面访问串的长度为 p，那么如果每次页面请求都发生缺页，缺页次数是 p，因此缺页次数的上限是 p。不同的页号数为 n，那么至少每个页号第一次出现时，内存中不会有该页号存在，所以首次访问每个页号时必然发生缺页，因此缺页次数的下限是 n。

16. D

利用 FIFO 算法的置换过程如下图所示，加下划线的是最早进入的页面，用于下次换出。

访问页面	1	2	3	4	1	2	5	1	2	3	4	5	6
物理块 1	**1**	**1**	**1**	4	4	**4**	5			5	**5**		6
物理块 2		2	2	**2**	1	1	**1**			3	3		**3**
物理块 3			3	3	**3**	2	2			**2**	4		4
缺页否	√	√	√	√	√	√	√			√	√		√

17. A

抖动（即缺页率过高）与置换算法和页面走向都有关，但其根本原因是多道系统内的进程数太多，从而分给每个进程的页面数太少。就本题而言，应选 A 项。

18. D

FIFO 算法有可能出现 Belady 异常。如果不出现 Belady 异常，则当物理块数增加时，缺页中断的次数会减少；但如果出现 Belady 异常，则当物理块数增加时，缺页中断的次数反而增加。

19. D

虚拟存储器的实际容量由逻辑地址位数及内外存容量之和综合决定，取两者中的小者。

二、综合应用题

1. （1）由图所示的逻辑地址结构可知，页或段的最大个数为 32。那么，如果图（a）是分段管理，段起始地址 12 加上偏移量 586，远超过了第 1 段的段起始地址 15，超过了第 4 段的段起始地址 20，所以图（a）是分页地址变换，而图（b）满足分段地址变换。对于分页管理，由逻辑地址的页内偏移量位数可知，一页的大小为 2 KB。

（2）对图（a）中的分页地址变换，其物理地址为 $12 \times 2048 + 586 = 25162$。

对图（b）中的分段地址变换，其物理地址为 $4000 + 586 = 4586$。

2. 在"按需调页"的环境中，页内地址是连续的，而页间地址一般不连续。当页面不在内存时，会引起缺页中断，比较耗时。所以较好地满足"局部性"的程序设计技术和数据结构适合于"按需调页"环境。

a. 适合。堆栈操作一般在当前页进行，当前页此前已驻留内存，只有当栈顶跨页面时，才会引起缺页中断。

b. 不适合。Hash 函数产生的索引是随机的，可能会频繁缺页。

c. 适合。顺序搜索一般在当前页进行，当前页此前已驻留内存，只有在跨页搜索时，才会引起缺页中断。

d. 不适合。二分搜索是跳跃式的，可能会频繁缺页。

e. 适合。纯代码一般有局部性，多数时候顺序执行。

f. 适合。一个矢量的各个分量均顺序执行，一般在同一页面内。

g. 不适合。间接寻址访问的页面没有规律，一般不在同一页面内。

3.（1）因为用户空间的总页面数为 32，所以页号需要 5 个二进制位；因为页面大小为 1 KB，所以页内位移量需要 10 个二进制位。因此，逻辑地址的有效位数是 15 位。

（2）内存大小是 16 KB，即总块数是 16，因此块号需要 4 个二进制位；页内偏移量需要 10 个二进制位。因此，物理地址至少需要 14 位。

（3）虚地址 0A5C 的二进制形式为 0000 1010 0101 1100，由于页面大小为 1 KB，因此页内偏移量占 10 位，将逻辑地址划分为页号和页内偏移量两部分：000010，1001011100，得到页号为 2，查找页表，确定所对应的块号为 4，转化为二进制即 000100，与页内偏移量拼接，得到物理地址为 0001001001011100，即 125C。用同样的方法，虚地址 093C 的物理地址为 113C。

4.（1）假定矩阵是按行存储的，且每页均从页面首地址开始存放，则 A、B、C 各矩阵的存储情况见下表。

矩阵	行数	列数	总字数	总页数	每行页数
A	100	150	15 000	150	1.5
B	150	200	30 000	300	2
C	100	200	20 000	200	2

假设程序的执行顺序为：读 A，读 B，计算 A×B，读 C，计算 C+A×B，写 C。则程序执行中对存储器的访问顺序为：读 A，读 B，读 C 和写 C。

由于每页可存放 100 个字，由上表可知，矩阵 A 占用 150 页，矩阵 B 占用 300 页，矩阵 C 占用 200 页。假设矩阵 A 占用的页面为 1～150，矩阵 B 占用的页面为 151～450，矩阵 C 占用的页面为 451～650，其存储结构示意如下图所示。

矩阵A　　　　　　　　矩阵B　　　　　　　　矩阵C

程序对矩阵 A 和 C 的访问是按行访问，即矩阵 A 和 C 的存放顺序与访问顺序相同。程序对矩阵 B 的访问是按列访问，即矩阵 B 的存放顺序与访问顺序不一致。访问顺序是访问某列的第 1 个元素后再访问该列的第 2 个元素、第 3 个元素……并且由于矩阵 B 每行必须用两页存储，故一列第 1 个元素与第 2 个元素存储在不同的页中，即按列顺序访问时，每次对矩阵 B 的访问实际上都要访问与前一次不同的页。

程序中三重 for 循环执行的次数为 100×200×150＝3 000 000，每次需要依次访问矩阵 A、B 和 C。只要不跨页，每次访问矩阵 A 和 C 时无须调入新页，但每次访问矩阵 B 的元素时都要调入新页。由于系统只有 10 个页面，所以每次访问矩阵 B 时，被访问元素所在的页面都不在内存中。

采用 FIFO 算法，当循环次数为（$n×9$）+1 或（$n×100$）+1 时，读 A、读 B 与读/写 C 都会出现缺页，而其他情况只有在读 B 时会出现缺页。当循环次数为（$n×9$）+1 时的情况是，由于矩阵 B 所用的页面占用了内存所有 10 个页面而造成的缺页，而当循环次数为（$n×100$）+1 时的情况是需要读 A 或 C 的新一页数据造成的缺页。根据这个规律可以得出缺页的次数为

$$(100 \times 200 \times 150) + (333\ 333 + 29\ 999 - 3\ 333) \times 2 = 3\ 719\ 998$$

最后留在内存中的 10 个页面，1 个属于矩阵 A，8 个属于矩阵 B，1 个属于矩阵 C。

（2）如果每个页面为 500 字，则矩阵 A 占用 30 页，矩阵 B 占用 60 页，矩阵 C 占用 40 页，由于内存中仅两个页面，故每次访问都将出现缺页，即缺页次数为

$$3\ 000\ 000 \times 3 = 9\ 000\ 000$$

第4章 文件管理

【真题分布】

主要考点	考查次数	
	单项选择题	综合应用题
文件元数据和索引结点	1	0
文件的操作	9	0
文件的逻辑结构和物理结构	7	6
文件共享和保护	1	0
目录结构	2	4
外存空闲空间管理	2	0

【复习要点】

（1）文件元数据和索引结点，与文件操作相关的系统调用的实现原理。

（2）文件的逻辑结构和物理结构，文件占用磁盘空间、访问磁盘次数的计算。

（3）文件目录结构，文件的共享。

（4）文件系统在磁盘和内存中的结构，外存空闲空间管理。

4.1 文件系统基础

4.1.1 文件的基本概念

文件（file）是以磁盘为载体的存储在计算机上的信息集合，文件可以是文本文档、图片、程序等。在系统运行时，计算机以进程为基本单位进行资源的调度和分配；而在用户进行的输入、输出中，则以文件为基本单位。大多数应用程序的输入都是通过文件来实现的，其输出也都保存在文件中，以便信息的长期存储及将来的访问。当用户将文件用于程序的输入、输出时，还希望可以访问、修改和保存文件等，实现对文件的维护管理，这就需要系统提供一个文件管理系统，操作系统中的**文件系统**（file system）就是用于实现用户的这些管理需求的。

基于文件系统的概念，可以把数据组成分为**数据项**、**记录**和**文件**三级。记录是一组相关数据项的集合，文件由一系列记录组成。数据项是最小的数据单位，文件是最大的数据单位。

文件可以长期存储于磁盘中，允许可控制的进程间共享访问；它具有文件名、文件类型、创建时间、长度、创建者用户名、存取权限等属性；还提供创建、打开、读/写、关闭、删除等操作。所有这些组成了文件这一抽象概念的具体定义，并对后面将介绍的文件系统提出了相应的要求。

4.1.2 文件控制块和索引结点

与进程管理一样，为便于文件管理，在操作系统中引入了**文件控制块**（FCB）的数据结构。

1. 文件的属性

除了文件数据，操作系统还会保存与文件相关的信息，如所有者、创建时间等，这些附加信息称为

文件属性，或**文件元数据**。文件属性在不同系统中差别很大，但通常都包括如下几项：

- 名称：文件名称唯一，以容易读取的形式保存。
- 类型：被支持不同类型的文件系统所使用。
- 创建者：文件创建者的 ID。
- 所有者：文件当前所有者的 ID。
- 位置：指向设备和设备上文件的指针。
- 大小：文件当前大小（用字节、字或块表示），也可包含文件允许的最大值。
- 保护：对文件进行保护的访问控制信息。
- 创建时间、最后一次修改时间和最后一次存取时间：用于保护和跟踪文件的使用。

操作系统通过文件控制块来维护文件元数据。

2. 文件控制块

文件控制块是用来存放控制文件需要的各种信息的数据结构，以实现"按名存取"。FCB 的有序集合称为**文件目录**，一个 FCB 就是一个文件目录项。图 3-4-1 是一个典型的 FCB。为了创建一个新文件，系统将分配一个 FCB 并存放在文件目录中，成为目录项。

FCB 主要包含以下信息：

- 基本信息：如文件名、文件的物理位置、文件的逻辑结构、文件的物理结构等。
- 存取控制信息：包括文件所有者、核准用户以及一般用户的存取权限。
- 使用信息：如文件建立时间、上次修改时间等。

对于不同的文件系统，其 FCB 包含的信息可能不同。

一个文件目录也被看作一个文件，称为目录文件。

文件名
文件权限（创建，访问，写）
文件所有者，组
文件大小
文件数据块

图 3-4-1　一个典型的 FCB

文件名	索引结点编号
文件名1	
文件名2	
...	

图 3-4-2　UNIX 系统的文件目录结构

3. 索引结点（inode）

文件目录通常存放在磁盘上，当文件很多时，文件目录会占用大量的盘块。在查找目录的过程中，需要将目录调入内存后再比较文件名，但在检索过程中只用到了文件名，而不需要文件的其他描述信息，所以把文件名与文件信息分开。如图 3-4-2 所示为 UNIX 系统的文件目录结构，文件描述信息单独形成**索引结点**（也称 i 结点）。文件目录中的每个目录项由文件名和指向该文件所对应的 i 结点的指针构成。

（1）磁盘索引结点

磁盘索引结点是指存放在磁盘上的索引结点。每个文件有一个唯一的磁盘索引结点，主要包括以下内容：

- 文件主标识符：拥有该文件的个人或小组的标识符。
- 文件类型：包括普通文件、目录文件或特殊文件。
- 文件存取权限：各类用户对该文件的存取权限。
- 文件物理地址：每个索引结点中含有 13 个地址项，以给出文件所在的盘块号。
- 文件长度：指以字节为单位的文件长度。
- 文件链接计数：在本文件系统中所有指向该文件文件名的指针计数。
- 文件存取时间：本文件最近被存取和修改的时间，索引结点最近被修改的时间。

（2）内存索引结点

内存索引结点是指存放在内存中的索引结点。当文件被打开时，要将磁盘索引结点复制到内存的索引结点中，便于以后使用。在内存索引结点中增加了以下内容：

- 索引结点编号：用于标识内存索引结点。
- 状态：指示 i 结点是否上锁或被修改。
- 访问计数：每当有一个进程要访问此 i 结点时，计数加 1；访问结束减 1。
- 逻辑设备号：文件所属文件系统的逻辑设备号。
- 链接指针：分别指向空闲链表和散列队列的指针。

FCB 或索引结点相当于图书馆中图书的索书号，我们可以在图书馆网站上找到图书的索书号，然后根据索书号找到想要的图本。

4.1.3 文件的操作

1. 文件的基本操作

文件属于抽象数据类型。为了正确地定义文件，需要考虑可以对文件执行的操作。操作系统提供系统调用，对文件进行创建、写、读、重定位、删除和截断等操作。

- 创建文件。创建文件有两个必要步骤：一是为新文件分配必要的外存空间；二是在目录中为之创建一个目录项，目录项记录了新文件名、在外存的地址及其他可能的信息。
- 写文件。为了写文件，需执行一个系统调用。对于给定的文件名，搜索目录以查找文件位置。系统必须为该文件维护一个写位置的指针。每当发生写操作时，便更新写指针。
- 读文件。为了读文件，需执行一个系统调用。同样需要搜索目录以找到相关目录项，系统维护一个读位置的指针。每当发生读操作时，更新读指针。
- 重定位文件。搜索目录找到适当条目，并将当前文件位置指针重新定位到给定值。
- 删除文件。先从目录中检索指定文件名，释放文件所占存储空间，并删除目录条目。
- 截断文件。允许文件所有属性不变，并删除文件内容，将其长度置为 0 并释放其空间。

这 6 个基本操作可以组合起来形成其他文件操作。

2. 文件的打开与关闭

当用户对一个文件实施操作时，每次都要从检索目录开始。操作系统维护一个包含所有打开文件信息的表（打开文件表）。所谓"**打开**"，是指通过系统调用 open( ) 根据文件名搜索目录，将指定文件的属性（包括该文件在外存上的物理位置）从外存复制到内存打开文件表的一个表目中，并将该表目的编号（也称索引号）返回给用户。当用户再次向系统发出文件操作请求时，可通过该索引号在打开文件表中查到文件信息，从而节省了再次搜索目录的开销。当文件不再使用时，可通过系统调用 close( ) 关闭它，操作系统将会从打开文件表中删除这一条目。

在多个不同进程可以同时打开文件的操作系统中，通常采用两级表：系统的打开文件表和进程的打开文件表。**系统的打开文件表**包含 FCB 的副本及其他信息。**进程的打开文件表**根据其打开的所有文件，包含指向系统打开文件表中适当条目的指针。一旦有进程打开了一个文件，系统打开文件表就包含该文件的条目。当另一个进程执行系统调用 open( ) 时，只不过是在其打开文件表中增加一个条目，并指向系统打开文件表的相应条目。通常，系统打开文件表为每个文件关联一个打开计数器（open count），以记录多少个进程打开了该文件。每个关闭操作使打开计数器递减，当打开计数器为 0 时，表示该文件不再被使用，可从系统打开文件表中删除相应条目。图 3-4-3 展示了这种结构。

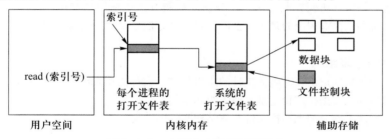

图 3-4-3 内存中文件的系统结构

文件名不必是打开文件表的一部分，因为一旦完成对 FCB 在磁盘上的定位，系统就不再使用文件名。对于访问打开文件表的索引号，UNIX 称之为**文件描述符**，而 Windows 称之为**文件句柄**。因此，只要文件未被关闭，所有文件操作就通过打开文件表来进行。

每个打开文件表都具有如下关联信息：

- 文件指针：系统跟踪上次的读/写位置作为当前文件位置的指针。
- 文件打开计数：计数器跟踪当前文件打开和关闭的次数。
- 文件磁盘位置：方便系统读取，而不必每个操作都从磁盘上读取该信息。
- 访问权限：为每个进程打开文件设置的一个访问模式（创建、只读、读写、添加等）。

4.1.4 文件保护

为了防止可能出现的文件共享导致文件被破坏或未经核准的用户修改文件等情况发生，文件系统必须控制用户对文件的存取，即解决用户对文件的读、写、执行的许可问题。为此，在文件系统中必须建立相应的文件保护机制。文件保护通过访问类型、访问控制等方式实现。

1. 访问类型

对文件的保护可从限制文件的访问类型出发，可加以控制的访问类型主要有以下几种：

- 读：从文件中读。
- 写：向文件中写。
- 执行：将文件装入内存并执行。
- 添加：将新信息添加到文件结尾部分。
- 删除：删除文件，释放空间。
- 列表清单：列出文件名和文件属性。

此外，还可以对文件的重命名、复制、编辑等访问类型加以控制。这些高层的功能可以通过系统程序调用低层系统调用来实现，保护可以只在低层提供。例如，复制文件可利用一系列的读请求来完成，这样，具有读访问权限的用户同时也就具有了复制权限。

2. 访问控制

访问控制中最常用的是根据用户身份进行控制，而基于身份访问文件的最为普遍的方法是，为每个文件和目录增加一个**访问控制列表**（Access-Control List，ACL），以规定每个用户名及其被允许的访问类型。这种方法的优点是可以使用复杂的访问类型，缺点是访问控制列表的长度无法预计并且可能导致复杂的空间管理，使用精简的访问列表可以解决这个问题。

精简的访问列表中包括拥有者、组和其他这 3 种用户类型。

- 拥有者：或称文件主，是创建文件的用户。
- 组：一组需要共享文件且具有类似访问权限的用户。
- 其他：系统内的所有其他用户。

因此，只需用 3 个域即可列出访问表中这 3 类用户的访问权限。文件主在创建文件时，说明创建者用户名及所在的用户组的组名，系统在创建文件时也将文件主的用户名、所属组名列在该文件的 FCB 中。用户访问该文件时，若用户和文件主在同一个用户组，则按照同组权限访问，否则只能按其他用户权限访问。

口令和密码是另外两种访问控制方法。口令访问控制方法是指用户在建立一个文件时提供一个口令，用户请求访问时必须提供相应的口令。密码访问控制方法是指用户对文件进行加密，文件被访问时需要使用密钥解密。

4.1.5 文件的逻辑结构

文件的逻辑结构是从用户出发看到的文件的组织形式。文件的逻辑结构与存储介质特性无关，其实际上是指在文件的内部，数据在逻辑上是如何组织起来的。

按逻辑结构，文件可划分为无结构文件和有结构文件两大类。

1. 无结构文件（流式文件）

无结构文件又称流式文件，是将数据按顺序组织成记录并积累保存起来的，是相关有序信息项的集合，以字节为单位。对记录的访问只能通过穷举搜索的方式，故这种文件形式对大多数应用不适用。一般只在对数据处理前采集存储，或在数据难以组织时，才会用到流式文件。

2. 有结构文件

（1）顺序文件

顺序文件是由一系列记录按某种顺序排列所形成的文件，记录是定长的。顺序文件有以下两种结构：① 串结构，记录之间的顺序与关键字无关，通常按存入时间的先后排列，检索时必须从头开始依次顺序查找。② 顺序结构，指文件中的所有记录按关键字顺序排列，可采用折半查找法。

在对记录进行批量操作，即每次要读或写一大批记录时，顺序文件的效率是所有逻辑文件中最高的。此外，对于顺序存储设备（如磁带），也只有顺序文件才能被存储并能有效地工作。在经常需要查找、修改、增加或删除单个记录的场合，顺序文件的性能比较差。

（2）索引文件

定长记录可以很方便地实现直接存取。但当记录可变长时，可以为之建立一张索引表，为主文件的每个记录在索引表中分别设置一个表项，包含指向变长记录的指针和记录长度，索引表按关键字排序，因此其本身是一个定长记录的顺序文件。这样就把对变长记录顺序文件的检索转变为对定长记录索引文件的随机检索，从而加快了记录的检索速度。

（3）索引顺序文件

索引顺序文件是上述两种方式的结合，最简单的索引顺序文件只使用了一级索引。将顺序文件中的所有记录分为若干组，并建立一张索引表，在索引表中为每组中的第一条记录建立一个索引项，其中含有该记录的关键字值和指向该记录的指针。这种方式就是数据结构中的分块查找。

（4）直接文件或散列文件

直接文件或散列文件由给定记录的键值或通过哈希函数转换的键值来决定记录的物理地址。这种映射结构不同于顺序文件或索引文件，没有顺序的特性。散列文件有很高的存取速度，但是会引起冲突。

复习了数据结构的读者读到这里时，会有这样的感觉：有结构文件逻辑上的组织，是为在文件中查找数据服务的（顺序查找、索引查找、索引顺序查找、哈希查找）。

4.1.6 文件的物理结构

文件的物理结构是指文件数据在物理存储设备上的分布和组织形式。对同一个问题有两个方面的回答：一方面是文件的分配方式，讲的是对磁盘非空闲块的管理；另一方面是文件存储空间管理，讲的是对磁盘空闲块的管理。文件分配对应于文件的物理结构，是指如何为文件分配磁盘块。常用的磁盘空间分配方法有 3 种：连续分配、链接分配和索引分配。对于本节的内容，读者要注意与文件的逻辑结构区分，从笔者历年的经验来看，这是很多读者容易混淆的地方（读者复习完数据结构后，可以将其与线性表、顺序表和链表进行比较）。

1. 连续分配

连续分配要求为每个文件分配一组连续的盘块。该方式把逻辑文件中的记录顺序地存储在相邻的物理块中，这样形成的文件称为顺序文件。

连续分配支持直接访问，实现简单、存取速度快。缺点是：① 文件长度不宜动态增加。② 为保持文件的有序性，删除和插入记录时需移动大量记录。③ 反复增删文件后会产生外部碎片。

2. 链接分配

通过每个盘块上的链接指针，将同属于一个文件的多个离散的盘块链接成一个链表，这样形成的文件称为链接文件。优点：① 链接分配采取离散分配的方式，因此消除了外部碎片；② 无须事先知道文件的大小，便于文件动态增长；③ 对文件的增、删、改也十分方便。

链接分配又可分为隐式链接分配和显式链接分配两种。

（1）隐式链接分配

在隐式链接分配中，用于链接物理块的指针隐式地放在每个物理块中。每个目录项中含有指向链接文件的第一个盘块和最后一个盘块的指针，每个盘块中都包含指向下一盘块的指针。

主要问题：只适合于顺序访问，随机访问效率极低，可靠性差。

解决方案：将几个盘块组成**簇**（cluster），并按簇而不是按块来分配，则可以成倍地减少查找时间。比如一个簇为 4 块，这样，指针所占的磁盘空间比例也要小得多。这种方法的代价是增加了内部碎片。簇可以改善许多算法的磁盘访问时间，因此应用于大多数操作系统。

（2）显式链接分配

显式链接分配把用于链接文件各物理块的指针显式地存放在内存的一张链接表中。该表在整个磁盘中仅设置一张，称为**文件分配表**（FAT）。每个表项中存放链接指针，即下一个盘块号。文件的第一个盘块号记录在目录项"物理地址"字段中，后续的盘块可通过查 FAT 找到。例如，某磁盘共有 100 个磁盘块，存放了 2 个文件：文件"aaa"占 3 个盘块，依次是 2→8→5；文件"bbb"占 2 个盘块，依次是 7→1，其余盘块都是空闲盘块，则该磁盘的 FAT 表如图 3-4-4 所示。

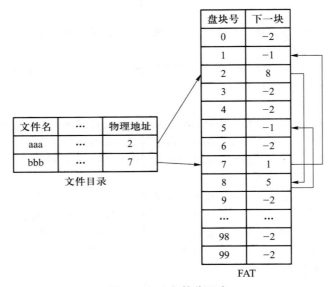

图 3-4-4　文件分配表

FAT 不仅记录了文件各块之间的链接关系，还标记了空闲的磁盘块（用-2 表示），操作系统可通过 FAT 对文件存储空间进行管理。FAT 在系统启动时就会被读入内存，因此查找记录的过程是在内存中进行的，这种方式不仅显著地提高了检索速度，还大大减少了访问磁盘的次数，缺点是 FAT 需要占用较大的内存空间。

3. 索引分配

索引分配为每个文件建立一张索引表，记录分配给该文件的所有盘块号。索引分配方式决定了文件的物理结构是索引文件结构，该文件称为索引文件。索引分配有以下 3 种形式：

单级索引分配：索引表中直接记录分配给文件的物理块的地址。一个索引块通常为一个磁盘块。访问文件需两次访问外存，先读取索引块的内容，然后访问具体的磁盘块。

多级索引分配：对单级索引中的索引块再建立索引表称为两级索引，继续建立就称为多级索引。多级索引就是索引表中存放的不是文件的物理块地址，而是下一级索引块的地址。

混合索引分配：是指将直接地址和多种索引分配方式相结合的方式。例如，既采用直接地址，又采用单级索引分配或两级索引分配。该内容为高频考点，下面专门介绍。

为了能较全面地照顾到小、中、大及特大型文件，可采用混合索引分配方式。对于小文件，为了提高对众多小文件的访问速度，最好能将它们的每个盘块地址都直接放入 FCB 中，这样就可以直接从 FCB 中获得该文件的盘块地址，即为直接寻址。对于中型文件，可以采用单级索引，需先从 FCB 中找到该文件的索引表，从中获得该文件的盘块地址。对于大型或特大型文件，可以采用两级和三级索引分配。UNIX 系统就是采用的这种分配方式，如图 3-4-5 所示。

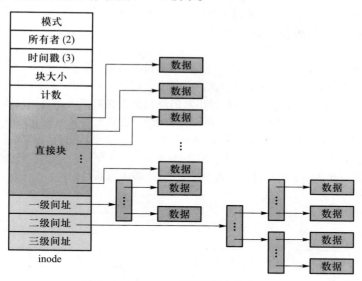

图 3-4-5　UNIX 系统的混合索引分配

直接地址。图 3-4-5 中的直接块存放直接地址，即文件数据的盘块号，每个盘块的大小为 4 KB，假设直接块占 10 项，当文件不大于 40 KB 时，便可直接从索引结点中读出该文件的全部盘块号。

一级间址。图 3-4-5 中的一级间址就是为了实现单级索引分配，系统将分配给文件的多个盘块号记录在索引块中。若一个索引块可存放 1 024 个盘块号，则支持存放 4 MB 数据。

多级间址。当文件长度大于 4 MB+40 KB（一个一级间接地址与 10 个直接地址项）时，系统还需采用二级间址分配（支持4GB），甚至三级间址分配（支持 4 TB）。

4.2　目录

4.2.1　目录的基本概念

上节已介绍过，FCB 的有序集合称为**文件目录**，一个 FCB 就是一个文件目录项。与文件管理系统和文件集合相关联的是文件目录，其包含文件的属性、位置和所有权等。

目录管理的基本要求：从用户的角度看，目录在用户（应用程序）所需要的文件名和文件之间提供一种映射，所以目录管理要满足"按名存取"的要求；目录存取的效率直接影响系统的性能，所以要提高对目录的检索速度；在多用户系统中，应允许多个用户共享一个文件，因此目录还需要提供用于控制访问文件的信息。此外，应允许不同用户对不同文件采用相同的名字，以便用户按自己的习惯给文件命名，目录管理通过树形结构来解决和实现。

4.2.2　目录结构

1. 单级目录结构

整个文件系统只建立一张目录表，每个文件占一个目录项。当访问一个文件时，先按文件名在该目录中查找到相应的 FCB。当建立一个新文件时，须先检索所有目录项，以确保没有"重名"的情况，然后在该目录中增设一项，把新文件的属性信息填入该项中。

单级目录结构满足了"按名存取"的要求，但是存在查找速度慢、不允许文件重名、不便于文件共享等缺点，而且对于多用户操作系统显然是不适用的。

2. 两级目录结构

为了克服单级目录所存在的缺点，可以采用两级目标结构，将文件目录分成主文件目录和用户文件目录两级。主文件目录项记录用户名及相应用户文件目录所在的存储位置；用户文件目录项记录该用户文件的 FCB。当对某用户文件进行访问时，只需搜索该用户对应的文件目录，这既解决了不同用户文件的"重名"问题，也在一定程度上保证了文件的安全。

两级目录结构提高了检索的速度，解决了多用户之间的文件重名问题，文件系统可以在目录上实现访问限制。但是两级目录结构缺乏灵活性，不能对文件分类。

3. 多级目录结构（树形目录结构）

将两级目录结构的层次关系加以推广，就形成了多级目录结构，如图 3-4-6 所示。

用户要访问某个文件时使用文件路径名，文件路径名是由从根目录到所找文件通路上的所有目录名与文件名以分隔符"/"链接而成的，从根目录出发的路径称为**绝对路径**。当层次较多时，每次从根目录查询会浪费时间，于是引入了**当前目录**（又称**工作目录**），进程对各文件的访问都是相对于当前目录进行的。用户要访问某个文件时也可以使用**相对路径**，相对路径是由从当前目录到所找文件通路上的所有目录名与文件名以分隔符"/"链接而成的。图 3-4-6 中，"/dev/hda"是一个绝对路径；若当前目录为"/bin"，则"./ls"就是一个相对路径，其中符号"."表示当前目录。

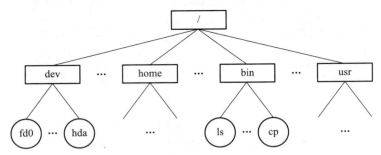

图 3-4-6　树形目录结构

通常，每个用户都有各自的"当前目录"，登录后自动进入该用户的"当前目录"。操作系统提供一条专门的系统调用，供用户随时改变"当前目录"。例如，在 UNIX 系统中，"/etc/passwd"文件就包含用户登录时默认的"当前目录"，可用 cd 命令改变"当前目录"。

树形目录结构可以很方便地对文件进行分类，层次结构清晰。但在树形目录中查找一个文件需要按路径名逐级访问中间结点，增加了磁盘访问次数，这无疑会影响查询速度。

4.2.3　目录的操作

在理解一个文件系统的需求前，我们首先考虑在目录这个层次上所需要执行的操作，这有助于对后续文件系统的整体理解。

- 搜索。当用户使用一个文件时，需要搜索目录，以找到该文件的对应目录项。
- 创建文件。当创建一个新文件时，需要在目录中增加一个目录项。
- 删除文件。当删除一个文件时，需要在目录中删除相应的目录项。
- 创建目录。在树形目录结构中，用户可创建自己的用户文件目录，并可再创建子目录。
- 删除目录。有两种方式：① 不删除非空目录，删除时须先删除目录中的所有文件，以及递归地删除子目录。② 可删除非空目录，目录中的文件和子目录也同时被删除。
- 移动目录。将文件或子目录在不同的父目录之间移动，文件的路径名也将随之改变。
- 显示目录。请求显示目录的内容，如显示该用户目录中的所有文件及属性。
- 修改目录。某些文件属性保存在目录中，因此在这些属性变化时需改变相应的目录项。

4.2.4　文件共享

文件共享功能使多个用户共享同一个文件，系统中只需保留该文件的一个副本。若系统不能提供共享功能，则每个需要该文件的用户都要有各自的副本，会造成存储空间的极大浪费。

常用的两种文件共享方法如下：

1. 基于索引结点的共享方式（硬链接）

在树形结构目录中，当有两个或多个用户要共享一个子目录或文件时，必须将共享文件或子目录链接到两个或多个用户的目录中，才能方便地找到该文件。

在这种共享方式中，诸如文件的物理地址和其他文件属性等信息，不再放在目录项中，而放在索引结点中。在文件目录中只设置文件名及指向相应索引结点的指针。在索引结点中还应有一个链接计数 count，用于表示链接到本索引结点（即文件）上的用户目录项的数目。

当用户 A 创建一个新文件时，用户 A 便是该文件的拥有者，此时将 count 置为 1。用户 B 要共享此文件时，在用户 B 的目录中增加一个目录项，并设置一个指针指向该文件的索引结点。此时，文件主仍然是 A，count＝2。如果用户 A 不再需要此文件，能否直接将其删除呢？答案是否定的。因为若删除了该文件，也必然删除了该文件的索引结点，这样便会使用户 B 的指针悬空，而用户 B 可能正在此文件上执行写操作，将因此半途而废。所以用户 A 不能删除此文件，只能将该文件的 count 减 1，然后删除自己目录中的相应目录项。用户 B 仍可以使用该文件。当 count＝0 时，表示没有用户使用该文件，才可删除该文件。如图 3-4-7 给出了基于索引结点的共享方式。

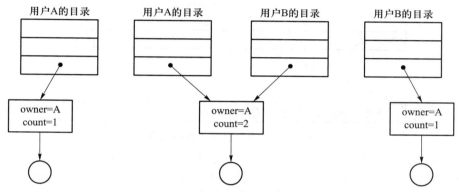

图 3-4-7　基于索引结点的共享方式

2. 利用符号链实现文件共享（软链接）

为使用户 B 能共享用户 A 的一个文件 F，可以由系统创建一个 LINK 类型的新文件，也取名为 F，并将 F 写入用户 B 的目录中，以实现用户 B 的目录与 F 的链接。在新文件中只包含被链接文件 F 的路径名，从而实现了用户 B 对文件 F 的共享。这样的链接方法称为**符号链**。

在利用符号链方式实现文件共享时，只有文件主才拥有指向其索引结点的指针。而共享该文件的其他用户只有该文件的路径名。这样，也就不会发生在文件主删除一个共享文件后留下一个悬空指针的情况。当文件主把一个共享文件删除后，若其他用户又试图通过符号链去访问这个共享文件时，则会访问失败，于是将符号链删除，此时不会产生任何影响。每次访问共享文件时，都可能要多次访问磁盘，使得访问文件的开销甚大。此外，符号链的索引结点也要耗费一定的磁盘空间。

可以说，文件共享，"软""硬"兼施。硬链接就是多个指针指向一个索引结点，保证只要还有一个指针指向索引结点，索引结点就不能被删除；软链接就是把到达共享文件的路径记录下来，当要访问共享文件时，根据路径寻找文件。可见，硬链接的查找速度要比软链接的快。

4.3　文件系统

4.3.1　文件系统结构

文件系统（file system）提供高效和便捷的磁盘访问，以便用户存储、定位、提取数据。文件系统有两个不同的设计问题：第一个是定义文件系统的用户接口，涉及定义文件及其属性、所允许的文件操作、如何组织文件的目录结构。第二个是创建算法和数据结构，以便将逻辑文件系统映射到物理外存设备。图 3-4-8 是一个合理的文件系统层次结构。

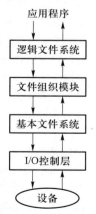

图 3-4-8　文件系统层次结构

● I/O 控制层：包括设备驱动程序和中断处理程序，以在内存和磁盘之间传输信息。
- 基本文件系统：向适当设备驱动程序发送通用命令，以读/写磁盘物理块。
- 文件组织模块：组织文件及其逻辑块和物理块。
- 逻辑文件系统：用于管理元数据信息，也负责文件的保护。

4.3.2 文件系统布局

1. 文件系统在磁盘中的结构

文件系统存放在磁盘上，多数磁盘被划分为一个或多个分区，每个分区中有一个独立的文件系统。文件系统可能包括如下信息：如何启动操作系统，总的块数，空闲块的数量和位置，目录结构以及各个具体文件等。如图 3-4-9 所示为一个可能的文件系统布局。

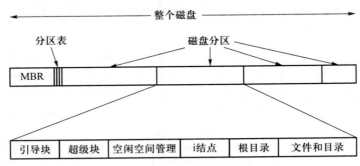

图 3-4-9　一个可能的文件系统布局

主引导记录（MBR）：位于磁盘的 0 号扇区，用来引导计算机启动，MBR 后面是分区表，该表给出了每个分区的起始地址和结束地址。表中的一个分区被标记为活动分区，当计算机启动时，BIOS 读入并执行 MBR。MBR 做的第一件事是确定活动分区，读入其第一块，即引导块。

引导块（boot block）：MBR 执行引导块中的程序后，该程序将负责启动该分区中的操作系统。为统一起见，每个分区都从一个引导块开始。即使该分区中并未含有一个可启动的操作系统，也不排除以后会在此分区安装一个操作系统。Windows 系统称引导块为分区引导扇区。除了从引导块开始之外，磁盘分区的布局随着文件系统的不同而变化，但一般包含图 3-4-9 中所列的一些项目。

超级块（super block）：包含文件系统的所有关键信息。在计算机启动时，或者在该文件系统首次使用时，超级块会被读入内存。超级块中的典型信息包括分区的块的数量、块的大小、空闲块的数量和指针、空闲的 FCB 数量和 FCB 指针等。

空闲空间管理是指文件系统中空闲块的信息，可以用位示图或指针链接的形式给出。其后也许跟的是一组 i 结点，与文件一一对应，i 结点说明了文件的方方面面的信息。接着可能是根目录，存放文件系统目录树的根部。最后，磁盘的其他部分存放了其他所有的文件和目录。

2. 文件系统在内存中的结构

内存中的信息用于管理文件系统并通过缓存来提高性能。这些数据在安装文件系统时被加载，在文件系统操作期间被更新，在卸载时被丢弃。这些结构的类型可能包括：

（1）内存中的安装表（mount table）：包含每个已安装文件系统分区的有关信息。

（2）内存中目录结构的缓存：含有最近访问目录的信息。安装分区的目录可以包含一个指向分区表的指针。

（3）整个系统的打开文件表：包括每个打开文件的 FCB 副本及其他信息。

（4）每个进程的打开文件表：包括一个指向整个系统的打开文件表中的适当条目的指针。

为了创建新的文件，应用程序调用逻辑文件系统为文件分配一个新的 FCB。然后，系统将相应的目录读到内存，使用新的文件名和 FCB 进行更新，并将其写回磁盘。

文件一旦被创建，就能用于 I/O。不过，在这之前要打开文件。系统调用 open( ) 将文件名传递给逻辑文件系统，搜索整个系统的打开文件表，以确定这个文件是否已被其他进程所使用。如果是，则在单个进程的打开文件表中创建一个条目，并让其指向现有整个系统的打开文件表的相应条目。该方法在文件已打开时能节省大量开销。如果这个文件尚未打开，则根据给定文件名来搜索目录结构。部分目录通常缓存在内存中，以加快目录操作。找到文件后，其 FCB 会被复制到整个系统的打开文件表中。该表不但存储 FCB，而且记录打开该文件的进程数量。在单个进程的打开文件表中会创建一个条目，并通过指针与整个系统打开文件表的条目相连。调用 open( ) 返回的是一个指向单个进程的打开文件表中适当条目的指针。

当进程关闭一个文件时，就会删除单个进程打开文件表中的相应条目，整个系统的打开文件表的文件打开数量也会递减。当所有打开某个文件的用户都关闭了该文件时，任何更新的元数据都会被复制到磁盘的目录结构中，整个系统的打开文件表的对应条目也会被删除。

4.3.3 外存空闲空间管理

一个存储设备可以整体用于文件系统，也可以细分。例如，一个磁盘可以划分为 4 个分区，每个分区都可以有单独的文件系统。包含文件系统的分区通常称为**卷**（volume）。卷可以是磁盘的一部分，也可以是整个磁盘，还可以是多个磁盘组成的廉价磁盘冗余阵列 RAID。逻辑卷与物理盘的关系如图 3-4-10 所示。

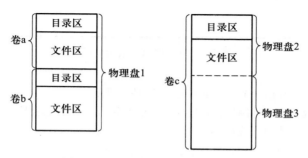

图 3-4-10　逻辑卷与物理盘的关系

在一个卷中，存放文件数据的空间（文件区）和 FCB 的空间（目录区）是分离的。由于存在很多种类的文件表示和存放格式，所以现代操作系统中一般都有很多不同的文件管理模块，通过这些文件管理模块可以访问不同格式的卷中的文件。卷在提供文件服务前，必须由对应的文件程序进行初始化，划分好目录区和文件区，建立空闲空间管理表格及存放卷信息的超级块。

文件存储设备分成许多大小相同的物理块，并以块为单位交换信息，因此，文件存储设备的管理实质上是对空闲块的组织和管理，包括空闲块的组织、分配与回收等问题。

1. 空闲表法

空闲表法属于连续分配方式，其与内存的动态分配方式类似，为每个文件分配一块连续的存储空间。系统先为外存的所有空闲区建立一张空闲表，每个空闲区对应于一个空闲表项，其中包括该空闲区的起始盘块号和盘块数。再将所有空闲区按其起始盘块号递增的次序排列。

空闲盘区的分配与内存的动态分配类似，同样采用首次适应算法和最佳适应算法等。系统在对用户所释放的存储空间进行回收时，也采取类似于内存回收的方法，即要考虑回收区是否与空闲表中插入点的前区和后区相邻接，对相邻接者应予以合并。

2. 空闲链表法

空闲链表法是将所有空闲盘区拉成一条空闲链。根据构成链所用基本元素的不同，分为以下 2 种形式：

空闲盘块链：将磁盘上的所有空闲空间以盘块为单位连成一条链。当用户因创建文件而请求分配存储空间时，系统从链首开始，依次摘下适当数目的空闲盘块分配给用户。当用户因删除文件而释放存储空间时，系统将回收的盘块依次插入空闲盘块链的末尾。这种方法的优点是分配和回收一个盘块的过程非常简单，但在为一个文件分配盘块时可能要重复操作多次，效率较低。而且，该方法以盘块为单位，空闲盘块链会很长。

空闲盘区链：将磁盘上的所有空闲盘区（每个盘区可包含若干个盘块）连成一条链。每个盘区除含有用于指示下一个空闲盘区的指针外，还应有能指明本盘区大小的信息。分配盘区的方法与内存的动态分配类似，通常采用首次适应算法。在回收盘区时，同样也要将回收区与相邻接的空闲盘区合并。这种方法的优缺点刚好与空闲盘块链相反，即分配与回收的过程比较复杂，但效率通常较高，且空闲盘区链较短。

空闲表法和空闲链表法都不适用于大型文件系统，因为大型文件系统会使空闲表或空闲链表太大。

3. 位示图法

位示图利用二进制的一位来表示磁盘中一个盘块的使用情况，磁盘上所有的盘块都有一个二进制位与之对应。当其值为"0"时，表示对应的盘块空闲；为"1"时，表示已分配。这样，一个 $m×n$ 位组成的位示图就可用来表示 $m×n$ 个盘块的使用情况，如图 3-4-11 所示为一个位示图法示意图。

	1	2	3	4	5	6	7	8	9	10	11	12	13	14	15	16
1	1	1	0	0	0	1	1	1	0	0	1	0	0	1	1	0
2	0	0	0	1	1	1	1	1	1	0	0	0	0	1	1	1
3	1	1	1	0	0	0	1	1	1	1	1	1	0	0	0	0
4																
⋮																
16																

图 3-4-11　位示图法示意图

<u>盘块的分配</u>：

（1）顺序扫描位示图，找出一个或一组值为"0"的二进制位。

（2）将找到的一个或一组二进制位，转换成对应的盘块号。对于位示图的第 i 行、第 j 列，则其相应的盘块号 $b=n(i-1)+j$（n 为每行位数）。

（3）修改位示图，令 $\text{map}[i,j]=1$。

<u>盘块的回收</u>：

（1）将回收盘块的盘块号转换成位示图中的行号和列号。转换公式为：

$$i=(b-1)\,\text{DIV}\,n+1;\qquad j=(b-1)\,\text{MOD}\,n+1$$

（2）修改位示图，令 $\text{map}[i,j]=0$。

4. 成组链接法

用来存放一组空闲盘块号的盘块，称为**成组链块**。**成组链接法**的大致思想是：把顺序排列的 n 个空闲盘块的盘块号保存在第一个成组链块中，最后一个空闲盘块（作为成组链块）则用于保存另一组空闲盘块号，如此继续，直至所有空闲盘块均予以链接。系统只需保存指向第一个成组链块的指针。假设磁盘最初全为空闲盘块，其成组链接如图 3-4-12 所示。

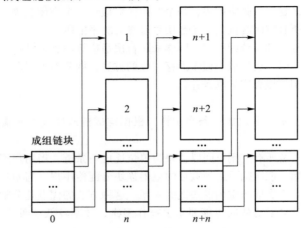

图 3-4-12　成组链接法示意图

盘块的分配：

根据第一个成组链块的指针，将其对应的盘块分配给用户，然后将指针下移一格。若该指针指向的是最后一个盘块（即成组链块），由于该盘块记录的是下一组空闲盘块号，因此，须将该盘块读入内存，并将指针指向新的成组链块的第一条记录，然后再执行上述分配操作。

盘块的回收：

成组链块的指针上移一格，再记入回收盘块号。当成组链块的链接数已达 n 时，表示已满，便将现有已记录 n 个空闲盘块号的成组链块号记入新回收的盘块（作为新的成组链块）。

表示空闲空间的位向量表或第一个成组链块，以及卷中的目录区、文件区划分信息都要存放在磁盘中，一般放在卷头位置，在 UNIX 系统中称为**超级块**。在对卷中的文件进行操作前，超级块需要被预先读入内存，并且应保持内存超级块与磁盘卷中超级块的一致性。

4.3.4 虚拟文件系统

虚拟文件系统（VFS）为用户程序提供了文件系统操作的统一接口，屏蔽不同文件系统的差异和操作细节。如图 3-4-13 所示。用户程序可以通过 VFS 提供的统一调用函数（如 open() 等）来操作不同文件系统（如 Ext3 等）的文件，而无须考虑具体的文件系统和实际的存储介质。

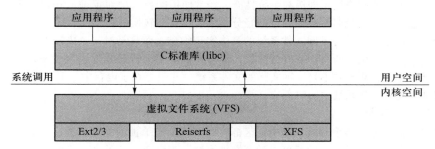

图 3-4-13　虚拟文件系统示意图

虚拟文件系统采用面向对象的思想，其抽象出一个通用的文件系统模型，定义了通用文件系统都支持的接口。新的文件系统只要支持并实现这些接口，即可安装和使用。以 Linux 中调用 write() 操作为例，其在 VFS 中通过 sys_write() 函数找到具体的文件系统，把控制权交给该文件系统，由文件系统与物理介质交互并写入数据，其过程如图 3-4-14 所示。

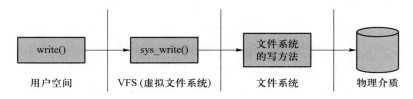

图 3-4-14　系统调用 write() 的过程示意图

为了实现 VFS，Linux 主要抽象了 4 种对象类型。每种 VFS 对象类型都存放在一个适当的数据结构中，该数据结构包含对象的属性和指向对象的方法（函数）表的指针。

- **超级块对象**：表示一个已安装（或称挂载）的特定文件系统。
- **索引结点对象**：表示一个特定的文件。
- **目录项对象**：表示一个特定的目录项。
- **文件对象**：表示一个与进程相关的已打开文件。

Linux 将目录当作文件对象来处理，文件操作能同时应用于文件或目录。文件系统是由层次目录组成，一个目录项可能包含文件名和其他目录名。目录项作为单独抽象的对象，是因为目录可以层层嵌套，以便形成文件路径，而路径中的每一部分，其实就是目录项。

如图 3-4-15 所示是一个进程与文件进行交互的简单实例。3 个不同进程已打开同一个文件，其中两个进程使用同一个硬链接。在这种情况下，每个进程都使用自己的文件对象，只需要两个目录项对象，每个硬链接对应一个目录项对象。这两个目录项对象指向同一个索引结点对象，这个索引结点对象标识的是超级块对象以及随后的普通磁盘文件。

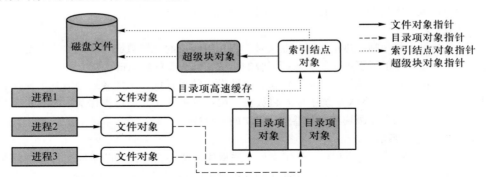

图 3-4-15   进程与文件交互实例

VFS 还有另一个重要的作用，即提高系统性能。经常使用的目录项对象被放在目录项高速缓存的磁盘缓存中，以加速从文件路径名到最后一个路径分量索引结点的转换过程。

对于用户来说，不需要关心不同文件系统的具体实现细节，而只是对一个虚拟的文件操作界面进行操作。VFS 对每个文件系统的所有细节进行抽象，使得在系统中运行的其他进程看来，不同的文件系统都是相同的。严格来说，VFS 并不是一种实际的文件系统，它只存在于内存中，不存在于任何外存空间。VFS 在系统启动时建立，在系统关闭时消亡。

4.3.5   分区和安装

一个磁盘可以被划分为多个分区，每个分区都可以用于创建单独的文件系统，每个分区还可以包含不同的操作系统。分区可以是原始的，可以没有文件系统，当没有合适的文件系统时，可以使用原始磁盘。例如，UNIX 交换空间可以使用原始磁盘格式，而不使用文件系统。

第 1 章已介绍过操作系统的引导，Linux 启动后，会首先载入 MBR，随后 MBR 识别活动分区，并加载活动分区中的引导程序。如图 3-4-16 所示是一个典型的 Linux 分区。

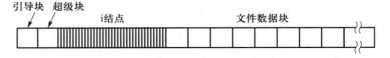

图 3-4-16   一个典型的 Linux 分区

分区的第一部分是引导块，里面存储着引导信息，其有自身的格式，因为在引导时系统并没有加载文件系统代码，因此不能解释文件系统的格式。引导块是一系列可以加载到内存的连续块，加载到内存后从其第一条代码开始执行，引导程序便启动一个具体的操作系统。引导块之后是超级块，其存储着文件系统的有关信息，包括文件系统的类型，i 结点的数目，数据块的数目等。随后是多个 i 结点，它们是实现文件存储的关键，每个文件对应一个 i 结点，i 结点里面包含多个指针，指向属于该文件的各个数据块。最后是文件数据块。

正如文件在使用前必须打开一样，文件系统在进程使用前必须先安装，也称挂载。

Windows 系统维护一个扩展的两级目录结构，用驱动器字母表示设备和卷。卷具有常规树结构的目录，与驱动器号相关联，还含有指向已安装文件系统的指针。特定文件的路径形式为 driver-letter:\path\to\file，操作系统找到相应文件系统的指针，并遍历该设备的目录结构，以查找指定的文件。新版本的 Windows 允许文件系统安装在目录树的任意位置，就像 UNIX 一样。在启动时，Windows 操作系统自动发现所有设备，并安装所有找到的文件系统。

UNIX 使用系统的根文件系统，由内核在引导阶段直接安装，其他文件系统要么由初始化脚本安装，要么由用户安装在已安装文件系统的目录上。作为一个目录树，每个文件系统都拥有自己的根目录。安装文件系统的这个目录称为安装点，安装就是将磁盘分区挂载在该安装点下，进入该目录就可以读取该分区的数据。已安装文件系统属于安装点目录的一个子文件系统。安装的实现是在目录 i 结点的内存副本上加上一个标志，表示该目录是安装点。还有一个域指向安装表的条目，表示哪个设备安装在哪里，这个条目还包括该设备的文件系统超级块的一个指针。

假定将存放在/dev/fd0 软盘上的 Ext2 文件系统通过 mount 命令安装在/flp：

mount-t ext2 /dev/fd0 /flp

如需卸载该文件系统，可以使用 umount 命令。

可以这样理解：UNIX 本身是一个固定的目录树，只要安装就有，但如果不给它分配存储空间，就不能对它进行操作，所以在初始时须先给根目录分配空间，这样才能操作这个目录树。

有两条主线贯穿本章内容：第一条主线是介绍一种新的抽象数据类型——文件，从逻辑结构和物理结构两个方面展开；第二条主线是介绍操作系统是如何管理"文件"的，介绍了文件逻辑结构的组织，即目录，还介绍了如何处理用户对文件的服务请求，即磁盘管理。

4.4 同步练习

一、单项选择题

1. 下列对有关文件操作系统调用的叙述中，不正确的是（　　）。

A. 某用户使用 open（）之后 close（）之前，另一用户使用 delete（）时会返回错误

B. 某用户使用 open（）之后 close（）之前，另一用户使用 delete（）删除同一文件时会返回错误

C. 某用户正在使用 read（）时，另一用户使用 delete（）删除同一文件时会返回错误

D. 某用户正在使用 write（）时，另一用户使用 create（）创建同一文件时会返回错误

2. 下列关于打开文件 open（）和关闭文件 close（）的叙述中，（　　）是错误的。

A. close（）操作告诉系统，不再需要指定的文件了，可以丢弃它

B. open（）操作告诉系统，开始使用指定的文件

C. 文件必须先打开，后使用

D. 目录必须先打开，后使用

3. 逻辑文件的组织形式是由（　　）决定的。

A. 存储介质特性　　　　　　　　　　B. 操作系统的管理方式

C. 内存容量　　　　　　　　　　　　D. 用户

4. 一个文件存放在 100 个数据块中。文件控制块、索引块或索引信息都驻留内存。那么如果（　　），则不需要做任何磁盘 I/O 操作。

A. 采用连续分配策略，将最后一个数据块搬到文件头部

B. 采用单级索引分配策略，将最后一个数据块插入文件头部

C. 采用隐式链接分配策略，将最后一个数据块插入文件头部

D. 采用隐式链接分配策略，将第一个数据块插入文件尾部

5. 某文件系统物理结构采用三级索引分配方法，如果每个磁盘块的大小为 1 024 B，每个盘块索引号占用 4 B，请问在该文件系统中，最大的文件长度约为（　　）。

A. 16 GB　　　　　　　B. 32 GB　　　　　　C. 8 GB　　　　　　D. 以上均不正确

6. 下列叙述中，错误的是（　　）。

Ⅰ. 索引顺序文件也是一种特殊的顺序文件，因此通常存放在磁带上

Ⅱ. 索引顺序文件既能顺序访问，又能随机访问

Ⅲ. 存储在直接存取存储器上的文件能顺序访问，但一般效率较低

Ⅳ. 在磁带上的顺序文件中添加新记录时，必须复制整个文件

A. Ⅰ和Ⅳ　　　　　　B. Ⅱ和Ⅳ　　　　　　C. Ⅰ和Ⅱ　　　　　　D. Ⅰ、Ⅲ和Ⅳ

7. 在下列文件的物理结构中，适合随机访问且易于对文件进行扩展的是（　　）。

A. 连续结构   B. 索引结构

C. 链式结构且磁盘块定长   D. 链式结构且磁盘块变长

8. 如果文件系统中有两个文件重名，则不应采用（   ）。

A. 单级目录结构   B. 两级目录结构

C. 树形目录结构   D. 多级目录结构

9. 位示图可用于磁盘空间的管理。设某系统共有 500 块磁盘，块号从 0 到 499，第 0 字的第 0 位表示第 0 块，第 0 字的第 1 位表示第 1 块，依此类推。若用位示图管理这 500 块磁盘空间，当字长为 32 位时，第 i 个字的第 j 位对应的块号是（   ）。

A. $32i+j$ B. $32i+y-1$ C. $32i+j-32$ D. $32i+j-32-1$

10. 下列方法不能直接提高文件系统性能的是（   ）。

A. 尽量降低磁盘块大小   B. 定期对磁盘进行碎片整理

C. 提前将可能访问的磁盘块加载到内存中   D. 在内存中将磁盘块缓存

二、综合应用题

1. 一个文件系统中有一个 20 MB 的大文件和一个 20 KB 的小文件，当分别采用连续分配、隐式链接分配方案时，每块大小为 4 096 B，每块地址用 4 B 表示，请问：

（1）该文件系统所能管理的最大文件是多少？

（2）每种方案各需要多少专用块来记录大、小两个文件的物理地址（说明各块的用途）？

（3）如需读大文件前面第 5.5 KB 的信息和后面第 16 MB+5.5 KB 的信息，则每个方案各需要多少次磁盘 I/O 操作？

2. 某操作系统的文件管理采用直接索引和多级索引混合方式，文件索引表共有 10 项，其中前 8 项是直接索引项，第 9 项是一级间接索引项，第 10 项是二级间接索引项，假定物理块的大小是 2 KB，每个索引项占用 4 B，试问：

（1）该文件系统中最大的文件可以达到多少？

（2）假定一个文件的实际大小是 128 MB，该文件实际占用磁盘空间多大（包括间接索引块）？

答案与解析

一、单项选择题

1. A

某用户在操作文件时，另一用户对该同一文件的删除和创建工作都会产生错误。

2. A

close( ) 调用只会删除进程打开文件表中的相应条目，并将整个系统的打开文件表计数减 1。文件不可能被丢弃，如果是丢弃，那么应该使用删除文件的系统调用。

3. D

文件的逻辑结构是用户所观察到的文件组织形式，其取决于用户需求。例如，登记操作日志记录导致顺序文件的产生。对数据库中结构化数据的存取导致随机访问文件的产生。

4. B

采用连续分配时，调整数据块的顺序显然需要磁盘 I/O。采用单级索引分配时，因索引块（表）已驻留内存，因此只需调整索引表中块号的顺序即可，不需要磁盘 I/O。采用隐式链接分配时，要找到最后一个数据块，需要依次访问所有的数据块，需要大量的磁盘 I/O。

5. A

本题是一个简化的多级索引题。根据题意，采用的是三级索引，那么索引表就应该具有三重。每个盘块的大小为 1 024 B，每个索引项占 4 B，因此每个索引块可以存放 256 条索引号，三级索引共可以管理文件的大小为 256×256×256×1 024 B≈16 GB。

6. A

对于 I，直接存取存储器（如磁盘）既不像 RAM 那样可随机地访问任意一个存储单元，又不像顺序存取存储器（如磁带）那样完全顺序存取，而是介于两者之间，存取信息时通常先寻找整个存储器的某个小区域（如磁盘上的磁道），再在小区域顺序查找。所以直接存取不完全等同于随机存取。索引顺序文件若存放在磁带上，则无法实现随机访问，也就失去了索引的意义，II 显然正确。磁盘上的文件可以直接访问，也可以顺序访问，但顺序访问比较低效，III 正确。对于 IV，在顺序文件的最后添加新记录时，不必复制整个文件。

7. B

链式结构将文件按顺序存储在不同盘块中，因此适合顺序访问，不适合随机访问（需从文件头遍历所有盘块）；连续结构（数据位置可由计算得到）和索引结构（只需访问索引块即可知道数据位置）适合随机访问。但连续结构不适用于文件的动态增长；而索引结构不仅适合随机访问，且易于对文件进行扩展，在增加或删除磁盘物理块时，只需修改索引块即可。

8. A

单级目录结构是最简单的目录结构，几乎是仅实现了"按名存取"。

9. A

依题意，一个字长可表示 32 块的状态。归纳得出：第 0 块对应第 0 字第 0 位，即 $32\times0+0$；……；第 31 块对应第 0 字第 31 位，即 $32\times0+31$；第 32 块对应第 1 字第 0 位，即 $32\times1+0$；第 33 块对应第 1 字第 2 位，即 $32\times1+1$；……；那么第 i 字第 j 位对应的块号是 $32\times i+j$。

10. A

降低磁盘块大小会导致单个文件所占磁盘块变多，反而增加磁盘 I/O 次数，降低性能。定期对磁盘进行碎片整理可以提高磁盘利用率，降低磁盘 I/O 次数。提前将可能被访问的磁盘块加载到内存中、在内存中将磁盘块缓存都能提高磁盘 I/O 的效率。故选 A 项。

二、综合应用题

1.（1）连续分配：文件大小在理论上是不受限制的，可大到整个磁盘文件区。链接分配：由于块地址占 4 B，即 32 b，因此能表示的块数最多为 $2^{32}=4$ G，而每个盘块中存放文件大小为 4 092 B，故链接分配可管理的最大文件为 4 G×4 092 B = 16 368 GB。

注意：有读者会觉得最后一块不用放置索引块，可以为 4 096 B，但是一般文件系统块的结构是固定的，为了多这 4 B 的空间会多很多额外的消耗，所以并不会那么做。

（2）连续分配：对大、小两个文件都只需在 FCB 中设 2 项，一是首块物理块块号，二是文件总块数。不需要专用块来记录文件的物理地址。

链接分配：对大、小两个文件都只需在 FCB 中设 2 项，一是首个物理块块号，二是文件最后一个物理块块号；同时在文件的每个物理块中设置存放下一个块号的指针。

（3）连续分配：为读大文件前面和后面的信息都需要先计算信息在文件中的相对块数，前面信息的相对逻辑块号为 5.5K/4K = 1（从 0 开始编号），后面信息的相对逻辑块号为（16M+5.5K）/4K = 4 097。然后计算：物理块号=文件首块号+相对逻辑块号。最后得出，每块分别只需一次磁盘 I/O 即可读出该块信息。

链接分配：为读大文件前面 5.5 KB 的信息，只需先读一次文件头块得到信息所在块的块号，再读一次第 1 号逻辑块得到所需信息，一共需要 2 次读盘。而读大文件后面 16 MB+5.5 KB 的信息，逻辑块号为（16M+5.5K）/4 092 = 4 101，要先把该信息所在块的前面块顺序读出，共花费 4 101 次磁盘 I/O 操作，才能得到信息所在块的块号，最后再花一次 I/O 操作读出该块信息。所以共需要 4 102 次 I/O 操作才能读取后面 16 M+5.5 K 处的信息。

2.（1）本题中，混合索引包括 8 个直接索引项、1 个一级间接索引项和 1 个二级间接索引项。

① 计算直接索引对应的空间：8×2 KB = 16 KB。

② 计算一级间接索引对应的空间：（2×1 024/4）×2 KB = 1 MB。

③ 计算二级间接索引对应的空间：（2×1 024/4）×（2×1 024/4）×2 KB = 512 MB。

④ 将上述各步骤计算所得空间相加，即得最大文件大小为：16 KB+1 MB+512 MB≈513 MB。

（2）设每块可以存储的索引项个数为 k，则 $k=2×1\ 024/4=512$。

① 文件数据部分理论上所需块数 n：$n=128×1\ 024/2=65\ 536$。

② 先使用直接索引，不产生索引块；直接索引之外的数据块 $m_1=65\ 536-8=65\ 528$。

③ $m_1>0$，则需要 1 个一级间接索引，索引需要 1 个索引块；一级间接索引之外的数据块 $m_2=65\ 528-512=65\ 016$。

④ $m_2>0$，则需要 1 个二级间接索引，$m_2≤k^2$，需要 $(1+\lceil 65\ 016/512\rceil)=128$ 个索引块。

⑤ 文件实际占用磁盘空间大小为：$(65\ 536+1+128)×2$ KB≈128.25 MB。

第5章 输入/输出（I/O）管理

【真题分布】

主要考点	考查次数	
	单项选择题	综合应用题
I/O 控制方式	1	0
I/O 软件层次结构	4	0
高速缓存与缓冲区	3	0
设备分配与回收	2	0
假脱机技术	1	0
磁盘组织与管理	7	3

【复习要点】

（1）设备的 3 种控制方式，I/O 软件层次结构。

（2）高速缓存与缓冲区，设备分配与回收，设备分配的数据结构，假脱机技术。

（3）磁盘调度算法，寻道时间和延迟时间的计算，提高磁盘 I/O 的方法。

5.1 I/O 管理概述

5.1.1 I/O 设备

I/O 设备管理是操作系统设计中最复杂也最具挑战性的部分。由于其包含了很多领域的不同设备及与设备相关的应用程序，因此很难有一个通用且一致的设计方案。

1. 设备的分类

按信息交换的单位分类，I/O 设备可分为：

●**块设备**：信息交换以数据块为单位。其属于有结构设备，如磁盘等。磁盘设备的基本特征是传输速率较高、可寻址，即可随机地读/写任一块。

●**字符设备**：信息交换以字符为单位。其属于无结构设备，如交互式终端机、打印机等。其基本特征是传输速率低、不可寻址，并且时常采用中断 I/O 方式。

按设备的共享属性分类，I/O 设备可分为：

●**独占设备**：进程应互斥地访问这类设备，系统一旦把这类设备分配给某个进程，便由该进程独占，直至用完释放。如打印机、磁带机等。

●**共享设备**：在一段时间内允许多个进程同时访问的设备，而每一时刻仍然只有一个进程访问该设备，共享设备是可寻址和可随机访问的。典型的共享设备是磁盘。

按传输速率分类，I/O 设备可分为：

●**低速设备**：传输速率仅为几字节每秒到数百字节每秒的一类设备，如键盘、鼠标等。

●**中速设备**：传输速率为数千字节每秒至数万字节每秒的一类设备，如激光打印机等。

●**高速设备**：传输速率在数百千字节每秒至千兆字节每秒的一类设备，如磁盘机、光盘机等。

2. I/O 接口

I/O 接口即设备控制器,位于 CPU 与设备之间,设备控制器既要与 CPU 通信,又要与设备通信,还应具有按 CPU 所发来的命令去控制设备工作的功能。设备控制器主要由 3 部分组成,如图 3-5-1 所示。

(1) **CPU 与设备控制器接口**:该接口有 3 类信号线:数据线、地址线和控制线。数据线通常与两类寄存器相连:数据寄存器(存放从设备送来的输入数据或从 CPU 送来的输出数据)和控制/状态寄存器(存放从 CPU 送来的控制信息或设备的状态信息)。

(2) **设备控制器与设备接口**:一个设备控制器可以连接一个或多个设备,因此设备控制器中有一个或多个设备接口。每个接口中都存在数据、控制和状态 3 种类型的信号。

(3) **I/O 逻辑**:用于实现对设备的控制。CPU 启动设备时,将启动命令发送给设备控制器,同时通过地址线把地址发送给设备控制器,由 I/O 逻辑对地址进行译码,并对所选设备进行控制。

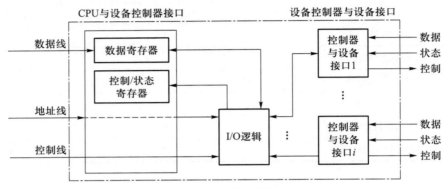

图 3-5-1　设备控制器的组成

设备控制器的主要功能有:① 接收和识别 CPU 发来的命令,如磁盘控制器能接收读、写、查找等命令;② 数据交换,包括设备和设备控制器之间的数据传输,以及设备控制器和内存之间的数据传输;③ 标识和报告设备的状态,以供 CPU 处理;④ 地址识别;⑤ 数据缓冲;⑥ 差错控制。

3. I/O 端口

I/O 端口是指设备控制器中可被 CPU 直接访问的寄存器,主要有以下 3 类寄存器。

(1) **数据寄存器**:实现 CPU 和外设之间的数据缓冲。

(2) **状态寄存器**:获取执行结果和设备的状态信息,让 CPU 知道设备是否准备好。

(3) **控制寄存器**:由 CPU 写入,以便启动命令或更改设备模式。

有 2 种方法实现 CPU 与 I/O 端口的通信,如图 3-5-2 所示。

独立编址:为每个端口分配一个 I/O 端口号,所有 I/O 端口形成 I/O 端口空间,普通用户程序不能对其进行访问,只有操作系统使用特殊的 I/O 指令才能访问端口。

统一编址:又称**内存映射** I/O,每个端口被分配到唯一的内存地址,且不会有内存被分配这一地址,通常分配给端口的地址靠近地址空间的顶端。

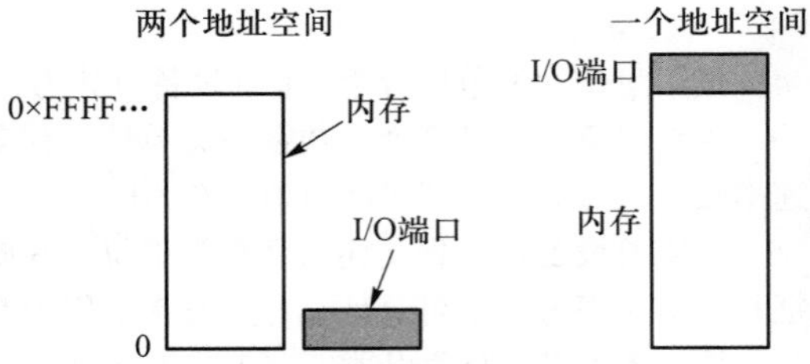

图 3-5-2　独立编址和统一编址

5.1.2　I/O 控制方式

1. 程序直接控制方式

在程序直接控制方式中,计算机在从设备读取每个字时,CPU 都需要对设备状态进行循环检查,直到确定该字已经在设备控制器的数据寄存器中。CPU 之所以要不断地测试设备的状态,是因为在 CPU 中未采用中断机构,设备无法向 CPU 报告其已完成了一个字的输入操作。

程序直接控制方式简单且易于实现,但 CPU 和设备只能串行工作,这导致 CPU 利用率很低。

2. 中断驱动方式

中断驱动方式的思想是，允许 I/O 设备主动打断 CPU 的运行并请求服务，从而"解放"CPU，使得其向设备控制器发送读命令后可以继续做其他有用的工作。

从设备控制器的角度来看，设备控制器先从 CPU 接收一个读命令，然后从外部设备读数据。一旦数据读入设备控制器的数据寄存器中，便通过控制线给 CPU 发出中断信号，表示数据已准备好，并等待 CPU 请求该数据。设备控制器收到 CPU 发出的读数据请求后，将数据放到数据总线上，传到 CPU 的寄存器中。至此，本次 I/O 操作完成，设备控制器又可开始下一次 I/O 操作。

中断驱动方式比程序直接控制方式有效，但由于数据中的每个字在存储器与设备控制器之间的传输都必须经过 CPU，这就导致了中断驱动方式仍然会消耗较多的 CPU 时间。

3. DMA 方式

在中断驱动方式中，I/O 设备与内存之间的数据交换必须经过 CPU 中的寄存器，所以速度还是受限，而 DMA（直接存储器存取）方式的基本思想是在 I/O 设备和内存之间开辟直接的数据交换通路，彻底"解放"CPU。图 3-5-3 给出了 DMA 控制器的组成。

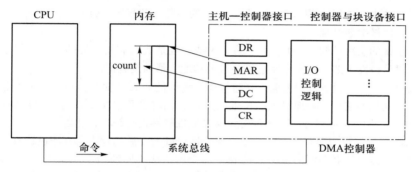

图 3-5-3　DMA 控制器的组成

为在主机与控制器之间实现成块数据的直接交换，须在 DMA 控制器中设置如下寄存器：

- **命令/状态寄存器 CR**：接收从 CPU 发来的 I/O 命令、有关的控制信息，或设备的状态信息。
- **内存地址寄存器 MAR**：存放要交换数据的内存地址。
- **数据寄存器 DR**：暂存从设备到内存或从内存到设备的数据。
- **数据计数器 DC**：存放本次要传送的字（节）数。

DMA 方式的工作过程是：CPU 接收到 I/O 设备的 DMA 请求时，先给 DMA 控制器发出一条命令，同时设置 MAR 和 DC 初值，启动 DMA 控制器，然后继续做其他工作；之后 CPU 就把控制操作委托给 DMA 控制器，由该控制器负责处理；DMA 控制器直接与内存交互，传送整个数据块，每次传送一个字，这个过程不需要 CPU 参与；传送完成后，DMA 控制器发送一个中断信号给 CPU。因此只有在传送开始和结束时才需要 CPU 的参与。

DMA 方式的特点：① 基本传输单位是数据块；② 所传送的数据是从设备直接送入内存的，或者相反；③ 仅在传送一个或多个数据块的开始和结束时，才需 CPU 干预。

5.1.3　I/O 软件层次结构

为使复杂的 I/O 软件能具有清晰的结构、良好的可移植性和适应性，目前已普遍采用层次式结构的 I/O 软件。将系统中的设备管理模块分为若干个层次，每层都利用其下层提供的服务，完成输入/输出功能中的某些子功能，并屏蔽这些功能实现的细节，向上层提供服务。在层次式结构的 I/O 软件中，只要层次间的接口不变，对某一层次中的软件的修改就不会引起其下层或上层代码的变更，仅最低层涉及硬件的具体特性。

用户层I/O软件
设备独立性软件
设备驱动程序
中断处理程序
硬件

图 3-5-4　I/O 层次结构

一个比较合理的层次划分如图 3-5-4 所示。

硬件以上的各层次及其功能如下：

1. 用户层 I/O 软件

该层实现与用户交互的接口，用户可直接调用在用户层提供的、与 I/O 操作有关的库函数，对设备进行操作。用户层 I/O 软件必须通过一组系统调用来获取操作系统服务。

2. 设备独立性软件

该层用于实现用户程序与设备驱动器的统一接口、设备命令、设备的保护及设备的分配与释放等，同时为设备管理和数据传送提供必要的存储空间。

设备独立性也称**设备无关性**，其使得应用程序独立于具体使用的物理设备。为实现设备独立性而引入了逻辑设备和物理设备这两个概念。在应用程序中，使用逻辑设备名来请求使用某类设备；而在系统实际执行时，必须将逻辑设备名映射成物理设备名使用。

3. 设备驱动程序

该层与硬件直接相关，负责具体实现系统对设备发出的操作指令，是驱动 I/O 设备工作的程序。设备驱动程序向上层用户程序提供一组标准接口，设备具体的差别被设备驱动程序所封装。

4. 中断处理程序

该层用于保存被中断进程的 CPU 环境，转入相应的中断处理程序进行处理，处理完毕再恢复被中断的进程现场后，返回被中断进程。

类似于文件系统的层次结构，I/O 子系统的层次结构也是我们需要记忆的内容，但记忆不是死记硬背，下面以用户对设备发出的一次命令来总结各层的功能，帮助读者记忆。

例如，当用户要读取某设备的内容时，通过操作系统提供的 read 命令接口，这就经过了**用户层**。操作系统提供给用户使用的接口，一般是统一的通用接口，也就是几乎每个设备都可以响应的统一命令，如 read 命令，用户发出的 read 命令，首先经过**设备独立性软件**进行解析，然后交往下层。接下来，不同类型的设备对 read 命令的行为会有所不同，如磁盘接收 read 命令后的行为与打印机接收 read 命令后的行为是不同的。因此，需要针对不同的设备，把 read 命令解析成不同的指令，这就经过了**设备驱动程序**。命令解析完毕后，需要中断正在运行的进程，转而执行 read 命令，这就需要**中断处理程序**。最后，命令真正抵达硬件设备，硬件设备的控制器按照上层传达的命令操控硬件设备，完成相应的功能。

5.1.4 应用程序 I/O 接口

在 I/O 系统与高层之间的接口中，根据设备类型的不同，又进一步分为若干个接口。

1. 字符设备接口

字符设备是指数据的存取和传输是以字符为单位的设备，如键盘、打印机等。字符设备的基本特征是传输速率较低、不可寻址，并且在输入/输出时常采用中断驱动方式。

2. 块设备接口

块设备是指数据的存取和传输是以数据块为单位的设备，典型的块设备是磁盘。块设备的基本特征是传输速率较高、可寻址。在二维结构中，每个扇区的地址需要用磁道号和扇区号来表示。块设备接口将磁盘的所有扇区从 0 到 $n-1$ 依次编号，这样，就将二维结构变为一种线性序列了。

3. 网络设备接口

现代操作系统都提供了面向网络的功能，因此也须提供相应的网络软件和网络通信接口，使计算机能通过网络与网络上的其他计算机进行通信或浏览网页。

许多操作系统提供的网络设备接口为网络套接字接口，套接字接口的系统调用使应用程序创建的本地套接字连接到远程应用程序创建的套接字，通过此连接发送和接收数据。

4. 阻塞 I/O 和非阻塞 I/O

操作系统的 I/O 接口还涉及两种模式：阻塞 I/O 和非阻塞 I/O。

阻塞 I/O 是指当用户进程调用 I/O 操作时，进程就被阻塞，需要等待 I/O 操作完成，进程才被唤醒继续运行；非阻塞 I/O 是指用户进程调用 I/O 操作时，该进程不被阻塞，该 I/O 调用返回一个错误返回值，通常，进程需要通过轮询的方式来查询 I/O 操作是否完成。

大多数操作系统提供的 I/O 接口都是阻塞 I/O 接口。

5.2 设备独立性软件

5.2.1 设备独立性软件概述

设备独立性软件在 I/O 系统中位于用户层 I/O 软件的下层，在其下层是设备驱动程序，二者间的界限因操作系统和设备的不同而有所差异。设备独立性软件包括了执行所有设备公有操作的软件。

5.2.2 高速缓存与缓冲区

1. 磁盘高速缓存

使用磁盘高速缓存技术可以提高磁盘的 I/O 速度。其不同于通常意义的介于 CPU 与内存之间的小容量 Cache，而是指利用内存中的存储空间来暂存从磁盘盘块中读出的一系列信息。因此，磁盘高速缓存逻辑上属于磁盘，物理上则是驻留在内存中的盘块。

磁盘高速缓存分为两种形式：一种是在内存中开辟一个单独的空间作为磁盘高速缓存，大小固定；另一种是把未利用的内存空间作为一个缓冲池，供请求分页系统和磁盘 I/O 共享。

2. 缓冲区

在设备管理子系统中引入缓冲区的目的主要有：① 缓和 CPU 与 I/O 设备间速度不匹配的矛盾。② 减少对 CPU 的中断频率，放宽对 CPU 中断响应时间的限制；③ 解决数据粒度（基本数据单元的大小）不匹配的问题；④ 提高 CPU 和 I/O 设备之间的并行性。

根据系统设置的缓冲区个数，缓冲可以分为：

（1）**单缓冲区**：在内存中设置一个缓冲区。当设备和 CPU 交换数据时，先把数据写入缓冲区，然后需要数据的设备或 CPU 从缓冲区取走数据，如图 3-5-5 所示。

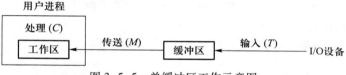

图 3-5-5　单缓冲区工作示意图

（2）**双缓冲区**：又称为缓冲对换。I/O 设备输入数据时先输入到缓冲区 1，直到缓冲区 1 满后才输入到缓冲区 2，此时操作系统可以从缓冲区 1 中取出数据放入用户进程，并由 CPU 计算。双缓冲区的使用提高了 CPU 和输入设备并行操作的程度，如图 3-5-6 所示。

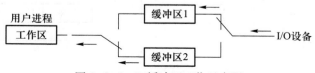

图 3-5-6　双缓冲区工作示意图

如果两台机器仅配置了单缓冲区，如图 3-5-7（a）所示，那么，它们在任一时刻都只能实现单向的数据传输。例如，只允许把数据从 A 机传送到 B 机，或者从 B 机传送到 A 机，而绝不允许双方同时向对方发送数据。为了实现双向数据传输，必须在两台机器中分别设置两个缓冲区，一个用作发送缓冲区，另一个用作接收缓冲区，如图 3-5-7（b）所示。

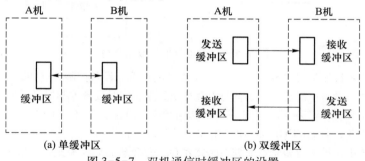

图 3-5-7　双机通信时缓冲区的设置

（3）**循环缓冲区**：包含多个大小相等的缓冲区，每个缓冲区中有一个指针指向下一个缓冲区，最后一个缓冲区中的指针指向第一个缓冲区，多个缓冲区构成一个环。用于输入/输出时，还需要有两个指针 in 和 out。输入时，首先要从设备接收数据到缓冲区中，in 指向可以输入数据的第一个空缓冲区；当运行进程需要数据时，从循环缓冲区中取一个装满数据的缓冲区，并从此缓冲区中提取数据，out 指向可以提取数据的第一个满缓冲区。输出则正好相反。

（4）**缓冲池**：由多个系统公用的缓冲区组成，缓冲区按其使用状况可形成 3 个队列，分别为空缓冲队列、装满输入数据的缓冲队列（输入队列）和装满输出数据的缓冲队列（输出队列）；还应具有 4 种缓冲区，分别为用于收容输入数据的工作缓冲区、用于提取输入数据的工作缓冲区、用于收容输出数据的工作缓冲区及用于提取输出数据的工作缓冲区，如图 3-5-8 所示。

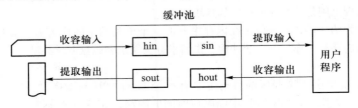

图 3-5-8　缓冲池的工作方式

5.2.3　设备分配

1. 设备分配概述

设备分配是指根据用户的 I/O 请求分配所需的设备。分配的总原则是既要充分发挥设备的使用效率，尽可能地让设备忙碌，又要避免由不合理的分配方法造成的进程死锁。

2. 设备分配的数据结构

设备分配依据的主要数据结构有如下几种表，如图 3-5-9 所示。

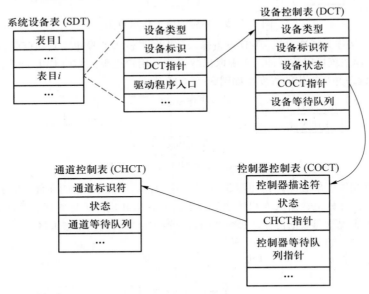

图 3-5-9　设备分配的数据结构

整个系统有一张**系统设备表**（SDT），记录全部设备的情况。设备控制表（DCT）中的一个表项表征一个设备的各个属性。设备控制器控制设备与内存交换数据，同时设备控制器又需要请求通道为其服务，因此每个控制器控制表（COCT）有一个表项存放指向相应通道控制表（CHCT）的指针，而一个通道可为多个设备控制器服务，因此 CHCT 与 COCT 的关系是一对多的关系。

在多道程序系统中，进程数多于资源数，因此要有一套合理的分配原则，主要考虑的因素有：设备的固有属性、设备分配算法、设备分配的安全性以及设备的独立性。

3. 设备分配的策略

（1）**设备的固有属性**。设备的固有属性可分为 3 种，对它们应采取不同的分配策略。

● **独占性**：进程分配到独占设备后，便由其独占，直至该进程释放该设备。

● **共享性**：共享设备可同时分配给多个进程，进程通过分时共享使用。

● **虚拟性**：虚拟设备属于可共享的设备，可以将虚拟设备同时分配给多个进程。

（2）**设备分配算法**：设备分配算法分为动态设备分配算法和静态设备分配算法。常用的动态设备分配算法有先请求先分配、高优先级优先分配等。

独占设备一般采用静态设备分配算法。共享设备一般采用动态设备分配算法，在每个 I/O 传输的单位时间内只被一个进程所占有，通常采用先请求先分配和高优先级优先分配算法。

4. 独占设备的分配

当某进程提出 I/O 请求后，系统的设备分配程序可按下述步骤进行设备分配：

（1）**分配设备**：根据物理设备名在 SDT 中找出该设备的 DCT，若设备忙，便将请求 I/O 的进程的 PCB 挂在设备队列上；否则，便按照一定的算法来计算本次设备分配的安全性。若不会导致系统进入不安全状态，便将设备分配给请求进程；否则，将其 PCB 插入设备等待队列。

（2）**分配控制器**：设备分配后，再到 DCT 中找出与该设备连接的控制器的 COCT。若控制器忙，便将请求 I/O 的进程的 PCB 挂在该控制器的等待队列上；否则，将该控制器分配给进程。

（3）**分配通道**：控制器分配后，再在 COCT 中找到与该控制器连接的 CHCT。若通道忙，便将请求 I/O 的进程挂在该通道的等待队列上；否则，将该通道分配给进程。

只有在设备、控制器和通道 3 者都分配成功时，这次的设备分配才算成功。

5. 设备分配的安全性

设备分配的安全性是指设备分配中应防止发生进程死锁。

安全分配方式。每当进程发出 I/O 请求后便进入阻塞态，直到 I/O 操作完成时才被唤醒。该方式破坏了造成死锁的必要条件之一，即"请求和保持"条件。优点是安全，缺点是慢。

不安全分配方式。进程在运行中可不断发出 I/O 请求，直到所请求的设备已经被另一进程占用才阻塞。优点是迅速，缺点是不安全。

6. 从逻辑设备名到物理设备名的映射

为了实现设备独立性，在系统中设置一张**逻辑设备表**（LUT），用于将逻辑设备名映射为物理设备名。当应用程序用逻辑设备名来请求分配设备时，系统为其分配一台相应的物理设备，并在 LUT 中建立一个表目。在单用户系统中，整个系统只设置一张 LUT；在多用户系统中，为每个用户设置一张 LUT，每当用户登录时便为该用户建立一个进程，同时也建立一张 LUT。

5.2.4 假脱机技术（SPOOLing 技术）

SPOOLing **技术**是利用专门的外围控制机，将低速 I/O 设备上的数据传送到高速磁盘上，或者相反。通过 SPOOLing 技术便可将一台物理 I/O 设备虚拟为多台逻辑 I/O 设备，从而允许多个用户共享一台物理 I/O 设备。SPOOLing 系统的组成如图 3-5-10 所示。

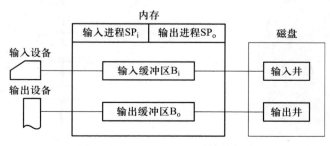

图 3-5-10　SPOOLing 系统的组成

1. 输入井和输出井

输入井和输出井是在磁盘上开辟出的两个存储区域。输入井模拟脱机输入时的磁盘，用于收容 I/O 设备输入的数据。输出井模拟脱机输出时的磁盘，用于收容用户程序的输出数据。

2. 输入缓冲区和输出缓冲区

输入缓冲区和输出缓冲区是在内存中开辟的两个缓冲区。输入缓冲区用于暂存由输入设备送来的数据，之后再送给输入井。输出缓冲区用于暂存从输出井送来的数据，之后再送给输出设备。

3. 输入进程和输出进程

输入/输出进程用于模拟脱机输入/输出时的外围控制机。

SPOOLing 系统的特点有：① 提高了 I/O 的速度，利用输入/输出井模拟脱机输入/输出，缓和了 CPU 和 I/O 设备不匹配的矛盾。② 将独占设备改造为共享设备，没有为进程分配设备，而是为进程分配一个存储区和建立一张 I/O 请求表。③ 实现了虚拟设备功能，多个进程同时使用一台独占设备，将一台独占设备虚拟成了多台设备，每个进程都认为自己独占了一台设备。

5.2.5 设备驱动程序接口

如果每个设备驱动程序与操作系统的接口都不同，则每次出现一台新设备时，都必须为此修改操作系统。因此，规定每个设备驱动程序与操作系统之间都有着相同或相近的接口。这样会使得添加一台新设备变得很容易，同时也方便开发人员编制设备驱动程序。

对于每一种设备类型，例如磁盘，操作系统定义一组驱动程序必须支持的函数。对磁盘而言，这些函数自然包含读、写、格式化等。驱动程序中通常包含一张表格，这张表格具有针对这些函数指向驱动程序自身的指针。当驱动程序装载时，操作系统记录下这张函数指针表的地址，所以当操作系统需要调用一个函数时，它可以通过这张表格发出间接调用。这张函数指针表定义了驱动程序与操作系统其余部分之间的接口。给定类型的所有设备都必须遵守这一规定。

5.3 外存管理

5.3.1 磁盘

磁盘是由表面涂有磁性物质的盘片，通过**磁头**从磁盘存取数据。在进行读/写操作时，磁头固定，磁盘在磁头下面高速旋转。如图 3-5-11 所示为一张磁盘盘片，磁盘盘面上的数据存储在一组同心圆中，称为**磁道**。磁道又划分为若干个**扇区**，每个扇区有固定的存储容量。相邻磁道及相邻扇区间通过一定的间隙分隔开。由于扇区按固定圆心角度划分，所以密度从最外道向里道逐渐增加。

磁盘安装在一个磁盘驱动器中，磁盘驱动器由磁头臂、用于旋转磁盘的主轴和用于数据输入/输出的电子设备组成。如图 3-5-12 所示，多个盘片垂直堆叠，组成磁盘组，每个盘面对应一个磁头，所有磁头固定在一起，与磁盘中心的距离相同且一起移动。所有盘片上相对位置相同的磁道组成柱面。扇区是

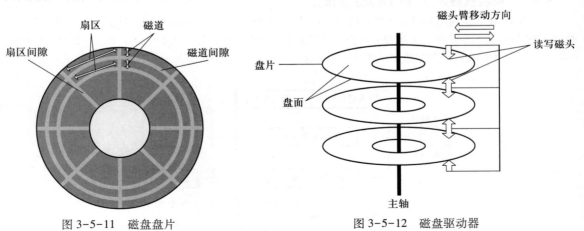

图 3-5-11 磁盘盘片   图 3-5-12 磁盘驱动器

磁盘可寻址的最小单位，磁盘上能存储的物理块数目由扇区数、磁道数以及磁盘面数决定，磁盘地址用"柱面号·盘面号·扇区号"表示。

操作系统中每介绍一类资源及对其进行管理时，都要涉及一类调度算法。用户访问文件时，需要操作系统的服务，文件实际上存储在磁盘中，操作系统接收用户的命令后，经过一系列的检验访问权限和寻址过程后，最终都会到达磁盘，控制磁盘读出或修改相应的数据信息。当有多个请求同时到达时，操作系统就要决定先为哪个请求服务，这就是磁盘调度算法要解决的问题。

5.3.2 磁盘管理

1. 磁盘初始化

一个新的磁盘只是一个由磁性记录材料制作而成的空白盘。在磁盘可以存储数据之前，必须将其分成扇区，以便磁盘控制器能进行读/写操作，这个过程称为**低级格式化**（或称物理格式化）。低级格式化为每个扇区使用特殊的数据结构，填充磁盘。每个扇区的数据结构通常由头部、数据区域（大小通常为512 B）和尾部组成。头部和尾部包含了一些磁盘控制器的使用信息。

2. 分区

在使用磁盘存储文件之前，操作系统还需要将自己的数据结构记录在磁盘上，分为两步：第一步将磁盘分为由一个或多个柱面组成的分区（即我们熟悉的 C 盘、D 盘等形式的分区），每个分区的起始扇区和大小都记录在磁盘主引导记录的分区表中；第二步对物理分区进行**逻辑格式化**（创建文件系统），操作系统将初始的文件系统数据结构存储到磁盘上。

因扇区的单位太小，为了提高效率，操作系统将多个相邻的扇区组合在一起，形成一个**簇**（在 Linux 中叫**块**）。为了更高效地管理磁盘，一个簇只能存放一个文件的内容，文件所占用的空间只能是簇的整数倍；如果文件小于一簇（甚至是 0 字节），也需要占用一个簇的空间。

3. 引导块

计算机启动时需要先运行一个初始化程序（**自举程序**），其初始化 CPU、寄存器、设备控制器和内存等，接着启动操作系统。自举程序存放在 ROM 中，通常只在 ROM 中保留很小的自举装入程序，将完整功能的引导程序保存在磁盘的启动块上，启动块位于磁盘的固定位置。

引导 ROM 中的代码指示磁盘控制器先将引导块读到内存，然后开始执行，其可以从非固定的磁盘位置加载整个操作系统，并且开始运行操作系统。以 Windows 为例来分析，在前述章节中已介绍过，系统允许将磁盘分为多个分区，有一个分区为引导分区，包含操作系统和设备驱动程序。系统将引导代码存在磁盘的第一个扇区，即 MBR。引导首先运行系统 ROM 中的代码，这个代码指示系统从 MBR 中读取引导代码。除了包含引导代码，MBR 还包含：一个磁盘分区表和一个标志（指示从哪个分区引导系统），如图 3-5-13 所示。当系统找到引导分区，它读取分区的第一个扇区，称为引导扇区，并继续余下的引导过程，包括加载各种系统服务。

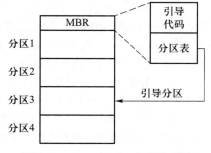

图 3-5-13　Windows 磁盘的引导

4. 坏块

由于磁盘有移动部件且容错能力弱，因此容易导致一个或多个扇区损坏。部分磁盘甚至从出厂时就有坏块。根据所使用的磁盘和控制器，对这些坏块有多种处理方式。

对于简单磁盘，如采用 IDE 控制器的磁盘，坏块可手动处理，如 MS-DOS 的 Format 命令执行逻辑格式化时便会扫描磁盘以检查坏块。坏块在 FAT 表上会标明，因此程序不会使用。对于复杂的磁盘，其控制器维护磁盘内的坏块列表。这个列表在出厂低级格式化时就已初始化，并在磁盘的使用过程中不断更新。实质上就是用某种机制，使系统避免使用坏块。

5.3.3 磁盘调度算法

磁盘一次读/写操作的时间由寻道时间、旋转延迟时间和传输时间决定。

- **寻道时间**（T_s）：将磁臂从当前位置移到指定磁道所需的时间。

- **旋转延迟时间**（T_r）：磁头定位到指定扇区所需的时间，设磁盘转速为 r，则 $T_r = 1/2r$。
- **传输时间**（T_t）：从磁盘读出或向磁盘写入数据所经历的时间。

在磁盘存取时间的计算中，寻道时间与磁盘调度算法相关；而旋转延迟时间和传输时间都与磁盘旋转速度相关，且为线性相关，所以在硬件上，转速是评价磁盘性能的一个非常重要的参数。

磁盘调度的目标是使磁盘的平均寻道时间最短，常用的磁盘调度算法有以下几种。

1. 先来先服务（FCFS）算法

根据进程请求访问磁盘的先后顺序进行调度。

优点：公平、简单，且每个进程的请求都能依次得到处理。

存在的问题：未对寻道进行优化，致使平均寻道时间可能较长。

2. 最短寻找时间优先（SSTF）算法

选择调度的磁道是与当前磁头所在磁道距离最近的磁道，以使每次的寻道时间最短。

存在的问题：可能导致某些进程发生"饥饿"现象；不能保证平均寻道时间最短。

3. 扫描（SCAN）算法（电梯调度算法）

不仅考虑欲访问的磁道与当前磁道的距离，也优先考虑磁头的当前移动方向。当磁头正在自里向外移动时，每次选择要访问的磁道既在当前磁道之外，又是距离最近的。直至再无更外的磁道需要访问时才改变磁头方向，即自外向里移动。这时，每次选择要访问的磁道是在当前磁道之内，且距离最近的。SCAN 算法既能获得较好的寻道性能，又能防止进程饥饿。

由于磁头移动规律与电梯运行相似，因此又称**电梯调度算法**。

4. 循环扫描（CSCAN）算法

由于 SCAN 算法偏向于处理那些接近最里或最外的磁道访问请求，为此在 SCAN 算法的基础上规定磁头单向移动。若规定只自里向外移动，当磁头移到最外的被访问磁道时，磁头立即返回到最里的要访问的磁道，即将最小磁道号紧接着最大磁道号构成循环进行扫描。

5. N-Step-SCAN 算法

SSTF、SCAN 和 CSCAN 算法都可能出现磁臂停留在某处不动的情况，称为**磁臂黏着**。在高密度盘上更易出现此情况。N-Step-SCAN 算法将磁盘请求队列分成若干个长度为 N 的子队列。调度时按 FCFS 算法依次处理这些子队列，而每个子队列的处理又采用 SCAN 算法。这样就能避免出现黏着现象。当 N 取很大时，其性能接近 SCAN 算法；当 $N=1$ 时，则退化为 FCFS 算法。

5.3.4 提高磁盘 I/O 速度

（1）磁盘高速缓存：利用内存来存储从磁盘中读取的信息。

（2）提前读：在读磁盘当前块时，把下一磁盘块也读入内存缓冲区。

（3）延迟写：仅在缓冲区首部设置延迟写标志，然后释放此缓冲区并将其链入空闲缓冲区链表的尾部，当其他进程申请到此缓冲区时，才真正把缓冲区信息写入磁盘块。

（4）优化物理块的分布：例如通过对扇区交替编号，能减少磁盘旋转延迟时间。

（5）虚拟盘：指用内存空间去仿真磁盘，虚拟盘常用于存放临时文件。

（6）冗余磁盘阵列：RAID 可实现磁盘的并行读写，从而提高磁盘的 I/O 速度。

注意：考试大纲"固态硬盘"的内容已在计算机组成原理部分 3.4 节中介绍，这里不再赘述。

5.4 同步练习

一、单项选择题

1. 对于磁盘上存放的信息，物理上读/写的最小单位是一个（　　）。

A. 二进制位　　　　　　　B. 字节　　　　　　　C. 物理块　　　　　　　D. 逻辑记录

2. 寻找设备驱动程序接口函数的任务由（　　）完成。

A. 用户层 I/O　　　　　　　　　　　　　B. 与设备无关的操作系统软件

C. 中断处理　　　　　　　　　　　　　　D. 设备驱动程序

3. 向设备寄存器写入控制命令的工作由（　　　）完成。

A. 用户层 I/O   B. 与设备无关的操作系统软件

C. 中断处理   D. 设备驱动程序

4. 程序员利用系统调用打开 I/O 设备时，通常使用的设备标识是（　　　）。

A. 逻辑设备名   B. 物理设备名   C. 主设备号   D. 从设备号

5. 磁盘高速缓存设在（　　　）中。

A. 内存   B. 磁盘控制器   C. Cache   D. 磁盘

6. 使用 I/O 缓冲技术的先决条件是（　　　）。

A. 设备 I/O 速度与 CPU 运行速度相当   B. 设备带宽高于 CPU 带宽

C. 设备带宽远低于 CPU 带宽   D. 用户对缓冲的要求

7. 在操作系统中，下列选项不属于软件机制的是（　　　）。

A. 缓冲池   B. 通道技术   C. 覆盖技术   D. SPOOLing 技术

8. I/O 系统硬件结构分为 4 级：1——设备控制器，2——I/O 设备，3——计算机，4——I/O 通道，按级别由高到低的顺序是（　　　）。

A. 2—4—1—3   B. 3—1—4—2   C. 2—1—4—3   D. 3—4—1—2

9. CPU 输出数据的速率远高于打印机的速率，为解决这一矛盾可采用（　　　）。

A. 并行技术   B. 通道技术   C. 缓冲技术   D. 虚存技术

10. （　　　）是操作系统中采用的以空间换取时间的技术。

A. SPOOLing 技术   B. 虚拟存储技术   C. 覆盖与交换技术   D. 通道技术

11. 下列选项中，不属于磁盘设备特点的是（　　　）。

A. 传输速率较高，以数据块为传输单位   B. 一段时间内只允许一个用户（进程）访问

C. I/O 控制方式常采用 DMA 方式   D. 可以寻址，随机地读/写任意数据块

12. 如果磁头当前正在第 53 号磁道，现有 4 个磁道访问请求：98，37，124，65。下一次磁头将移动到 37 号磁道，则可能采用的是（　　　）调度算法。

A. FCFS   B. SCAN

C. SSTF   D. CSCAN（按磁道号增加方向访问）

13. 一个快速 SCSI-Ⅱ 总线上的磁盘转速为 7 200 R/M，每磁道 160 个扇区，每扇区 512 B，那么，在理想状态下，其数据传输率为（　　　）。

A. 7 200×160 kB/s   B. 7 200 kB/s   C. 9 600 kB/s   D. 19 200 kB/s

二、综合应用题

1. 为什么要在设备管理中引入缓冲技术？

2. 下列操作应该分别在哪些层次完成？

（1）为磁盘读操作计算磁道、扇区和磁头。

（2）向设备寄存器写命令。

（3）检查用户是否可以使用设备。

（4）将二进制整数转换为可打印的 ASCII 字符。

3. 假设一个磁盘驱动器有 5 000 个柱面，编号为 0～4999，当前处理的请求在磁道 143 上，上一个完成的请求在磁道 125 上，按 FIFO 顺序排列的未处理的请求队列如下：｛86，1470，913，1774，948，1509，1022，1750，130｝。为了满足磁盘队列中所有的请求，从当前位置开始，用下列各种磁盘调度算法计算磁盘臂必须移动的磁道数。

（1）先来先服务（FCFS）算法。

（2）最短寻道时间优先（SSTF）算法。

（3）扫描（SCAN）算法（又称为电梯算法）。

（4）循环扫描（CSCAN）算法。

答案与解析

一、单项选择题

1. C

设备按数据传输单位可分为块设备和字符设备。块设备每次传送数据都以块为单位；而字符设备每次传送数据以字符为单位。磁盘是块设备，因此，读/写是以块为单位进行的。

2. B

设备驱动程序的主要任务是接收来自上层的与设备无关的输入/输出请求，进行与设备相关的处理。按处理器的 I/O 请求去启动指定设备进行 I/O 操作。所以设备驱动程序是当处理器有 I/O 请求时被相关的操作系统软件启动的。

3. D

因为在操作系统中只有设备驱动程序才同时了解抽象要求和设备控制器中的寄存器情况；也只有设备驱动程序才知道命令、数据和参数应分别送往哪个寄存器。

4. A

用户程序不直接使用物理设备名（或设备的物理地址），而是使用逻辑设备名。系统在实际执行时，将逻辑设备名转换为某个具体的物理设备名，然后再实施 I/O 操作。

5. A

磁盘高速缓存是一种软件机制，其允许系统把通常存放在磁盘上的一些数据保留在内存中，以便对那些数据的进一步访问不用再访问磁盘。

6. C

I/O 缓冲是内存中的一片空间，使用缓冲的目的是想用内存访问代替设备访问，减少 I/O 次数。但是内存带宽一般比 CPU 带宽低一个数量级左右。如果设备 I/O 速度与 CPU 运行速度相当，用内存访问代替设备访问无疑降低了系统性能。

7. B

通道是计算机上配置的一种专用于输入/输出的硬件部件。其他 3 个选项都是软件机制。

8. D

一台设备对应一个设备控制器，设备控制器需要请求通道为其服务（一个通道可为多个设备控制器服务），通道是计算机中专门用于输入/输出的部件，故级别由高到低依次为 3—4—1—2。

9. C

为解决设备间速率不匹配的问题，通常采用缓冲技术。通道技术能最大限度地使 CPU 摆脱外设的速率制约。并行技术能有效地提高 CPU 与外设的效率。虚拟技术则能提高打印机的利用率。

10. A

SPOOLing 技术采用的是以空间换取时间的技术。虚拟存储技术和覆盖与交换技术是为了扩充内存容量，属于以时间换空间的技术。通道技术增加了硬件，不属于这两者中的任何一种。

11. B

磁盘是典型的共享设备，一段时间内允许多个用户访问。其他选项均为磁盘的特点。

12. B

若采用先来先服务算法，下一磁道应为 98。若采用最短寻道时间优先算法，下一磁道应为 65。若采用循环扫描算法，下一磁道应为 65。所以，只可能采用 SCAN 调度。

13. C

在理想状态下，磁盘数据传输率的计算公式为：每秒所转圈数×旋转一周所能访问到的数据量。转速 7 200 R/M，即 120 R/s。每条磁道有 160 个扇区，每个扇区有 512 B，因此旋转一圈可访问到的数据量为 $160×512$ B $≈80$ kB。数据传输速率为 $120×80=9\ 600$ kB/s。

二、综合应用题

1. 在操作系统的设备管理中，引入缓冲技术的主要原因可归结为以下 3 点：

（1）缓和 CPU 和 I/O 设备间速率不匹配的矛盾。以打印机输出为例，如果没有缓冲区，则程序在输出时，必然由于打印机的速度跟不上而使 CPU 停下来等待；然而在计算阶段，打印机又无事可做。如果设置一个缓冲区，程序可以将待输出的数据先输出到缓冲区，然后继续执行，而打印机则可以从缓冲区取出数据慢慢打印。

（2）减少中断 CPU 的次数。例如，假定设备只用一位二进制数接收从系统外传来的数据，则设备每接收到一位二进制数就要中断一次，如果数据通信速率为 9.6 kb/s，则中断 CPU 的频率也为 9.6 kHz，即每 100 μs 就要中断 CPU 一次，若设置一个具有 8 位的缓冲寄存器，则可使 CPU 被中断的次数降为前者的 1/8。

（3）提高 CPU 和 I/O 设备间的并行性。由于 CPU 和设备之间引入了缓冲区，CPU 可以从缓冲区中读取或向缓冲区写入信息。相应地，设备也可以向缓冲区写入或从缓冲区读取信息。在 CPU 工作的同时，设备也能进行输入/输出操作，这样，CPU 和 I/O 设备就可以并行工作。

2. I/O 层次从上往下依次是用户层 I/O 软件、设备独立性软件、设备驱动程序、中断处理程序和硬件。设备独立性软件是操作系统中与设备无关的软件，其规定了一些通用的命令和接口，与具体设备无关，代码相对稳定，很少变化。与具体设备相关的操作不能由其负责，否则操作系统需记录不同生产厂商的数据，使得代码急剧膨胀，且后续新厂商和新产品也无法得到支持。

因为（1）和（2）都与具体的磁盘类型有关，因此为了能让操作系统尽可能多地支持各种不同型号的设备，（1）和（2）都应由厂商所编写的驱动程序完成。由于（3）涉及安全问题，应由操作系统中的与设备无关的软件完成。对于（4），因为只有用户知道将二进制整数转换为 ASCII 码的格式（使用二进制还是十进制，有没有特别的分隔符等），应由用户软件完成。

3. （1）FCFS 算法的磁头访问序列为：{143，86，1470，913，1774，948，1509，1022，1750，130}。移动的磁道数为 7081。

（2）SSTF 算法的磁头访问序列为：{143，130，86，913，948，1022，1470，1509，1750，1774}。移动的磁道数为 1745。

（3）SCAN 算法的磁头访问序列为：{143，913，948，1022，1470，1509，1750，1774，4999，130，86}。移动的磁道数为 9769。

（4）CSCAN 算法的磁头访问序列为：{143，913，948，1022，1470，1509，1750，1774，4999，0，86，130}。移动的磁道数为 9985。

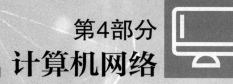

第4部分
计算机网络

第1章　计算机网络体系结构

【真题分布】

主要考点	考查次数	
	单项选择题	综合应用题
网络体系结构和分层模型	10	0

【复习要点】

（1）网络性能指标的计算。

（2）网络体系结构的定义，协议、接口、服务的概念。

（3）OSI 参考模型及各层的特点，TCP/IP 模型及各层的特点，OSI 参考模型和 TCP/IP 模型的比较。

1.1　计算机网络概述

1.1.1　计算机网络的概念、组成与功能

计算机网络由若干节点和连接这些节点的链路组成，网络中的节点可以是计算机、集线器、交换机或路由器等。网络之间还可以通过路由器相互连接起来，这就构成了一个覆盖范围更大的计算机网络，称为**互联网**（**internet**）。可以理解为：网络把许多计算机连接在一起，而互联网则把许多网络通过路由器连接在一起。而**因特网**（**Internet**）则是一个专用名词，它指当前全球最大的、开放的、由众多网络和路由器相互连接而成的特定计算机网络，它采用 TCP/IP 协议作为通信规则。

计算机网络可分为资源子网和通信子网两部分。**资源子网**由主机、终端及相关软件资源等组成，它提供各种网络资源与服务，对应 OSI 参考模型的上 4 层。**通信子网**由各种传输介质、通信设备和相关的网络协议组成，它为网络提供数据传输和通信控制功能，对应 OSI 参考模型的下 3 层。

计算机网络的 3 大主要功能：

数据通信：用来传送计算机与终端、计算机与计算机之间的各种信息，并将分散在不同地理位置的计算机联系起来，进行统一的调配、控制和管理。数据通信是计算机网络最基本的功能。

资源共享：包括计算机网络中各种硬件资源、软件资源以及数据资源的共享。

分布式处理：当计算机网络中的某个计算机系统负荷过重时，可以将其处理的任务传送到网络中的其他计算机系统中，以提高整个系统的利用率。

1.1.2　计算机网络的分类

按网络的覆盖范围分类：广域网、城域网、局域网、个人区域网。

按网络的拓扑结构分类：星形网、环形网、总线型网和不规则形网。

按网络的传输技术分类：广播式网络和点对点式网络。

按网络的使用者分类：公用网、专用网。

按网络的交换功能分类：电路交换、报文交换、分组交换、混合交换。

按传输介质分类：有线网络、无线网络和混合介质网络。

1.1.3　计算机网络的性能指标

计算机网络最主要的两个性能指标是带宽和时延。

带宽：本来表示通信线路允许通过的信号频带范围，单位是赫兹（Hz）；而在计算机网络中，带宽表示网络中的某信道所能通过的"最高数据率"，单位是比特每秒（b/s）。

时延：指一个报文或分组从一个网络（或一条链路）的一端传送到另一端所需要的总时间，时延由4个部分构成：发送时延、传播时延、处理时延和排队时延。

- **发送时延（传输时延）**：节点在发送数据时，数据块从节点进入传输媒体所需要的时间。计算公式：发送时延=数据帧长度/信道带宽。
- **传播时延**：电磁波在信道中传播一定距离花费的时间。计算公式：传播时延=信道长度/电磁波在信道上的传播速率。
- **处理时延**：在交换节点中，为存储转发数据而进行一些必要的处理所花费的时间。
- **排队时延**：分组在进入路由器后要在输入队列中排队等待处理，在路由器确定了转发端口后，还要在输出队列中排队等待转发，这就产生了排队时延。

因此，**时延**=发送时延+传播时延+处理时延+排队时延。

往返时延（RTT）：从发送端发送数据开始，到发送端收到来自接收端的确认（接收端收到数据后立即发送确认），总共经历的时延。

吞吐量：在单位时间内通过某个网络（或信道、接口）的数据量，常用于对实际网络的测量。

速率：指连接在计算机网络上的主机在数字信道上传送数据的速率，也称为数据率或比特率，单位是 b/s（比特每秒）。当数据率较高时，可以用 Kb/s、Mb/s 或 Gb/s 来表示。

信道利用率：指某一信道有数据通过的时长占总时长的比率，即信道利用率=有数据通过时间/（有+无）数据通过时间。

1.2 计算机网络体系结构与参考模型

1.2.1 计算机网络的分层结构

计算机网络的各层及其协议的集合称为网络的**体系结构**（architecture）。换种说法，网络的体系结构就是这个计算机网络及其部件所应完成的功能的精确定义。需要强调的是，这些功能究竟是用何种硬件或软件完成的，则是一个遵循这种体系结构的实现问题。总之，体系结构是抽象的，而实现则是具体的，是真正在运行的计算机硬件和软件。

层次划分的原则有：

（1）每层都实现一种相对独立的功能，降低系统的复杂度。

（2）各层之间界面自然清晰，易于理解，相互交流尽可能少。

（3）各层功能的精确定义独立于具体的实现方法，可以采用最合适的技术来实现。

（4）保持下层对上层的独立性，上层单向使用下层提供的服务。

网络的体系结构的特点有：

（1）以功能作为划分层次的基础。

（2）第 n 层的实体在实现自身定义的功能时，只能使用第 $n-1$ 层提供的服务。

（3）第 n 层在向第 $n+1$ 层提供服务时，不仅包含第 n 层的功能，还包含下层服务提供的功能。

（4）仅在相邻层间有接口，且下层所提供服务的具体实现细节对上一层完全透明。

（5）两个主机通信时，对等层在逻辑上有一条直接信道。

1.2.2 计算机网络协议、接口、服务等概念

1. 协议

计算机网络中的数据交换必须遵守事先约定好的规则，这些规则明确规定了所交换的数据的格式以及有关的同步问题。为进行网络中的数据交换而建立的规则、标准或约定称为网络协议（network protocol）。两台主机若要直接通信，则必须同时遵循某种相同的协议。

一个网络协议主要由以下3个要素组成：

- **语法**：规定了数据与控制信息的结构或格式。

- **语义**：规定了需要发出何种控制信息、完成何种动作以及做出何种响应。
- **同步**：规定了执行各种操作的条件、时序关系等。

2. 接口

同一节点内相邻两层间交换信息的逻辑接口称为**服务访问点**（SAP，service access point）。下层通过SAP向上层提供服务，上层通过SAP使用下层提供的服务。例如，本章1.2.3中所描述的5层体系结构中，数据链路层的服务访问点为帧的"类型"字段，网络层的服务访问点为IP数据报的"协议"字段，传输层的服务访问点为"端口号"字段。

3. 服务

服务是指下层为相邻的上层提供的功能调用。在协议的控制下，两个对等实体间的通信使得本层能够向上一层提供服务。要实现本层协议，还需要使用下一层所提供的服务。

一定要注意，协议和服务在概念上是不一样的。

首先，协议的实现保证了本层能够向上一层提供服务。本层的服务用户只能看见服务而无法看见下层的协议。下层的协议对上层的服务用户是透明的。其次，协议是"水平的"，即协议是控制对等实体之间通信的规则；但服务是"垂直的"，即服务是由下层向上层通过层间接口提供的，服务分为面向连接服务与无连接服务。

面向连接服务具有连接建立、数据传输和连接释放3个阶段。**无连接服务**是指两个实体之间的通信不需要先建立连接，是一种不可靠的服务，这种服务常被描述为"尽最大努力交付"。

协议、接口、服务3者之间的关系如图4-1-1所示。

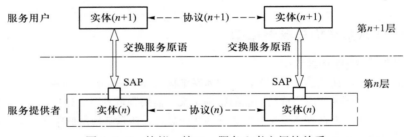

图 4-1-1　协议、接口、服务 3 者之间的关系

1.2.3　ISO/OSI 参考模型和 TCP/IP 模型

1. ISO/OSI 参考模型（OSI 参考模型）

由国际标准化组织（ISO）制定的OSI参考模型自下而上有如下7层（记忆口诀："物联网舒慧适用"）。

（1）**物理层**：规定了建立、维持、断开通信的规则以及通信端之间的机械特性、电气特性、功能特性和过程特性。该层为上层协议提供了传输数据的物理介质，并透明地传输比特流。

（2）**数据链路层**：在不可靠的物理介质上提供可靠的传输。其作用包括物理寻址，将数据封装成帧，流量控制，差错校验，数据重发等。

（3）**网络层**：负责对数据包进行路由选择和存储转发，并实现流量控制、拥塞控制、差错控制和网际互联等功能。

（4）**传输层**：是第一个端到端（即进程到进程）的层次。该层负责将上层数据分段并提供端到端的、可靠的或不可靠的传输，此外还要处理端到端的差错控制和流量控制问题。

（5）**会话层**：负责管理主机间的会话，包括建立、管理及终止进程间的会话。会话层使用校验点，可使会话在通信失效时从校验点恢复通信，实现数据同步。

（6）**表示层**：为计算机通信提供一种公共语言，以便能进行互操作。表示层负责管理数据的压缩、加密与解密、格式转换等。

（7）**应用层**：为操作系统或者网络应用程序提供访问网络服务的接口。

2. TCP/IP 模型

TCP/IP 模型自下而上分为 4 个层次：网络接口层、网际层、传输层、应用层。各层结构功能与 OSI 参考模型各层结构功能的对应如图 4-1-2 所示。

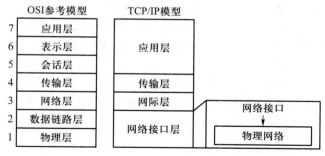

图 4-1-2　TCP/IP 模型与 OSI 参考模型的层次对应关系

网络接口层表示与物理网络的接口，但实际上 TCP/IP 本身并没有真正描述这一部分，只是指出主机必须使用某种协议与网络连接，以便能在其上传递 IP 分组。网络接口层的责任是从主机或节点接收 IP 分组，并把它们发送到指定的物理网络上。

网际层（主机—主机）是 TCP/IP 体系结构的关键部分。它的功能和 OSI 网络层非常类似。网际层将分组发往任何网络，并使分组独立地传向目的地。分组到达的顺序可能和发送的顺序不同，因此需要高层对分组排序。网际层定义了标准的分组格式和协议，即 IP 协议。

传输层（进程—进程）的功能和 OSI 传输层类似，是使源端和目的端主机上的对等实体可以进行会话。传输层主要使用两种协议：面向连接的<u>传输控制协议（TCP）</u>，提供可靠的交付；无连接的<u>用户数据报协议（UDP）</u>，不提供可靠的交付，只提供尽最大努力的交付。

应用层（用户—用户）包含所有的高层协议，主要是面向用户的各种应用需求，如虚拟终端协议（Telnet）、文件传输协议（FTP）、域名解析服务（DNS）和电子邮件协议（SMTP）。

需要注意的是，OSI 参考模型在网络层支持无连接和面向连接的通信，但在传输层仅支持面向连接的通信。而 TCP/IP 模型认为可靠性是端到端的问题，因此它在网际层仅有一种无连接的通信模式，但传输层支持无连接和面向连接的通信两种模式。

学习计算机网络时，往往采取折中的办法，即综合 OSI 参考模型和 TCP/IP 模型的优点，采用一种如图 4-1-3 所示的只有 5 层协议的体系结构，即我们所熟知的物理层、数据链路层、网络层、传输层和应用层。本书也采用这种体系结构进行讨论。

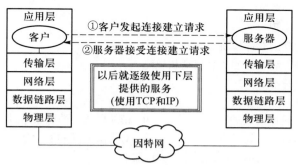

图 4-1-3　网络的 5 层协议体系结构模型

3. TCP/IP 模型和 OSI 参考模型的比较

<u>相同点：</u>

（1）都采取分层的体系结构，将庞大且复杂的问题划分为若干个较容易处理的、范围较小的问题，且分层的功能也大体相似。

（2）都是基于独立的协议栈的概念。

（3）都可以解决异构网络的互联，实现世界上不同厂家生产的计算机之间的通信。

不同点：

（1）OSI 精确地定义了 3 个概念：服务、协议和接口。这与面向对象程序设计思想非常吻合。而 TCP/IP 在这 3 个概念上没有明确区分，不符合软件工程的思想。

（2）OSI 参考模型是 7 层结构，而 TCP/IP 模型是 4 层结构。TCP/IP 模型将 OSI 参考模型的表示层和会话层的功能合并到应用层中，还将数据链路层和物理层合并为网络接口层。

（3）OSI 参考模型是先有模型，后有协议规范，通用性良好，适用于描述各种网络。TCP/IP 模型正好相反，先有协议栈然后建立模型，该模型不适用于任何非 TCP/IP 网络。

（4）OSI 在网络层支持无连接和面向连接的通信，在传输层仅支持面向连接的通信。

1.3 同步练习

单项选择题

1. 计算机网络可分为通信子网和资源子网，通信子网不包括（ ）。
   A. 物理层   B. 数据链路层   C. 网络层   D. 传输层

2. 下列说法正确的是（ ）。
   A. 比特的发送时延与链路的带宽无关   B. 网络的带宽越大，数据传送越快
   C. 数据传送的总时延与带宽有关   D. 带宽表示模拟信道每秒能传送的数据量

3. 若定义某协议报文的某个字节取值为 4 时表示第 4 版本，则该定义属于协议规范的（ ）。
   A. 语法   B. 语义   C. 同步   D. 编码

4. 下列关于网络体系结构的描述中，错误的是（ ）。
   A. 对于复杂的网络协议来说，最好的组织方法是层次结构模型
   B. 网络体系结构是网络协议的集合
   C. 网络体系结构对网络要实现的功能进行了精确的定义
   D. 体系结构是抽象的，实现技术是具体的

5. 以下关于接口概念的描述中，错误的是（ ）。
   A. 接口是通信节点之间交换信息的连接点
   B. 协议对接口信息交互过程与格式有明确的规定
   C. 低层通过接口向高层提供服务
   D. 只要接口条件与功能不变，低层功能具体实现方法不会影响整个系统的工作

6. 网络体系结构可以定义成（ ）。
   A. 一种计算机网络的实现
   B. 执行计算机数据处理的软件模块
   C. 建立和使用通信硬件和软件的一套规则和规范
   D. 由 ISO 制定的一个标准

7. 在 OSI 参考模型中，（ ）。
   A. 相邻层之间的联系通过协议进行   B. 相邻层之间的联系通过会话进行
   C. 对等层之间的通信通过协议进行   D. 对等层之间的通信通过接口进行

8. OSI 参考模型中的数据链路层不提供（ ）功能。
   A. 物理寻址   B. 流量控制   C. 差错校验   D. 拥塞控制

9. 在 TCP/IP 模型中，可同时提供无连接服务和面向连接服务的是（ ）。
   A. 物理层   B. 数据链路层   C. 网际层   D. 传输层

10. 在 OSI 参考模型中，（ ）是控制对等实体间进行通信的规则集合。
    A. 协议   B. 服务   C. 接口   D. 原语

11. 在 OSI 参考模型的以下层次中，不提供流量控制功能的是（ ）。

A. 物理层   B. 数据链路层   C. 网络层   D. 传输层

12. OSI 参考模型的（   ）层涉及物理寻址、网络介质访问以及流量控制等。

A. 物理层   B. 数据链路层   C. 网络层   D. 传输层

答案与解析

单项选择题

1. D

通信子网是低 3 层，包括物理层、数据链路层和网络层，传输层属于资源子网。

2. C

时延由发送时延、传播时延、处理时延和排队时延组成，发送时延＝数据帧长度/信道带宽，因此发送时延与带宽有关；数据传送的总时延也与带宽有关。A 项错误、C 项正确。网络的带宽越大，其发送时延越小，但由于时延还包括传播时延、处理时延和排队时延，因此数据传送并不一定越快，B 项错误。带宽表示的是数字信道每秒传送的比特数，而不是模拟信道，D 项错误。

3. A

网络协议包含以下要素：语法，即规定了数据与控制信息的结构或格式；语义，即规定了需要发出何种控制信息，完成何种动作以及做出何种响应；同步，即规定了执行各种操作的条件、时序关系等。

4. B

网络体系结构是计算机网络中的层次、各层的协议及层间接口的集合。

5. A

接口是同一节点内相邻两层间交换信息的连接点。

6. C

网络体系结构不是具体的网络硬件或软件，因此选项 A、B 都错误。ISO 制定的 7 层模型是网络体系结构的一种具体模型，并不是网络体系结构的定义，选项 D 错误。只有选项 C 的描述即建立和使用通信硬件和软件的一套规则和规范，正确地描述了网络体系结构的定义。

7. C

在 OSI 参考模型中，协议是定义在不同节点的对等层实体之间的一组规则。接口是同一节点内相邻两层之间交换信息的连接点。服务是指下层为它紧邻的上层提供的功能调用，上层是服务用户，下层是服务提供者。

8. D

数据链路层在不可靠的物理介质上提供可靠传输。其作用包括物理寻址、将数据封装成帧、流量控制、差错校验等。网络层和传输层具有拥塞控制功能，而数据链路层没有。

9. D

通常，OSI 参考模型网络层可以提供无连接服务或面向连接的服务，但在一个网络体系中，网络层不可能同时提供这两种服务，而只能提供其中的一种。在 TCP/IP 模型中，网际层提供无连接的 IP 服务，而传输层则能同时提供这两种服务，如 TCP 和 UDP。

10. A

协议是控制两个对等实体进行通信的规则集合，而服务是指某一层向它上一层提供的一组原语。服务是由下层向上层通过层间接口提供的，而原语则是用来描述操作的。

11. A

提供流量控制功能的层次主要有数据链路层、网络层和传输层，不过各层的流量控制对象不同。物理层实现的是比特流在传输介质上的透明传输，而没有流量控制功能。

12. B

数据链路层在不可靠的物理介质上提供可靠的传输。其作用包括物理寻址、将数据封装成帧、流量控制、差错校验、数据重发等。

第 2 章　物理层

【复习要点】

（1）比特率与波特率，奈奎斯特定理与香农定理，编码与调制。
（2）电路交换、报文交换、分组交换的原理和特点，数据报、虚电路的原理和特点。
（3）物理层的传输介质、物理层接口的特性、物理层设备的特点。

2.1　通信基础

2.1.1　基本概念

1. 数据、信号与码元

数据是运载信息的实体。信号是数据的电气或电磁表现，是数据在传输过程中的存在形式；信号有模拟和数字之分：模拟信号（或模拟数据）的取值是连续的；数字信号（或数字数据）的取值是离散的。

码元是用一个固定时长的信号波形（数字脉冲）表示一位 k 进制数字，这个时长内的信号称为 k 进制码元，而该时长称为码元宽度。1 码元可以携带多个位（bit）的信息量。

2. 信源、信道与信宿

一个数据通信系统可划分为信源、信道和信宿 3 部分。

信源是产生和发送数据的源头，信宿是接收数据的终点，它们通常都是数字计算机或其他数字终端装置。发送端中的信源发出的信息通过变换器转换成适合在信道上传输的信号，而通过信道传输到接收端的信号先由反变换器转换成原始的信息，再发送给信宿。**信道**包括信号的传输介质及有关的设备，如双绞线、中继器等。噪声源是信道上的噪声（即对信号的干扰）及分散在通信系统各处的噪声的集中表示。图 4-2-1 所示为一个单向通信系统的模型。实际的通信系统大多为双向的，可以进行双向通信。

图 4-2-1　单向通信系统模型

从通信双方信息的交互方式看，通信可分为 3 种基本方式：

- **单向通信**：只有一个方向的通信而没有反方向的交互，如无线电广播、电视广播等。
- **半双工通信**：通信双方都可以发送或接收信息，但任何一方都不能同时发送和接收信息。
- **全双工通信**：通信双方可以同时发送和接收信息。

单向通信只需一条信道，而半双工通信和全双工通信都需要两条信道，每个方向各一条。

3. 速率、波特与带宽

速率表示单位时间内传输的数据量，可用码元传输速率和信息传输速率表示。

- **码元传输速率**：又称波特率，表示单位时间内数字通信系统传输的码元个数（也可称为调制速率或符号速率），单位是波特（Baud）。1 波特表示数字通信系统每秒传输 1 个码元。码元可以是多进制的，也可以是二进制的，码元传输速率与进制无关。
- **信息传输速率**：又称信息速率、比特率等，表示单位时间内数字通信系统传输的二进制码元个数（即比特数），单位是比特/秒（b/s）。

波特和比特是两个不同的概念，但码元传输速率与信息传输速率在数量上却又有一定的关系。若 1 个码元携带 n 比特的信息量，则波特率 M 所对应的比特率为 Mn b/s。

在模拟信号系统中，带宽（又称频率带宽）用来表示某个信道所能传输信号的频率范围，即最高频率与最低频率之差，单位是赫兹（Hz）。在计算机网络中，带宽用来表示网络的通信线路所能传输数据的能力，即最高数据率，显然此时带宽的单位不再是 Hz，而是 b/s。

2.1.2 奈奎斯特定理与香农定理

1. 奈奎斯特定理

奈奎斯特定理又称为**奈氏准则**，它指出在理想低通（没有噪声、带宽有限）的信道中，极限码元传输速率为 $2W$ Baud。其中，W 为理想低通信道的频率带宽，若用 V 表示每个码元离散电平的数目，则极限信息传输速率为：

$$理想低通信道下的极限信息传输速率 = 2W\log_2 V（单位为 b/s）$$

对于奈氏准则，可以得出以下结论：

- 在任何信道中，码元传输速率是有上限的。
- 信道的频带越宽，就可用越高的速率进行码元的有效传输。

注意，奈氏准则给出了码元传输速率的限制，但并未对信息传输速率给出限制。

由于码元传输速率受奈氏准则的制约，所以要提高信息传输速率，就必须设法使每个码元携带更多比特的信息量，此时就需要采用多元制的调制方法。

2. 香农定理

实际的信道会有噪声，噪声是随机产生的。**香农定理**给出了带宽受限且有高斯噪声干扰的信道的极限数据传输速率，当用此速率进行传输时，可以做到不产生误差。香农定理定义为：

$$信道的极限信息传输速率 = W\log_2(1+S/N)（单位为 b/s）$$

式中，W 为信道的频率带宽，S 为信道所传输信号的平均功率，N 为信道内部的高斯噪声功率。信噪比为信号的平均功率与噪声的平均功率之比，常记为 S/N，信噪比 $= 10\log_{10}(S/N)$（单位为 dB）。

对于香农定理，可以得出以下结论：

- 信道的带宽或信道中的信噪比越大，信息的极限传输速率越高。
- 对一定的传输带宽和一定的信噪比，信息传输速率的上限是确定的。
- 只要信息传输速率低于信道的极限传输速率，就能找到某种方法来实现无差错的传输。
- 香农定理得出的是极限信息传输速率，信道能达到的实际信息传输速率要比其低不少。

奈氏准则只考虑了带宽与极限码元传输速率的关系，而香农定理不仅考虑到了带宽，也考虑到了信噪比。这从另一个侧面表明，一个码元对应的二进制位数是有限的。

2.1.3 编码与调制

把数据变换为数字信号的过程称为**编码**，把数据变换为模拟信号的过程称为**调制**。

1. 数字数据编码为数字信号

编码是指用什么样的数字信号表示 0，以及用什么样的数字信号表示 1。编码的规则有多种，只要能有效地把 1 和 0 区分开即可，常用的数字数据编码有以下几种，如图 4-2-2 所示。

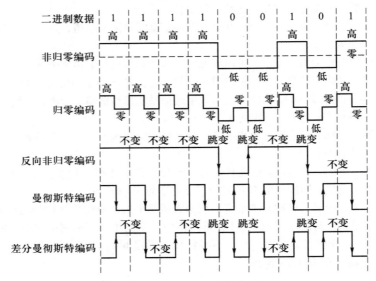

图 4-2-2　常用的数字数据编码

非归零编码（NRZ）：与 RZ 编码的区别是不用归零，一个时钟周期全部用来传输数据，编码效率高。但 NRZ 编码的收发双方存在同步问题，为此需要双方都带有时钟线。

归零编码（RZ）：用高电平表示 1、低电平表示 0（或者相反），每个码元的中间均跳变到零电平（归零），接收方根据该跳变调整本方的时钟基准，这就为收发双方提供了自同步机制。

反向非归零编码（NRZI）：与 NRZ 编码的区别是用电平的跳变表示 0、电平保持不变表示 1。这种编码方式集成了前两种编码的优点，既能传输时钟信号，又能尽量不损失系统带宽。

曼彻斯特编码：每个码元的中间都会发生电平跳变，电平跳变既作为时钟信号（用于同步），又作为数据信号。可以用向下跳变表示 1，向上跳变表示 0，或者相反。

差分曼彻斯特编码：每个码元的中间都会发生电平跳变，与曼彻斯特编码不同的是，电平的跳变仅表示时钟信号，而不表示数据。数据的表示在于每个码元开始处是否有电平跳变：无跳变表示 1，有跳变表示 0。差分曼彻斯特编码拥有更强的抗干扰能力。

曼彻斯特编码和差分曼彻斯特编码在每个码元的中间都发生电平跳变，相当于把一个码元一分为二，编码速率是码元速率的两倍。标准以太网使用的就是曼彻斯特编码。

2. 数字数据调制为模拟信号

数字数据调制技术在发送端将数字信号转换为模拟信号，而在接收端将模拟信号还原为数字信号，分别对应于调制解调器的调制和解调过程。基本的调制方法有：

幅移键控（ASK）：通过改变载波信号的振幅来表示数字信号 1 和 0。例如，用有载波和无载波输出分别表示 1 和 0。比较容易实现，但抗干扰能力差。

频移键控（FSK）：通过改变载波信号的频率来表示数字信号 1 和 0。例如，用频率 f_1 和频率 f_2 分别表示 1 和 0。容易实现，抗干扰能力强，目前应用较为广泛。

相移键控（PSK）：通过改变载波信号的相位值来表示数字信号 1 和 0。又分为绝对调相和相对调相。例如，用相位 0 和相位 π 分别表示 1 和 0，是一种绝对调相方式。

正交振幅调制（QAM）：在频率相同的前提下，将幅移键控与相移键控结合，形成叠加信号。设波特率为 B，采用 m 个相位，每个相位有 n 种振幅，则该正交振幅调制技术的数据传输速率 R 为

$$R = B\log_2(mn) \quad （单位为 \text{b/s}）$$

3. 模拟数据编码为数字信号

模拟数据编码方法最典型的例子就是常用于对音频信号进行编码的**脉码调制**（PCM）。其主要包括 3 个步骤，即采样、量化和编码。

采样是指对模拟信号进行周期性扫描，把时间上连续的信号变成时间上离散的信号。**量化**是把抽样取得的电平幅值按照一定的分级标度转化为对应的整数值，这样就把连续的电平幅值转换为离散的数字量。**编码**则是把量化的结果转换为与之对应的二进制编码。

2.1.4 电路交换、报文交换与分组交换

1. 电路交换

在进行数据传输时，两个节点之间必须先建立一条专用的物理通信路径（连接），该路径可能经过许多中间节点。该线路在整个数据传输期间一直被独占，直到通信结束后才被释放。因此，电路交换技术分为 3 个阶段：连接建立、数据传输和连接释放。

电路交换的**优点**：通信时延小；传输可靠，且保持原来的顺序；没有冲突；实时性强。

电路交换的**缺点**：建立连接时间长；线路独占，不够灵活；信道利用率低。

2. 报文交换

数据交换的单位是报文，用户数据先加上源地址、目的地址等信息，然后封装成报文（message）。报文交换采用存储转发技术，整个报文先传送到相邻节点，全部存储下来后查找转发表，转发到下一个节点，如此重复直至到达目的节点。每个报文可以单独选择到达目的节点的路径。

报文交换的**优点**：无须建立连接，动态分配线路，线路可靠性高和利用率高，提供多目标服务。

报文交换的**缺点**：转发时延大，缓存开销大，错误处理低效。

3. 分组交换

分组交换是报文交换的一种改进，其将一个报文分成若干较短的分组，每个分组的长度有上限。有限长度的分组使得每个节点所需的存储能力降低了，提高了交换速度。分组交换有数据报分组交换和虚电路分组交换两种。分组交换是计算机网络中使用最广泛的一种交换技术。

分组交换的**优点**：无建立时延，线路利用率高，简化了存储管理（相对于报文交换，加速传输，减少了出错概率和重发数据量）。

分组交换的**缺点**：存在存储转发时延；需要传输额外的信息，使得控制更复杂；当采用数据报分组交换时，可能出现失序、丢失或重复分组，增加了麻烦，若采用虚电路分组交换，虽无失序问题，但有呼叫建立、数据传输和虚电路释放 3 个过程。

图 4-2-3 给出了 3 种数据交换方式的比较。若要传送的数据量很大，且其传送时间远大于呼叫时间，则采用电路交换较为合适；当端到端的通路由很多段的链路组成时，采用分组交换传送数据较为合适。从提高整个网络的信道利用率看，报文交换和分组交换优于电路交换，其中分组交换比报文交换的时延小，尤其适合于计算机之间突发式的数据通信。

2.1.5 数据报与虚电路

分组交换根据其通信子网向端系统提供的服务，还可以进一步分为无连接的数据报方式和面向连接的虚电路方式。这两种服务方式都是由网络层提供的。

1. 数据报

在数据报方式中，每个分组的传送是被单独处理的，分组又被称为数据报，每个数据报自身携带足够的地址信息。节点收到一个数据报后，根据数据报中的地址信息和节点所储存的路由信息，找出一个合适的出口，把数据报发送到下一个节点。由于各数据报所走的路径不一定相同，因此不能保证各个数据报按序到达目的地，有的数据报甚至会中途丢失。在整个过程中，没有虚电路建立，但要为每个数据报做路由选择。适用于数据量小、链路不可靠或突发数据的传输。

数据报分组交换的**特点**：① 无须提前建立连接。② 尽最大努力交付，不保证可靠性，分组一般乱序到达，也可能丢失。③ 分组中要包含发送端和接收端的地址信息，以便独立传输。④ 分组在交换节点存储转发时，需要排队处理。⑤ 当某一交换节点或链路发生故障时，可另寻找新路径转发分组，对故

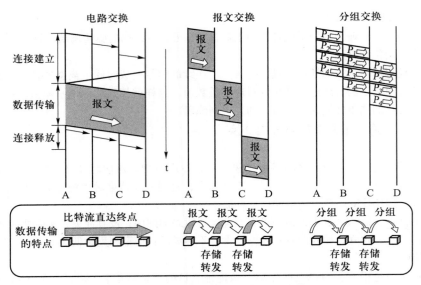

图 4-2-3　3 种数据交换方式的比较

障的适应能力强。⑥ 收发双方不独占某一链路，资源利用率较高。

采用这种方式的好处是：网络的造价大大降低，运行方式灵活，能够适应多种应用。互联网能够发展到今日的规模，充分证明了当初采用这种方式的正确性。

2. 虚电路

与电路交换方式类似，整个通信过程分为 3 个阶段：虚电路建立、数据传输与虚电路释放。每次建立虚电路时，先选择一个未用过的虚电路号（VCID）分配给该虚电路，以区别于本系统中的其他虚电路，然后双方就沿着已建立的虚电路传送分组。分组的首部仅在连接建立时需使用完整的目的地址，之后每个分组的首部只需携带这条虚电路的编号即可。在虚电路网络中的每个结点上都维持一张虚电路表，表中每项记录了一个打开的虚电路的信息，包括在接收链路和发送链路上的虚电路号、前一节点和下一节点的标识，它是在虚电路建立过程中确定的。

虚电路分组交换的特点：① 在数据传送之前须建立一条虚电路。② 提供可靠的通信功能，能保证每个分组正确和有序到达。③ 能对两个数据端的流量进行控制。④ 但当某个节点或某条链路出故障时，所有经过该节点或该链路的虚电路都会遭到破坏。

虚电路之所以是"虚"的，是因为这条电路不是专用的，每个节点到其他节点之间可能同时有若干虚电路，每个节点也可能同时与多个节点之间具有虚电路。电路交换是真正的物理线路交换，如电话线路；虚电路是多路复用技术，每条物理线路可以进行多条虚电路连接，是逻辑上的连接。

数据报和虚电路的比较见表 4-2-1。

表 4-2-1　数据报和虚电路的比较

比较项	数据报	虚电路
连接的建立	不需要	必须有
目的地址	每个分组都有完整的目的地址	仅在建立连接阶段使用，之后每个分组使用长度较短的虚电路号
路由选择	每个分组独立地进行路由选择和转发	属于同一条虚电路的分组按照同一路由转发
分组顺序	不保证分组的有序到达	保证分组的有序到达
可靠性	不保证可靠通信，可靠性由用户主机来保证	可靠性由网络保证
对网络故障的适应性	出故障的节点丢失分组，其他分组路径选择发生变化时可以正常传输	所有经过故障节点的虚电路均不能正常工作

比较项	数据报	虚电路
差错处理和流量控制	由用户主机进行流量控制，不保证数据报的可靠性	可由分组交换网负责，也可由用户主机负责

2.2 传输介质

传输介质是发送设备和接收设备之间的物理通路，分为导向传输介质和非导向传输介质。

2.2.1 导向传输介质

双绞线：采用绞合方式可以减少对相邻导线的电磁干扰。模拟信号传输和数字信号传输都可以使用双绞线，其通信距离一般为几米到十几千米，价格便宜，使用广泛。双绞线可分为无屏蔽双绞线（UTP）和屏蔽双绞线（STP），后者抗电磁干扰能力更强。

同轴电缆：由于外导体屏蔽层的作用，同轴电缆具有良好的抗干扰特性，被广泛用于传输较高速率的数据，其传输距离更远，但价格较双绞线贵。

光纤：分为单模光纤和多模光纤。信号在单模光纤中一直向前传播，不会发生反射，单模光纤适合远距离传输；多模光纤中存在多条不同角度入射的光线，它们通过全反射传输，多模光纤只适合近距离传输。

2.2.2 非导向传输介质

非导向传输介质主要有无线电波、微波、红外线和激光等。

无线电波最重要的优点是将信号向所有方向散播，有较强的穿透能力，可以传输很长的距离，其被广泛应用于通信领域，如无线手机通信和无线局域网。

微波、红外线和激光有很强的方向性，有时统称它们为视线介质。卫星通信是利用地球同步卫星作为中继来转发微波信号的，其优点是通信容量大、距离远、覆盖广，缺点是端到端传播延时长。

2.2.3 物理层接口的特性

物理层考虑的是怎样才能在连接各种计算机的传输媒体上传输数据比特流，而不是指具体的传输媒体。物理层应尽可能屏蔽各种物理设备的差异，使数据链路层只需考虑本层的协议和服务。物理层的主要任务可以描述为与传输媒体的接口有关的如下一些特性：

机械特性：指明接口所用接线器的形状和尺寸、引脚数目和排列、固定和锁定装置等。

电气特性：指明在接口电缆的各条线路上的电压范围、传输速率和距离限制等。

功能特性：指明某条线路上出现的某一电平的电压的意义，以及每条线路的功能。

规程特性：或称过程特性，指明对于不同功能的各种可能事件的出现顺序。

2.3 物理层设备

2.3.1 中继器

中继器的功能是将信号整形并放大再转发出去，以消除信号经过一长段电缆的传输而造成的失真和衰减，使信号的波形和强度达到所需要的要求，来扩大网络传输的距离，其原理是信号再生。由于中继器工作在物理层，它不能连接两个具有不同速率的局域网。中继器两端的网络部分是网段，而不是子网。中继器若出现故障，则对相邻两个网段都将产生影响。

2.3.2 集线器

集线器实质上是个多端口的中继器，它将收到的信号进行整形放大，使之再生（恢复）到发送时的状态，紧接着转发到其他所有处于工作状态的端口上。如果同时有两个或多个端口输入，则输出时会发生冲突，致使这些数据都无效。

由集线器组成的网络在逻辑上仍然是一个总线网。集线器每个端口连接的网络部分是同一个网络的不同网段。同时集线器也只能在半双工通信方式下工作，因而网络的吞吐率受到限制。

2.4　同步练习

一、单项选择题

1. 适合在传输介质上传送的是（　　　）。

A. 信息　　　　　　　　B. 数据　　　　　　　　C. 信号　　　　　　　　D. 二进制位

2. 下列说法错误的是（　　　）。

A. 在任意信道中，码元传输的速率是受限的，不能任意提高，否则在接收端就无法正确判定码元是1还是0

B. 奈氏准则表明任意信道的信息传输速率是有上限的

C. 对于一定的传输带宽和一定的信噪比，信息传输速率的上限就确定了

D. 若要得到无限高的信息传输速率，只有两个办法：要么使用无限大的传输带宽，要么使信号的信噪比为无限大，即采用没有噪声的传输信道或使用无限大的发送功率

3. 某一条通信线路每20 ms采样一次，每个信号共有64种不同的状态，那么这个线路的信息传输速率是（　　　）。

A. 100 b/s　　　　　　B. 200 b/s　　　　　　C. 300 b/s　　　　　　D. 400 b/s

4. 假设有一个信道的带宽是3 000 Hz，其信噪比为20 dB，那么这个信道可以获得的极限数据传输速率是（　　　）。

A. 1 kb/s　　　　　　B. 32 kb/s　　　　　　C. 20 kb/s　　　　　　D. 64 kb/s

5. 某调制解调器同时使用幅移键控和相移键控，采用0、$\pi/2$、π 和 $3/2\pi$ 4种相位，每种相位又都有2个不同的幅值，请问在波特率为1 200 Baud的情况下数据传输速率是（　　　）。

A. 3 600 b/s　　　　　B. 4 800 b/s　　　　　C. 2 400 b/s　　　　　D. 1 200 b/s

6. 下列叙述中错误的是（　　　）。

A. 信道的频带越宽，那么就可以用越高的速率进行码元的有效传输

B. 奈氏准则给出了码元传输速率的限制，没有对信息传输速率给出限制

C. 只要信息传输速率低于信道的极限信息传输速率，就一定可以找到某种方法实现无差错传输

D. 对于频带宽度已确定的信道，如果信噪比不能再提高，且码元传输速率也达到了上限，则其信息传输速率也不能再提高

7. 在基本的带通调制方法中，使用0对应频率 $f1$，1对应频率 $f2$，这种调制方法称为（　　　）。

A. 幅移键控　　　　　B. 频移键控　　　　　C. 相称键控　　　　　D. 正交振幅调制

8. 根据采样定理，对连续变化的模拟信号进行周期性采样，只要采样频率大于等于有效信号最高频率或其带宽的（　　　）倍，则采样值便可包含原始信号的全部信息。

A. 0.5　　　　　　　　B. 1　　　　　　　　　C. 2　　　　　　　　　D. 4

9. 一般来说，数字传输比模拟传输能获得更高的信号质量，原因是（　　　）。

A. 中继器能再生数字脉冲，去除失真；而放大器既放大了模拟信号也放大了噪声

B. 数字信号比模拟信号小，而且不容易失真

C. 模拟信号是连续的，不容易出现失真

D. 数字信号比模拟信号容易采样

10. 在分组交换网中，（　　　）不是分组交换机的任务。

A. 检查分组中传输的数据内容

B. 检查分组的目的地址

C. 将分组送到交换机端口进行发送

D. 从缓冲区中提取下一个分组

11. 下列关于虚电路方式中路由选择的说法，正确的是（　　　）。

A. 在建立连接和发送数据时都不进行路由选择

B. 只在建立虚电路时进行路由选择

C. 在传送数据时进行路由选择

D. 在建立连接和发送数据时都进行路由选择

12. 物理层中规定使用 15 针的接线器跟 COM 口进行连接的特性为（　　）。

A. 机械特性　　　　　B. 电气特性　　　　　C. 功能特性　　　　　D. 过程特性

二、综合应用题

1. 分别用曼彻斯特编码和差分曼彻斯特编码画出 1000100111 的波形图，假定初始状态为高电平。

2. 有一个带宽为 4 kHz，信噪比为 30 dB 的信道，计算该信道的极限信息传输速率。

3. 现要在光纤上发送一个计算机屏幕图像序列。屏幕大小为 480×640 像素，每个像素 24 位，每秒 60 幅屏幕图像。请问需要多大的带宽？

4. 什么是虚电路工作方式？它与电路交换的区别是什么？

答案与解析

一、单项选择题

1. C

信号是数据的电气或电磁表现，传输介质是根据数据的电气或电磁特性来传输数据的。

2. B

选项 A 即为奈氏准则的结论之一。选项 B 错误的原因是奈氏准则给出了码元传输速率的限制，但没有对信息传输速率给出限制。选项 C、D 可由香农定理得出。注意：对于频带宽度已确定的信道，如果信噪比不能再提高，且码元传输速率也达到了上限，但仍然可以提高信息的传输速率，此时只需让每个码元携带更多比特的信息量即可。

3. C

采样的每个信号有 64 种不同的状态，为了表示一个信号，需要用到 $\log_2 64 = 6$ bit，每秒采样 $1\,000$ ms/20 ms = 50 次，则线路的信息传输速率为 6×50 = 300 b/s。

4. C

信噪比 = $10\log_{10}(S/N)$，题目中信噪比 = 20 dB，因此 $S/N = 100$。再使用香农定理可以得到信道的极限信息传输速率上限 $C = W\log_2(1+S/N) = 3\,000×\log_2(1+100) \approx 20$ kb/s。

5. A

有 4 种相位×2 个幅值 = 8 种信号状态，波特率 $W = 1\,200$ Baud，根据奈奎斯特定理，信息传输速率 = $1×1\,200×\log_2 8 = 1×1\,200×3 = 3\,600$ b/s。

6. D

对于频带宽度已确定的信道，如果信噪比不能再提高，且码元传输速率也达到了上限，此时只需要让每个码元携带更多比特的信息量即可提高信道的信息传输速率。

7. B

频移键控是指载波的频率随基带数字信号而变化，幅移键控是指载波的振幅随基带数字信号而变化，相移键控是指载波的相位随基带数字信号而变化，正交振幅调制是振幅和相位混合的调制方法。

8. C

采样定理即奈奎斯特定理，由奈奎斯特定理可知，要使采样值包含原始信号的全部信息，采样频率必须大于等于其带宽的 2 倍。比如带宽为 3 kHz，那么如果对声音进行采样，按照奈奎斯特定理，必须以 6 kHz 以上的频率进行采样才能包含原始信号的全部信息。

9. A

信号在传输介质上传输，经过一段距离后，信号会衰减。为了实现远距离的传输，模拟信号传输系统采用放大器来增强信号中的能量，但同时也会使噪声分量增强，以致信号失真。对于数字信号传输系统，可采用中继器来扩大传输距离。中继器接收衰减的数字信号，把数字信号恢复成 0、1 的标准电平，这样有效地克服了信号的衰减，减少了失真。

10. A

在分组交换网中，分组交换机收到一个分组后，先缓存，再检查其首部，查找转发表，根据首部中的目的地址，将分组转发到交换机的合适端口，然后从缓冲区中提取下一个分组。

11. B

虚电路只在建立时需要进行路由选择。

12. A

机械特性指明接口所用接线器的形状和尺寸、引脚数目和排列、固定和锁定装置等。

二、综合应用题

1. 对应的曼彻斯特编码和差分曼彻斯特编码的波形如下图所示：

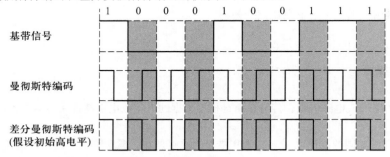

2. 信噪比常用分贝（dB）表示，在数值上信噪比 = $10\log_{10}(S/N)$。

已知 $W = 4\ \text{kHz}$，信噪比 $S/N = 10^{30/10} = 1\ 000$，根据香农定理，得出该信道的极限信息传输速率为 $C = W \log_2(1+S/N) = 4\text{k} \times \log_2(1+1\ 000)\,\text{b/s} \approx 40\ \text{kb/s}$。

3. 数据传输速率是 $480 \times 640 \times 24 \times 60$ b/s，即 442 Mb/s。

4. 虚电路在连接建立时选择路由，属于同一条虚电路的分组均按照同一路由进行转发，分组总是按发送顺序到达终点。电路交换是建立一条物理连接，在数据传输过程中始终占用此连接，数据传输完毕释放连接。虚电路是逻辑上的连接，在通信过程中每一个分组使用短的虚电路号。

第3章 数据链路层

【真题分布】

主要考点	考查次数	
	单项选择题	综合应用题
流量控制和可靠传输机制	8	1
介质访问控制	9	1
局域网和广域网	4	1
数据链路层设备	5	1

【复习要点】

（1）停止-等待协议、后退 N 帧协议、选择重传协议的原理与特点，窗口大小的分析。

（2）几种信道划分介质访问控制的原理，CDMA 的计算，CSMA/CD 协议的原理和工作流程，截断二进制指数退避算法的原理，争用期和最小帧长的概念，数据链路的性能分析。

（3）CSMA/CA 协议的原理和工作流程，预约信道，与 CSMA/CD 协议的区别。

（4）以太网 MAC 帧的格式，802.11 局域网 MAC 帧的格式及分析，VLAN 的原理及特点。

（5）以太网交换机的原理、特点与自学习功能。

3.1 数据链路层的功能

数据链路层的主要任务是实现帧在一段链路上或一个网络中进行传输。数据链路层提供 3 种基本的服务：无确认的无连接服务、有确认的无连接服务、有确认的有连接服务。

数据链路层的主要功能有：

（1）链路管理：链路连接的建立、维持、释放以及对异常情况的处理。

（2）帧定界和帧同步：对帧进行定界，即添加必要的首部和尾部。

（3）实现数据的透明传输并使用 MAC 地址提供对介质的访问。

（4）流量控制：控制发送方数据的发送速率，使接收方能够完全接收。

注意：在 OSI 体系结构中，数据链路层具有流量控制的功能。而在 TCP/IP 体系结构中，流量控制功能被移到了传输层。因此，有部分教材将流量控制放在传输层进行讲解。

（5）差错控制：主要对数据传输中的差错进行检测和纠正，提供"无比特差错"传输。

（6）将数据和控制信息区分开：通过一定措施区分帧中的数据和控制信息。

3.2 组帧

组帧就是在一段数据的前后分别添加首部和尾部，确定帧的界限。组帧的目的是解决帧定界、帧同步、透明传输等问题。接收端在收到物理层上交的比特流后，就能根据首部和尾部的标记，从收到的比特流中识别帧的开始和结束。通常有 4 种组帧方法：

（1）字符计数法：使用帧头部的一个域指定该帧中的字符数。

（2）字符填充的首尾定界符法：使用特定字符来确定一帧的开始与结束。

（3）零比特填充的首尾标志法：以 01111110 作为每一帧的开始和结束标志，发送方在发送数据时碰到 5 个连续的"1"时，立即在该比特流中添加一个"0"，经过这种比特填充后，就可保证数据字段中不会出现 6 个连续的"1"。接收方做该过程的逆操作以恢复原始数据。

（4）违规编码法：利用物理介质上编码的违规标志来区分帧的开始和结束。如在曼彻斯特编码中，1 编码成"高-低"电平对，0 编码成"低-高"电平对，而"高-高"和"低-低"电平对的编码是违规的，可以用这些违规编码序列来作为帧开始或结束标志。

3.3 差错控制

比特在通信链路的传输过程中可能会产生差错，1 可能会变成 0，0 也可能会变成 1，这就是**比特差错**。链路层的差错控制有两种基本策略：检错编码和纠错编码。

3.3.1 检错编码

检错编码在每个数据块中加入足够的冗余信息，使接收方知道收到的信息是否发生差错（根据某种约定的规则），但不能纠正差错。常见的检错编码有奇偶校验码和循环冗余码。

1. 奇偶校验码

奇偶校验码是奇校验码和偶校验码的统称。它是由 $n-1$ 位信息元和 1 位校验元组成，如果是奇校验码，则在附加上一个校验元以后，码长为 n 的码字中"1"的个数为奇数；如果是偶校验码，则在附加上一个校验元以后，码长为 n 的码字中"1"的个数为偶数。

2. 循环冗余码

数据链路层广泛使用**循环冗余码**（Cyclic Redundancy Code，CRC）检错技术。

循环冗余码（CRC）检错的基本思想：

（1）收发双方约定一个生成多项式 $G(x)$（最高位和最低位必须为1）。k 位位串可视为阶数为 $k-1$ 的多项式的系数序列。例如，可用多项式 x^3+x^2+1 表示位串 1101。

（2）发送方基于待发送的数据和 $G(x)$，计算出冗余码，将冗余码附加到数据后面一起发送。

（3）接收方收到数据和冗余码后，通过 $G(x)$ 来计算收到的数据和冗余码是否产生了差错。

假设一个待传送的 m 位数据，CRC 运算产生一个 r 位的冗余码，称为**帧检验序列**（FCS）。这样所形成的帧将由 $m+r$ 位组成。在所要发送的数据后面增加 r 位的冗余码，虽然增大了传输开销，但却可以进行差错检测，这种代价往往是值得的。这个带检验序列的帧刚好能被预先确定的多项式 $G(x)$ 整除。接收方用相同的多项式去除收到的帧，如果无余数，那么认为无差错。

假设一段 m 位数据，计算冗余码的步骤如下：

（1）加 0。假设 $G(x)$ 的阶为 r，在帧的低位端加上 r 个 0，相当于乘以 2^r。

（2）模 2 除。利用模 2 除法，用 $G(x)$ 对应的数据串去除（1）中计算出的数据串，得到的余数即为冗余码（共 r 位，前面的 0 不可省略）。

多项式以 2 为模运算。按照模 2 运算规则，加法不进位，减法不借位，刚好是异或操作。乘除法类似于二进制的运算，只是在做加减法时按模 2 运算规则进行。

注意：循环冗余码是具有纠错功能的，只是数据链路层仅使用了它的检错功能，检测到帧出差错则直接丢弃，这是为了方便协议的实现。

3.3.2 纠错编码

在数据通信的过程中，解决差错问题的一种方法是在每个要发送的数据块上附加足够的冗余信息，使接收方能够推导出发送方实际送出的应该是什么样的比特串。

常见的纠错码有海明码，它只能纠正单比特错。

3.4 流量控制与可靠传输机制

3.4.1 流量控制、可靠传输与滑动窗口机制

流量控制涉及对链路上的帧的发送速率的控制，以使接收方有足够的缓冲空间来接收每个帧。

1. 停止-等待流量控制

发送方每发送一帧，都要等待接收方的应答信号，之后才能发送下一帧；接收方每接收一帧，都要反馈一个应答信号，表示可接收下一帧，如果接收方不反馈应答信号，则发送方须一直等待。每次只允许发送一帧，然后就陷入等待接收方确认信息的过程中，因而传输效率很低。

2. 滑动窗口流量控制

发送方维持一组连续的允许发送的帧的序号，称为**发送窗口**，其大小表示在还未收到对方确认信息的情况下，发送方最多还可以发送多少个数据帧。同时，接收方也维持一组连续的允许接收的帧的序号，称为**接收窗口**，它是为了控制接收方可以接收哪些数据帧。

发送端每收到一个确认帧，发送窗口就向前滑动一个帧的位置，这样就有一个新的序号落入发送窗口，序号落入发送窗口内的数据帧可以继续发送。当发送窗口内没有可以发送的帧（即窗口内的帧已全部发送但未收到确认）时，发送方就会停止发送。接收方每收到一个序号落入接收窗口的数据帧，才允许将该帧收下，然后将接收窗口向前滑动一个位置，并发回确认。若收到的数据帧落在接收窗口之外，则一律丢弃。

滑动窗口有以下重要特性：

（1）只有接收窗口向前滑动时（同时发送了确认帧），发送窗口才有可能向前滑动。

（2）从滑动窗口的概念看，以下 3 种协议只在发送窗口和接收窗口的大小上有所差别：

- 停止-等待协议：发送窗口 $W_T=1$，接收窗口 $W_R=1$。
- 后退 N 帧协议：发送窗口 $W_T>1$，接收窗口 $W_R=1$。
- 选择重传协议：发送窗口 $W_T>1$，接收窗口 $W_R>1$。
- 若采用 n 比特对帧编号，后两种滑动窗口协议还需满足：$W_T+W_R \leqslant 2^n$。

（3）当接收窗口的大小为 1 时，可保证帧的有序接收。

（4）在数据链路层的滑动窗口协议中，窗口大小在传输过程中是固定的（与传输层不同）。

3. 可靠传输机制

可靠传输是指发送方发送的数据都能被接收方正确接收，通常采用**确认**和**超时重传**两种机制来实现。确认是指接收方每收到发送方发来的数据帧，都要向发送方发回一个确认帧，表示已正确地收到该数据帧。超时重传是指发送方在发送一个数据帧后就启动一个计时器，如果在规定时间内没有收到所发送数据帧的确认帧，那么就重发该数据帧，直到收到确认帧为止。

使用这两种机制的可靠传输协议称为**自动重传请求**（ARQ），它意味着重传是自动进行的，接收方不需要对发送方发出重传请求。在 ARQ 协议中，数据帧和确认帧都必须**编号**，以区分确认帧是对哪个数据帧的确认，以及哪些数据帧还未被确认。ARQ 协议分为 3 种：**停止-等待**（Stop-and-Wait）协议、**后退 N 帧**（Go-Back-N）协议和**选择重传**（Selective Repeat）协议。

注意：当今的实际有线网络的数据链路层很少采用可靠传输（不同于 OSI 参考模型），因此大多数教材把这部分内容放在传输层中讨论，本书按照统考 408 考试大纲，不做变动。

3.4.2 单帧滑动窗口与停止-等待协议

在**停止-等待**协议中，发送窗口和接收窗口的大小均为 1，发送方发送单个帧后必须等待确认，在接收方的应答到达发送方之前，发送方不能发送其他的数据帧。

在停止-等待协议中，出现的差错可能有以下两种情况：

第一种情况是，到达接收方的数据帧可能已遭破坏，接收方利用差错控制技术检出后，简单地将该帧丢弃。为了应对这种可能发生的情况，发送方装备了计时器。在一个帧发送之后，发送方等待确认，如果在计时器计满时仍未收到确认，则再次发送相同的帧。

另一种情况是数据帧正确而确认帧被破坏。为了避免这样的问题，发送的帧交替地用 0 和 1 来标示，肯定确认则用 ACK0 和 ACK1 来表示，当收到的确认有误时，则重传。

对于停止-等待协议，由于每发送一个数据帧就停止并等待，因此用 1 位来编号就已足够。为了超时重传和判定重复帧的需要，发送方和接收方都须设置一个帧缓冲区。

停止-等待协议的信道利用率很低。为了提高传输效率，就产生了**连续 ARQ 协议**（后退 N 帧协议和选择重传协议），发送方可连续发送多个数据帧，而不是每发完一个数据帧就停止和等待确认。

3.4.3　多帧滑动窗口与后退 N 帧协议

在后退 N 帧协议中，发送方可以在未收到确认帧的情况下，将序号在发送窗口内的多个数据帧全部发送出去。后退 N 帧的含义是：假设当发送方发送了 N 个数据帧后，发现该 N 个数据帧的前一个数据帧在计时器超时后仍未收到其确认帧，则该数据帧被判为出错或丢失，此时发送方就不得不重传该出错的数据帧及随后的 N 个数据帧。这意味着，接收方只允许按顺序接收数据帧。

GBN 协议的接收窗口为 1，可保证按序接收数据帧。若采用 n 比特对帧编号，则其发送窗口 W_T 大小满足 $1 < W_T \leq 2^n - 1$。若发送窗口大于 $2^n - 1$，则会使接收方无法分辨新帧和旧帧。

另外须注意的是，在 GBN 协议中，对序号为 n 的帧的确认为累积确认，表明接收方已正确接收到序号为 n 的帧及以前（包括 n 在内）的所有帧。

3.4.4　多帧滑动窗口与选择重传协议

为了进一步提高信道的利用率，可设法只重传出现差错的数据帧或计时器超时的数据帧。但此时必须加大接收窗口，以便先收下发送序号不连续但仍处在接收窗口中的那些数据帧，等到所缺序号的数据帧收到后再一并送交主机。这就是选择重传协议。

为了使发送方仅重传出错的数据帧，接收方不能再采用累积确认，而需要对每个正确接收的数据帧逐一进行确认。并且接收方需要设置足够的帧缓冲区（帧缓冲区的数目等于接收窗口的大小），来暂存那些失序但正确到达且序号落在接收窗口内的数据帧。每个发送缓冲区对应一个计时器，当计时器超时时，缓冲区的数据帧就会被重传。此外，该协议使用了比其他协议更有效的差错处理策略，即一旦接收方怀疑数据帧出错，就会发一个否定帧（NAK）给发送方，要求发送方对 NAK 中指定的数据帧进行重传。选择重传协议的接收窗口 W_R 和发送窗口 W_T 都大于 1，一次可以发送或接收多个数据帧。若采用 n 比特对数据帧编号，需满足条件：$W_R + W_T \leq 2^n$（否则，接收方的接收窗口向前移动后，若有一个或多个确认帧丢失，发送方就会超时重传之前的旧数据帧，接收窗口内的新序号与之前的旧序号会存在重叠现象，接收方就无法分辨是新数据帧还是重传的旧数据帧）。此外，还应满足条件：$W_R \leq W_T$（否则，若接收窗口大于发送窗口，那么接收窗口永远不可能填满，接收窗口多出的空间就毫无意义了）。一般情况下，W_R 和 W_T 的大小是相同的。

3.4.5　三种控制方法的信道利用率

信道利用率是指发送方在一个**发送周期**（从发送方开始发送数据分组到收到第一个确认分组所需的时间）内，有效发送数据的时间占整个发送周期的比率。本节使用分组而不用帧，是为了更具通用性。

1. 停止-等待协议的信道利用率

停止-等待协议的优点是简单，缺点是信道利用率太低。我们用图 4-3-1 来分析这个问题。假定在发送方和接收方之间有一条直通的信道来传送分组。

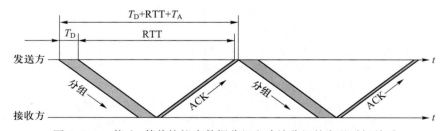

图 4-3-1　停止-等待协议中数据分组和确认分组的发送时间关系

发送方发送数据分组的发送时延为 T_D。显然，T_D 等于分组长度除以数据传输速率。假设数据分组正确到达接收方后，接收方处理数据分组的时间可忽略不计，同时立即发回确认。接收方发送确认分组的发送时延为 T_A（通常可忽略不计）。再假设发送方处理确认分组的时间也可忽略不计，那么发送方在经过时间（$T_D + RTT + T_A$）后就可以再发送下一个数据分组，RTT 是往返时延。因为用来发送数据分组的

仅仅是 T_D 这个时间段，所以停止-等待协议的信道利用率 U 为：

$$U = \frac{T_D}{T_D + \text{RTT} + T_A}$$

由此可知，当往返时延 RTT 大于分组发送时延 T_D 时，信道利用率就会非常低。

2. 连续 ARQ 协议的信道利用率

连续 ARQ 协议采用**流水线传输**，如图 4-3-2 所示，即发送方可连续发送多个数据分组，这样只要发送窗口足够大，就可使信道上有数据持续流动，显然这种方式能获得很高的信道利用率。

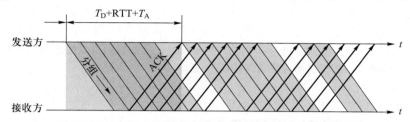

图 4-3-2　连续 ARQ 协议的流水线传输可提高信道利用率

假设连续 ARQ 协议的发送窗口为 n，即发送方可连续发送 n 个数据分组，分为两种情况：

（1）$nT_D < T_D + \text{RTT} + T_A$：即在一个发送周期内可以发送完 n 个数据分组，信道利用率为：

$$U = \frac{nT_D}{T_D + \text{RTT} + T_A}$$

（2）$nT_D \geqslant T_D + \text{RTT} + T_A$：即在一个发送周期内发不完（或刚好发完）$n$ 个数据分组，对于这种情况，只要不发生差错，发送方可以不间断地发送数据分组，信道利用率为 1。

此外，信道平均数据传输速率 = 信道利用率 × 信道带宽（最大数据传输速率）。

3.5　介质访问控制

介质访问控制是当局域网中对共用信道的使用产生竞争时，解决分配信道使用权问题。常见的介质访问控制方法有：信道划分介质访问控制、随机访问介质访问控制和轮询访问介质访问控制。信道划分是静态划分信道的方法，而随机访问和轮询访问是动态分配信道的方法。

3.5.1　信道划分介质访问控制

信道划分介质访问控制将使用介质的多个设备的通信隔离开来，通过多路复用技术实现，把时域和频域资源合理地分配给网络上的设备。多路复用技术可以把多个输入通道的信息整合到一个输出通道，在接收端把收到的信息分离出来传送到对应的输出通道。

1. 频分复用（FDM）

频分复用是将信道的总频带划分为多个子频带，每个子频带作为一个子信道，每对用户使用一个子信道进行通信。所有用户在同一时间占用不同的频带资源。每个子信道分配的频带可不相同，但它们的总和不能超过信道的总频带。

2. 时分复用（TDM）

时分复用是将信道的传输时间划分为一段段等长的时间片，称为 TDM 帧，每个用户在每个 TDM 帧中占用固定序号的时隙，每个用户所占用的时隙周期性地出现（其周期就是 TDM 的长度），所有用户在不同的时间占用同样的信道资源。

3. 波分复用（WDM）

波分复用即光的频分多路复用，指在一根光纤中传输多种不同波长的光信号。

4. 码分复用（CDM）

码分复用采用不同的编码来区分各路信号，更常用的名词是**码分多址**（CDMA），其原理是将每一个比特时间（即发送 1 比特需要的时间）再划分成 m 个短的时间槽，称为**码片**（chip）。每个站点被指派一个唯一的 m 位码片序列。当发送 1 时，站点发送它的码片序列；当发送 0 时，则发送该码片序列的反码。要求各站点的码片序列相互正交。当两个或多个站点同时发送时，各路数据在信道中线性相加。

假设 A 站向 C 站发出的码片向量为 S，B 站向 C 站发出的码片向量为 T，两个不同站的码片序列正交，即规格化内积 $S \cdot T = 0$。一个码片向量与其反码向量的规格化内积也是 0。而任何一个码片向量与自身的规格化内积都是 1，即 $S \cdot S = 1$。C 站收到的信号是各站发送的码片序列的线性叠加（$S_x + T_x$）。根据叠加原理，用 A 站的码片向量与收到的信号求规格化内积，就相当于分别计算 $S \cdot S_x$ 和 $S \cdot T_x$，显然 $S \cdot S_x$ 就是 A 站发出的数据比特，而 $S \cdot T_x$ 一定为 0。

3.5.2 随机访问介质访问控制

在随机访问协议中，所有用户能根据自己的意愿随机地发送信息，占用信道全部速率。在总线网中，当有两个或更多用户同时发送信息时，就会产生帧的**冲突**（或碰撞），导致所有冲突用户的发送均以失败告终。为了解决随机接入发生的冲突，每个用户需要按照一定的规则反复地重传它的帧，直到该帧无冲突地通过。这些规则就是**随机访问介质访问控制**协议。

1. ALOHA 协议

ALOHA 协议分为纯 ALOHA 协议和时隙 ALOHA 协议两种。

纯 ALOHA 协议的思想是任何用户有数据发送就可以发送，每个用户通过监听信道判断是否发生了冲突，一旦发现冲突，随机等待一段时间后重新发送，直到发送成功为止。

时隙 ALOHA 协议的思想是用时钟来统一用户的数据发送，将时间分为离散的时间片。用户每次必须等到下一个时间片才能开始发送数据，从而减少了数据产生冲突的可能性。

2. CSMA 协议

如果每个站点在发送前都先监听一下信道，发现信道空闲后再发送，将会大大降低冲突的可能性，从而提高信道的利用率，这就是**载波监听多路访问**（Carrier Sense Multiple Access，CSMA）协议，它是在 ALOHA 协议基础上的一种改进。有以下 3 种不同的 CSMA 协议：

（1）**1-坚持** CSMA：站点在发送数据前先监听信道，若信道忙则等待，同时继续监听，直至发现信道空闲；一旦信道空闲，就立即发送数据；如果发生冲突，则随机等待一段时间后，再重新监听信道。

（2）**非坚持** CSMA：站点在发送数据前先监听信道，若信道忙则放弃监听，等待一个随机时间后再重新监听；若信道空闲则立即发送数据。非坚持 CSMA 在监听到信道忙后就放弃监听，因此降低了多个节点在等待信道空闲后同时发送数据导致冲突的概率，但也会增加数据在网络中的平均延迟。

（3）**p-坚持** CSMA：只适用于时分信道，站点在发送数据前先监听信道，信道忙则等到下一个时隙再监听；信道空闲则以概率 p 发送数据，以概率 $1-p$ 将发送推迟到下一个时隙。下一个时隙执行相同的操作直至发送成功或检测到信道忙。p-坚持 CSMA 协议是上面两种协议的折中。

3 种不同类型的 CSMA 协议的比较如表 4-3-1 所示。

表 4-3-1　3 种不同类型的 CSMA 协议比较

信道状态	1-坚持	非坚持	p-坚持
空闲	立即发送数据	立即发送数据	以概率 p 发送数据，以概率 $1-p$ 推迟到下一个时间片
忙	继续监听	放弃监听，等待一个随机时间后再监听	持续监听（以时隙为单位），直至信道空闲

3. CSMA/CD 协议

载波监听多路访问/冲突检测（CSMA/CD）是 CSMA 的改进，适用于总线型网络或半双工的网络。对于全双工的网络，由于其采用两条信道，分别用来发送和接收信号，在任何时候，收发双方都可以发送或接收数据，不可能产生冲突，因此不需要 CSMA/CD 协议。**载波监听**是指每个站点在发送前和发送中都必须不停地检测信道，在发送前检测信道是为了获得发送权，在发送中检测信道是为了及时发现发送的数据是否发生了冲突。站点要发送数据前先监听信道，只有信道空闲才能发送，**冲突检测**（collision detection）就是边发送边监听，如果监听到了冲突，则立即停止数据发送，等待一段随机时间后，重新开始尝试发送数据。其工作流程可概括为：先听后发，边听边发，冲突停发，随机重发。

电磁波在总线上的传播速率总是有限的，因此，当某个时刻发送站检测到信道空闲时，此时信道并不一定是空闲的。如图 4-3-3 所示，设 τ 为单程传播时延。在 $t=0$ 时，站点 A 发送数据。在 $t=\tau-\delta$ 时，站点 A 发送的数据还未到达站点 B，由于站点 B 检测到信道空闲而发送数据。经过时间 $\delta/2$ 后，即在 $t=\tau-\delta/2$ 时，站点 A 发送的数据和站点 B 发送的数据发生冲突，但这时站点 A 和站点 B 都不知道。在 $t=\tau$ 时，站点 B 检测到冲突，于是停止发送数据。在 $t=2\tau-\delta$ 时，站点 A 检测到冲突，也停止发送数据。

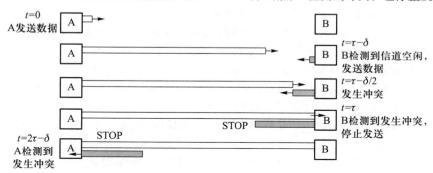

图 4-3-3　传播时延对载波监听的影响

由图 4-3-3 可知，站点 A 在发送帧后至多经过 2τ（端到端传播时延的 2 倍）就能知道所发送的帧有没有发生冲突（当 $\delta\to0$ 时）。因此把以太网端到端往返时延 2τ 称为**争用期**（又称**冲突窗口**）。每个站点在自己发送数据之后的一小段时间内，其发送的数据均存在发生冲突的可能性，只有经过争用期这段时间还没有检测到冲突，才能确定这次发送的数据没有发生冲突。

现考虑一种情况，某站点发送一个很短的帧，但在发送完毕之前并没有检测出冲突。假定这个帧在继续向前传播，到达目的站点之前和其他站点发送的帧发生了冲突，因而目的站点将收到有差错的帧（当然会把它丢弃）。可是发送站却不知道发生了冲突，因而不会重传这个帧。为了避免发生这种情况，以太网规定了一个**最短帧长**（争用期内可发送的数据长度）。在争用期之内如果检测到冲突，站点就会停止发送，此时已发送出去的数据一定小于最短帧长，因此凡长度小于这个最短帧长的帧都是由于冲突而异常中止的无效帧。最短帧长的计算公式为：

$$\textbf{最短帧长}=\text{总线传播时延}\times\text{信息传输速率}\times2$$

例如，以太网规定争用期是 51.2 μs。对于 10 Mb/s 以太网，在争用期内可发送 512 b，即 64 B。如果发生冲突，就一定是在发送的前 64 B 内。由于一旦检测到冲突就立即停止发送，这时发送出去的数据一定小于 64 B。因此，以太网规定最短帧长为 64 B。

一旦发生了冲突，发生冲突的两个站点紧接着重新发送是没有意义的，将会导致无休止的冲突。CSMA/CD 采用**截断二进制指数退避**算法来确定冲突后重传的时机。算法思想如下：

（1）规定基本退避时间为争用期 2τ。

（2）从离散的整数集合 $[0, 1, \dots, 2^k-1]$ 中随机取出一个数，记为 r。重传应推后的时间就是 r 倍的基本退避时间，即 $2r\tau$。参数 $k=\min[\text{重传次数}, 10]$，当重传次数不超过 10 时，k 等于重传次数；当重传次数超过 10 时，k 就不再增大而一直等于 10。

（3）当重传达 16 次仍不能成功时，则说明网络太拥挤，丢弃该帧，并向上一层报告。

使用截断二进制指数退避算法可使重传需要推迟的平均时间随重传次数的增大而增大（这也称**动态退避**），因而能降低发生冲突的概率，有利于整个系统的稳定。

CSMA/CD 算法思想归纳如下：

（1）准备发送：适配器从网络层获得一个分组，封装成帧，放入适配器的缓存。

（2）检测信道：若信道空闲，则开始发送这个帧。若信道忙，则持续检测直至信道空闲。

（3）在发送过程中，适配器仍持续检测信道。这里只有两种可能：

●发送成功：在争用期内一直未检测到冲突，这个帧肯定能发送成功。

- 发送失败：在争用期内检测到冲突，此时立即停止发送，适配器执行指数退避算法，等待一段随机时间后返回到步骤（2）。若重传 16 次仍不能成功，则停止重传并向上一层报错。

4. CSMA/CA 协议

载波监听多路访问/冲突避免（CSMA/CA）协议广泛应用于无线局域网，**冲突避免**（collision avoidance）是指协议的设计要尽量降低冲突发生的概率。由于 802.11 协议下的无线局域网不使用冲突检测，一旦站点开始发送一个帧，就会将该帧发送完毕，但冲突存在时仍然发送整个数据帧（尤其是长数据帧）会严重降低网络的效率，因此要采用冲突避免技术降低冲突的可能性。

由于无线信道的通信质量远不如有线信道，802.11 协议使用链路层确认/重传方案，可见 802.11 无线局域网采用的停止-等待协议是一种可靠传输协议。

为了尽量避免冲突，802.11 协议规定，所有的站点在完成发送后，必须等待一段很短的时间（继续监听）才能发送下一帧。这段时间称为**帧间间隔**（InterFrame Space，IFS）。帧间间隔的长短取决于该站点要发送的帧的类型。802.11 协议使用了下列 3 种 IFS：

（1）SIFS（短 IFS）：最短的 IFS，用来分隔属于一次对话内的各帧（如 ACK 帧、CTS 帧等）。

（2）PIFS（点协调 IFS）：中等长度的 IFS，在中心控制（PCF）操作中使用。

（3）DIFS（分布式协调 IFS）：最长的 IFS，用于异步帧竞争访问的时延。

802.11 还采用了**虚拟载波监听**机制，就是让发送站点把它要占用信道的持续时间（包括目的站点发回 ACK 帧所需的时间）及时通知给所有其他站点，以便使所有其他站点在这段时间内都停止发送，这样就大大减少了冲突的机会。"虚拟载波监听"表示其他站点并没有监听信道，而是由于收到了发送站点的通知才不发送数据，这种效果好像是其他站点都监听了信道。

CSMA/CA 的退避算法和 CSMA/CD 的稍有不同。信道从忙态变为空闲态时，任何一个站点要发送数据帧，不仅都要等待一个时间间隔，而且要进入争用期，计算随机退避时间以便再次试图接入信道，因此降低了冲突发生的概率。当且仅当检测到信道空闲且这个数据帧是要发送的第一个数据帧时，才不使用退避算法，其他所有情况都必须使用退避算法，具体为：① 在发送第一个帧前检测到信道忙；② 每次重传；③ 每次发送成功后要发送下一帧。

CSMA/CA 算法归纳如下：

（1）若站点最初有数据要发送（而不是发送不成功再进行重传），且检测到信道空闲，在等待时间 DIFS 后，就发送整个数据帧。

（2）否则，站点执行 CSMA/CA 退避算法。一旦检测到信道忙，退避计时器就保持不变。只要信道空闲，退避计时器就进行倒计时。

（3）当退避计时器减到 0 时（这时信道只可能是空闲的），站点就发送整个帧并等待确认。

（4）发送站若收到确认帧，就知道已发送的帧被目的站正确接收了。这时如果要发送第二帧，就要从步骤（2）开始，执行 CSMA/CA 退避算法，随机选定一段退避时间。

发送站若在规定时间（由重传计时器控制）内没有收到确认帧，就必须重传该帧，再次使用 CSMA/CA 协议争用信道，直到收到确认帧，或经过若干次重传失败后放弃发送。

处理隐蔽站点的问题：在图 4-3-4 中，站点 A 和 B 都在站接入点（AP）的覆盖范围内，但 A 和 B 相距较远，彼此都"听不见"对方。当 A 和 B 检测到信道空闲时，都向 AP 发送数据，导致冲突的发生。

为了避免该问题，802.11 允许发送站点对信道进行<u>预约</u>，发送站点要发送数据帧之前，先监听信道，若信道空闲，则等待时间 DIFS 后，广播一个**请求发送 RTS**（Request To Send）控制帧，它包括源地址、目的地址和这次通信所需的持续时间。若 AP 正确收到 RTS 帧，且信道空闲，则等待时间 SIFS 后，向发送站点发送一个**允许发送 CTS**（Clear To Send）控制帧，它也包括这次通信所需的持续时间，发送站点收到 CTS 帧后，再等待时间 SIFS 后，就可发送数据帧。若 AP 正确收到了发送站点发来的数据，在等待时间 SIFS 后，就向发送站点发送确认帧 ACK。AP 覆盖范围内的其他站点听到 CTS 帧后，在 CTS 帧中指明的时间内将抑制发送数据，如图 4-3-5 所示。CTS 帧有两个目的：① 给发送站明确的发送许可；② 指示其他站点在预约期内不要发送。

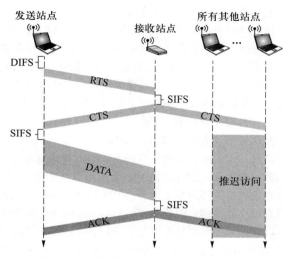

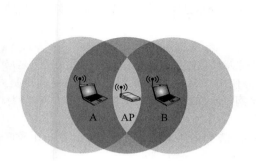

图 4-3-4　站点 A 和 B 同时
向 AP 发送信号，发生冲突

图 4-3-5　使用 RTS 和 CTS 帧的冲突避免

信道预约不是强制性规定，各站点可以自己决定使用或不使用信道预约。只有当数据帧长度超过某一数值时，使用 RTS 和 CTS 帧才比较有利。

5. CSMA/CD 和 CSMA/CA 的区别

（1）CSMA/CD 可以检测冲突，但无法避免冲突；CSMA/CA 发送数据的同时不能检测信道上有无冲突，在发送站点处没有冲突并不意味着在接收站点处就没有冲突，只能尽量避免冲突。

（2）传输介质不同。CSMA/CD 用于总线形以太网，CSMA/CA 用于无线局域网。

（3）检测方式不同。CSMA/CD 通过电缆中的电压变化来检测信道；而 CSMA/CA 采用能量检测、载波检测和能量载波混合检测 3 种检测信道空闲的方式。

总结：CSMA/CA 在发送数据时先广播告知其他站点，让它们在某段时间内不要发送数据，以免出现冲突。CSMA/CD 在发送前监听，边发送边监听，一旦出现冲突马上停止发送。

3.5.3　轮询访问介质访问控制

典型的轮询访问介质访问控制协议是令牌传递协议，它主要用在令牌环局域网中。

在令牌传递协议中，一个**令牌**（Token）沿着环形总线在各站点间依次传递。令牌是一个特殊的控制帧，本身并不包含信息，仅控制信道的使用，确保同一时刻只有一个站点独占信道。当环上的一个站点希望传送帧时，必须等待令牌，一旦取得令牌，便可启动发送帧，因此令牌环网不会发生冲突。站点在发送完一帧后，应释放令牌，以便让其他站点使用。由于令牌在网环上是按顺序依次传递的，因此对所有入网计算机而言，访问权是公平的。

轮询介质访问控制既不共享时间，也不共享空间，它实际上是在随机访问介质访问控制的基础上，限定了有权发送数据的站点只能有一个。这种方式非常适合负载很高的广播信道。

3.6　局域网

3.6.1　局域网的基本概念与体系结构

局域网（local area network，LAN）是指在一个较小的地理范围（如一所学校）内，将各种计算机、外部设备和数据库系统等互相连接起来组成的计算机通信网络。

局域网的特性主要由 3 个要素决定：拓扑结构、传输介质、介质访问控制方式。其中最重要的是介质访问控制方式。常见的局域网拓扑结构主要有 4 大类：星形结构、环形结构、总线形结构、星形和总线形结合的复合型结构。局域网可以使用双绞线、同轴电缆和光纤等多种传输介质，其中双绞线为主流传输介质。局域网的介质访问控制方法主要有：CSMA/CD、令牌总线和令牌环。其中，前两种方法主要用于总线形局域网，令牌环主要用于环形局域网。

IEEE 802 标准定义的局域网参考模型只对应于 OSI 参考模型的数据链路层和物理层，并将数据链路层拆分为两个子层：**逻辑链路控制**（LLC）子层和**介质访问控制**（MAC）子层。与介质访问有关的内容都放在 MAC 子层，它向上层屏蔽对物理层访问的各种差异，主要功能包括：组帧和拆卸帧、差错检测、透明传输。LLC 子层与传输介质无关，它向网络层提供无确认无连接、面向连接、带确认无连接、高速传送 4 种不同的连接服务类型。IEEE 802 委员会制定的 LLC 子层作用已经不大，因此现在许多网卡仅装有 MAC 协议而没有 LLC 协议。

3.6.2 以太网与 IEEE 802.3

目前，以太网在局域网市场上几乎占有垄断地位，但要注意局域网不等同于以太网，以太网只是局域网的一种标准。以太网在逻辑上采用总线形拓扑结构，并使用 CSMA/CD 协议对总线进行访问控制。严格来说，以太网应当是指符合 DIX Ethernet V2 标准的局域网，但 DIX Ethernet V2 标准与 IEEE 802.3 标准只有很小的差别，因此通常将 802.3 局域网简称为**以太网**。

以太网采用两项措施以简化通信：① 采用无连接的方式，差错的纠正则由高层完成；② 采用曼彻斯特编码，接收端利用中间的电压转换方便地提取位同步信号。

以太网常用的传输介质有 4 种：粗缆、细缆、非屏蔽双绞线和光纤，它们的适用情况见表 4-3-2。

表 4-3-2 常用的传输介质的适用情况

标准名称	10BASE5	10BASE2	10BASE-T	10BASE-F
传输媒体	同轴电缆（粗缆）	同轴电缆（细缆）	非屏蔽双绞线	光纤对（850 nm）
编码	曼彻斯特编码	曼彻斯特编码	曼彻斯特编码	曼彻斯特编码
拓扑结构	总线形	总线形	星形	点对点
最大段长	500 m	185 m	100 m	2 000 m
最多节点数目	100	30	2	2

注意：上表中，BASE 之前的 10 指该标准的速率为 10 Mb/s；BASE 指基带以太网；早期标准 BASE 之后的 5 或 2 指单段最大传输距离不超过 500 m 或 185 m，BASE 之后的 T 指双绞线，F 指光纤。

计算机与外界局域网的连接是通过主机内的网络适配器实现的。网络适配器又称为网络接口板或网卡，工作在物理层和数据链路层。每块**网络适配器**在出厂时都有一个全球唯一的编码，称为 MAC **地址**，也称物理地址。MAC 地址长 6 字节，一般用由连字符（或冒号）分隔的 12 个十六进制数表示，如 02-60-8c-e4-b1-21，高 24 位为厂商代码，低 24 位为厂商自行分配的网卡序列号。

由于总线使用的是广播通信，因此网卡从网络上每收到一个 MAC 帧，首先要用硬件检查 MAC 帧中的目的地址。如果是发往本站的帧就收下，否则丢弃。这里 "发往本站的帧" 包括以下 3 种帧：

- 单播帧（一对一）：收到的帧的目的地址与本站点的 MAC 地址相同。
- 广播帧（一对全体）：发送给本局域网上所有站点的帧（全 1 地址）。
- 多播帧（一对多）：发送给本局域网上一部分站点的帧。

以太网 MAC 帧格式有两种标准：DIX Ethernet V2 标准（即以太网 V2 标准）和 IEEE 802.3 标准。这里介绍最常用的以太网 V2 标准的 MAC 帧格式，如图 4-3-6 所示。

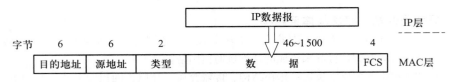

图 4-3-6 以太网 V2 标准的 MAC 帧格式

注意：以太网帧不需要帧结束定界符，因为以太网在传送帧时，各帧之间必须有一定的间隙。因此，接收方只要找到帧开始定界符，其后面连续到达的比特流就都属于同一个帧。

- 目的地址：6 B，帧在局域网上的目的适配器的 MAC 地址。
- 源地址：6 B，帧在局域网上的源适配器的 MAC 地址。
- 类型：2 B，指出数据字段中的数据应交给哪个上层协议处理，如网络层的 IP 协议。
- 数据：46~1 500 B，包含高层的协议消息。以太网的最大传输单元是 1 500 B，如果 IP 数据报超过了 1 500 B，则必须将该 IP 数据报分片。此外，由于 CSMA/CD 算法的限制，以太网 MAC 帧必须满足最小长度要求 64 B，当数据较少时必须加以填充（0~46 B）。
- 校验码（FCS）：4 B，校验范围从目的地址段到数据段的末尾。

802.3 标准帧格式与以太网 V2 标准帧格式的不同之处在于，用长度域替代了类型域，指出数据域的长度。在实践中，前述长度/类型两种机制可以并存，由于 802.3 标准帧数据段的最大字节数是 1 500，所以长度段的最大值是 1 500，因此从 1 501 到 65 535 的值可用于类型段标识符。

3.6.3　IEEE 802.11 无线局域网

无线局域网可分为两大类：**有固定基础设施**的无线局域网和**无固定基础设施**的移动自组织网络。所谓"固定基础设施"是指预先建立的、能覆盖一定地理范围的固定基站。

这里仅讨论有固定基础设施的无线局域网。对于这类无线局域网，IEEE 制定了无线局域网的 802.11 系列协议标准，包括 802.11a/b/g/n 等。802.11 标准使用星形拓扑，其中心称为**接入点**（access point，AP），在 MAC 层使用 CSMA/CA 协议。802.11 标准规定无线局域网的最小构件是**基本服务集**（BSS），一个基本服务集包括一个接入点和若干移动站。各站在本 BSS 内之间的通信，或与本 BSS 外部站的通信，都必须通过本 BSS 的 AP。安装 AP 时，必须为该 AP 分配一个服务集标识符（SSID）和一个信道。使用 802.11 系列协议的局域网又称 Wi-Fi。

802.11 帧共有 3 种类型，即**数据帧**、**控制帧**和**管理帧**。数据帧的格式如图 4-3-7 所示。

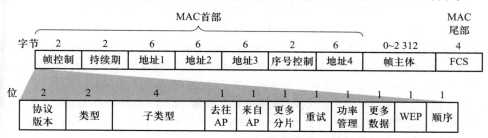

图 4-3-7　802.11 标准的数据帧格式

802.11 数据帧由以下 3 大部分组成：

（1）MAC 首部，共 30 字节。帧的复杂性都在 MAC 首部。

（2）帧主体，即帧的数据部分，不超过 2 312 字节。它比以太网的最大长度长很多。

（3）MAC 尾部，帧校验序列 FCS 是尾部，共 4 字节。

802.11 帧的 MAC 首部中最重要的是 4 个地址字段，上述地址都是 MAC 地址。这里仅讨论前 3 种地址（地址 4 用于自组网络）。这 3 个地址的内容取决于帧控制字段中的"去往 AP"和"来自 AP"这两个字段的数值。表 4-3-3 给出了 802.11 帧的地址字段最常用的两种情况。

表 4-3-3　802.11 帧的地址字段最常用的两种情况

去往 AP	来自 AP	地址 1	地址 2	地址 3	地址 4
0	1	接收地址＝目的地址	发送地址＝AP 地址	源地址	——
1	0	接收地址＝AP 地址	发送地址＝源地址	目的地址	——

地址 1 是直接接收数据帧的站点地址，地址 2 是实际发送数据帧的站点地址。

现假定在一个基本服务集中的站点 A 向站点 B 发送数据帧。在站点 A 发往接入点 AP 的数据帧的帧控制字段中，"去往 AP"＝1 而"来自 AP"＝0；地址 1 是 AP 的 MAC 地址，地址 2 是站点 A 的 MAC 地址，地址 3 是站点 B 的 MAC 地址。注意，"接收地址"与"目的地址"并不等同。

AP 接收到数据帧后，转发给站点 B，此时在数据帧的帧控制字段中，"去往 AP"=0 而"来自 AP"=1；地址 1 是站点 B 的 MAC 地址，地址 2 是 AP 的 MAC 地址，地址 3 是站点 A 的 MAC 地址。请注意，"发送地址"与"源地址"也不等同。

3.6.4 虚拟局域网（VLAN）基本概念与基本原理

一个以太网是一个广播域，当一个以太网包含的计算机太多时，会出现大量的广播帧。通过 VLAN，可以把一个较大的局域网分割成一些较小的、与地理位置无关的、逻辑上的 VLAN，而每个 VLAN 是一个较小的广播域。有 3 种划分 VLAN 的方式：基于接口、基于 MAC 地址和基于 IP 地址。

802.3ac 标准定义了支持 VLAN 的以太网帧格式的扩展。其在以太网帧中插入一个 4 字节的标识符（插入在源地址字段和类型字段之间），称为 VLAN 标签，用来指明发送该帧的计算机属于哪个虚拟局域网。插入 VLAN 标签的帧称为 802.1Q 帧，如图 4-3-8 所示。前 2 个字节置为 0x8100，表示这是一个 802.1Q 帧。在 VLAN 标签的后两个字节中，前 4 位没有用，后 12 位是该 VLAN 的标识符 VID，它唯一标识了该 802.1Q 帧属于哪个 VLAN。

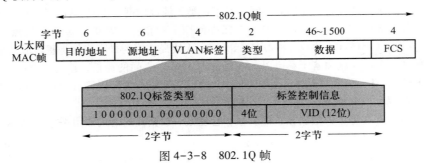

图 4-3-8 802.1Q 帧

如图 4-3-9 所示，交换机#1 连接了 7 台计算机，该局域网划分为两个虚拟局域网 VLAN-10 和 VLAN-20，这里的 10 和 20 就是 802.1Q 帧中 VID 字段的值，由交换机管理员设定。各主机并不知道自己的 VID 值（但交换机必须知道），主机与交换机之间交互的都是标准以太网帧。一个 VLAN 的范围可以跨越不同的交换机，前提是所使用的交换机能够识别和处理 VLAN。交换机#2 连接了 5 台计算机，并与交换机 1 相连。交换机#2 中的 2 台计算机加入 VLAN-10，另外 3 台加入 VLAN-20。这两个 VLAN 虽然都跨越了两个交换机，但都各自是一个广播域。

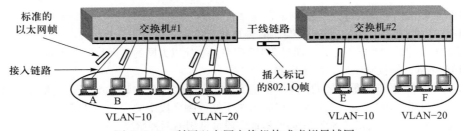

图 4-3-9 利用以太网交换机构成虚拟局域网

假定 A 向 B 发送帧，交换机#1 根据帧首部的目的 MAC 地址，识别 B 属于本交换机管理的 VLAN-10，因此就像在普通以太网中那样直接转发帧。假定 A 向 E 发送帧，交换机#1 必须把帧转发到交换机#2，但在转发前，要插入 VLAN 标签，否则交换机 2 不知道应把帧转发给哪个 VLAN。因此在交换机接口之间的干线链路上传送的帧是 802.1Q 帧。交换机#2 在向 E 转发帧之前，要拿走已插入的 VLAN 标签，因此 E 收到的帧是 A 发送的标准以太网帧，而不是 802.1Q 帧。如果 A 向 C 发送帧，那么情况就复杂了，因为这是在不同网络之间的通信，虽然 A 和 C 都连接到同一个交换机，但它们已处在不同的网络中（VLAN-10 和 VLAN-20），需通过上层的路由器来解决。

虚拟局域网只是局域网给用户提供的一种服务，并不是一种新型局域网。

3.7 广域网

3.7.1 广域网的基本概念

广域网（wide area network，WAN）通常是指覆盖范围很广（远超一个城市的范围）的长距离网络，它是因特网的核心部分，其任务是长距离运送主机所发送的数据。

广域网不等于互联网。互联网可以连接不同类型的网络（既可以连接局域网，又可以连接广域网），通常使用路由器来连接。图4-3-10展示了由相距较远的局域网通过路由器与广域网相连而形成的一个覆盖范围很广的互联网。广域网由一些节点交换机（注意不是路由器。节点交换机在单个网络中转发分组，而路由器在多个网络构成的互联网中转发分组）以及连接这些交换机的链路组成。节点交换机执行将分组存储转发的任务。节点交换机之间都是点到点连接，但为了提高网络的可靠性，通常一个节点交换机与多个节点交换机相连。

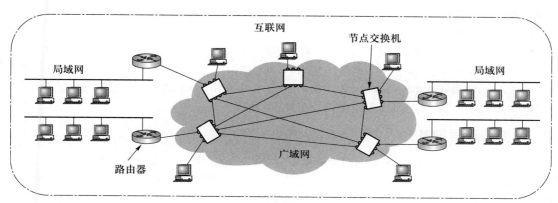

图4-3-10　由局域网和广域网组成互联网

从层次上看，广域网和局域网的区别很大，因为局域网使用的协议主要在数据链路层（还有少量物理层的内容），而广域网使用的协议主要在网络层。

在通信线路质量较差的年代，能实现可靠传输的HDLC协议成为当时比较流行的数据链路层协议。但对于现在误码率很低的点对点有线链路，更简单的PPP协议则是目前使用最广泛的数据链路层协议。

3.7.2 PPP协议

点对点协议（point-to-point protocol，PPP）主要有两种应用：① 用户通常都要连接到某个ISP才能接入互联网，PPP协议就是用户计算机与ISP通信时所使用的数据链路层协议；② 广泛应用于广域网路由器之间的专用线路。

PPP协议有3个组成部分：

（1）链路控制协议（LCP）。用于建立、配置和测试数据链路连接。

（2）网络控制协议（NCP）。每一个协议支持不同的网络层协议。

（3）一个将IP数据报封装到串行链路的方法。IP数据报在PPP帧中就是其信息部分。

PPP帧的格式如图4-3-11所示，首部和尾部分别为4个字段和2个字段。

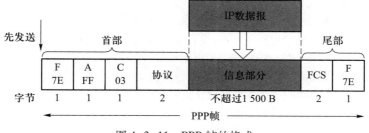

图4-3-11　PPP帧的格式

首部和尾部各有一个**标志字段**（F），规定为 0x7E（01111110），它表示一个帧的开始和结束，即为 PPP 帧的定界符。当标志字段出现在信息段中，就必须采取一些措施使这种形式上和标志字段一样的比特组合不出现在信息段中。当 PPP 使用异步传输时，采用字节填充法，使用的转义字符是 0x7D（01111101）。当 PPP 使用同步传输时，采用零比特填充法来实现透明传输。

地址字段（A）占 1 B，规定为 0xFF，**控制字段**（C）占 1 B，规定为 0x03，这两个字段的意义暂未定义。

协议字段占 2 B，它表示信息段运载的是什么种类的分组，若为 0x0021 时，则信息字段是 IP 数据报。

信息部分的长度是可变的，长度为 0~1500 B。

注意：由于 PPP 是点对点的，并不是总线形，因此无须使用 CSMA/CD 协议，自然就不会有最短帧长的限制，所以信息段占 0~1500 B，而不是 46~1500 B。

帧检验序列（FCS）占 2 B，即为使用 CRC 检验的冗余码。

PPP 协议的特点：

(1) PPP 不使用序号和确认机制，只保证无差错接收（CRC 检验），因而是不可靠服务。

(2) PPP 只支持全双工的点对点链路，不支持多点线路。

(3) PPP 的两端可以运行不同的网络层协议，但仍然可使用同一个 PPP 进行通信。

(4) PPP 是面向字节的，所有 PPP 帧的长度都是整数倍字节。

3.8 数据链路层设备

在数据链路层扩展以太网，最初使用的是网桥，网桥具有识别帧和转发帧的能力。当网桥收到一个帧时，根据该帧首部中的目的 MAC 地址，和网桥中的帧转发表来转发或是丢弃所收到的帧，因此起到了过滤通信量的功能。随着交换机的问世，网桥很快就被淘汰，2022 年的统考大纲已将网桥删除。

1. 以太网交换机的原理和特点

以太网交换机又称二层交换机，二层是指其工作在数据链路层。

对于传统 10 Mb/s 的共享式以太网，若共有 N 个用户，则每个用户占有的平均带宽只有总带宽（10 Mb/s）的 1/N。在使用以太网交换机时，虽然从每个接口到主机的带宽还是 10 Mb/s，但由于一个用户在通信时是独占而不是和其他网络用户共享传输介质的带宽，因此拥有 N 个接口的交换机的总容量为 N×10 Mb/s。这正是交换机的最大优点。

以太网交换机的特点：① 每个接口都直接与单台主机或另一台交换机相连，且一般都采用全双工方式。② 它能同时连通多对接口，使每对相互通信的主机都能像独占传输介质那样，无冲突地传输数据。③ 它是一种即插即用设备，其内部的帧转发表是通过自学习算法自动地逐渐建立起来的。④ 由于使用专用的交换结构芯片，交换速率较高。⑤ 交换机独占传输介质的带宽。

以太网交换机主要采用两种交换模式：① **直通交换方式**。只检查帧的目的 MAC 地址，以决定该帧的转发接口，这使得帧在接收后几乎能马上被传出去。优点是速度快，缺点是不检查差错。② **存储转发交换方式**。先将帧缓存到高速缓存中，并检查数据是否正确，确认无误后再通过查找表将帧发送到相应接口，如果出错则丢弃。优点是可靠性高，并能支持不同速率接口间的转换，缺点是延迟较大。

2. 局域网交换机的自学习能力

决定一个帧是该被转发到某个接口还是该被丢弃，称为**过滤**。决定一个帧该被移动到哪个接口称为**转发**。交换机的过滤和转发借助于交换表（switch table）完成。交换表中的一个表项至少包含：① 一个 MAC 地址；② 连通该 MAC 地址的交换机接口。以图 4-3-12 为例，以太网交换机有 4 个接口，各连一台计算机，MAC 地址分别为 A、B、C 和 D，交换机的交换表初始是空的。

A 先向 B 发送一帧，帧从接口 1 进入交换机。交换机收到帧后，查找交换表，找不到 MAC 地址为 B 的表项。然后，交换机把该帧的源地址 A 和接口 1 写入交换表，并向除接口 1 之外的所有接口广播这个帧（该帧就是从接口 1 进入的，因此不应当把它再从接口 1 转发出去）。C 和 D 丢弃该帧，因为目的地址

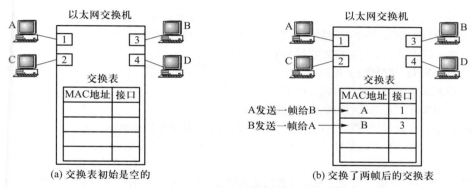

(a) 交换表初始是空的　　　　　　　　　(b) 交换了两帧后的交换表

图 4-3-12　以太网交换机中的交换表

不对。只有 B 才收下这个目的地址正确的帧。交换表中写入（A，1）后，以后从任何接口收到目的地址为 A 的帧，就应当从接口 1 转发出去。这是因为，既然 A 发出的帧从接口 1 进入交换机，那么从接口 1 转发出的帧也应能到达 A。

接下来，假定 B 通过接口 3 向 A 发送一帧，交换机查找交换表后，发现有表项（A，1），将该帧从接口 1 转发给 A。显然，此时已没必要再广播收到的帧。交换机把该帧的源地址 B 和接口 3 写入交换表，表明以后如有发送给 B 的帧，应当从接口 3 转发出去。

经过一段时间，只要主机 C 和 D 也向其他主机发送帧，交换机就会把 C 和 D 及对应的接口号写入交换表中。这样，转发给任何主机的帧，都能很快在交换表中找到相应的转发接口。

考虑到交换机所连的主机会随时变化，这就需要更新交换表中的表项。为此，在交换表中每个表项都设有一定的有效时间，过期的表项自动删除。这就保证交换表中的数据符合当前网络的实际状况。这种自学习方法使得交换机能够即插即用，无须手工配置，因此非常方便。

3. 共享式以太网和交换式以太网的对比

假设交换机已经通过自学习算法逐步建立了完整的转发表，下面举例说明使用集线器的**共享式以太网**与全部使用交换机的**交换式以太网**的区别。

- 主机发送普通帧。对于共享式以太网，集线器将帧转发到其他所有接口，其他各主机中的网卡根据帧的目的 MAC 地址决定接受或丢弃该帧。对于交换式以太网，交换机收到帧后，根据帧的目的 MAC 地址和自身的交换表将帧明确地转发给目的主机。

- 主机发送广播帧。对于共享式以太网，集线器将帧转发到其他所有接口，其他各主机中的网卡检测到帧的目的 MAC 地址是广播地址，就接受该帧。对于交换式以太网，交换机检测到帧的目的 MAC 地址是广播地址，于是从其他所有接口转发该帧，其他各主机收到该广播帧后，就接受该帧。两种情况从效果上看是相同的，但它们的原理并不相同。

- 多对主机同时通信。对于共享式以太网，当多对主机同时通信时，必然会产生冲突。对于交换式以太网，交换机能实现多对接口的高速并行交换，因此不会产生冲突。

可见，集线器既不隔离广播域也不隔离冲突域，而交换机不隔离广播域但隔离冲突域。

3.9　同步练习

一、单项选择题

1. 下列关于数据链路层的描述中，错误的是（　　　）。

A. 数据链路层是 OSI 参考模型的第 2 层

B. 数据链路层使有差错的物理线路变为无差错的数据链路

C. 数据链路层必须实现链路管理、帧传输、流量控制、差错控制等功能

D. 数据链路层向网络层屏蔽了帧结构的差异性

2. 下列选项中，（　　　）很好地描述了 CRC 的特征。

A. 逐个检查每个字符　　　　　　　　　　B. 能检查出 99% 以上的错误

C. 检查不出偶数个位出错的差错　　　　　D. 不如奇偶校验法有效

3. 以下关于数据链路层流量控制的叙述中，正确的是（　　　）。

A. 只有数据链路层存在流量控制

B. 流量控制是为了防止发送方缓冲区溢出

C. 流量控制实际上是对接收方数据流量的控制

D. 流量控制只涉及发送方和接收方两者，而与网络中的其他主机或路由无关

4. 若采用 n 比特对帧进行编号，最多可以有（　　　）帧已发送但没有确认。

A. n　　　　　　B. $2^n - 1$　　　　　　C. 2^n　　　　　　D. 2^{n-1}

5. 在停止−等待协议中，当发送端所发送的数据帧在途中丢失，可能发生的情况是（　　　）。

A. 接收端发送 NAK 应答信号请求重发此帧

B. 发送端在 t_{out} 时间内未收到应答信号，自动重发此帧

C. 接收端经过 t_{out} 时间向主机发送 ACK 应答信号，请求自动重发此帧

D. 发送端不停发送后续帧，直到 t_{out} 时间后未收到应答信号时重发此帧

6. 在后退 N 帧协议中，若发送方已发送编号 0~7 的帧，当计时器超时而 1 号帧的确认帧还没有返回，则发送方需要重发的帧的个数是（　　　）。

A. 1　　　　　　B. 2　　　　　　C. 6　　　　　　D. 7

7. 在选择重传（SR）协议中，当帧的序号字段为 3 比特，且接收窗口和发送窗口尺寸相同时，发送窗口的最大尺寸为（　　　）。

A. 2　　　　　　B. 4　　　　　　C. 6　　　　　　D. 8

8. 下列关于随机访问控制的说法中，正确的是（　　　）。

A. 在 ALOHA 协议中，网络中的任何一个节点发送数据前都要判断信道是否空闲

B. CSMA/CD 协议既可用于半双工环境中，也可用于全双工环境中

C. CSMA 及 CSMA/CD 协议都只能用于物理拓扑是总线形的局域网中

D. CSMA 及 CSMA/CD 协议都只能用于逻辑拓扑是总线形的局域网中

9. CSMA/CD 是一种（　　　）工作方式。

A. 全双工　　　　　B. 半双工　　　　　C. 单工　　　　　D. 其他方式

10. 在一个采用 CSMA/CA 作为介质访问控制方法的网络中，计算机 A 的帧间间隔为 2 个时间片，计算机 B 的帧间间隔为 4 个时间片，计算机 C 的帧间间隔为 8 个时间片，那么（　　　）的数据发送优先级高。

A. 计算机 A　　　　　　　　　　　　　B. 计算机 B

C. 计算机 C　　　　　　　　　　　　　D. 在采用 CSMA/CA 的网络中无法分配优先级

11. 下列叙述中，错误的是（　　　）。

A. 当数据链路层使用 PPP 协议或 CSMA/CD 协议时，都会对所传输的帧进行差错检验

B. 以太网使用 CSMA/CD 协议，其中的载波与 FDM 的载波意义不同

C. 以太网设置最长帧长是为了区分噪声和因发生冲突而异常中止的短帧

D. 一个单个的以太网上所使用的网桥数目理论上没有上限

12. 决定局域网的主要技术要素不包括（　　　）。

A. 网络的拓扑结构　　　　　　　　　　B. 局域网的传输介质

C. 介质访问控制方法　　　　　　　　　D. 网络操作系统

13. 在 OSI 参考模型的各层中，局域网一般不包括（　　　）。

A. 物理层　　　　B. 数据链路层　　　　C. 网络层　　　　D. 介质访问控制层

14. 在采用 CSMA/CD 协议的局域网中，（　　　）。

A. 不存在集中控制的节点

B. 一定是全双工的通信环境

C. 有一个或多个集中控制的节点

D. 每个节点在成功发出数据后，一定不会有冲突发生

15. 关于以太网地址的描述中，错误的是（　　）。

A. 以太网地址长度为 48 位，常采用 6 B 来表示

B. 以太网地址的最高位是 1 表示组地址

C. 以太网地址全部为 1 的地址用于广播

D. 以太网地址中的多播和广播都不需要任何支持，直接可用

16. 测得一个以太网数据的波特率是 40 MBaud，那么其数据传输速率是（　　）。

A. 10 Mb/s　　　　　　B. 20 Mb/s　　　　　　C. 40 Mb/s　　　　　　D. 80 Mb/s

17. 在以太网中，一个数据帧从一个站点开始发送，到数据帧完全到达另一个站点的总时间等于（　　）。

A. 帧的发送时延的 2 倍　　　　　　　　　　B. 帧的发送时延加上信号的传播时延

C. 信号的传播时延的 2 倍　　　　　　　　　D. 信号的传播时延的 2 倍加上帧的发送时延

18. 一个在以太网中的主机试图发送一个帧，当它尝试了 16 次仍然失败后，它应该（　　）。

A. 放弃发送，回复一个失败报告

B. 在 0~1 023 个时间片之间随机选择一个再次尝试发送

C. 在 1 023 个时间片之后再次尝试发送

D. 在 0~216 个时间片之间随机选择一个再次尝试发送

19. 在以太网中，使用截断二进制指数退避算法可以降低再次发送冲突的概率，下列数据帧中发送成功的概率最大的是（　　）。

A. 首次发送的帧　　B. 冲突 2 次的帧　　　C. 冲突 4 次的帧　　　D. 冲突 8 次的帧

20. 假定在使用 CSMA/CD 协议的 10 Mb/s 以太网中某个站点在发送数据时检测到冲突，执行退避算法时选择了随机数 $r=50$，则这个站点要等待（　　）时间后才能再次发送数据？

A. 2.56×10^{-3} s　　B. 2.56×10^{-6} s　　C. 5.12×10^{-3} s　　D. 5.12×10^{-6} s

21. 下列关于网络适配器和 MAC 地址的叙述中，错误的是（　　）。

A. 计算机与局域网的连接是通过主机内的网络适配器完成的

B. 每个网络适配器在出厂时都有唯一的一个 48 位二进制标识，称为 MAC 地址

C. 网络适配器工作在物理层和数据链路层

D. 网络适配器具有流量控制的功能

22. 下列网络中，一定不会发生冲突的是（　　）。

A. 低速以太网　　　　　　　　　　　　　　B. 高速以太网

C. 令牌环网　　　　　　　　　　　　　　　D. 使用 CSMA/CA 协议的无线局域网

23. 一个以太网的帧数据域长度为 20 B，那么它的填充域长度是（　　）。

A. 0 B　　　　　　　　B. 23 B　　　　　　　　C. 45 B　　　　　　　　D. 26 B

24. 下列有关 VLAN 的说法中，正确的是（　　）。

A. 一个 VLAN 组成一个广播域　　　　　　B. 一个 VLAN 是一个冲突域

C. 各个 VLAN 之间不能通信　　　　　　　D. VLAN 之间能通过二层交换机交换信息

25. PPP 有 3 个重要组成部分，其中不包括（　　）。

A. 一个将 IP 数据报封装到串行链路的方法

B. 一个用来建立、配置和测试数据链路连接的链路控制协议

C. 一套网络控制协议

D. 一套用来支持应用层的相关协议

26. 在 PPP 帧格式中，"协议"字段的作用是（　　）。

A. 表示 PPP 所支持的物理层的协议

C. 表示 PPP 所支持的网络层的协议

B. 表示 PPP 所支持的其他数据链路层的协议

D. 表示 PPP 帧中数据字段的类型

二、综合应用题

1. 考虑在一条 20 km 长的点到点光纤链路上运行的 ARQ 算法：

（1）假定光在光纤中的传播速度是 2×10^8 m/s，试计算该链路的传播延迟。

（2）为该 ARQ 建议一个适当的超时值。

（3）按照给出的这个超时值实现 ARQ 算法，为什么该 ARQ 算法在运行过程中还可能因超时而重传帧？

2. 一个总线网的信息传输率为 1 Gb/s，假设电缆长度为 1 km，信号传播速度为 2×10^8 m/s，假设位于总线两端的两台计算机在发送数据时发生了冲突，请问：

（1）两台计算机之间的往返传播时延是多少？

（2）若使用 CSMA/CD 协议，则该网络的最短帧长是多少？

3. A、B 两站点位于长 2 km 的局域网的两端，C 站点位于 A、B 站点之间，信息传输率为 10 Mb/s，信号传播速度为 200 m/μs，B 站点接收完 A 站点发来的一帧数据所需的时间是 80 μs。请问：

（1）数据帧的长度。

（2）若 A、C 两站点同时向对方发送数据帧，4 μs 后两站点发现冲突，求 A、C 两站点的距离。

4. 现在假设共有 4 个站点进行码分多址（CDMA）通信，它们的码片序列分别为：

A. （−1+1−1−1−1−1+1+1−1）　　　　　　B. （−1+1−1+1+1+1−1−1）

C. （−1−1+1−1+1+1+1−1）　　　　　　　D. （−1−1−1+1+1−1+1+1）

现在收到这样的码片序列（−1+1−3+1−1−3+1+1）。问哪些站点发送了数据？发送数据的站点发送的是 0 还是 1？请写出计算过程。

答案与解析

一、单项选择题

1. D

数据链路层为网络层提供的服务主要表现在：正确传输网络层用户数据，为网络层屏蔽物理层采用的传输技术的差异性。

2. B

CRC 码的检错能力很强（比奇偶检验强），从理论上可以证明它有以下检错能力：能检查出所有单比特错；能检查出所有离散的双比特错；能检查出所有奇数个比特错；能检查出所有长度小于或等于冗余码长度（设为 k）的突发错；能以一定概率检查出长度为 $k+1$ 比特的突发错。

3. D

数据链路层、网络层、传输层都有流量控制功能，只是它们的流量控制对象不同，因此 A 项错误。流量控制实际上是对发送方数据流量的控制，目的是使接收方来得及接收数据，因此 B 项、C 项错误。流量控制并不涉及其他主机、路由器，因此 D 项正确。

4. B

若采用 n 比特对帧编号，ARQ 协议要满足：发送窗口尺寸+接收窗口尺寸≤2^n，而接收窗口尺寸至少为 1，因此发送窗口的尺寸最大为 2^n-1。所以最多可以有 2^n-1 帧已发送但没有确认。

5. B

停止−等待协议使用确认和重传机制，就可以在不可靠的传输网络上实现可靠的通信。发送一帧则等待对方的确认，t_{out} 时间内收不到确认则自动重传。

6. D

在后退 N 帧协议中，若某个帧出错，接收方只是简单地丢弃该帧及所有的后续帧，发送方超时后需重传该数据帧及其后续的所有数据帧，因此需要重传的是 1~7 号帧。

7. B

在 SR 协议中，若用 n 比特对帧编号，则窗口大小应满足：接收窗口尺寸+发送窗口尺寸≤2^n；当发送窗口与接收窗口大小相等时，应满足：接收窗口尺寸≤2^{n-1} 且发送窗口尺寸≤2^{n-1}。

8. D

在 ALOHA 协议中，网络中的任一节点可随时发送数据而无须检测冲突，A 项错误。CSMA/CD 协议一般应用于半双工的网络环境中，对于全双工的网络环境，不可能产生冲突，因此不需要 CSMA/CD 协议，B 项错误。ALOHA 协议、CSMA 协议及 CSMA/CD 协议都只能用于逻辑拓扑结构是总线形的局域网（物理拓扑可以是星形或拓展星形结构），C 项错误。

9. B

CSMA/CD 协议中，每个时刻总线上只能有一路传输，如果有两路传输就会产生冲突，但总线上的数据传输方向可以是两个。

10. A

CSMA/CA 的冲突避免要求每个节点在发送数据之前监听信道的状态。如果信道空闲，则可发送数据。发送节点在发送完一个帧后，必须等待一段称为帧间间隔的时间，检查接收方是否返回帧的确认。帧间间隔也可以用于有优先级的发送中，如果一个设备的帧间间隔较小，那么获得传输介质访问权的机会较大，这与二进制指数类型退避算法的优先级思想类似。

11. C

数据链路层使用 PPP 协议或 CSMA/CD 协议时，在数据链路层的接收端对所传输的帧进行差错检验是为了不将已产生差错的帧接收下来。换言之，接收端进行差错检验的目的是"上交主机的帧都是没有传输差错的，有差错的都已经丢弃了"，A 项正确。CSMA/CD 协议的载波是用来表示连接在以太网上的工作站检测到了其他工作站发送到以太网上的电信号，与 FDM 的载波不同，B 项正确。以太网设置最短帧长是为了区分噪声和因发生冲突而异常中止的短帧；设置最长帧长是为了保证每个站点都能公平竞争接入以太网，因为如果某个站点发送特别长的数据帧，则其他的站点就必须等待很长的时间才能发送数据，C 项错误。以太网的网桥仍然使用 CSMA/CD 协议，因此从原理上讲，以太网似乎不应当对网桥的数目有什么限制。但是在实际应用中，每个网桥会引入一帧的时延，因此以太网上的网桥太多就会影响到以太网的性能，D 项正确。

12. D

局域网不一定需要网络操作系统，比如以太网或者令牌环网。局域网内的计算机都处于平等状态，即使任意一台安装网络操作系统，对其他计算机以及网络也不会产生影响。

13. C

局域网只涉及 OSI 参考模型中的物理层和数据链路层。

14. A

CSMA/CD 协议都只能用于逻辑拓扑结构是总线形的局域网（物理拓扑可以是星形或拓展星形结构），因此局域网不存在集中控制的节点，A 项正确、C 项错误。CSMA/CD 协议一般应用于半双工的网络环境中。对于全双工的网络环境，不可能产生冲突，因此不需要 CSMA/CD 协议，B 项错误。每个节点在自己发送数据之后的一小段时间内，存在着遭遇冲突的可能性，只有经过争用期这段时间还没有检测到冲突，才能确定这次发送不会发生冲突，因此 D 项错误。

15. D

以太网帧中的目标地址最高位若是 0，则表示普通地址；若是 1，则表示组地址。一个多播帧被发送给以太网上选择出来的一组站。多播是有选择性的，但是要涉及组的管理，所以多播是不能直接使用的。而广播是粗粒度的，不需要任何组管理的支持。

16. B

以太网采用了曼彻斯特编码，意味着每发送一位就需要 2 个信号周期，那么波特率就是数据率的 2 倍。即波特率为 40 MBaud，数据率为 20 Mb/s。

17. B

在以太网中，若不考虑中继器引入的时延，一个数据帧从源站点到目的站点需要的总时间等于帧的发送时延加上信号的传播时延，因此答案为 B 项。而一个站点从开始发送数据到检测到冲突的时延为信号传播时延的 2 倍。

18. A

截断二进制指数退避算法的过程是在第 i 次冲突之后（$i \leqslant 10$ 时），在 $0 \sim 2^i - 1$ 之间随机选择一个数，然后等待这么多时间片。然而，当 i 超过 10 时，随机数的区间固定在最大值 1 023 上，以后不再增加。在 16 次冲突之后，控制器放弃发送此帧。

19. A

以太网使用截断二进制指数退避算法解决冲突问题，该算法可使冲突后重传数据帧所需要等待的时间随重传次数的增大而增大。

20. A

10 Mb/s 以太网的争用期为 51.2 μs，即 51.2×10^{-6} s，若退避算法选择的随机数为 $r = 50$，则需等待 $50 \times 51.2 \times 10^{-6} = 2.56 \times 10^{-3}$ s 才能再次发送数据。

21. D

网络适配器的主要功能有：数据的封装与解封；链路管理，主要是 CSMA/CD 协议的实现；编码和译码。但网络适配器没有流量控制的功能，因此选项 A、B 正确，选项 D 错。网络适配器工作在 OSI 参考模型的物理层和数据链路层。网络适配器被看作数据链路层设备是因为全世界的每块网络适配器在出厂时都有唯一的一个代码，称为 MAC 地址，这个地址用于控制主机在网络上的数据通信。数据链路层设备（网桥、交换机等）都使用各个网络适配器的 MAC 地址。另外，网络适配器控制着主机对介质的访问，因此网络适配器也工作在物理层，因为它只关注比特，而不关注任何的地址信息和高层协议信息，因此 C 项正确。

22. C

低速以太网只能工作在半双工方式下，使用 CSMA/CD 协议。在高速以太网中，速度小于或等于 1 Gb/s 的以太网可以工作在半双工或者全双工方式下，速度大于或等于 10 Gb/s 的以太网工作在全双工方式下。当工作在全双工方式下时，无须使用 CSMA/CD 协议，因此没有争用问题。而只要网络使用 CSMA/CD 协议，就存在冲突发生的可能，因此选项 A、B 错误。在令牌环网中有一个令牌（特殊的控制帧）沿着总线在网内的各个节点间依次传递，只有当节点获得令牌时才可以发送数据，因此令牌环网不会发生冲突。CSMA/CA 协议中"CA"代表冲突避免，但冲突避免并不意味着没有冲突。发送节点在发送完一个帧后必须等待一段称为帧间间隔的时间，等待接收方发送确认信息，发送方如果收到确认信息，则表明无冲突发生，否则表明有冲突，发送方重发该帧，因此选项 D 错误。

23. D

以太网要求帧的最小长度是 64 B，源地址、目的地址、类型和校验域占用了 18 B，那么一个有 20 B 数据的以太网帧的长度就是 38 B，还需要填充 26 B。

24. A

VLAN 把一个物理上的网络划分为多个小的逻辑网络。一个 VLAN 形成一个小的广播域，各 VLAN 之间不能直接通信，VLAN 之间通过三层及以上的交换机才能交换信息。

25. D

PPP 有 3 个重要组成部分：一个将 IP 数据报封装到串行链路的方法，一个用来建立、配置和测试数据链路连接的链路控制协议（LCP），一套网络控制协议（NCP）。

26. D

PPP 帧中的"协议"字段是说明信息段中运载的是什么类型的分组。

二、综合应用题

1.（1）传播延迟 $= 20 \times 10^3$ m$/(2 \times 10^8$ m/s$) = 100$ μs。

（2）往返时延大约为 200 μs。可以把超时值设置成该时延长度的 2 倍，即 0.4 ms。考虑到在实际的 RTT 中的变化量值，有时候取小一些的值（但大于 0.2 ms）也许更合理。

（3）上述对传播延迟的计算没有考虑处理延迟，而在实践中远方节点可能引入处理延迟，即它也许不能够立即回答。

2.（1）单程传播时延是 $10^3/(2 \times 10^8) = 5 \times 10^{-6}$ s，即 5 μs，故往返传播时延是 10 μs。

（2）为了保证 CSMA/CD 正常工作，最短帧的发送时延不能小于 10 μs。以 1 Gb/s 速率工作，10 μs 可以发送的比特数为 $(10 \times 10^{-6})/(1 \times 10^{-9}) = 10\,000$，因此，最短帧长应是 10 000 bit。

3.（1）B 站点接收完 A 站点发来的一帧数据所需时间 = 传输时延 + 传播时延，而

传播时延 = 距离/传播速度 $= (2\,000$ m$)/(200$ m/μs$) = 10$ μs。

设数据帧的长度为 H，则有：$H/(10 \times 10^6$ b/s$) + 10$ μs $= 80$ μs。

解得 $H = 700$ b，即数据帧的长度为 700 b。

（2）A、C 两站点同时向对方发送数据帧，4 μs 后两站点同时发现冲突，这说明 4 μs 的数据传播距离就是两站点的距离，即 4 μs×200 m/μs $= 800$ m。

4. 分别计算 A、B、C、D 4 个站点的码片序列与收到的码片序列 M 的规格化内积：

A · M $= (+1+1+3-1+1+3+1-1)/8 = 1$

B · M $= (+1+1+3+1-1-3-1-1)/8 = 0$

C · M $= (+1-1-3-1-1-3+1-1)/8 = -1$

D · M $= (+1-1+3+1-1+3+1+1)/8 = 1$

根据 CDMA 的原理，如收到的码片序列规格化内积为 1 则说明发送的是 1；规格化内积为 −1 则说明发送的是 0；规格化内积为 0，则表示没有发送数据。所以 A、C、D 3 个站点发送了数据，分别为 1，0，1；而 B 站点没有发送任何数据。

第4章 网络层

【真题分布】

主要考点	考查次数	
	单项选择题	综合应用题
IPv4 数据报（分组）	1	3
IPv4 地址与 NAT	2	7
子网划分与子网掩码	7	5
CIDR 与路由聚合	2	3
ARP、DHCP 和 ICMP	3	2
路由协议：RIP、OSPF、BGP	4	1
网络层设备	3	0

【复习要点】

（1）IPv4 分组的格式、各字段的含义，IP 数据报分片的方法。

（2）IPv4 地址，NAT 的原理，子网划分与子网掩码，CIDR 与路由聚合。

（3）ARP、DHCP、ICMP 的功能与工作原理。

（4）路由协议 RIP、OSPF、BGP 的原理与特点，距离－向量路由算法和链路状态路由算法的工作原理。

（5）冲突域和广播域，路由器的功能与特点，路由表/转发表的构造与路由转发。

4.1 网络层的功能

网络层提供主机到主机的通信服务，主要任务是将分组从源主机经过多个网络和多段链路传输到目的主机，可将该任务划分为分组转发和路由选择两种重要功能。OSI 参考模型曾主张在网络层使用面向连接的虚电路服务，认为应由网络自身来保证通信的可靠性。而 TCP/IP 体系的网络层提供的是无连接的数据报服务，其核心思想是应由用户主机来保证通信的可靠性。

4.1.1 异构网络互联

网络互联是指通过一定的方法，用一些中间设备（又称中继系统）将两个以上的计算机网络相互连接起来，以构成更大的网络系统。根据所在的层次，中继系统分为以下4种：

（1）物理层中继系统：转发器，集线器。

（2）数据链路层中继系统：网桥，交换机。

（3）网络层中继系统：路由器。

（4）网络层以上的中继系统：网关。

使用物理层或数据链路层的中继系统时，只是把一个网络扩大了，而从网络层的角度看，它仍然是同一个网络，一般并不称为网络互连。因此网络互连通常是指用路由器进行的网络互连和路由选择。路由器是一台专用计算机，用于在互联网中进行路由选择。

TCP/IP 体系在网络层采用了标准化协议，但相互连接的网络可以是异构的。这些网络通过路由器进行互连，由于参加互连的网络都使用相同的 IP 协议，可以把互连后的网络看成是一个**虚拟互连网络**。其意思是互连起来的各种物理网络的异构性本来是客观存在的，但是通过 IP 协议就可以使这些结构各异的网络在网络层上看起来好像是一个统一的网络。

4.1.2 路由选择与分组转发

路由器主要有两个功能：一个是路由选择，另一个是分组转发。

- 路由选择：根据路由协议构造路由表，同时经常或定期地与相邻路由器交换信息，获取网络最新拓扑，动态更新和维护路由表，以决定分组到达目的节点的最优路径。
- 分组转发：指路由器根据转发表将分组从合适的端口转发出去。

4.1.3 软件定义网络（SDN）的基本概念

网络层的主要任务是转发和路由选择。网络层可被抽象地划分为**数据层面**（也称转发层面）和**控制层面**，转发是数据层面实现的功能，而路由选择是控制层面实现的功能。

SDN 是近年流行的一种创新网络架构，它由集中式的控制层面和分布式的数据层面构成。两个层面相互分离，控制层面利用控制-数据接口对数据层面上的路由器进行集中式控制，方便软件来控制网络。在传统互联网中，每个路由器既有转发表又有路由选择软件，也就是说既有数据层面也有控制层面。但在图 4-4-1 所示的 SDN 架构中，路由器都变得简单了，其不需要路由选择软件了，因此路由器之间不再相互交换路由信息。在网络的控制层面有一个逻辑上的远程控制器（可以由多个服务器组成）。远程控制器掌握各主机和整个网络的状态，为每个分组计算出最佳路由，通过 Openflow 协议（也可以通过其他途径）将转发表（SDN 中称之为流表）下发给路由器。路由器的工作很单纯，即收到分组、查找转发表、转发分组。

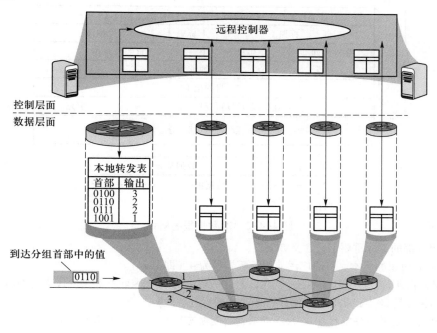

图 4-4-1　SDN 架构

因此，SDN 架构使本来呈分布式的网络又变成集中控制的了。SDN 并非要把整个互联网都改造成如图 4-4-1 所示的集中控制模式，这是不现实的。然而在某些条件下，特别是像一些大型的数据中心之间的广域网，如果使用 SDN 模式来建造，就可以使网络的运行效率更高。

SDN 的可编程性是通过为开发者们提供强大的编程接口来实现的。对上层应用的开发者，SDN 提供的编程接口称为**北向接口**，北向接口提供了一系列丰富的应用程序接口（API），开发者可以在此基础上设计自己的应用而不必关心底层的硬件细节。SDN 控制器和转发设备之间建立的双向会话接口称为**南向接口**，通过不同的南向接口协议（如 Openflow），SDN 控制器就可以兼容不同的硬件设备，同时可以在设备中实现上层应用的逻辑。SDN 控制器集群内部的控制器之间的通信接口称为**东西向接口**，用于增强整个控制层面的可靠性和可拓展性。

SDN 的优点：全局集中式控制和分布式高速转发；灵活可编程与性能的平衡；能降低成本。SDN 的缺点：集中管理容易导致安全风险；控制器可能成为网络性能的瓶颈。

4.1.4　拥塞控制

在通信子网内，由于出现过量的数据包而引起网络性能下降的现象称为拥塞。

为了避免拥塞现象的出现，要采用能防止拥塞的一系列方法对子网进行拥塞控制。拥塞控制主要解决的问题是如何获取网络中发生拥塞的信息，从而利用这些信息进行控制，以避免由于拥塞而出现数据包的丢失以及严重拥塞而产生网络死锁的现象。

拥塞控制的作用是确保子网能够承载所达到的流量，这是一个全局性的过程，涉及各方面的行为：主机、路由器及路由器内部的转发处理过程等。单一地增加资源并不能解决拥塞问题。

4.2　IPv4

4.2.1　IPv4 数据报（分组）

1. IPv4 数据报的格式

一个 IP 数据报由首部和数据部分组成。首部前一部分的长度固定，共 20 B，是所有 IP 数据报必须具有的。首部固定部分的后面是一些可选字段，长度可变。IP 数据报的格式如图 4-4-2 所示。

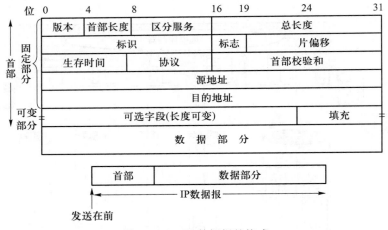

图 4-4-2　IP 数据报的格式

IP 数据报首部的部分重要字段含义如下：

版本：指 IP 协议的版本，目前广泛使用的版本号为 4（即 IPv4）。

首部长度：占 4 位。以 4 B 为单位，4 位二进制数最大为 15，因此首部长度最大为 60 B（15×4 B）。最常用的首部长度是 20 B，此时不使用任何选项（即可选字段）。

注意：IP 首部前两个字节往往以 0x45 开头，解题时可以用于定位 IP 数据报的开始位置。

总长度：占 16 位。首部和数据部分的总长度，单位为 1 B，因此数据报的最大长度为 $2^{16}-1=65\ 535$ B。以太网帧的最大传送单元（MTU）为 1 500 B，因此当一个 IP 数据报被封装成帧时，数据报的总长度（首部加数据部分）一定不能超过数据链路层的 MTU 值。

标识：占 16 位。它是一个计数器，每产生一个数据报就加 1，并赋值给标识字段。但它并不是"序号"（因为 IP 是无连接服务）。当一个数据报的长度超过网络的 MTU 时，必须分片，此时每个数据报分片都复制一次标识号，以便能正确重装成原来的数据报。

标志： 占 3 位。标志字段的最低位是 MF，MF＝1 表示后面还有分片，MF＝0 表示这是最后一个分片。标志字段中间的一位是 DF，只有当 DF＝0 时才允许分片。

片偏移： 占 13 位。它指出较长的数据报在被分片后，某片在原数据报中的相对位置。片偏移以 8 个字节为偏移单位。除最后一个分片外，每个分片的长度一定是 8 B 的整数倍。

生存时间（TTL）：标识数据报在网络中的寿命，以确保数据报不会永远在网络中循环。路由器在转发数据报之前，先把 TTL 减 1。若 TTL 被减为 0，则该数据报必须丢弃。

协议： 占 8 位。指出此数据报携带的数据使用何种协议，即数据报的数据部分应上交给哪个协议进行处理，如 TCP、UDP 等。其中值为 6 时表示 TCP，值为 17 时表示 UDP。

首部校验和： 占 16 位。首部校验和只校验数据报的首部，而不校验数据部分。这是因为数据报每经过一个路由器，都要重新计算首部校验和（有些字段，如生存时间、总长度、标志、片偏移、源／目的地址都可能发生变化），可减少计算的工作量。

源地址和目的地址： 各占 4 B，分别标识发送方和接收方的 IP 地址。

在 IP 首部有 3 个关于长度的标记，首部长度、总长度、片偏移，基本单位分别为 4 B、1 B、8 B。题目中可能会出现这几个长度之间的加减运算。另外，读者要熟悉 IP 首部的各个字段的意义和功能，但通常并不需要记忆 IP 首部的信息，一般情况下如果需要参考首部的相关知识，题目都会直接给出。此外，IP 地址通常是用十六进制数表示的，在分析 IP 首部时要注意进制之间的转换。

2. IP 数据报分片

一个数据链路层数据帧能承载的最大数据量称为**最大传送单元**（MTU）。因为 IP 数据报被封装在数据链路层数据帧中，因此数据链路层的 MTU 严格地限制着 IP 数据报的长度，而且在 IP 数据报的源地址与目的地址路径上的各段链路可能使用不同的数据链路层协议，有不同的 MTU。例如，以太网的 MTU 为 1 500 B，而许多广域网的 MTU 不超过 576 B。当 IP 数据报的总长度大于数据链路层的 MTU 时，就需要将 IP 数据报中的数据分装在多个较小的 IP 数据报中，这些较小的数据报称为片。

片在目的主机的网络层被重新组装，它使用 IP 首部中的标识、标志和片偏移字段来完成对片的重组。创建一个 IP 数据报时，源主机为该数据报加上一个标识号。当一个路由器需要将一个数据报分片时，形成的每个数据报（即片）都具有原始数据报的标识号。目的主机在对片进行重组时，使用片偏移字段来确定片应放在原始 IP 数据报的哪个位置。

例如，一个长 4 000 B 的 IP 数据报，数据部分长 3 980 B，需要转发到一条 MTU 为 1 500 B 的链路上。这意味着原始数据报中的 3 980 B 数据必须被分配到 3 个独立的片中（每片也是一个 IP 数据报）。假定原始数据报的标识号为 777，那么分成的 3 片如图 4-4-3 所示。可以看出，由于偏移值的单位是 8 B，所以除最后一个片外，其他所有片中的有效数据载荷都是 8 的倍数。

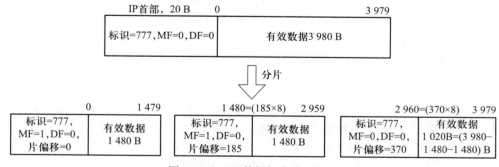

图 4-4-3 IP 数据报分片的例子

4.2.2 IPv4 地址与网络地址转换（NAT）

1. IPv4 地址

连接到因特网上的每台主机（或路由器）都被分配一个 32 位的全球唯一标识符，即 **IP 地址**（如无特别说明，本节讨论的 IP 地址均为 IPv4 地址）。互联网早期采用的是分类的 IP 地址，如图 4-4-4 所示。

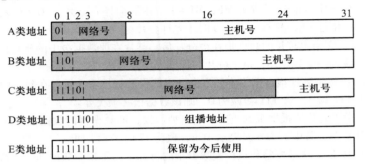

图 4-4-4　分类的 IP 地址

无论哪类 IP 地址，都由网络号和主机号两部分组成。即 IP 地址::={<网络号>,<主机号>}（"::="表示"定义为"）。其中网络号标志主机（或路由器）所连接到的网络。一个**网络号**在整个因特网范围内必须是唯一的。**主机号**标志该主机（或路由器）。一台主机号在它前面的网络号所指明的网络范围内必须是唯一的。由此可见，一个 IP 地址在整个因特网范围内是唯一的。

在各类 IP 地址中，有些 IP 地址具有特殊用途，不用作主机的 IP 地址：

• 主机号全为 0 表示本主机连接到的单个网络地址，如 202.98.174.0。

• 主机号全为 1 表示本网络的广播地址，又称**直接广播地址**，如 202.98.174.255。

• 127.×.×.× 保留为**环回自检**（loopback test）地址，此地址表示任意主机本身，目的地址为环回地址的 IP 数据报永远不会出现在任何网络上。

• 32 位全为 0，即 0.0.0.0 表示本网络上的本主机。

• 32 位全为 1，即 255.255.255.255 表示整个 TCP/IP 网络的广播地址，又称**受限广播地址**。在实际使用时，由于路由器对广播域的隔离，255.255.255.255 等效为本网络的广播地址。

常用的 3 种类别 IP 地址的使用范围见表 4-4-1。

表 4-4-1　3 种类别 IP 地址的使用范围

IP 地址类别	最大网络数	第一个可用的网络号	最后一个可用的网络号	每个网络中最大的主机数
A	2^7-2	1	126	$2^{24}-2$
B	2^{14}	128.0	191.255	$2^{16}-2$
C	2^{21}	192.0.0	223.255.255	2^8-2

在表 4-4-1 中，A 类地址可用的网络数为 2^7-2，减 2 的原因是：第一，网络号字段全为 0 的 IP 地址是保留地址，意思是"本网络"；第二，网络号为 127 的 IP 地址是环回自检地址。

IP 地址有以下重要特点：

（1）IP 地址是一种分等级的地址结构。分等级的好处是：IP 地址管理机构在分配 IP 地址时只分配网络号，而主机号则由得到该网络号的组织自行分配，方便了 IP 地址的管理；路由器仅根据目的主机所连接的网络号来转发分组，从而减小了路由表所占的存储空间。

（2）IP 地址是标志一台主机（或路由器）和一条链路的接口。当一台主机同时连接到两个网络时，该主机就必须同时具有两个相应的 IP 地址，其网络号是不同的。

（3）用转发器或桥接器（网桥等）连接的若干 LAN 仍然是同一个网络（同一个广播域），因此该 LAN 中所有主机的 IP 地址的网络号必须相同，但主机号必须不同。

（4）在 IP 地址中，所有分配到网络号的网络（无论是 LAN 还是 WAN）都是平等的。

（5）在同一个局域网上的主机或路由器的 IP 地址中的网络号必须是一样的。路由器总是具有两个或两个以上的 IP 地址，路由器的每个端口都有一个不同网络号的 IP 地址。

近年来，由于广泛使用无分类 IP 地址进行路由选择，传统分类的 IP 地址已成为历史。

2. 网络地址转换（NAT）

网络地址转换是指通过将专用网络地址（如内部网）转换为公用地址（如因特网），从而对外隐藏内部管理的 IP 地址。它使得整个专用网只需要一个全球 IP 地址就可以与因特网连通，由于专用网本地 IP 地址是可重用的，所以 NAT 大大节省了 IP 地址的消耗。

此外，为了网络安全，划出了部分 IP 地址为私有 IP 地址。**私有 IP 地址**只用于 LAN，不用于 WAN 连接（因此私有 IP 地址不能直接用于因特网，必须通过网关，利用 NAT 把私有 IP 地址转换为因特网中合法的全球 IP 地址后才能用于因特网），并且允许私有 IP 地址被 LAN 重复使用。这有效地解决了 IP 地址不足的问题。私有 IP 地址网段如下：

A 类：1 个 A 类网段，即 **10**. 0. 0. 0 ~ **10**. 255. 255. 255。

B 类：16 个 B 类网段，即 **172. 16**. 0. 0 ~ **172. 31**. 255. 255。

C 类：256 个 C 类网段，即 **192. 168. 0**. 0 ~ **192. 168. 255**. 255。

因特网中的所有路由器，对目的地址是私有 IP 地址的数据报一律不进行转发。这种采用私有 IP 地址的互联网络称为**专用互联网**或**本地互联网**。私有 IP 地址也称**可重用地址**。

使用 NAT 时需要在专用网连接到因特网的路由器上安装 NAT 软件，NAT 路由器至少有一个有效的外部全球 IP 地址。使用本地地址的主机和外界通信时，NAT 路由器使用 NAT 转换表进行本地 IP 地址和全球 IP 地址的转换。NAT 转换表中存放着 ｛本地 IP 地址：端口｝ 到 ｛全球 IP 地址：端口｝ 的映射。通过这种映射方式，可让多个私有 IP 地址映射到一个全球 IP 地址。

以图 4-4-5 为例来说明 NAT 路由器的工作原理：① 假设用户主机 10.0.0.1（随机端口 3345）向 Web 服务器 128.119.40.186（端口 80）发送请求。② NAT 路由器收到 IP 数据报后，为该 IP 数据报生成一个新端口号 5001，把 IP 数据报的源地址更改为 138.76.29.7（即 NAT 路由器的全球 IP 地址），源端口号更改为 5001。NAT 路由器在 NAT 转换表中增加一表项。③ Web 服务器并不知道刚抵达的 IP 数据报已被 NAT 路由器进行了改装，更不知道用户的专用地址，它响应的 IP 数据报的目的地址是 NAT 路由器的全球 IP 地址，目的端口号是 5001。④ 响应数据报到达 NAT 路由器后，通过 NAT 转换表将 IP 数据报的目的 IP 地址更改为 10.0.0.1，目的端口号更改为 3345。

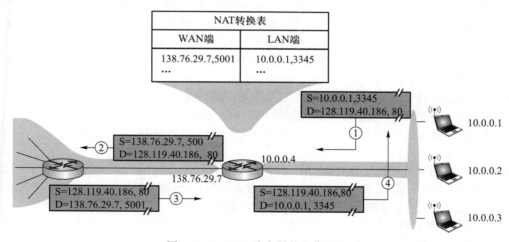

图 4-4-5　NAT 路由器的工作原理

注意：普通路由器在转发 IP 数据报时，不改变其源 IP 地址和目的 IP 地址。而 NAT 路由器在转发 IP 数据报时，一定要转换其 IP 地址（转换源 IP 地址或目的 IP 地址）。普通路由器仅工作在网络层，而 NAT 路由器转发数据报时需要查看和转换传输层的端口号。

4.2.3　子网划分、CIDR 与路由聚合

1. 子网划分

两级 IP 地址的缺点：IP 地址空间的利用率有时很低；给每个物理网络分配一个网络号会使路由表

变得太大因而使网络性能变差；两级的 IP 地址不够灵活。

从 1985 年起，IP 地址中增加了一个"子网号字段"，这使两级 IP 地址变成了三级 IP 地址。这种做法称为**子网划分**。子网划分已成为因特网的正式标准协议。

子网划分的基本思路如下：

（1）子网划分纯属一个组织内部的事情。该组织对外仍然表现为没有划分子网的网络。

（2）划分子网的方法是，从主机号借用若干位作为子网号，当然主机号也就相应减少了相同的位。三级 IP 地址的结构为：**IP 地址** = {<网络号>,<子网号>,<主机号>}。

（3）路由器转发分组仍然是先根据 IP 数据报的目的网络号找到连接到本单位网络上的路由器；然后该路由器再按目的网络号和子网号找到目的子网；最后把 IP 数据报直接交付给目的主机。

注意：① 子网划分只是把 IP 地址的主机号这部分进行再划分，而不改变 IP 地址原来的网络号，因此从 IP 地址本身无法判断源主机或目的主机所连接的网络是否进行了子网划分。② 不论是分类的 IPv4 地址还是 CIDR，其子网中的主机号为全 0 或全 1 的地址都不能被指派，子网中主机号全 0 的地址为子网的网络号，主机号全 1 的地址为子网的广播地址。

2. 子网掩码

为了告诉主机或路由器对一个 A、B、C 类网络进行了子网划分，使用子网掩码来表示对原网络中主机号的借位。**子网掩码**是一个与 IP 地址相对应的、长 32 位的二进制串，它由一串 1 和跟随的一串 0 组成。其中，1 对应于 IP 地址中的网络号及子网号，而 0 对应于主机号。计算机只需将 IP 地址和其对应的子网掩码逐位进行"与"运算，就可得出相应子网的网络地址。

默认网关是子网与互联网连接的设备，也就是连接本机或子网的路由器接口的 IP 地址。当主机发送数据时，根据所发送数据的目的 IP 地址，通过子网掩码来判定目的主机是否在子网中，如果目的主机在子网中，则直接发送即可。如果目的主机不在子网中，则将该数据发送到默认网关，由网关（路由器）将其转发到其他网络，进一步寻找目的主机。

因特网标准规定：所有的网络都必须使用子网掩码。A、B、C 类地址的默认子网掩码分别为 255.0.0.0、255.255.0.0、255.255.255.0。例如，某主机的 IP 地址 192.168.5.56，则子网掩码为 255.255.255.0，进行逐位"与"运算后，得出该主机所在子网的网络号为 192.168.5.0。

由于子网掩码是一个网络或一个子网的重要属性，所以路由器在相互交换路由信息时，必须把自己所在网络（或子网）的子网掩码告诉对方。在分组转发时，路由器把分组的目的地址和某网络的子网掩码按位进行"与"运算，若结果与该网络地址一致，则路由匹配成功，路由器将分组转发至该网络。

在使用子网掩码的情况下：

（1）一台主机在设置 IP 地址信息的同时，必须设置子网掩码。

（2）同属于一个子网的所有主机及路由器的相应端口，必须设置相同的子网掩码。

（3）路由器的路由表中所包含的主要信息有目的网络地址、子网掩码、下一跳地址。

3. 无分类域间路由（CIDR）

CIDR 是在变长子网掩码的基础上提出的一种消除传统 A、B、C 地址及划分子网的概念。例如，如果一个单位需要 2 000 个地址，那么就给它分配一个含有 2 048 个地址的块（8 个连续的 C 类网络），而不是一个完全的 B 类地址。这样可以更有效地分配 IPv4 的地址空间。

CIDR 使用"**网络前缀**"的概念代替子网的概念，与传统分类中 IP 地址最大的区别就是，网络前缀的位数不是固定的，可以任意选取。CIDR 的记法是：

$$IP ::= \{<网络前缀>,<主机号>\}。$$

CIDR 还使用"**斜线记法**"（或称 CIDR 记法），即 IP 地址/网络前缀所占位数。其中，网络前缀所占位数对应于网络号的部分，等效于子网掩码中连续 1 的部分。例如，对于 128.14.32.5/20 这个地址，通过下面的方法可以得到该地址的网络前缀（或者直接截取前 20 位）。

$$逐位"与"运算 \begin{cases} IP &= 10000000.00001110.00100000.00000101 \\ 掩码 &= 11111111.11111111.11110000.00000000 \end{cases}$$

网络前缀 = <u>10000000.00001110.00100000</u>.00000000（128.14.32.0）

斜线记法不仅能表示其 IP 地址，而且还表示这个地址块的网络前缀有多少位。

CIDR 把网络前缀都相同的连续的 IP 地址组成一个"CIDR 地址块"。只要知道 CIDR 地址块中的任何一个地址，就能知道这个地址块的最小地址和最大地址，以及地址块中的地址数。上例的地址 128.14.32.5/20 所在 CIDR 地址块中的最小地址和最大地址为：

最小地址：<u>10000000.00001110.0010</u>0000.00000000（128.14.32.0）

最大地址：<u>10000000.00001110.0010</u>1111.11111111（128.14.47.255）

主机号全 0 或全 1 的地址一般不使用，通常只使用在这两个特殊地址之间的地址。

CIDR 虽然不使用子网，但仍使用"掩码"一词。"CIDR 不使用子网"是指 CIDR 并没有在 32 位地址中指明若干位作为子网字段。但分配到一个 CIDR 地址块的组织，仍然可以在本组织内根据需要划分出一些子网。例如，对于"地址块/20"，可以再继续划分为 8 个子网（从主机号中借用 3 位来划分子网），这时每个子网的网络前缀就变成了 23 位。

4. 路由聚合

由于一个 CIDR 地址块中有很多地址，所以在路由表中就可利用 CIDR 地址块来查找目的网络。这种地址的聚合称为**路由聚合**，或称**构成超网**。路由聚合使得路由表中的一个项目可以表示多个原来传统分类地址的路由，有利于减少路由器之间的信息交换次数，从而提高网络性能。

例如，在如图 4-4-6 所示的网络中，如果不使用路由聚合，那么 R1 的路由表中需要分别有到网络 1 和网络 2 的路由表项。不难发现，网络 1 和网络 2 的网络前缀在二进制表示的情况下，前 16 位都是相同的，第 17 位分别是 0 和 1，并且从 R1 到网络 1 和网络 2 路由的下一跳皆为 R2。若使用路由聚合，在 R1 看来，网络 1 和网络 2 可以构成一个更大的地址块 206.1.0.0/16，到网络 1 和网络 2 的两条路由就可以聚合成一条到 206.1.0.0/16 的路由。

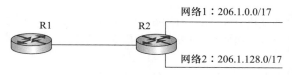

网络1：206.1.0.0/17

网络2：206.1.128.0/17

图 4-4-6　路由聚合的例子

CIDR 地址块中的地址数一定是 2 的整数次幂，实际可指派的地址数通常为 2^n-2，n 表示主机号的位数，主机号全 0 代表网络号，主机号全 1 为广播地址。网络前缀越短，其地址块所包含的地址数就越多。而在三级结构的 IP 地址中，划分子网使网络前缀变长。

CIDR 的优点在于网络前缀长度的灵活性。由于上层网络的前缀长度较短，因此相应的路由表的项目较少。而内部又可采用延长网络前缀的方法来灵活地划分子网。

最长前缀匹配（最佳匹配）：使用 CIDR 时，路由表中的每一项由"网络前缀"和"下一跳地址"组成。在查找路由表时可能会得到不止一个匹配结果。此时，应当从匹配结果中选择具有最长网络前缀的路由，因为网络前缀越长，其地址块就越小，因而路由就越精确。

5. 子网划分的应用举例

通常有两类划分子网的方法：采用定长的子网掩码划分子网，采用变长的子网掩码划分子网。

（1）采用定长的子网掩码划分子网

在采用定长的子网掩码划分子网时，所划分的每个子网使用相同的子网掩码，并且每个子网所分配的 IP 地址数量也相同，因此容易造成地址资源的浪费。

假设某单位拥有一个 CIDR 地址块为 208.115.21.0/24，该单位有 3 个部门，各部门的主机台数分别为 50、20、5，采用定长的子网掩码给各部门分配 IP 地址。

例：部门 1 需要 51 个 IP 地址（含一个路由器接口地址）；部门 2 需要 21 个 IP 地址；部门 3 需要 6 个 IP 地址。接下来，从给定地址块 208.115.21.0/24 的主机号部分借用 2 位作为子网号，这样可以划分为 $2^2=4$ 个子网，每个子网可分配的 IP 地址数为 $2^{8-2}-2=62$，可满足各部门的需求。各子网的划分如下（为书写方便，只把 IP 地址的后 8 位用二进制展开）：

208. 115. 21. 00000000～208. 115. 21. 00111111，地址块"208. 115. 21. 0/26"，分配给部门 1

208. 115. 21. 01000000～208. 115. 21. 01111111，地址块"208. 115. 21. 64/26"，分配给部门 2

208. 115. 21. 10000000～208. 115. 21. 10111111，地址块"208. 115. 21. 128/26"，分配给部门 3

208. 115. 21. 11000000～208. 115. 21. 11111111，地址块"208. 115. 21. 192/26"，留作以后用

子网掩码：255. 255. 255. 11000000，即 255. 255. 255. 192。

（2）采用变长的子网掩码划分子网

在采用变长的子网掩码划分子网时，所划分的每个子网可以使用不同的子网掩码，并且每个子网所分配的 IP 地址数量可以不同，这样就尽可能地减少了地址资源的浪费。

假设各种条件与上例相同，下面采用变长的子网掩码给该单位分配 IP 地址。

部门 1 的主机号需 6 位，剩余 26（32-6＝26）位作为网络前缀；部门 2 的主机号需 5 位，剩余 27（32-5＝27）位作为网络前缀；部门 3 的主机号需 3 位，剩余 29（32-3＝29）位作为网络前缀。接下来，从地址块 208. 115. 21. 0/24 中划分出 3 个子网（1 个"/26"地址块，1 个"/27"地址块，1 个"/29"地址块），并按需分配给 3 个部门。每个子网的最小地址只能选取主机号全 0 的地址。划分方案不唯一，建议从大的子网开始划分。以下是一种划分方案：

208. 115. 21. 00000000
…
208. 115. 21. 00111111
} 地址块 208. 115. 21. 0/26，子网掩码 255. 255. 255. 192
可分配地址 62 个，分配给部门 1

208. 115. 21. 01000000
…
208. 115. 21. 01011111
} 地址块 208. 115. 21. 64/27，子网掩码 255. 255. 255. 224
可分配地址 30 个，分配给部门 2

208. 115. 21. 01100000
…
208. 115. 21. 01100111
} 地址块 208. 115. 21. 96/29，子网掩码 255. 255. 255. 248
可分配地址 6 个，分配给部门 3

208. 115. 21. 01100000
…
208. 115. 21. 11111111
} 剩余 256-64-32-8 ＝ 152 个地址
留作以后划分

再次提醒，子网主机号全 0 或全 1 的地址不能分配。对于一段连接两个路由器的链路，可以分配一个"/30"的地址块，这样可分配地址为 2 个，恰好可分配给链路两端的路由器接口。

6. 网络层转发分组的过程

数据报（分组）转发都是基于目的主机所在网络进行工作的，这是因为互联网上的网络数远小于主机数，可以极大压缩转发表的大小。当分组到达路由器后，路由器根据目的 IP 地址的网络前缀来查找转发表，确定下一跳应当到哪个路由器。因此，在转发表中，每一条路由必须有下面两条信息：

〈目的网络，下一跳地址〉

这样，IP 数据报最终一定可以找到目的主机所在目的网络上的路由器（可能要通过多次间接交付），当到达最后一个路由器时，才试图向目的主机进行直接交付。

采用 CIDR 编址时，为了更快地查找转发表，可以将转发表按前缀的长短排序，把前缀最长的排在第 1 行，按降序排列。这样，从第 1 行最长的前缀开始查找，只要检索到匹配项，就不必再继续查找。

此外，转发表中还可以增加两种特殊的路由：

特定主机路由：对特定目的主机的 IP 地址专门指明一个路由，以方便网络管理员控制和测试网络。若特定主机的 IP 地址是 a. b. c. d，则转发表中对应项的目的网络是 a. b. c. d/32。/32 表示的子网掩码没有意义，但这个特殊的前缀却可以用在转发表中。

默认路由：用特殊前缀 0. 0. 0. 0/0 表示默认路由，全 0 掩码与任何地址按位进行与运算，结果必然全 0，即必然和 0. 0. 0. 0/0 相匹配。只要目的网络不在转发表中，就一律选择默认路由。

综上所述，路由器执行的分组转发算法如下：

（1）从收到的 IP 分组的首部提取目的主机的 IP 地址 D（即目的地址）。

（2）若查找到有特定主机路由（目的地址为 D），就按照这条路由的下一跳转发分组；否则从转发表中下一条（即按前缀长度的顺序）开始检查，执行（3）。

（3）将这一行的子网掩码与目的地址 D 逐位进行"与"操作。若运算结果与本行的前缀匹配，则查找结束，按照指出的"下一跳"进行处理（直接交付本网络上的目的主机，或通过指定接口发送到下一跳路由器）。否则，若转发表还有下一行，则对下一行进行检查，重新执行（3）。否则，执行（4）。

（4）若转发表中有一个默认路由，则把分组传送到默认路由；否则，报告转发分组出错。

值得注意的是，转发表（或路由表）并没有给分组指明到某个网络的完整路径。转发表指出，到某个网络应当先到某个路由器（即下一跳路由器），在到达下一跳路由器后，再继续查找其转发表，知道再下一步应当到哪个路由器。这样一步一步地查找下去，直到最后到达目的网络。

注意：得到下一跳路由器的 IP 地址后，并不是直接将该地址填入待发送的数据报，而是将该 IP 地址转换成 MAC 地址（通过 ARP），将此 MAC 地址填入 MAC 帧首部，然后根据这个 MAC 地址找到下一跳路由器。在不同网络中传送时，MAC 帧的源地址和目的地址要发生变化。

4.2.4 ARP、DHCP 与 ICMP

1. IP 地址与硬件地址

IP 地址是网络层使用的地址，它是分层次的。**硬件地址**（MAC 地址）是数据链路层使用的地址，它是平面式的。IP 地址放在 IP 数据报的首部，而 MAC 地址放在 MAC 帧的首部。通过数据封装，把 IP 数据报封装为 MAC 帧后，数据链路层看不见数据报分组中的 IP 地址。

由于路由器的隔离，IP 网络中无法通过广播 MAC 地址来完成跨网络的寻址，因此在网络层只使用 IP 地址来完成寻址。寻址时，每个路由器依据其路由表选择目标网络地址需要转发到的下一跳（路由器的物理端口号），而 IP 分组通过多次路由转发到达目标网络后，改为在目标局域网中通过数据链路层的 MAC 地址以广播方式寻址。这样可以提高路由选择的效率。

（1）在 IP 层抽象的互联网上只能看到 IP 数据报。

（2）虽然在 IP 数据报首部中有源 IP 地址，但路由器只根据目的 IP 地址进行转发。

（3）在局域网的数据链路层，只能看见 MAC 帧。IP 数据报被封装在 MAC 帧中，通过路由器转发 IP 分组时，IP 分组在每个网络中都被路由器解封装和重新封装，其 MAC 帧首部中的源地址和目的地址会不断改变。这也决定了无法使用 MAC 地址跨网络通信。

（4）IP 层抽象的互联网屏蔽了下层硬件地址体系的复杂细节。只要我们在网络层上讨论问题，就能够使用统一的、抽象的 IP 地址研究主机与主机或路由器之间的通信。

注意：由于路由器互联多个网络，因此它不仅有多个 IP 地址，也有多个硬件地址。

2. 地址解析协议 ARP

无论网络层使用什么协议，在实际网络的链路上传送数据帧时，最终必须使用硬件地址。所以需要一种方法来完成 IP 地址到 MAC 地址的映射，这就是**地址解析协议**。每台主机都设有一个 ARP **高速缓存**，用来存放本局域网上各主机和路由器的 IP 地址到 MAC 地址的**映射表**，称 **ARP 表**。使用 ARP 来动态维护此 ARP 表。

ARP 的工作原理是：主机 A 欲向本局域网上的主机 B 发送 IP 数据报时，先在其 ARP 表中查看有无主机 B 的 IP 地址。如果有，就查出其对应的硬件地址，将此硬件地址写入 MAC 帧，然后通过局域网将该 MAC 帧发往此硬件地址。如果没有，那么就通过使用目的 MAC 地址为 FF-FF-FF-FF-FF-FF 的帧来封装并广播 ARP 请求分组（广播发送），使同一个局域网上的所有主机都收到此 ARP 请求。主机 B 收到该 ARP 请求后，向主机 A 发出 ARP 响应分组（单播发送），分组中包含主机 B 的 IP 地址与 MAC 地址的映射关系，主机 A 收到 ARP 响应分组后就将此映射关系写入 ARP 表，然后按查询到的硬件地址发送 MAC 帧。ARP 由于"看到了"IP 地址，所以它工作在网络层，而 NAT 路由器由于"看到了"端口，所以它工作在传输层。对于某个协议工作在哪个层次，读者应能通过协议的工作原理进行推测。

ARP 用于解决同一个局域网上的主机或路由器的 IP 地址和硬件地址的映射问题。如果所要找的主机和源主机不在同一个局域网上，那么就要通过 ARP 找到一个位于本局域网上的某个路由器的硬件地址，然后把分组发送给这个路由器，让这个路由器把分组转发给下一个网络。剩下的工作就由下一个网络来做，尽管 ARP 请求分组是广播发送的，但 ARP 响应分组是普通的单播，即从一个源地址发送到一个目的地址。使用 ARP 的 4 种典型情况总结如图 4-4-7 所示。

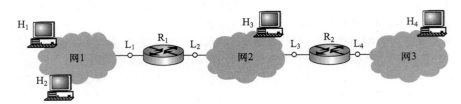

图 4-4-7　使用 ARP 的 4 种典型情况

（1）发送方是主机（如 H_1），要把 IP 数据报发送到本网络上的另一台主机（如 H_2）。这时 H_1 在网 1 用 ARP 找到目的主机 H_2 的硬件地址。

（2）发送方是主机（如 H_1），要把 IP 数据报发送到另一个网络上的一台主机（如 H_4）。这时 H_1 用 ARP 找到与网 1 连接的路由器 R_1 的硬件地址（默认网关），剩下的工作由 R_1 来完成。

注意：开始在 H_1 和 R_1 之间传送时，MAC 帧首部中的源地址是 H_1 的 MAC 地址，目的地址是 L_1 的硬件地址，R_1 收到此 MAC 帧后，在数据链路层，要丢弃原 MAC 帧的首部和尾部，这时首部中的源地址和目的地址分别为 L_2 和 L_3 的 MAC 地址。R_2 收到此帧后，再次更换 MAC 帧的首部和尾部，首部中的源地址和目的地址分别变为 L_4 和 H_4 的 MAC 地址。MAC 帧首部的这种变化，在上面的 IP 层上是看不见的。

（3）发送方是路由器（如 R_1），要把 IP 数据报转发到与 R_1 连接的网络（网 2）上的一台主机（如 H_3）。这时 R_1 在网 2 用 ARP 找到目的主机 H_3 的硬件地址。

（4）发送方是路由器（如 R_1），要把 IP 数据报转发到网 3 上的一台主机（如 H_4）。这时 R_1 在网 2 用 ARP 找到与网 2 连接的路由器 R_2 的硬件地址，剩下的工作由 R_2 来完成。

从 IP 地址到硬件地址的解析是自动进行的，主机的用户并不知道这种地址解析过程。只要主机或路由器和本网络上的另一个已知 IP 地址的主机或路由器进行通信，ARP 就会自动地将这个 IP 地址解析为数据链路层所需的硬件地址。

3. 动态主机配置协议 DHCP

动态主机配置协议常用于给主机动态地分配 IP 地址，它提供了即插即用的联网机制，这种机制允许一台计算机加入新的网络和自动获取 IP 地址。DHCP 是应用层协议，它是基于 UDP 的。

DHCP 的工作原理：需要 IP 地址的主机（DHCP 客户端）在启动时就向 DHCP 服务器广播发送**发现报文**。本地网络上所有主机都能收到此广播报文，但只有 DHCP 服务器才回答此广播报文。DHCP 服务器先在其数据库中查找该计算机的配置信息，若找到，则返回找到的信息；若找不到，则从服务器的 IP 地址池中取一个地址分配给该计算机。DHCP 服务器的回答报文称为**提供报文**。

DHCP 服务器和 DHCP 客户端的交换过程如下：

（1）DHCP 客户端广播"DHCP 发现"消息，试图找到网络中的 DHCP 服务器，以便从 DHCP 服务器获得一个 IP 地址。源地址为 0.0.0.0，目的地址为 255.255.255.255。

（2）DHCP 服务器收到"DHCP 发现"消息后，广播"DHCP 提供"消息，其中包括提供给 DHCP 客户端的 IP 地址。源地址为 DHCP 服务器地址，目的地址为 255.255.255.255。

（3）DHCP 客户端收到"DHCP 提供"消息，如果接受该 IP 地址，那么就广播"DHCP 请求"消息向 DHCP 服务器请求提供 IP 地址。源地址为 0.0.0.0，目的地址为 255.255.255.255。

（4）DHCP 服务器广播"DHCP 确认"消息，将 IP 地址分配给该 DHCP 客户端。源地址为 DHCP 服务器地址，目的地址 255.255.255.255。

DHCP 允许网络上配置多台 DHCP 服务器，当 DHCP 客户端发出"DHCP 发现"消息时，有可能收到多个应答消息。这时，DHCP 客户端只会挑选其中的一个，通常挑选最先到达的。

DHCP 服务器分配给 DHCP 客户端的 IP 地址是临时的，因此 DHCP 客户端只能在一段有限的时间内使用这个分配到的 IP 地址。DHCP 称这段时间为**租用期**。租用期的数值应由 DHCP 服务器决定，DHCP 客户端也可在自己发送的报文中提出对租用期的要求。

DHCP 的客户端和服务器需要通过广播方式来进行交互，原因是在 DHCP 执行初期，客户端不知道服务器的 IP 地址，而在执行中间，客户端并未被分配 IP 地址，从而导致两者之间的通信必须采用广播的方式。采用 UDP 而不采用 TCP 的原因也很明显：TCP 需要建立连接，如果连对方的 IP 地址都不知道，那么更不可能通过双方的套接字建立连接。

DHCP 是应用层协议，因为它是通过客户/服务器方式工作的，DHCP 客户端向 DHCP 服务器请求服务，而其他层次的协议是没有这种工作方式的。

4. 网际控制报文协议 ICMP

为了提高 IP 数据报交付成功的概率，网络层使用了**网际控制报文协议**来让主机或路由器报告差错和异常情况。ICMP 报文被封装在 IP 数据报中发送，但 ICMP 不是高层协议，而是网络层协议。

ICMP 报文有两种，即 ICMP 差错报告报文和 ICMP 询问报文。

ICMP 差错报告报文共有以下 4 种类型：

（1）终点不可达报文。当路由器或主机不能交付数据报时，就向源地址发送终点不可达报文。

（2）时间超过报文。当路由器收到 TTL 为 0 的数据报，或在规定的时间内不能收到一个数据报的全部分片时，就把已收到的数据报（或片）全部丢弃，并向源地址发送时间超过报文。

（3）参数问题报文。当路由器或目的主机收到的数据报的首部中有的字段值不正确时，就丢弃该数据报，并向源地址发送参数问题报文。

（4）改变路由（重定向）报文。路由器把改变路由报文发送给主机，让主机知道下次应将数据报发送给另外的路由器（可通过更好的路由）。

对于以下几种情况，不应发送 ICMP 差错报告报文：

（1）对 ICMP 差错报告报文，不再发送 ICMP 差错报告报文。

（2）对一个数据报除第一个分片外的所有后续分片，都不发送 ICMP 差错报告报文。

（3）对具有组播地址的数据报，都不发送 ICMP 差错报告报文。

（4）对具有特殊地址（如 127.0.0.0 或 0.0.0.0）的数据报，不发送 ICMP 差错报告报文。

ICMP 询问报文有 4 种类型：回送请求和回答报文、时间戳请求和回答报文、地址掩码请求和回答报文、路由器询问和通告报文，最常用的是前两类。

ICMP 的两个常见应用是分组网间探测 PING（用来测试两台主机之间的连通性）和 Traceroute（UNIX 中的名字，在 Windows 中是 Tracert，可以用来跟踪分组经过的路由）。其中 PING 使用了 ICMP 回送请求和回答报文，Traceroute（Tracert）使用了 ICMP 时间超过报文。

4.3 IPv6

4.3.1 IPv6 的主要特点

目前广泛使用的 IPv4 是在 20 世纪 80 年代初被推行的，互联网经过几十年的飞速发展，现在，IPv4 地址已经耗尽，为了解决 IP 地址耗尽的问题，有以下 3 种措施：

（1）采用无分类域间路由，使 IP 地址的分配更加合理。

（2）采用网络地址转换方法以节省全球 IP 地址。

（3）采用具有更大地址空间的新版本的 IP 协议 IPv6。

前两种措施只是延长了 IPv4 的使用寿命，只有第三种措施能从根本上解决 IP 地址耗尽的问题。

IPv6 的主要变化如下：

（1）更大的地址空间。IPv6 将地址从 IPv4 的 32 位增大到了 128 位，IPv6 地址空间是 IPv4 的 2^{96} 倍。

（2）扩展的地址层次结构。IPv6 由于地址空间很大，因此可以划分为更多的层次。

（3）灵活的首部格式。IPv6 定义了许多可选的扩展首部。

（4）改进的选项。IPv6 首部长度是固定的，其选项放在有效载荷中，选项是灵活可变的。

（5）允许协议继续扩充。IPv6 允许不断扩充功能，而 IPv4 的功能是不变的。

（6）支持即插即用（即自动配置）。因此 IPv6 不需要使用 DHCP

（7）支持资源的预分配。IPv6 支持实时音/视频等要求保证一定带宽和时延的应用。

（8）IPv6 只有源主机才能分片，是端到端的，不允许类似 IPv4 传输路径中的路由分片。

（9）IPv6 首部长度是固定的 40 B，而 IPv4 首部长度是可变的（必须是 4 B 的整数倍）。

虽然 IPv6 与 IPv4 不兼容，但总体而言它与所有其他的互联网协议兼容，包括 TCP、UDP、ICMP、IGMP 和 DNS 等，只是在少数地方做了必要的修改（大部分是为了处理长地址）。

4.3.2　IPv6 数据报的基本首部

IPv6 数据报由两部分组成：**基本首部**和**有效载荷**（也称**净负荷**）。有效载荷由 0 个或多个可选**扩展首部**（扩展首部不属于 IPv6 数据报的首部）及其后面的**数据部分**构成，如图 4-4-8 所示。

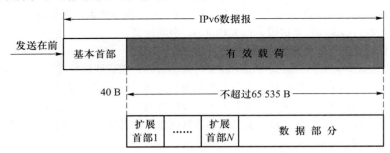

图 4-4-8　具有多个可选扩展首部的 IPv6 数据报的一般形式

由于把首部中不必要的功能取消了，所以 IPv6 基本首部的字段数减少到只有 8 个，但由于 IPv6 地址长度为 128b，因此 IPv6 基本首部的长度反而增大到了 40 B，如图 4-4-9 所示。

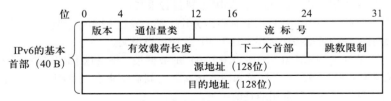

图 4-4-9　IPv6 数据报基本首部的格式

下面简单介绍 IPv6 基本首部中各字段的含义：

（1）**版本**：占 4 位，指明协议的版本，对于 IPv6，该字段的值是 6。

（2）**通信量类**：占 8 位，用来区分不同 IPv6 数据报的类别或优先级。

（3）**流标号**：占 20 位，IPv6 的流是指互联网上从特定源点到特定终点（单播或多播）的一系列数据报（如实时音/视频传输），所有属于同一个流的数据报都具有相同的流标号。

（4）**有效载荷长度**：占 16 位，指明 IPv6 数据报除基本首部以外的字节数（所有扩展首部都算在有效载荷之内）；这个字段的最大值是 65 535（单位为 B）。

（5）**下一个首部**：占 8 位，相当于 IPv4 首部的协议字段或可选字段；当 IPv6 没有扩展首部时，其作用与 IPv4 的协议字段一样；当 IPv6 带有扩展首部时，它就标识后面第一个扩展首部的类型。

（6）**跳数限制**：占 8 位，类似于 IPv4 首部的 TTL 字段。源点在每个数据报发出时即设定某个限制值（最大为 255）；路由器每次转发时将其值减 1，减为 0 时就将该数据报丢弃。

（7）**源地址和目的地址**：各占 128 位，是数据报的发送端和接收端的 IP 地址。

4.3.3　IPv6 地址

IPv6 数据报的目的地址可以是以下 3 种基本类型之一。

（1）**单播**：传统的点对点通信。

（2）**组播**（多播）：一点对多点的通信，数据报被交付到一组计算机中的每一台。

（3）**任播**：IPv6增加的一种类型。任播的目的地址是一组计算机，但数据报在交付时只交付给其中的一台，通常是距离最近的一台。

IPv4地址通常使用点分十进制记法。而IPv6通常使用冒号十六进制记法，每16位的值用十六进制表示，各值之间用冒号分隔，例如4BF5：AA12：0216：FEBC：BA5F：039A：BE9A：2170。还允许把数字前面的0省略，但在域中必须至少有一个数字，例如地址4BF5：0000：0000：0000：BA5F：039A：000A：2176可缩写为4BF5：0：0：0：BA5F：39A：A：2176。当有一串连续的零时，还允许**零压缩**，即一串连续的零用双冒号（::）取代，这样，前述地址可压缩为4BF5::BA5F：39A：A：2176。为了保证零压缩有一个不含混的解释，规定在任一地址中只能使用一次零压缩。

IPv4向IPv6过渡只能采用逐步演进的办法，同时还必须使新安装的IPv6系统能够向后兼容。IPv6系统必须能够接收和转发IPv4数据报，并且能够为IPv4数据报选择路由。

IPv4向IPv6过渡可以采用**两种策略**。**双协议栈技术**是指在一台设备上同时装有IPv4和IPv6协议栈，因此分别配置了一个IPv4地址和一个IPv6地址，这台设备既能和IPv4网络通信，又能和IPv6网络通信。双协议栈主机使用应用层的域名系统（DNS）获知目的主机采用的是哪一种地址。若DNS返回的是IPv4地址，双协议栈的源主机就使用IPv4地址。若DNS返回的是IPv6地址，双协议栈的源主机就使用IPv6地址。**隧道技术**是将整个IPv6数据报封装到IPv4数据报的数据部分，使得IPv6数据报可以在IPv4网络的隧道中传输。当IPv4数据报离开IPv4网络时，再将其数据部分交给主机的IPv6协议。

4.4　路由算法

路由协议的核心是路由算法，即需要何种算法来获得路由表中的各项目。路由算法的目的很简单：给定一组路由器及连接路由器的链路，路由算法要找到一条从源路由器到目的路由器的最佳路径。

4.4.1　静态路由算法与动态路由算法

路由器转发分组是通过路由表实现的，而路由表是通过各种算法得到的。从能否随网络的通信量或拓扑自适应地进行调整变化来划分，路由算法可以分为如下两大类。

静态路由算法（又称非自适应路由算法）：指由网络管理员手工配置每一条路由。

动态路由算法（又称自适应路由算法）：根据网络流量负载和拓扑结构的变化动态调整自身的路由表。

静态路由算法的特点是简单和开销较小，但不能及时适应网络状态的变化，适用于简单的小型网络。动态路由算法能较好地适应网络状态的变化，但实现复杂，开销也大，适用于较复杂的大型网络。

常用的动态路由算法可分为两类：距离-向量路由算法和链路状态路由算法。

4.4.2　距离-向量路由算法

距离-向量路由算法的基础是贝尔曼-福特（Bellman-Ford）算法，它用于计算单源最短路径。每个节点以自身为源点执行Bellman-Ford算法，故在全局上可以解决任意节点对之间的最短路径问题。

下面讨论Bellman-Ford算法的基本思想：

假设$d_x(y)$表示从节点x到节点y的带权最短路径的开销，则有公式：

$$d_x(y) = \min \{ c(x,v) + d_v(y) \} \quad v \text{是} x \text{的所有邻居}$$

其中，$c(x,v)$是从x到其邻居v的开销。已知x的所有邻居到y的最短路径开销，因此从x到y的最短路径开销是对所有邻居v的$c(x,v)+d_v(y)$的最小值，如图4-4-10所示。所有最短路径算法都依赖一种性质，即"两点之间的最短路径也包含了路径上其他节点间的最短路径"。

对于距离-向量路由算法，每个节点x维护下列路由信息：

（1）从x到每个直接相连邻居v的链路开销$c(x,v)$。

（2）节点x的距离向量，即x到网络中其他节点的开销。这是一组距离，因此称**距离向量**。

（3）它收到的每个邻居的距离向量，即x的每个邻居到网络中其他节点的开销。

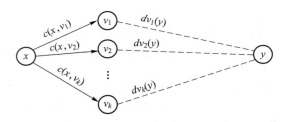

图 4-4-10 Bellman-Ford 算法的基本思想

在距离-向量路由算法中，每个节点定期地向它的每个邻居发送它的距离向量副本。当节点 x 从它的任何一个邻居 v 接收到一个新距离向量，它保存 v 的距离向量，然后使用上述 Bellman-Ford 公式 "$d_x(y) = \min\{c(x,v) + d_v(y)\}$" 更新自己的距离向量。如果节点 x 的距离向量因这个更新步骤而改变，节点 x 接下来继续向它的每个邻居发送其更新后的距离向量。

显然，更新报文的大小与网络中的节点数目成正比，大型网络将导致很大的更新报文。

最常见的距离-向量路由算法是 RIP 算法，它采用"跳数"作为距离的度量。

4.4.3 链路状态路由算法

链路状态是指本路由器都和哪些路由器相邻，以及相应链路的开销。链路状态路由算法要求每个节点都具有全网拓扑结构图（这个拓扑结构图在全网范围内是一致的），它们执行下列两项任务：第一，主动测试所有相邻节点的状态；第二，定期地将链路状态传播给所有其他节点。因此每个节点都知道全网共有多少个节点，以及哪些节点是相连的，其开销是多少等，那么每个节点都可使用 **Dijkstra 最短路径算法**计算出到达其他节点的最短路径。

在链路状态路由算法中，节点每收到一个链路状态报文，便用其更新自己的网络状态"视野图"，一旦链路状态发生变化，就使用 Dijkstra 算法重新计算到达所有其他节点的最短路径。

由于一个节点的链路状态只涉及相邻节点的连通状态，而与整个互联网的规模并无直接关系，因此链路状态路由算法适用于大型的或路由信息变化聚敛的互联网环境。

链路状态路由算法的主要优点是，每个节点都使用同样的链路状态数据独立地计算路径，而不依赖中间节点的计算；链路状态报文不加改变地传播，因此采用该算法易于查找故障。当一个节点从所有其他节点接收到报文时，它就在本地立即计算出正确的路径，保证一步汇聚。最后，由于链路状态报文仅运载来自单个节点关于直接链路的信息，其大小与网络中的节点数目无关，因此链路状态路由算法比距离-向量路由算法有更好的规模可扩展性。

两种路由算法的比较：在距离-向量路由算法中，每个节点仅与它的直接邻居交谈，向它的邻居发送自己的路由表，其大小取决于网络中的节点数目，代价较大。在链路状态路由算法中，每个节点通过广播的方式与所有其他节点交谈，但它仅告诉其他节点与它直接相连链路的开销。

典型的链路状态路由算法是 OSPF 算法。

4.5 路由协议

4.5.1 分层次的路由选择协议

由于互联网的规模非常大，许多联网单位不愿让外界了解自己单位网络的布局细节，因此互联网采用分层次的路由选择协议。为此，可以把整个互联网划分为许多较小的自治系统（Autonomous System，AS）。自治系统是在单一技术管理下的一组路由器，这些路由器使用一种 AS 内部的路由选择协议和共同的度量。一个 AS 对其他 AS 表现出的是一个单一的和一致的路由选择策略。

这样，互联网就把路由选择协议划分为两大类。

内部网关协议（IGP）：在一个自治系统内部使用的路由选择协议，它与互联网中其他自治系统选用什么路由选择协议无关。目前这类路由选择协议使用得最多，如 RIP 和 OSPF。

外部网关协议（EGP）：若源站点和目的站点处在不同的自治系统中（两个 AS 可能使用不同的 IGP），当数据报传到一个自治系统的边界时，就需要使用一种协议将路由选择信息传递到另一个自治系统中。目前使用最多的外部网关协议是 BGP-4。

　　自治系统之间的路由选择也称域间路由选择，自治系统内部的路由选择也称域内路由选择。各类路由协议如图 4-4-11 所示。每个 AS 自己决定在本 AS 内部运行哪个内部网关协议。但每个 AS 都有一个或多个路由器（图中的 R_1 和 R_2）除运行本 AS 的内部网关协议外，还要运行外部网关协议。

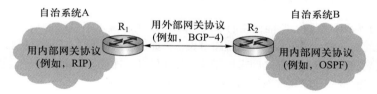

图 4-4-11　各类路由协议

4.5.2　内部网关协议：RIP

1. RIP 的工作原理

　　路由信息协议（RIP）是内部网关协议中最先得到广泛应用的协议，它是一种分布式的基于距离-向量的路由选择协议。RIP 有如下规定：

　　（1）网络中的每个路由器都要维护从它自身到其他每个目的网络的距离记录，即距离向量。

　　（2）RIP 使用跳数（Hop Count）或称距离，来衡量到达目的网络的距离。规定从一路由器到其直接连接的网络的距离为 1；而每经过一个路由器，距离就加 1。

　　（3）RIP 认为好的路由就是它通过的路由器的数目少，即距离短。RIP 允许一条路径最多只能包含 15 个路由器。因此距离等于 16 时表示网络不可达。可见 RIP 只适用于小型互联网。

　　（4）每个路由表项都有 3 个关键字段：目的网络 N，距离 d，下一跳路由器地址 X。

　　RIP 的特点是：

　　（1）和谁交换信息：仅和直接相邻的路由器交换信息。

　　（2）交换什么信息：交换的信息是本路由器所知道的全部信息，即自己的路由表。

　　（3）何时交换信息：按固定的时间间隔（如 30 s）交换路由信息。当网络拓扑发生变化时，路由器也及时向相邻路由器通告拓扑变化后的路由信息。

　　路由器刚开始工作时，只知道自己到直接相连的几个网络的距离为 1。每个路由器仅和相邻路由器周期性地交换并更新路由信息。经过若干次的交换和更新后，所有的路由器最终都会知道到达本自治系统内任何网络的最短距离和下一跳路由器的地址，称为收敛。

　　RIP 是应用层协议，它使用 UDP 传送数据（端口号 520）。

2. RIP 使用距离-向量路由算法

　　对于每个相邻路由器发送过来的 RIP 报文，执行如下步骤：

　　（1）对地址为 X 的相邻路由器发来的 RIP 报文，先修改此报文中的所有项目：把"下一跳"字段中的地址都改为 X，并把所有"距离"字段的值加 1。

　　（2）对修改后的 RIP 报文中的每个项目，执行如下步骤：

　　IF（原来的路由表中没有目的网络 N）

　　把该项目添加到路由表中（表明这是新的目的网络）。

　　ELSE IF（原来的路由表中有目的网络 N，且下一跳路由器的地址是 X）

　　用收到的项目替换原路由表中的项目（因为要以更新的消息为准）。

　　ELSE IF（原来的路由表中有目的网络 N，且下一跳路由器的地址不是 X）

　　如果收到的项目中的距离 d 小于路由表中的距离，则进行更新。

　　ELSE 什么也不做。

　　（3）如果 180 s（RIP 默认超时时间）还没有收到相邻路由器的更新路由表，那么把此相邻路由器记为不可达路由器，即把距离设置为 16（表示不可达）。

3. RIP 的优缺点

RIP 的优点：

（1）实现简单、开销小、收敛过程较快。

（2）如果一个路由器发现了更短的路径，那么这种更新信息就传播得很快，在较短时间内便可被传达至所有路由器，俗称"好消息传播得快"。

RIP 的缺点：

（1）RIP 限制了网络的规模，它能使用的最大距离为 15（16 表示不可达）。

（2）路由器之间交换的是路由器中的完整路由表，因此网络规模越大，开销也越大。

（3）当网络出现故障时，路由器之间需反复多次交换信息才能完成收敛，要经过较长时间才能将故障消息传送到所有路由器（即**慢收敛**现象），俗称"坏消息传播得慢"。

4.5.3　内部网关协议：OSPF

1. OSPF 的基本特点

开放最短路径优先（OSPF）协议是使用分布式链路状态路由算法的典型代表，也是内部网关协议的一种。OSPF 与 RIP 相比有以下 4 点主要区别：

（1）OSPF 向本 AS 中所有路由器发送信息，而 RIP 仅向自己相邻的路由器发送信息。

（2）OSPF 发送的信息是与本路由器相邻的所有路由器的链路状态，即说明本路由器与哪些路由器相邻，以及该链路的代价。而 RIP 发送的信息是本路由器所知道的全部信息，即整个路由表。

（3）只有当链路状态发生变化时，路由器用洪泛法向所有路由器发送此信息，并且更新过程收敛得快，不会出现 RIP "坏消息传得慢" 的问题。而 RIP 不管网络拓扑是否发生变化，路由器都要定期交换信息。

（4）OSPF 是网络层协议，它直接由 IP 数据报传送。而 RIP 是应用层协议，它在传输层使用 UDP 协议。

除以上区别外，OSPF 还有以下特点：

（1）OSPF 允许对每条路径设置不同的开销，对于不同类型的业务可计算出不同的路径。

（2）如果到同一个目的网络有多条相同开销的路径，可以将通信量分配给这几条路径。

（3）OSPF 分组具有鉴别功能，从而保证仅在可信赖的路由器之间交换链路状态信息。

（4）OSPF 支持可变长度的子网划分和无分类编址 CIDR。

（5）每个链路状态都带上一个 32b 的序号，序号越大，状态就越新。

2. OSPF 的基本工作原理

由于各路由器之间频繁地交换链路状态信息，因此所有路由器最终都能建立一个链路状态数据库，即全网的拓扑结构图。然后，每个路由器利用链路状态数据库中的数据，使用 Dijkstra 算法计算自己到达各目的网络的最优路径，构造出自己的路由表。此后，当链路状态发生变化时，每个路由器重新计算到达各目的网络的最优路径，构造出新的路由表。

注意：虽然使用 Dijkstra 算法能计算出完整的最优路径，但路由表中不会存储完整路径，而只存储"下一跳"（只有到了下一跳路由器，才能知道再下一跳应当怎样走）。

3. OSPF 的 5 种分组类型

OSPF 共有以下 5 种分组类型：

（1）问候分组：用来发现和维持邻站的可达性。

（2）数据库描述分组：向邻站给出自己的链路状态数据库中的所有链路状态项目的摘要信息。

（3）链路状态请求分组：向对方请求发送某些链路状态项目的详细信息。

（4）链路状态更新分组：用洪泛法对全网更新链路状态。

（5）链路状态确认分组：对链路更新分组的确认。

通常在网络中传送的 OSPF 分组是问候分组。两个相邻路由器通常每隔 10 s 要交换一次问候分组，以便知道哪些站点可达。若有 40 s 没有收到某个相邻路由器发来的问候分组，则认为该相邻路由器不可达，应立即修改链路状态数据库，并重新计算路由表。在路由器刚开始工作时，OSPF 先让每个路由器使用数据库描述分组和相邻路由器交换本数据库中已有的链路状态摘要信息。然后，路由器使用链路状态请求分组，向对方请求发送自己所缺少的某些链路状态项目的详细信息。经过一系列的这种分组交换，就建立了全网同步的链路数据库。

在网络运行的过程中，只要有一个路由器的链路状态发生变化，该路由器就要使用链路状态更新分组，用洪泛法向全网更新链路状态，其他路由器收到后，发送链路状态确认分组对收到的分组进行确认。

OSPF 还规定每隔一段时间，如 30 min，要刷新一次数据库中的链路状态。由于一个路由器的链路状态只涉及与相邻路由器的连通状态，与整个互联网的规模并无直接关系。因此，当互联网规模很大时，OSPF 要比 RIP 好得多。

4.5.4 外部网关协议：BGP

边界网关协议（BGP）是不同自治系统的路由器之间交换路由信息的协议，是一种外部网关协议。BGP 常用于互联网的网关之间。内部网关协议主要是设法使数据报在一个 AS 中尽可能有效地从源站点传送到目的站点。在一个 AS 内部不需要考虑其他方面的策略。然而 BGP 使用的环境却不同，主要原因有：

（1）因特网的规模太大，使得 AS 之间路由选择非常困难。

（2）AS 之间的路由选择必须考虑政治、安全或经济等有关因素。

BGP 只是力求寻找一条能够到达目的网络且比较好的路由（不能兜圈子），而并非要寻找一条最佳路由。BGP 采用的是**路径-向量路由选择协议**，其与基于距离-向量路由算法和链路状态路由算法的协议有很大的区别。BGP 协议是应用层协议，是基于 TCP 的。

BGP 的工作原理：

（1）每个 AS 的管理员要选择至少一个路由器，作为该 AS 的 BGP 发言人（往往就是边界路由器）。

（2）一个 BGP 发言人与其他 AS 中的 BGP 发言人要交换路由信息（彼此称为对方的邻站），就要先建立 TCP 连接，然后在此连接上交换 BGP 报文以建立 BGP 会话，再利用 BGP 会话交换路由信息。每个 BGP 发言人除了必须运行 BGP 外，还必须运行该 AS 所用的内部网关协议，如 OSPF 或 RIP。图 4-4-12 表示 BGP 发言人和自治系统 AS 的关系。

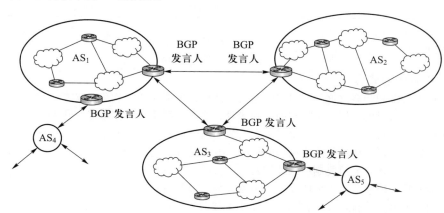

图 4-4-12　BGP 发言人和自治系统 AS 的关系

（3）当 BGP 发言人互相交换了网络可达性信息后，各 BGP 发言人就根据所采用的策略，从收到的路由信息中找出到达各 AS 的较好路径。图 4-4-13 给出了一个 BGP 发言人交换路径向量示例。

BGP 的特点如下：

（1）BGP 交换路由信息的节点数量级是 AS 的数量级，比这些 AS 中的网络数少很多。

（2）每个 AS 中 BGP 发言人的数目是很少的，这就使得 AS 之间的路由选择不会过分复杂。

（3）BGP 支持 CIDR，因此 BGP 的路由表也就应当包括目的网络前缀、下一跳路由器，以及到达该目的网络所要经过的各个自治系统序列。

（4）在 BGP 刚运行时，BGP 的邻站之间应交换整个的 BGP 路由表，但以后只需要在发生变化时更

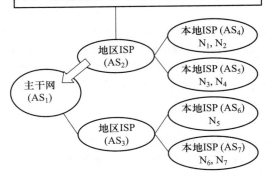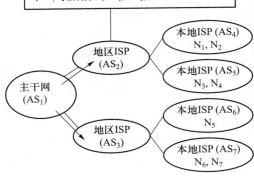

图 4-4-13　BGP 发言人交换路径向量示例

新有变化的部分，这样能节省网络带宽和减少路由器的处理开销。

RIP、OSPF 与 BGP 路由协议的比较如表 4-4-2 所示。

表 4-4-2　**RIP、OSPF 与 BGP 路由协议的比较**

协议	RIP	OSPF	BGP	
类型	内部	内部	外部	
路由算法	距离-向量	链路状态	路径-向量	
传递协议	UDP	IP	TCP	
路径选择	跳数最少	代价最低	较好，非最佳	
交换节点	和本节点相邻的路由器	网络中的所有路由器	和本节点相邻的路由器	
交换内容	当前本路由器知道的全部信息，即自己的路由表	与本路由器相邻的所有路由器的链路状态	首次	整个路由表
			非首次	有变化的部分

4.6　IP 组播

4.6.1　IP 多播的概念

为了更好地支持像视频会议这类一对多的通信，人们需要源主机一次发送的单个分组，能抵达用一个组地址标识的若干台目的主机，并被它们正确接收，这就是**组播**（也称**多播**）机制。

与单播相比，在一对多的通信中，组播可大大节约网络资源。假设视频服务器向 90 台主机传送同样的视频节目，单播与组播的比较如图 4-4-14 所示。组播时仅发送一份数据，并且只需发送一次，只有在传送路径出现分岔时才将分组复制后继续转发，大大减轻了网络的负载和发送者的负担。组播需要路由器的支持才能实现，能够运行组播协议的路由器称为**组播路由器**。

组播仅应用于 UDP，它能将报文同时发送给多个接收者。而 TCP 是一个面向连接的协议，它意味着分别运行在两台主机上的两个进程之间存在一条连接，因此会一对一地发送。

主机使用一个称为**因特网组管理协议**（IGMP）的协议加入组播组。

4.6.2　IP 组播地址

组播数据报的源地址是源主机的 IP 地址，目的地址是 IP 组播地址。IP 组播地址就是 IPv4 中的 D 类地址。D 类地址的前 4 位是 1110，因此 D 类地址范围是 224.0.0.0~239.255.255.255。每个 D 类 IP 地址标志一个组播组，一台主机可以随时加入或离开一个组播组。

（1）组播数据报"尽最大努力交付"，不提供可靠交付。

（2）组播地址只能用于目的地址，而不能用于源地址。

（3）对组播数据报不产生 ICMP 差错报文。

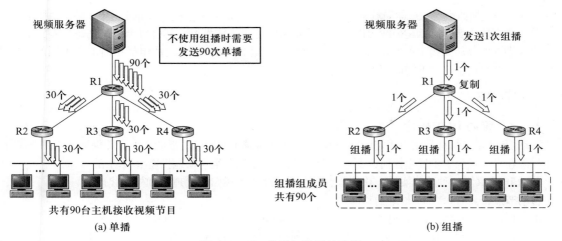

图 4-4-14　单播与组播的比较

IP 组播可以分为两种：一种是只在本局域网上进行硬件组播；另一种则是在因特网的范围内进行组播。在因特网上进行组播的最后阶段，还是要把组播数据报在局域网上用硬件组播交付给组播组的所有成员，见图 4-4-14（b）所示。下面讨论这种硬件组播。

由于局域网支持硬件组播，因此只要把 IP 组播地址映射成组播 MAC 地址，即可将 IP 组播数据报封装在局域网的 MAC 帧中，而 MAC 帧首部的目的 MAC 地址字段就设置为由 IP 组播地址映射成的组播 MAC 地址。这样，就很方便地利用硬件组播实现了局域网内的 IP 组播。

以太网组播地址的范围是从 01-00-5E-00-00-00 到 01-00-5E-7F-FF-FF。在每个地址中，只有后 23 位可用作组播。D 类 IP 地址可供分配的有 28 位。这 28 位中，前 5 位无法映射到组播 MAC 地址，只有后 23 位才映射以太网组播地址中的后 23 位，因此是多对一的映射关系，如图 4-4-15 所示。例如，IP 组播地址 224.128.64.32（即 E0-80-40-20）和另一个 IP 组播地址 224.0.64.32（即 E0-00-40-20）转换成以太网的硬件组播地址都是 01-00-5E-00-40-20。因此收到组播数据报的主机，还要在 IP 层利用 IP 数据报首部的 IP 地址进行过滤，把不是本主机要接收的数据报丢弃。

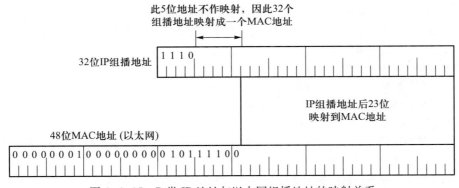

图 4-4-15　D 类 IP 地址与以太网组播地址的映射关系

4.6.3　IGMP 与组播路由算法

要使路由器知道组播组的成员信息，需要利用网际组管理协议 IGMP。连接在局域网上的组播路由器还必须和因特网上的其他组播路由器协同工作，以便把组播数据报用最小代价传送给所有的组成员，这就需要使用**组播路由选择协议**。

IGMP 报文被封装在 IP 数据报中传送，但它也向 IP 提供服务。因此不把 IGMP 看成一个单独的协议，而视为整个网际协议 IP 的一个组成部分。IGMP 并不是在因特网范围内对所有组播组成员进行管理的协议。IGMP 不知道 IP 组播组包含的成员数，也不知道这些成员都分布在哪些网络上。IGMP 能让连接在本地局域网上的组播路由器知道本局域网上是否有主机（主机上的某个进程）参加或退出了某个组播组。

组播路由选择实际上就是要找出以源主机为根结点的组播转发树，其中每个分组在每条链路上只传送一次（即在组播转发树上的路由器不会收到重复的组播数据报）。不同的组播组对应于不同的组播转发树；同一个组播组，对不同的源点也会有不同的组播转发树。

4.7 移动 IP

4.7.1 移动 IP 的概念

移动 IP 技术是指移动站以固定的网络 IP 地址实现跨越不同网段的漫游功能，并保证基于网络 IP 的网络权限在漫游过程中不发生任何改变。移动 IP 的目标是把分组自动地投递给移动站。

移动 IP 定义了 3 种功能实体：移动节点、本地代理（也称归属代理）和外地代理。

移动节点：具有永久 IP 地址的移动站。

本地代理：通常就是连接在归属网络（原始连接到的网络）上的路由器。

外地代理：通常就是连接在被访网络（移动到另一地点所接入的网络）上的路由器。

值得注意的是，某用户将笔记本计算机关机后从家里带到办公室重新上网，在办公室能很方便地通过 DHCP 自动获取新的 IP 地址。虽然笔记本计算机移动了，更换了地点及所接入的网络，但这并不是移动 IP。但如果我们需要在移动中进行 TCP 传输，在移动站漫游时，应一直保持这个 TCP 连接，否则移动站的 TCP 连接就会断断续续。可见，若要使移动站在移动中的 TCP 连接不中断，就必须使笔记本计算机的 IP 地址在移动中保持不变。这就是移动 IP 要研究的问题。

4.7.2 移动 IP 的通信过程

用一个通俗的例子来描述移动 IP 的通信原理。例如，在以前科技不那么发达的年代，大学生毕业时都将走向各自的工作岗位。由于事先并不知道自己未来的准确通信地址，那么怎样继续和同学们保持联系呢？实际上也很简单。彼此留下各自的家庭地址（即永久地址）。毕业后若要和某同学联系，只要写信寄到该同学的永久地址，再请其家长把信件转交即可。

在移动 IP 中，每个移动站都有一个原始地址，即**永久地址**（或归属地址），移动站原始连接的网络称为**归属网络**。永久地址和归属网络的关联是不变的。**归属代理**通常是连接到归属网络上的路由器，然而它实现的代理功能是在应用层完成的。当移动站移动到另一地点，所接入的外地网络也称**被访网络**。被访网络中使用的代理称为**外地代理**，通常是连接在被访网络上的路由器。外地代理有<u>两个重要功能</u>：① 要为移动站创建一个临时地址，称为**转交地址**。转交地址的网络号显然和被访网络一致。② 及时把移动站的转交地址告诉其归属代理。

移动 IP 技术的基本通信流程如下：

（1）移动站在归属网络时，按传统的 TCP/IP 方式进行通信。

（2）移动站漫游到外地网络时，向外地代理进行登记，以获得一个临时的转交地址。外地代理要向移动站的归属代理登记移动站的转交地址。

（3）归属代理知道移动站的转交地址后，会构建一条通向转交地址的隧道，将截获的发送给移动站的 IP 数据报进行再封装，并通过隧道发送给被访网络的外地代理。

（4）外地代理把收到的封装的数据报进行拆封，恢复成原始的 IP 数据报，然后发送给移动站，这样移动站在被访网络就能收到这些发送给它的 IP 数据报。

（5）移动站在被访网络对外发送数据报时，仍然使用自己的永久地址作为数据报的源地址，此时显然无须通过归属代理来转发了，而是直接通过被访网络的外地代理转发。

（6）移动站移动到另一外地网络时，在新外地代理登记后，新外地代理将移动站的新转交地址告诉其归属代理。无论如何移动，移动站收到的数据报都是由归属代理转发的。

（7）移动站回到归属网络时，移动站向归属代理注销转交地址。

请注意两点：转交地址是供移动站、归属代理及外地代理使用的，各种应用程序都不会使用。外地代理要向连接在被访网络上的移动站发送数据报时，直接使用移动站的 MAC 地址。

为了支持移动性，在网络层还应增加一些新功能：① 移动站到外地代理的登记协议；② 外地代理到归属代理的登记协议；③ 归属代理数据报封装协议；④ 外地代理拆封协议。

4.8 网络层设备

4.8.1 冲突域和广播域

1. 冲突域

域是指冲突或广播在其中发生并传播的区域。**冲突域**是指连接在同一物理介质上的所有节点的集合，这些节点之间存在介质争用的现象。在 OSI 参考模型中，冲突域被看作第 1 层的概念，像集线器这种简单复制并转发信号的第 1 层设备所连接的节点都属于同一个冲突域，也就是说它们不能划分冲突域。而第 2 层（交换机）、第 3 层（路由器）设备都可以划分冲突域。

2. 广播域

广播域是指接收同样广播消息的节点集合，即在该集合中的任一节点发送一个广播帧，其他能收到这个帧的节点都被认为是该广播域的一部分。在 OSI 参考模型中，广播域被看作第 2 层的概念，像第 1 层（集线器）、第 2 层（交换机）设备所连接的节点都属于同一个广播域。而路由器作为第 3 层设备则可以划分广播域，即可以连接不同的广播域。

通常所说的局域网特指使用路由器分割的网络，也就是广播域。

4.8.2 路由器的组成和功能

路由器是一种具有多个输入/输出端口的专用计算机，其任务是连接不同的网络（连接异构网络）并完成路由转发。在多个逻辑网络（即多个广播域）互联时必须使用路由器。

当源主机要向目的主机发送数据报时，路由器先检查源主机与目的主机是否连接在同一个网络上。如果源主机和目的主机在同一个网络上，那么**直接交付**而无须通过路由器。如果源主机和目的主机不在同一个网络上，那么路由器按照转发表指出的路由将数据报转发给下一个路由器，这称为**间接交付**。可见，在同一个网络中传递数据无须路由器的参与，而跨网络通信必须通过路由器进行转发。

从结构上看，路由器由路由选择和分组转发两部分构成，如图 4-4-16 所示。从模型的角度看，路由器是网络层设备，它实现了网络模型的下 3 层，即物理层、数据链路层和网络层。

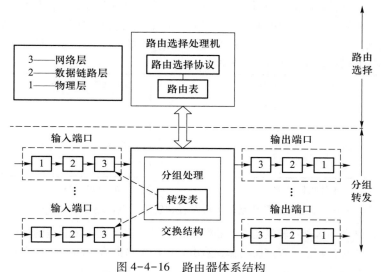

图 4-4-16　路由器体系结构

路由器主要完成两个功能：路由选择和分组转发。

路由选择部分的核心构件是路由选择处理机，其任务是根据所选定的路由选择协议构造出路由表，同时经常或定期地和相邻路由器交换路由信息而不断更新和维护路由表。

分组转发部分由 3 部分组成：交换结构、一组输入端口和一组输出端口。交换结构的作用是根据转发表对分组进行处理，将从某个输入端口进入的分组选择一个合适的输出端口转发出去。路由器的端口里都有物理层、数据链路层和网络层的处理模块。输入端口在物理层接收比特流，数据链路层提取出帧，在剥去帧的首部和尾部后，分组就被送入网络层的处理模块。输出端口执行相反的操作。端口在网络层的处理模块中都设有一个缓冲队列，用来暂存等待处理或已处理完毕待发送的分组，还可用来进行必要的差错检测。若分组处理的速率赶不上分组进入队列的速率，就会使后面进入队列的分组因缓冲区满而只能被丢弃。

4.8.3 路由表与路由转发

路由表是根据路由选择算法得出的，主要用途是路由选择。从历年真题可以看出，标准的路由表至少有 4 个项目：目的网络 IP 地址、子网掩码、下一跳 IP 地址、接口。在图 4-4-17 所示的网络拓扑中，R1 中的路由表见表 4-4-3，该路由表包含到互联网的默认路由。

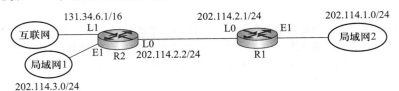

图 4-4-17　一个简单的网络拓扑

表 4-4-3　R1 中的路由表

目的网络 IP 地址	子网掩码	下一跳 IP 地址	接口
202.114.1.0	255.255.255.0	直接	E1
202.114.2.0	255.255.255.0	直接	L0
202.114.3.0	255.255.255.0	202.114.2.2	L0
0.0.0.0	0.0.0.0	202.114.2.2	L0

转发表是从路由表得出的，其表项和路由表项有直接的对应关系。但转发表的格式和路由表的格式不同，其结构应使查找过程最优化（而路由表则需对网络拓扑变化的计算最优化）。转发表中含有一个分组将要发往的目的地址，以及分组的下一跳（即下一步接收者的目的地址，实际为 MAC 地址）。为了减少转发表的重复项，可以使用一个默认路由代替所有具有相同"下一跳"的项目，并将默认路由设置得比其他项目的优先级低，如图 4-4-18 所示。

目的站	下一跳
1	直接
2	3
3	2
4	3

目的站	下一跳
1	直接
3	2
默认	3

(a) 未使用默认路由　　　　　　　　(b) 使用了默认路由

图 4-4-18　未使用默认路由的转发表和使用了默认路由的转发表对比

注意转发和路由选择的区别：转发是路由器根据转发表将 IP 数据报从合适的接口转发出去，它仅涉及一个路由器。而路由选择则涉及很多路由器，路由表是许多路由器协同工作的结果。在讨论路由选择的原理时，往往不去区分转发表和路由表，但要注意路由表不等于转发表。

4.9　同步练习

一、单项选择题

1. 下列协议中，不属于网络层协议的是（　　　　）。

A. ICMP   B. IGMP   C. DHCP   D. OSPF

2. 下列关于 ARP 的叙述，正确的是（   ）。

A. ARP 工作在数据链路层，负责动态地维护局域网上的各主机和路由器的 IP 地址与硬件地址的映射表

B. 当局域网中的某个主机需要接收信息时，不管其 ARP 表中是否有源主机的 IP 地址与 MAC 地址的映射关系，该主机都不需要启动 ARP 请求

C. ARP 的主要功能是将物理地址解析成 IP 地址

D. 以上说法都不对

3. 路由信息协议（RIP）是内部网关协议中广泛采用的一种基于（（1））的协议，其最大优点是（（2））。RIP 规定分组每经过一个路由器，跳数加 1。在实际使用中，一条路径上最多可包含的路由器数量为（（3））。RIP 更新路由表的原则是选择到各目的网络（（4））的路由信息。现在假设路由器甲和路由器乙是两个相邻的路由器，甲向乙说："我到目的网络丙的距离为 N"，则收到此信息的乙就知道："若将到网络丙的下一个路由器选为甲，则我到网络丙的距离为（（5））。"

(1) A. 链路状态路由算法   B. 距离-向量路由算法
    C. 集中式路由算法   D. 固定路由算法

(2) A. 简单   B. 可靠性高   C. 速度快   D. 收敛快

(3) A. 10 个   B. 16 个   C. 15 个   D. 无数个

(4) A. 距离最短   B. 时延最小   C. 可靠性最高   D. 负载最小

(5) A. N B. $N-1$ C. 1   D. $N+1$

4. 在 IP 数据报的传输过程中，IP 数据报首部中保持不变的域包括（   ）。

A. 标识和总长度   B. 标志和头校验和

C. 源 IP 地址和标识   D. 目的 IP 地址和生存时间

5. 分类的 IPv4 地址中，A 类地址用前（   ）位作为网络号，A 类网络的个数为（   ）。

A. 8、255   B. 8、254   C. 8、126   D. 7、126

6. 在一条点对点链路中，使用（   ）作为子网掩码能够减少地址的浪费。

A. 255.255.255.254   B. 255.255.255.240

C. 255.255.255.252   D. 255.255.255.255

7. 一个标准的 IP 地址 128.202.99.65 所属的网络是（   ）。

A. 128.0.0.0   B. 128.202.0.0   C. 128.202.99.0   D. 128.202.99.65

8. 下列关于网络地址转换（NAT）特点的描述中，错误的是（   ）。

A. NAT 的基本思路是 IP 地址重用，以缓解 IP 地址短缺

B. 内部网络的主机分配专用 IP 地址

C. NAT 路由器实行内部网络内部专用 IP 地址与全局 IP 地址的转换

D. NAT 只涉及 IP 地址，不涉及相邻层次

9. 在分类的 IPv4 地址中，若一个 C 类网络采用主机号的前两位进行子网划分，则减少的 IP 地址数目为（   ）。

A. 6   B. 8   C. 62   D. 130

10. 关于子网和子网掩码，下列叙述中正确的是（   ）。

A. 通过子网掩码，可以从一个分类的 IP 地址中提取出网络号、子网号和主机号

B. 子网掩码可以把一个网络进一步划分成几个规模不同的子网

C. 子网掩码中的 0 和 1 一定是连续的

D. 一个 B 类地址采用划分子网的方法，最多可以划分 255 个子网

11. 某计算机的 IP 地址是 208.37.62.23，那么该主机在（（1））网络上，如果该网络的地址掩码是 255.255.255.240，则该网络最多可以划分（（2））个子网；每个子网最多可以有（（3））台主机。

(1) A. A 类　　　　　B. B 类　　　　　C. C 类　　　　　D. D 类
(2) A. 4　　　　　　B. 14　　　　　　C. 15　　　　　　D. 16
(3) A. 4　　　　　　B. 14　　　　　　C. 15　　　　　　D. 16

12. IP 地址 202. 117. 17. 254/22 是一个（　　　）。

A. 网络地址　　　　B. 主机地址　　　　C. 组播地址　　　　D. 广播地址

13. 要构建一个可连接 10 台主机的网络（与其他网络互连），如果该网络采用划分子网的方法，则子网掩码是（　　　）。

A. 255. 255. 255. 0　B. 255. 255. 248. 0　C. 255. 255. 255. 240　D. 255. 255. 224. 0

14. 假如正在构建一个有 22 个子网的 B 类网络，但是几个月后该网络将增至 80 个子网。每个子网要求支持至少 300 台主机，应该选择下列哪个子网掩码？（　　　）。

A. 255. 255. 0. 0　　B. 255. 255. 254. 0　　C. 255. 255. 255. 0　　D. 255. 255. 248. 0

15. 在使用 CIDR 时，路由表中每个项目由（　　　）和下一跳地址组成。

A. 主机号　　　　　B. 网络号　　　　　C. 子网号　　　　　D. 网络前缀

16. CIDR 地址块 192. 168. 10. 0/20 所能包含主机的最大地址范围是（　　　）。

A. 192. 168. 10. 1 ~ 192. 168. 10. 254　　　　B. 192. 168. 10. 1 ~ 192. 168. 15. 254
C. 192. 168. 0. 1 ~ 192. 168. 15. 254　　　　D. 192. 168. 15. 1 ~ 192. 168. 15. 254

17. IP 地址块 202. 111. 15. 128/28、202. 111. 15. 144/28 和 202. 111. 15. 160/28 经过聚合后，可用的地址数为（　　　）。

A. 30　　　　　　　B. 62　　　　　　　C. 64　　　　　　　D. 32

18. 下列有关 ICMP 的叙述中，错误的是（　　　）。

A. 为了提高 IP 数据报交付成功的概率，在网络层使用了 ICMP

B. ICMP 是网络层协议，它允许主机或路由器报告差错情况和提供有关异常情况的报告

C. ICMP 报文有两大类，即 ICMP 差错报告报文和 ICMP 询问报文

D. ICMP 的两个常见的应用是 PING 和 Traceroute，它们都工作在网络层

19. 下列地址中，不属于组播地址的是（　　　）。

A. 225. 189. 123. 43　B. 239. 14. 68. 89　　C. 240. 32. 22. 12　　D. 228. 0. 0. 255

20. 下列关于 IP 组播地址说法中，正确的是（　　　）。

A. 组播地址可用于目的地址和源地址　　　B. 组播地址只能用于目的地址
C. 组播地址会产生 ICMP 差错报文　　　　D. 组播地址共有 2^{32} 个组播组

21. 下列关于移动 IP 基本术语的描述中，错误的是（　　　）。

A. 转交地址是指当移动节点接入一个外地网络时使用的长期有效的 IP 地址

B. 目的地址为本地地址的 IP 分组，将会以标准的 IP 路由机制发送到本地网络

C. 本地链路与外地链路比本地网络与外地网络更精确地表示移动节点接入位置

D. 本地代理通过隧道将发送给移动节点的 IP 分组转发到移动节点

22. 如果互联的局域网高层分别采用 TCP/IP 协议与 SPTX/IPX 协议，那么我们可以选择的多个网络互联设备应该是（　　　）。

A. 中继器　　　　　B. 网桥　　　　　　C. 网卡　　　　　　D. 路由器

23. 运营商指定本地路由器接口的地址是 200. 15. 10. 6/29，路由器连接的默认网关地址是 200. 15. 10. 7，这样配置后发现路由器无法 PING 通任何远程设备，原因是（　　　）。

A. 默认网关的地址不属于这个子网　　　　B. 默认网关的地址是子网中的广播地址
C. 路由器接口的地址是子网的广播地址　　D. 路由器接口的地址是组播地址

24. 下列关于路由表与转发表的叙述中，错误的是（　　　）。

A. 路由表是根据路由选择算法得出的，主要用途是路由选择

B. 路由表是由硬件实现的，转发表是由软件实现的

C. 路由表包含从目的网络到下一跳 IP 地址的映射

D. 转发表中含从目的网络到下一跳 MAC 地址的映射

二、综合应用题

1. 计算并回答下列问题。

（1）子网掩码为 255.255.255.0 代表什么意思？

（2）某网络的子网掩码为 255.255.255.248，问该网络能够连接多少台主机？

（3）某 A 类网络和某 B 类网络的子网号分别为 16 个 1 和 8 个 1，问这两个网络的子网掩码有何不同？

（4）某 A 类网络的子网掩码为 255.255.0.255，它是否是一个有效的子网掩码？

2. 设某路由器建立的路由表如下表所示。

目的网络地址	子网掩码	下一跳
128.96.39.0	255.255.255.128	接口 m0
128.96.39.128	255.255.255.128	接口 m1
128.96.40.0	255.255.255.128	R2
192.4.153.0	255.255.255.192	R3
*（默认）		R4

现共收到 5 个分组，其目的地址分别为：

（1）128.96.39.10

（2）128.96.40.12

（3）128.96.40.151

（4）192.4.153.17

（5）192.4.153.90

试分别计算其下一跳。

3. 已知路由器 R1 的路由表如下表所示。

地址掩码	目的网络地址	下一跳地址	路由器接口
/26	140.5.12.64	180.15.2.5	m2
/24	130.5.8.0	190.16.6.2	m1
/16	110.71.0.0		m0
/16	180.15.0.0		m2
/16	190.16.0.0		m1
默认	默认	110.71.4.5	m0

试画出各网络和必要的路由器的连接拓扑，标注出必要的 IP 地址和接口。对不能确定的情况应当指明。

答案与解析

一、单项选择题

1. C

DHCP 是基于 UDP 的应用层协议，它提供了即插即用的联网机制，这种机制允许一台计算机加入新的网络和获取 IP 地址而不用手工参与，常用于给主机动态地分配 IP 地址。

2. B

ARP 工作在网络层，它的职责是动态地维护局域网上的各主机和路由器的 IP 地址与硬件地址的映射表，选项 A 错误。当主机需要发送信息且该主机的 ARP 表中没有目的 IP 地址与 MAC 地址的映射关系时，才会发送 ARP 请求。以下情况不需要发送 ARP 请求：① 缓存里有对应的 IP 地址与 MAC 地址的映射关系；② 广播；③ PPP 直接连接；④ 主机接收信息，选项 B 正确。RARP 的功能是将物理地址解析成 IP 地址，而 ARP 的功能是将 IP 地址解析成物理地址，选项 C 错误。

3. （1）B、（2）A、（3）C、（4）A、（5）D

RIP 是一种分布式的基于距离–向量的路由选择协议，是因特网的标准协议，其最大优点是简单。RIP 要求网络中的每个路由器都要维护从它到其他每个目的网络的距离记录。RIP 是以跳数来度量距离的，RIP 认为一个好的路由就是它通过的路由器的数目少，即"距离短"。RIP 允许一条路径最多只能包含 15 个路由器，距离为 16 被认为不可达。

4. C

在 IP 数据报的传输过程中，生存时间和首部校验和每经过一个跳段都会改变，总长度也可能改变，甚至在源路由选择的情况下目的地址也会改变，但源 IP 地址和标识在整个传输过程中都不会改变。

5. C

A 类地址的网络号为 8 位，但可供使用的为后 7 位，第一位为标识位，恒定为 0。网络号全为 0 的 IP 地址为保留地址，意为本网络；网络号为 127 的 IP 地址为保留地址，作为本地软件环回测试本主机之用。因此 A 类地址能提供的最大网络数为 $2^7-2=126$ 个。

6. C

在点对点链路中，需要网络地址、广播地址和 2 个主机地址，主机号只需要 2 位，即网络号有 30 位，因此子网掩码为 255.255.255.252。

7. B

根据 IP 地址 128.202.99.65 的第一个数字 128，可判定是一个 B 类地址。在不划分子网的情况下，B 类 IP 地址的后 16 位为主机号，主机号全 0 时为网络地址，即 128.202.0.0。

8. D

使用本地地址的主机在和外界通信时，NAT 路由器使用 NAT 转换表进行本地 IP 地址和全球 IP 地址的转换，NAT 转换表中存放着 ｛本地 IP 地址：端口｝ 到 ｛全球 IP 地址：端口｝ 的映射。因此，NAT 不仅涉及 IP 地址，还涉及端口，而端口属于传输层的范畴。

9. A

C 类地址的主机号共 8 位，不划分子网时可容纳的主机数为 $2^8-2=254$ 台。使用 2 位进行子网划分时，可以划分成 $2^2=4$ 个子网，每个子网中的主机号为 6 位，因此划分子网后可用的主机数一共为 $4 \times (2^6-2)=248$ 台。因此减少的地址数目为 254-248=6。

10. A

在分类的 IP 地址中，只要将子网掩码和 IP 地址按位进行"与"运算，再去掉网络号部分即可得到子网号，IP 地址中去掉网络号和子网号就可以提取出主机号，因此选项 A 正确。通过子网掩码可以把一个大的网络划分成几个较小的规模相同的子网，选项 B 错误。IP 协议标准允许子网掩码中的 0 和 1 不连续，但一般情况下不建议使用 0 和 1 不连续的子网掩码，选项 C 错误。一个 B 类地址采用划分子网的方法，最多可以划分的子网数为 $2^{14}-2$，选项 D 错误。

11. （1）C、（2）B、（3）B

IP 地址是 208.37.62.23，IP 地址第一个字节 208 的二进制为 11010000，根据其前 3 位可知在 C 类网络上。子网掩码中最后一个字节 240 的二进制为 11110000，所以子网号为 1111，共 4 位，由于因特网规定子网号不能为全 0 和全 1，故子网数 $=2^4-2=14$ 个。同样的，主机号也为 4 位，除去全 0 和全 1 两种情况，共有 $2^4-2=14$ 种取值，故最多可以有 14 台主机。

12. B

将该 IP 地址的后两个字节用二进制展开，为 202.117.<u>000100</u> 01.11111110/22，可知这是一个主机地址，网络地址为 202.117.<u>000100</u> 00.00000000，即 202.117.16.0。

13. C

如果一个子网要求具有 10 台主机，那么需要的 IP 地址数为 10+1+1+1 = 13。其中，第一个 1 为这个子网与外部连接时所需的网关地址，后两个 1 分别是指子网的网络地址（全 0）和广播地址（全 1），因此主机号为 4 位。则该子网的子网号也为 4 位，子网掩码为 255. 255. 255. 240。

14. B

B 类 IP 地址的网络号为 16 位，主机号为 16 位。对于子网掩码，B 类网络的默认值（即在不划分子网的情况下）是 255. 255. 0. 0。但是，子网掩码的值必须随网络的具体划分而定。由于 $2^6 = 64 < 80 < 2^7 = 128$，所以子网号至少为 7 位。$2^8 = 256 < 300 < 2^9 = 512$，所以主机号至少为 9 位。又由于子网号是从主机号中取得的，故子网号+主机号 = 16 位，所以只能取子网号为 7 位，主机号为 9 位。子网掩码的最后两个字节为 11111110 00000000，所以子网掩码为 255. 255. 254. 0。

15. D

在使用 CIDR 时，IP 地址由网络前缀和主机号组成，网络前缀用来替代原来分类 IP 地址的网络号和子网号。路由表中的每个项目都是由网络前缀和下一跳的地址组成的。网络前缀可以表示一个 CIDR 地址块，每个地址块中包含很多 IP 地址，这样可减少路由表中的项目。

16. C

CIDR 地址由网络前缀和主机号构成。CIDR 将网络前缀都相同的连续的 IP 地址组成"CIDR 地址块"。在本题中，网络前缀的长度为 20，把 IP 地址的第 17~24 位写成二进制表示为 00001010，这 8 位中的前 4 位为前缀，后 4 位为主机号。由于主机号不能为全 0 或全 1，因此地址块所能包含主机的最大范围是 192. 168. 0. 1 ~ 192. 168. 15. 254。

17. B

3 个 IP 地址块只有最后一个字节不同，将各 IP 地址块的最后一个字节用二进制展开，分别为 10 000000，10 010000，10 100000，将最后一个字节进行聚合，得到 202. 111. 15. 128/26，有 6 位主机号，其中主机号全 0 表示网络号、全 1 表示广播地址，可用地址数为 $2^6 - 2 = 62$ 个。

18. D

PING 工作在应用层，而 Traceroute（Tracert）工作在网络层。

19. C

组播地址的格式是 1110 加上 28 位的组播地址。用十进制点分范围表示是 224. 0. 0. 0 ~ 239. 255. 255. 255。所以选项 C 不在这个范围之内。

20. B

组播地址只能用于目的地址，而不能用于源地址。对组播数据报不产生 ICMP 差错报文。D 类 IP 地址中只有低 23 位可用作组播地址，因此共有 2^{23} 个组播组。

21. A

本地地址是指本地网络为每个移动节点分配一个长期有效的 IP 地址，转交地址是指当移动节点接入一个外地网络时被分配的一个临时的 IP 地址。

22. D

中继器工作在物理层；网桥工作在数据链路层；网卡不是互联设备；只有路由器工作在网络层，可以互联不同网络层协议的网络。

23. B

将运营商指定的本地路由器接口地址 200. 15. 10. 6/29 的最后一个字节用二进制展开，即 200. 15. 10. 00000 110/29，可知该接口地址的广播地址为 200. 15. 10. 00000 111，即 200. 15. 10. 7。因此，这个默认网关的地址是一个广播地址，不能使用。

24. B

路由表是根据路由选择算法得出的，主要用途是路由选择；而转发表是从路由表构造出来的，主要用途是确定转发路径。因此，转发表必须包含完成转发功能所必需的信息，即转发表的每一行必须包含从目的网络到输出端口的映射和目的网络到某些 MAC 地址信息的映射。路由表总是用软件来实现；转发表可以用软件实现，也可以用特殊的硬件来实现。因此选项 A 正确，选项 B 错误，选项 D 正确。路由表一般仅包含从目的网络到下一跳的映射。通过路由表可以构造出转发表，分组通过查找转发表转发出去。转发表中含有一个分组将要发往的目的地址（即下一步接收者的目的地址，实际为 MAC 地址），以及分组的下一跳。因此选项 C 正确。

二、综合应用题

1. （1）255.255.255.0 可代表 C 类地址对应的子网掩码默认值，也可代表 A 类或 B 类地址的掩码。主机号由最后 8 位决定，而路由器寻找网络由前 24 位决定。

（2）248 = $(11111000)_2$，即 IP 地址中前 29 位代表网络，后 3 位代表主机，所以共有主机数 = 2^3 = 8（台）。但由于其中主机号全 0 代表该网络的网络地址，主机号全 1 代表该网络的广播地址，均不能分配给联网主机使用，所以网络能够连接的主机数 = $2^3 - 2$ = 6（台）。

（3）这两个网络的子网掩码是一样的，均为 255.255.255.0，但子网数不同，子网号为 16 位的 A 类网络的子网有 $2^{16} - 2$ 个，而子网号为 8 位的 B 类网络的子网有 $2^8 - 2$ 个。

（4）有效，因 RFC 文档中没有规定子网掩码中的一串 1 必须是连续的，但不建议这样使用。

2. （1）分组的目的 IP 地址为 128.96.39.10，与子网掩码 255.255.255.128 相与，得到 128.96.39.0，可见该分组经接口 m0 转发。

（2）分组的目的 IP 地址为 128.96.40.12，与子网掩码 255.255.255.128 相与，得到 128.96.40.0，经查路由表可知，该项分组经 R2 转发。

（3）分组的目的 IP 地址为 128.96.40.151，与子网掩码 255.255.255.128 相与后得 128.96.40.128，与子网掩码 255.255.255.192 相与后得 128.96.40.128，经查路由表可知，该分组转发选择默认路由，经 R4 转发。

（4）分组的目的 IP 地址为 192.4.153.17，与子网掩码 255.255.255.128 相与后得 192.4.153.0，与子网掩码 255.255.255.192 相与后得 192.4.153.0，经查路由表可知，该分组经 R3 转发。

（5）分组的目的 IP 地址为 192.4.153.90，与子网掩码 255.255.255.128 相与后得 192.4.153.0，与子网掩码 255.255.255.192 相与后得 192.4.153.64，经查路由表可知，该分组转发选择默认路由，经 R4 转发。

3. 答案如下图所示。

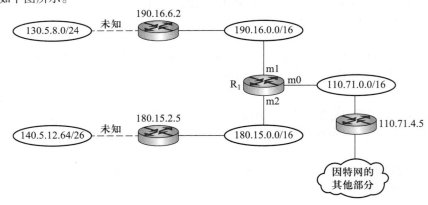

第 5 章　传输层

【真题分布】

主要考点	考查次数	
	单项选择题	综合应用题
UDP 与 UDP 数据报	2	0
TCP 报文段	2	1
TCP 连接管理	10	1
TCP 可靠传输	1	1
TCP 流量控制与拥塞控制	2	1

【复习要点】

（1）传输层的功能，寻址和端口，套接字的含义。

（2）UDP 的特点，UDP 数据报的首部格式。

（3）TCP 的特点，TCP 报文段的首部格式、各字段的定义、报文分析。

（4）TCP 连接管理，连接建立、连接释放的原理和过程，各阶段所发送报文的特点。

（5）TCP 可靠传输，序列号、确认号和重传机制的原理。

（6）TCP 流量控制，3 个窗口的关系。

（7）TCP 拥塞控制：慢开始和拥塞避免算法，快重传和快恢复算法。

5.1　传输层提供的服务

5.1.1　传输层的功能

传输层的主要功能如下：

（1）传输层为运行在不同主机上的进程之间提供了逻辑通信（即端到端的通信）。而网络层提供了主机之间的逻辑通信。"逻辑通信"的意思是，传输层之间的通信好像是沿水平方向传送数据的，但事实上这两个传输层之间并没有一条水平方向的物理连接。

（2）复用和分用。复用指发送方的不同应用进程都可以使用同一个传输层协议传送数据；分用指接收方的传输层在剥去报文的首部后能够把这些数据正确交付给应用进程。

（3）对收到的报文进行差错检测。而网络层只检查 IP 数据报的首部。

（4）提供两种不同的传输协议，即面向连接的 TCP 和无连接的 UDP。

5.1.2　传输层的寻址与端口

端口能让应用层的各种进程将其数据通过端口向下交付给传输层，以及让传输层知道应当将其报文段中的数据向上通过端口交付给应用层相应的进程。端口在传输层的作用类似于 IP 地址在网络层的作用，只不过 IP 地址标识的是主机，而端口标识的是主机中的进程。

数据链路层的服务访问点为帧的"类型"字段，网络层的服务访问点为 IP 数据报的"协议"字段，传输层的服务访问点为"端口号"字段，应用层的服务访问点为"用户界面"。

进程通过端口号进行标识，端口号长度为 16 位，能够表示 65 536（2^{16}）个不同的端口号。端口号只具有本地意义，即端口号只标识本计算机应用层中的各进程。根据端口号范围可将端口分为两类：

（1）服务器端使用的端口号。该类端口又分为两类：最重要的一类是熟知端口号，数值为 0~1 023，一些常用的熟知端口号见表 4-5-1；另一类称为登记端口号，数值为 1 024~49 151，它是为没有熟知端口号的应用程序使用的，使用这类端口号必须在分派机构 IANA 登记，以防止重复。

表 4-5-1　常用的熟知端口号

应用程序	FTP	TELNET	SMTP	DNS	TFTP	HTTP	SNMP
熟知端口号	21	23	25	53	69	80	161

（2）客户端使用的端口号，数值为 49 152~65 535。这类端口号仅在客户进程运行时才动态选择，又称短暂端口号，通信结束后这个端口号就可以供其他客户进程使用。

在网络中通过 IP 地址来标识和区分不同的主机，通过端口号来标识和区分一台主机中的不同应用进程，端口号拼接到 IP 地址即构成套接字（socket）。在网络中采用发送方和接收方的套接字来识别端点。套接字实际上是一个通信端点，即

套接字（socket）=（IP 地址：端口号）

其唯一地标识网络中的一台主机和其上的一个应用（进程）。

在网络通信中，主机 A 发给主机 B 的报文段包含目的端口号和源端口号。源端口号作为"返回地址"的一部分，即当 B 需要发回一个报文段给 A 时，B 到 A 的报文段中目的端口号便是 A 到 B 报文段中的源端口号（完整的返回地址是 A 的 IP 地址和源端口号）。

5.1.3　面向连接服务与无连接服务

面向连接服务就是在通信双方进行通信之前必须先建立连接；在通信过程中，整个连接的情况一直被实时地监控和管理；通信结束后，再释放这个连接。无连接服务是指通信双方的通信不需要先建立好连接，需要通信时，直接将信息发送到网络中，让该信息在网上尽力而为地往目的地传送。TCP/IP 协议在 IP 层之上使用了两个传输协议：一个是面向连接的可靠字节流服务的**传输控制协议**（TCP），另一个是无连接的不可靠的**用户数据报协议**（UDP）。

（1）TCP 是最完整的传输层协议，可靠性高，但效率较低。而 UDP 是很简单的传输层协议，仅在网络层之上提供了多路复用和差错检测的服务，因此效率高，但可靠性低。

（2）TCP 以报文段（segment）为单位，UDP 以报文（message）为单位。

（3）TCP 和 UDP 都通过端口（port）向应用层提供服务的复用和分用。

常见的使用 UDP 的应用层协议有 DNS、TFTP、RIP、IGMP、DHCP、SNMP、NFS 等，使用 TCP 的应用层协议有 SMTP、TELNET、HTTP、FTP 等。

UDP 和 IP 数据报的区别：IP 数据报在网络层要经过路由器的存储转发；而 UDP 数据报在传输层端到端的逻辑信道中传输，并封装成 IP 数据报在网络层传输。

TCP 和网络层虚电路的区别：TCP 报文段和 UDP 数据报对路由器均不可见；虚电路所经过的交换节点都必须保存虚电路状态信息。在网络层若采用虚电路方式，则无法提供无连接服务；而传输层采用 TCP 不影响网络层提供无连接服务。

5.2　用户数据报协议（UDP）

UDP 仅在 IP 数据报服务之上增加了两个基本服务：复用和分用以及差错检测。如果应用程序（以下简称"应用"）开发者选择 UDP 而非 TCP，那么应用程序几乎直接与网络层打交道。但是应用开发者宁愿在 UDP 之上构建应用，也不选择 TCP。既然 TCP 提供可靠的服务，而 UDP 不提供，那么 TCP 总是首选吗？答案是否定的，因为有很多应用更适合用 UDP，主要因为 UDP 具有如下优点：

（1）UDP 无须建立连接。因此 UDP 不会引入建立连接的时延。

（2）UDP 为无连接状态。因此当服务器使用 UDP 时，一般能支持更多的活动客户机。

（3）UDP 分组首部开销小。TCP 有 20 B 的首部开销，而 UDP 仅有 8 B 的首部开销。

（4）应用层能更好地控制要发送的数据和发送时间。网络拥塞不会影响主机的发送效率。

（5）UDP 支持一对一、一对多、多对一和多对多的交互通信。

UDP 常用于一次性传输较少数据的网络应用，如 DNS、SNMP 等，因为对于这些应用，若采用 TCP，则将为连接创建、维护和拆除带来不小的开销。UDP 也常用于多媒体应用（如 IP 电话、实时视频会议、流媒体等），显然，可靠数据传输对这些应用来说并不是最重要的，但 TCP 的拥塞控制会导致数据出现较大的延迟，这是不可容忍的。

UDP 不保证可靠交付，但这并不意味着应用对数据的可靠性没有要求，所有维护可靠性的工作可由用户在应用层来完成。应用开发者可根据应用需求来灵活设计自己的可靠性机制。

UDP 是面向报文的。对应用层交下来的报文，发送方 UDP 在添加首部后就向下交给网络层，既不合并，也不拆分，而是保留这些报文的边界；接收方 UDP 对网络层交上来 UDP 数据报，在去除首部后就原封不动地交付给上层应用进程，一次交付一个完整的报文。

5.2.1 UDP 的首部格式

UDP 数据报包含两部分：UDP 首部和（用户）数据。UDP 首部有 8 B，由 4 个字段组成，每个字段的长度都是 2 B，如图 4-5-1 所示。各字段意义如下：

图 4-5-1 UDP 数据报格式

源端口号：在需要对方回信时选用，不需要时可用全 0。

目的端口号：这在终点交付报文时必须使用到。

长度：UDP 数据报的长度（包括首部和用户数据），其最小值是 8 B（仅有首部）。

校验和：检测 UDP 数据报在传输中是否有错，有错就丢弃。该字段是可选的。

当传输层从网络层收到 UDP 数据报时，根据首部中的目的端口号，把 UDP 数据报通过相应的端口上交给应用进程。如果接收方 UDP 发现收到的报文中的目的端口号不正确（即不存在对应端口号的应用进程），就丢弃该报文，并由 ICMP 发送"端口不可达"差错报文给发送方。

5.2.2 UDP 校验

在计算校验和时，要在 UDP 数据报之前增加 12 B 的伪首部，伪首部并不是 UDP 的真正首部。只是在计算校验和时，临时添加在 UDP 数据报的前面，得到一个临时的 UDP 数据报。校验和就是按照这个临时的 UDP 数据报来计算的。伪首部既不向下传送也不向上递交，只是为了计算校验和。图 4-5-2 给出了 UDP 数据报的伪首部各字段的内容。

UDP 校验和的计算方法和 IP 数据报首部校验和的计算方法相似，都使用二进制反码运算求和再取反的方式。但不同的是，IP 数据报的校验和只校验 IP 数据报的首部，而 UDP 的校验和是把首部和数据部分一并校验。UDP 校验只提供差错检测，有错就丢弃。

5.3 传输控制协议（TCP）

TCP 是在不可靠的网络层上实现的可靠的数据传输协议，主要解决传输的可靠、不丢失、不重复和有序的问题。TCP 是 TCP/IP 体系中非常复杂的一个协议，其特点如下：

（1）TCP 是面向连接的传输层协议。

（2）每条 TCP 连接只能有两个端点，每条 TCP 连接只能是点对点的（一对一）。

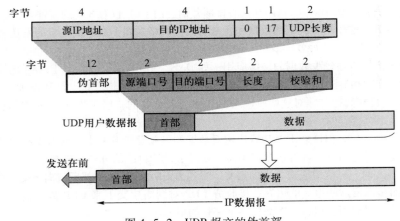

图 4-5-2　UDP 报文的伪首部

（3）TCP 提供可靠的交付服务，保证传送的数据无差错、不丢失、不重复且有序。

（4）TCP 提供全双工通信，允许通信双方的应用进程在任何时候都能发送数据。

（5）TCP 是面向字节流的，TCP 把应用层下交的数据看成一串无结构的字节流。

5.3.1　TCP 报文段

TCP 传送的数据单元称为**报文段**。TCP 报文段既可以用来运载数据，又可以用来建立连接、释放连接和应答。一个 TCP 报文段分为首部和数据两部分，整个 TCP 报文段作为 IP 数据报的数据部分封装在 IP 数据报中，如图 4-5-3 所示。其首部的前 20 B 是固定的。TCP 首部最短为 20 B，后面有 4N 字节是根据需要而增加的选项，长度为 4 B 的整数倍。

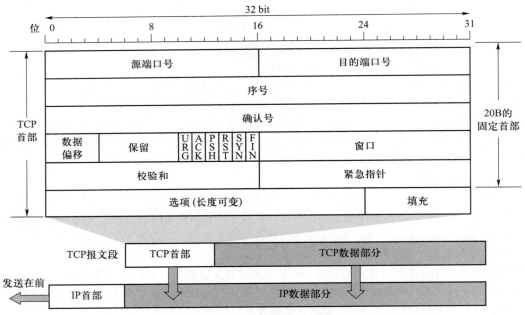

图 4-5-3　TCP 报文段首部

TCP 的全部功能体现在其首部的各个字段中，主要字段的意义如下：

源端口号和目的端口号：各占 2 B，分别表示发送方和接收方使用的端口号。

序号：占 4 B，共 2^{32} 个序号。TCP 连接传送的字节流中的每个字节都按顺序编号。序号字段的值则指的是本报文段所发送的数据的第一个字节的序号。

确认号：占 4 B，是期望收到对方下一个报文段的第一个数据字节的序号。若确认号 = N，则表明到

序号 N-1 为止的所有数据都已正确收到。

数据偏移（即**首部长度**）：占 4 b，指出 TCP 报文段的数据起始处距离 TCP 报文段的起始处有多远，单位是 4 B。TCP 首部的最大长度为 60 B（4 位二进制数最大为 15）。

确认位 ACK。仅当 ACK=1 时，确认号字段才有效；当 ACK=0 时，确认号字段无效。

同步位 SYN。当 SYN=1 时，表明这是一个连接请求报文或连接接受报文。

终止位 FIN。当 FIN=1 时，表明此报文段的发送方的数据已发送完毕，并要求释放传输连接。

窗口：占 2 B。窗口值为接收方让发送方设置其发送窗口的依据。

校验和：占 2 B。校验和字段校验的范围包括首部和数据这两部分。在计算校验和时，要在 TCP 报文段的前面加上 12 B 的伪首部。

填充：为了使整个首部长度是 4 B 的整数倍而设置的字段。

5.3.2　TCP 连接管理

TCP 连接的建立采用客户/服务器方式，有 3 个阶段：连接建立、数据传送和连接释放。TCP 连接的管理就是使传输连接的建立和释放都能正常地进行。TCP 连接的端点即为**套接字**或插口，每条 TCP 连接唯一地被通信的两个端点（即两个套接字）确定。

1. TCP 连接的建立

连接的建立有以下 3 个步骤，通常称为 **3 次握手**，如图 4-5-4 所示。

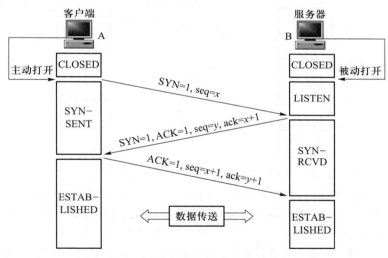

图 4-5-4　"3 次握手"建立 TCP 连接的过程

连接建立前，服务器进程处于 LISTEN（收听）状态，等待客户的连接请求。

第 1 步：客户端的 TCP 首先向服务器的 TCP 发送连接请求报文段。这个特殊报文段的首部中的 SYN 位置 1，同时选择一个初始序号 seq=x。TCP 规定，SYN 报文段不能携带数据，但要消耗掉一个序号。这时，TCP 客户进程进入 SYN-SENT 状态。

第 2 步：服务器的 TCP 收到连接请求报文段后，如果同意建立连接，则向客户端发回确认，并为该 TCP 连接分配缓存和变量。在确认报文段中，把 SYN 位和 ACK 位都置 1，确认号是 ack=x+1，同时也为自己选择一个初始序号 seq=y。注意，确认报文段不能携带数据，但也要消耗掉一个序号。这时，TCP 服务器进程进入 SYN-RCVD 状态。

第 3 步：当客户端收到确认报文段后，还要向服务器给出确认，并为该 TCP 连接分配缓存和变量。确认报文段的 ACK 位置 1，确认号 ack=y+1，序号 seq=x+1。该报文段可以携带数据，若不携带数据则不消耗序号。这时，TCP 客户进程进入 ESTABLISHED 状态。

当服务器收到来自客户端的确认后，也进入 ESTABLISHED 状态。

成功进行以上 3 步后，就建立了 TCP 连接，接下来就可以传送应用层数据。TCP 提供的是全双工通信，因此通信双方的应用进程在任何时候都能发送数据。

另外，值得注意的是，服务器的资源是在完成第 2 次握手时分配的，而客户端的资源是在完成第 3 次握手时分配的，这就使得服务器易于受到 SYN 洪泛攻击。

2. TCP 连接的释放

参与 TCP 连接的两个进程中的任何一个都能终止该连接。TCP 连接释放的过程通常称为 **4 次握手**，如图 4-5-5 所示。

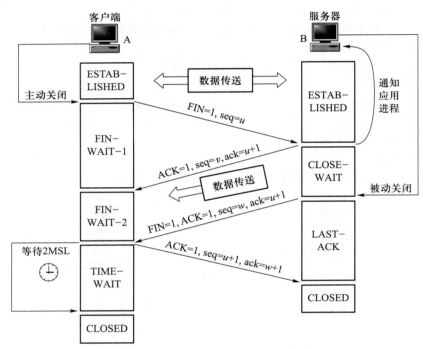

图 4-5-5 "4 次握手"释放 TCP 连接的过程

第 1 步：客户端打算关闭连接时，向其 TCP 发送连接释放报文段，并停止发送数据，主动关闭 TCP 连接，该报文段的 FIN 位置 1，序号 seq=u，其值等于前面已传送过的数据的最后一个字节的序号加 1，FIN 报文段即使不携带数据，也消耗掉一个序号。这时，TCP 客户进程进入 FIN-WAIT-1 状态。TCP 是全双工通信，即可以想象为一条 TCP 连接上有两条数据通路，发送 FIN 的一端不能再发送数据，即关闭了其中一条数据通路，但对方还可以发送数据。

第 2 步：服务器收到连接释放报文段后即发出确认，确认号 ack=u+1，序号 seq=v，其值等于前面已传送过的数据的最后一个字节的序号加 1。然后服务器进入 CLOSE-WAIT 状态。此时，从客户端到服务器这个方向的连接就释放了，TCP 连接处于半关闭状态。但服务器若发送数据，客户端仍要接收，即从服务器到客户端这个方向的连接并未关闭。

第 3 步：若服务器已没有要向客户端发送的数据，就通知 TCP 释放连接，此时其发出 FIN=1 的连接释放报文段。设该报文段的序号为 w（在半关闭状态下，服务器可能又发送了一些数据），还须重复上次已发送的确认号 ack=u+1。这时服务器进入 LAST-ACK 状态。

第 4 步：客户端收到连接释放报文段后，必须发出确认，之后进入 TIME-WAIT 状态。把确认报文段中的 ACK 位置 1，确认号 ack=w+1，序号 seq=u+1。服务器收到该确认报文段后就进入 CLOSED 状态。客户端进入 TIME-WAIT 状态后，经过等待计时器设置的时间 2MSL（最长报文段寿命）后，才进入 CLOSED 状态。

除等待计时器外，TCP 还设有一个保活计时器。设想 TCP 双方已建立了连接，但后来客户端主机突然出现故障。显然，不能使服务器白白等待下去，这个问题可以使用保活计时器来解决。

对上述 TCP 连接建立和释放的总结如下：

（1）连接建立。分为 3 步：

① SYN=1，seq=x。

② SYN=1，ACK=1，seq=y，ack=$x+1$。

③ ACK=1，seq=$x+1$，ack=$y+1$。

（2）释放连接。分为 4 步：

① FIN=1，seq=u。

② ACK=1，seq=v，ack=$u+1$。

③ FIN=1，ACK=1，seq=w，ack=$u+1$。

④ ACK=1，seq=$u+1$，ack=$w+1$。

选择题常考查关于 TCP 连接和释放的知识点，请牢记 ACK、SYN、FIN 一定等于 1。

5.3.3　TCP 可靠传输

TCP 使用序号、确认号和重传等机制来达到可靠传输的目的。

1. 序号

TCP 把数据看成一个无结构但有序的字节流，TCP 连接传送的数据流中的每个字节都编上一个序号。**序号**字段的值是指本报文段所发送的数据的第一个字节的序号。如图 4-5-6 所示，假设 A 和 B 之间建立了一条 TCP 连接，A 的发送缓存区中共有 10 B，序号从 0 开始标号，第一个报文段包含第 0 到第 2 个字节，则该 TCP 报文段的序号是 0，第二个报文段的序号是 3。

图 4-5-6　TCP 数据流字节编号

2. 确认号

TCP 首部的**确认号**是期望收到对方下一个报文段的第一个数据字节的序号。在图 5-7 中，如果接收方 B 已收到第一个报文段，此时 B 希望收到的下一个报文段的数据是从第 3 个字节开始的，于是 B 发送给 A 的报文中的确认号字段应该为 3。发送缓存区会继续存储那些已经发送但未收到确认的报文段，以便在需要的时候重传。TCP 默认使用**累积确认**，即 TCP 只确认数据流中至第一个丢失字节为止的字节。例如，在图 5-7 中，接收方 B 收到了 A 发送的包含字节 0~2 以及字节 6~7 的报文段。由于某种原因，B 还没有收到字节 3~5 的报文段，此时 B 仍在等待字节 3（和其后面的字节），因此，B 发送给 A 的下一个报文段将确认号字段置为 3。

3. 重传

有两种事件会导致 TCP 对报文段进行重传：**超时和冗余 ACK**。

（1）超时

TCP 每发送一个报文段，就对这个报文段设置一次计时器。计时器设置的重传时间已到，但还未收到确认时，就要重传这一报文段。

由于 TCP 的下层是一个互联网环境，IP 数据报所选择的路由变化很大，因而传输层往返时延的方差也很大。为了计算超时计时器的重传时间，TCP 采用一种自适应算法，它记录报文段发出的时间和收到相应确认的时间，这两个时间之差称为报文段的**往返时间**（Round-Trip Time，RTT）。TCP 保留了 RTT 的一个加权平均往返时间 RTT$_S$，它会随新测量 RTT 样本值的变化而变化。显然，超时计时器设置的超时重传时间（Retransmission Time-Out，RTO）应略大于 RTT$_S$，但也不能大太多，否则当报文段丢失时，TCP 不能很快重传，导致数据传输时延大。

（2）冗余 ACK（冗余确认）

超时触发重传存在的一个问题是超时周期往往太长。所幸的是，发送方通常可在超时事件发生之前通过注意冗余 ACK 来较好地检测丢包情况。冗余 ACK 就是再次确认某个报文段的 ACK 位，而发送方先前已经收到过该报文段的确认。例如，发送方 A 发送了序号为 1、2、3、4、5 的 TCP 报文段，其中 2 号报文段在链路中丢失，它无法到达接收方 B。因此 3、4、5 号报文段对于 B 来说就成了失序报文段。TCP 规定每当比期望序号大的失序报文段到达时，就发送一个冗余 ACK，指明下一个期待字节的序号。在本例中，3、4、5 号报文段到达 B，但它们不是 B 所期望收到的下一个报文段，于是 B 就发送 3 个对 1 号报文段的冗余 ACK，表示自己期望接收 2 号报文段。TCP 规定当发送方收到对同一个报文段的 3 个冗余 ACK 时，就可以认为跟在这个确认报文段之后的报文段已经丢失。就前面的例子而言，当 A 收到对于 1 号报文段的 3 个冗余 ACK 时，它可以认为 2 号报文段已经丢失，这时发送方 A 可以立即对 2 号报文执行重传操作，这种技术通常称为**快速重传**。当然，冗余 ACK 还被用在拥塞控制中，这将在后面的内容中讨论。

5.3.4 TCP 流量控制

流量控制的功能就是让发送方的发送速率不要太快，要让接收方来得及接收，因此可以说流量控制是一个速度匹配服务（匹配发送方的发送速率与接收方的读取速率）。

TCP 利用滑动窗口机制来实现流量控制。TCP 要求发送方维持一个**接收窗口**（rwnd），接收方根据当前接收缓存的大小，动态地调整接收窗口的大小，其大小反映了接收方的容量。接收方将其放在 TCP 报文段首部的"窗口"字段中，以通知发送方。发送方的发送窗口不能超过接收方给出的接收窗口值，以限制发送方向网络注入报文的速率。

例如，在通信中，有效数据只从 A 发往 B，而 B 仅向 A 发送确认报文段，这时，B 就可以通过设置确认报文段首部的窗口字段来将 rwnd 通知给 A。rwnd 即接收方连续接收报文段的最大能力，单位是字节。发送方 A 总是根据最新收到的 rwnd 值来限制自己发送窗口的大小，从而将未确认的数据量控制在 rwnd 大小之内，保证 A 不会使 B 的接收缓存溢出。

5.3.5 TCP 拥塞控制

拥塞控制是指防止过多的数据注入网络，从而保证网络中的路由器或链路不致过载。出现拥塞时，端点并不了解拥塞发生的细节，对通信连接的端点来说，拥塞往往表现为通信时延的增加。

拥塞控制与流量控制的区别：拥塞控制是让网络能够承受现有的负荷，拥塞控制是一个全局性的过程，涉及所有的主机、路由器，以及与降低网络传输性能有关的因素。相反，流量控制往往是指点对点的通信量的控制，是端到端的问题（接收端控制发送端），它所要做的是抑制发送端发送数据的速率，以便使接收端来得及接收。当然，拥塞控制和流量控制也有相似的地方，即它们都通过控制发送方发送数据的速率来达到控制效果。

发送方在确定发送报文段的速率时，既要根据接收方的接收能力，又要从全局考虑，不能使网络发生拥塞。因此，除了接收窗口，TCP 还要求发送方维持一个**拥塞窗口**（cwnd），其大小取决于网络的拥塞长度。

发送窗口的上限值应取接收窗口和拥塞窗口中较小的一个，即

$$发送窗口的上限值 = \min[\text{rwnd, cwnd}]$$

接收窗口的大小可根据 TCP 报文首部的窗口字段通知发送方，而发送方如何维护拥塞窗口呢？这就是下面讲解的慢开始算法和拥塞避免算法。这里假设接收方总是有足够大的缓存空间，因而发送窗口大小由网络的拥塞程度决定，也就是说，可以将发送窗口等同为拥塞窗口。

因特网标准定义了进行拥塞控制的 4 种算法：慢开始、拥塞避免、快重传和快恢复。

1. 慢开始算法和拥塞避免算法

当发送方刚开始发送数据时，由于并不清楚网络的负荷情况，如果立即把大量数据注入网络，就有可能引发网络拥塞。慢开始算法的思路是：先发送少量数据探测一下，如果没有发生拥塞，则适当增大拥塞窗口，即由小到大逐渐增大拥塞窗口。

（1）慢开始算法

在 TCP 刚刚连接好并开始发送 TCP 报文段时，先令 cwnd = 1，即一个最大报文段长度（MSS）。每收

到一个对新报文段的确认后，将 cwnd 加 1，即增大一个 MSS。

慢开始的"慢"并不是指 cwnd 的增长速率慢，而是指在 TCP 开始发送报文段时先设置 cwnd=1，使得发送方在开始时向网络注入的报文段少（目的是试探一下网络的拥塞情况），然后再逐渐增大 cwnd，这对防止出现网络拥塞是一个非常有力的措施。使用**慢开始算法**后，每经过一个传输轮次（即 RTT），cwnd 就会加倍，即 cwnd 的值随传输轮次呈指数增长。为了防止 cwnd 增长过快而引起网络拥塞，还需设置一个慢开始门限（ssthresh），当慢开始算法把 cwnd 增大到 ssthresh 时，改用拥塞避免算法。

（2）拥塞避免算法

拥塞避免算法的思路是让 cwnd 缓慢增大，具体做法是：每经过一个 RTT 发送方就使 cwnd 加 1，而不是加倍，使 cwnd 按线性规律增长（即加法增大），这比慢开始算法的 cwnd 增长速率要缓慢得多。

可根据 cwnd 的大小执行不同的算法：

- 当 cwnd<ssthresh 时，使用慢开始算法。
- 当 cwnd>ssthresh 时，停止使用慢开始算法而改用拥塞避免算法。
- 当 cwnd=ssthresh 时，既可使用慢开始算法，又可使用拥塞避免算法（通常做法）。

（3）网络拥塞的处理

无论在慢开始阶段还是在拥塞避免阶段，只要发送方判断网络出现拥塞（未按时收到确认），就要把 ssthresh 设置为出现拥塞时 cwnd 值的一半（但不能小于 2）。然后把 cwnd 重新设置为 1，执行慢开始算法。这样做的目的是迅速减少主机发送到网络中的分组数，使得发生拥塞的路由器有足够时间把队列中积压的分组处理完。

慢开始算法和拥塞避免算法的实现如图 4-5-7 所示。

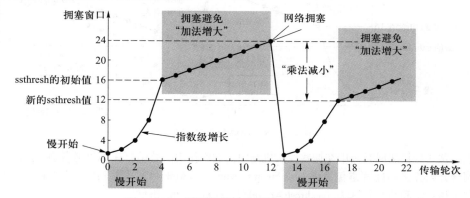

图 4-5-7　慢开始算法和拥塞避免算法示例

- 初始时，拥塞窗口置为 1，即 cwnd=1，ssthresh 置为 16，即 ssthresh=16。
- 慢开始算法阶段，发送方每收到一个对新报文的确认 ACK，cwnd 值加 1，即经过每个传输轮次（RTT），cwnd 呈指数级增长。当 cwnd 增长到 ssthresh 值时（即当 cwnd=16 时），就改用拥塞避免算法，cwnd 按线性增长。
- 假定 cwnd=24 时网络出现超时，更新 ssthresh 值为 12（即变为超时时 cwnd 值的一半），cwnd 重置为 1，并执行慢开始算法，当 cwnd=12 时，改为执行拥塞避免算法。

注意：在慢开始算法阶段，若 2cwnd>ssthresh，则下一个 RTT 后的 cwnd 等于 ssthresh，而不等于 2cwnd。如图 4-5-7 所示，在第 16 个轮次时 cwnd=8、ssthresh=12，在第 17 个轮次时 cwnd=12，而不等于 16。

在慢开始算法和拥塞避免算法中使用了"乘法减小"和"加法增大"方法。"乘法减小"是指不论是在慢开始算法阶段还是在拥塞避免算法阶段，只要出现超时（即很可能出现了网络拥塞），就把 ssthresh 值设置为当前拥塞窗口的一半（并执行慢开始算法）。当网络频繁出现拥塞时，ssthresh 值就下降得很快，以大大减少注入网络的分组数。而"加法增大"是指执行拥塞避免算法后，在收到对所有报文段的确认后（即经过一个 RTT），就把拥塞窗口 cwnd 增加一个 MSS 大小，使拥塞窗口缓慢增大，以防止网络过早出现拥塞。

2. 快重传算法和快恢复算法

有时个别报文段会在网络中丢失，但实际上网络并未发生拥塞。若发送方迟迟收不到确认，就会产生超时，并误认为网络发生了拥塞，这就导致发送方错误地启动慢开始算法，从而降低了传输效率。

（1）快重传算法

快重传算法是使发送方尽快（尽早）进行重传，而不是等超时计时器超时再重传。这就要求接收方不要等待自己发送数据时才进行捎带确认，而是要立即发送确认，即使收到了失序的报文段也要立即发出对已收到的报文段的重复确认。发送方一旦连续收到 3 个冗余 ACK（即重复确认），就立即重传相应的报文段。

（2）快恢复算法

快恢复算法原理：当发送方连续收到 3 个冗余 ACK（重复确认）时，执行"乘法减小"算法，把 ssthresh 值调整为当前 cwnd 的一半。这是为了预防网络发生拥塞。但发送方现在认为网络很可能没有发生（严重）拥塞，否则就不会有几个报文段连续到达接收方，也不会连续收到重复确认。因此与慢开始算法不同之处是，它先把 cwnd 值也调整为当前 cwnd 的一半（即等于 ssthresh 值），然后开始执行拥塞避免算法（"加法增大"），使拥塞窗口缓慢地线性增大。

由于跳过了 cwnd 从 1 起的慢开始过程，所以被称为**快恢复算法**。快恢复算法的实现过程如图 4-5-8 所示，作为对比，虚线为慢开始算法的处理过程。

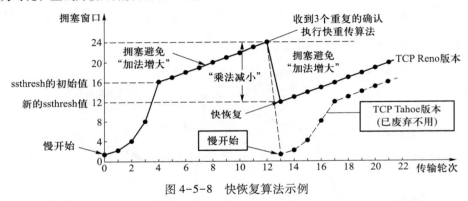

图 4-5-8　快恢复算法示例

实际上，这 4 种算法同时应用在拥塞控制机制中。它们使用的总结：在 TCP 连接建立和网络出现超时时，采用慢开始算法和拥塞避免算法（ssthresh = cwnd/2，cwnd = 1）；当发送方接收到 3 个冗余 ACK 时，采用快重传算法和快恢复算法（ssthresh = cwnd/2，cwnd = ssthresh）。

注意：接收方的缓存空间总是有限的。因此，发送方发送窗口的大小由流量控制和拥塞控制共同决定。当题目中同时出现 rwnd 和 cwnd 时，发送方实际的发送窗口大小是由 rwnd 和 cwnd 中较小的那一个决定的。

5.4　同步练习

一、单项选择题

1. 当你和母语不同的人交谈时，有时你需要重复你所说的话并放慢语速。这里重复谈话可比作传输层的（　　）功能，放慢语速可以比作传输层的（　　）功能。

　A. 可靠性、流量控制　　　　　　　　　　B. 流量控制、可靠性

　C. 传输、确认　　　　　　　　　　　　　D. 传输、流量控制

2. 下列关于传输层端口的描述中，错误的是（　　）。

　A. 传输层端口的概念与路由器或交换机硬件端口的概念一样

　B. 端口是用来标识不同服务的，不同的服务使用不同的端口

　C. TCP/IP 的传输层使用一个 16 位的端口号来标识一个端口，因此端口号的取值范围是 0~65 535

　D. 服务器使用的熟知端口号的取值范围是 0~1 023

3. 下列哪项不是 UDP 的特性（　　　）。

A. 提供端到端的服务　　　　　　　　　　B. 支持广播发送数据

C. 将数据报的首部和数据部分一起校验　　D. 是面向字节流的

4. （　　　）字段包含在 TCP 首部中，而不包含在 UDP 首部中。

A. 目的端口号　　　　B. 序号　　　　C. 校验和　　　　D. 目的 IP 地址

5. 两台对等主机正在通过 UDP 进行通信，在传输过程中，一个数据报没有到达目的地。则下列关于数据报重传的描述正确的是（　　　）。

A. 源端的重传计时器到期之后就开始重新传输

B. 目的端的重传计时器到期之后就开始重新传输

C. 是否重传数据由应用层协议控制

D. 只有当目前数据序列号等于或高于确认序号时才重新传输

6. 一个 TCP 报文段的数据部分最多为（　　　）字节。

A. 65 535　　　　B. 65 495　　　　C. 65 395　　　　D. 65 515

7. 在一个 TCP 连接的数据传输阶段，如果发送端的发送窗口值由 2 000 变为 3 000，则表明发送端可以在收到一个确认之前最多连续发送（　　　）。

A. 3 000 个 TCP 报文段　　　　　　　　B. 1 000 个 TCP 报文段

C. 3 000 个字节　　　　　　　　　　　　D. 1 000 个字节

8. 在 TCP 报文中，确认号为 1000 表示（　　　）。

A. 已经收到编号为 999 的字节　　　　　B. 已经收到 1 000 B

C. 报文段 999 已经收到　　　　　　　　D. 报文段 1000 已经收到

9. 在 TCP 的"3 次握手"过程中，第 2 次"握手"时发送的报文段中标志位（　　　）被置为 1。

A. SYN　　　　B. ACK　　　　C. ACK 和 RST　　　　D. SYN 和 ACK

10. 如果在 TCP 连接中有一方发送了 FIN 分组，并且收到了回复，那么它将（　　　）。

A. 不可以发送数据，也不可以接收数据　　B. 可以发送数据，不可以接收数据

C. 不可以发送数据，可以接收数据　　　　D. 连接马上断开

11. 若客户端首先向服务器发送一个 SYN 段请求建立 TCP 连接，服务器收到该报文段后向客户端发送一个确认段，此时服务器的 TCP 状态转换为（　　　）。

A. SYN-SENT　　　B. SYN-RCVD　　　C. ESTABLISHED　　　D. CLOSE-WAIT

12. TCP 使用的流量控制协议是（　　　）。

A. 固定大小的滑动窗口协议　　　　　　B. 可变大小的滑动窗口协议

C. 后退 N 帧 ARQ 协议　　　　　　　　D. 选择重发 ARQ 协议

13. 下列关于 TCP 的流量控制与拥塞控制的说法错误的是（　　　）。

A. TCP 采用大小可变的滑动窗口进行流量控制

B. TCP 报文段首部的窗口字段值是当前给对方设置的发送窗口数值的上限

C. 发送窗口在连接建立时由发送方确定

D. 在通信的过程中，接收端可调整对方的发送窗口上限值

14. 当一个 TCP 连接的拥塞窗口为 64 个最大报文段（MSS）的大小时超时，之后假设分组不丢失，且不考虑其他开销，则该连接在超时后处于慢开始阶段的时间是（　　　）。

A. 4 RTT　　　　B. 5 RTT　　　　C. 6 RTT　　　　D. 不确定

15. 一个 TCP 连接使用 256 kb/s 的链路，其端到端延时为 128 ms。经测试，发现吞吐量只有 128 kb/s，忽略数据封装的开销以及接收方应答分组的发射时间，可以计算出窗口大小为（　　　）。

A. 1 024 B　　　　B. 8 192 B　　　　C. 10 KB　　　　D. 128 KB

16. 下列关于 TCP 的叙述中，正确的是（　　　）。

A. TCP 是一个点到点的通信协议

B. TCP 提供了无连接的可靠数据传输

C. TCP 将来自上层的字节流组织成 IP 数据报，然后交给网络层

D. TCP 将收到的报文段组成字节流交给上层

17. 关于因特网中的主机和路由器，以下说法中正确的是（　　）。

Ⅰ. 主机通常需要实现 TCP 协议

Ⅱ. 路由器必须实现 TCP 协议

Ⅲ. 主机必须实现 IP 协议

Ⅳ. 路由器必须实现 IP 协议

A. Ⅰ、Ⅱ和Ⅲ　　　　B. Ⅰ、Ⅱ和Ⅳ　　　　C. Ⅰ、Ⅲ和Ⅳ　　　　D. Ⅱ、Ⅲ和Ⅳ

二、综合应用题

1. 下图简述的是传输层 TCP 连接建立"3 次握手"的过程，请完成图中括号中的内容，并结合该图详述 TCP 建立连接的过程，要求步骤清晰。

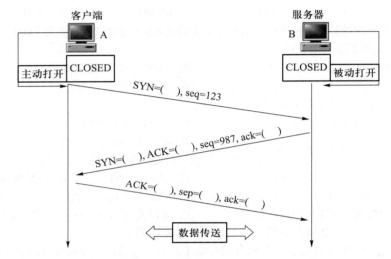

2. 假设在 TCP 拥塞控制算法中，慢开始的阈值设置为 10，当拥塞窗口上升到 16 时，发送端检测出超时，TCP 使用慢开始算法与拥塞避免算法。试计算第 1—15 次传输后的拥塞窗口分别为多少？

3. 假定 TCP 的拥塞窗口值被设定为 18 KB，然后发生了超时事件。如果紧接着的 4 次突发传输都是成功的，那么拥塞窗口将是多大？假定最大报文段长度（MSS）为 1 KB。

4. 下图为一个 TCP 主机中拥塞窗口的变化过程，这里最大数据段长度为 1 024 字节，请回答如下问题：

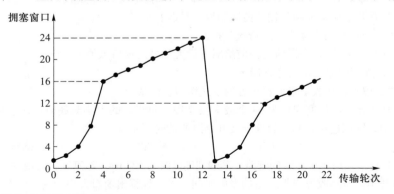

（1）该 TCP 协议的初始阈值是多少？

（2）本题的传输轮次中是否发生超时？如果有，是在哪一次传输时超时？

（3）在第 14 次传输的时候阈值为多少？

（4）本题采用的是什么拥塞控制算法？

5. 已知通信信道带宽为 1Gb/s，端到端时延为 10 ms，TCP 发送窗口为 65 535 B。求该 TCP 连接可能达到的最大吞吐率以及信道利用率。

答案与解析

一、单项选择题

1. A

重复谈话是因为对方没听懂你所说的话，即对方未能正确接收你所发的信息，所以需要重复一次，这相当于传输层的接收方未收到想要得到的帧，因此相当于可靠性功能。注意这里是"重复谈话"，谈话是传输机制，而重复谈话则是可靠性传输。而放慢语速是为了对方能够理解你的意思，而不至于说得过快导致对方来不及听懂，这相当于发送方控制发送速率，以使接收方来得及接收，因此相当于传输层的流量控制功能。

2. A

传输层端口是指软件（逻辑）端口，与路由器或交换机硬件端口是完全不同的概念。硬件端口是不同硬件设备进行交互的接口，而软件端口是应用层的各种协议与传输层进行交互的接口。

3. D

UDP 是面向报文的（TCP 是面向字节流的），一次交付一个完整的报文。

4. B

TCP 首部和 UDP 首部均包含源端口号、目的端口号和校验和字段。由于 UDP 提供无连接、不可靠的服务，不需要对数据进行编号，因此没有序号字段。

5. C

UDP 并不是可靠的传输协议，并不保证所有数据报都能到达目的地，是否重传以及如何重传都要由其上层（应用层）来考虑。

6. B

TCP 报文段的数据部分加上 20 B 的 TCP 首部和 20 B 的 IP 数据报首部，正好是 IP 数据报的最大长度 65 535 字节。

7. C

TCP 是面向字节流的，它的滑动窗口是以字节为单位的，因此窗口值的单位为字节，且发送端可在收到一个确认之前最多发送的字节数为发送窗口的大小。

8. A

确认号为 1000 表示期待接收的下一个字节编号是 1000，因此已经收到 999 B。TCP 是提供字节流服务的协议，对字节编号，而不是对报文段编号。

9. D

在 TCP 连接建立的第 2 次"握手"时，SYN 和 ACK 均被置为 1。

10. C

TCP 提供了一个全双工的连接，当一方希望断开连接时需要发送 FIN 分组，而另一方仍然可以发送数据。

11. B

TCP 通过 3 次握手来建立连接。双方通信之前均处于 CLOSED 状态。第 1 次握手，客户端发送一个 SYN 段请求建立连接，客户端进入 SYN-SENT 状态。第 2 次握手，服务器收到后发回一个确认段，此时服务器进入 SYN-RCVD 状态，客户端进入 ESTABLISHED 状态。第 3 次握手，客户端再回送一个确认段，服务器收到后也进入 ESTABLISHED 状态，此时 3 次握手完成。

12. B

TCP 采用滑动窗口机制来实现流量控制，并通过接收端来控制发送端的窗口大小，因此这是一种可变大小的滑动窗口协议。

13. C

TCP 发送窗口由接收窗口和拥塞窗口共同决定，通常取二者中的最小值。

14. B

当超时时，ssthresh 值变为拥塞窗口的一半，即 32 个 MSS，且在经过 1 个 RTT（这 1 个 RTT 时间一般不归类为慢开始算法的时间范围）后，拥塞窗口变为 1，此时才开始采用慢开始算法，由于慢开始算法的拥塞窗口呈指数级增长，因此再经过 5 个 RTT 后，拥塞窗口大小变为 32 个 MSS，达到 ssthresh 值。此后便开始采用拥塞避免算法。

15. B

报文段来回路程的时延为 128 ms×2 = 256 ms，吞吐量为 128 kb/s，为发送速率的一半，这说明链路中，发送端只有一半的时间在发送数据，另一半的时间被时延占据，则数据发送时间 = 来回路程的时延 = 256 ms。设窗口值为 xB，当发送量等于窗口值时，系统吞吐量等于 128 kb/s，其发送时间为 256 ms，则 $8x/(256×10^3) = 256×10^{-3}$，解得窗口值 $x = 256×1\ 000×256×0.001/8 = 256×32 = 8\ 192$ B。

16. D

TCP 是一个端到端的协议（IP 是点到点的协议）。TCP 提供的是面向连接的服务。数据报是 IP 协议的传输单元。TCP 通过可靠传输机制将收到的报文组成字节流，然后交付给上层应用。

17. C

主机作为终端设备，需要实现 TCP/IP 协议簇中的整个 5 层协议，而路由器作为网络层设备，仅实现物理层、数据链路层和网络层 3 个层次的协议，TCP 是传输层协议，因此路由器不需要实现。

二、综合应用题

1. 第 1 步：A 向 B 发送连接请求报文，其中 SYN = 1，seq = 123，同时 A 转为 SYN-SENT 状态。B 从 CLOSED 转为 LISTEN 状态。

第 2 步：当 B 收到 A 的请求报文后发回确认，其中 SYN = 1，ACK = 1，seq = 987，ack = 124，同时 B 转为 SYN-RCVD 状态。

第 3 步：A 收到 B 的确认后再次给 B 发出确认，其中 ACK = 1，seq = 124，ack = 988，同时通知上层应用程序连接已建立，转为 ESTABLISHED 状态。B 收到 A 的确认后，通知上层应用程序连接已建立，转为 ESTABLISHED 状态。

2. 在慢开始算法中，cwnd 初值为 1，经过每个传输轮次 cwnd 呈指数增长。当 cwnd 增长到慢开始阈值后停止使用慢开始算法，改用拥塞避免算法。即当 cwnd 增大到 10 时改用拥塞避免算法，窗口大小按线性增长，每次增加 1 个报文段，当增长到 16 时，出现超时，将阈值置为 8（16 的一半），cwnd 再重置为 1，执行慢开始算法。第 1—15 次传输后的 cwnd 值依次为：2，4，8，10，11，12，13，14，15，16，1，2，4，8，9。

3. 在 TCP 的拥塞控制算法中，除了使用慢开始的接收窗口和拥塞窗口外，还使用第 3 个参数，即阈值，开始置为 18 KB。当发生超时时，该阈值被设置为当前拥塞窗口值的一半，即 9 KB，而拥塞窗口则重置成一个最大报文段长度。然后再使用慢开始算法决定网络可以接受的迸发量，一直增长到阈值为止。从这一点开始，成功的传输线性地增加拥塞窗口，即每一次迸发传输后只增加一个最大报文段，而不是每个报文段传输后都增加一个最大报文段的窗口值。现在由于发生了超时，下一次传输将是 1 个最大报文段，然后是 2 个、4 个和 8 个最大报文段，第 4 次发送成功，且阈值为 9 KB，所以在 4 次迸发量传输后，拥塞窗口将增加为（8+1）= 9 KB。

4. （1）该 TCP 协议的初始阈值为 16 KB。从图中可以看出在拥塞窗口达到 16 KB 之前呈指数级增长，之后就呈线性增长了，说明初始阈值是 16 KB。

（2）从图中可以看到拥塞窗口在第 13 次传输后变为 1 KB，说明这次传输发生超时。

（3）在后续传输中，拥塞窗口达到 12 KB 后呈线性增长，说明在第 14 次传输时 TCP 的阈值为 12 KB。从另一角度看，在第 12 次传输时发生超时，TCP 的阈值降为拥塞窗口的一半。

（4）在初始发送时和发送失败后，拥塞窗口设置为 1 KB，且阈值也变为当前拥塞窗口的一半。在拥塞窗口未达到阈值且发送成功时，拥塞窗口呈指数级增长，当拥塞窗口增长到阈值后，拥塞窗口呈线性增长，由此可以看出采用的是慢开始算法和拥塞避免算法。

5. 往返时延＝2×端到端时延＝2×10 ms＝20 ms。

最大吞吐率＝发送窗口值/往返时延＝(65 535×8)/(20×10^{-3})＝26.214 Mb/s。

信道利用率＝最大吞吐率/信道带宽＝26.214/1 000≈2.62%。

第6章 应用层

【真题分布】

主要考点	考查次数	
	单项选择题	综合应用题
网络应用模型	1	0
域名解析 DNS	4	1
文件传输协议 FTP	2	0
电子邮件系统及相关协议	4	0
WWW 与 HTTP 协议	2	3

【复习要点】

（1）C/S 模型和 P2P 模型的特点。
（2）各种域名服务器，域名解析过程：两种域名解析方式。
（3）FTP 的工作原理，控制连接与数据连接。
（4）电子邮件系统的组成，邮件收发过程，邮件发送协议和读取协议。
（5）WWW 的组成，HTTP 协议的特点，HTTP 报文的结构与分析。

6.1 网络应用模型

6.1.1 客户/服务器模型

客户/服务器（C/S）分别指参与一次通信中所涉及的两个应用进程，客户/服务器方式所描述的是进程之间服务和被服务的关系，**客户**（client）是服务请求方，**服务器**（server）是服务提供方。

服务器收到客户端的请求后，先进行必要的处理，再将结果返回给客户端。如 Web 应用程序，其中总是打开的 Web 服务器为运行在客户端上的浏览器提供服务。当 Web 服务器接收到来自客户机对某对象的请求时，它向该客户机发送所请求的对象以做出响应。常见的使用客户/服务器模型的应用包括 Web、文件传输（FTP）、远程登录和电子邮件等。

C/S 模型的**特点**：网络中各计算机的地位不平等，网络的管理工作由少数服务器担当；客户机之间不能直接通信；受服务器硬件和宽带的限制，可扩展性不佳。

6.1.2 P2P 模型

在 C/S 模型中，服务器的性能成为系统的瓶颈。P2P 模型是一种网络新技术，采用该模型的系统，其性能依赖于网络中参与者的计算能力和带宽，而不是仅依赖于较少的几台服务器。

在 P2P 模型中，各计算机没有固定的客户和服务器之分，任意一对计算机称为**对等方**（peer），它们可直接通信。每个节点既作为客户访问其他节点的资源，也作为服务器提供资源给其他节点。因此也可以说，P2P 模型是一种特殊的 C/S 模型。

和 C/S 模型相比，P2P 模型的优点主要体现在：① 减轻了服务器的计算压力，消除了对某个服务器的完全依赖；② 扩展性好；③ 健壮性强，单个节点失效也不会影响其他节点。

6.2　域名系统（DNS）

域名系统（Domain Name System，DNS）是因特网使用的命名系统，把便于人们记忆的含有特定含义的主机名（如 www.cskaoyan.com）转换为便于计算机处理的 IP 地址。与 IP 地址相对，人们更喜欢使用具有特定含义的字符串来标识因特网上的计算机。

6.2.1　层次域名空间

域名是为了方便对 IP 地址的记忆，赋予 IP 主机一个主机名字，此名字通常是能代表此主机所处地位且容易记忆的单词，由字母或数字组成。

因特网采用层次树状结构的命名方法，任何一个连接到因特网的主机或路由器，都有一个唯一的层次结构名称，即**域名**。域是名字空间中一个可被管理的划分，域还可以划分为子域。域名的一般形式：*N* 级域名 ..... 二级域名 . 顶级域名。各标号分别代表不同级别的域名。以王道论坛的域名为例，www 是三级域名，cskaoyan 是二级域名，com 是顶级域名。

域名与 IP 地址的关系如下：

- 在 IP 网络中每台主机必须拥有一个或多个全球唯一合法的 IP 地址，但域名可不需要。
- 在 IP 网络中可以直接使用 IP 地址，但域名必须由 DNS 映射为 IP 地址才能使用。

形如"abc.com/bbs"、采取目录形式的不能称为二级域名，一般称为"子页面"。

6.2.2　域名服务器

因特网的域名系统是一个联机分布式的数据库系统，并采用 C/S 模型。

域名到 IP 地址的解析是由运行在域名服务器上的程序完成的。每一个域名服务器不但能够进行一些域名到 IP 地址的解析，而且还必须具有连向其他域名服务器的信息。当自己不能进行域名到 IP 地址的转换时，能够知道到什么地方去找其他域名服务器。

DNS 使用了大量的域名服务器，它们以层次方式组织。没有一台域名服务器具有因特网上所有主机的映射，相反，该映射分布在所有的 DNS 上。主要有 4 类域名服务器。

（1）**根域名服务器**：根域名服务器是最重要的域名服务器，用来管理顶级域名（如 .com），所有的根域名服务器都知道所有的顶级域名服务器的 IP 地址。

（2）**顶级域名服务器**：负责管理在该顶级域名服务器注册的所有二级域名。

（3）**授权域名服务器**：每个主机都必须在授权域名服务器处登记。授权域名服务器总是能够将其管辖的主机名转换为该主机的 IP 地址。

（4）**本地域名服务器**：每个 ISP、一个学校，甚至一个部门都可以拥有一个本地域名服务器。此服务器专门提供本地的 DNS 服务。本地主机在进行 IP 地址配置时其 DNS 指向此本地域名服务器。

6.2.3　域名解析过程

域名解析是指把域名解析为 IP 地址。当客户端需要域名解析时，通过本机的 DNS 客户端构造一个 DNS 请求报文，以 UDP 数据报方式发往本地域名服务器。其过程如图 4-6-1 所示。

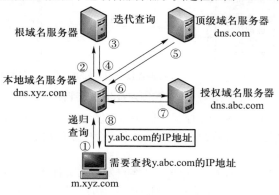

图 4-6-1　域名解析的过程

主机向本地域名服务器的查询采用**递归查询**方式。递归查询是指如果主机所询问的本地域名服务器不知道被查询域名的 IP 地址，那么本地域名服务器就以 DNS 客户的身份，向根域名服务器继续发出查询请求报文（即替该主机继续查询）。

本地域名服务器向其他域名服务器的查询通常采用**迭代查询**方式。当根域名服务器收到本地域名服务器发出的迭代查询请求报文时，要么给出所要查询的 IP 地址，要么告诉本地域名服务器"你下一步应当向哪一个域名服务器进行查询"。然后让本地域名服务器进行后续的查询。

为了提高 DNS 的查询效率，并减少因特网上的 DNS 查询报文数量，在域名服务器中广泛地使用了高速缓存，用来缓存最近查询过的域名的相关映射信息。这样，当另一个相同的域名查询到达该 DNS 服务器时，该服务器就能直接提供所要求的 IP 地址。

6.3 文件传输协议（FTP）

6.3.1 FTP 协议的工作原理

文件传输协议（File Transfer Protocol，FTP）是因特网上使用得最广泛的文件传输协议。FTP 提供交互式的访问，允许客户指明文件的类型与格式，并允许文件具有存取权限。它屏蔽了各计算机系统的细节，因而适合于在异构网络中的任意计算机之间传送文件。

FTP 功能：使不同种类主机之间可进行文件传输；以用户权限管理的方式使用户可对远程 FTP 服务器上的文件进行管理；以匿名 FTP 的方式提供公用文件共享的功能。

FTP 采用客户/服务器的工作方式，使用 TCP 的可靠传输服务。一个 FTP 服务器进程可同时为多个客户进程提供服务。FTP 的服务器进程由两大部分组成：一个主进程，负责接收新的请求；另外有若干从属进程，负责处理单个请求。其工作步骤如下：

（1）打开熟知端口 21（控制端口），使客户进程能够连接上。

（2）等待客户进程发连接请求。

（3）启动从属进程来处理客户进程发来的请求。

（4）回到等待状态，继续接收其他客户进程的请求。

FTP 服务器必须在整个会话期间保留用户的状态信息。服务器必须把指定的用户账户与控制连接联系起来，服务器必须追踪用户在远程目录树上的当前位置。

6.3.2 控制连接与数据连接

FTP 在工作时使用两个并行的 TCP 连接（见图 4-6-2），一个是控制连接（端口号 21），一个是数据连接（端口号 20）。使用两个不同的端口号可使协议更加简单，更容易实现。

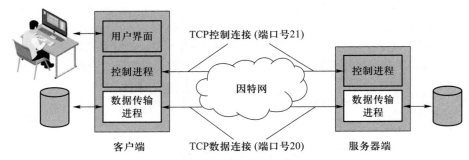

图 4-6-2 控制连接与数据连接

控制连接：使用端口号 21，用来传输控制信息（如连接请求、传送请求等），不用来传输文件。在传输文件时还可以使用控制连接（如客户在传输中途发一个中止传输的命令），因此，控制连接在整个会话期间一直保持打开状态。

数据连接：服务器端的控制进程在接收到 FTP 客户发来的文件传输请求后，就创建"数据传输进程"和"数据连接"。数据连接用来连接客户端和服务器端的数据传输进程，数据传输进程实际完成文件的传输，在传输完毕后关闭"数据传输连接"并结束运行。

使用 FTP 时，若要修改服务器上的文件，则需要先将此文件传输到本地主机，然后再将修改后的文件副本传输到原服务器，来回传输需要耗费较多时间。

6.4　电子邮件

6.4.1　电子邮件系统的组成构件

一个电子邮件系统应具有如图 4-6-3 所示的 2 个最主要组成构件。

图 4-6-3　电子邮件系统最主要的组成构件

（1）**用户代理**（user agent）：用户与电子邮件系统的接口，通常是一个运行在个人计算机上的程序，如 Outlook、Foxmail 等。用户代理的功能是撰写、显示和处理邮件。

（2）**邮件服务器**：功能是发送和接收邮件，同时还要向发信人报告邮件传送的情况（已交付、被拒绝、丢失等）。邮件服务器采用客户/服务器模型。

（3）**电子邮件系统使用的协议**：简单邮件传送协议（SMTP）用于发送邮件，邮局协议版本 3（POP3）用于接收邮件。

6.4.2　电子邮件的格式与 MIME

一个电子邮件分为信封和内容两大部分，邮件内容又分为首部和主体两部分。RFC822 规定了邮件的首部格式，而邮件的主体部分则由用户自由撰写。邮件内容的首部包含一些首部行，每个首部行由一个关键字、冒号和值组成，其中最重要的关键字是"To"和"Subject"。To 后面是一个或多个收信人的邮件地址；Subject 是邮件的主题。

由于 SMTP 只能传送 7 位 ASCII 码的文本邮件，许多非英语国家的文字就无法传送，且无法传送可执行文件及其他二进制对象，因此出现了**多用途网络邮件扩充**（Multipurpose Internet Mail Extensions，MIME）。

MIME 并没有改动 SMTP 或取代它。MIME 的意图是继续使用目前的格式，但增加邮件主体的结构，并定义了传送非 ASCII 码的编码规则。也就是说，MIME 邮件可在现有的电子邮件程序和协议下传送。MIME 与 SMTP 的关系如图 4-6-4 所示。

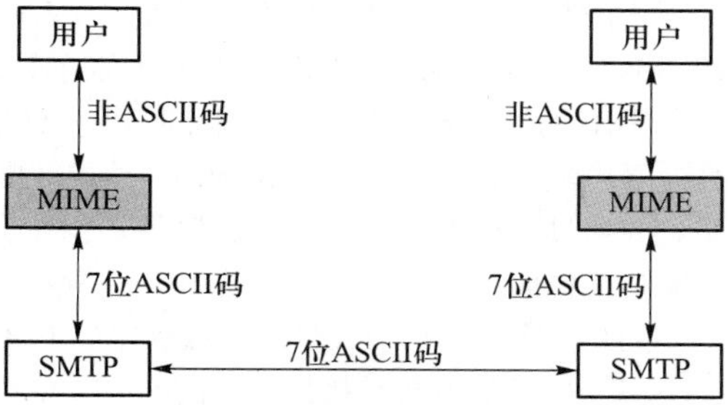

图 4-6-4　MIME 与 SMTP 的关系

6.4.3　SMTP 与 POP3

1. SMTP

SMTP 规定了两个相互通信的 SMTP 进程之间如何交换信息。SMTP 使用客户/服务器模型，负责发送邮件的 SMTP 进程就是 SMTP 客户，而负责接收邮件的 SMTP 进程就是 SMTP 服务器。SMTP 使用的是 TCP 连接，端口号 25。SMTP 通信的 3 个阶段如下：

（1）**连接建立**：连接是在发送邮件的 SMTP 客户端和接收邮件的 SMTP 服务器之间建立的。SMTP 一般不使用中间邮件服务器发送邮件。

（2）**邮件传送**：邮件的传送从 MAIL 命令开始，如 MAIL FROM：<hope@ qq. com>。

（3）**连接释放**：邮件发送完毕，SMTP 发送 QUIT 命令，请求释放 TCP 连接。

2. POP3

POP 是一个非常简单、但功能有限的邮件读取协议，现在使用的版本是 POP3。它也使用客户/服务器模型，接收方的用户代理上必须运行 POP 客户程序，而在接收方所连接的邮件服务器上则运行 POP 服务器程序。POP3 也使用 TCP 连接，端口号 110。

SMTP 采用的是**推**（push）的通信方式，即用户代理向邮件服务器或邮件服务器之间发送邮件时，SMTP 客户端主动将邮件"推"送到 SMTP 服务器。而 POP3 采用的是**拉**（pull）的通信方式，当用户读取邮件时，用户代理向邮件服务器发出请求，"拉"取用户邮箱中的邮件。

随着万维网的流行，出现了很多基于万维网的电子邮件系统。这种电子邮件的特点是，用户浏览器与邮件服务器之间的邮件发送或接收使用的是超文本传输协议（HTTP），而仅在不同邮件服务器之间传送邮件时才使用 SMTP。

6.5　万维网（WWW）

6.5.1　WWW 的概念与组成结构

万维网（World Wide Web，WWW）是一个分布式、联机式的信息存储空间。在这个空间中，一种有用的事物称为一种"**资源**"，并由一个全域"**统一资源定位符**"（URL）标识。这些资源通过 HTTP 传送给使用者，而使用者通过单击链接来获取资源。**超文本标记语言**（HTML）使得万维网页面的设计者可以很方便地用一个超链接从本页面的某处链接到因特网上的任何一个万维网页面。万维网的内核部分是由 3 个标准构成的。

万维网以客户/服务器方式工作。浏览器是装在用户主机上的万维网客户程序，而万维网文档所驻留的主机则运行服务器程序，这台主机称为万维网服务器。客户程序（指定 URL）向服务器程序发出请求，服务器程序向客户程序送回客户需要的万维网文档。

6.5.2　超文本传输协议（HTTP）

HTTP 规定了浏览器（万维网客户进程）怎样向万维网服务器请求万维网文档，以及服务器怎样把文档传送给浏览器。其规定了在浏览器和服务器之间请求和响应的格式和规则，是万维网上能够可靠地交换文件（包括文本、声音、图像等各种多媒体文件）的重要基础。

1. HTTP 的操作过程

当浏览器要访问 WWW 服务器时，首先要完成对 WWW 服务器的域名进行解析。一旦获得服务器的 IP 地址，浏览器将通过 TCP 向服务器发送连接建立请求。每个服务器上都有一个服务器进程，它不断地监听 TCP 的端口 80（默认），当监听到连接请求后便与浏览器建立 TCP 连接。然后，浏览器就向服务器发送要求获取某一 Web 页面的 HTTP 请求。服务器收到 HTTP 请求后，将构建所请求的 Web 页必需的信息，并通过 HTTP 响应返回给浏览器。浏览器再将信息进行解释，然后将 Web 页显示给用户。最后，TCP 连接释放。其工作过程如图 4-6-5 所示。

用户单击鼠标后所发生的事件顺序如下（以访问王道论坛为例）：

（1）浏览器分析链接指向页面的 URL（http://www.cskaoyan.com/index.htm）。

（2）浏览器向 DNS 请求解析 www.cskaoyan.com 的 IP 地址。

（3）域名系统 DNS 解析出王道论坛服务器的 IP 地址。

（4）浏览器与该服务器建立 TCP 连接（默认端口号为 80）。

（5）浏览器发出 HTTP 请求：GET/index.htm。

（6）服务器通过 HTTP 响应把文件 index.htm 发送给浏览器。

（7）释放 TCP 连接。

（8）浏览器解释文件 index.htm，并将 Web 页显示给用户。

上述过程是一个简化过程，实际过程涉及 TCP/IP 体系结构应用层中的 HTTP、DHCP 和 DNS 协议，传输层中的 UDP 和 TCP，网际层的 IP 和 ARP，网络接口所使用的数据链路层协议（如 PPP）。除 HTTP 外，上述协议之前都已介绍过，本节主要介绍 HTTP。

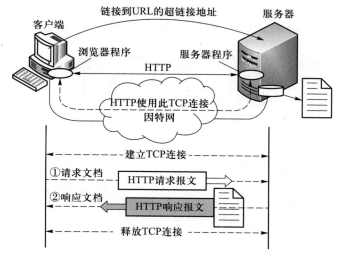

图 4-6-5 万维网的工作过程

2. HTTP 的特点

HTTP 使用 TCP 作为传输层协议，保证了数据的可靠传输。HTTP 是**无状态**的。也就是说，同一个客户第二次访问同一个服务器上的页面时，服务器的响应过程与第一次被访问时相同。因为服务器并不记得曾经服务过的这个客户，也不记得为该客户曾经服务过多少次。

在实际应用中，通常使用 Cookie 加数据库的方式来跟踪用户的活动。Cookie 的工作原理：当用户浏览某个使用 Cookie 的网站时，该网站服务器就为用户产生一个唯一的识别码，如 "123456"，接着在给用户的响应报文中添加一个 Set-cookie 的首部行 "Set cookie：123456"。用户收到响应后，就在它管理的特定 Cookie 文件中添加这个服务器的主机名和 Cookie 识别码，当用户继续浏览这个网站时，会取出这个网站的识别码，并放入请求报文的 Cookie 首部行 "Cookie：123456"。服务器根据请求报文中的 Cookie 识别码就能从数据库中查询到该用户的活动记录，进而执行一些个性化的操作，如根据用户的历史浏览记录向其推送广告等。

HTTP 既可以使用非持久连接（HTTP/1.0），也可以使用持久连接（HTTP/1.1 支持）。

对于**非持久连接**，传输每个网页元素对象（如 JPEG 图像、Flash 等）都需要单独建立一个 TCP 连接，如图 4-6-6 所示（第 3 次握手的报文段中捎带了客户对万维网文档的请求）。请求一个万维网文档所需的时间是该文档的传输时间加上两倍往返时间 RTT（一个 RTT 用于 TCP 连接，另一个 RTT 用于请求和接收文档），使万维网服务器的负担很重。

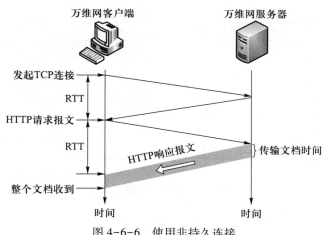

图 4-6-6 使用非持久连接

对于**持久连接**，万维网服务器在发送响应后仍然保持这条连接，使同一个客户（浏览器）和服务器可以继续在这条连接上传送后续的 HTTP 请求和响应报文，如图 4-6-7 所示。

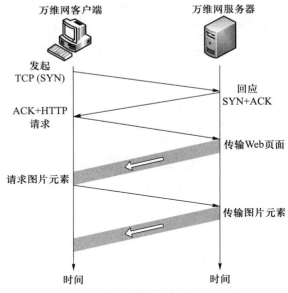

图 4-6-7　使用持久连接（非流水线）

持久连接又分为非流水线和流水线两种方式。对于**非流水线**方式，客户在收到前一个响应后才能发出下一个请求，每个引用的对象都要经历 1 个 RTT 延迟。对于**流水线**方式，客户每遇到一个对象引用就立即发出一个请求，因而客户可以逐个地连续发出对各个引用对象的请求，服务器就可连续响应这些请求。如果所有的请求和响应都是连续发送的，那么所有引用的对象共计经历 1 个 RTT 延迟，从而大幅提高了效率。当然，在流水线方式中，服务器在每个 RTT 连续发送的数据量还受到 TCP 发送窗口的限制。

3. HTTP 的报文结构

HTTP 是面向文本的（text-oriented），因此在报文中的每个字段都是一些 ASCII 码串，并且每个字段的长度都是不确定的。有两类 HTTP 报文：

- **请求报文**：客户向服务器发送的请求报文，如图 4-6-8（a）所示。
- **响应报文**：服务器发送给客户的回答报文，如图 4-6-8（b）所示。

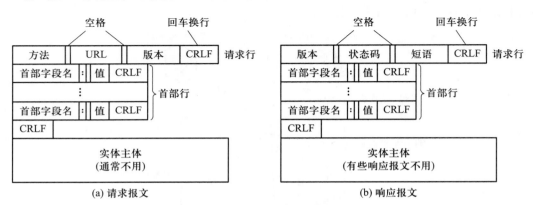

图 4-6-8　HTTP 的报文结构

HTTP 请求报文和响应报文都由 3 部分组成，两种报文格式的区别就是开始行不同。

开始行：用于区分是请求报文还是响应报文。在请求报文中称为**请求行**，而在响应报文中称为**状态行**。请求行有 3 个内容：方法、请求资源的 URL 及 HTTP 版本。其中，方法是对所请求对象进行的操作，实际上就是一些命令。表 4-6-1 给出了请求报文中常用的方法。

表 4-6-1 HTTP 请求报文中常用的方法

方法（操作）	意　义
GET	请求读取由 URL 所标志的信息
HEAD	请求读取由 URL 所标志的信息的首部
POST	给服务器添加信息（例如，注释）
CONNECT	用于代理服务器

首部行：用来说明浏览器、服务器或报文主体的一些信息。可以有几行，也可以不使用。

实体主体：在请求报文中一般不用这个字段，在响应报文中也可能没有这个字段。

下面是一个典型的 HTTP 请求报文：

GET /bbs/index. htm HTTP/1. 1　　　　｛指明方法"GET"、相对 URL、HTTP 版本｝

Host：www. cskaoyan. com　　　　　　｛指明服务器的域名｝

Connection：Keep-Alive　　　　　　　｛要求服务器在发送完被请求的文档后保持这条连接｝

User-Agent：Mozilla/5. 0　　　　　　　｛表明用户代理是浏览器 Mozilla/5. 0｝

Accept-Language：cn　　　　　　　　　｛表示用户希望优先得到中文版本的文档｝

第 1 行是请求行，它使用了相对 URL，因为下面的首部行给出了服务器的域名。第 3 行是告诉服务器使用持续连接，表示浏览器要求服务器在发送完被请求的文档后保持这条 TCP 连接，若要求使用非持续连接，则对应首部行应为"Connection：close"。

HTTP 响应报文的第 1 行是状态行，它包含 3 个内容：HTTP 的版本、状态码、解释状态码的短语。下面是 HTTP 响应报文中常见的 4 种状态行。

HTTP/1. 1 202 Accepted　　　　　　　｛接受请求｝

HTTP/1. 1 400 Bad Request　　　　　　｛错误的请求｝

HTTP/1. 1 404 Not Found　　　　　　　｛找不到页面｝

常见应用层协议小结如表 4-6-2 所示。

表 4-6-2 常见应用层协议小结

应用程序	使用协议	熟知端口号	应用程序	使用协议	熟知端口号
FTP 数据连接	TCP	20	TFTP	UDP	69
FTP 控制连接	TCP	21	HTTP	TCP	80
TELNET	TCP	23	POP3	TCP	110
SMTP	TCP	25	SNMP	UDP	161
DNS	UDP	53			

6.6　同步练习

单项选择题

1. 在下列常见的 Internet 应用中，基于客户/服务器（C/S）模型的是（　　　）。

A. FTP　　　　　　　　　　B. BitTorrent　　　　　　　　C. MSN　　　　　　　　D. Skype

2. 若存储某个域名与其 IP 地址对应关系的域名服务器为 X。那么一台主机若希望解析该域名，则它首先要查询（　　　）。

A. 该主机对应的本地域名服务器   B. 因特网中的根域名服务器

C. 域名服务器 X   D. 不确定，与具体查询方式有关

3. 在下列关于 FTP 协议的叙述中，错误的是（   ）。

A. FTP 使用客户/服务器方式，一个 FTP 服务器进程只能为一个客户进程提供服务

B. FTP 的控制连接用来传输控制信息，控制连接在整个会话期间一直保持打开

C. FTP 的数据连接在数据传输进程实际完成文件的传输后关闭

D. FTP 协议并非对所有数据传输都是最佳的

4. 简单邮件传送协议（SMTP）规定了（   ）。

A. 两个相互通信的 SMTP 进程之间应如何交换信息

B. 发件人应如何将邮件提交给 SMTP

C. SMTP 应如何将邮件投递给收件人

D. 邮件的内部应采用何种模式

5. 在因特网电子邮件系统中，电子邮件应用程序（   ）。

A. 发送邮件和接收邮件通常都使用 SMTP

B. 发送邮件使用 SMTP，接收邮件通常使用 POP3

C. 发送邮件使用 POP3，接收邮件通常使用 SMTP

D. 发送邮件和接收邮件通常都使用 POP3

6. HTTP 协议本身是（   ）。

A. 面向连接的，因此提供可靠的服务

B. 无连接的，因此它并不保证数据传输的可靠性

C. 在传输层使用 TCP 服务，提供传输的可靠性，但 HTTP 协议本身是无连接的

D. 在传输层使用 UDP 服务，不保证可靠性，但 HTTP 协议本身是面向连接的

7. 严格地讲，WWW 是一个（   ）。

A. 操作系统   B. 分布式系统

C. 计算机系统   D. 计算机网络

8. 在 WWW 服务中，用户的信息查询可以从一台 Web 服务器自动搜索到另一台 Web 服务器，这里所使用的技术是（   ）。

A. HTML   B. hypertext

C. hypermedia   D. hyperlink

9. 在下列应用层协议中，需要使用传输层的 TCP 建立连接的是（   ）。

A. DNS、HTTP、FTP   B. TELNET、SMTP、HTTP

C. DHCP、FTP、TELNET   D. SMTP、FTP、TFTP

答案与解析

单项选择题

1. A

在网络应用模型中，P2P 是指两个主机在通信时并不区分是服务请求方还是服务提供方，只要两个主机都运行了 P2P 软件，它们就可以进行对等连接通信。本题中 BitTorrent、MSN 和 Skype 都属于典型的 P2P 应用。只有 FTP 是基于 C/S 模型。

2. A

在解析域名时，主机首先向本地域名服务器发送 DNS 请求。当本地域名服务器不能回答此查询时，该本地域名服务器再以 DNS 客户的身份向某一根域名服务器发出查询请求。

3. A

FTP 使用 C/S 模型，一个 FTP 服务器进程可同时服务多个客户进程，选项 A 错误。控制连接在整个

会话期间一直打开，FTP 客户发出的传输请求通过控制连接发送给服务器的控制进程。数据连接用来传输数据，服务器的控制进程在接收到 FTP 客户发送来的文件传输请求后就创建数据传输进程和数据连接，数据传输进程完成文件的传输后关闭数据连接。FTP 并非对所有数据传输都是最佳的。例如，主机 A 的应用程序要在服务器 B 的一个大文件末尾添加一行信息，若使用 FTP，则会先将 B 的文件传输给 A，A 添加信息后再重新传输给 B，而网络文件系统（NFS）允许进程打开一个远程文件，并在该文件的某个特定位置开始读写数据。

4. A

SMTP 规定了两个相互通信的 SMTP 进程之间应该如何交换信息。它既用于用户代理向邮件服务器发送邮件，也用于在邮件服务器之间发送邮件。

5. B

用户代理向邮件服务器发送邮件通常使用 SMTP，用户代理从邮件服务器接收邮件通常使用 POP3。

6. C

尽管 HTTP 协议使用了面向连接的 TCP 向上层提供的服务，提供可靠的传输，但 HTTP 协议本身是无连接的。

7. B

WWW 可以在多种操作系统上实现，而且 WWW 在提供信息处理服务时往往涉及多个计算机系统，选项 A 和 C 都是错误的。这里注意区分计算机网络和分布式系统。在计算机网络中，用户必须先在要为其执行计算或处理操作的计算机上登录，然后按照该计算机的地址，将命令、程序或数据传送到该计算机上处理或运行。最后，服务方计算机将结果传送到指定的计算机。计算机网络与分布式系统之间主要的区别是软件的不同。分布式系统中的各计算机对用户是透明的。对用户来说，这种分布式系统就好像只有一台计算机一样。用户通过输入命令就可以运行程序、使用文件系统或查询信息，但用户不知道也不必知道是哪一台计算机在为其处理信息。

8. D

超链接（hyperlink）通过事先定义好的关键字或图形，允许用户只要点击该关键字或图形，就可以自动跳转到对应的其他文件。通过这种方式，用户的信息查询可以从一台 Web 服务器自动搜索到另一台 Web 服务器，实现不同网页之间的跳转。超文本（hypertext）是指具有超链接功能的文件。超媒体（hypermedia）技术对超文本所链接的信息类型做了扩展，是一种包含文字、影像、图片、动画、声音等形式信息的文件。

9. B

当应用层协议对实时性要求较高，或传送的数据量较小时，一般在传输层采用 UDP 协议，因为 UDP 协议可以节省开销，减小时延。当应用层协议对可靠性要求较高，或传送的数据量较大时，一般在传输层使用 TCP 协议。题中的 DNS、DHCP 和 TFTP 使用 UDP 协议。

郑重声明

高等教育出版社依法对本书享有专有出版权。任何未经许可的复制、销售行为均违反《中华人民共和国著作权法》，其行为人将承担相应的民事责任和行政责任；构成犯罪的，将被依法追究刑事责任。为了维护市场秩序，保护读者的合法权益，避免读者误用盗版书造成不良后果，我社将配合行政执法部门和司法机关对违法犯罪的单位和个人进行严厉打击。社会各界人士如发现上述侵权行为，希望及时举报，我社将奖励举报有功人员。

反盗版举报电话　（010）58581999　58582371

反盗版举报邮箱　dd@hep.com.cn

通信地址　北京市西城区德外大街4号　高等教育出版社法律事务部

邮政编码　100120

作者投稿及读者意见反馈

为方便作者投稿，以及收集读者对本书的意见建议，进一步完善图书的编写，做好读者服务工作，作者和读者可将稿件或对本书的反馈意见、修改建议发送至 kaoyan@pub.hep.cn。

防伪查询说明

用户购书后刮开封底防伪涂层，使用手机微信等软件扫描二维码，会跳转至防伪查询网页，获得所购图书详细信息。

防伪客服电话　（010）58582300